MÉMOIRES

PRÉSENTÉS PAR DIVERS SAVANTS

A L'ACADÉMIE DES SCIENCES

DE L'INSTITUT NATIONAL DE FRANCE

MÉMOIRES

PRÉSENTÉS PAR DIVERS SAVANTS

A L'ACADÉMIE DES SCIENCES

DE L'INSTITUT NATIONAL DE FRANCE

ET IMPRIMÉS PAR SON ORDRE

SCIENCES MATHÉMATIQUES ET PHYSIQUES

TOME TREIZIÈME

PARIS

IMPRIMERIE NATIONALE

M DCCC LII

TABLE

DES MÉMOIRES CONTENUS DANS LE TREIZIÈME VOLUME

DES SAVANTS ÉTRANGERS.

FIN DE LA TABLE.

MÉMOIRES

PRÉSENTÉS PAR DIVERS SAVANTS

A L'ACADÉMIE DES SCIENCES

DE L'INSTITUT NATIONAL DE FRANCE.

EXPÉRIENCES HYDRAULIQUES

SUR

LES LOIS DE L'ÉCOULEMENT DE L'EAU

A TRAVERS LES ORIFICES RECTANGULAIRES VERTICAUX A GRANDES DIMENSIONS,

ENTREPRISES A METZ,

D'APRÈS LES ORDRES DE M. LE MINISTRE DE LA GUERRE,

PENDANT LES TROIS DERNIERS MOIS DE 1828 ET PENDANT LES ANNÉES 1829, 1831 ET 1835,

PAR M. LESBROS,

COLONEL DU GÉNIE.

PRIX DE MÉCANIQUE DE 1850.

AVANT-PROPOS.

Le travail que j'adresse aujourd'hui à M. le ministre de la guerre contient la suite des expériences dont la première partie a fait le sujet d'un mémoire présenté en commun, en 1829, par M. Poncelet et par moi, et qui a été inséré dans les Mémoires de l'Académie des sciences (Savants étrangers).

Le programme de ces expériences et des appareils à employer pour leur exécution a été discuté dès le début, en 1827, entre M. Poncelet et moi, et depuis je n'y ai fait d'autres changements que ceux que les résultats des observations ont rendus nécessaires. Le célèbre académicien apporta, dans cette discussion, cette supériorité de lumières qu'on devait attendre de l'un des hommes les plus versés dans la science de l'hydraulique, et je me plais à reconnaître que les conseils qu'il me donna, dès le principe, m'ont été on ne peut plus utiles dans le cours de mes longues et pénibles recherches.

On s'est plaint du retard qu'éprouvait leur publication. Je tiens à me disculper de ce reproche qui serait grave à mes yeux, s'il était fondé. Les causes qui m'ont empêché d'accomplir plus tôt une tâche dont j'ai toujours senti la haute importance, sont d'abord l'étendue considérable du travail que j'avais entrepris, et qui ne comprend pas moins de 2000 expériences, et en second lieu l'absence de tout collaborateur : seul j'ai fait toutes les opérations sur le terrain, tous les calculs, les croquis-cotés des dessins, les tableaux détaillés et les tables d'interpolation qui en sont la conséquence; et seul encore j'ai rédigé le mémoire qui les accompagne. Enfin, les déplacements que j'ai éprouvés et les débordements de la Moselle qui ont eu lieu pendant le cours des expériences, ont apporté à leur exécution des retards indépendants de ma volonté. En 1829, les crues extraordinaires de la Moselle ne m'ont permis de faire qu'un très-petit nombre d'expériences, que j'ai dû recommencer plus tard, et ont détruit la jauge en charpente qui jusque-là avait servi à mesurer la dépense des orifices. Il a fallu, pour plus de solidité, remplacer cette jauge par une autre en maçonnerie, dont la construction a duré pendant toute la belle saison de 1830. Appelé à résider à Paris vers la fin de cette même année, j'ai été envoyé en mission à Metz pendant les sept derniers mois de 1831, pour continuer les expériences. En 1832, j'ai accompagné un officier général dans une tournée d'inspection dans le midi de la France, et au retour j'ai pris part au siége de la citadelle d'Anvers. Nommé commandant de l'École régimentaire du génie à Arras, au commencement de 1833, j'ai été envoyé une seconde fois à Metz, pendant les quatre derniers mois de 1834, pour achever les expériences. Appelé en qualité de chef du génie à Soissons, lors de l'exécution des grands travaux de mise en état de défense de cette place, je n'ai quitté cette résidence que pour passer, en 1844, au commandement en second de l'École polytechnique, au moment même où l'on prononçait son licenciement pour la réorganiser sur de nouvelles bases.

De telles fonctions ne laissaient aucune place à des occupations étrangères au service, qui eussent exigé de la suite et de la continuité. Je n'avais donc pu consacrer à l'hydraulique que de très-courts instants et à des époques tellement éloignées, qu'il m'avait été impossible de réunir et de comparer les résultats de mes expériences, lorsque, en mai 1848, j'ai été nommé à un emploi qui me permettait de disposer d'une partie de mon temps. J'allais alors reprendre avec d'autant plus d'ardeur ce travail si souvent interrompu, que j'aurais eu un collaborateur bien cher à mon cœur et bien dévoué dans mon fils, jeune élève-ingénieur des mines, sorti depuis moins d'un an de l'École polytechnique; mais hélas! *le 24 juin,* toutes mes espérances ont été brisées devant une barricade.

Après cette perte cruelle, j'ai été pendant longtemps, je l'avoue, incapable de me livrer à aucune occupation sérieuse en dehors des obligations strictes du service qui m'était confié. Enfin, j'ai trouvé dans un ami, M. Flye Sainte-Marie, un aide aussi laborieux que zélé pour la science, dont les secours m'ont été particulièrement utiles dans la vérification des tableaux détaillés et des tables d'interpolation, qui font une partie considérable du mémoire. Je me plais à lui en témoigner ici toute ma reconnaissance.

Je dois citer parmi les personnes qui ont pris part à mes travaux, les gardes du génie Langlois et Caillat et le caporal d'ouvriers du génie Pistre. Le premier, actuellement employé au ministère de la guerre, a vérifié une partie de mes calculs et a exécuté avec une intelligence et une netteté très-remarquables, d'après mes croquis cotés, les 37 planches qui composent l'atlas. Le second, chargé en 1834 de régler les hauteurs de l'eau dans le réservoir, s'est acquitté avec beaucoup d'aptitude de cette tâche délicate et importante, et le zèle du troisième, qui a participé à toutes les expériences depuis le commencement, ne s'est pas démenti un seul instant.

En jetant un coup d'œil sur le résumé qui termine mon mémoire, on reconnaîtra que j'ai abordé toutes les questions qui jusqu'ici, par le défaut d'expériences assez multipliées et faites en grand, n'avaient été traitées par des hommes très-éclairés, tels que Bossut, Dubuat et autres, que d'une manière incomplète ou dans des circonstances trop éloignées de la pratique. J'ai mis tout le soin dont je suis capable à résoudre ces questions; je me suis attaché à reproduire scrupuleusement tous les résultats que j'ai obtenus, quels qu'ils fussent; je les ai fait figurer, soit sur les tableaux détaillés, soit sur les planches, soit dans le texte du mémoire, en signalant ceux qui m'ont paru douteux. En un mot, j'ai voulu, par-dessus tout, faire une œuvre de conscience : si elle est utile autant que je le désire et que je l'espère, ce sera la plus douce récompense des efforts que j'y ai consacrés.

MÉMOIRE
CONCERNANT LES EXPÉRIENCES
SUR
DES ORIFICES RECTANGULAIRES VERTICAUX
DE DIVERSES DIMENSIONS,
DONT LES BORDS SONT PLUS OU MOINS RAPPROCHÉS DES PAROIS DU RÉSERVOIR,
ET QUI DÉBOUCHENT LIBREMENT DANS L'AIR,
OU SONT PROLONGÉS PAR DES CANAUX DÉCOUVERTS D'UNE PETITE LONGUEUR.

CHAPITRE I.
OBJET DES NOUVELLES EXPÉRIENCES, DISPOSITIFS ET OPÉRATIONS PRÉPARATOIRES.

§ 1.
OBJET DES NOUVELLES EXPÉRIENCES.

1. Le mémoire qui a été présenté en 1829, en commun par M. Poncelet et par nous, à l'Académie des sciences, et qui a été imprimé en 1832 dans le Recueil des Savants étrangers, n'est relatif qu'aux orifices rectangulaires verticaux de $0^m,20$ de base et de diverses hauteurs, en mince paroi plane, et complétement isolés du fond et des faces latérales du réservoir[1]. Celui que nous présentons aujourd'hui sous notre seule responsabilité, parce que nous avons travaillé seul à sa rédaction comme aux expériences qui en font l'objet, concerne spécialement:

1° Les mêmes orifices débouchant librement dans l'air ou pro-

[1] Dans les paragraphes 1 et 2 du chapitre I, le mot *orifice* désigne collectivement les orifices *fermés à la partie supérieure* et ceux qui sont *découverts* ou en *déversoir*.

longés par des canaux découverts d'une petite longueur et diversement inclinés à l'horizon, dans les cas où le fond et les faces latérales du réservoir sont plus ou moins rapprochés des bords de ces orifices, sont perpendiculaires ou obliques au plan qui les contient et ont plus ou moins de longueur;

2° Les orifices de $0^m,60$ et de $0^m,02$ de base et de diverses hauteurs, en mince paroi plane, et complétement isolés des faces latérales et du fond du réservoir;

3° Les orifices de $0^m,60$ de base et de diverses hauteurs, percés dans une paroi de $0^m,05$ d'épaisseur, entièrement isolés du fond et des faces latérales du réservoir, et débouchant librement dans l'air;

4° L'effet des remous sur la dépense d'un orifice de $0^m,20$ de base et $0^m,05$ de hauteur;

5° Un déversoir de $0^m,202$ de base formé en barrant, sur toute sa largeur et sur diverses hauteurs, un canal rectangulaire découvert;

6° Les déversoirs incomplets ou en partie noyés, de $0^m,204$ et de $0^m,24$ de largeur, prolongés au dehors du réservoir par des canaux rectangulaires découverts et horizontaux de mêmes largeurs que ces déversoirs.

2. Les motifs puisés dans les besoins de l'hydraulique pratique, sur lesquels sont basées toutes les expériences que nous avons entreprises, sont longuement développés dans le mémoire déjà cité et dont celui que nous écrivons est la continuation. On y a aussi indiqué, avec beaucoup de détail, la marche que nous avons suivie et les appareils dont nous nous sommes servi pour opérer sur les orifices en mince paroi plane de $0^m,20$ de base. Comme nous avons continué à procéder de la même manière, il suffira de faire connaître ici les modifications que nous avons apportées aux appareils, soit pour les perfectionner, soit pour les approprier successivement aux expériences que nous avions en vue.

3. Après avoir terminé les opérations qui concernent les orifices de $0^m,20$ de base, en mince paroi plane, et entièrement isolés du fond et des faces latérales du réservoir, il était naturel d'étudier

les variations que pouvait éprouver la dépense de ces orifices, au fur et à mesure que la distance de leurs bords aux parois correspondantes du réservoir diminuait. Mais nous nous sommes occupé auparavant des cas où ils étaient prolongés par des canaux découverts, parce qu'ils paraissaient ne devoir exiger qu'un nombre d'observations assez restreint pour qu'on pût les faire avant l'époque, alors fort rapprochée, où le froid est tellement rigoureux que toute expérience devient impossible. Nous avons également été conduit à intervertir l'ordre des opérations dans beaucoup d'autres circonstances, soit pour gagner du temps, soit pour conserver jusqu'à la fin certaines portions des dispositifs qu'il eût été difficile de rétablir plus tard exactement dans leur état primitif, soit pour ne passer que graduellement d'une disposition à une autre, afin de ne jamais apporter de changement brusque dans les appareils, ce qui est indispensable pour que les circonstances qui doivent être communes à plusieurs séries d'expériences soient rigoureusement les mêmes, et que les résultats obtenus soient bien comparables. Au reste, pour mieux faire ressortir ces résultats, nous les avons présentés dans leur ordre naturel, sans avoir égard aux dates des expériences, dans tous les tableaux annexés à ce mémoire.

§ 2.

DISPOSITIFS DES ORIFICES D'ÉCOULEMENT.

4. Les dispositifs, quelquefois bizarres, des pertuis en usage dans la pratique, sont trop variés pour qu'on puisse les soumettre tous à l'expérience. Nous avons choisi de préférence ceux qu'on rencontre le plus ordinairement, et nous avons, autant que possible, opéré sur les cas extrêmes, afin que les résultats obtenus pussent être appliqués, par interpolation, aux cas intermédiaires.

Ces dispositifs sont représentés sur les planches 1, 2 et 3, et en outre, comme on ne pourrait pas apprécier exactement sur ces dessins les distances des bords des orifices aux faces correspondantes du réservoir, lorsqu'elles sont très-petites, on a indiqué ces distances en chiffres dans la légende qui précède les tableaux détaillés des résultats des expériences sur la dépense.

DISPOSITIFS DES ORIFICES DE 0^m,20 DE BASE SUR DIVERSES HAUTEURS,
DÉBOUCHANT LIBREMENT DANS L'AIR.

5. Les dispositifs des orifices de $0^m,20$ de base, débouchant librement dans l'air, sont représentés en plan et en coupe longitudinale sur la planche 1.

La figure 1 se rapporte au cas où ces orifices sont en mince paroi plane, et entièrement isolés du fond et des faces latérales du réservoir. Elle est aussi relative aux orifices de $0^m,60$ et de $0^m,02$ de base, placés dans les mêmes circonstances, comme on le dira au n° 22.

6. Dans le dispositif de la figure 2, la face latérale de gauche du réservoir, qui était primitivement éloignée de $1^m,74$ du bord correspondant des orifices, en a été rapprochée jusqu'à $0^m,54$.

Pour cela, on a construit un venteau de $1^m,95$ de longueur et de même hauteur que le réservoir, composé d'un fort bâti en chêne sur lequel on a fixé, au moyen de vis, des planches de $0^m,034$ d'épaisseur assemblées à rainures et languettes, et bien dressées au rabot, de façon à présenter une surface parfaitement unie et plane. Après avoir laissé ce venteau séjourner longtemps dans l'eau et s'être assuré qu'il ne s'était pas gauchi, on l'a disposé perpendiculairement au plan qui contient les orifices, et l'on a barré avec des planches l'intervalle compris entre son extrémité d'amont et la face de gauche du réservoir fixe. L'encaissement ainsi formé, qui est exprimé par des hachures sur la figure 2, se remplissait d'eau jusqu'à la hauteur du niveau général, ce qui était nécessaire pour que le système ne fût pas renversé; mais on empêchait cette eau de communiquer avec celle du courant, qui se dirigeait vers l'orifice, en évidant du côté opposé les joints du venteau avec le fond et la face d'aval du réservoir, et en y chassant avec force des étoupes imprégnées de terre grasse et recouvertes d'une tringle pour les bien maintenir.

7. Dans le dispositif de la figure 3, il y a sur la droite des

orifices un venteau comme sur la gauche, en sorte que leur base et leurs deux bords verticaux se trouvent à $0^m,54$ des parois correspondantes du réservoir.

En choisissant cette distance, on avait en vue de vérifier si, dans cette position, la base des orifices pouvait être considérée comme entièrement isolée du fond du réservoir, ainsi qu'on l'avait supposé jusqu'alors. L'expérience a répondu affirmativement, en démontrant que la dépense était, à une légère augmentation près, la même pour les dispositifs des figures 2 et 3 que pour celui de la figure 1 (tabl. nᵒˢ I, III, VI, XXV, XXVII et XXX.)

8. La distance de $0^m,54$, indiquant précisément le point où le voisinage des parois du réservoir commence à altérer le produit de l'écoulement, nous avons immédiatement porté le fond de ce réservoir à la hauteur de la base des orifices, parce qu'il était facile de déduire par interpolation, avec un degré d'approximation suffisant, les résultats qui pouvaient convenir aux positions intermédiaires de ce fond, de ceux qu'on aurait obtenus pour ses deux positions extrêmes.

Dans ce but, nous avons fait établir (fig. 4) un plancher de même largeur que le réservoir fixe ($3^m,68$) et de $2^m,50$ de longueur, formé de madriers de chêne de $0^m,054$ d'épaisseur, assemblés à rainures et languettes, bien dressés et solidement fixés sur des traverses portées par des chevalets dont les pieds posaient sur le fond du réservoir et y étaient boulonnés. L'intervalle entre ce fond et l'arête d'amont du plancher était fermé par une cloison verticale qui laissait pénétrer l'eau; mais elle ne communiquait pas avec celle qui coulait sur le plancher, et la pression de bas en haut était très-utile pour empêcher celui-ci de fléchir sous les fortes charges de liquide.

Quoique les madriers destinés à la confection du plancher eussent séjourné longtemps sous l'eau lorsqu'on les a mis en œuvre, nous n'avons commencé les opérations qu'après nous être assuré que le plancher lui-même ne s'était pas déjeté après avoir été submergé pendant plusieurs jours, qu'il s'était maintenu de niveau, et qu'il était très-légèrement débordé par le bord inférieur des orifices, ce qui était indispensable pour être certain que le débouché était bien libre.

9. Dans le dispositif de la figure 5, il y a, outre le plancher dont on vient de parler, un venteau comme celui de la figure 2, placé perpendiculairement au plan des orifices, à $0^m,02$ de leur bord vertical de gauche; et, dans celui de la figure 6, il y a deux venteaux pareils au lieu d'un, en sorte que les orifices sont alors précédés par un canal ou petit réservoir de $0^m,24$ de largeur.

On avait du reste pris les précautions déjà indiquées (6) pour que l'eau contenue dans les encaissements latéraux, qui sont exprimés par des hachures sur les figures 5 et 6, ne communiquât pas avec le courant qui se dirigeait vers les orifices.

On avait ménagé, entre les venteaux et la face d'aval du réservoir, une feuillure de $0^m,006$ de largeur, dans laquelle glissait la vanne en cuivre de $0^m,004$ d'épaisseur, dont l'arête inférieure formait le bord supérieur des orifices.

10. La distance de $0^m,02$ qu'on a laissée, dans les deux dispositifs précédents, entre les bords verticaux des orifices et les venteaux qui représentent les faces latérales du réservoir, est motivée sur ce que, dans la pratique, on réserve le plus souvent un pareil intervalle pour soutenir la vanne. Mais nous avons aussi examiné le cas qu'on rencontre quelquefois, où cette saillie n'existe pas, comme dans le dispositif de la figure 7, où la base et les bords verticaux des orifices sont dans le prolongement du fond et des faces latérales du réservoir. En établissant ce dispositif, on a pris les précautions détaillées plus haut pour empêcher les filtrations, et on a eu le soin de donner au contour de l'orifice une très-légère saillie sur les parois du réservoir, pour que le débouché fût bien libre.

11. Les dispositifs des figures 8, 9 et 10 ne diffèrent de ceux des figures 5, 6 et 7 qu'en ce que, dans les trois premiers, la base des orifices est située à $0^m,54$ au-dessus du fond du réservoir, au lieu d'être dans son prolongement.

12. Les faces latérales du réservoir étant quelquefois, dans la pratique, inclinées sur le plan des pertuis au lieu d'être perpendiculaires à ce plan, comme dans tous les dispositifs qui précèdent, nous avons dû étudier les altérations que cette circonstance fait éprouver aux produits de l'écoulement. Mais nous avons été forcé, par le manque de temps, de nous borner à deux cas distincts, choisis de telle sorte que les résultats obtenus pussent fournir les moyens d'évaluer, soit par interpolation, soit au moins par induction, ceux qu'il convient d'appliquer dans d'autres cas analogues.

C'est dans ce but que nous avons opéré sur les dispositifs des figures 11 et 12. Dans le premier, la base des orifices est à fleur du plancher du réservoir; dans le deuxième, elle en est éloignée de $0^m,54$, et dans l'un et dans l'autre il y a, de chaque côté des orifices, à $0^m,02$ de leurs bords et formant un angle de $45°$ avec le plan qui les contient, un venteau comme celui de la figure 2, posé avec les précautions déjà mentionnées.

13. Dans tous les dispositifs décrits jusqu'ici, les parois qui accompagnent les orifices ont la même longueur ($1^m,95$ pour les faces latérales et $2^m,50$ pour le plancher) et sont terminées carrément à leurs extrémités d'amont. Cette longueur est telle qu'en l'augmentant on ne modifierait certainement pas le produit de l'écoulement; mais en serait-il de même si on la diminuait, et si, en outre, l'on évasait l'entrée du petit réservoir formé en avant des orifices par les venteaux et le plancher? Pour vérifier le fait, nous avons soumis à l'expérience les dispositifs des figures 13', 13 et 14.

Dans le premier, la base des orifices est située à $0^m,54$ au-dessus du fond du réservoir, et leurs bords verticaux sont dans le prolongement de deux venteaux de $0^m,264$ de longueur, terminés carrément à leurs extrémités d'amont et disposés perpendiculairement au plan qui contient les orifices, avec toutes les précautions convenables pour que l'eau des encaissements latéraux, qui sont hachés sur la figure, ne communique pas avec celle qui coule entre les venteaux.

Le deuxième ne diffère du premier qu'en ce que la base des orifices est à fleur d'un petit plancher de même longueur que les venteaux, et terminé carrément comme eux à son extrémité d'amont. L'intervalle entre cette extrémité et le fond du réservoir est fermé par une cloison verticale, comme dans la figure 4 (8).

Enfin, le troisième est en tout semblable au second, sauf que les extrémités d'amont du plancher et des venteaux sont arrondies pour faciliter l'entrée de l'eau, comme l'exprime le détail joint à la figure 14.

14. Nous avons pensé que ces venteaux et ce plancher devaient avoir au moins $0^m,264$ de longueur, afin de s'avancer un peu au delà du point où cesse de se faire sentir l'effet de la contraction de la veine fluide, qu'on regarde généralement comme s'étendant dans le réservoir jusqu'à environ $1\frac{1}{4}$ fois la largeur de l'orifice. Quant aux arrondissements, nous les avons tracés d'après la forme présumée que tend à prendre la veine, afin de diminuer le plus possible la contraction à l'entrée du petit réservoir qui précède les orifices, et obtenir par suite le maximum de dépense.

15. Pour résoudre complétement la question qui nous occupe, il aurait fallu répéter avec plusieurs longueurs de parois toutes les expériences que nous avons faites avec celles de $1^m,95$. Mais, outre que nous n'en avions pas le temps, on remarquera, en jetant un coup d'œil sur la table générale des coefficients des formules de la dépense des orifices (tabl. n°s XXV et suiv.), que, toutes choses égales d'ailleurs, les résultats obtenus avec les dispositifs à longues et à courtes parois (fig. 7 et 13, 10 et 13) ne diffèrent pas tellement entre eux qu'on ne puisse en déduire, avec un degré d'approximation suffisant pour la pratique, ceux qu'il convient d'appliquer dans d'autres cas.

DISPOSITIFS DES ORIFICES DE $0^m,20$ DE BASE SUR DIVERSES HAUTEURS, PROLONGÉS PAR DES CANAUX AU DEHORS DU RÉSERVOIR.

16. Ne pouvant, faute de temps, répéter, sur les orifices pro-

longés au dehors du réservoir par des canaux découverts, toutes les expériences que nous avons faites sur les orifices débouchant librement dans l'air, nous avons choisi de préférence les cas dans lesquels les canaux ont le plus d'influence sur l'écoulement, et qui sont représentés en plan et en coupe longitudinale sur les planches 2 et 3.

Dans ceux des figures 15, 16, 18, 19, 20, 21 et 22 (pl. 2), les orifices, situés d'ailleurs, par rapport au réservoir, respectivement comme sur les figures 1, 4, 5, 6, 8, 9 et 11 (pl. 1), sont prolongés par un canal rectangulaire découvert et horizontal, de même largeur que ces orifices et de 3^m,00 de longueur.

17. Ce canal est composé de trois morceaux égaux, portant à chacune de leurs extrémités un fort châssis de bois de chêne, dans l'intérieur duquel sont fixées, au moyen de vis, pour former le fond et les côtés, des planches de 0^m,034 d'épaisseur, assemblées à rainures et languettes, et parfaitement dressées et polies. Le premier morceau s'ajuste exactement aux orifices, et est maintenu dans une position invariable par quatre boulons à vis et écrous, qui traversent à la fois le châssis de la tête et le panneau de bois où est encastrée la plaque de cuivre dans laquelle sont percés ces orifices (mémoire imprimé en 1832, n° 25). Les deux autres morceaux s'ajoutent bout à bout au premier avec des boulons qui traversent les montants des châssis contigus. On a, en outre, placé, de distance en distance, des traverses dans lesquelles entrent par entailles les parties supérieures des parois latérales, afin d'en prévenir l'écartement. Malgré cette précaution, les deux morceaux d'amont ont seuls conservé, pendant toute la durée des expériences, une largeur uniforme de 0^m,20; le troisième s'est graduellement ouvert, à partir de sa jonction avec le deuxième, jusqu'à son extrémité d'aval, où sa largeur est devenue de 0^m,202. Cette circonstance ne pouvait avoir aucune influence sur la dépense des orifices, et l'on en a tenu compte dans les calculs relatifs à la vitesse de l'eau dans le canal, dont la profondeur était de 0^m,31 dans la partie contiguë aux orifices, et de 0^m,43 sur tout

le reste de sa longueur, afin d'empêcher que le liquide, exhaussé par l'effet des remous, ne pût déverser par-dessus ses bords.

18. Dans le dispositif de la figure 17 (pl. 2), les orifices sont prolongés par le canal qu'on vient de décrire, et sont situés, par rapport au réservoir, comme dans le cas de la figure 2 (pl. 1); sauf que leur base est au niveau du fond de ce réservoir, au lieu d'en être éloignée de 0^m,54.

19. Les dispositifs des figures 23, 24, 25 et 26 (pl. 2) ne diffèrent respectivement de ceux des figures 16, 18, 19 et 21 qu'en ce que le canal est incliné à $\frac{1}{10}$ au lieu d'être horizontal, et sa longueur est forcément réduite à 2^m,50, parce qu'il rencontre alors, à cette distance de l'orifice, le grand canal destiné à conduire à volonté le produit de l'écoulement, soit dans la jauge dont on parlera plus loin, soit dans la décharge générale (n° 54 du mémoire imprimé en 1832).

20. La figure 27 (pl. 3) est exclusivement relative à un orifice carré de 0^m,20 de côté, disposé, par rapport au réservoir, comme dans le cas de la figure 19 (pl. 2), et auquel on a successivement adapté :

1° Le canal du n° 17, placé dans son prolongement comme dans tous les cas précédents, mais en l'inclinant d'abord à $\frac{1}{20}$, ensuite à $\frac{1}{15}$;

2° Le même canal, en lui donnant une inclinaison de $\frac{1}{5,24}$, ce qui a obligé à réduire sa longueur à 1^m,24, par les motifs exposés au numéro précédent;

3° Le même canal, avec une inclinaison de $\frac{1}{2,9}$ et une longueur, d'abord de 0^m,74 et ensuite de 0^m,15 seulement;

4° Un canal de 2^m,25 de longueur et 0^m,20 de largeur, dont le fond est établi horizontalement à 0^m,05 au-dessous de la base de l'orifice, au lieu d'être à la même hauteur, comme dans tous les autres dispositifs.

21. Enfin, dans le dispositif qui concerne à la fois l'effet des remous sur la dépense d'un orifice de 0^m,20 de base et 0^m,05 de hauteur, et un déversoir de 0^m,202 de base (pl. 23 et 24), le ca-

nal de la figure 15 est barré à son extrémité sur toute sa largeur et sur diverses hauteurs.

La planche qui le ferme porte, à sa partie supérieure, un chanfrein dirigé de l'amont vers l'aval, de façon à ne présenter au courant qu'une arête vive qui forme la base du déversoir. Cette arête s'applique contre des divisions tracées de millimètre en millimètre sur les faces verticales du canal, ce qui donne la facilité d'évaluer avec exactitude sa hauteur au-dessus du fond de celui-ci.

DISPOSITIFS DES ORIFICES DE 0^m,60 ET DE 0^m,02 DE BASE SUR DIVERSES HAUTEURS,
EN MINCE PAROI PLANE.

22. Après avoir terminé les expériences sur les orifices de $0^m,20$ de base, il était important d'examiner si, toutes choses égales d'ailleurs, les résultats obtenus étaient applicables à des orifices plus ou moins larges que les premiers.

Dans ce but, nous avons fait encastrer, à la place de la plaque de cuivre qui portait l'orifice fixe de $0^m,20$ de base, une plaque de même épaisseur, dans laquelle était pratiquée une ouverture rectangulaire de $0^m,60$ sur $0^m,02$, dont les bords, limés et évasés à 45° vers l'aval, présentaient une arête vive du côté d'amont. Le long côté de cette ouverture a d'abord été placé horizontalement à $0^m,54$ au-dessus du fond du réservoir, et la plaque a ensuite été retournée pour faire prendre au petit côté exactement la position qu'occupait le grand. Dans le premier cas, la hauteur de l'ouverture n'était pas limitée par une vanne, tandis que dans le second on en avait adapté une pareille à celle qui est décrite aux n°s 63 et 74 du mémoire imprimé en 1832, planche 3, figures 28 et 29.

On n'a pas fait de dessin spécial pour représenter ce dispositif, qui est en tout semblable à celui de la figure 1 (pl. 1), sauf que la distance des bords verticaux des orifices aux faces latérales correspondantes du réservoir, au lieu d'être de $1^m,74$, est de $1^m,54$

lorsque le long côté de l'ouverture est horizontal, et de $1^m,83$ quand il est vertical.

DISPOSITIFS DES ORIFICES DE $0^m,60$ DE BASE SUR DIVERSES HAUTEURS,
PERCÉS DANS UNE PAROI PLANE DE $0^m,05$ D'ÉPAISSEUR, ET DÉBOUCHANT LIBREMENT
DANS L'AIR.

23. Dans tous les dispositifs que nous avons considérés jusqu'à présent, la partie inférieure de la vanne était taillée en chanfrein, de façon à présenter une arête vive qui limitait les orifices par le haut et se trouvait dans le plan de leurs trois autres arêtes. Il n'en est point ainsi dans les cas ordinaires de la pratique; les vannes ne sont pas amincies vers le bas; elles sont souvent retenues par des feuillures en saillie du côté du réservoir, et reposent, quand on les ferme, sur des seuils établis, soit au niveau de la base des orifices, soit un peu au-dessous. Enfin, ces pertuis sont toujours pratiqués dans des parois d'une certaine épaisseur, et jamais leurs bords ne sont réduits à de simples arêtes.

Chacune de ces circonstances donnant lieu à une déformation plus ou moins sensible de la veine à sa sortie de l'orifice, et par conséquent à une altération quelconque dans la dépense, nous avons dû étudier les modifications à faire aux résultats précédemment obtenus, pour les rendre, selon le cas, applicables aux pertuis des écluses et des usines en général. Tel est l'objet des dispositifs dessinés en plan et coupe longitudinale sur les figures A, B, C et D de la planche 3.

24. La figure A se rapporte exclusivement à une ouverture sans vanne de $0^m,60$ de base et $0^m,20$ de hauteur, pratiquée dans le panneau de bois de $0^m,05$ d'épaisseur qui recevait auparavant les orifices en cuivre. Ses joues ou parois sont perpendiculaires entre elles et aux faces d'amont et d'aval du panneau, et sont parfaitement dressées et polies. La base et les bords verticaux de cette ouverture sont respectivement à $0^m,54$ et $1^m,54$ du fond et des faces latérales du réservoir.

25. Dans le dispositif de la figure B, la base de l'ouverture est la même que dans le cas précédent, mais sa hauteur est de $0^m,41$. Elle est garnie d'une vanne de $0^m,70$ de largeur et $0^m,51$ de hauteur, formée de madriers de $0^m,05$ d'épaisseur, sur lesquels sont fixées, du côté d'amont, au moyen de boulons noyés dans l'épaisseur du bois, deux écharpes de $0^m,33$ de longueur, $0^m,11$ de largeur et $0^m,03$ d'épaisseur. Entre ces deux écharpes, est assujettie, de la même manière, une queue de $0^m,11$ de largeur et $0^m,034$ d'épaisseur, maintenue dans une position verticale par deux colliers en fer dans lesquels elle glisse lorsqu'on manœuvre la vanne, et qui sont placés, l'un au sommet du réservoir et l'autre à mi-hauteur. L'extrémité supérieure de cette queue est percée de trous pour recevoir le levier de manœuvre, et son extrémité inférieure est, ainsi que celles des écharpes, taillée en chanfrein, afin de diminuer sa saillie. Le plan inférieur de la vanne qui limite la hauteur des orifices est constamment horizontal.

26. Le dispositif de la figure C ne diffère de celui de la figure B qu'en ce qu'on a fixé, à $0^m,05$ de la base et des bords verticaux des orifices, des tringles de $0^m,20$ de largeur et $0^m,05$ d'épaisseur, formant feuillure autour des trois côtés correspondants de la vanne.

27. Enfin, dans le dispositif de la figure D, on a laissé subsister les tringles verticales qui, sur la figure C, retiennent la vanne latéralement; mais on a relevé jusqu'au niveau de la base de l'orifice celle qui était placée à $0^m,05$ au-dessous de cette base, et on lui a donné une largeur de $0^m,54$ pour qu'elle descendît jusqu'au fond du réservoir.

§ 3.

MOYENS EMPLOYÉS POUR RÉGLER LES HAUTEURS DES ORIFICES.

28. On a indiqué, dans les n°s 68 et suivants du mémoire imprimé en 1832, les inconvénients que présentait le moyen em-

13.

ployé pour régler les hauteurs des orifices qui avaient moins de $0^m,20$ d'ouverture, et les corrections à faire pour tenir compte des altérations que ces hauteurs éprouvaient, par suite de l'allongement ou du raccourcissement de la tige de manœuvre de la vanne, occasionné par les changements de température.

Ces corrections sont applicables aux résultats de 155 expériences que nous avons faites du 25 septembre au 25 octobre 1828, sur le dispositif de la figure 15 (pl. 1). Ainsi, la dilatation linéaire, entre $0°$ et $100°$ centigrades, d'une longueur de $1^m,00$ de fer forgé étant, d'après les expériences de Laplace et de Lavoisier, de $0^m,00122$, on doit admettre que la hauteur de l'orifice est altérée de $0^m,0000122 \times 2^m,16 = 0^m,000026352$, pour chaque degré de variation de température, puisqu'il y a une distance de $2^m,16$ entre l'arête inférieure de la vanne, qui forme le bord supérieur de l'orifice, et le repère tracé sur la tige de manœuvre pour indiquer la quantité dont cette vanne est levée. Or, les hauteurs données par ce repère étaient exactes lorsque, le réservoir étant vide, la température de l'air était de $19°,5$. Si donc cette température se trouvait être de $15°,5$ et celle de l'eau de $14°,5$ au moment où l'on a fait une expérience, la tige de manœuvre étant alors plongée en partie dans l'air et en partie dans l'eau, son raccourcissement devra être évalué d'après la moyenne $15°$ de ces deux températures. Il sera donc dû à $19°,5 - 15° = 4°,5$, et sera exprimé par $4,5 \times 0,000026352 = 0^m,00012$.

La tige de la vanne étant de $0^m,00012$ plus courte qu'à l'époque où l'on a tracé le repère, les hauteurs que ce repère indique sont trop grandes de la même quantité, en sorte que l'ouverture sur laquelle on a opéré, au lieu d'être de $0^m,01$, par exemple, était de $0,^m01012$, et par conséquent la dépense de l'orifice donnée par l'expérience, était trop considérable dans le rapport de ces deux nombres, et doit être diminuée d'autant pour la réduire à sa juste valeur.

29. Telle est la marche que nous avons suivie pour rectifier les coefficients des formules de la dépense, donnés par les

155 expériences dont il s'agit, sur les orifices de moins de 0^m,20 de hauteur avec le dispositif de la figure 15, *sans rien changer d'ailleurs aux données principales recueillies directement sar les lieux* (tabl. n°s XIV, XV, XVI, XVII et XVIII). On a, du reste, procédé exactement de la même manière pour les résultats présentés dans le mémoire imprimé en 1832 (n°s 67 et suiv. de ce mémoire).

Ces corrections ne sauraient concerner, dans aucun cas, l'orifice carré de 0^m,20 de côté, parce que son ouverture est fixe et indépendante de la position de la vanne. Nous ajouterons qu'averti de l'influence que la température avait sur nos opérations, nous avons eu le soin de prendre celles de l'air et de l'eau pendant chaque expérience.

30. Pour mettre les résultats qu'il nous restait à chercher à l'abri de cette influence, nous avons mesuré directement la hauteur des orifices au moyen de cales en bois de chêne, depuis le 25 octobre 1828 jusqu'au 4 janvier 1829, période pendant laquelle nous avons opéré sur les dispositifs des figures 16, 17, 18, 19 et 22.

Ces cales avaient été exécutées avec beaucoup de précision dans les ateliers de l'école d'application de l'artillerie et du génie, et leurs fibres étaient placées dans le sens de la hauteur des orifices, afin d'éviter l'éffet de l'hygrométricité, qui d'ailleurs ne pouvait se faire sentir d'une manière appréciable sur d'aussi petites longueurs.

31. Ce moyen était rigoureux, mais il exigeait qu'on vidât le réservoir, non-seulement lorsqu'on devait passer d'une ouverture à une autre, mais encore quand on voulait vérifier si celle qu'on soumettait à l'expérience n'avait pas varié. Pour nous affranchir de la nécessité de faire cette opération, qui durait chaque fois environ cinq heures, nous avons fait exécuter le mécanisme décrit au n° 74 du mémoire imprimé en 1832 et dessiné sur les figures 27, 28, 29 et 30 de la planche 3 qui l'accompagne.

32. D'après ce dispositif, la hauteur des orifices était mesurée à l'aide d'un vernier qui s'appliquait contre des divisions tracées au centre de la face d'aval de la vanne. Ce mode d'évaluation était

fort commode et paraissait devoir être très-exact; mais lorsque, après nous en être servi pendant quelque temps, nous avons voulu, selon notre habitude, rattacher les nouveaux résultats avec ceux des expériences de 1828, nous les avons trouvés si peu d'accord dans certains cas, que nous avons dû en conclure qu'il y avait, dans la manière d'opérer, des causes d'erreur restées inaperçues. En effet, après de longues recherches, nous avons reconnu avec surprise que, quelque soin qu'on prît pour fixer invariablement la vanne dans la position voulue, le vernier accusait des hauteurs d'orifices d'autant plus faibles que la charge de liquide était plus forte. Par exemple, si l'on donnait exactement $0^m,01$ à l'ouverture, lorsque le réservoir était vide, et qu'on y fît ensuite arriver de l'eau, les divisions du vernier descendaient de plus en plus au-dessous de celles de la vanne, au fur et à mesure que le niveau du liquide s'élevait, et, pour les remettre en contact quand la charge était de $1^m,84$, il fallait abaisser la vanne d'environ $0^m,0003$, c'est-à-dire diminuer de cette même quantité la hauteur de l'orifice, qui n'était plus alors que de $0^m,0097$, au lieu de $0^m,0100$.

33. Ces déplacements du vernier étaient, à égalité de charge, plus sensibles pour les petits orifices que pour les grands. Ils étaient évidemment dus à la flexion que la vanne, quoique soutenue à son extrémité par l'appareil décrit au n° 64 du mémoire cité plus haut, et dessiné sur les figures 4, 6 et 14 de la planche 2 annexée à ce mémoire, éprouvait, sous les fortes charges, dans les parties qui n'étaient pas arc-boutées et particulièrement en son centre. Par suite de cette flexion, la branche primitivement inclinée à 45° qui portait le vernier, se redressait en tournant autour de sa charnière, et par conséquent le vernier s'abaissait. Il suffisait que la vanne prît une courbure de $0^m,00042$ de flèche pour que le vernier se déplaçât de $0^m,0003$.

34. Nous aurions pu, en tenant compte des différences entre les hauteurs *effectives* des orifices et celles que donnait le vernier, rectifier les résultats de nos expériences, si, en les faisant, on avait mis pour chacune d'elles les divisions de ce vernier en contact

avec celles de la vanne. Mais malheureusement il n'en avait point été ainsi, car souvent, après avoir établi cette coïncidence pour une charge, on avait laissé les choses dans le même état pour les charges suivantes, ne soupçonnant pas alors les variations dont il s'agit.

Dans ce cas, la hauteur *effective* de l'orifice ne changeait pas pendant toute la durée des opérations, et elle se trouvait exacte ou trop petite, selon qu'au moment où on l'avait réglée, la charge de liquide était très-faible ou forte. Pour pouvoir la rectifier, il aurait fallu connaître cette charge à l'instant où l'on avait établi la coïncidence des divisions de la vanne et de celles du vernier, et comme nous n'en avions pas pris note, nous avons été forcé de regarder comme non avenues 293 expériences qui pouvaient être entachées d'erreurs, et de les recommencer sur de nouveaux frais.

35. Afin d'éviter désormais l'inconvénient qu'on vient de signaler, nous avons fait tracer : sur les bords verticaux des orifices, des échelles divisées en millimètres ; et, sur la face d'aval de la vanne, près de son arête inférieure, deux verniers (un de chaque côté) pour évaluer les fractions de millimètre. En faisant coïncider les divisions des deux verniers avec celles des bords des orifices, on était certain que ceux-ci avaient exactement la hauteur voulue, quelle que fût la charge de liquide, car la vanne, soutenue par le mécanisme déjà cité (33), ne pouvait fléchir dans la partie qu'occupaient les verniers.

On a employé ce moyen pour mesurer les hauteurs de tous les orifices, excepté ceux de $0^m,60$ de base pratiqués dans une paroi de $0^m,05$ d'épaisseur (n°s 23 et suiv.). Pour ces derniers, on s'est borné à tracer sur de petites plaques de cuivre, encastrées dans l'épaisseur de leurs deux joues verticales et dans celle de leur vanne en bois, du côté d'aval, des traits indiquant en nombres ronds, sans subdivisions, des hauteurs d'ouverture de 3, 5, 20 et 40 centimètres.

§ 4.

APPAREILS POUR RELEVER LES CHARGES DE LIQUIDE
ET LES SECTIONS DES VEINES.

APPAREILS POUR MESURER LES CHARGES DE LIQUIDE LOIN DES ORIFICES;
DEGRÉ D'APPROXIMATION OBTENU DANS LEUR ÉVALUATION.

36. On s'est servi en 1828 et 1829, pour mesurer les charges
de liquide loin des orifices, de la coulisse X décrite aux n°s 76 et
suiv. et dessinée sur la planche 2 du mémoire imprimé en 1832.
Mais nous avons profité de la suspension des expériences qui a eu
lieu en 1830, pendant qu'on remplaçait la jauge en charpente par
un bassin en maçonnerie, pour porter cette coulisse de X en X′
(pl. 4, fig. 29 et 30) et y faire, ainsi qu'au reste de l'appareil,
des perfectionnements importants.

La nouvelle coulisse X′ (pl. 4, fig. 32) est en bois comme l'ancienne, et elle est fixée à l'un des poteaux du réservoir au moyen
de pattes de fer qui l'isolent tout à fait du revêtement en madriers,
afin qu'elle ne puisse pas participer aux mouvements que ce revêtement pourrait éprouver par l'effet de l'hygrométricité. Elle est
divisée, de décimètre en décimètre, par des traits marqués sur de
très-petites plaques de cuivre qui y sont encastrées de toute leur
épaisseur. Les anciens coulisseaux, qui étaient très-lourds et ne
permettaient pas d'apprécier avec exactitude les fractions de millimètre, sont remplacés par un seul *a*, divisé de millimètre en
millimètre et fendu en son centre pour donner passage à un vernier *b*, qui est lié au coulisseau par une vis de rappel *c*, et porte
une tige en fer *d* recourbée verticalement, et terminée par une
pointe fine légèrement émoussée à son extrémité.

Pour observer la hauteur du niveau de l'eau, d'où l'on conclut
la charge de liquide sur la base et par suite sur le centre de l'orifice, on fait coïncider l'une des divisions de la coulisse avec la pre-

mière division du coulisseau, on fixe celui-ci en serrant la vis de pression *e*, et l'on met l'extrémité de la pointe *d* en contact avec la surface du liquide, au moyen de la vis de rappel *c*. La coulisse indique alors le nombre de décimètres dont cette surface est élevée au-dessus du zéro de l'échelle, le coulisseau donne les centimètres et les millimètres, et le vernier marque les dixièmes de millimètre.

37. La coulisse a été établie en X′, non-seulement parce qu'il était nécessaire, pour qu'elle indiquât toujours la charge totale de liquide, de l'éloigner de l'entrée du réservoir où il pouvait se former une chute sensible, dans le cas des très-grands orifices sur lesquels on se proposait d'opérer par la suite [1], mais encore parce qu'il devenait facile, dans cette situation, de donner à l'observateur chargé de relever le niveau, une position infiniment plus commode que celle qu'il était auparavant obligé d'occuper sur une échelle.

Nous avons fait construire, dans ce but, une espèce d'escabelle *f* (fig. 29 et 30) revêtue de tous côtés de planches parfaitement jointes et ne laissant pas pénétrer l'eau. Une corde *g* engagée dans la gorge d'une poulie, et portant à son extrémité des cordelettes passées dans des anneaux fixés à l'escabelle, permet d'élever et d'abaisser celle-ci, de façon que l'observateur, qui s'y tient assis, soit toujours à portée de bien juger de l'instant du contact de la pointe avec la surface du liquide, et de lire les divisions du vernier. Cette escabelle est dirigée, dans son mouvement, par quatre colliers adaptés à son fond et à sa partie supérieure, et glissant le long de deux tringles verticales en fer solidement assujetties au fond et au sommet du réservoir.

38. La position de l'escabelle, quoique en partie plongée dans l'eau, était assez stable pour que la personne qui s'y tenait constamment assise, pendant la durée des opérations, pût librement

---

[1] En faisant le calcul pour l'orifice de $0^m,60$ de base et $0^m,40$ de hauteur, dans le cas du dispositif de la figure D (tabl. n° XXXIII), on trouve que la hauteur de chute, à l'entrée du réservoir, est de $0^m,0028$ pour une charge sur le sommet de $1^m,50$, et de $0^m,00042$ pour une charge de $0^m,045$ seulement.

agir sans produire, dans la masse du liquide, des oscillations capables d'empêcher de relever exactement la hauteur de son niveau. Néanmoins, pour qu'il y eût un calme parfait au point où se faisait l'observation, nous avons entouré la coulisse d'une espèce de boîte sans fond h (fig. 32), formée de petits compartiments superposés, dont le premier repose sur la tête de piquets élevés d'environ $0^m,40$ au-dessus du fond du réservoir, et dont le dernier déborde toujours un peu la surface de l'eau. Ces compartiments n'ont que trois côtés et sont fermés sur le quatrième par la paroi même du réservoir, où ils s'engagent dans deux rainures et y sont retenus au moyen de coins de bois qu'on enlève à volonté.

39. Ce moyen était efficace pour détruire les oscillations qui auraient pu rendre incertaine la mesure de la hauteur du niveau de l'eau en amont des orifices. Mais il n'était pas moins important de nous garantir du vent et même de la pluie, qui, en agitant la surface de l'eau, ne nous permettaient que rarement de prendre des profils dans l'intérieur du réservoir, altéraient souvent la dépense des orifices, et nous forçaient ainsi à suspendre nos expériences pendant des semaines et même pendant des mois entiers. En outre, étant obligé d'en prolonger le cours pendant l'arrière-saison, soit parce qu'elle était plus favorable que le printemps, à cause des débordements de la Moselle, soit parce que c'était la seule époque où nous puissions y consacrer notre temps, il était nécessaire de mettre, autant que possible, nos aides à l'abri des intempéries de l'air, afin de pouvoir exiger d'eux cette attention soutenue et cette immobilité qui sont indispensables pour le succès des opérations.

Par ces motifs, nous avons fait enfermer le réservoir dans un hangar couvert d'un toit en planches (fig. 29 et 30), dans lequel on a ménagé de nombreuses ouvertures pour recevoir de très-grandes croisées posées suivant sa pente. Ce toit est porté par quatre poteaux plantés verticalement, de 2 en 2 mètres, au fond de l'avant-bassin, à $6^m,00$ en amont du plan qui contient les orifices, et par des potelets fixés sur les traverses du pont de service qui longe extérieurement le réservoir, à la hauteur de son sommet. Ce hangar est fermé en aval par un vitrage continu; il est clos sur les deux petits côtés en retour, depuis le toit jusque sur le massif de terre attenant au réservoir, par un coffrage dans lequel on a pratiqué deux portes; enfin, sur le reste de son pourtour, il est garni d'une cloison qui descend plus ou moins bas, selon la hauteur du niveau de l'eau. Pour remplir cette dernière condition, des hommes placés sur un radeau enlèvent ou ajoutent des planches, au fur et à mesure qu'on fait monter ou descendre le niveau.

40. Jusqu'au 21 novembre 1834, on ne prolongeait cette cloison au-dessous de la surface du liquide, que lorsque les charges sur la base des orifices excédaient o^m,35, et encore, dans ce cas, elle n'était jamais baignée que sur une hauteur de o^m,o6. Des expériences répétées avaient démontré que la présence de cette cloison n'altérait pas les résultats des opérations, et suffisait pour empêcher les fortes oscillations de l'avant-bassin de se faire sentir dans le réservoir. Mais, à cette époque, les aides chargés de la démonter et de la refaire successivement, demandèrent à être dispensés de ce travail qui était extrêmement pénible pour eux, parce qu'ils étaient souvent mouillés et que la saison était rigoureuse.

Il fallait, pour accueillir leur demande, faire de la cloison mobile un barrage fixe prolongé assez bas pour remplir, dans tous les cas, l'objet auquel il était destiné. Mais, la section d'arrivée de l'eau dans le réservoir devant se trouver notablement rétrécie par cette disposition, il était à craindre que la vitesse dans ce réservoir et, par suite, la dépense des orifices ne fussent sensiblement altérées, inconvénient que nous avions voulu éviter en ne faisant jamais descendre la cloison de plus de o^m,o6 au-dessous de la surface du liquide, pour les fortes charges, ainsi qu'on l'a déjà dit, et ne lui laissant jamais atteindre cette surface pour les faibles.

Toutefois, une circonstance accidentelle, survenue en 1831, avait paru prouver que nos craintes n'étaient pas fondées. En effet, à la fin de la journée du 12 août, après avoir opéré sur l'orifice carré de $0^m,20$ de côté, sous une très-faible charge (tabl. n° I, expériences 114, 115, 116 et 117), nous avions tout disposé pour pouvoir le lendemain matin recueillir, sans perdre de temps, la dépense de l'orifice de $0^m,10$ de hauteur sous la plus faible charge possible. Dans ce but, nous avions fait prolonger la cloison dont il s'agit jusqu'au niveau du bord supérieur de cet orifice, et réglé les ouvertures des vannes de prise d'eau et de décharge de façon à pouvoir espérer que, pendant la nuit, le niveau du liquide s'établirait à peu près à la hauteur voulue. Mais nos prévisions ne se réalisèrent pas, et, à notre arrivée sur les lieux, la charge sur le centre de l'ouverture, au lieu d'être très-faible, était de $0^m,6345$. Dans cet état de choses, il nous parut impossible de faire aucune opération qui méritât confiance, parce que, selon notre manière de voir, la cloison descendait beaucoup trop bas au-dessous de la surface du liquide pour ne pas avoir d'influence sur l'écoulement. Néanmoins, le niveau se trouvant parfaitement réglé, nous nous décidâmes à recueillir la dépense, ce qui exigeait peu de temps (tabl. n° II, expériences 277, 278, 279 et 280), en nous réservant de répéter ces opérations avec la même charge, lorsque la cloison serait enlevée, ce qui fut exécuté le 17 août (expériences 275 et 276).

Les coefficients de la dépense obtenus dans les deux cas se trouvèrent être exactement les mêmes, et pourtant la pensée d'établir le barrage à demeure ne nous vint pas, soit parce que ces résultats, d'ailleurs trop peu nombreux pour être décisifs, pouvaient s'expliquer, jusqu'à un certain point, par les circonstances particulières dans lesquelles les expériences avaient été faites, soit parce que la mise en place et l'enlèvement, très-fréquemment répétés, de la cloison mobile étaient moins pénibles pour nos aides à cette époque de l'année. Aussi, avant d'adhérer à leur demande de rendre le barrage fixe, jugeâmes-nous indispensable de faire, à ce sujet, une série complète d'expériences.

41. Dans ce but, le barrage fut prolongé jusqu'à $0^m,25$ du

fond du réservoir, sur le côté du hangar perpendiculaire à la direction de l'écoulement, et jusqu'à $0^m,40$ seulement sur les deux autres côtés, où les oscillations du liquide étaient naturellement moins fortes à cause du voisinage des digues, en sorte que les arêtes inférieures de cette cloison se trouvaient respectivement de $0^m,29$ et de $0^m,14$ au-dessous de la base des orifices, située à $0^m,54$ au-dessus du fond du réservoir.

La section d'arrivée de l'eau dans le réservoir, non compris les vides entre les planches qui étaient simplement placées en recouvrement l'une sur l'autre, était ainsi réduite à 4,00 mètres carrés (100 fois l'aire de l'orifice carré de $0^m,20$ de côté). Néanmoins, on ne put constater, quelle que fût la charge, aucune accélération appréciable de vitesse dans le réservoir, ni aucune différence de hauteur entre la surface de l'eau immédiatement en amont et immédiatement en aval du barrage. Il y avait donc lieu de croire que la présence de celui-ci n'altérait pas la dépense des orifices; mais il en fut tout autrement, comme le prouvent les résultats relatifs au dispositif de la figure 13, consignés sur les tableaux I, III, VI et XIX. Nous avons donc dû renoncer à un barrage fixe pour détruire les oscillations de l'eau, et employer exclusivement, comme par le passé, une cloison mobile dont on faisait varier la hauteur avec les charges de liquide.

42. Telles sont les précautions que nous avons prises pour relever avec exactitude la hauteur du niveau de l'eau, dans le réservoir, loin des orifices. Trois aides concouraient simultanément à cette opération. Le premier, assis sur l'escabelle en face de la coulisse, l'œil fixé sur la pointe qu'il relevait et abaissait fréquemment, pour la mettre en contact avec la surface du liquide, observait les moindres variations du niveau, à l'aide d'un miroir incliné à 45°, qui lui permettait de placer l'œil dans le plan vertical même du niveau réfléchi, et les signalait au second, qui, tenant constamment la main à la vis de manœuvre de la vanne du canal de décharge, ouvrait ou fermait plus ou moins cette vanne, selon le besoin, et avertissait le troisième quand il devenait nécessaire

4.

d'aller à la prise, pour augmenter ou diminuer le volume d'eau qui alimentait l'avant-bassin. Ce troisième aide était en outre chargé d'arrêter, au moyen d'un filet, tous les corps étrangers qui se présentaient à l'entrée du réservoir, et de surveiller tout ce qui s'y passait.

43. La position relative de la base des orifices et du zéro de l'échelle, dont la connaissance est indispensable pour déduire la charge de liquide de la mesure de la hauteur du niveau, a été déterminée en mettant la pointe de la coulisse X' et une semblable pointe disposée près de l'orifice, simultanément en contact avec la surface de l'eau contenue dans un auget en bois, garni d'un couvercle qui n'était interrompu que pour le passage des pointes, afin d'éviter les oscillations qu'aurait pu produire le vent.

Ce nivellement a été répété, pendant le cours des expériences, toutes les fois que les dispositifs, à l'intérieur du réservoir, n'empêchaient pas de mettre en place l'auget dont on vient de parler. En outre, on avait repéré la position de la base des orifices et des divisions de la coulisse, sur de petites plaques de cuivre encastrées de toute leur épaisseur dans les gros poteaux du réservoir, pour pouvoir vérifier à chaque instant, au moyen d'une courte règle en fer sur laquelle on plaçait un niveau à bulle d'air, si cette position n'avait pas varié.

44. Les charges prises loin des orifices ont, dans tous les cas, été mesurées avec la plus grande précision par les procédés que nous venons d'indiquer. On n'entreprenait jamais une expérience sans s'être assuré, au préalable, que le niveau de l'eau n'avait pas éprouvé la plus petite variation pendant un temps beaucoup plus long que la durée même que devait avoir cette expérience, et si l'on remarquait une différence, quelque légère qu'elle fût, entre les hauteurs observées au commencement et à la fin de cette durée, on prenait une moyenne entre ces hauteurs pour avoir la charge effective. Mais on regardait l'opération comme non avenue, et on la recommençait, toutes les fois que la vitesse théorique

due à cette charge moyenne différait de plus de $\frac{1}{400}$ de sa valeur, des vitesses correspondantes aux hauteurs observées, circonstance qui ne se présentait jamais que pour des charges de moins de $0^m,03$ sur le centre des orifices fermés à la partie supérieure ou sur la base des déversoirs.

APPAREILS POUR MESURER LES CHARGES DE LIQUIDE PRÈS DES ORIFICES
ET RELEVER LES SECTIONS DES VEINES.

45. Nous avons relevé les sections de la surface de l'eau, tant à l'intérieur qu'à l'extérieur du réservoir, à l'aide d'instruments analogues à ceux qui sont décrits dans le mémoire imprimé en 1832, mais beaucoup plus perfectionnés.

Celui qui est dessiné sur la planche 4 (fig. 33, 34 et 35) est d'un usage général et suffit pour toutes les opérations, tandis que dans les expériences antérieures nous en avons employé cinq différents, selon les cas qui se présentaient. Il consiste en une épaisse règle de bois k, dans laquelle sont encastrées, suivant une de leurs diagonales, et glissent à frottement doux des tiges métalliques i, espacées de centimètre en centimètre et retenues au moyen de ressorts l, qui ont la forme de deux T tournés en sens inverse, et sont fixés sur la règle par des vis qu'on serre à volonté. Ces tiges portent à leur tête des échancrures par lesquelles on les saisit pour les faire glisser, et toutes leurs arêtes extérieures, ainsi que les sommets des pyramides qui les terminent à leur partie inférieure, sont dans un même plan. Il s'ensuit qu'en appliquant les tiges extrêmes de l'instrument contre le plan des orifices, on est certain que les extrémités de toutes les tiges y sont contenues, et donnent la section de la surface de l'eau par ce plan. A la règle est adaptée une poignée u, pour la maintenir avec la main dans une position stable.

46. Pour prendre des sections, on plaçait cet instrument sur le support en fer m (pl. 4, fig. 36 et 37), préalablement établi horizontalement et à une hauteur convenable, au moyen de deux

verges cylindriques n, qui traversent chacune une bague ou mâchoire o, garnie d'une vis de pression p, pour la serrer et desserrer à volonté. Chaque bague fait corps avec une plaque qu'on fixait, au moyen de vis à bois, soit contre la face qui contenait les orifices, soit contre les venteaux qui accompagnaient ceux-ci à l'intérieur du réservoir, soit contre les parois des canaux qui les prolongeaient au dehors, selon le point où l'on voulait opérer.

La forme et la longueur des supports variaient suivant l'usage qu'on voulait en faire. Celui de la figure 36, servait particulièrement pour relever la section de l'eau par le plan même du déversoir de $0^m,20$ de base. Les tiges de l'instrument se logeaient dans l'évidement du support, de telle façon que, lorsque leurs arêtes intérieures rasaient la ligne qr du support, leurs arêtes extérieures, et par conséquent leurs pointes, étaient dans l'alignement st, c'est-à-dire dans le plan même du déversoir. On doit mentionner que l'on avait tracé, sur la plaque de cuivre dans laquelle ce déversoir était pratiqué, des lignes horizontales espacées de 4 en 4 centimètres, et que toujours on disposait le support m de manière que son plan supérieur contînt l'une de ces lignes.

47. C'est à l'aide de semblables appareils que nous avons relevé, tant à l'intérieur qu'à l'extérieur du réservoir, les sections de la surface de l'eau par des plans perpendiculaires ou parallèles à l'axe de l'écoulement. Dans ce dernier cas, nous disposions, de distance en distance, des supports exactement à la même hauteur, au moyen de règles en fer bien dressées et de niveaux à bulle d'air. Pour faire ces opérations, nous nous tenions avec nos aides sur des échafauds volants suspendus au-dessus de l'eau.

Lorsque les orifices étaient accompagnés, à l'intérieur du réservoir, de venteaux trop rapprochés pour permettre d'entrer dans leur intervalle, on était obligé d'établir les échafauds le long des faces extérieures de ces venteaux, et de démonter successivement toute la partie supérieure de leurs revêtements, jusqu'à environ

0^m,20 au-dessus du niveau de l'eau, afin de pouvoir disposer convenablement les supports de l'instrument, et observer de près l'instant du contact des pointes avec le liquide.

48. Quand il ne s'agissait de relever les sections de la surface de l'eau que jusqu'à une petite distance en amont des orifices, on plaçait l'instrument de la figure 33 sur un châssis en fer v (pl. 4, fig. 38.) suspendu à une verge coudée x, dont la partie droite portait à son extrémité une poignée pour la manœuvrer, et était maintenue contre la paroi d'aval du réservoir par deux colliers en fer, dans lesquels on la faisait glisser à volonté en desserrant la vis de pression y.

Cette verge était divisée en décimètres à partir du châssis v, et ses divisions s'appliquaient exactement contre celles d'une échelle triangulaire en cuivre z, donnant les millimètres et fixée par des vis sur une pièce saillante en fer z', encastrée dans les grosses moises de la charpente du réservoir, mais entièrement isolée de son revêtement en madriers. La verge a été coudée pour laisser la facilité d'opérer, avec l'instrument à profiler, dans tout l'intervalle compris entre ce coude et la paroi d'aval du réservoir, et les côtés latéraux du châssis ont été prolongés de 0^m,015 au delà de la première traverse, afin que celle-ci n'empêchât pas de prendre les sections de l'eau aussi près qu'on le voudrait de l'orifice.

49. On avait repéré avec soin, dès le principe, sur l'échelle en cuivre, et l'on a fréquemment vérifié, dans le cours des opérations, la position de l'une des divisions de la tige, lorsque le dessus du châssis était au niveau de la base des orifices. Il suffisait donc, pour connaître à chaque instant la position de ce châssis, d'évaluer la quantité dont la division repérée de la verge s'élevait au-dessus du trait marqué sur l'échelle, en tenant compte des variations de longueur de cette verge dues aux changements de température. On s'assurait d'ailleurs, au moyen d'un niveau à bulle d'air, que ce châssis était horizontal dans tous les sens.

50. L'enlèvement, planche par planche, et la remise en place du revêtement des venteaux qui accompagnaient les orifices à

l'intérieur du réservoir, exigeant beaucoup de temps et de peine, nous nous sommes affranchi de cette sujétion, toutes les fois qu'il s'agissait de mesurer uniquement la charge immédiatement au-dessus de ces orifices. A cet effet, après avoir établi à demeure, sur le châssis dont on vient de parler, une règle garnie d'une tige comme celles de l'instrument de la figure 33, et deux niveaux à bulle d'air dirigés, l'un dans le sens du courant, l'autre dans le sens perpendiculaire, on le faisait descendre lentement, pendant qu'un aide placé sur un échafaud suspendu à l'entrée des venteaux, observait l'instant du contact de la pointe avec la surface du liquide. Cette opération était répétée plusieurs fois pour chaque expérience, et l'on prenait une moyenne entre les résultats obtenus, lesquels différaient généralement très-peu entre eux,

51. Malgré toutes ces précautions, les charges près des orifices n'ont pas toujours pu être relevées avec autant d'exactitude que les mêmes charges prises loin de ces orifices, parce que dans certains cas, notamment dans celui du dispositif de la figure 6, il y avait, dans le voisinage des orifices, un bouillonnement qui rendait incertaine l'appréciation de la hauteur du niveau de l'eau. Mais les erreurs commises n'ont pu avoir qu'une légère influence sur les résultats, car les bouillonnements n'étaient assez forts pour rendre l'appréciation dont il s'agit réellement incertaine, que pour les orifices d'au moins $0^m,10$ de hauteur. Or, la plus faible charge au-dessus du centre de ces orifices sur laquelle on ait opéré, dans ces circonstances, est de $0^m,0815$; et, en admettant qu'on se soit trompé d'un millimètre en plus ou en moins dans la mesure de la hauteur du niveau, ce que nous croyons tout à fait impossible, la vitesse théorique relative à la charge $0^m,0815$, ainsi obtenue, ne différera que de $\frac{1}{164}$ de sa valeur de celle qui correspond à la charge réelle.

52. L'instrument de la figure 33 nous a encore servi à prendre le contour des veines liquides jaillissant librement dans l'air. La face inférieure de la règle était alors appliquée contre le contour extérieur d'un polygone tel que *abcd* (pl. 4, fig. 39), dont la forme

et les dimensions variaient pour se rapprocher, autant que possible, de celles du contour qu'on voulait relever. Les côtés de ce polygone étaient divisés, de centimètre en centimètre, par des traits déliés avec lesquels on faisait correspondre les pointes de l'instrument, et étaient vissés sur un fort cadre à oreilles *efgh*, soutenu invariablement dans une position parallèle au plan de l'orifice, au moyen de quatre guides horizontaux *i*, solidement boulonnés contre les gros poteaux du réservoir, et gradués sur leur longueur pour indiquer à quelle distance de l'orifice on prenait la section de la veine.

53. Pour obtenir directement les profils marqués par les extrémités des pointes des tiges, on appliquait la face inférieure de la règle qui les portait contre les bords de planchettes découpées exactement suivant les contours extérieurs des polygones, et divisées comme ceux-ci de centimètre en centimètre; et, après avoir tracé la position de l'extrémité de chaque pointe avec des précautions qu'il serait superflu de détailler ici, on conduisait une courbe continue par tous les points ainsi obtenus.

On a toujours procédé de cette manière, pour rapporter les points de la surface de l'eau relevés tant à l'intérieur qu'à l'extérieur du réservoir, afin d'éviter les erreurs qu'on commettrait inévitablement, en mesurant directement les distances entre les extrémités des pointes et la face inférieure de la règle qui porte les tiges.

§ 5.

JAUGEAGE DES DÉPENSES DES ORIFICES.

DESCRIPTION ET ÉTALONNAGE DE LA JAUGE ET DU CUVIER DESTINÉS À RECUEILLIR
LA DÉPENSE DES ORIFICES.

54. Le bassin en bois dans lequel on recueillait le produit de l'écoulement par les orifices, avait été trop endommagé par les crues de la Moselle à la fin de 1829, pour qu'on pût continuer à

s'en servir. On l'a remplacé en 1830 par une jauge k (pl. 4, fig. 29, 30 et 31) construite en maçonnerie de briques et mortier hydraulique. Son fond a 1^m,00 d'épaisseur, et ses murs d'enveloppe 0^m,50. A l'intérieur, ses parois sont recouvertes d'une couche de ciment romain bien unie, et à l'extérieur elles sont soigneusement jointoyées avec le même ciment. Elle est divisée en deux compartiments par un mur dans lequel on a ménagé une ouverture fermée par une vanne, pour recevoir à volonté la dépense des orifices dans un seul de ces compartiments ou dans les deux réunis, et une pareille ouverture est pratiquée dans le côté d'aval, pour évacuer, après chaque expérience, le produit de l'écoulement dans la basse Moselle. Toutes les pentes du fond sont, à cet effet, dirigées vers ce point.

55. L'un des murs du compartiment d'aval est interrompu, sur une longueur de 0^m,09, par une coupure verticale débouchant dans une case carrée l de 0^m,20 de côté, qui forme ainsi la continuation de ce compartiment, et dont le devant est fermé par des planches simplement engagées dans deux rainures verticales, afin qu'on puisse les mettre et les retirer à volonté. Au fond de cette case, est scellé un écrou pour recevoir une verge en fer avec curseur m, destinée à mesurer la hauteur du niveau de l'eau dans la jauge, et en avant se trouve un puits n, où se tient un aide pour observer, au moyen d'un miroir (42), l'instant du contact de la pointe avec la surface du liquide et lire les indications du vernier.

Cette opération se faisait avec la plus grande précision, parce qu'on avait toujours le soin de n'élever la fermeture en planches du devant de la case l, que de quelques centimètres au-dessus du niveau de l'eau, en sorte que l'observateur pouvait s'approcher du curseur autant qu'il le voulait. Les oscillations étaient d'ailleurs fort peu sensibles dans la case, non-seulement à cause de la petitesse de ses dimensions et de celles de la coupure de communication avec la jauge, mais encore parce qu'on barrait, au besoin, cette coupure par une ventelle percée de nombreux trous de vrille, qui, tout en arrêtant les oscillations, laissait au liquide un passage suffisant pour lui permettre de s'élever très-promptement dans la case au même niveau que dans la jauge, et qu'en outre, en tombant dans celle-ci, ce liquide était reçu dans une caisse à claire-voie o, qui, en amortissant son choc et le forçant à se disséminer par petits filets, détruisait en grande partie sa force vive.

56. La difficulté de rendre étanche la vanne de séparation des deux compartiments de la jauge nous a fait renoncer à l'avantage de ne recueillir, dans certains cas, le produit de l'écoulement que dans un seul de ces compartiments, avantage qui consistait en ce qu'on aurait pu, sans prolonger outre mesure la durée des expériences, admettre dans un seul compartiment, pour les faibles dépenses, la même hauteur de liquide qu'on admet pour les fortes dans les deux compartiments réunis, et diminuer ainsi l'influence des erreurs qu'on peut commettre dans l'appréciation de cette hauteur, influence qui est d'autant plus grande que cette hauteur est plus faible.

La même difficulté nous a fait remplacer la vanne qui ferme l'ouverture par laquelle la jauge se vide dans la basse Moselle, après chaque expérience, par des planches simplement engagées dans des rainures, afin qu'on puisse les retirer à volonté, et dans lesquelles on a percé, au niveau du fond de la jauge, un trou cylindrique qu'on bouche hermétiquement avec un tampon de bois garni de vieux linge.

57. L'inconvénient qu'on vient de signaler a rendu inutile le double fond qui divisait en deux parties, dans le sens de sa hauteur, un cuvier cylindrique de la contenance de 1150 litres, construit, en septembre 1828, avec des douves de chêne de $0^m,05$ d'épaisseur retenues par trois forts cercles en fer, et garni à sa partie inférieure de barres très-épaisses. Ce double fond n'avait pas pour objet de faire occuper aux faibles dépenses une plus grande hauteur, comme dans le cas des deux compartiments de la jauge, mais de rapprocher la surface du liquide du bord supérieur du cuvier, afin de rendre plus facile l'observation de la hauteur de cette surface.

5.

Pendant toute la durée des expériences qu'on a faites à partir du 17 septembre 1828, on s'est servi de ce cuvier pour recueillir les dépenses qui n'excédaient pas 13 litres par seconde. A cet effet, après l'avoir établi au fond de la jauge en maçonnerie, dans la position qu'il devait occuper pour recevoir le produit de l'écoulement par les orifices, on a adapté à son fond une verge avec curseur (55), entourée d'une petite boîte pour diminuer l'amplitude des oscillations du liquide (38), et on l'a jaugé par les procédés décrits au n.° 36 du mémoire imprimé en 1832, en observant, à l'aide du miroir déjà mentionné (42), les hauteurs données par le vernier de 50 en 50 litres. Au moyen des résultats de ces observations plusieurs fois répétées, on a dressé une table indiquant, de centimètre en centimètre, les quantités d'eau correspondantes aux diverses hauteurs du vernier. Cette table a d'ailleurs été vérifiée très-fréquemment dans le cours des expériences.

58. Pour dresser une semblable table en ce qui concerne la jauge en maçonnerie, dont la contenance totale est de 18000 litres, après avoir solidement établi sur son bord le cuvier dont on vient de parler, et avoir déterminé avec le plus grand soin, par des opérations répétées, la hauteur du vernier lorsqu'il y avait 1100 litres d'eau dans ce cuvier, on a rempli la jauge par versements successifs d'un pareil volume de liquide, ensuite on a refait la même opération en commençant par y verser 550 litres mesurés avec un décalitre, et achevant de la remplir par cuviers de 1100 litres; enfin, on y a introduit d'abord 275 litres et l'on a continué comme précédemment par cuviers de 1100 litres. Au moyen des résultats de ces trois opérations, qui donnaient directement les quantités d'eau correspondantes à des hauteurs du vernier qui ne différaient entre elles que d'environ 15 millimètres, il a été facile de former la table dont il s'agit.

On doit ajouter que, pendant la durée de ces trois opérations, comme dans tout le cours des expériences, on n'a remarqué d'autre abaissement du niveau de l'eau dans la jauge que celui qui était dû à l'évaporation, et qu'on a reconnu être tout à fait insignifiant, en exposant à l'air, à côté de la jauge, un décalitre en cuivre plein d'eau. En effet, dans les neuf heures de temps qu'il fallait pour verser dans cette jauge 18000 litres, occupant une hauteur de $1^m,00$, cet abaissement a été à peine d'un demi-millimètre. Il correspondait donc à $\frac{0,5}{1000} = \frac{1}{2000}$ du volume du liquide.

Les contenances respectives de la jauge et du cuvier ont d'ailleurs été fréquemment vérifiées l'une par l'autre, pendant le cours des opérations, en recueillant dans l'un et dans l'autre le produit de l'écoulement par le même orifice sous la même charge, et ces contenances ont été comparées à celles de la jauge en charpente et du cuvier dont on se servait auparavant, en répétant en 1831 beaucoup d'expériences qui avaient été faites en 1829 et en 1828, comme on le dira plus loin.

MODE D'ADMISSION DE LA DÉPENSE DES ORIFICES DANS LA JAUGE ET DANS LE CUVIER;
DEGRÉ D'APPROXIMATION OBTENU DANS L'ÉVALUATION DE CETTE DÉPENSE.

59. Dans toutes les expériences sur les produits de l'écoulement, on s'est servi (n°s 54 et suivants du mémoire imprimé en 1832) d'un canal de $0^m,60$ ou de $1^m,00$ de largeur, selon que les orifices avaient $0^m,20$ ou $0^m,60$ de base, disposé à $0^m,27$ au-dessous de cette base, et percé en son fond d'une ouverture fermée par une coulisse ou canal mobile (pl. 4, fig. 29 et 31). Quand on voulait recueillir la dépense, soit dans la jauge, soit dans le cuvier, on tirait cette coulisse en arrière vers l'aval, et on la tirait en sens contraire lorsqu'on voulait intercepter tout passage à l'eau et la diriger vers la décharge. Cette manœuvre se faisait à notre commandement, et nous évaluions la durée du versement en prenant, avec un chronomètre à plume de Bréguet, l'intervalle de temps compris entre l'instant où les aides commençaient à tirer la coulisse pour l'ouvrir, et celui où ils commençaient à la tirer pour la fermer, après l'avoir préalablement approchée à une fort petite distance du jet. Les choses se trouvaient ainsi à peu près compensées, de façon à donner sensiblement les mêmes résultats, que si l'admission de

l'eau dans la jauge ou le cuvier et la suppression totale de l'écoulement eussent été instantanées.

60. Toutefois, cette manœuvre renferme en elle-même deux causes d'erreur, qui tendent à faire estimer la dépense des orifices au-dessus de celle qui correspond strictement à l'intervalle de temps écoulé entre les deux commandements. En effet, d'un côté la résistance que la coulisse oppose au mouvement de l'eau, lorsqu'elle est fermée, occasionne un remous naturel qui s'étend jusqu'à une certaine distance en amont, et augmente ainsi la section de la lame dans toute cette partie. Quand on ouvre cette coulisse, la résistance cessant tout à coup, le remous disparaît, et une portion du liquide qui le formait s'échappe dans la jauge ou dans le cuvier, avec celui qui constitue la véritable dépense. D'un autre côté, l'eau qui coule sur la coulisse à l'instant où l'on tire celle-ci vers l'aval, continue à cheminer sensiblement avec la même vitesse absolue dans l'espace. Si donc cette vitesse est inférieure à celle de la manœuvre, une portion du liquide supporté par la coulisse reste en arrière, tombe dans la jauge ou dans le cuvier, et s'ajoute à la dépense réelle.

61. Des expériences spéciales mentionnées aux numéros 57 et suivants du mémoire imprimé en 1832, dans lesquelles on n'avait pris aucune précaution pour éviter les causes d'erreur dont il s'agit, ont démontré que l'augmentation de dépense qui en résultait s'élevait à peine, dans les cas les plus défavorables, à $\frac{1}{200}$ de la dépense réelle. Mais dans toutes les opérations postérieures à 1828, d'une part, nous avons établi un ressaut de $0^m,05$ entre le fond de la coulisse et celui du canal qui la précède en amont, ce qui diminuait notablement le remous, et d'autre part, non-seulement on a eu le soin de proportionner la vitesse de la manœuvre à celle de l'eau qui coulait sur la coulisse, mais encore on a toujours déterminé par l'expérience celle qui, restant en arrière, s'ajoutait au produit de l'écoulement, et on l'a déduite du volume total de ce produit. Au reste, cette circonstance ne se présentait que dans le cas des très-faibles dépenses qu'on recueillait dans le cuvier, et

comme alors la durée de l'expérience était toujours fort longue (de 300 à 700 secondes), on croit exagérer l'erreur totale résultant des deux causes signalées plus haut, en la portant à $\frac{1}{1000}$ de la valeur réelle de la dépense.

62. Dans toutes les expériences, excepté celles qui concernent les orifices de $0^m,60$ de base sur $0^m,20$ et $0^m,40$ de hauteur, la plus courte durée du versement et la plus petite hauteur d'eau recueillie ont été : pour la jauge, de 60 secondes et de 210 millimètres (3155 litres), et, pour le cuvier, de 86 secondes et de 160 millimètres (225 litres). On peut donc compter sur un degré d'approximation d'au moins $\frac{1}{600}$ dans l'estimation du temps, et de $\frac{0,2}{160} = \frac{1}{800}$ dans celle de la dépense, puisque les opérations mêmes du jaugeage, si souvent répétées, prouvent que les différences relatives à l'évaluation des hauteurs du niveau ne s'élevaient jamais au delà de deux dixièmes de millimètre.

Quant aux orifices de $0^m,60$ de base sur $0^m,20$ et $0^m,40$ de hauteur, le jet résultant des fortes charges produisait de tels bouillonnements dans la jauge, qu'on a dû, pour que le liquide ne déversât pas par-dessus ses bords, se borner à en recueillir une hauteur de 750 millimètres. Le volume de la dépense a donc pu être évalué à $\frac{0,2}{750} = \frac{1}{3750}$ près; mais la durée correspondante du versement n'a été que de 36 secondes pour l'orifice de $0^m,20$ de hauteur et de 16 secondes pour celui de $0^m,40$, en sorte qu'on ne peut compter que sur un degré d'approximation de $\frac{1}{360}$ pour le premier et de $\frac{1}{160}$ pour le second.

CHAPITRE II.

RÉSULTATS IMMÉDIATS DES EXPÉRIENCES OU OBSERVATIONS.

PREMIÈRE SECTION.

LEVERS DE VEINES FLUIDES;

CIRCONSTANCES QUI ACCOMPAGNENT LE PHÉNOMÈNE DE L'ÉCOULEMENT

DU LIQUIDE,

ET DÉPRESSIONS ÉPROUVÉES, DANS LE RÉSERVOIR,

PAR SA SURFACE SUPÉRIEURE.

§ 1.

LEVERS DE VEINES FLUIDES JAILLISSANT PAR DES ORIFICES FERMÉS
À LA PARTIE SUPÉRIEURE, DÉBOUCHANT LIBREMENT DANS L'AIR.

63. On a rendu compte, dans le mémoire de 1829 (art. 118 et suiv.), des opérations que nous avons faites pour relever les sections de la veine fluide jaillissant de l'orifice carré de $0^m,20$ de côté, sous une charge moyenne de $1^m,68$ sur le centre, dans le cas du dispositif de la figure 1. D'après ce relevé, la plus petite section de la veine se trouve à $0^m,30$ de l'orifice, et son aire est de 225,06 centimètres carrés, en sorte que le coefficient de la contraction naturelle est de $\frac{225,06}{400} = 0,563$, tandis que celui qu'on déduit de la comparaison des dépenses effective et théorique est de $0^m,602$ (tabl. n° XXV). Il résulte de là, suivant les notions ordinairement admises, que la vitesse moyenne, dans la section contractée, est égale aux $\frac{602}{563}$ de la vitesse théorique due à

la charge de liquide sur le centre de l'orifice, et excède, par conséquent, celle-ci de près de $\frac{1}{14}$ de sa valeur.

64. Ce résultat s'écartait tellement des idées reçues, qu'on a consacré vingt pages du mémoire déjà cité (art. 149-166) à l'examen des difficultés et des doutes auxquels il donnait lieu. On a fait remarquer que la courbe qui aurait pour abscisses les distances de chacune des sections de la veine au plan de l'orifice, et pour ordonnées les rapports de leurs aires à celle de ce dernier, formait un jarret prononcé dans le voisinage du point correspondant à la section contractée, tandis que si l'on faisait abstraction de ce point, la courbe devenait parfaitement régulière, et assignait au coefficient minimum de contraction une valeur qui ne pouvait dépasser 0,585. En adoptant ce dernier chiffre, la vitesse moyenne, dans la section contractée, serait les $\frac{602}{585}$ de la vitesse théorique, et l'excéderait, par conséquent, de $\frac{17}{585}$ ou d'environ $\frac{1}{34}$.

Cette observation a donné lieu de penser que peut-être les guides horizontaux, sur lesquels reposait le châssis auquel nous avions rapporté les différents points des profils de la veine, avaient éprouvé, à la distance de $0^m,30$ de l'orifice et dans le sens horizontal, un déplacement général d'environ 5 millimètres, en vertu duquel nous avions mal jugé de la position de l'axe de symétrie de la section contractée. Si ce déplacement était réel, l'aire de cette section devait se trouver diminuée ou augmentée de deux fois la surface d'une tranche ayant une hauteur à peu près égale à l'axe vertical de la section, et pour épaisseur la quantité dont les guides étaient en deçà ou au delà du plan vertical qui partageait l'orifice en deux parties égales, puisque nous avions été forcé, par le manque de temps, de nous borner à relever les points de la veine qui étaient situés d'un seul côté de ce plan, et nous avions doublé les superficies ainsi obtenues, pour avoir les aires entières des sections.

65. Pour vérifier ce fait, nous avons saisi avec empressement le moment où, toutes les expériences relatives à la dépense des

orifices de $0^m,20$ de base étant terminées, nous pouvions, sans inconvénient, revenir au dispositif de la figure 1.

Le 18 novembre 1834, après avoir rétabli les appareils tels qu'ils étaient au début de nos opérations, en 1827, nous avons relevé la section de la veine fluide jaillissant de l'orifice carré de $0^m,20$ de côté, sous une charge de $1^m,71$ sur son centre, par un plan mené parallèlement à cet orifice et à $0^m,30$ de distance. Nous nous sommes servi pour cela des instruments décrits aux n°s 45 et 52 et dessinés sur la planche 4 (fig. 33, 34, 35 et 39). Nous avons pris tant de précautions pour que les guides horizontaux et le châssis qu'ils supportaient fussent invariables de position, et que le plan de la section fût bien vertical et à la distance voulue, que nous croyons avoir rendu, sous ce rapport, toute erreur impossible. Nous avons également apporté les plus grands soins à ce que l'axe vertical de cette section fût exactement dans le plan qui partageait l'orifice en deux parties égales, quoique l'accomplissement de cette condition fût ici sans importance, attendu que nous avons relevé le contour entier de la veine. A cet effet, après avoir établi à demeure cinq tiges métalliques terminées en pointe, correspondant aux cinq saillants de la section cherchée, et les avoir mises simultanément en contact avec la surface du liquide, nous avons saisi l'instant où la veine, qui, avec toutes les apparences de la plus parfaite immobilité, éprouve *naturellement* et dans tous les cas, quelque calme que soit le temps, des oscillations incessantes, surtout dans le sens horizontal, reprenait sa position primitive, pour relever à la fois, à l'aide de deux instruments pareils à celui de la figure 33, d'abord l'une des faces supérieures et la face inférieure opposée, et ensuite les deux autres faces.

66. Cette opération, répétée par nous plusieurs fois à des époques différentes, et refaite ensuite par d'autres observateurs agissant en dehors de notre présence, a constamment donné la section dessinée et cotée sur la planche 5, et dont la surface, calculée par la méthode de Thomas Simpson, est de 230,622 cen-

timètres carrés. Cette section est donc de 5,562 centimètres carrés plus grande que celle que nous avons relevée en 1827. Si le défaut de symétrie des guides horizontaux, par rapport à l'axe de l'orifice, était l'unique cause de cette différence, il suffirait, pour l'expliquer, qu'ils se fussent trouvés en dehors de la position qu'ils devaient occuper, d'une quantité exprimée par $\frac{1}{2} \cdot \frac{5,562}{25} =$ 0,111 centimètre, puisque la hauteur de la section contractée est de 25 centimètres (64). Mais, sans nier que ces guides aient pu éprouver un si minime déplacement dans le cours des opérations, nous sommes porté à attribuer, au moins en partie, la différence dont il s'agit à l'excessive mobilité de la veine fluide, mobilité tout à fait inappréciable à la simple vue par un temps parfaitement calme, et qui ne nous a paru qu'accidentelle quand, en 1827, nous ne prenions à la fois qu'un seul point de la section contractée, mais qui, lorsque nous avons voulu relever simultanément et dans toute leur étendue, les deux faces supérieure et inférieure opposées de cette section, à l'aide de vingt-cinq ou trente tiges métalliques, nous a frappé au point que nous avons pu croire que c'était là un état normal, et que l'écoulement, bien loin de se faire par un mouvement continu, n'avait lieu, en quelque sorte, que par saccades, par oscillations.

67. Quoi qu'il en soit, on doit admettre définitivement que, pour l'orifice carré de 0^m,20 de côté en mince paroi plane, sous une charge de 1^m,71 sur le centre, l'aire *minima* des sections de la veine par des plans parallèles à celui qui contient cet orifice, est de 230,622 centimètres carrés, en sorte que le coefficient de la contraction naturelle est de $\frac{230,622}{400} =$ 0,57656, soit 0,577. Or, celui qu'on déduit de la comparaison des dépenses effective et théorique est de 0,602 (tabl. XXV), d'où il résulte que la vitesse moyenne, dans la section contractée, est les $\frac{602}{577}$ de celle qui est due à la charge de liquide sur le centre de l'orifice, et que, par conséquent, elle excède celle-ci de $\frac{25}{577}$ ou d'environ $\frac{1}{23}$. A la vérité, d'après le lever que nous avons fait en 1827, le centre de gravité de la section contractée se trouve abaissé de 0^m,0197

au-dessous de celui de l'orifice (note au bas de la page 172 du mémoire de 1829). La vitesse théorique, dans cette section, est donc due à une charge de $1^m,71 + 0^m,0197 = 1^m,7297$, et est de $5^m,8252$, au lieu de $5^m,7919$; mais, malgré cette augmentation, elle est encore de $\frac{1}{26}$ de sa valeur plus faible que la vitesse moyenne dans la section contractée[1].

68. Cette dernière vitesse est au contraire notablement plus faible que l'autre, pour l'orifice de $0^m,60$ de hauteur verticale sur $0^m,02$ de largeur horizontale, en mince paroi plane (dispositif de la fig. 1), sous une charge de $1^m,55$ sur le centre. Ayant eu à faire des expériences sur cet orifice, pour examiner les modifications que peuvent éprouver les coefficients de la dépense, lorsque la hauteur de l'ouverture est plus grande que sa largeur, nous avons trouvé la veine qui en jaillissait tellement remarquable, que nous avons cru devoir en faire le lever, ne fût-ce que pour ajouter un cas de plus à ceux dont M. Bidone s'est occupé dans un mémoire spécial sur la forme et sur la direction des veines fluides, lu à l'Académie des sciences de Turin le 4 janvier 1829 (t. XXXIV, p. 229). Ce mémoire est accompagné de planches représentant, à l'aide de figures purement démonstratives, un très-grand nombre de veines, parmi lesquelles aucune ne se rapporte à une ouverture en mince paroi plus haute que large.

La veine dont il s'agit est représentée, sur la planche 6, au moyen d'un plan, d'une élévation latérale et de quatre sections par des plans parallèles à celui de l'orifice. Ces figures, qui sont cotées dans toutes leurs parties, suffisent pour faire connaître dans tous ses détails la forme extraordinaire qu'affecte cette veine. Nous nous bornerons à dire qu'elle ressemble à la trame d'une toile que formeraient les filets liquides, après s'être croisés à leur sortie de l'orifice.

---

[1] Ce résultat ne peut s'expliquer qu'en admettant l'existence, dans le réservoir, d'une *section vive* ou noyau central d'écoulement, analogue à celui que nous avons mentionné au n° 225, et dont la force vive s'ajoute à celle qui est due à la charge de liquide sur le centre de l'orifice.

69. Le filet central de la veine est ici trop incliné à l'horizon, pour qu'on puisse prendre les sections verticales pour les sections normales à ce filet, comme on l'a fait dans le cas précédent. Nous avions voulu déterminer celles-ci par des constructions graphiques, à l'aide des données fournies par le lever; mais nous avons reconnu, dès le début, qu'en multipliant simplement l'aire de chaque section verticale par le sinus de l'angle que forme son plan avec la courbe du filet central de la veine, nous obtiendrions avec toute l'exactitude désirable la surface de la section normale correspondante. D'après cela, les centres de gravité des sections verticales situées à 10, à 30 et à 70 centimètres de l'orifice, étant très-sensiblement sur une même droite, formant un angle de 80° avec le plan de ces sections, nous avons multiplié leurs aires par $0,9848 = \sin. 80°$, et nous avons multiplié celle de la section placée à $1^m,10$ de l'orifice, dont le plan fait un angle de 69° avec le filet central de cette portion de la veine, par $0,9336 = \sin. 69°$.

Nous avons calculé, d'après la théorie des moments, la position des centres de gravité de ces diverses sections, et nous avons trouvé qu'ils étaient situés, par rapport au centre de l'orifice, comme l'indique le tableau ci-après :

DISTANCE des sections au plan de l'orifice.	POSITION des centres de gravité des sections	
	au-dessus du centre de l'orifice.	au-dessous du centre de l'orifice.
centimètres.	centimètres.	centimètres.
10	0,91	"
30	"	2,57
70	"	9,60
110	"	21,44

Il faudra donc, pour avoir la charge sur les centres de gravité des sections, retrancher de la hauteur $1^m,55$, qu'il y avait sur le centre de l'orifice, les nombres de la seconde colonne de ce petit tableau, ou y ajouter ceux de la troisième, selon le cas. Enfin, nous compléterons les renseignements nécessaires pour l'intelligence de la table suivante, en faisant remarquer que le coefficient de la dépense *théorique* $D = lo \sqrt{2gH} = 0^m,60 \times 0^m,02 \times \sqrt{2g \times 1^m,55} = 0,012 \times 5,5143 = 0,066172$ mètre cube, étant, dans le cas qui nous occupe, de $0,625$ (tabl. XXXII), la dépense effective E est exprimée par $E = 0,625 \times 0,066172 = 0,041358$ mètre cube. En divisant donc cette dépense par l'aire de chaque section, on aura la vitesse moyenne correspondante.

70. Nous avons procédé de cette façon pour dresser la table suivante :

TABLE DES CONTRACTIONS ÉPROUVÉES, À DIFFÉRENTES DISTANCES DU PLAN DE L'ORIFICE, PAR LA VEINE FLUIDE JAILLISSANT D'UN ORIFICE DE $0^M,60$ DE HAUTEUR ET $0^M,02$ DE LARGEUR, EN MINCE PAROI PLANE (DISPOSITIF DE LA FIGURE 1) SOUS UNE CHARGE DE $1^M,55$ SUR LE CENTRE.

DISTANCES des sections au plan de l'orifice.	SURFACE des sections		CONTRAC-TION absolue de la section normale.	CONTRAC-TION proportionnelle, ou rapport de la contraction absolue à l'aire de l'orifice.	COEFFI-CIENT de la contraction naturelle, ou rapport de l'aire de la section normale à celle de l'orifice.	CHARGE sur le centre de gravité de la section normale.	VITESSE théorique due à la charge sur le centre de gravité de la section normale, V.	VITESSE moyenne dans la section normale, obtenue en divisant la dépense réelle par l'aire de cette section, v.	RAPPORT de la vitesse moyenne à la vitesse théorique, $\frac{v}{V}$.
	verticale.	normale au filet central de la veine.							
1	2	3	4	5	6	7	8	9	10
centimètres.	cent. carrés	cent. carrés	cent. carrés			mètres.	mètres.	mètres.	
"	120,00	120,00	"	"	1,000	1,5500	5,5143	3,4465	0,625
10,00	79,51	78,30	41,70	0,348	0,653	1,5409	5,4980	5,2820	0,961
30,00	77,70	76,52	43,48	0,362	0,638	1,5757	5,5600	5,4049	0,972
70,00	84,95	83,66	36,34	0,303	0,697	1,6460	5,6825	4,9436	0,870
110,00	92,55	86,41	33,59	0,280	0,720	1,7644	5,8833	4,7863	0,814

La troisième colonne de cette table montre que la section à 30 centimètres est la plus petite de celles que nous avons relevées; mais, comme elle est placée à une assez grande distance de celle qui la précède et de celle qui la suit immédiatement, on peut douter qu'elle soit réellement la section minima. Toutefois, si l'on prend pour abscisses les distances de ces sections au plan de l'orifice, et pour ordonnées les coefficients de la contraction naturelle donnés par la sixième colonne, on voit qu'on ne pourrait pas faire descendre la courbe ainsi obtenue plus bas que le point qui correspond à la section située à 30 centimètres de l'orifice, sans lui faire former un jarret brusque qui interromprait la régularité de son cours, et qui, par conséquent, ne saurait exister. C'est pourquoi, on doit admettre que la section contractée se trouve à environ 30 centimètres de l'orifice, que la contraction maxima est égale aux 0,362 de l'aire de cet orifice, que le coefficient qui s'y rapporte est de 0,638, et que, contrairement à ce qui a lieu dans le cas de l'orifice carré de 0^m, 20 de côté (67), la vitesse moyenne, dans cette section, est d'environ $\frac{1}{35}$ de sa valeur plus petite que celle qui serait due à la charge de liquide au-dessus de son centre de gravité.

71. Quoique nous n'attachions qu'une importance très-secondaire à la détermination des formes et des dimensions des veines fluides, parce qu'on ne peut en déduire aucun résultat utile pour la pratique de l'hydraulique, qui fait l'objet exclusif de nos recherches, nous avons profité d'un moment où les débordements de la Moselle nous empêchaient de recueillir la dépense des orifices, pour faire le lever de celles qui jaillissaient d'ouvertures de 0^m,20 de base sur 0^m,20 et 0^m,05 de hauteur, dans le cas du dispositif de la figure 6, où le fond du réservoir est au niveau de la base de ces ouvertures, et ses faces latérales sont éloignées de 0^m,02 seulement de leurs bords verticaux. Nous avons fait ces opérations avec les précautions et à l'aide des instruments précédemment indiqués (65); et, pour dresser la table des contractions des veines, nous avons suivi la marche tracée au n° 69.

72. Nous avons relevé cinq sections et l'élévation latérale de la veine jaillissant par l'orifice carré de 0^m,20 de côté, sous une charge de 1^m,5475 (pl. 5). Le coefficient de la dépense théorique $D = (0,2)^2 \times \sqrt{2g \times 1,5475} = 0,2204$ mètre cube, étant, dans ce cas, de 0,662 (tabl. XXV), la dépense effective E est exprimée par $E = 0,2204 \times 0,662 = 0,145905$ mètre cube. Les centres de gravité des sections, dont nous avons déterminé la position par la

théorie des moments, se sont abaissés au-dessous de celui de l'orifice, savoir :

DISTANCES des sections au plan de l'orifice.	ABAISSEMENTS des centres de gravité des sections au-dessous de celui de l'orifice.
centimètres.	centimètres.
0,3	3,17
15,0	4,57
20,0	6,60
30,0	11,30
35,0	13,43

Il faudra donc, pour avoir la charge sur le centre des sections, ajouter les nombres de la seconde colonne à la hauteur $1^m,5475$ de liquide, qu'il y avait au-dessus du centre de l'ouverture.

73. Un calcul approximatif nous ayant démontré, tout d'abord, que la section contractée ne devait être éloignée que de 9 à 15 centimètres de l'orifice de $0^m,20$ de hauteur, il devenait inutile de la chercher plus loin pour celui dont la hauteur n'est que de $0^m,05$. Nous aurions désiré pouvoir vérifier directement si elle ne se trouvait pas plus près; mais nous en avons été empêché par la paroi même du réservoir, dont l'épaisseur, jointe à celle de l'instrument à profiler, ne nous permettait pas de relever des points à moins de 8 à 9 centimètres de l'orifice. Toutefois, à l'aide des mesures prises sur place, nous avons pu construire les projections horizontale et verticale de la veine sur une longueur de 15 centimètres, et en déduire la section normale à 3,5 centimètres de l'orifice, ce qui nous a permis de constater, en traçant la courbe mentionnée à l'article 70, que la section contractée était réellement située à environ $9^c,3$ du plan de cet orifice.

Le coefficient de la dépense théorique D, pour l'orifice de $0^m,05$ de hauteur dont il s'agit, sous la charge de $1^m,5096$, est de 0,678 (tabl. XXVII); par conséquent, la dépense effective E est représentée par $E = 0,678 \times 0,20 \times 0,05 \sqrt{2g \times 1,5096} = 0,036897$

mètre cube. Enfin, les centres de gravité des sections situées à 3.5, 9.3 et 15 centimètres du plan de l'orifice (pl. 5) se sont respectivement abaissés, au-dessous du centre de cette ouverture, de 1.1, 2.57 et 4.07 centimètres, en sorte que ces trois nombres devront être ajoutés à 1^{m},5096 pour avoir les charges sur les centres de gravité des sections.

74. Ces renseignements suffisent pour l'intelligence de la table suivante :

TABLE DES CONTRACTIONS ÉPROUVÉES, À DIVERSES DISTANCES DU PLAN QUI CONTIENT L'ORIFICE, DANS LE CAS DU DISPOSITIF DE LA FIGURE 6, PAR LES VEINES FLUIDES JAILLISSANT LIBREMENT DE DEUX ORIFICES DE 0^{M},20 DE BASE SUR 0^{M},20 ET 0^{M},05 DE HAUTEUR, SOUS UNE CHARGE SUR LE CENTRE DE 1^{M},5475 POUR LE PREMIER, ET DE 1^{M},5096 POUR LE SECOND.

DISTANCES des sections au plan de l'orifice.	SURFACES des sections		CONTRACTION absolue de la section normale.	CONTRACTION proportionnelle, ou rapport de la contraction absolue à l'aire de l'orifice.	COEFFICIENT de la contraction naturelle, ou rapport de l'aire de la section normale à celle de l'orifice.	CHARGE sur le centre de gravité de la section normale.	VITESSE théorique due à la charge sur le centre de gravité de la section normale, V.	VITESSE moyenne dans la section normale, obtenue en divisant la dépense réelle par l'aire de cette section, v.	RAPPORT de la vitesse moyenne à la vitesse théorique, $\frac{v}{V}$
	verticale.	normale au filet central de la veine.							
1	2	3	4	5	6	7	8	9	10
ORIFICE DE 0^{M},20 DE BASE SUR 0^{M},20 DE HAUTEUR.									
centimètres.	cent. carrés	cent. carrés	cent. carrés			mètres.	mètres.	mètres.	
"	400,00	400,00	"	"	1,000	1,5475	5,5100	3,6476	0,662
9,3	274,41	260,12	139,88	0,350	0,650	1,5792	5,5660	5,6091	1,008
15,0	281,40	261,94	138,06	0,345	0,655	1,5932	5,5905	5,5702	0,996
20,0	289,75	262,55	137,45	0,344	0,656	1,6135	5,6261	5,5572	0,988
30,0	234,43	266,66	133,34	0,333	0,667	1,6605	5,7074	5,4716	0,959
35,0	359,46	327,58	72,42	0,181	0,819	1,6818	5,7439	4,4540	0,775
ORIFICE DE 0^{M},20 DE BASE SUR 0^{M},05 DE HAUTEUR.									
"	100,00	100,00	"	"	1,000	1,5096	5,4420	3,6897	0,678
3,5	"	74,40	25,60	0,256	0,744	1,5206	5,4618	4,9593	0,908
9,3	69,57	66,67	33,33	0,333	0,667	1,5353	5,4880	5,5343	1,008
15,0	74,58	71,86	28,14	0,281	0,719	1,5503	5,5148	5,1346	0,931

Ainsi, la section contractée de la veine fluide, dans le cas du dispositif de la figure 6, se trouve à environ 9,3 centimètres des orifices de 20 et de 5 centimètres de hauteur sur 20 centimètres de base; la contraction maxima est les 0,350 de l'aire du premier de ces deux orifices et les 0,333 de celle du second, les coefficients qui y répondent respectivement sont de 0,650 et 0,667, et, pour l'un comme pour l'autre, la vitesse moyenne, dans la section contractée, excède la vitesse théorique due à la charge sur le centre de gravité de cette section d'environ $\frac{1}{125}$ de sa valeur.

§ 2.

RÉSUMÉ DES PRINCIPALES CIRCONSTANCES QUE PRÉSENTE L'ÉCOULEMENT DU LIQUIDE À L'EXTÉRIEUR ET À L'INTÉRIEUR DU RÉSERVOIR.

75. L'écoulement du liquide, à l'extérieur et à l'intérieur du réservoir, présente des circonstances variables selon les dispositifs des orifices. Nous avons signalé les plus remarquables dans de très-courtes observations, consignées sur les tableaux détaillés des résultats des expériences sur la dépense de ces orifices. Mais nous croyons devoir reproduire ici ces observations, en leur donnant plus de développement et réunissant toutes celles qui concernent un même dispositif, soit pour en mieux faire saisir l'ensemble, soit afin de n'avoir pas à interrompre, pour donner des explications à ce sujet, ce que nous avons à dire dans les paragraphes suivants.

ORIFICES FERMÉS À LA PARTIE SUPÉRIEURE, DÉBOUCHANT LIBREMENT DANS L'AIR.

76. Les dessins des veines fluides jaillissant de l'orifice carré de $0^m,20$ de côté et de celui de $0^m,60$ de hauteur sur $0^m,02$ de largeur, joints aux explications contenues dans le mémoire de 1829 et à celles que nous avons données dans les numéros 68, 69 et 70 du présent mémoire, suffisent pour faire connaître parfaitement toutes les circonstances de l'écoulement du liquide dans le cas du dispositif de la figure 1, et nous n'avons rien à ajouter à tout ce qui a été dit sur ce sujet.

77. L'orsque l'orifice n'est pas symétriquement placé par rapport aux faces latérales du réservoir, le jet de la veine est oblique et converge d'autant plus fortement vers la direction prolongée de la face du réservoir la plus rapprochée de l'orifice, que la distance entre cet orifice et cette face est plus petite, et que la charge de liquide et la hauteur de l'ouverture sont plus grandes. Dans les mêmes circonstances, les sections de la surface de l'eau, prises immédiatement en amont de l'orifice, parallèlement au plan qui le contient, sont des lignes droites inclinées qui se relèvent d'autant plus du côté de la face du réservoir la plus voisine de l'orifice, que le jet de la veine est plus oblique.

78. Les apparences de l'écoulement sont les mêmes que dans le cas des minces parois (fig. 1), lorsque la base et les bords verticaux de l'orifice sont éloignés de $0^m,54$ du fond et des faces latérales du réservoir, comme dans la figure 3. Mais si, sans changer la position de la base de cet orifice, on dispose ses bords verticaux, soit à $0^m,02$ des faces correspondantes du réservoir, soit dans leur prolongement (fig. 9 et 10), la veine, pour les ouvertures de $0^m,05$ de hauteur et au-dessus, s'aplatit à sa partie supérieure et s'élargit de plus en plus dans le sens horizontal, à mesure que le jet s'éloigne de son origine et que la charge est plus faible. Pour l'ouverture de $0^m,01$ de hauteur, l'élargissement horizontal diminue au contraire avec la charge, finit par ne plus se faire sentir que sur une très-petite longueur à partir de l'orifice, et au delà la veine va constamment en se rétrécissant. Dans le cas de la figure 10, les fortes charges, pour les ouvertures de $0^m,20$ et de $0^m,05$ de hauteur, donnent en outre lieu à un effet particulier, qui cesse lorsqu'on bouche les feuillures dans lesquelles glisse la vanne, et qui consiste en ce que, de chaque côté de l'orifice, les filets jaillissant des angles se détachent de la masse de la veine et produisent à leur rencontre, à une distance de $0^m,10$ à $0^m,08$ en aval, un jet d'eau qui retombe en forme de pluie.

Enfin, à l'entrée du canal formé par les faces du réservoir ainsi rapprochées, il y a une chute d'autant plus sensible que l'intervalle entre ces faces est plus petit, que la charge de liquide est plus faible et la hauteur de l'orifice est plus grande. Les sections transversales de la surface de l'eau, dans ce canal, sont toujours des horizontales; mais il n'en est pas de même des sections longitudinales, comme on peut le voir sur la planche 11, en ce qui concerne l'orifice carré de $0^m,20$ de côté, sous une charge de $0^m,3441$ sur sa base, dans le cas du dispositif de la figure 10.

79. La veine prend une forme analogue à celle qu'elle a dans le cas des minces parois, lorsque, tout étant d'ailleurs disposé comme sur la figure 9, les faces du réservoir, au lieu d'être perpendiculaires au plan de l'orifice, forment avec lui des angles de 45°, comme dans le dispositif de la figure 12.

80. Lorsque le plancher du réservoir est établi au niveau de la base de l'orifice, et que ses faces latérales sont distantes de $1^m,74$ des bords verticaux de l'ouverture, comme dans la figure 4, la veine s'aplatit d'autant plus à sa partie supérieure que la charge de liquide est plus faible; et, à sa partie inférieure, il y a une arête saillante d'autant plus prononcée que cette charge est au contraire plus forte, c'est-à-dire que l'aplatissement supérieur et la saillie de l'arête inférieure marchent en sens contraire.

Cette saillie diminue, toutes choses égales d'ailleurs, à mesure qu'on rapproche les faces latérales du réservoir des bords verticaux de l'orifice, comme dans les figures 6 et 7. Pour ces deux derniers dispositifs il se forme, immédiatement en amont de l'orifice et à l'entrée du canal ou réservoir qui le précède, des remous avec bouillonnements et une chute d'autant plus sensibles, que ce canal est plus étroit, la charge est plus faible, et la hauteur de l'orifice est plus grande.

Indépendamment des levers des veines fluides représentées sur la planche 5, nous avons fait, dans le cas des dispositifs des figures 4 et 6, un très-grand nombre de sections de la surface de l'eau dans le réservoir. Pour le premier de ces dispositifs, nous nous sommes borné à enregistrer les résultats des opérations;

mais pour le second, où le phénomène de l'écoulement présente des circonstances plus remarquables, nous avons dessiné, dans tous leurs détails, les sections longitudinales passant par l'axe de l'orifice, et les sections transversales faites à l'entrée du canal de 0^m,24 de largeur qui précède cet orifice, et forme le réservoir destiné à l'alimenter. (Pl. 7, 8, 9, 10 et 11.)

81. Pour le dispositif de la figure 11, qui ne diffère de celui de la figure 6 qu'en ce que les faces latérales du réservoir forment un angle de 45° avec le plan de l'orifice, au lieu de lui être perpendiculaires, la veine est aplatie à sa partie supérieure, et il y a une arête saillante à sa partie inférieure, de telle sorte que sa forme tient de celles qui se rapportent aux dispositifs des figures 6 et 4.

82. Pour les dispositifs des figures 13¹ et 13, les circonstances générales de l'écoulement sont respectivement analogues à celles qui concernent les dispositifs des figures 10 et 7, qui ne diffèrent des premiers que par la longueur des parois du réservoir, qui est réduite à 0^m,264 pour ceux-ci. Mais, toutes choses égales d'ailleurs, il y a de plus forts remous avec bouillonnements et tourbillons circulaires en amont de l'orifice, la chute à l'entrée du canal qui précède cet orifice est plus sensible, la veine s'y contracte et se détache des parois latérales du canal sur une certaine étendue; enfin, cette même veine, à sa sortie par l'orifice, est plus aplatie à sa partie supérieure et va constamment en s'élargissant à mesure que le jet s'éloigne de son origine, pour les ouvertures de 0^m,05 de hauteur et au-dessus, tandis qu'elle se rétrécit au contraire pour celle de 0^m,01.

Pour le dispositif de la figure 14, qui est semblable à celui de la figure 13, sauf que dans le premier les parois sont arrondies à leurs extrémités d'amont, au lieu d'être terminées carrément, il n'y a ni contraction, ni chute apparente, à l'entrée du réservoir; les remous et les bouillonnements en amont de l'orifice sont moins sensibles que pour la figure 13, mais la veine, à sa sortie de l'orifice, se comporte comme dans ce dernier cas.

83. Pour les orifices pratiqués dans une paroi de $0^m,05$ d'épaisseur (fig. A, B, C et D) les circonstances de l'écoulement, tant à l'intérieur qu'à l'extérieur du réservoir, sont les mêmes que dans le cas des minces parois (fig. 1), sauf de très-légères modifications qui ont quelque influence sur la dépense, sans changer en rien la forme apparente de la veine, et qui consistent en ce que celle-ci, pour certaines charges et certains dispositifs, s'attache un peu, tantôt à la base de l'orifice, tantôt à la face inférieure de la vanne qui le limite par le haut et par moments aux deux à la fois.

Nous devons mentionner, comme un fait remarquable, que, pour l'ouverture de $0^m,60$ de base sur $0^m,40$ de hauteur, dans le cas du dispositif de la figure B, où elle est garnie d'une vanne sans seuil ni feuillures pour la recevoir, il se manifeste à la surface du réservoir, à des distances variables en avant et sur les côtés de l'orifice, sous les charges de $0^m,8405$ et $0^m,4865$ sur son centre, des tourbillons circulaires ayant la forme de cônes tordus qui auraient leur sommet non loin du centre de cette ouverture. L'intérieur de ces cônes paraît vide; tout corps flottant qui arrive dans leur sphère d'activité, est immédiatement entraîné en tournoyant avec une vitesse qui va en augmentant à mesure que le corps descend, et bientôt on le voit sortir de l'orifice à peu près dans la direction du filet central de la veine.

ORIFICES FERMÉS À LA PARTIE SUPÉRIEURE,

PROLONGÉS PAR DES CANAUX AU DEHORS DU RÉSERVOIR.

84. Les apparences de l'écoulement du liquide, dans le réservoir, sont, toutes choses égales d'ailleurs, respectivement les mêmes pour les orifices prolongés par des canaux et pour ceux qui débouchent librement dans l'air; mais les dépressions de la surface du fluide, les bouillonnements avec tourbillons circulaires près des orifices, la chute et la contraction de la veine à l'entrée du canal qui les précède, sont toujours moins considérables dans le pre-

mier cas que dans le second, et quelquefois même ils disparaissent tout à fait. Ainsi, ce que nous avons dit aux numéros 76 et suivants pour les dispositifs des figures 1, 4, 5, 6 ou 11, 8, 9 ou 12, s'applique respectivement, avec les modifications que nous venons d'indiquer, à ceux des figures 15, 16 ou 23, 18 ou 24, 19 ou 22 ou 25 ou 27, 20, 21 ou 26.

85. Toutes les fois que la base de l'orifice est isolée de la paroi correspondante du réservoir (dispositifs des fig. 15, 20, 21 et 26), la veine se contracte à sa partie inférieure et se détache du fond du canal sur une plus ou moins grande longueur, selon que la charge est plus ou moins forte, en y laissant un vide qui est occupé par une nappe d'air toujours apparente, lorsque l'eau du réservoir est limpide. Cette nappe prend naissance à la base même de l'orifice, et s'avance vers l'aval, en forme de coin dentelé sur son pourtour et arrondi à son extrémité, jusqu'au point où la veine rencontre le fond du canal. Son étendue diminue, comme celle de la contraction inférieure elle-même, avec la charge de liquide; et, lorsque celle-ci est très-petite, on n'en aperçoit plus de traces qu'aux seuls angles inférieurs de l'orifice, où se montrent quelques bulles d'air isolées, paraissant animées d'un mouvement de va-et-vient incessant, et qui disparaissent tout à fait aussitôt que la charge de fluide sur le centre de l'orifice est devenue tellement faible, que les remous qui se forment dans le canal recouvrent entièrement la veine.

86. La présence d'une nappe d'air entre le fond du canal et la veine, lorsque celle-ci se contracte à sa partie inférieure, est un fait très-remarquable, qu'il est fort important de pouvoir toujours constater dans la pratique de l'hydraulique, attendu que le canal a plus ou moins d'influence sur la dépense de l'orifice, comme nous le dirons plus loin, selon que cette nappe d'air existe ou n'existe pas. Un moyen bien simple pour faire cette vérification, et dont nous avons fort souvent reconnu l'efficacité dans le cours de nos opérations, consiste à percer, au milieu du fond du canal et à quelques centimètres en aval de l'orifice, à l'aide d'une grosse

vrille, un trou par lequel il ne sort point d'eau ou il s'en échappe un petit filet, selon que la veine est ou n'est pas détachée de cette paroi du canal.

87. Lorsque les deux bords verticaux de l'orifice sont assez éloignés des faces correspondantes du réservoir, pour qu'ils puissent être considérés comme en étant entièrement isolés (fig. 15, 16, 17 et 23), la veine se contracte latéralement et se détache des parois verticales du canal sur une plus ou moins grande longueur, selon que la charge de liquide est plus ou moins forte. Les filets partant des angles supérieurs de l'orifice se réunissent à une certaine distance en aval, et, à partir de leur point de jonction, il se forme, dans le canal, plusieurs quadrilatères successifs dont la plus grande diagonale est dirigée suivant l'axe et la plus courte suivant la largeur de ce canal.

Les contours de ces quadrilatères sont des espèces d'arêtes arrondies, généralement en saillie sur le reste du courant, et à partir desquelles la surface du liquide va en pente, soit vers le centre de la figure qui présente souvent un creux très-prononcé, soit vers les parois latérales du canal. Ces quadrilatères sont, en général, moins nettement dessinés pour les très-fortes charges et les grandes ouvertures, que pour les charges et les ouvertures moyennes. Ils s'effacent successivement à mesure que, la charge diminuant, il se forme dans le canal des remous qui, partant de son extrémité, s'avancent peu à peu vers l'orifice, et finissent par remplir les vides que la veine, en se contractant latéralement, laissait entre elle et les parois verticales du canal : dès lors toute trace des quadrilatères disparaît dans celui-ci, et l'on n'y remarque plus que de légères stries qui se forment à la rencontre des remous et de la lame de liquide sortant par l'orifice.

88. Nous avons relevé avec le plus grand soin, dans le cas du dispositif de la figure 15, un très-grand nombre de projections horizontales et de sections verticales, parallèles et perpendiculaires à la direction du courant, afin de représenter les différentes formes qu'affecte la surface du liquide dans le canal, pour les

orifices de 20 centimètres de base sur 20, 10, 5, 3 et 1 centimètre de hauteur, sous toutes les charges, depuis la plus forte de celles que notre appareil nous ait permis de soumettre à l'expérience, jusqu'à celle qui correspond à l'instant où, le liquide étant sur le point d'abandonner le bord supérieur de l'ouverture, le déversoir est près de se former. Ces projections horizontales et ces sections verticales sont dessinées et cotées, dans toutes leurs parties, sur les planches 12, 13, 14, 15, 16 et 17.

89. Nous avons également fait des levers pour le dispositif de la figure 16, mais nous n'avons opéré que sur les orifices de 20 centimètres de base sur 20 et 5 centimètres de hauteur, et nous n'avons pris que les sections de la surface de l'eau dans le canal par des plans verticaux, parce que les projections horizontales, fort longues d'ailleurs à relever, ne présentent rien qui ne soit exprimé déjà sur les dessins relatifs au dispositif de la figure 15. Il n'y a en effet de différence entre ces deux dispositifs, sous le rapport des apparences de l'écoulement du liquide, qu'en ce que, pour le premier, la veine, ne se contractant pas à la partie inférieure, suit le fond du canal dans toute son étendue, tandis que, pour le second, elle en est détachée sur une certaine longueur à partir de l'orifice.

90. Dans le dispositif de la figure 17, les faces latérales du réservoir sont éloignées des côtés verticaux de l'orifice, l'une de $0^m,54$ et l'autre de $1^m,74$, tandis qu'elles sont toutes les deux à cette dernière distance dans le dispositif de la figure 16. Il en résulte que les quadrilatères dont nous avons parlé (87), au lieu d'occuper le milieu du courant, sont un peu repoussés vers la paroi du canal qui correspond à la face du réservoir la plus rapprochée de l'orifice. C'est la seule différence que présentent, dans ces deux cas, les apparences de l'écoulement.

91. Quant à la figure 23, elle ne diffère de la figure 16 qu'en ce que le canal, qui, dans celle-ci, est horizontal et de 3 mètres de longueur, est, dans l'autre, incliné à $\frac{1}{10}$ et n'a que $2^m,50$ de longueur. Cette modification n'en apporte aucune dans les formes

qu'affecte la surface du courant; seulement les remous ne commencent à se manifester dans le canal, et par suite la contraction latérale de la veine ne disparait que sous une charge plus faible dans le premier cas que dans le second.

92. Lorsqu'un seul des bords verticaux de l'orifice est assez éloigné de la face correspondante du réservoir pour qu'on puisse le considérer comme en étant entièrement isolé (fig. 18, 20 et 24), la veine fluide ne se contracte et ne se détache complétement de la paroi du canal que de ce seul côté. Elle est, dès sa sortie de l'orifice, poussée vers la paroi opposée de ce canal, et la surface du courant affecte une figure analogue à celle qui résulterait de la réunion des quadrilatères décrits au n° 87, en ne prenant que les moitiés qui aboutissent alternativement à la paroi de droite et à la paroi de gauche du canal. En outre, les remous qui se forment dans ce canal, sous les faibles charges, se rapprochent moins de l'orifice du côté où son bord est le plus voisin de la face correspondante du réservoir que du côté opposé.

Nous avons levé les projections horizontales de cette surface, dans le cas du dispositif de la figure 18, pour les orifices de 5, 3 et 1 centimètre de hauteur, sous une très-forte et sous une moyenne charge. Mais on a été forcé, par le manque de place, de ne dessiner que celles qui se rapportent à la première de ces trois ouvertures (pl. 22).

93. Nous n'avons fait aucune opération de ce genre pour les dispositifs des figures 20 et 24, parce qu'ils ne diffèrent de celui de la figure 18 : le premier, qu'en ce que la base de l'orifice est isolée du fond du réservoir au lieu d'être dans son prolongement, en sorte que la veine se contracte à sa partie inférieure; et le second, en ce qu'on y a adapté un canal incliné à $\frac{1}{10}$ et de $2^m,50$ de longueur, en remplacement de celui qui était de niveau et long de 3 mètres. Or, ces circonstances, si elles modifient un peu les dimensions de la figure qu'affecte la surface du liquide dans le canal, n'en changent pas du moins la forme générale.

94. Quand les deux bords de l'orifice sont très-rapprochés des faces correspondantes du réservoir, sans cependant être dans leurs prolongements (fig. 19, 21, 25, 26 et 27), la veine, pour l'orifice carré de 20 centimètres de côté, ne se détache des parois latérales du canal que sur une très-petite étendue et seulement pour les hautes charges, et l'écoulement du liquide dans ce canal paraît se faire par filets parallèles, car on y remarque à peine, par moments, quelques tracés des quadrilatères qui étaient si fortement prononcés dans tous les cas que nous avons examinés jusqu'ici. Mais, pour les ouvertures de 5 et de 1 centimètre de hauteur, la veine se contracte latéralement de la même manière et affecte dans le canal la même forme que pour la figure 16.

95. Nous avons relevé, pour le dispositif de la figure 19 et les ouvertures de 20 centimètres de base sur 20, 5 et 1 centimètre de hauteur, un grand nombre de sections longitudinales et transversales de la surface du liquide, tant dans le réservoir qui alimente ces orifices que dans le canal qui les prolonge au dehors (pl. 17, 20, 21 et 22). Mais nous nous sommes abstenu de faire ce long travail pour les dispositifs des figures 21, 25, 26 et 27, parce qu'ils ne diffèrent de celui de la figure 19 que par la base, qui est isolée du fond du réservoir, au lieu d'être dans son prolongement, et par le canal, qui a diverses longueurs et inclinaisons, tandis qu'il est horizontal et de 3 mètres de longueur dans le dispositif de la figure 19, circonstances qui, en faisant varier les dimensions absolues des sections longitudinales et transversales dans quelques-unes de leurs parties, n'en altèrent pas du moins la forme générale. Nous avons d'ailleurs relevé, dans tous les cas, avec beaucoup de soin, toutes les données qui entrent dans les formules relatives à la dépense des orifices.

96. Pour le dispositif de la figure 22, où les faces du réservoir sont inclinées à 45° sur le plan qui contient les orifices, au lieu de lui être perpendiculaires comme dans les cas précédents, la veine se contracte latéralement pour toutes les ouvertures; et, pour celles de 5 centimètres de hauteur et au-dessous, la sur-

face du liquide, dans le canal, affecte les formes décrites au numéro 87. Les circonstances de l'écoulement participent donc, comme le dispositif lui-même, à ce qui a lieu pour les dispositifs des figures 16 et 19.

97. Dans nos expériences relatives à l'effet que produisent, sur la dépense des orifices, les remous formés en barrant à son extrémité le canal qui prolonge ces orifices, dans le cas du dispositif de la figure 15, l'écoulement n'a présenté aucune circonstance remarquable. Nous avons relevé, pour chaque expérience, les sections longitudinales de la surface du liquide, et elles sont dessinées et cotées dans toutes leurs parties sur les planches 23 et 24.

ORIFICES DÉCOUVERTS OU EN DÉVERSOIR, DÉBOUCHANT LIBREMENT DANS L'AIR.

98. Les nombreuses sections longitudinales et transversales que nous avons relevées, en 1827, tant de la surface du liquide dans le réservoir, que de la veine fluide jaillissant librement dans l'air d'un orifice en déversoir de 20 centimètres de base en mince paroi (dispositif de la fig. 1), et ce qui a été dit sur ce sujet aux articles 25 et suivants du mémoire de 1829, font parfaitement connaître toutes les circonstances apparentes du phénomène de l'écoulement, dans ce cas particulier. Mais si, sans modifier d'ailleurs le dispositif, on rétrécit notablement le déversoir, la veine fluide prend une forme tout aussi extraordinaire que celle qu'elle affecte pour les orifices fermés à la partie supérieure, dont la hauteur excède de beaucoup la largeur.

Ainsi, pour le déversoir de $0^m,02$ de base que nous avons soumis à l'expérience, afin d'examiner l'influence que peut avoir la largeur sur la dépense de cette sorte d'orifices, on ne remarque rien de particulier dans le réservoir; mais, pour toutes les charges totales qui surpassent environ 4 centimètres, la nappe supérieure de la veine fluide s'épanouit en forme de saule pleureur, à sa sortie de l'orifice, et recouvre, en la débordant de beaucoup, la partie inférieure, dont la largeur diminue de plus en plus jusqu'à la base de l'ouverture, en sorte que l'ensemble de cette veine a l'apparence d'une espèce de champignon à très-large tête, ou d'un tronçon liquide recouvert par une calotte transparente fort large et fort mince. Le manque de temps nous a empêché d'en faire le lever, qui aurait du reste été sans utilité pour la pratique de l'hydraulique.

99. Toutes les apparences de l'écoulement sont les mêmes pour les dispositifs des figures 3 et 1, quoique la distance entre les faces du réservoir et les bords correspondants du déversoir, qui est de $1^m,74$ dans celui-ci, soit réduite à $0^m,54$ dans l'autre. Mais il n'en est plus ainsi lorsque l'orifice, au lieu d'être placé au milieu du réservoir, est éloigné de $1^m,74$ de l'une des faces et de $0^m,54$ seulement de l'autre, comme dans le dispositif de la figure 2. Le liquide alors s'élève davantage, dans le réservoir, du côté de la face la plus voisine du déversoir que du côté opposé, et la veine, à sa sortie, converge plus ou moins vers la direction prolongée de cette face, selon que la charge de fluide est plus ou moins forte.

Ces effets sont d'ailleurs beaucoup moins sensibles pour le dispositif dont il s'agit que pour ceux des figures 8 et 5, d'après lesquels il n'y a que 2 centimètres d'intervalle entre l'orifice et la paroi du réservoir qui en est le plus rapprochée. On peut, au surplus, se faire une idée de ce qui se passe dans ce dernier cas, en jetant un coup d'œil sur les sections de la veine par le plan même du déversoir, qui sont dessinées et cotées dans toutes leurs parties sur la planche 26.

100. Lorsque le déversoir est isolé par sa base, et que ses deux bords verticaux sont situés, soit à deux centimètres, soit dans le prolongement des faces correspondantes du réservoir (fig. 9 et 10), il se fait, à l'entrée du canal formé par ces deux faces ainsi rapprochées, une chute d'autant plus sensible que la charge de liquide est plus forte, tandis que c'est l'inverse qui a lieu pour les orifices fermés à la partie supérieure. Dans les mêmes circonstances, la veine, à partir de sa sortie de l'orifice, s'élargit de plus

en plus en éventail dans le sens horizontal, à mesure que le jet s'éloigne de son origine, pour toutes les charges qui excèdent environ 5 centimètres, et elle se rétrécit au contraire pour toutes celles qui sont moindres, après s'être d'abord un peu élargie.

Nous donnons, comme exemple de ces effets, dans le cas du dispositif de la figure 10, un plan et une section longitudinale dessinés sur la planche 28. Il nous a été impossible de relever la nappe inférieure de la veine, parce que le jet ne s'éloignait pas assez de la face d'aval du réservoir.

101. Le dispositif de la figure 12 ne diffère de celui de la figure 9, qu'en ce que les faces latérales du réservoir sont inclinées à 45° sur le plan qui contient le déversoir, au lieu de lui être perpendiculaires; il tient donc de ce dernier dispositif et de celui de la figure 1. Aussi toutes les apparences de l'écoulement sont-elles les mêmes que pour celui-ci, quand les charges excèdent environ 9 centimètres; tandis que, lorsqu'elles sont moindres, la veine s'épanouit un peu depuis l'orifice jusqu'à 5 centimètres en aval, où elle a 22 centimètres de largeur, et à partir de ce point, elle se rétrécit comme cela a lieu dans le cas du dispositif de la figure 9, pour les charges au-dessous de 5 centimètres (100).

102. Lorsque les bords verticaux du déversoir sont isolés des faces latérales du réservoir, et que sa base est dans le prolongement du fond de celui-ci (fig. 4), l'écoulement dans ce réservoir a les mêmes apparences, et les sections de la surface du liquide par le plan même de l'orifice ont la même forme que dans le cas des minces parois, comme on peut le voir par les quatorze sections que nous avons relevées (pl. 25). Mais la veine, à sa sortie du déversoir, est beaucoup plus aplatie à sa partie supérieure, et il se forme, à sa partie inférieure, une arête saillante d'autant plus prononcée que la charge est plus forte, tandis que l'aplatissement de la partie supérieure augmente au contraire lorsque la charge diminue.

103. Pour le dispositif de la figure 6, qui est le même que celui de la figure 9, sauf que la base du déversoir est au niveau

du plancher du réservoir au lieu d'en être isolée, la chute à l'entrée du canal formé par les faces du réservoir est, toutes choses égales d'ailleurs, beaucoup plus sensible que pour ce dernier dispositif. Le choc du courant contre l'intervalle de 2 centimètres qui sépare les bords de l'ouverture des parois du réservoir, produit des bouillonnements qui sont très-forts pour les hautes charges; enfin, les sections de la surface du liquide par le plan même du déversoir, affectent la forme de courbes concaves dont la flèche est d'autant plus grande que la charge est plus forte.

Nous avons relevé six de ces courbes, ainsi que les sections longitudinales et transversales du fluide dans le réservoir qui leur correspondent (pl. 27).

104. Lorsque les parois du réservoir n'ont que $0^m,264$ de longueur au lieu de $1^m,95$, et que les trois côtés de l'orifice sont dans leur prolongement (fig. 13), la chute à l'entrée de ce réservoir est beaucoup plus prononcée que dans le cas précédent. La veine s'y contracte latéralement sur une certaine étendue, et à chacun des points a (pl. 28) où, en se dilatant, elle rencontre les faces verticales du canal, il se forme, pour les fortes charges, un jet d'eau qui, après s'être élevé d'environ $0^m,10$, retombe sous forme de pluie.

Pour ces mêmes charges, la surface du courant, dans le réservoir, a une pente régulière qui n'est pas interrompue par des remous comme dans les cas précédents. Elle s'élève beaucoup plus le long des parois qu'au centre du canal, et sa section par le plan du déversoir donne une courbe presque fermée mon (pl. 28), qui s'ouvre constamment, sans cesser d'exister, à mesure que le jet s'éloigne de l'orifice après sa sortie, en sorte que la veine s'élargit de plus en plus en forme d'éventail dans le sens horizontal, comme nous l'avons déjà dit (100).

La veine se rétrécit au contraire au lieu de s'élargir, lorsqu'on ouvre les feuillures de 6 millimètres de largeur, dans lesquelles glisse la vanne destinée à régler la hauteur des orifices fermés à leur partie supérieure. Cet effet s'est produit quand nous avons fait déboucher ces feuillures, pour examiner l'influence qu'elles pouvaient avoir sur la dépense des déversoirs. En même temps qu'elles donnent lieu au rétrécissement de la veine fluide, elles occasionnent un remous dans le réservoir, près de l'orifice.

105. Le dispositif de la figure 14 ne diffère de celui de la figure 13, qu'en ce que le fond et les faces du réservoir, au lieu d'être coupés carrément à leurs extrémités d'amont, y sont arrondis suivant la forme présumée de la veine fluide. Pour ce dispositif, il n'y a aucune apparence de contraction à l'entrée du réservoir; le liquide s'élève moins le long des parois latérales du canal que dans le cas précédent; les sections par le plan du déversoir donnent des courbes beaucoup plus ouvertes; la veine s'épanouit de plus en plus dans le sens horizontal, à mesure que le jet s'éloigne de son origine, pour les fortes charges, tandis que, pour les faibles, elle ne varie plus après s'être un peu élargie sur une longueur d'environ 10 centimètres, à partir de l'orifice.

106. Pour le déversoir de $0^m,60$ de largeur, pratiqué dans une paroi de 5 centimètres d'épaisseur (fig. A), les apparences de l'écoulement, tant à l'intérieur qu'au dehors du réservoir, ne diffèrent de celles qui se rapportent au cas des minces parois (fig. 1), qu'en ce que la veine, qui est entièrement détachée de tout le pourtour de l'orifice pour les fortes charges, paraît s'attacher un peu à la base pour les faibles.

ORIFICES DÉCOUVERTS OU EN DÉVERSOIR,

PROLONGÉS PAR DES CANAUX AU DEHORS DU RÉSERVOIR.

107. Les apparences générales de l'écoulement dans le réservoir sont, toutes choses égales d'ailleurs, les mêmes pour les déversoirs qui débouchent librement dans l'air et pour ceux qui sont prolongés par des canaux. Seulement, les chutes et les contractions de la veine à l'entrée du canal qui, dans certains dispositifs, les précède en amont, les bouillonnements et les dépressions de la surface du liquide, sont moins sensibles dans le second

cas que dans le premier et disparaissent même quelquefois tout à fait. Ce que nous avons dit sur ce sujet aux n°⁵ 98 et suivants, pour les dispositifs des figures 1, 4, 5, 6, 8, 9, peut donc s'appliquer respectivement à ceux des figures 15, 16, 18, 19 et 22, 20, 21 et 26.

108. Pour tous les dispositifs avec canaux, le liquide, quelle que soit la charge, suit dans toute leur longueur les fonds de ces canaux, car on n'y remarque jamais la moindre trace de la nappe d'air mentionnée au n° 85.

109. La veine se contracte sur ses deux faces latérales, mais sous les fortes charges seulement, pour les dispositifs des figures 15 et 16, dans lesquels la distance entre les bords du déversoir et les faces correspondantes du réservoir est de 1^m,74, et pour celui de la figure 22, quoique cette distance n'y soit que de 2 centimètres. Mais ce dernier dispostif tient de ceux des figures 16 et 19, parce que les faces du réservoir y sont inclinées à 45° sur le plan qui contient l'orifice, au lieu de lui être perpendiculaires.

110. Pour les dispositifs des figures 18 et 20, où les deux bords du déversoir sont éloignés des parois correspondantes du réservoir, l'un de 1^m,74 et l'autre de 2 centimètres, la veine, sous les fortes charges, se contracte du seul côté où cette distance est le plus grande.

111. Enfin, la veine paraît ne devoir éprouver aucune contraction latéralement, quand les deux bords de l'orifice ne sont éloignés que de 2 centimètres des faces du réservoir (fig. 19, 21 et 26). Toutefois, on doit dire que, pour les dispositifs des figures 21 et 26, sous la plus forte charge, elle était détachée sur une très-petite longueur des parois verticales du canal. Dans ces deux dispositifs, la base du déversoir était isolée du fond du réservoir, et en outre le canal adapté au second était incliné à $\frac{1}{10}$, au lieu d'être horizontal comme dans tous les autres.

112. Lorsque la veine se contracte latéralement, soit sur ses deux faces, soit sur une seule, la surface du liquide dans le ca-

nal affecte, sur une longueur de 30 à 40 centimètres à partir de l'orifice, des formes analogues à celles que nous avons décrites aux nᵒˢ 87 et suivants. Mais tout le reste du courant est recouvert par les remous, qui s'avancent d'autant plus vers le déversoir que la charge est plus faible.

Nous avons relevé avec beaucoup de soin les projections horizontales de la surface du liquide, dans les cas les plus remarquables, ainsi qu'un très-grand nombre de sections longitudinales et transversales, faites tant dans le réservoir que dans le canal qui prolonge le déversoir. Les principales, au nombre de 69, sont dessinées sur les planches 29, 30, 31 et 32.

§ 3.

DÉPRESSIONS ÉPROUVÉES, DANS LE RÉSERVOIR,
PAR LA SURFACE SUPÉRIEURE DU LIQUIDE,
DANS LE CAS DES ORIFICES FERMÉS À LA PARTIE SUPÉRIEURE.

113. Dans nos expériences de 1827 et du commencement de 1828, sur les orifices fermés à la partie supérieure de 20 centimètres de base, en mince paroi plane et entièrement isolés du fond et des faces latérales du réservoir (dispositif de la fig. 1), nous avons déterminé les dépressions que la surface supérieure du liquide éprouve dans ce réservoir, et nous avons fait entrer leurs valeurs maxima dans les formules de la dépense, pour le cas où les charges de fluide sont mesurées près des orifices (mémoire de 1829, art. 76 et 133). Le point où la dépression est le plus forte est alors facile à trouver, car il est à peine éloigné de 1 centimètre des ouvertures qui en ont moins de 3 de hauteur, et de 4 centimètres de celle qui en a 20. Mais, pour les orifices qui ne sont pas entièrement isolés des faces du réservoir, sa position varie, non-seulement avec les hauteurs des ouvertures et les charges de liquide, mais encore, toutes choses égales d'ailleurs, avec les dispositifs qui les accompagnent. Quelquefois ce

point, comme on peut le voir sur les sections longitudinales que nous avons relevées, et notamment sur celles qui sont dessinées sur les planches 7, 20 et 21, est situé à une si grande distance de l'orifice, qu'il faudrait, pour le déterminer avec exactitude, faire des opérations toujours assujettissantes et que les localités rendraient souvent très-difficiles.

114. Par ces motifs, nous avons constamment mesuré les charges près des orifices à une distance fixe de 2 centimètres en amont et sur leur axe, sans nous préoccuper des dépressions maxima. Nous avons choisi cette distance, parce que l'action capillaire de la paroi d'aval du réservoir ne s'étend pas jusque-là; parce que c'est en ce point qu'il y a, en général, le moins de ces bouillonnements et de ces tourbillons qui rendent l'appréciation de la hauteur de l'eau incertaine; parce qu'enfin, en procédant ainsi, on s'écarte fort peu des usages de la pratique, où le plus souvent on prend la charge de fluide tout contre la vanne de l'orifice.

Indépendamment des charges dont il s'agit, nous avons relevé, pour les principaux dispositifs que nous avons soumis à l'expérience, comme nous l'avons dit dans le paragraphe précédent, un grand nombre de sections longitudinales et transversales de la surface supérieure du liquide, dans le réservoir, et nous allons exposer les résultats qu'on en déduit.

115. D'après nos observations sur le dispositif de la figure 1, que nous avons déjà citées (113), la portion *sensiblement* déprimée de cette surface est comprise dans une espèce de cône, dont le contour elliptique a pour grand axe à peu près la largeur de l'orifice, et pour petit axe une longueur qui varie avec la charge. Dans nos expériences sur l'orifice carré de 20 centimètres de côté, avec le dispositif de la figure 16, ce contour était si nettement dessiné, qu'il semblait être en quelque sorte en relief sur le reste de la surface du fluide; son grand diamètre était toujours appuyé au plan qui contient l'orifice, tandis que le petit était situé sur la direction même du filet central du courant. La longueur de ces deux lignes augmentait successivement avec la charge

de liquide, mais celle de la première beaucoup plus rapidement que celle de la seconde, jusqu'à ce que, cette charge ayant atteint environ 1 mètre sur le centre de l'ouverture, on n'apercevait plus aucune trace du phénomène. Nous aurions vivement désiré relever, sous diverses charges, plusieurs points du contour elliptique et de l'espace qu'il enveloppait; mais il n'était visible que par instant et disparaissait tout à coup, sans cause apparente, pour reparaître ensuite. Nous n'avons pu mesurer que ses deux diamètres sous la charge de $0^m,1220$ sur le centre de l'orifice; le plus grand avait alors $1^m,00$ et le plus petit $0^m,33$.

116. Ce phénomène ne s'est pas manifesté de la même manière dans le cas du dispositif de la figure 4, où l'orifice débouche librement dans l'air au lieu d'être prolongé par un canal, comme dans le cas précédent. Mais, nous en avons constaté les effets au moyen de sections de la surface du liquide dans le réservoir, que nous avons relevées dans ce but spécial, et que nous avons indiquées dans le tableau suivant, pour les orifices de 20 et de 10 centimètres de hauteur sur 20 centimètres de base.

Ce tableau ne comprend que la moitié de chaque section transversale, quoique nos opérations se soient étendues à la même distance des deux côtés du centre de l'orifice; mais, comme les deux moitiés sont exactement les mêmes, il suffit d'en reproduire une seule. Les neuf premières ordonnées, à partir du centre de l'orifice, sont seules espacées de centimètre en centimètre, et les suivantes sont à des distances plus grandes et inégales entre elles, quoique nous ayons invariablement relevé tous les points des sections de centimètre en centimètre. Les chiffres de la colonne horizontale qui est en tête du tableau expriment, en centimètres, les distances de ces points au plan vertical passant par l'axe de l'orifice, et les colonnes suivantes donnent, en millimètres, les dépressions correspondantes de la surface du liquide.

CHARGE sur la base de l'orifice.	SECTION de la surface supérieure du liquide, dans le réservoir, par un plan vertical	LES DISTANCES, EXPRIMÉES EN CENTIMÈTRES, DES DIVERS POINTS DES SECTIONS AU PLAN VERTICAL PASSANT PAR L'AXE DE L'ORIFICE ÉTANT DE																
		45	40	30	25	20	15	11	9	8	7	6	5	4	3	2	1	0
		LES DÉPRESSIONS CORRESPONDANTES DE LA SURFACE DU LIQUIDE, EXPRIMÉES EN MILLIMÈTRES, SONT DE																

ORIFICE CARRÉ DE 0ᴹ,20 DE CÔTÉ.

CHARGE	SECTION	45	40	30	25	20	15	11	9	8	7	6	5	4	3	2	1	0
	Parallèle à l'orifice, à 1 ,3 centimètres en amont.......	»	0,1	0,6	1,1	2,4	4,5	7,0	10,6	13,0	13,3	13,4	12,2	11,8	11,8	11,8	12,2	9,6
	Parallèle à l'orifice, à 7 ,7 centimètres en amont.......	»	»	0,2	0,8	2,0	3,6	5,3	6,3	6,6	7,1	7,5	7,8	8,0	7,5	8,0	8,4	7,3
0ᵐ,2201	Parallèle à l'orifice, à 14 ,4 centimètres en amont...	»	»	»	0,2	0,8	1,7	3,0	4,0	4,6	4,7	4,3	4,3	4,3	4,4	4,5	4,8	4,1
	Perpendiculaire à l'orifice et passant par son axe.....	»	»	0,5	1,3	2,5	4,0	5,5	6,5	7,0	7,7	8,4	9,4	10,6	10,4	9,7	9,1	7,2
	Parallèle à l'orifice, à 5 ,4 centimètres en amont.......	0,2	0,5	1,1	1,6	2,6	7,2	5,5	6,8	7,2	7,4	7,7	7,9	8,1	7,5	7,9	7,8	8,3
0,2251	Perpendiculaire à l'orifice et passant par son axe.....	0,4	0,7	1,2	1,7	2,8	4,4	6,9	6,8	7,3	7,8	8,2	8,4	8,3	8,0	7,6	6,6	4,7

ORIFICE DE 0ᴹ,10 DE HAUTEUR ET 0ᴹ,20 DE BASE.

CHARGE	SECTION	45	40	30	25	20	15	11	9	8	7	6	5	4	3	2	1	0
	Parallèle à l'orifice, à 3 ,4 centimètres en amont.......	»	»	0,1	0,4	1,6	2,7	4,2	6,4	7,4	8,5	8,3	8,0	8,4	7,8	8,9	9,0	6,9
0,1225	Perpendiculaire à l'orifice et passant par son axe.....	0,3	0,5	0,6	0,9	1,6	3,0	4,5	5,5	6,1	6,6	7,0	7,3	7,1	6,8	6,8	6,6	5,1

117. Ce tableau montre, en ce qui concerne l'orifice de 20 centimètres de hauteur sous la charge de 0ᵐ,2201 sur sa base, que la dépression commence à se faire sentir à environ 0ᵐ,40 en amont de cet orifice, dans le plan vertical passant par son axe, et à environ 0ᵐ,45, 0ᵐ,40 et 0ᵐ,30 de chaque côté de ce plan, perpendiculairement à sa direction, aux distances respectives de 1.3, 7.7 et 14.4 centimètres en amont de l'ouver-

ture. La plus forte dépression, dans ce même plan, se trouve à environ 4 centimètres en amont de l'orifice, et excède d'à peu près $\frac{1}{11}$ celle qui correspond à la distance de 2 centimètres, où nous avons toujours fait relever les charges de liquide (114); mais elle est elle-même surpassée de près de $\frac{1}{6}$ et $\frac{1}{3}$ de sa valeur, pour celles qui ont lieu à 1 et à 6 centimètres de chaque côté de ce plan et à 1,3 centimètres en amont de l'orifice. On remarquera que la section transversale faite à cette distance, coupe un remous qui se forme contre l'ouverture, et y occupe un espace d'environ 11 centimètres de largeur totale sur 3 à 4 dans le sens du courant, et dont la surface supérieure est irrégulière.

Pour ce même orifice, la surface déprimée est sensiblement plus étendue dans tous les sens, lorsque la charge sur la base est de $0^m,2251$, que quand elle n'est que de $0^m,2201$, bien que la différence entre ces deux charges ne soit que de 5 millimètres. Ce résultat confirme ce que nous avons dit au n° 115, d'après des observations faites simplement à la vue, au sujet de l'agrandissement successif du contour qui limite la surface déprimée, au fur et à mesure que la charge de liquide augmente. D'où il résulte que, toutes choses égales d'ailleurs, plus cette surface est grande, plus la valeur absolue de la dépression maxima est petite, puisque cette valeur est d'autant plus considérable que la charge est plus faible, comme l'ont déjà démontré nos expériences sur les orifices en mince paroi, et comme on le verra plus loin pour tous les autres dispositifs.

118. Les dépressions sont si variables dans le voisinage de l'orifice, que, s'il s'agissait d'en calculer la dépense, on pourrait commettre, en certains cas, des erreurs notables dans son évaluation, si l'on mesurait la charge près de cet orifice, en un point autre que celui où les formules dont on fait usage pour ce calcul supposent qu'on la relève. Ainsi, pour le dispositif de la figure 18, où les bords verticaux de l'ouverture sont inégalement éloignés des parois correspondantes du réservoir, le liquide, jusqu'à une certaine distance en amont, s'élève plus d'un

côté de ce réservoir que de l'autre, en sorte que pour l'orifice de 20 centimètres de hauteur, par exemple, sous une charge de $0^m,1220$ sur son centre, mesurée en un point où le fluide est stagnant, la dépression à 2 centimètres en amont de cette ouverture est de 2 centimètres vis-à-vis l'un de ses bords et de 3,06 vis-à-vis l'autre. La charge près de l'orifice serait donc de $0^m,1220$ — $0^m,02 = 0^m,1020$ ou de $0^m,1220 — 0^m,0306 = 0^m,0914$, selon qu'on la prendrait dans le plan vertical qui contient l'un ou l'autre de ses côtés verticaux, tandis que, mesurée dans celui qui passe par l'axe vertical de cet orifice, elle est de $0^m,1220$ — $0^m,0236 = 0^m,0958$ (tabl. n° XIII). Or, la vitesse théorique due à cette troisième charge, est de $\frac{1}{31}$ de sa valeur plus faible que celle qui correspond à la première, et de $\frac{1}{43}$ plus forte que celle qui se rapporte à la seconde. Telles seraient donc les erreurs qu'on pourrait commettre, en pareil cas, dans l'évaluation de la dépense de cet orifice, si, faisant usage de nos tables qui supposent que les charges sont mesurées à 2 centimètres en amont, dans le plan vertical qui contient l'axe de l'ouverture, on la relevait à une certaine distance à droite ou à gauche de ce plan.

119. Le cas que nous venons de citer offre un exemple de l'effet produit par l'adhérence du liquide contre le bord supérieur de l'orifice. Car, puisque les charges prises à 2 et même à 3 centimètres en amont ne sont que de $0^m,0958$ vis-à-vis le centre de cet orifice, et de $0^m,0914$ vis-à-vis l'un de ses côtés verticaux, tandis que la demi-hauteur de l'ouverture est de $0^m,10$, il s'ensuit que son bord supérieur est, en ces deux points, plus élevé que la surface du liquide dans le réservoir de 4,2 et 8,6 millimètres, et que, par conséquent, ce liquide s'abaisserait d'une certaine quantité au-dessous de ce bord, s'il n'y était retenu par l'adhérence.

Un fait analogue s'est produit pour les orifices de 60 centimètres de base sur 5 et 3 de hauteur. Le liquide ne s'est détaché de la face inférieure d'une vanne de 5 centimètres d'épaisseur, que lorsque son niveau général, relevé à $3^m,50$ en amont, a été descendu respectivement de 4,5 et de 3,5 millimètres au-dessous des bords supérieurs de ces deux ouvertures. Or, la surface de l'eau, près des orifices, était alors de 5 et de 4 millimètres au-dessous du niveau général mesuré à $3^m,5o$ en amont; donc elle se trouvait abaissée de 9,5 et de 7,5 millimètres au-dessous des bords supérieurs des orifices.

120. Cet effet de l'adhérence varie d'ailleurs selon les dimensions des ouvertures et les circonstances dans lesquelles elles se trouvent placées. Pour nous en rendre compte, nous avons, dans quelques cas, fait baisser très-lentement le niveau du fluide dans le réservoir, jusqu'à ce qu'il abandonnât le bord supérieur de l'orifice, et nous l'avons ensuite fait monter jusqu'à ce qu'il s'attachât de nouveau à ce bord. La différence entre les charges correspondantes à ces deux instants donne, sinon la mesure, au moins une idée de l'effet dont il s'agit. Les charges ont été relevées à $3^m,5o$ en amont avec toute l'exactitude possible, mais on n'a pu saisir qu'à la vue l'instant où le liquide s'attachait à la paroi supérieure ou s'en détachait, en sorte que les résultats indiqués ci-après ne doivent être considérés que comme approximatifs.

ORIFICES ayant $0^m,20$ de base et des hauteurs de	CHARGE SUR LE SOMMET DE L'ORIFICE, MESURÉE À $3^m,50$ EN AMONT, CORRESPONDANT À L'INSTANT OÙ LE LIQUIDE					
	se détache du bord supérieur de l'ouverture, lorsqu'on fait baisser le niveau de l'eau dans le réservoir, dans le cas des dispositifs des figures			s'attache au bord supérieur de l'ouverture, lorsqu'on fait monter le niveau de l'eau dans le réservoir, dans le cas des dispositifs des figures		
	5.	6.	7.	5.	6.	7.
centimètres.	mètres.	mètres.	mètres.	mètres.	mètres.	mètres.
20	0,0300	0,1028	0,1801	0,0371	0,1286	0,2714
10	0,0217	0,0499	"	0,0237	0,0551	"
5	0,0165	0,0297	"	0,0168	0,0308	"
3	0,0136	0,0213	"	0,0138	0,0218	"
2	0,0108	"	"	0,0109	"	"
1	"	0,0096	"	"	0,0101	"

On voit, par ce tableau, que les différences entre les charges correspondantes aux deux instants que nous considérons sont, pour un même dispositif, d'autant plus fortes que l'ouverture est plus grande. Pour celle de 20 centimètres de hauteur et les dispositifs des figures 5, 6 et 7, ces différences sont respectivement de 7.1, 25.8 et 91.3 millimètres. On fera remarquer que, dans ce dernier dispositif, les faces du réservoir contiennent les côtés verticaux de l'orifice, et doivent par conséquent ajouter, jusqu'à un certain point, leur action à celle du bord supérieur, pour y retenir le liquide après que son niveau est descendu au-dessous de ce bord. Dans ce même cas, le fluide, à l'instant où il se détache de la paroi supérieure, s'abaisse brusquement d'une quantité notable sans que le niveau à $3^m,5o$ en amont ait varié; et lorsqu'au contraire il s'attache à cette paroi, il se forme tout à coup un fort remous dans le réservoir, immédiatement contre l'orifice.

121. Dans les expériences relatives à la dépense des orifices, nous avons toujours mesuré simultanément les charges de liquide à 2 centimètres et à $3^m,5o$ en amont de ces orifices. Ces charges sont consignées sur les tableaux numérotés de I à XVII, et il suffira d'en prendre la différence pour avoir les dépressions correspondantes de la surface du fluide. Mais il nous reste à faire connaître celles dont la détermination a fait l'objet de séries d'opérations spéciales, afin d'en mieux étudier la loi, et tel est l'objet des deux tables suivantes.

Toutes ces dépressions résultent de sections de la surface supérieure du liquide, dans le réservoir, par le plan vertical passant par l'axe de l'orifice, que nous avons relevées, de centimètre en centimètre, sur une longueur de 20 centimètres à partir de cette ouverture, pour les dispositifs des figures 4 et 16. Mais nous avons reconnu, après coup, qu'il aurait suffi d'opérer sur une étendue de 10 ou 12 centimètres, puisque la dépression maxima que nous cherchions se trouve, dans ces cas, au plus à 9 centimètres en amont de l'orifice, pour les fortes charges, et à 4 ou 5 centimètres pour les faibles.

122. Nous nous sommes borné, pour ces deux dispositifs, à indiquer dans la table, afin de ne pas l'allonger inutilement, la dépression à 2 centimètres en amont de l'orifice et sa valeur maxima dans chaque section, lesquelles, du reste, ne différent sensiblement entre elles que pour les basses charges de liquide.

TABLE DES DÉPRESSIONS ÉPROUVÉES, DANS LE RÉSERVOIR, PAR LA SURFACE DU LIQUIDE, DANS LE CAS DES ORIFICES FERMÉS À LEUR PARTIE SUPÉRIEURE, AVEC LES DISPOSITIFS DES FIGURES 4 ET 16.

DÉSIGNATION		NUMÉROS des expériences.	CHARGE TOTALE de liquide sur la base de l'orifice.	DÉPRESSION dans le plan vertical passant par l'axe de l'orifice.	
de l'orifice.	du dispositif.			prise à $0^m,02$ en amont de l'orifice.	maxima.
1	2	3	4	5	6
			mètres.	millimètres.	millimètres.
		1	1,4731	0,3	0,4
		2	1,4668	0,3	0,4
		3	1,3659	0,4	0,5
		4	1,0001	0,4	0,5
		5	0,7009	0,6	0,7
		6	0,7001	0,6	0,7
		7	0,6105	0,7	0,8
		8	0,5001	0,8	0,9
		9	0,4091	1,1	1,2
		10	0,4001	1,2	1,4
		11	0,3661	1,3	1,5
		12	0,3509	1,5	1,8
		13	0,3001	2,2	2,5
		14	0,2801	2,6	2,9
	Figure 4	15	0,2701	2,9	3,3
		16	0,2635	3,1	3,5
		17	0,2601	3,4	3,8
		18	0,2570	4,0	4,5
		19	0,2551	4,1	4,6
		20	0,2501	4,1	4,6
		21	0,2451	4,4	5,0
$0^m,20$ de base sur $0^m,20$ de hauteur		22	0,2401	5,0	5,6
		23	0,2375	5,4	6,0
		24	0,2351	5,9	6,6
		25	0,2301	6,9	7,6
		26	0,2251	7,6	8,4
		27	0,2201	9,7	10,6
		28	0,2000	"	20,1
		29	0,5005	0,5	0,6
	Figure 16	30	0,3520	1,1	1,3
		31	0,3020	1,2	1,5

Suite de la TABLE DES DÉPRESSIONS ÉPROUVÉES, DANS LE RÉSERVOIR, PAR LA SURFACE DU LIQUIDE, DANS LE CAS DES ORIFICES FERMÉS À LEUR PARTIE SUPÉRIEURE, AVEC LES DISPOSITIFS DES FIGURES 4 ET 16.

DÉSIGNATION		NUMÉROS des expériences.	CHARGE TOTALE de liquide sur la base de l'orifice.	DÉPRESSION dans le plan vertical passant par l'axe de l'orifice,	
de l'orifice.	du dispositif.			prise à 0m,02 en amont de l'orifice,	maxima.
1	2	3	4	5	6
			métres.	millimétres.	millimétres.
0m,20 de base sur 0m,20 de hauteur. (Suite.)	Figure 16...... (Suite.)	32	0,2520	3,2	3,6
		33	0,2516	4,6	5,1
		34	0,2379	5,1	5,6
		35	0,2220	7,8	8,5
		36	0,2211	8,0	8,7
		37	0,2000	"	13,5
0m,20 de base sur 0m,10 de hauteur.	Figure 4........	38	1,4758	0,4	0,4
		39	1,1509	0,5	0,5
		40	0,5483	0,6	0,7
		41	0,3548	0,6	0,8
		42	0,1871	1,5	1,8
		43	0,1728	2,5	2,8
		44	0,1699	2,6	3,0
		45	0,1560	3,0	3,4
		46	0,1494	3,3	3,7
		47	0,1384	4,9	5,4
		48	0,1274	5,7	6,3
		49	0,1225	7,4	8,1
		50	0,1215	8,8	9,4
		51	0,1000	"	18,8
0m,20 de base sur 0m,05 de hauteur.	Figure 4........	52	1,6269	0,3	0,3
		53	1,4001	0,4	0,4
		54	1,0001	0,6	0,6
		55	0,7525	0,7	0,7
		56	0,7001	0,7	0,7
		57	0,5001	0,8	0,9
		58	0,4027	0,8	0,9
		59	0,3001	0,9	1,1
		60	0,2684	0,9	1,1
		61	0,2071	1,2	1,4
		62	0,1642	1,3	1,5
		63	0,1501	1,6	1,8
		64	0,1041	2,7	3,0
		65	0,0851	4,2	4,5
		66	0,0801	4,2	4,6
		67	0,0751	5,0	5,4
		68	0,0701	6,2	6,7
		69	0,0680	7,2	7,7
		70	0,0661	8,0	8,6
		71	0,0500	"	15,2

Suite de la TABLE DES DÉPRESSIONS ÉPROUVÉES, DANS LE RÉSERVOIR, PAR LA SURFACE DU LIQUIDE, DANS LE CAS DES ORIFICES FERMÉS À LEUR PARTIE SUPÉRIEURE, AVEC LES DISPOSITIFS DES FIGURES 4 ET 16.

DÉSIGNATION		NUMÉROS des expériences,	CHARGE TOTALE de liquide sur la base de l'orifice.	DÉPRESSION dans le plan vertical passant par l'axe de l'orifice,	
de l'orifice.	du dispositif,			prise à $0^m,02$ en amont de l'orifice.	maxima.
1	2	3	4	5	6
			mètres.	millimètres.	millimètres.
		72	0,2375	0,3	0,4
		73	0,1308	1,7	1,0
$0^m,20$ de base sur $0^m,05$ de hauteur. (Suite.)	Figure 16........	74	0,0716	2,0	2,3
		75	0,0613	3,5	3,9
		76	0,0500		5,0
		77	1,4050	0,1	0,1
		78	1,0113	0,2	0,2
		79	0,7021	0,2	0,2
		80	0,5001	0,3	0,3
		81	0,3001	0,3	0,3
		82	0,2001	0,4	0,5
		83	0,1501	0,4	0,5
$0^m,20$ de base sur $0^m,03$ de hauteur.	Figure 4........	84	0,1001	1,7	1,9
		85	0,0801	2,2	2,4
		86	0,0701	2,4	2,7
		87	0,0601	2,6	2,9
		88	0,0514	3,2	3,6
		89	0,0501	3,7	4,1
		90	0,0451	5,7	6,2
		91	0,0422	9,2	9,7
		92	1,5476	0,1	0,1
		93	1,2013	0,1	0,1
		94	0,8020	0,2	0,2
		95	0,5031	0,3	0,3
		96	0,2001	0,4	0,4
$0^m,20$ de base sur $0^m,01$ de hauteur.	Figure 4........	97	0,1001	1,0	1,1
		98	0,0601	1,0	1,1
		99	0,0401	1,1	1,3
		100	0,0301	1,2	1,4
		101	0,0251	2,0	2,3
		102	0,0201	3,2	3,5
		103	0,0151	5,1	5,5

On remarquera que les résultats relatifs aux expériences 28, 51 et 71 (dispositif de la fig. 4) et 37 et 76 (dispositif de la fig. 16) n'ont point été obtenus, comme tous les autres, à l'aide de mesures directes, mais en observant simplement à la vue l'instant où le liquide, en s'élevant, atteignait le bord supérieur de l'orifice, dans le premier cas, et celui où il se détachait au contraire de ce bord lorsque le niveau de l'eau s'abaissait, dans le second cas. Cette circonstance explique la différence notable qu'il y a entre les charges correspondantes à l'instant dont il s'agit, pour le même orifice (120). Il devait naturellement y en avoir une dans ces deux cas distincts, puisque l'orifice qui, dans le dispositif de la figure 4, débouche librement dans l'air, est prolongé par un canal au dehors du réservoir dans celui de la figure 16; mais elle aurait sans doute été moindre, si l'on avait fait les expériences, pour l'un comme pour l'autre, lorsque le niveau général s'élevait ou s'abaissait dans le réservoir.

123. Pour les dispositifs des figures 6, 10 et 19, il se forme à l'entrée du réservoir, comme on l'a déjà dit, une chute plus ou moins prononcée, selon la grandeur de l'orifice qu'il alimente et la charge de liquide. Nous avons relevé la section de l'eau par le plan de ce déversoir, et nous avons indiqué dans la table suivante (colonne 5) la dépression moyenne dans ce plan, déduite de l'aire entière de la section, indépendamment de celle qui correspond au centre de celle-ci (colonne 6). La septième colonne donne la dépression correspondante au point le plus bas de la chute du liquide, à sa sortie du déversoir; la suivante fait connaître la plus forte dépression qu'il y ait dans une étendue de 1 mètre à partir de l'orifice; enfin, la neuvième contient les dépressions à 2 centimètres en amont de cet orifice. Toutes les sections de la surface du liquide, dans le réservoir, qui se rapportent aux trois dispositifs qui nous occupent, sont dessinées et cotées sur les planches 7, 8, 9, 10, 11, 20, 21 et 22.

TABLE DES DÉPRESSIONS ÉPROUVÉES, DANS LE RÉSERVOIR, PAR LA SURFACE DU LIQUIDE, DANS LE CAS DES ORIFICES FERMÉS À LEUR PARTIE SUPÉRIEURE, AVEC LES DISPOSITIFS DES FIGURES 6, 10 ET 19.

DÉSIGNATION		NUMÉROS	CHARGE	DÉPRESSION	DÉPRESSION DANS LE PLAN VERTICAL passant par l'axe de l'orifice,		
de l'orifice.	du dispositif.	des expériences.	totale de liquide sur la base de l'orifice.	moyenne dans le plan du déversoir, à l'entrée du réservoir.	relevée au centre du déversoir, à l'entrée du réservoir.	relevée au point le plus bas, de la chute du liquide, après sa sortie du déversoir.	relevée au point le plus bas, sur une longueur de 1 mètre, à partir de l'orifice.	relevée à 2 centimèt. en amont de l'orifice.
1	2	3	4	5	6	7	8	9
			mètres.	millimètres	millimètres	millimètres	millimètres	millimètres
$0^m,20$ de base sur $0^m,20$ de hauteur.	Figure 6	1	1,5287	10,4	8,8	22,2	10,0	9,7
		2	1,1593	11,8	10,6	32,0	15,6	9,5
		3	0,8753	13,7	12,1	45 9	16,2	12,9
		4	0,5711	17,3	15,0	68,2	30,1	13,1
		5	0,3730	20,7	19,0	94,0	50,5	14,8
		6	0,3289	22,3	20,8	114,0	62,1	27,0
		7	0,3041	23,8	22,7	135,0	84,1	38,3
	Figure 10	8	0,3441	5,1	5,0	14,5	8,3	3,9
	Figure 19	9	1,6035	15,9	15,9	18,8	13,0	10,0
		10	1,0105	22,6	20,0	34,2	22,0	17,3
		11	0,5005	25,6	23,1	61,3	36,0	22,0
		12	0,3420	28,3	25,0	74,8	44,6	23,0
$0^m,20$ de base sur $0^m,10$ de hauteur.	Figure 6	13	1,6638	4,4	4,2	7,4	4,0	3,8
		14	1,0127	5,7	4,0	8,0	4,7	4,7
		15	0,5616	8,5	7,4	17,5	7,6	7,1
		16	0,3593	10,3	8,8	28,7	15,2	7,8
		17	0,1958	15,4	13,8	49,0	26,1	15,3
		18	0,1528	16,8	16,0	63,2	39,9	23,2
$0^m,20$ de base sur $0^m,05$ de hauteur.	Figure 6	19	1,6644	2,9	3,1	4,3	2,6	2,6
		20	1,3884	"	"	"	2,7	2,7
		21	1,0782	"	"	"	3,2	2,9
		22	0,8098	3,2	3,3	5,0	4,7	3,1
		23	0,5193	3,4	3,3	6,1	5,1	3,5
		24	0,2145	6,6	5,5	12,5	8,0	5,1
		25	0,1165	8,1	7,0	21,4	12,1	7,0
		26	0,0856	9,6	9,0	28,6	18,9	11,3
	Figure 19	27	0,5020	0,2	0,2	3,7	2,9	2,9
		28	0,2375	2,0	2,0	9,3	4,2	3,2
		29	0,1308	6,2	5,1	15,1	8,4	5,2
		30	0,0656	7,3	5,5	16,0	8,1	6,1
$0^m,20$ de base sur $0^m,03$ de hauteur.	Figure 6	31	1,6566	2,0	2,0	2,3	2,3	2,3
		32	1,5095	2,0	2,0	2,4	2,8	2,8
		33	1,0151	2,1	2,1	2,7	2,7	2,3
		34	0,7583	2,4	2,4	2,9	3,5	2,9
		35	0,3652	2,6	2,6	3,0	3,0	3,0
		36	0,1603	3,5	3,0	6,0	4,3	3,0
		37	0,0561	9,0	7,4	16,5	12,4	9,7
$0^m,20$ de base sur $0^m,01$ de hauteur.	Figure 6	38	1,6238	1,3	1,3	1,3	2,7	1,7
		39	1,4652	1,4	1,4	1,4	2,3	1,8
		40	0,5978	1,6	1,6	1,6	1,9	1,9
		41	0,2161	1,8	1,8	1,8	2,2	2,2
		42	0,2152	2,0	2,0	2,5	2,3	2,3
		43	0,0214	4,1	4,1	5,1	8,7	8,4

§ 4.

DÉPRESSIONS ÉPROUVÉES,
DANS LES RÉSERVOIR, PAR LA SURFACE SUPÉRIEURE DU LIQUIDE, DANS LE CAS DES ORIFICES DÉCOUVERTS OU EN DÉVERSOIR.

NÉCESSITÉ DE DÉDUIRE LA CHARGE *TOTALE* SUR LA BASE DES DÉVERSOIRS, DE LA CHARGE *MOYENNE* DANS LE PLAN DE CES ORIFICES, LORSQU'ON NE PEUT PAS LA MESURER *DIRECTEMENT*.

124. Les formules qui servent à calculer la dépense des déversoirs, supposent qu'on connaît la charge *totale* de fluide, prise en amont ou sur les côtés de l'orifice, en un point où le liquide est parfaitement stagnant. Dans la pratique, la détermination *directe* de cette charge est souvent fort difficile et quelquefois même impossible, soit à cause des obstacles que présentent les localités, soit par suite des circonstances particulières dans lesquelles le déversoir se trouve placé, comme, par exemple, lorsque le liquide, avant d'y arriver, est animé d'une vitesse dont la hauteur génératrice est inconnue.

125. D'après Dubuat (*Principes d'hydraulique*, t. I, p. 201, §§ 144-145), il faut, pour avoir la charge *totale* dans ce dernier cas, prendre la plus grande hauteur d'eau en amont du déversoir, et y ajouter la hauteur due à la vitesse moyenne acquise en ce point, et qui s'obtient en divisant la dépense effective par l'aire de la section transversale du courant en ce même point. Par ce moyen, on évalue la charge lorsque la dépense effective est donnée *à priori*; mais, le plus souvent on ne connaît à l'avance ni l'une ni l'autre de ces deux quantités, et alors il faut procéder dans un ordre inverse, c'est-à-dire qu'il faut chercher d'abord la charge et en déduire, s'il y a lieu, la dépense au moyen des formules en usage. On est donc forcé, après avoir trouvé la plus grande hauteur d'eau en amont du déversoir, de mesurer *directe-*

ment la vitesse moyenne du courant en ce point. Or, les instruments dont on peut se servir pour cela n'offrent pas par eux-mêmes une très-grande précision, et la détermination de la plus grande hauteur d'eau, en amont du déversoir, ne doit pas être chose facile dans la pratique, puisque, même dans ses expériences, Dubuat (§ 145) a éprouvé, pour son appréciation, des difficultés telles, qu'il déclare ne pas pouvoir garantir la justesse de ses mesures à une ligne près, ou de $\frac{1}{78}$ à $\frac{1}{75}$ près, puisqu'il s'agissait de hauteurs d'eau sur la base du déversoir qui ont varié de 72,7 à 15 lignes.

126. On ne peut donc, par ce double motif, espérer d'obtenir, dans la pratique, une grande exactitude en suivant ce mode d'évaluation de la charge. En outre, quelque rigoureuses qu'on suppose les opérations, le résultat qu'elles fournissent est notablement plus faible que celui qu'on trouve en relevant directement la charge en un point où le liquide est parfaitement stagnant, lorsque la largeur du réservoir diffère peu de celle du déversoir, et que, par conséquent, la vitesse acquise par le fluide, à son arrivée dans la sphère d'activité de l'orifice, est considérable et a dès lors une grande influence sur le produit de l'écoulement.

Pour mettre ce fait en évidence, nous avons réuni, dans le tableau suivant, quelques résultats de nos expériences concernant les dispositifs des figures 6 et 19 (pl. 1 et 2). Dans le premier de ces dispositifs, le déversoir débouche librement dans l'air, et dans le second il est prolongé par un canal de même largeur, rectangulaire et découvert, disposé horizontalement au dehors du réservoir. Dans l'un et dans l'autre, la base du déversoir est au niveau du fond du réservoir qui est horizontal; sa largeur l est de 0^m,20, et celle L du réservoir est de 0^m,24, en sorte que

$$\frac{l}{L} = \frac{5}{6}.$$

Pour chaque charge, nous avons déterminé avec le plus grand soin le point le plus haut des remous, en faisant, dans toute la longueur du réservoir, par les moyens que nous avons décrits (47), une section de la surface de l'eau par un plan perpendiculaire à celui du déversoir et passant par son axe. Ces sections sont dessinées sur les planches 27 et 32. La vitesse moyenne acquise par le liquide, au point le plus haut des remous, a été obtenue en divisant la dépense effective par l'aire de la section transversale du réservoir en ce point, et cette dépense a été prise dans les tableaux XIX et XXII, qui contiennent le détail des expériences, ou a été calculée d'après la table des coefficients (tabl. XXXIX), qui est elle-même déduite des tableaux détaillés. Enfin, nous ferons remarquer que la profondeur d'eau en un point quelconque du réservoir, exprime la charge sur la base du déversoir prise en ce même point, puisque cette base est au niveau du fond du réservoir, qui est lui-même horizontal.

CHARGE totale mesurée directement en un point où le liquide est stagnant, ou valeur de h.	DÉPENSE effective par seconde, ou valeur de E.	PRO-FONDEUR d'eau dans le réservoir au point le plus haut des remous, ou valeur de p.	VITESSE moyenne acquise par le liquide, au point le plus haut des remous, ou valeur de $v = \dfrac{E}{Lp}$	HAUTEUR due à la vitesse moyenne v, ou valeur de $\dfrac{v^2}{2g}$.	CHARGE totale calculée d'après la vitesse moyenne au point le plus haut des remous, ou valeur de $h_1 = p + \dfrac{v^2}{2g}$	DÉPENSE THÉORIQUE relative à la charge totale		VALEUR des rapports,	
						h, ou valeur de $d = lh\sqrt{2gh}$.	h_1, ou valeur de $d_1 = lh_1\sqrt{2gh_1}$.	$\dfrac{h_1}{h}$.	$\dfrac{d_1}{d}$.
1	2	3	4	5	6	7	8	9	10
DISPOSITIF DE LA FIGURE 6.									
mètres.	litres.	mètres.	mètres.	mètres.	mètres.	litres.	litres.		
0,1417	18,095	0,0910	0,8285	0,0350	0,1260	47,246	39,612	0,8892	0,8384
0,1060	11,678	0,0718	0,6777	0,0234	0,0952	30,570	26,016	0,8981	0,8510
0,0592	4,719	0,0414	0,4749	0,0114	0,0528	12,755	10,750	0,8918	0,8428
0,0307	1,606	0,0210	0,3187	0,0052	0,0262	4 ,765	3,758	0,8534	6,7887
0,0218	0,912	0,0159	0,2390	0,0029	0,0188	2 ,851	2,281	0,8624	0,8001
0,0114	0,317	0,0085	0,1554	0,0012	0,0097	1 ,078	0,850	0,3509	0,7885
DISPOSITIF DE LA FIGURE 19.									
0,2064	26,936	0,1695	0,6621	0,0223	0,1918	83,064	74,418	0,9293	0,8959
0,1029	8,782	0,0894	0,4093	0,0085	0,0979	29,240	27,146	0,9514	0,9284
0,0605	3,648	0,0522	0,2912	0,0043	0,0565	13,182	11,896	0,9339	0,9024
0,0446	2,051	0,0391	0,2186	0,0024	0,0415	8,344	7,488	0,9305	0,8074

127. Les deux dernières colonnes de ce tableau démontrent qu'en substituant à la charge totale h, mesurée directement en un point où le liquide est parfaitement stagnant, la charge h_1 éva-

luée comme l'indique Dubuat, on commettrait des erreurs qui, pour cette dernière charge et pour la dépense théorique correspondante, et par suite pour la dépense effective qu'on en déduirait, s'élèveraient moyennement à environ $\frac{1}{7}$ et $\frac{1}{4}$ de leurs valeurs respectives, dans le cas du dispositif de la figure 6, et à environ $\frac{1}{16}$ et $\frac{1}{10}$ dans celui de la figure 19. On se rend d'ailleurs aisément compte de ces résultats en faisant attention que, par la méthode de Dubuat, on ne tient compte que de la vitesse moyenne déduite de l'aire entière du courant, tandis que celle de la portion de ce courant qui seule va au déversoir est évidemment plus grande.

Nous avions cru entrevoir qu'en opérant sur la section de la veine par le plan même du déversoir, comme on l'a fait sur la section transversale du réservoir, au point le plus haut des remous, pour établir les calculs qui précèdent, on pourrait reproduire la charge totale telle que nous l'avons définie. Sa détermination aurait été ainsi beaucoup plus facile dans la pratique, et aurait présenté plus de chances d'exactitude. Mais nos prévisions ne se sont réalisées que pour le dispositif de la figure 6 et les charges qui excèdent $0^{\mathrm{m}},06$; car, pour celui de la figure 10, qui diffère du précédent en ce que la base du déversoir est élevée de $0^{\mathrm{m}},54$ au-dessus du fond du réservoir, au lieu d'être au même niveau, les résultats donnés par cette méthode sont trop forts d'environ $\frac{1}{10}$, et ils sont au contraire trop faibles d'environ $\frac{1}{25}$ pour le dispositif de la figure 19.

128. On ne peut donc, sans commettre dans certains cas de graves erreurs, déterminer la charge totale d'après la vitesse acquise par le liquide en amont du déversoir. C'est pourquoi nous avons cherché à établir, entre cette charge et la charge moyenne dans le plan même de l'orifice, pour tous les cas où celui-ci n'est pas entièrement isolé des parois du réservoir, une relation analogue à celle que nous avons trouvée pour le dispositif de la figure 1, et qui permet de déduire avec beaucoup d'exactitude l'une de ces deux quantités de l'autre (mémoire de 1829,

n° 167). A cet effet, toutes les fois qu'il s'est agi de mesurer la dépense d'un déversoir, nous avons relevé avec le plus grand soin, par les procédés déjà décrits, la section de la surface de l'eau par le plan de cet orifice, et nous l'avons rapportée sur une ardoise graduée pour faciliter le calcul de la charge moyenne, que nous avons toujours évaluée immédiatement sur place, et qui figure sur les tableaux n°s XIX, XX, XXI et XXII, relatifs aux produits des déversoirs. En outre, nous avons fait, dans ce seul but, pour quelques dispositifs, des séries d'opérations particulières dont les résultats ne sont pas compris dans ces tableaux, parce qu'ils ne concernent en rien les dépenses; mais, nous en avons indiqué tous les détails sur les planches numérotées de 25 à 32, et nous avons consigné, dans la table suivante, les charges moyennes déduites des aires entières des sections telles qu'elles sont cotées sur les planches, les épaisseurs effectives de la veine prises au centre de l'orifice et dans son plan, c'est-à-dire les ordonnées du centre de ces sections, enfin les rapports de ces deux quantités. Nous avons ajouté à cette table, pour l'intelligence de ce qui va suivre, les données obtenues antérieurement pour le dispositif de la figure 1 dont nous venons de parler, et qui sont insérées au n° 136 du mémoire de 1829.

EXPÉRIENCES HYDRAULIQUES

TABLE DES CHARGES ET DES DÉPRESSIONS MOYENNES DANS LE PLAN D'UN DÉVERSOIR DE 0^{M},20 DE LARGEUR, POUR QUELQUES DISPOSITIFS QUI ONT ÉTÉ L'OBJET D'EXPÉRIENCES SPÉCIALES.

DATES des observations.	NUMÉROS d'ordre.	DÉSIGNATION des dispositifs.	CHARGE totale de liquide, ou valeur de H.	CHARGE moyenne dans le plan de l'orifice, conçue de l'aire entière de la section, en valeur de h.	DÉPRESSION moyenne dans le plan de l'orifice, ou valeur de $h' = H - h$.	ÉPAISSEUR effective de la nappe de liquide, prise au centre de l'orifice et dans son plan, ou ordonnée du centre de la section, a.	RAPPORT de la charge moyenne à l'épaisseur effective de la nappe, ou valeur de $\frac{h}{a}$.	OBSERVATIONS.
1	2	3	4	5	6	7	8	9
			millimét.	millimét.	millimét.	millimét.		
Novembre et décembre 1827.........	1		217,00	200,00	17,00	200,00	1,0000	Les résultats compris sous les numéros 1, 4 et 6 n'ont point été relevés directement. Ils ont été obtenus par la simple observation, à la vue, de l'instant où le liquide se détachait du bord supérieur des orifices de 200, de 100 et de 50 millimètres de hauteur, pour former le déversoir.
	2		180,30	164,40	15,90	164,40	1,0000	
	3		131,40	117,70	13,70	117,60	1,0009	
Mai 1828	4	Planche 1, figure 1.	112,00	100,00	12,00	100,00	1,0000	
Décembre 1827......	5		72,20	62,19	10,01	62,10	1,0014	
Mai 1828.........	6		58,20	50,00	8,20	50,00	1,0000	
Décembre 1827......	7		29,00	22,59	6,41	23,20	0,9737	
16 octobre 1828.....	8		212,90	200,00	12,90	200,00	1,0000	
14 idem.............	9		206,40	193,80	12,60	194,40	0,9969	
16 idem.............	10		176,00	164,80	11,20	164,80	1,0000	
14 idem.............	11		145,00	135,30	9,70	135,90	0,9960	
16 idem.............	12		120,50	112,10	8,40	112,10	1,0000	
	13		107,40	100,00	7,40	100,00	1,0000	
13 idem.............	14	Planche 2, figure 15.	102,90	95,60	7,30	95,00	1,0063	
16 idem.............	15		80,50	74,70	5,80	74,70	1,0000	
13 idem.............	16		60,00	55,00	5,00	55,40	0,9928	
16 idem.............	17		54,10	50,00	4,10	50,00	1,0000	
13 idem.............	18		44,60	41,60	3,00	41,30	1,0073	Pour l'expérience numéro 22, le bord supérieur de l'orifice fixe est couvert de liquide à ses extrémités et en son centre, et il se forme un remous dans l'intérieur du réservoir, en sorte que l'écoulement n'a pas lieu, pour cette charge, par un déversoir proprement dit : aussi remarque-t-on un changement brusque dans la loi que suivent les dépressions h', pour des charges plus faibles.
16 idem.............	19		36,00	34,20	1,80	34,20	1,0000	
	20		32,10	30,00	2,10	30,00	1,0000	
3 idem.............	21		27,90	26,80	1,10	26,60	1,0075	
7 octobre 1829......	22		217,20	201,70	15,50	204,10	0,9882	
	23		208,10	190,40	17,70	190,80	0,9979	
	24		171,90	154,50	17,40	154,80	0,9981	
25 idem.............	25		130,10	113,30	16,80	113,70	0,9965	Pour les charges totales au-dessous de 70 millimètres, la partie inférieure de la veine s'attache au chanfrein, incliné à 45° de l'amont vers l'aval, du madrier auquel est fixée la plaque en cuivre dans laquelle est percé l'orifice; et, pour celles de moins de 15 millimètres, l'écoulement n'est pour ainsi dire qu'une bavure, qui suit à la fois le chanfrein dont on vient de parler et celui de la base du déversoir.
	26		92,10	75,70	16,40	74,90	1,0107	
	27		51,10	37,80	13,30	37,10	1,0189	
24 idem.............	28	Planche 1, figure 4.	40,00	27,50	12,50	27,10	1,0148	
	29		36,80	24,60	12,20	24,30	1,0123	
	30		28,60	18,40	10,20	18,00	1,0222	
	31		19,70	11,60	8,10	11,80	0,9831	
	32		15,90	9,20	6,70	9,10	1,0110	
23 idem.............	33		8,60	5,20	3,40	5,10	1,0196	
	34		5,20	3,10	2,10	3,20	0,9688	
	35		4,60	2,90	1,70	3,00	0,9667	

Suite de la TABLE DES CHARGES ET DES DÉPRESSIONS MOYENNES DANS LE PLAN D'UN DÉVERSOIR DE 0^M,20 DE LARGEUR, POUR QUELQUES DISPOSITIFS QUI ONT ÉTÉ L'OBJET D'EXPÉRIENCES SPÉCIALES.

DATES des observations.	NUMÉROS d'ordre.	DÉSIGNATION des dispositifs.	CHARGE totale de liquide, ou valeur de H.	CHARGE moyenne dans le plan de l'orifice, conclue de l'aire entière de la section, ou valeur de h.	DÉPRESSION moyenne dans le plan de l'orifice, ou valeur de $h' = H - h$.	ÉPAISSEUR effective de la nappe de liquide, prise au centre de l'orifice et dans son plan, ou ordonnée du centre de la section, e.	RAPPORT de la charge moyenne à l'épaisseur effective de la nappe, ou valeur de $\dfrac{h}{e}$.	OBSERVATIONS.
1		3	4	5	6	7	8	9
			millimét.	millimét.	millimét.	millimét.		
20 juin 1831........	36		206,0	180,0	26,0	176,5	1,0198	Le niveau a un peu varié pendant les expériences 37, 44 et 46, et c'est pour cela qu'on a opéré sur des charges qui diffèrent très-peu de celles que ces trois expériences concernent, afin de rectifier les premiers résultats qui font en effet anomalie dans la loi générale des dépressions.
	37		205,8	180,8	25,0	175,5	1,0302	
	38		179,6	154,1	25,5	149,1	1,0335	
	39		140,0	117,4	22,6	114,2	1,0280	
	40		98,1	78,5	19,6	75,2	1,0439	
21 idem..........	41	Planche 1, figure 5.	58,0	42,0	16,0	39,7	1,0579	La veine est attachée à la base du déversoir, du côté de la face du réservoir la plus éloignée, pour les charges inférieures à 30 millimètres, tandis qu'elle en est détachée du côté opposé, même pour de plus faibles charges.
	42		41,1	28,2	12,9	26,1	1,0805	
	43		19,6	11,9	7,7	11,9	1,0000	
	44		10,8	6,0	4,8	6,0	1,0000	
12 juillet 1831......	45		10,2	6,3	3,9	6,2	1,0162	
	46		5,8	3,8	2,0	3,9	0,9744	
	47		5,2	3,5	1,7	3,8	0,0211	
15 idem............	48		141,7	89,2	52,5	80,7	1,1053	
	49		106,0	68,4	37,6	62,4	1,0962	
17 idem............	50	Planche 1, figure 6.	59,2	36,0	23,2	32,0	1,1250	
	51		30,7	15,9	14,8	14,9	1,0671	
20 idem............	52		21,8	11,3	10,5	10,8	1,0463	
	53		11,4	5,0	6,4	5,0	1,0000	
18 novembre 1828...	54		206,4	190,8	15,6	191,0	0,9990	
17 idem............	55		145,0	133,3	11,7	134,1	0,9940	
16 idem............	56	Planche 2, figure 16.	102,9	92,5	10,4	93,8	0,9861	
15 idem............	57		60,5	53,0	7,5	54,2	0,9779	
14 idem............	58		44,6	39,9	4,7	41,0	0,9732	
19 idem............	59		27,9	26,6	1,3	27,0	0,9852	
11 décembre 1828...	60		206,4	184,2	22,2	181,3	1,0160	
	61	Planche 2, figure 18.	145,0	128,8	16,2	127,3	1,0118	
	62		60,5	52,7	7,8	52,9	0,9962	
12 idem............	63		44,6	39,1	5,5	39,5	0,9899	
	64		206,4	168,6	37,8	166,4	1,0132	
27 idem............	65	Planche 2, figure 19.	102,9	85,2	17,7	85,2	1,0000	
	66		60,5	50,2	10,3	50,2	1,0000	
	67		44,6	37,4	7,2	37,4	1,0000	

DISTINCTION À ÉTABLIR ENTRE L'ÉPAISSEUR EFFECTIVE DE LA NAPPE FLUIDE,
AU CENTRE DES DÉVERSOIRS,
ET LA CHARGE *MOYENNE* DANS LE PLAN DE CES ORIFICES.

129. En jetant un coup d'œil sur les colonnes 5, 7 et 8 de la table qui précède, on voit, comme on l'a d'ailleurs déjà fait remarquer au n° 166 du mémoire de 1829, que pour le dispositif de la figure 1, dans lequel le déversoir de $0^m,20$ de largeur est entièrement isolé du fond et des faces latérales du réservoir, l'épaisseur effective e de la veine liquide, prise au centre de l'orifice et dans son plan, diffère extrêmement peu de la charge moyenne h, déduite de l'aire entière de la section de cette veine par ce plan, pour toutes les charges totales, excepté celle de 29 millimètres, pour laquelle la charge moyenne $22^{mill}.59$, est d'environ $\frac{1}{57}$ de sa valeur plus faible que l'épaisseur effective 23,20 millimètres.

En faisant le calcul des charges moyennes au fur et à mesure que nous recueillions la dépense des déversoirs, comme nous l'avons dit au numéro précédent, nous avons constaté que le même fait se reproduisait pour les dispositifs des figures 2 et 3, dans lesquels, d'abord l'un, ensuite les deux côtés verticaux de l'orifice, se trouvaient à $0^m,54$ des faces latérales correspondantes du réservoir, au lieu d'en être éloignés de $1^m,74$ comme dans le premier cas. En outre, à charge totale égale, les dépressions de la surface du liquide sont rigoureusement les mêmes pour les trois dispositifs dont il s'agit, comme on le verra plus loin (157).

Les dépressions diffèrent au contraire notablement des précédentes, pour le déversoir de $0^m,60$ de largeur pratiqué dans une paroi de $0^m,05$ d'épaisseur (dispositif de la figure A); mais ici encore la charge moyenne est sensiblement égale à l'épaisseur effective de la nappe, et l'on peut, sans s'exposer à commettre des erreurs appréciables, prendre l'une pour l'autre.

130. La même chose a lieu lorsque le déversoir, sans cesser d'être isolé du fond et des faces latérales du réservoir, est prolongé par un canal au dehors de celui-ci. En effet, on voit dans la table qui nous occupe que, pour le dispositif de la figure 15, qui ne diffère de celui de la figure 1 que par le canal, sur quatorze opérations que nous avons faites, huit ont donné exactement la même valeur pour l'épaisseur effective de la nappe et pour la charge moyenne correspondante; et, pour les six autres, la différence en plus ou en moins entre ces deux quantités n'est que de six dixièmes de millimètre pour les plus fortes charges totales, et de deux seulement pour la plus faible, celle de $27^{\text{mill}}.9$, en sorte que cette différence varie entre $\frac{1}{823}$ et $\frac{1}{134}$ de la charge moyenne. On peut donc encore, dans ce cas, prendre, pour cette dernière charge, l'épaisseur effective de la nappe de liquide, sans craindre de trop s'écarter du degré d'exactitude qu'on peut espérer d'obtenir dans la pratique.

131. Il n'en est plus de même quand l'orifice n'est pas entièrement isolé du fond et des faces du réservoir. Ainsi, pour le dispositif de la figure 4, abstraction faite de l'expérience n° 22, qui ne concerne pas un déversoir proprement dit, la différence entre l'épaisseur effective de la nappe et la charge moyenne correspondante est toujours positive, et sa valeur maxima ne s'élève qu'à $\frac{1}{283}$ de celle-ci, pour les charges totales supérieures à 120 millimètres. Mais elle est au contraire négative et s'élève jusqu'à $\frac{1}{54}$ de la charge moyenne, pour toutes les charges totales comprises entre 100 et 16 millimètres, sauf celle de $19^{\text{mill}}.7$, pour laquelle la différence est de signe contraire. Enfin, pour de plus faibles charges totales, la différence entre les deux quantités que nous comparons, n'est plus que d'un dixième de millimètre en plus ou en moins; mais alors l'écoulement n'est pour ainsi dire qu'une bavure le long du chanfrein de la base du déversoir.

On reconnaît d'ailleurs, à la seule inspection de la courbe qu'affecte la surface supérieure de la nappe (planche 25), que les différences dont il s'agit, après avoir été positives, doivent devenir négatives, et ensuite à peu près nulles; car cette courbe, qui, au centre du déversoir, est convexe pour les fortes charges totales, devient concave pour celles qui ont moins de 93 millimètres, et se rapproche beaucoup d'une droite pour les plus faibles.

132. Pour le dispositif de la figure 5, l'épaisseur effective de la nappe, pour toutes les charges qui excèdent 20 millimètres, est constamment plus faible que la charge moyenne correspondante, et la différence varie de $\frac{1}{51}$ à $\frac{1}{13}$ de la valeur de celle-ci; tandis que, pour les charges totales inférieures à 20 millimètres, cette différence est nulle ou ne s'élève qu'à un ou deux dixièmes de millimètre en plus ou en moins, ce qu'explique très-bien la forme de la surface supérieure de la nappe, qui, d'abord concave au centre du déversoir, finit par se confondre sensiblement avec une ligne droite pour les plus faibles charges (pl. 26).

La même chose a lieu pour le dispositif de la figure 6; mais la différence dont il s'agit est encore plus considérable, car son minimum et son maximum sont de $\frac{1}{22}$ et $\frac{1}{8}$ de la charge moyenne, et elle ne cesse d'être appréciable que pour les charges totales inférieures à 12 millimètres (pl. 27).

133. Les différences entre l'épaisseur effective de la nappe et la charge moyenne sont en général moins fortes, à charge totale égale, et ne suivent pas tout à fait la même loi pour les dispositifs des figures 16, 18 et 19 que pour ceux des figures 4, 5 et 6, qui sont respectivement semblables aux premiers, sauf que pour ceux-ci le déversoir est prolongé par un canal au dehors du réservoir, au lieu de déboucher librement dans l'air. Mais elles forment encore une fraction trop considérable de la charge moyenne, pour que dans la pratique on puisse les négliger (pl. 31 et 32).

On fera remarquer, pour le dispositif de la figure 19 en particulier, que, pour toutes les charges totales inférieures à 103 millimètres, la section de la surface supérieure de la veine par le plan du déversoir est une ligne droite, et que, par suite, l'épaisseur effective de la nappe se confond avec la charge moyenne (pl. 32). Mais, pour la charge totale de 206,4 millimètres, la plus forte de celles sur lesquelles nous avons pu opérer, sans que le liquide s'élevât au-dessus du bord supérieur de l'orifice fixe, la surface de la nappe prend, au centre du déversoir, une forme concave dont la courbure, déjà très-prononcée, le serait évidemment bien davantage pour de plus fortes charges, en sorte que l'épaisseur effective de cette nappe se trouverait de plus en plus faible comparativement à la charge moyenne.

134. Ce que nous venons de dire pour les dispositifs des figures numérotées de 4 à 6 et de 16 à 19, s'applique respectivement à ceux des figures numérotées de 7 à 14 et de 20 à 26, dans lesquels la base ou les bords verticaux du déversoir, sont toujours dans le prolongement ou très-rapprochés du fond ou des faces latérales du réservoir. En relevant la section de la veine par le plan de l'orifice, pour en déduire la charge moyenne, toutes les fois que nous avons recueilli la dépense, ainsi qu'on l'a déjà dit, nous avons reconnu que, pour tous les dispositifs dont il s'agit, cette charge diffère sensiblement de l'épaisseur effective de la nappe au centre du déversoir, et qu'on ne pourrait prendre cette dernière quantité pour l'autre, sans commettre des erreurs plus ou moins considérables.

On peut d'ailleurs se faire une idée de la différence qu'il doit y avoir entre elles, dans certains cas, par la seule inspection de la veine pour le dispositif de la figure 13, sous de fortes charges (pl. 28). On voit, en effet, que la surface supérieure de la nappe affecte la forme d'une courbe $m\,n$, légèrement convexe vers le haut, qui est interrompue, en son milieu et sur le tiers environ de sa longueur, par un renfoncement très-prononcé dont le point inférieur o, qui correspond au centre de l'orifice, est abaissé de 54 millimètres au-dessous des points culminants m et n.

135. Il résulte de tout ce qui précède, qu'*en général* on ne peut considérer l'épaisseur effective de la nappe de liquide, prise au centre d'un déversoir et dans son plan, comme représentant la

charge moyenne déduite de l'aire entière de la section de la veine par ce plan, qu'autant que cet orifice, dans le cas où il débouche librement dans l'air comme dans celui où il est prolongé par un canal au dehors du réservoir, est *isolé* à la fois du fond et des faces latérales de ce réservoir, et que la charge totale est un peu forte.

Nous disons *en général*, car pour le déversoir de 2 centimètres de largeur que nous avons soumis à l'expérience (tabl. n° XX), nous avons toujours trouvé la charge moyenne sensiblement plus forte que l'épaisseur effective de la nappe, quoique la base et les bords verticaux de cet orifice fussent respectivement éloignés de $0^m,54$ et de $1^m,83$ du fond et des faces latérales du réservoir. On se rend aisément compte qu'il en soit ainsi pour les très-petites ouvertures, car l'action capillaire de leurs bords verticaux produit, dans les parties contiguës de la surface du liquide, une surélévation qui, s'étendant à une certaine distance de chaque côté, augmente l'aire de la section de la veine, dans une proportion très-minime pour les larges déversoirs, mais qui devient fort appréciable pour ceux qui sont très-étroits.

136. Nous n'avons d'ailleurs fait aucune expérience dans le but spécial de fixer, d'une manière précise, soit la limite de largeur au delà de laquelle cet effet de la capillarité cesse d'avoir une influence sensible sur l'aire de la section de la veine, soit le degré de rapprochement des parois du réservoir des bords correspondants de l'orifice, pour que celui-ci puisse, sous le rapport dont il s'agit, être considéré comme entièrement isolé. La solution seule de cette dernière partie de la question exigerait sans doute de nombreuses observations. Il semble, en effet, que le surexhaussement de la surface du liquide, dans le voisinage des bords verticaux de l'ouverture, occasionné par la proximité des parois correspondantes du réservoir (pl. 26 et 27), doit, toutes choses égales d'ailleurs, augmenter l'aire de la section de la veine dans des proportions variables avec la largeur du déversoir, et probablement d'autant plus grandes que cet orifice est plus étroit.

D'où il résulterait qu'à égalité du rapport de cette largeur à celle du réservoir, on pourrait, pour une certaine ouverture, prendre, sans inconvénient, l'épaisseur effective de la nappe en son centre pour la charge moyenne, tandis qu'on commettrait une grave erreur en procédant de la même manière pour une ouverture différente. On conçoit, d'après cela, combien il faudrait multiplier les expériences pour arriver à des résultats décisifs.

137. Il serait, sans contredit, très-commode pour la pratique, qu'au lieu de relever la section entière de la veine, on n'eût jamais qu'à en prendre l'épaisseur au centre de l'orifice, pour en déduire la charge totale et réciproquement. Mais, le point correspondant à ce centre est précisément celui de toute la section où généralement il y a le plus de fluctuations, où les variations du niveau de l'eau sont le plus fréquentes, le plus brusques et le plus considérables. En outre, en ne relevant qu'un seul point, l'erreur qu'on peut commettre reste entière, tandis qu'en en déterminant un grand nombre, il s'établit en général, entre les erreurs en plus et celles en moins, des compensations qui ramènent la moyenne à sa juste valeur. Enfin, beaucoup de circonstances accidentelles, comme le vent soufflant dans une direction oblique par rapport à celle de l'écoulement, peuvent changer notablement l'épaisseur effective de la veine au centre de l'orifice, sans altérer sensiblement l'aire de la section, ainsi que nous l'avons remarqué maintes fois dans le cours de nos opérations.

Par ces motifs, nous avons particulièrement porté nos recherches sur la charge moyenne plutôt que sur l'épaisseur effective de la veine au centre de l'orifice, comme offrant une donnée en quelque sorte plus fixe, moins sujette à varier et dont la détermination présente plus de chances d'exactitude. Quoique nous ayons toujours relevé cette épaisseur avec beaucoup de soin, ainsi qu'on l'a déjà dit, nous ne l'avons enregistrée que pour les cas principaux, et dans l'unique but de faire ressortir jusqu'à quel point elle peut alors différer de la charge moyenne (pl. numérotées de 25 à 32).

138. M. Castel, ingénieur des eaux de la ville de Toulouse, a procédé autrement que nous. Dans des expériences sur l'écoulement de l'eau par les déversoirs, qu'il a faites plusieurs années après que les nôtres étaient terminées, et dont nous n'avons une connaissance complète que depuis fort peu de temps, il s'est borné à mesurer l'épaisseur effective de la nappe au centre du déversoir, sans relever aucun autre point de la section de la veine, et a présenté la différence entre cette épaisseur et la charge totale, comme exprimant la dépression de la surface du liquide dans le plan de l'orifice. Nous sommes dès lors conduit à examiner les modifications que cette manière d'opérer a dû apporter à ses résultats, afin de pouvoir les comparer à ceux que nous avons obtenus nous-même, et de tirer, autant que possible, de leur ensemble des conséquences utiles pour la pratique de l'hydraulique. L'auteur de ces expériences ne les a pas publiées lui-même, mais il en a confié le soin à M. d'Aubuisson, ingénieur en chef directeur des mines, qui en a rendu un compte très-détaillé dans un rapport inséré en entier dans les Mémoires de l'Académie des sciences de Toulouse (t. IV, Ire part., 1837, p. 241 et suiv.), et par extraits dans les Annales des mines (3e série t. IX et XI).

139. Elles se rapportent exclusivement à des déversoirs débouchant librement dans l'air, et comprennent deux séries distinctes. Le canal servant de réservoir avait 0^m,74 de largeur pour la première série, et 0^m,361 pour la seconde ; le seuil de tous ces orifices était placé à 0^m,17 au-dessus du fond du réservoir, et leur largeur a varié de 1 à 74 centimètres dans le premier cas, et de 1 à 36,1 dans le second.

M. Castel a constamment mesuré les charges de fluide dans l'intérieur même de ses réservoirs. A cet effet, il disposait horizontalement, dans le plan vertical qui contenait l'axe de l'orifice, une règle d'environ 0^m,50 de longueur, armée de tiges métalliques avec coulisses graduées et nonius, espacées de 5 en 5 centimètres et terminées par des pointes qu'il mettait en contact avec la surface de l'eau. La longueur de ces pointes au-dessous de la face inférieure de la règle, allait naturellement en diminuant à mesure qu'on s'éloignait vers l'amont, et, à une distance de $0^m,20$ à $0^m,40$ au plus, la diminution devenait insensible; M. Castel en concluait qu'il était arrivé au point le plus élevé de la surface du liquide, et la différence de niveau entre ce point et le seuil du déversoir lui donnait la charge totale.

140. En procédant ainsi, il pouvait assurément déterminer le point le plus haut des remous en amont du déversoir, mais il n'obtenait pas toujours la charge entière, telle qu'on l'aurait eue en la relevant en un point où le liquide aurait été parfaitement stagnant, notamment dans le cas des fortes dépenses, parce qu'alors, vu le peu de largeur de ses réservoirs, le liquide était animé, au point où commençait l'inflexion vers l'orifice, d'une certaine vitesse dont il ne tenait pas compte.

En outre, il existait dans l'appareil même servant aux expériences, une cause d'erreurs dont M. Castel ne pouvait pas s'affranchir. En effet, l'eau destinée aux expériences était élevée par des pompes dans une cuvette, d'où elle descendait, au moyen d'une conduite verticale de $9^m,95$ de longueur, dans une caisse à laquelle était adapté un réservoir de $5^m,96$ de longueur et de $0^m,74$ de largeur. Pour amortir la vitesse du courant dans le réservoir, on faisait passer cette eau, d'abord à travers une toile métallique, ensuite sous plusieurs cloisons dites *languettes de calme*. La dernière de ces languettes était placée à $1^m,30$ en amont du déversoir, et son arête inférieure était à 4 centimètres au-dessus du seuil de cet orifice. Le réservoir de $0^m,361$ de largeur était construit dans l'intérieur du précédent, et il n'avait que $2^m,24$ de longueur.

141. On conçoit combien, par suite de ce dispositif, la mesure de la charge dans l'intérieur même du réservoir, et celle de l'épaisseur effective de la veine au centre du déversoir, devaient présenter d'incertitudes. En effet, l'eau fournie par le mouvement alternatif de pompes, n'arrivait, pour ainsi dire, que par saccades dans la cuvette supérieure et par suite dans les autres parties de l'appareil; sa chute dans la caisse d'expériences y produisait des ondulations

et des oscillations qui se transmettaient nécessairement en partie jusqu'à l'orifice, malgré la toile métallique et les *languettes de calme* destinées à les détruire, ainsi que la vitesse acquise par le liquide à son entrée dans le réservoir; car ces languettes dont nous avons fait, à nos dépens, la triste expérience dans les circonstances les plus favorables (42), constituaient ici des étranglements considérables, occasionnant dans le courant des temps d'arrêt très-prononcés en amont et des accélérations de vitesse en aval, si bien que le régime devait être très-variable dans le réservoir, et permettre difficilement d'y relever avec exactitude les charges de fluide.

M. Castel fait connaître, en effet, qu'il y avait dans ses réservoirs des ondulations telles, notamment pour les fortes charges, que la hauteur de l'eau au milieu du seuil du déversoir, après avoir été de $0^m,113$, s'élevait brusquement à $0^m,117$, et il a même vu cette hauteur varier, d'un moment à l'autre, d'un centimètre et plus dans les déversoirs étroits et sous les fortes charges. Néanmoins, comme après avoir apprécié avec le plus grand soin l'amplitude des oscillations, il en prenait le terme moyen, il pense pouvoir répondre à $\frac{1}{200}$ près de l'exactitude des charges totales pour le réservoir de $0^m,74$ de largeur. Mais, il est loin d'avoir obtenu le même degré d'approximation pour le réservoir de $0^m,361$, où le régime de l'eau devait évidemment être encore plus variable, à cause de son peu de longueur et de la chute qui se formait à son entrée. Il déclare que les résultats qui concernent ce réservoir ne *sauraient servir également, dans toutes leurs parties, de base à des déterminations théoriques, et qu'on ne peut espérer d'établir des comparaisons exactes avec ceux qui se rapportent au réservoir de $0^m,74$, que dans les cas de dépenses de 10 à 12 litres par seconde, pour lesquels la vitesse est à peu-près égale à celle du grand réservoir pour 25 à 30 litres.*

142. Les dispositifs de M. Castel étaient tous analogues à ceux des figures 1, 2, 3, 9 et 10 de la planche 1, et A de la planche 3, sur lesquels nous avons opéré avec des déversoirs de $0^m,62$,

$0^m,20$ et $0^m,60$ de largeur, isolés par leurs bases du fond du réservoir et débouchant librement dans l'air. Mais il résulte de ce que nous avons exposé aux numéros 135 et suivants, que les nombres donnés par M. Castel comme exprimant les dépressions de la surface du liquide dans le plan des déversoirs, ne sauraient s'accorder avec nos propres résultats que dans les seuls cas où l'épaisseur effective de la veine, au centre de l'orifice, ne diffère pas de la charge moyenne déduite de l'aire entière de la section de cette veine; dans tous les autres cas, les dépressions trouvées par lui doivent être généralement plus fortes, sauf pour les très-faibles charges totales, que celles que nous avons obtenues nous-même, puisque alors l'épaisseur effective de la nappe est moindre que la charge moyenne.

143. Quoique les limites de largeur des orifices ou de rapprochement de leurs bords des parois du réservoir, entre lesquelles il est permis de considérer l'épaisseur effective de la veine comme égale à la charge moyenne, n'aient point été déterminées par des expériences directes (136), on peut cependant les assigner avec une approximation suffisante pour l'objet que nous avons en vue. En effet, puisque les déversoirs que nous considérons ici sont isolés du fond du réservoir, les faces latérales de celui-ci peuvent seules, par leur proximité, modifier la dépression de la surface du liquide, et il paraît évident qu'elles ne doivent avoir aucune influence, lorsqu'elles se trouvent placées en dehors de la sphère d'activité des orifices, dans le sens perpendiculaire à la direction du courant. Or, M. Castel a fait, parallèlement à ceux-ci et à $0^m,005$ en amont, dans l'intérieur du réservoir de $0^m,361$ de largeur, 15 profils qui peuvent fournir des indications utiles pour la question qui nous occupe.

Ces profils, que nous avons construits nous-même d'après les données du tableau numéro 7 de M. Castel, avaient pour objet de constater la surélévation, au-dessus du niveau général, que pouvait éprouver la surface du fluide, dans la partie comprise entre les faces latérales du réservoir et les bords correspondants des déversoirs. M. d'Aubuisson en a fait ressortir les résultats dans un petit tableau, qui fait partie de l'article publié dans le tome XI des Annales des mines.

144. Mais nous ferons remarquer, en passant, que ces surélévations ont été mal appréciées; l'erreur vient de ce que M. Castel n'a pas tenu compte de la vitesse acquise par le liquide, au point où il a relevé le niveau général, en sorte que ses charges totales sont trop faibles de la hauteur due à ces vitesses (140). Pour mettre ce fait en évidence, nous avons réuni, dans le tableau suivant, les données relatives aux quatre déversoirs pour lesquels M. Castel a indiqué des surélévations du liquide au-dessus du niveau général.

LARGEUR du déversoir.	RAPPORT de la largeur du déversoir à celle du réservoir.	HAUTEUR, du niveau général au-dessus du seuil du déversoir.	SURÉLÉVATION du liquide au-dessus du niveau général.	QUANTITÉ à ajouter à la hauteur du niveau général, pour tenir compte de la vitesse acquise par le liquide,	DIFFÉRENCE entre la surélévation observée et la quantité à ajouter à la hauteur du niveau général,
1	2	3	4	5	6
millimètres.		millimètres.	millimètres.	millimètres.	millimètres.
		180,4	0,5	0,51	— 0,01
91,8	0,254	120,3	"	0,22	— 0,22
		60,9	"	0,01	— 0,01
		180,2	1,0	0,62	+ 0,38
100,4	0,278	121,0	0,5	0,27	+ 0,23
		60,0		0,06	— 0,06
		175,0	2,7	2,43	+ 0,27
199,4	0,552	121,9	0,5	1,11	— 0,61
		61,0	0,1	0,23	— 0,13
		120,0	2,7	2,81	— 0,11
300,2	0,832	80,0	"	1,06	— 1,06
		60,3	"	0,54	— 0,54

La sixième colonne de ce tableau montre que la surface du liquide, dans l'intervalle compris entre les faces latérales du réservoir et les bords correspondants des orifices, ne s'est exhaussée au-dessus du niveau général, relevé à sa véritable position, que pour trois expériences; et que, pour les neuf autres, elle est restée au-dessous. La plupart des différences de hauteur sont d'ailleurs fort minimes, car les exhaussements au-dessus du niveau général varient entre 0,23 et 0,38 millimètre; et, parmi les abaissements au-dessous de ce niveau, 5 sont compris entre 0,01 et 0,22 millimètre, en sorte qu'il est d'autant plus permis de considérer ces différences comme provenant d'erreurs, que M. Castel déclare, en termes exprès (141), que toutes les opérations qui se rapportent au réservoir de $0^m,361$ présentent beaucoup d'incertitude.

145. Il résulterait des profils qui nous occupent, que les plus grandes distances entre les points où l'inflexion de la surface de l'eau, dans le sens perpendiculaire au courant, commence à se faire sentir, et les bords verticaux des déversoirs de $0^m.0499$, $0^m.0918$, $0^m.1004$, $0^m.1994$ et $0^m.3002$ de largeur, seraient respectivement de $0^m.078$, $0^m.083$, $0^m.053$, $0^m.024$ et $0^m.005$, c'est-à-dire qu'à ces distances des côtés verticaux de l'orifice, la surface de l'eau serait à la hauteur du niveau général tel que l'indique M. Castel, et demeurerait horizontale à partir de ces points jusqu'aux parois du réservoir. Mais, en relevant ce niveau à la position qu'il doit avoir pour tenir compte de la vitesse acquise par le fluide, ces distances se trouvent modifiées en ce qui concerne les déversoirs de $0^m,1994$ et $0^m,3002$ de largeur. En effet, en continuant *de sentiment* les courbes résultant des sections de la surface de l'eau, construites d'après les données du tableau numéro 7 de M. Castel, les points où elles rencontrent le niveau général ainsi exhaussé, sont éloignés des bords des orifices de $0^m,021$ à $0^m,044$ pour celui de $0^m,1994$ de largeur, et de $0^m,01$ à $0^m,032$ pour celui de $0^m,3002$. Ainsi, la sphère d'activité du premier, dans le sens perpendiculaire au courant, s'arrête à $0^m,0368$ des faces latérales du réservoir, tandis qu'elle va au delà de ces parois pour le second.

146. On peut conclure de ce qui précède : 1° que les faces latérales du réservoir de $0^m,361$ de largeur, n'ont aucune influence sur les dépressions de la surface du liquide pour le déversoir de $0^m,1994$ de largeur, et à plus forte raison pour ceux qui sont plus étroits, puisque les limites des sphères d'activité, dans le sens latéral, sont encore plus éloignées de ces faces pour ceux-ci que

pour l'autre; 2° que ces mêmes faces exercent au contraire de l'action dans le cas du déversoir de $0^m,3002$, dont la largeur est les $0,832$ de celle du réservoir, puisque leur distance aux bords de cet orifice est moindre que la sphère d'activité de celui-ci. Ce dernier fait est, au reste, constaté par nos propres expériences, car nous avons trouvé une différence sensible entre la charge moyenne et l'épaisseur effective de la nappe, pour un déversoir dont la largeur $0^m,20$ était les $0,833$ de celle $0^m,24$ du réservoir (dispositif de la fig. 9).

M. d'Aubuisson fait remarquer (*Annales des mines*, t. XI) que l'étendue des sphères d'activité est d'autant plus grande, que les déversoirs sont plus étroits. Si cette loi était générale, il s'ensuivrait que, pour l'orifice de $0^m,3998$ qui est situé, par rapport au réservoir de $0^m,74$ de largeur, à très-peu de chose près comme le déversoir de $0^m,1994$ l'est par rapport au réservoir de $0^m,361$, l'inflexion de la surface du liquide ne commencerait à se faire sentir latéralement qu'à environ $0^m,015$ des bords de l'ouverture, et par conséquent à $0^m,155$ des parois correspondantes du réservoir. Au surplus, comme les largeurs des orifices de $0^m,1994$ et de $0^m,3998$, sont respectivement les $0,552$ et les $0,54$ de celles des réservoirs dans lesquels ils sont pratiqués, il est évident que, puisque les faces latérales n'ont aucune influence sur les dépressions de la surface du liquide pour le premier de ces déversoirs, elles ne doivent pas en avoir, à plus forte raison, pour le second.

147. On doit donc admettre d'une manière générale, que tout déversoir isolé par la base, et dont la largeur n'excède pas les $0,552$ de celle du réservoir, peut, sous le rapport des dépressions de la surface du liquide, être considéré comme étant dans le cas des minces parois (dispositif de la fig. 1); c'est-à-dire que pour un tel déversoir on peut, sans erreur sensible, prendre l'épaisseur de la nappe de fluide au centre de l'orifice et dans son plan, pour la charge moyenne déduite de l'aire entière de la section de la veine par ce plan, lorsque la charge totale est un peu forte.

Ainsi, les résultats obtenus par M. Castel ne peuvent s'accorder avec les nôtres, que pour ceux de ses déversoirs qui, remplissant la condition que nous venons d'énoncer, ne sont pas d'ailleurs tellement étroits, que l'effet de la capillarité rende la charge moyenne sensiblement plus forte que l'épaisseur effective de la veine (135). Comme cet ingénieur n'a jamais mesuré que cette dernière quantité sans s'occuper de l'autre, ainsi que nous l'avons déjà dit (138), nous manquons de données pour établir entre ces deux quantités une relation qui permette de déduire directement l'une de l'autre, de façon à rendre nos résultats et les siens exactement comparables, dans tous les cas où la charge moyenne diffère sensiblement de l'épaisseur effective de la veine, ce qui a lieu lorsque la largeur de l'orifice est très-petite ou qu'elle excède les 0,552 de celle du réservoir; mais nous espérons que ce qui va suivre lèvera jusqu'à un certain point la difficulté.

RECHERCHE DES CIRCONSTANCES QUI FONT VARIER LES DÉPRESSIONS
DE LA SURFACE DU LIQUIDE, DANS LE PLAN DES DÉVERSOIRS ISOLÉS PAR LEUR BASE
ET DÉBOUCHANT LIBREMENT DANS L'AIR.

148. Pour vérifier si nos expériences et celles de M. Castel s'accordent entre elles, dans les cas où il est permis de les comparer, nous avons naturellement cherché à appliquer à ces dernières une formule très-simple que nous avons trouvée en 1828, pour un déversoir de $0^m,20$ de largeur en mince paroi plane, et qui reproduit, avec un degré d'approximation très-satisfaisant, tous les résultats qui concernent cet orifice. Cette formule, qui a été insérée aux numéros 137 et 167 du mémoire de 1829, est basée sur des considérations qu'il est nécessaire de rappeler ici, pour l'intelligence de ce que nous avons à dire sur ce sujet.

En prenant pour abscisses les rapports $\frac{H}{h}$ de la charge totale sur la base du déversoir en question, à la charge moyenne dans le plan de cet orifice, et pour ordonnées les dépressions moyennes

13.

$h' = H - h$ qu'éprouve la surface du liquide dans ce même plan, on obtient une courbe parfaitement régulière, qui a évidemment deux asymptotes parallèles, l'une à l'axe des ordonnées et l'autre à celui des abscisses. En effet, la charge moyenne ne pouvant jamais excéder la charge totale, le rapport $\frac{H}{h}$ ne saurait devenir plus petit que l'unité, mais il peut en approcher indéfiniment, puisque l'expérience démontre que ce rapport diminue sans cesse, à mesure que la charge totale augmente; on doit donc admettre une asymptote parallèle à l'axe des ordonnées et correspondant à la valeur 1 de l'abscisse. D'un autre côté, nous avons souvent remarqué, en vérifiant la position de la base du déversoir, que l'action capillaire de la paroi dans laquelle cet orifice était pratiqué, maintenait le niveau général de l'eau dans le réservoir, tantôt à 1,5 et tantôt à 2 millimètres au-dessus de cette base, sans que pour cela l'écoulement eût lieu. Ainsi, la charge H était encore moyennement de 1,8 millimètre lorsque h était nul, et comme alors $h' = H - h = H$, nous en avons conclu que la courbe avait une asymptote parallèle à l'axe des abscisses et correspondante à l'ordonnée 1^{mill},8, ce qui lui donnait la forme d'une hyperbole équilatère, dans laquelle les produits $\left(\frac{H}{h} - 1 \right)(h' - 1,8)$ devaient être constants. En les effectuant, nous avons trouvé qu'en prenant le millimètre pour unité, ils s'écartaient généralement très-peu de leur moyenne 1,319. C'est pourquoi nous avons posé $\left(\frac{H}{h} - 1 \right)(h' - 1,8) = 1,319$. D'où l'on déduit, en remplaçant h' par sa valeur $H - h$:

$$H = h + 0,9 + \sqrt{1,319\,h + 0,81}$$
$$h = H - 0,2405 - \sqrt{1,319\,H + 0,05784}$$

Cette formule est très-remarquable en ce que, non-seulement elle donne pour H et h des valeurs qui diffèrent extrêmement peu de celles que l'expérience a fournies, mais encore elle satisfait aux deux limites extrêmes du phénomène, au cas où la charge totale est infinie, comme à celui où elle n'est plus suffisante pour vaincre l'action capillaire de la base du déversoir et déterminer l'écoulement du liquide.

149. M. Poncelet, en comparant les résultats que nous avons trouvés pour le déversoir de $0^m,20$ de largeur en minces parois, avec ceux qu'ont obtenus MM. Bidone et Eytelwein avec des appareils différents des nôtres, a cru remarquer que les valeurs de $\frac{H}{h}$, ou plutôt du produit $\left(\frac{H}{h} - 1\right)(h' - 1,8)$, dépendaient du rapport de la largeur l de l'orifice à celle L du réservoir. C'est pourquoi il a remplacé dans notre formule, pour la généraliser, le coefficient constant $1,319$ par une quantité k fonction de $\frac{l}{L}$, et il a posé l'équation $\left(\frac{H}{h} - 1\right)(h' - 1,8) = k$, dans laquelle k, déterminé approximativement pour le cas où $\frac{l}{L}$ serait au-dessous de $0,3$, a pour expression $k = 0,0196\left[19 + \left(100\frac{l}{L} - 15,5\right)^2\right]$. (Mémoire de 1829, §§ 169 et suivants.)

Notre formule ainsi modifiée satisfait, avec un degré d'approximation suffisant pour la pratique, à nos expériences et à celles de MM. Bidone et Eytelwein pour lesquelles le rapport $\frac{l}{L}$ est inférieur à $0,3$. Mais, M. Poncelet a lui-même fait remarquer qu'*elle était déduite d'un trop petit nombre d'expériences pour qu'on pût, quant alors, la considérer comme autre chose qu'une formule empirique, propre à en représenter les résultats avec un degré d'exactitude raisonnable et dans une certaine étendue, notamment pour le cas où la largeur de l'orifice égale au plus le $\frac{1}{3}$ ou les 0,3 de celle du réservoir.* Les prévisions de cet illustre savant se sont réalisées; les opérations que nous avons faites depuis la publication de nos premières expériences, jointes à celles que M. Castel a exécutées plusieurs années après nous, jettent de nouvelles lumières sur cette question, et la font envisager sous un autre point de vue.

150. Si, dans l'équation $\left(\frac{H}{h} - 1\right)(h' - 1,8) = k$, les valeurs du terme k dépendaient, comme on l'avait pensé, de celles de $\frac{l}{L}$ pour tous les cas où celles-ci sont au-dessous de $0,3$,

il s'ensuivrait qu'à égalité de ce rapport et dans les limites dont il s'agit, les dépressions h' de la surface du liquide seraient les mêmes, à charge totale égale, quelles que fussent les largeurs des déversoirs. Or, en jetant un coup d'œil sur les tableaux 9 et 10 de M. Castel et sur notre tableau du numéro 157, on voit qu'il n'en est point ainsi. En effet, le réservoir de $0^m,361$ étant un peu inférieur à la moitié de celui de $0^m,74$, les dépressions qui, pour le premier de ces réservoirs, se rapportent aux déversoirs de 5 et de 10 centimètres de largeur, devraient être un peu supérieures à celles qui, pour le second, concernent les orifices de 10 et de 20 centimètres de largeur, tandis qu'elles sont, au contraire, en général de trois à quatre fois plus petites. Pareillement, pour nos déversoirs de 20 et de 60 centimètres de largeur, pour lesquels les valeurs du rapport $\frac{l}{L}$ sont de 0,0544 et 0,163, et qui correspondent par conséquent à des largeurs de 4 et de 12 centimètres dans le réservoir de $0^m,74$, et de 2 et de 6 dans celui de $0^m,361$, les dépressions devraient être notablement moindres, que celles que M. Castel a trouvées pour les déversoirs de 5 et de 20 centimètres avec le premier de ces réservoirs, et de 5 et de 10 centimètres avec le second, tandis qu'elles sont au contraire beaucoup plus considérables.

151. En faisant ces rapprochements, nous avons été frappé de cette circonstance, que les dépressions pour le déversoir de 20 centimètres de largeur, obtenues par nous avec un réservoir de $3^m,68$, diffèrent extrêmement peu de celles que M. Castel a trouvées pour le même orifice avec un réservoir de $0^m,74$, quoique ce second réservoir soit cinq fois moins large que le premier. Cette observation nous a donné lieu de penser que ces dépressions pourraient bien, entre certaines limites des valeurs de $\frac{l}{L}$, être indépendantes de ce rapport et ne varier qu'avec la largeur absolue des orifices.

Pour vérifier ce soupçon, nous avons dû, avant tout, examiner dans quelles circonstances les produits $\left(\frac{H}{h} - 1\right)(h' - 1,8)$ ne changent pas, pour un même déversoir, quelle que soit la charge totale, parce que ce sont les seuls cas pour lesquels on pouvait espérer de généraliser la formule que nous avions établie pour le déversoir de $0^m,20$ de largeur en minces parois, sans lui faire perdre la propriété remarquable qu'elle a de satisfaire aux limites extrêmes du phénomène (148).

152. L'orifice de 2 centimètres de largeur, que nous avons soumis à l'expérience, s'est naturellement trouvé exclu de nos recherches, parce que les dépressions qui le concernent sont inférieures à 1,8 millimètre, lorsque les charges totales ne sont pas très-fortes (table du n° 199). En effet, les produits $\left(\dfrac{H}{h} - 1\right)(h' - 1,8)$, que dorénavant nous appellerons p, étant alors négatifs, la quantité qui entre sous le radical dans l'équation

$$H = h + 0,9 + \sqrt{p\,h + 0,81},$$

qui donne la charge totale en fonction de la charge moyenne, deviendrait elle-même négative pour les valeurs de h qui rendraient $p\,h$ plus grand que $0,81$, et par conséquent H serait imaginaire, ce qui ne peut avoir lieu.

Ce que nous disons du déversoir de 2 centimètres de largeur doit se présenter, à plus forte raison, pour ceux qui sont plus étroits, et si M. Castel a trouvé, pour cet orifice comme pour celui de $0^m,01$ de largeur, des dépressions supérieures à 1,8 millimètre, même pour les plus faibles charges totales, c'est que toujours il s'est borné à prendre l'épaisseur effective de la veine au centre du déversoir, et l'a retranchée de la charge totale pour avoir la dépression. Or, cette épaisseur est, dans ce cas, sensiblement plus faible que la charge moyenne, en sorte que les dépressions ainsi obtenues se trouvent toutes trop fortes. Pour ces petits orifices, les dépressions suivent une tout autre loi, que nous indiquerons plus loin en ce qui concerne celui de 2 centimètres de largeur, sans chercher à la généraliser pour d'autres ouvertures, non-seulement parce que nous manquons des éléments nécessaires, mais encore parce que, pussions-nous réussir dans nos recherches, le résultat serait sans utilité réelle pour la pratique, attendu qu'on n'y fait pas usage d'aussi étroits déversoirs.

153. M. Castel, par les motifs que nous venons de rappeler, ne fournit aucun moyen d'assigner directement le minimum de largeur des déversoirs, pour que les dépressions soient toujours supérieures à 1,8 millimètre, quoiqu'il ait opéré sur un grand nombre de petits orifices. Toutefois, il nous semble que cette limite doit peu s'écarter de 3 centimètres. En effet, nous avons fait remarquer au numéro 136 que, par suite de l'action capillaire des parois, l'excès de la charge moyenne sur l'épaisseur effective de la veine au centre des déversoirs devait, toutes choses égales d'ailleurs, être d'autant plus grand que les orifices étaient plus étroits. Mais admettons, pour prendre le cas le plus défavorable, que la différence soit la même pour les déversoirs de 3 et de 2 centimètres, en sorte qu'en nommant h et h' les charges moyennes respectives qui, pour ces deux orifices, correspondent à une même charge totale H, et e et e' les épaisseurs effectives de la veine, on ait $e = h - i$ et $e' = h' - i$. En désignant par D et D' les dépressions évaluées d'après la méthode de M. Castel, on a $D = H - e = H - h + i$ et $D' = H - e' = H - h' + i$: d'où $D - D' = h' - h$. Soient au contraire d et d' les dépressions calculées selon la marche que nous avons suivie, on a $d = H - h$ et $d' = H - h'$, d'où $d - d' = h' - h$. Donc $D - D' = d - d'$, et $D - D' + d' = d$. D'où il résulte que pour avoir la dépression d, relative à l'orifice de 3 centimètres, telle qu'on l'obtiendrait en retranchant la charge moyenne de la charge totale, il faut ajouter aux différences $D - D'$ données par le tableau numéro 9 de M. Castel, les dépressions d' que nos expériences nous ont fournies pour l'orifice de 2 centimètres de largeur. Or, les plus petites valeurs que l'on trouve pour d, en opérant ainsi, sont très-peu inférieures à 1,8 millimètre; on peut donc admettre que le minimum de largeur des déversoirs pour lesquels les produits p sont toujours positifs, diffère très-peu de 3 centimètres.

154. Quoi qu'il en soit, si, faisant abstraction de quelques ré-

sultats qui se rapportent en général aux plus fortes et aux plus faibles charges, et proviennent évidemment d'erreurs ou de l'impossibilité où s'est trouvé l'observateur de prendre toujours des mesures exactes, on effectue les calculs pour toutes les expériences de M. Castel (tabl. IX et X), on reconnaît que, pour des largeurs de déversoir depuis 3 jusqu'à 30 centimètres, dans le cas du réservoir de $0^m,74$, et jusqu'à 20 centimètres dans celui du réservoir de $0^m,361$, les produits dont il s'agit sont sensiblement constants, quelle que soit la charge totale, pour un même orifice, et sont d'autant plus grands que celui-ci est plus large. Ces mêmes produits varient au contraire avec la charge pour les déversoirs de $0^m,40$ de largeur et au-dessus, dans le premier cas, et de $0^m,30$ et au-dessus dans le second.

Ainsi, p varie avec la charge totale pour le déversoir de $0^m,40$ de largeur et le réservoir de $0^m,74$, tandis qu'il est encore constant pour celui de $0^m,20$ et le réservoir de $0^m,361$, quoique dans le premier cas la largeur de l'orifice ne soit que les $0,54$ de celle du réservoir, et que dans le second elle en soit les $0,552$. Mais il semblerait que les opérations relatives au réservoir de $0^m,361$ sont entachées d'une erreur générale, indépendamment de celles qui peuvent être dues aux vices mêmes de l'appareil, et qui font que M. Castel déclare accorder beaucoup moins de confiance à ces opérations qu'à celles qui concernent le réservoir de $0^m,74$ (141).

En effet, en jetant un coup d'œil sur les tableaux IX et X, on remarque avec surprise qu'à égalité de charge totale et de largeur des déversoirs, les dépressions de la surface du liquide sont constamment plus fortes pour le réservoir de $0^m,74$ que pour l'autre. Il n'y a d'exception que pour 3 expériences sur 54, dont 2 se rapportent à l'orifice de $0^m,10$ qui, sous les charges de 40 et 30 millimètres, a donné le même résultat pour les deux réservoirs, et une à l'orifice de $0^m,30$ qui, avec la charge de 140 millimètres, a fourni une dépression de $0^{mill},4$ plus forte pour le réservoir de $0^m,361$ que pour celui de $0^m,74$. Nous indiquons ci-après le maximum, le minimum et la moyenne de ces différences.

Orifices de............ 10　20　30　50　100　200　300 millimètres de largeur.

Différences.	Maximum ...	0,7	—0,9	—1,5	—1,9	—4,1	—0,8	—1,7	millimètres.
	Minimum ...	0,4	—0,6	—1,1	—1,1	—0,0	—0,2	—0,6	
	Moyenne....	0,53	—0,67	—1,3	—1,6	—0,83	—0,43	—0,9	

On voit que les différences dont il s'agit, après avoir augmenté avec la largeur des déversoirs, diminuent brusquement pour celui de $0^m,20$ et sont ensuite plus fortes pour l'orifice de $0^m,30$. Quelle peut être la cause de ces différences, toutes affectées du même signe, sauf une seule que nous avons indiquée plus haut, et d'où vient leur brusque diminution pour le déversoir de $0^m,20$? Nous ne saurions le dire; mais il est évident, d'après cela, que, sans exclure de nos recherches les résultats relatifs au réservoir de $0^m,36$ L, nous devons du moins, en cas de désaccord, donner la préférence à ceux qui concernent le réservoir de $0^m,74$.

155. Nous devons donc admettre que les produits p varient avec la charge totale lorsque $\frac{l}{L}$ est égal ou supérieur à 0,54, et comme d'un autre côté nous avons vu (154) que, pour le réservoir de $0^m,74$, ces mêmes produits demeurent au contraire constants, quelle que soit cette charge, pour les orifices de $0^m,30$ de largeur et au-dessous, c'est-à-dire lorsque $\frac{l}{L}$ est égal ou inférieur à 0,4054, il s'ensuit que la valeur de ce rapport au-dessus de laquelle p varie et au-dessous de laquelle il demeure au contraire constant, est comprise entre 0,4054 et 0,54. Il n'existe, à notre connaissance, aucune expérience qui puisse servir à déterminer avec précision la ligne de démarcation entre ces deux cas distincts; mais, comme pour $\frac{l}{L} = 0,54$ les produits p, sans être constants, n'éprouvent que de légères variations comparativement à celles qui ont lieu pour de plus grandes valeurs de $\frac{l}{L}$, nous pensons nous écarter peu de la vérité en faisant correspondre le point de partage à $\frac{l}{L} = 0,50$.

Ces faits sont d'ailleurs pleinement confirmés par les expériences que nous avons faites nous-même, en ce qui concerne le premier cas, sur des déversoirs de $0^m,20$ et de $0^m,60$ de largeur avec les dispositifs des figures 1, 2, 3 et A, pour lesquels les valeurs de $\frac{l}{L}$ sont respectivement de 0.0544, 0.0806, 0.1563 et 0.1630; et, en ce qui concerne le second cas, sur un déversoir de $0^m,20$ avec les dispositifs des figures 9 et 10, pour lesquels on a successivement $\frac{l}{L} = 0,833$ et $\frac{l}{L} = 1$. Enfin, les opérations de MM. Eytelwein et Bidone elles-mêmes, malgré les incertitudes qu'elles présentent, s'accordent bien avec celles que nous venons de citer.

DÉPRESSIONS DE LA SURFACE DU LIQUIDE DANS LE PLAN DES DÉVERSOIRS ISOLÉS
PAR LEUR BASE ET DÉBOUCHANT LIBREMENT DANS L'AIR,
DONT LA LARGEUR EST INFÉRIEURE AUX 0,5 DE CELLE DU RÉSERVOIR.

156. Ainsi, pour tout déversoir isolé par sa base et débouchant librement dans l'air, dont la largeur l est d'au moins 30 millimètres, mais n'excède pas les 0,5 de celle L du réservoir, on a, entre la charge totale H, la charge moyenne h et la dépression h', en prenant le millimètre pour unité, la relation

$$\left(\frac{H}{h} - 1\right)(h' - 1,8) = p.$$

D'où l'on tire, en remplaçant $h' = H - h$ par sa valeur :

$$H = h + 0,9 + \sqrt{ph + 0,81}.$$
$$h = H + \frac{p}{2} - 0,9 - \sqrt{p\left(\frac{1}{4}p - 0,9 + H\right) + 0,81}.$$

Dans ces équations, p exprime une quantité constante pour un même déversoir, mais d'autant plus grande que cet orifice est plus large (154). Pour découvrir la loi qu'elle suit par rapport à l, nous avons pris pour abscisses ses diverses valeurs données par l'expérience, et pour ordonnées les largeurs correspondantes des déversoirs. Nous avons trouvé par cette construction une courbe parfaitement régulière, qui a la forme d'une branche de parabole ordi-

14.

naire et est représentée, avec un degré de précision bien suffisant pour la pratique, par l'équation $p = 5,428 - (0,00173\,l - 2,373)^2$.

D'après cette expression, les valeurs positives de p ont un maximum qui est de 5, 428, et s'obtient en faisant $l = 1371,68$ millimètres. Comme il n'a point encore été fait, que nous sachions, d'expériences sur d'aussi larges déversoirs, dont les bords soient éloignés des parois correspondantes du réservoir autant que le suppose le cas que nous considérons, on ne saurait affirmer que le nombre 5,428 soit précisément la limite supérieure des valeurs positives de p. Néanmoins, nous l'adopterons *quant à présent*, et comme d'un autre côté il n'est pas naturel de penser que p, après avoir augmenté graduellement avec la largeur de l'orifice, comme le démontre l'expérience, diminue lorsque cette largeur dépasse une certaine limite, nous admettrons que ce chiffre reste constant pour toutes les ouvertures qui excèdent 1371,68 millimètres, et que la branche de la parabole, qui donne pour p des valeurs positives toujours croissantes avec l, satisfait seule à la question. Sur cette branche de la courbe, p devient nul lorsque $l = 24,86$ millimètres, c'est-à-dire que, pour une telle ouverture, la dépression ne changerait pas, quelle que fût la charge totale, et serait égale à 1,8 millimètre. Pour des valeurs de l plus petites, p deviendrait négatif, ce qui est conforme à la loi générale indiquée par l'expérience; car, pour l'orifice de 2 centimètres de largeur et les charges totales au-dessous de 593,5 millimètres (table du n° 199), les dépressions, ainsi que nous l'avons déjà fait remarquer (152), sont inférieures à 1,8 millimètre, et par conséquent les valeurs correspondantes de p sont négatives.

157. Nous avons réuni, dans le tableau suivant, tous les résultats de nos expériences et de celles de MM. Castel, Bidone et Eytelwein, relatifs à des déversoirs qui remplissent les conditions énoncées au numéro précédent, et nous avons calculé la charge totale H, en introduisant successivement les valeurs de la charge moyenne h, dans le plan du déversoir, déduites de l'observation, dans la formule :

$$H - h = 0,9 + \sqrt{ph + 0,81}$$
$$p = 5,428 - (0,00173\, l - 2,373)^2 \left.\right\} (A)$$

dans laquelle le millimètre est pris pour unité et l représente la largeur du déversoir.

On fera remarquer que les orifices dont le plan n'est pas perpendiculaire aux faces latérales du réservoir, ou dont les deux bords verticaux sont situés à des distances de ces parois d et d', inégales entre elles, et telles que l'un des deux rapports $\frac{l}{l + 2d}$ et $\frac{l}{l + 2d'}$ excède 0,50, ne font pas partie de ceux que nous considérons ici; ils sont classés dans une catégorie à part dont nous parlerons plus loin.

NOMS des observateurs.	NUMÉ-ROS d'ordre.	DONNÉES DE L'OBSERVATION				RÉSULTATS déduits de la formule (A).		DIFFÉRENCES proportionnelles des valeurs de H.	OBSERVATIONS.
		l.	$\frac{l}{L}$.	h.	H.	Valeurs de p correspondantes à celles de l.	Valeurs de H.		
1	2	3	4	5	6	7	8	9	10
		millimét.		millimét.	millimét.	millimét.	millimét.		
	1			195,4	200,0		199,27	—0,0037	
	2			175,6	180,0		179,34	—0,0037	
	3			155,6	160,0		159,19	—0,0051	
	4			135,7	140,0		139,13	—0,0062	
	5	30,00	0,0405	115,8	120,0	0,041	119,07	—0,0078	
	6			96,0	100,0		99,09	—0,0091	
	7			76,0	80,0		78,88	—0,0140	
	8			56,0	60,0		58,68	—0,0220	
	9			46,1	50,0		48,66	—0,0268	
M. Castel.....	10			233,5	240,0		241,27	+0,0053	
	11			213,7	220,0		221,18	+0,0054	
	12			193,9	200,0		201,07	+0,0054	
	13			174,0	180,0		180,85	+0,0047	
	14			154,0	160,0		160,51	+0 0032	
	15	50,00	0,0675	134,1	140,0	0,200	140,25	+0,0018	
	16			114,3	120,0		120,06	+0,0005	
	17			94,5	100,0		99,84	—0,0016	
	18			74,7	80,0		79,58	—0,0052	
	19			54,9	60,0		59,26	—0,0123	
	20			45,0	50,0		49,07	—0,0186	
	21			35,1	40,0		38,84	—0,0290	

NOMS des observateurs.	NUMÉROS d'ordre.	l	$\dfrac{l}{L}$	h	H	Valeurs de p correspondantes à celles de l	Valeurs de H	DIFFÉRENCES proportionnelles des valeurs de H	OBSERVATIONS.
1	2	3	4	5	6	7	8	9	10
		millimét.		millimét.	millimét.	millimét.	millimét.		
MM. Bidone........	22	77,44	0,1205	159,60	169,19	0,415	168,71	—0,0028	
	23			81,21	87,98		87,98	»	
	24			224,30	240,00		236,80	—0,0133	
	25			207,00	220,00		219,00	—0,0045	
	26			188,40	200,00		199,87	—0,0006	
	27			169,20	180,00		180,12	+0,0007	
	28			150,20	160,00		160,52	+0,0033	
	29			130,80	140,00		140,50	+0,0036	
Castel........	30	100,00	0,1351	111,30	120,00	0,588	120,33	+0,0028	
	31			91,90	100,00		100,20	+0,0020	
	32			72,50	80,00		80,00	»	
	33			53,20	60,00		59,79	—0,0035	
	34			43,70	50,00		49,77	—0,0046	
	35			34,40	40,00		39,90	—0,0025	
	36			25,00	30,00		29,85	—0,0050	
Eytelwein.....	37	157,00	0,1250	382,77	392,50	1,012	403,35	+0,0276	
	38			125,04	140,83		137,90	—0,0208	
Bidone........	39	170,77	0,2656	117,71	129,55	1,112	130,05	+0,0039	
	40			88,56	100,84		99,53	—0,0130	
	41			179,90	200,00		196,38	—0,0181	
	42			163,80	180,00		179,46	—0,0030	
	43			145,00	160,00		159,77	—0,0014	
	44			126,00	140,00		139,84	—0,0011	
	45			107,00	120,00		119,83	—0,0014	
Castel........	46		0,2703	88,00	100,00		99,73	—0,0027	
	47			69,30	80,00		79,82	—0,0023	
	48			50,80	60,00		59,94	—0,0010	
	49			42,30	50,00		50,67	+0,0134	
	50			33,70	40,00		41,20	+0,0300	
	51			24,30	30,00		30,83	+0,0277	
	52	200,00		200,00	217,00	1,319	217,16	+0,0007	
	53			164,40	180,30		180,05	—0,0014	
	54		0,0544	117,70	131,40		131,09	—0,0024	Dispositif de la figure 1,
	55			100,00	112,00		112,42	+0,0038	
	56			62,19	72,20		72,19	—0,0001	
	57			22,59	29,00		29,02	+0,0007	
Lesbros........	58			165,80	181,50		181,52	+0,0001	
	59		0,0806	98,50	110,50		110,83	+0,0030	Dispositif de la figure 2,
	60			46,00	54,50		54,74	+0,0044	
	61			23,00	29,20		29,48	+0,0096	
	62		0,1563	101,40	113,50		113,89	+0,0034	Dispositif de la figure 3.
	63			25,70	32,60		32,49	—0,0034	

NOMS des observateurs.	NUMÉROS d'ordre.	DONNÉES DE L'OBSERVATION				RÉSULTATS déduits de la formule (A).		DIFFÉRENCES proportionnelles des valeurs de H.	OBSERVATIONS.
		$l.$	$\dfrac{l}{L}.$	$h.$	$H.$	Valeurs de p correspondantes à celles de $l.$	Valeurs de H.		
1	2	3	4	5	6	7	8	9	10
		millimèt.		millimèt.	millimèt.	millimèt.	millimèt.		
MM. Eytelwein......	64	261,0	0,2080	267,84	282,60	1,735	290,02	+0,0262	
Castel........	65			123,00	140,00		139,61	—0,0028	
	66			104,80	120,00		120,16	+0,0013	
	67			86,50	100,00		100,51	+0,0051	
	68	300,0	0,4054	68,20	80,00	1,991	80,72	+0,0090	
	69			50,20	60,00		61,03	+0,0171	
	70			42,00	50,00		51,87	+0,0370	
	71			33,30	40,00		42,12	+0,0530	
	72			24,50	30,00		32,22	+0,0740	
Eytelwein......	73	366,0	0,2920	202,53	226,08	2,400	225,52	—0,0025	
	74	471,0	0,3750	164,22	187,14	2,998	187,31	+0,0009	
Lesbros.......	75			382,50	420,80		420,76	—0,0001	Dispositif de la figure A.
	76	600,0	0,1630	382,20	420,50	3,646	420,46	—0,0001	
	77			235,30	265,50		265,51	"	
	78			87,70	106,50		106,50	"	

158. On voit, par la dernière colonne de ce tableau, que les différences entre les valeurs calculées de H et celles que l'observation a fournies, sont généralement très-petites et ne s'élèvent à plus de $\frac{1}{100}$ de ces valeurs, que pour 19 des 78 expériences qui y figurent.

De ce nombre, 15 se rapportent aux déversoirs de M. Castel, dont 2 (la 24e et la 41e), relatives à ceux de 10 et de 20 centimètres de largeur, proviennent évidemment d'erreurs dans les mesures, ce qui n'a rien d'étonnant de l'aveu même de cet ingénieur (141). En effet, si, pour chacun de ces orifices, on prend pour abscisses les valeurs de H et pour ordonnées celles de h, telles qu'elles résultent de l'observation, on obtient deux courbes dont la régularité est brusquement interrompue au point correspondant à H = 240 millimètres, pour la première, et H = 200 millimètres pour la seconde. En les assujettissant à passer par ces points, elles se dépriment l'une et l'autre de telle sorte qu'étant continuées plus loin, h au lieu d'augmenter incessamment avec H, comme l'expérience et le raisonnement l'indiquent, cesserait tout à coup de croître et même diminuerait. Ces courbes conservent au contraire un cours régulier, lorsqu'on retranche de H ou qu'on ajoute à h précisément la quantité dont elles diffèrent des valeurs données par la formule (A), ce qui témoigne en faveur des résultats déduits de cette formule.

Des 13 autres expériences de M. Castel dont nous nous occupons, 6 concernent les déversoirs de 3 et de 5 centimètres de largeur, et 7 ceux de 20 et 30 centimètres, sous les plus faibles charges. Les différences dont il s'agit doivent, pour les unes et les autres, être attribuées en grande partie à ce qu'on a pris l'épaisseur effective de la veine pour la charge moyenne. En effet, pour les étroites ouvertures, cette dernière quantité excède l'autre dans une proportion d'autant plus grande, que la charge de liquide est plus faible (135), tandis que c'est l'inverse qui a lieu pour l'orifice de 20 centimètres de largeur et sans doute aussi pour ceux qui sont plus larges (129). Ainsi, en introduisant dans la formule (A) l'épaisseur effective de la veine au lieu de la charge moyenne, le calcul doit donner pour H des valeurs plus faibles que celles qui résultent de l'observation, dans le cas des déversoirs de 3 et de 5 centimètres (expériences 7, 8, 9, 19, 20 et 21), et plus fortes au contraire dans celui des orifices de 20 et de 30 centimètres de largeur (expériences 49, 50, 51, 69, 70, 71 et 72). Or, c'est précisément ce qui a lieu, de manière que la formule (A), dans laquelle h représente toujours la charge moyenne, rectifie en quelque sorte, sous ce rapport, les résultats des expériences dans lesquelles on n'a pris en considération que l'épaisseur effective de la veine au centre de l'orifice et dans son plan.

159. Parmi les expériences de M. Bidone, 3 donnent des résultats très-satisfaisants, tandis que pour les deux autres, numérotées 38 et 40, les différences proportionnelles de H sont de

208 et 130 dix-millièmes; mais, pour ces deux dernières, les charges totales ne sont pas indiquées dans le texte du mémoire de ce savant, et on les a déduites de la comparaison des figures qui l'accompagnent, ce qui a pu conduire à des erreurs. Enfin, l'observation et le calcul s'accordent très-bien pour deux des quatre expériences d'Eytelwein; mais, pour les 37e et 64e, les différences dont il s'agit sont de 276 et 262 dix-millièmes. On ne saurait s'en rendre compte que par de fausses indications de mesures, ce qui est d'autant plus probable, que M. d'Aubuisson (*Traité d'hydraulique à l'usage des ingénieurs*, p. 73 et 74) annonce que Funk, en rapportant les 40 expériences faites sur le canal de Bromberg, dont celles qui nous occupent font partie, donne des charges totales un peu plus fortes que celles qu'il indique lui-même; or, en les augmentant, on les rapprocherait de celles que fournit le calcul.

Il résulte donc de tout ce qui précède que la formule (A) donne, avec un degré d'approximation suffisant pour la pratique, la charge totale H en fonction de la charge moyenne h et réciproquement, pour tous les déversoirs qui, par leur largeur et leur position par rapport au réservoir, sont dans l'un des cas définis aux n°ˢ 157 et 158.

DÉPRESSIONS DANS LE PLAN DES DÉVERSOIRS ISOLÉS PAR LEUR BASE
ET DÉBOUCHANT LIBREMENT DANS L'AIR,
DONT LA LARGEUR EXCÈDE LES 0,5 DE CELLE DU RÉSERVOIR.

160. Lorsque $\frac{l}{L}$ est plus grand que 0,50, les dépressions de la surface du liquide, dans le plan des déversoirs, suivent une loi précisément inverse de celle qui les régit quand, au contraire, ce rapport est plus petit que 0,50. En effet :

1° *Elles croissent avec les valeurs de* $\frac{l}{L}$, ce qui ressort clairement de nos expériences sur un déversoir de $0^m,20$ de largeur, avec les dispositifs des figures 10 et 9 (tabl. du n° 165), car dans le premier cas, où $\frac{l}{L} = 1$, elles sont beaucoup plus fortes que dans le second, où $\frac{l}{L} = 0,833$; et, dans celui-ci, elles sont notablement plus grandes que celles qui se rapportent aux dispositifs des figures 1, 2 et 3, pour lesquels $\frac{l}{L}$ est inférieur à 0,50 (tabl. du n° 157).

2° *Elles sont indépendantes de la largeur absolue des déversoirs*, car pour le cas où $\frac{l}{L} = 1$, les résultats relatifs aux orifices de $0^m,74$ et de $0^m,361$ sont à très-peu de chose près égaux entre eux, et ne diffèrent de ceux que nous avons obtenus avec notre déversoir de $0^m,20$ (dispositif de la fig. 10), qu'en ce que M. Castel a fait entrer dans ses calculs l'épaisseur effective de la veine, au lieu de la charge moyenne (138); ce même déversoir de $0^m,20$, dans le cas où $\frac{l}{L} = 0,833$ (dispositif de la fig. 9), nous a donné, sauf les différences que nous venons de mentionner, les mêmes dépressions que celui de $0^m,3002$ de M. Castel, dans le cas où $\frac{l}{L} = 0^m,8316$; enfin, une expérience de M. Eytelwein sur un déversoir de $0^m,673$, placé par rapport au réservoir de telle sorte qu'on avait $\frac{l}{L} = 0,538$, s'accorde parfaitement avec celles que M. Castel a faites sur un déversoir de $0^m,3998$, pour lequel la valeur de $\frac{l}{L}$ était de 0,54 (tabl. du n° 165).

161. Ainsi, des orifices plus larges les uns que les autres depuis 1,5 jusqu'à 3,7 fois, donnent, à égalité du rapport $\frac{l}{L}$ et pour toutes ses valeurs supérieures à 0,50, les mêmes dépressions de la surface du liquide, d'où l'on doit conclure que ces quantités sont indépendantes de la largeur absolue des déversoirs; et, comme d'un autre côté nous avons vu qu'elles croissent au contraire avec $\frac{l}{L}$, il s'ensuit que les résultats des expériences ne peuvent être reproduits que par une formule générale qui soit fonction de $\frac{l}{L}$ et ne contienne pas l.

Pour la trouver, nous avons d'abord cherché à établir, pour chaque orifice auquel correspond une valeur distincte de $\frac{l}{L}$, une relation entre la charge totale H et la charge moyenne h. A cet effet, nous avons pris pour abscisses les dépressions $H - h$, et pour ordonnées les charges moyennes correspondantes h. Nous avons obtenu, par cette construction, des courbes qui avaient l'apparence de paraboles ordinaires, et que nous avons toujours réussi à représenter, avec un degré de précision satisfaisant, par des équations de la forme $H - h = a + bh + ch^2$. Pour lier ces équations entre elles, nous avons pris successivement pour abscisses toutes les valeurs de a, de b et de c, relatives à chaque orifice en particulier, et pour ordonnées les valeurs correspondantes de $\frac{l}{L}$. Nous avons ainsi trouvé trois nouvelles paraboles, que nous avons pu exprimer très-approximativement par des équations de la forme $a = A + B\frac{l}{L} + C\frac{l^2}{L^2}$, et qui, combinées entre elles, nous ont donné, en prenant le millimètre pour unité, la relation générale :

$$H - h = \alpha h^2 + \beta h - \gamma$$
$$\left.\begin{array}{l} \alpha = 0,00315 \left[\left(\frac{l}{L} - 0,656\right)^2 + 0,037 \right] \\[2mm] \beta = 0,89 \left[\left(\frac{l}{L} - 0,83\right)^2 + 0,096 \right] \\[2mm] \gamma = 9,1 \left[\left(\frac{l}{L} - 0,98\right)^2 - 0,333 \right] \end{array}\right\} \text{(B)}.$$

162. Cette formule n'a pas, comme celle qui concerne le cas où $\frac{l}{L}$ est inférieur à 0,50, la propriété de satisfaire pleinement aux deux limites extrêmes du phénomène. La valeur de H correspondante à $h = 0$ est de 3,03 millimètres, pour $\frac{l}{L} = 1$ comme pour $\frac{l}{L} = 0,98$; elle diminue ensuite avec ce rapport, se réduit à 1,8 millimètre lorsque $\frac{l}{L} = 0,612$, et n'est plus que de 0,93 millimètre quand $\frac{l}{L}$ est arrivé à sa limite inférieure 0,50. Nous avons vu (148) que, dans le cas où les bords de notre déversoir de $0^m,20$ étaient à une grande distance des faces latérales du réservoir, l'action capillaire de la paroi dans laquelle cet orifice était pratiqué, maintenait le liquide à 1,8 millimètre au-dessus de la

base de ce dernier, sans que l'écoulement eût lieu. On conçoit que cette hauteur augmente lorsque, les faces latérales étant très-rapprochées de l'ouverture, leur action capillaire s'ajoute en quelque sorte à celle de la paroi qui contient l'orifice, et qu'elle puisse devenir de 3,03 millimètres. C'est d'autant moins invraisemblable, qu'une expérience rigoureuse nous a démontré que le liquide ne commençait à s'écouler par l'orifice, que lorsque la charge totale sur sa base était de 5,3 millimètres, dans le cas du dispositif de la figure 4, où les deux bords du déversoir sont distants de $1^{m},74$ des faces latérales du réservoir, tandis que sa base est au niveau du fond de ce réservoir.

La diminution des valeurs de H avec celles de $\frac{l}{L}$, lorsque $h=0$, n'a donc rien qui ne paraisse admissible ; mais, on ne comprendrait pas qu'après avoir atteint la valeur 1,8 millimètre, correspondante à $\frac{l}{L}=0,612$, H pût continuer à décroître avec ce rapport, puisque l'expérience a démontré qu'elle avait cette même valeur de $1^{mill},8$ lorsque, $\frac{l}{L}$ n'étant que de 0,0544, les parois latérales étaient tellement éloignées des bords du déversoir, qu'elles ne pouvaient avoir aucune action pour maintenir le niveau de l'eau au-dessus de la base de cet orifice. On doit donc conclure de là, que la formule (B) ne reproduit pas avec une entière exactitude les dépressions de la surface du liquide, dans le plan des déversoirs, correspondantes à la limite inférieure des charges ; mais il ne saurait en résulter aucun inconvénient pour la pratique, où l'on ne fait jamais usage que de charges de beaucoup supérieures à celles dont il s'agit.

163. D'après cette même formule, d'accord en cela avec l'expérience, le rapport $\frac{H}{h}$ a un minimum correspondant à des valeurs de h et de H variables avec $\frac{l}{L}$, et qui sont respectivement de 78,54 et 93,3 millimètres lorsque $\frac{l}{L}=1$. Ce rapport $\frac{H}{h}$ augmente, soit que les charges qui se rapportent à son minimum diminuent, soit qu'elles augmentent elles-mêmes. Dans le premier cas, il devient

infini quand $h = o$, ce qui doit être; mais peut-il, à l'inverse de ce qui a lieu lorsque $\frac{l}{L}$ est plus petit que $0,50$ (148), croître indéfiniment à mesure que h et H prennent des valeurs supérieures à celles qui correspondent à son minimum, ou ne doit-il pas plutôt avoir un maximum qu'il ne dépasse pas, quelque fortes que soient les charges?

Malheureusement notre appareil ne nous a pas permis d'opérer sur des charges totales qui excèdent celle de 244 millimètres, pour laquelle $\frac{H}{h} = 1,223$, et les plus fortes que MM. Bidone, Eytelwein et Castel aient soumises à l'expérience, ne sont respectivement que de $160,152$ et 120 millimètres, en sorte que les résultats qu'on en déduit ne fournissent pas des données suffisantes pour éclaircir la question. Mais M. Navier cite, dans la nouvelle édition de l'Architecture hydraulique de Bélidor (avertissement, page 12), des expériences d'après lesquelles le docteur Robison a trouvé $\frac{H}{h} = 1,4$. Les charges sur lesquelles ce savant a fait ses observations, et la position de ses orifices par rapport aux faces latérales du réservoir, nous sont inconnues. Mais, en supposant que son dispositif fût tel qu'on eût $\frac{l}{L} = 1$, le rapport $\frac{H}{h}$, calculé par la formule (B), ne serait de $1,4$ que lorsqu'on aurait $H = 811,51$ et $h = 579,65$ millimètres.

Or, les valeurs de ces deux charges correspondantes à $\frac{H}{h} = 1,4$ sont d'autant plus fortes que $\frac{l}{L}$ est plus petit; donc la formule (B) ne pourrait, dans aucun cas, donner pour $\frac{H}{h}$ des valeurs sensiblement supérieures à $1,4$, qu'autant que H et h excéderaient *notablement* $0^m,80$ et $0^m,60$. Nous disons notablement, parce que $\frac{H}{h}$ ne croît pas aussi rapidement qu'on pourrait le penser; car les charges totales correspondantes aux valeurs $1,5$ et $1,6$ de ce rapport, sont de $1165,23$ et $1588,51$ millimètres.

164. Au surplus, rien ne dit que $1,4$ soit une limite que $\frac{H}{h}$ ne doive pas dépasser pour les fortes charges. Il semblerait au contraire que ce rapport puisse atteindre de bien plus grandes valeurs, à en juger par comparaison avec ce qui a lieu pour le dispositif de la figure 14, dont nous parlerons plus loin. Pour ce dispositif, dans lequel $\frac{l}{L} = 1$, mais où la base de l'orifice, au lieu d'être isolée, est au niveau du fond du réservoir, l'expérience nous a donné $\frac{H}{h} = 1,97$ pour $H = 316,5$ et $h = 160,4$ millimètres. Il ne serait donc pas étonnant qu'on eût aussi, comme l'indique la formule (B), $\frac{H}{h} = 1,97$, pour des charges environ onze fois plus considérables que les précédentes ($H = 3450,81$ et $h = 1751,68$ millimètres), dans le cas où, $\frac{l}{L}$ étant aussi égal à 1, la base de l'orifice est isolée du fond du réservoir.

165. Ainsi, cette formule ne donne que des résultats parfaitement admissibles, soit pour les plus faibles, soit pour les plus fortes charges qu'on puisse avoir en général à considérer dans la pratique. Nous en avons fait l'application, dans le tableau suivant, à nos expériences et à celles de MM. Castel et Eytelwein. Nous n'y avons pas compris celles de M. Bidone, parce que ce savant ayant pris, pour la charge totale, la hauteur à laquelle s'élevait le liquide dans un tube recourbé dont la courte branche était plongée dans la veine fluide, ses résultats, d'ailleurs peu d'accord entre eux, ne peuvent être comparés à ceux qu'ont obtenus les autres observateurs en mesurant directement cette charge.

Nous ferons remarquer, au sujet des expériences de M. Castel, que, toutes les fois que nous l'avons pu, nous avons eu recours aux tableaux dressés par cet ingénieur lui-même, plutôt qu'à ceux qui portent les nos IX et X, parce que dans ceux-ci M. d'Aubuisson, qui en est l'auteur, a altéré les charges totales pour ne les présenter qu'en nombres ronds de millimètres, ce qui a pu, dans certains cas, avoir de l'influence sur les résultats.

Les sections de la veine fluide par les plans des déversoirs dont nous nous occupons ici, étant le plus souvent une fraction

notable de celles du courant dans le réservoir, il y a lieu de tenir
compte de la vitesse acquise au point où MM. Castel et Eytelwein ont relevé les charges que nous avons nommées H_1 (col. 5).
La hauteur i (col. 6), due à cette vitesse, a été obtenue en divisant la dépense par l'aire de la section du liquide au point dont il
s'agit, et nous l'avons ajoutée à H_1 pour avoir la charge totale
réelle $H = H_1 + i$ (col. 7). La colonne 9 donne, en fonction de
h, les valeurs de $H - h$ correspondantes à celles de $\frac{l}{L}$; enfin, dans
les colonnes 11 et 12, nous avons comparé H déduit de la formule
avec H_1 et $H_1 + i$.

NOMS des observateurs.	NUMÉROS D'ORDRE.	DONNÉES DE L'OBSERVATION.						RÉSULTATS DÉDUITS DE LA FORMULE (B).		DIFFÉRENCES proportionnelles des valeurs de H déduites de la formule (B), comparées à celles	
		l.	$\frac{l}{L}$.	Charge sur la base de l'orifice mesurée directement, H_1.	Hauteur due à la vitesse acquise par le liquide au point où a été mesurée H_1, i.	Charge totale réelle, ou valeur de $H = H_1 + i$.	h.	Valeurs de $H - h$ en fonction de h, correspondantes à celles de $\frac{l}{L}$.	Valeurs de H.	de H_1.	de $H_1 + i$.
1	2	3	4	5	6	7	8	9	10	11	12
MM.		millim.		millim.	millim.	millimètres.	millim.	millimètres.	millim.		
	1			80,0	1,49	81,49	68,3		81,20	+0,0150	—0,0036
	2			60,0	0,95	60,95	50,4		60,27	+0,0045	—0,0112
	3	740,0	1,0000	50,0	0,51	50,51	41,9	$(0,0221\,h + 2,515)^2 - 3,30$	50,44	+0,0088	—0,0014
	4			40,0	0,30	40,30	33,7		41,03	+0,0258	+0,0181
	5			30,0	0,13	30,13	25,0		31,10	+0,0367	+0,0322
Castel.....	6			120,0	4,50	124,50	103,2		122,90	+0,0242	—0,0129
	7			100,0	2,82	102,82	85,2		101,24	+0,0124	—0,0154
	8			80,0	1,68	81,68	68,2		81,08	+0,0135	—0,0073
	9	361,0	1,0000	60,0	0,82	60,82	50,7	$(0,0221\,h + 2,515)^2 - 3,30$	60,62	+0,0103	—0,0033
	10			50,0	0,51	50,51	42,4		51,02	+0,0204	+0,0101
	11			40,0	0,30	40,30	33,9		41,26	+0,0315	+0,0238
	12			30,0	0,13	30,13	25,1		31,22	+0,0407	+0,0361
	13			244,1	"	244,10	199,6		244,27	"	+0,0006
	14			155,8	"	155,80	130,2		155,98	"	+0,0012
Lesbros....	15			155,1	"	155,10	129,7		155,36	"	+0,0017
(Dispositif	16	200,0	1,0000	102,1	"	102,10	86,0	$(0,0221\,h + 2,515)^2 - 3,30$	102,20	"	+0,0010
de	17			56,6	"	56,60	47,0		56,33	"	—0,0048
la figure 10.)	18			19,1	"	19,10	14,4		19,14	"	+0,0021
	19			93,1	1,91	95,01	78,9		91,28	—0,0195	—0,0393
	20			79,6	1,31	80,91	67,6		78,38	—0,0153	—0,0313
Castel.....	21			60,6	0,68	61,28	51,6		60,26	—0,0056	—0,0166
	22	680,4	0,9195	50,1	0,43	50,53	42,4	$(0,0183\,h + 2,529)^2 - 3,40$	49,92	—0,0036	—0,0121
	23			41,4	0,26	41,66	35,1		41,76	+0,0087	+0,0024
	24			28,8	0,10	28,90	23,9		28,39	—0,0142	—0,0176
Eytelwein..	25	1082,0	0,8656	108,0	1,74	109,74	92,0	$(0,016\,h + 2,705)^2 - 4,30$	105,14	—0,0265	—0,0419

NOMS des observateurs	NUMÉROS D'ORDRE	l	$\dfrac{l}{L}$	Charge sur la base de l'orifice mesurée directement, H_1	Hauteur due à la vitesse acquise par le liquide au point où a été mesurée H_1, i	Charge totale réelle, ou valeur de $H=H_1+i$	h	Valeurs de $H-h$ en fonction de h, correspondantes à celles de $\dfrac{l}{L}$	Valeurs de H	DIFFÉRENCES — de H_1	DIFFÉRENCES — de H_1+i
1	2	3	4	5	6	7	8	9	10	11	12
		millim.		millim.	millim.	millimètres.	millim.	millimètres.	millim.		
MM.	26			200,0	"	200,00	163,3		209,04	"	+0,0002
	27			155,0	"	155,00	135,5		153,86	"	—0,0074
Lesbros....	28			116,9	"	116,90	103,0		116,91	"	"
	29	200,0	0,8330	100,3	"	100,30	88,4	$(0,0147\,h+2,905)^2-5,62$	100,45	"	+0,0015
(Dispositif de la figure 9.)	30			51,6	"	51,60	45,0		52,10	"	—0,0097
	31			20,9	"	20,90	16,6		20,90	"	"
	32			140,0	3,78	143,78	122,6		139,11	—0,0064	—0,0324
	33			120,0	2,81	122,81	105,6		119,83	—0,0014	—0,0243
	34			100,0	1,85	101,85	88,0		100,00	"	—0,0182
	35	300,2	0,8316	80,0	1,06	81,06	69,9	$(0,0146\,h+2,926)^2-5,73$	79,75	—0,0031	—0,0162
	36			60,0	0,54	60,54	51,4		59,18	—0,0137	—0,0225
	37			50,0	0,35	50,35	42,7		49,57	—0,0086	—0,0154
	38			40,0	0,20	40,20	33,9		39,87	—0,0033	—0,0082
	39			30,0	0,10	30,10	25,2		30,32	+0,0107	+0,0073
	40			99,1	1,66	100,76	84,1		95,44	—0,0369	—0,0528
	41			80,9	1,02	81,92	68,6		78,15	—0,0340	—0,0460
	42			60,2	0,51	60,71	51,0		58,63	—0,0261	—0,0343
	43	600,1	0,8109	51,7	0,35	52,05	43,8	$(0,0139\,h+3,085)^2-6,76$	50,69	—0,0195	—0,0261
	44			38,8	0,17	38,97	32,6		38,36	—0,0113	—0,0157
Castel	45			31,1	0,10	31,20	26,1		31,23	+0,0042	+0,0010
	46			97,3	1,07	98,37	81,9		93,54	—0,0386	—0,0491
	47			80,5	0,68	81,18	68,2		78,15	—0,0292	—0,0373
	48			60,7	0,34	61,04	51,5		59,45	—0,0206	—0,0260
	49	502,4	0,6800	50,3	0,22	50,52	42,4	$(0,0109\,h+4,838)^2-21,20$	49,29	—0,0201	—0,0243
	50			40,7	0,13	40,83	34,5		40,49	—0,0052	—0,0083
	51			31,3	0,07	31,37	26,3		31,37	+0,0022	"
	52			124,0	1,11	125,11	105,8		125,80	+0,0145	+0,0055
	53			105,1	0,78	105,88	89,1		105,92	+0,0078	+0,0003
	54			80,5	0,43	80,93	68,0		80,91	+0,0051	—0,0002
	55	399,8	0,5400	59,8	0,21	60,01	49,8	$(0,0126\,h+6,861)^2-39,19$	59,44	—0,0060	—0,0094
	56			48,5	0,13	48,63	40,6		48,65	+0,0031	+0,0004
	57			39,9	0,09	39,99	33,3		40,09	+0,0047	+0,0025
	58			30,8	0,04	30,84	25,4		30,85	+0,0016	+0,0003
Eytelwein..	59	673,0	0,5384	151,0	1,48	152,48	128,0	$(0,0127\,h+6,343)^2-38,98$	152,52	+0,0101	+0,0003

166. D'après ce que nous avons vu au n° 147, les déversoirs de 399,8 et de 673 millimètres de largeur sont les seuls, parmi ceux qui figurent sur ce tableau, pour lesquels on puisse prendre l'épaisseur effective de la veine, au centre de l'orifice et dans son plan, pour la charge moyenne. Pour tous les autres, la première de ces deux quantités est plus faible que la seconde, en sorte qu'en substituant à la place de h, dans la formule (B), les nombres

de la huitième colonne qui, pour les expériences de MM. Castel et Eytelwein, représentent exclusivement l'épaisseur effective de la veine (138), on doit en déduire pour H des valeurs trop petites, excepté toutefois dans le cas des très-faibles charges, parce qu'alors l'épaisseur de la veine est au contraire plus grande que la charge moyenne (129).

Or, en jetant un coup d'œil sur la douzième colonne du tableau, on voit qu'il en est réellement ainsi. En effet, dans le cas de nos déversoirs, pour lesquels la huitième colonne donne effectivement la charge moyenne, et de ceux de MM. Castel et Eytelwein, pour lesquels $\frac{l}{L}$ est plus petit que 0,552, les valeurs de H déduites du calcul diffèrent extrêmement peu de celles qui résultent de l'observation, tandis que, pour tous les autres déversoirs, les premières sont plus petites que les secondes, excepté cependant lorsque les charges sont très-faibles, auquel cas c'est l'inverse qui a lieu comme cela doit être. Les différences entre ces valeurs sont en général, toutes choses égales d'ailleurs, d'autant plus grandes que les déversoirs sont plus étroits, comme le raisonnement semble l'indiquer (136), et elles ne paraissent pas exagérées, car leur *maximum* n'atteint même pas le *minimum* que l'expérience nous a donné pour certains dispositifs (132).

On peut donc, *quant à présent*, adopter la formule (B), sinon comme exprimant la loi du phénomène dans toute son étendue, du moins comme fournissant, pour tous les cas auxquels elle se rapporte, un moyen empirique pour calculer, avec un degré d'approximation suffisant pour la pratique, les charges totales H à l'aide des charges moyennes h dans les plans des déversoirs, et réciproquement.

DÉPRESSIONS DANS LE PLAN DES DÉVERSOIRS ISOLÉS PAR LEUR BASE
ET DÉBOUCHANT LIBREMENT DANS L'AIR,
DANS LE CAS OÙ LEURS DEUX BORDS VERTICAUX SONT INÉGALEMENT ÉLOIGNÉS
DES FACES LATÉRALES DU RÉSERVOIR,
ET DANS CELUI OÙ CES FACES SONT OBLIQUES PAR RAPPORT AU PLAN
QUI CONTIENT CES ORIFICES.

167. Pour toutes les expériences que nous avons examinées jusqu'ici, les bords des orifices sont à égales distances des parois latérales du réservoir, et sont situés dans un plan perpendiculaire à ces parois. Mais quelquefois, dans la pratique, l'orifice est plus rapproché d'un côté que de l'autre du réservoir, et les parois de celui-ci sont évasées vers l'amont, au lieu d'être parallèles à la direction du courant. Il n'a été fait, à notre connaissance, aucune expérience pour ces cas particuliers; mais ils ont été, de notre part, l'objet de quelques recherches dont nous allons discuter les résultats, en ce qui concerne les dépressions qu'éprouve la surface du liquide.

Dans le dispositif de la figure 8, que nous avons soumis à l'épreuve, les bords verticaux d'un déversoir de $0^m,20$ de largeur sont éloignés, l'un de $0^m,02$ et l'autre de $1^m,74$ des faces correspondantes du réservoir, dirigées d'ailleurs perpendiculairement au plan qui contient cet orifice, en sorte que $\frac{l}{L}=0,102$. Il y aurait donc lieu, d'après ce qui a été dit au n° 147, de faire usage pour calculer la dépression de la surface de l'eau, de la formule (A) relative au cas où $\frac{l}{L}$ est inférieur à $0,50$. Mais, il ne faut pas perdre de vue que toutes les données qui ont servi à établir cette formule, se rapportent à des réservoirs dont les parois latérales se trouvaient à égale distance des bords du déversoir, et avaient par conséquent la même part d'influence sur l'écoulement du liquide. Ici, au contraire, l'une de ces parois est en dedans, tandis que l'autre est en dehors de la sphère d'activité de l'orifice.

C'est donc un état mixte, qui paraît devoir participer du cas où, la distance entre les deux bords de l'ouverture et les faces du réservoir étant de $1^m,74$, le rapport $\frac{l}{L}$ est inférieur à $0,50$, et de celui où cette distance n'étant que de $0^m,02$, on a $\frac{l}{L} = \frac{0,20}{0,24} = 0,833$. L'expérience nous a en effet donné des dépressions qui, pour les fortes charges, sont comprises entre celles qui correspondent à ces deux valeurs de $\frac{l}{L}$, et ne diffèrent pas sensiblement de leurs moyennes. Mais il n'en est plus de même pour les faibles charges, car les résultats relatifs à la figure 8 sont alors moindres que tous ceux qui se rapportent à ces mêmes valeurs de $\frac{l}{L}$.

168. Cette dernière circonstance n'est pas d'ailleurs particulière au cas dont il s'agit, car elle se présente au contraire souvent. En effet, si l'on rapporte sur une même épure les courbes construites en prenant, pour chacun des dispositifs que nous avons soumis à l'expérience, les charges totales pour abscisses et les dépressions correspondantes pour ordonnées, on voit que, pour un même dispositif, les dépressions diminuent toujours avec la charge, et que, pour des dispositifs différents, elles sont, toutes choses égales d'ailleurs, d'autant plus grandes pour les fortes charges, que les parois du réservoir sont plus rapprochées des bords de l'orifice. Mais plusieurs de ces courbes s'entre-croisent de façon que, pour les basses charges, les dépressions les plus fortes ne se rapportent pas toujours aux dispositifs dans lesquels les bords de l'orifice sont le plus près des faces du réservoir.

Ainsi, pour les charges totales de $0^m,051$ et au-dessous, les dépressions sont plus grandes dans le cas du dispositif de la figure 1, où $\frac{l}{L}$ est inférieur à $0,50$, que dans celui de la figure 9, où $\frac{l}{L} = 0,833$; et, dans celui-ci, que dans celui de la figure 8, où $\frac{l}{L}$ est cependant aussi plus petit que $0,50$. Le point de croisement des courbes en question n'est pas fixe, et il semblerait résulter du rapprochement des expériences faites, dans des cas ana-

16.

logues, par M. Castel et par nous, qu'il correspond à des charges moins faibles pour les grands déversoirs que pour les petits.

Nous ferons remarquer que les courbes relatives au cas où $\frac{l}{L}$ est inférieur à 0,50, concourent toutes vers un même point, pour lequel la dépression se confond avec la charge totale et est égale à 1,8 millimètre, mais n'ont aucun autre point commun, tandis que celles qui se rapportent au cas où $\frac{l}{L}$ est plus grand que 0,50, non-seulement coupent les précédentes, mais encore se croisent entre elles. Les formules (A) et (B), que nous avons établies pour déterminer H en fonction de h et réciproquement, sont, sous ce rapport, tout à fait conformes à la loi indiquée par l'expérience; car, pour certaines charges, la première donne, à égalité d'ouverture, de plus fortes dépressions que la seconde, et les résultats qu'on déduit de celle-ci pour certaines valeurs de $\frac{l}{L}$, se trouvent quelquefois, à égalité de charge, plus faibles que ceux qui correspondent à de plus grandes valeurs de ce rapport.

169. Il résulte de ce qui précède, qu'il faudrait une formule particulière pour représenter, dans tous les cas, les dépressions relatives aux dispositifs analogues à celui de la figure 8. Mais nous ne connaissons, ainsi que nous l'avons déjà dit, d'autres expériences sur de tels dispositifs que celles que nous avons faites nous-même, et comme elles ne se rapportent qu'à une seule position des bords de l'orifice, elles sont insuffisantes pour servir de base à une formule générale. Cependant, faute de mieux, nous admettrons *provisoirement et avec toute réserve*, comme une règle empirique à suivre dans la pratique, ce fait que ces expériences semblent indiquer, à savoir : que, pour des charges un peu fortes, les dépressions relatives à un déversoir isolé par sa base, dont les bords verticaux sont distants des parois correspondantes du réservoir de quantités inégales d et d', les dépressions sont sensiblement des moyennes entre celles qui conviendraient au cas où la largeur L de ce réservoir serait $l + 2d$, et à celui où elle serait $l + 2d'$, l exprimant la largeur de l'orifice. Ce mode d'évaluation

ne saurait d'ailleurs s'appliquer au cas des très-faibles charges, qui du reste se présente très-rarement. Il semblerait, à en juger par les résultats de nos observations, que la dépression, au lieu d'être une moyenne entre celles qui correspondent à $\frac{l}{l+2d}$ et $\frac{l}{l+2d'}$, serait alors à peu près égale à la plus petite de ces deux dernières, diminuée de la quantité dont elle est surpassée par la plus grande.

170. Dans le dispositif de la figure 12, les parois du réservoir forment un angle de 45° avec le plan qui contient le déversoir, et le rencontrent à 2ᶜ des bords de cet orifice. Elles occupent donc une position intermédiaire entre le cas où, étant perpendiculaires à ce plan, comme dans le dispositif de la figure 9, on aurait $\frac{l}{L} = 0{,}833$, et celui où, se confondant avec lui, $\frac{l}{L}$ serait inférieur à 0,50. Il y a donc lieu d'appliquer ici tout ce que nous avons dit pour le dispositif de la figure 8. Nos expériences ont en effet donné exactement les mêmes résultats pour ces deux dispositifs, en sorte qu'on peut en déduire les mêmes conséquences pour l'un et pour l'autre, et poser les mêmes règles empiriques à suivre dans la pratique.

Si les parois du réservoir faisaient avec le plan du déversoir un angle plus ou moins ouvert que 45°, il nous semble que la dépression relative au cas où elles seraient perpendiculaires à ce plan, devrait aussi entrer pour plus ou moins de la moitié de sa valeur dans l'évaluation de celle qu'il s'agirait de calculer. D'après cela, si cet angle était de 67° 30′, par exemple, il faudrait, pour avoir la dépression cherchée, prendre les $\frac{2}{3}$ de celle qui correspond à $\frac{l}{L} = 0{,}833$, et y ajouter $\frac{1}{3}$ seulement de celle qui convient au cas où $\frac{l}{L}$ est inférieur à 0,50.

171. Nous ne saurions d'ailleurs trop répéter que ce mode d'interpolation, ainsi que les autres règles empiriques que nous avons indiquées, n'étant point basées sur des expériences, pourraient fort bien être reconnus plus tard tout à fait vicieux, quoique le raisonnement paraisse les justifier jusqu'à un certain point. Nous insistons d'autant plus à cet égard, que la présence d'une des

parois latérales du réservoir, à proximité du bord correspondant du déversoir, produit des effets fort différents de ceux que nous avons signalés au sujet du dispositif de la figure 8, lorsque la base de l'orifice, au lieu d'être isolée du fond du réservoir comme dans ce dernier dispositif, est dans son prolongement comme dans celui de la figure 5, dont il sera question plus loin.

Quoi qu'il en soit, nous avons consigné, dans le tableau suivant, les résultats fournis par ces règles empiriques, appliquées à nos expériences sur les dispositifs des figures 8 et 12.

DÉSIGNATION des dispositifs.	NUMÉROS d'ordre.	DONNÉES de l'observation		VALEUR DE H			DIFFÉRENCES proportionnelles des valeurs de H (colonnes 3 et 7).
				déduite de la formule		moyenne entre celles que donnent les formules (A) et (B).	
		H.	b.	(A).	(B).		
1	2	3	4	5	6	7	8
		millimètres.	millimètres.	millimètres.	millimètres.	millimètres.	
	1	203,7	182,8	199,25	208,45	203,85	+ 0,0007
	2	148,9	132,0	146,13	149,85	147,99	— 0,0061
Figure 8....	3	95,6	83,3	94,72	94,74	94,73	— 0,0091
	4	50,8	44,0	52,57	51,00	51,79	+ 0,0195
	5	20,1	18,0	23,86	22,44	23,15	+ 0,1517
	6	199,5	179,0	195,29	204,03	199,66	+ 0,0008
Figure 12 ...	7	144,3	128,0	141,93	145,30	143,62	— 0,0047
	8	88,1	76,4	87,37	87,00	87,19	— 0,0103
	9	21,0	18,1	23,97	22,54	23,26	+ 0,1076

La dernière colonne de ce tableau montre que les différences proportionnelles des valeurs de H atteignent à peine 0,01, pour les charges totales supérieures à 51 millimètres, tandis qu'elles sont considérables pour celles qui sont plus faibles. Mais elles seraient beaucoup moindres si, dans ce dernier cas, on prenait pour H, comme nous l'avons dit au n° 170, la plus petite des valeurs données par les formules (A) et (B), diminuée de la quantité dont elle est surpassée par la plus grande. En opérant ainsi pour les expériences 4, 5 et 9, on trouverait, pour les valeurs calculées de $\overset{*}{H}$, 49.43, 21.02 et 21.11 millimètres, et les différences proportionnelles correspondantes ne seraient respectivement que de 0.0073, 0.0507 et 0.0052.

DÉPRESSIONS DANS LE PLAN DES DÉVERSOIRS ISOLÉS PAR LEUR BASE
ET PROLONGÉS PAR UN CANAL AU DEHORS DU RÉSERVOIR.

172. La dépression moyenne dans le plan des déversoirs n'est pas la même, toutes choses égales d'ailleurs, pour les orifices qui débouchent librement dans l'air et pour ceux qui sont prolongés par un canal au dehors du réservoir. Nos expériences font connaître les modifications que cette dépression éprouve pour ces derniers, avec certains dispositifs. Mais nous n'avons opéré que sur une seule largeur de déversoir, pour le cas où $\frac{l}{L}$ est inférieur à 0,50, et que sur une seule valeur de ce rapport dans le cas où il est au contraire supérieur à 0,50. Il y a donc lieu de se demander si le canal a la même influence sur la dépression de la surface du liquide, quelle que soit la largeur absolue de l'ouverture, dans le premier cas, et quelle que soit la valeur de $\frac{l}{L}$, dans le second, puisque, pour les orifices débouchant librement dans l'air, la dépression ne varie qu'avec la première ou qu'avec la seconde de ces deux quantités, selon que $\frac{l}{L}$ est inférieur ou supérieur à 0,50 (155).

Nous savons trop à quel point les circonstances les plus insignifiantes, en apparence, altèrent les lois de l'écoulement du liquide, pour oser affirmer que l'effet du canal est le même, quel que soit l dans un cas et $\frac{l}{L}$ dans l'autre. Cependant, on doit l'admettre *provisoirement et avec toutes réserves*, à défaut d'expériences assez variées pour permettre d'établir *directement*, pour les cas en question, entre la charge totale et la charge moyenne, des relations analogues aux formules (A) et (B).

173. Ainsi, d et d' représentant les dépressions de la surface

du liquide dans le plan de notre déversoir de $0^m,20$ de largeur, avec les dispositifs des figures 1 et 15 sur lesquels nous avons opéré, qui ne diffèrent entre eux que par le canal adapté au second, et pour lesquels $\frac{l}{L}$ est inférieur à 0,50, nous admettons que les valeurs du rapport $\frac{d'}{d}$, déduites de l'expérience pour ces deux dispositifs, sont les mêmes, à égalité de charge moyenne, que celles qu'on obtiendrait pour tout orifice placé respectivement dans les mêmes circonstances, et pour lequel par conséquent les dépressions seraient données par la formule (A), s'il débouchait librement dans l'air (157).

Nous admettons pareillement que, pour tout déversoir dont la largeur dépasse les 0,5 de celle du réservoir, et pour lequel par conséquent les dépressions seraient données par la formule (B), s'il débouchait librement dans l'air (161), les valeurs de $\frac{d'}{d}$ sont les mêmes, à égalité de charge moyenne, que celles qui résultent de nos observations sur les dispositifs des figures 9 et 21, pour lesquels $\frac{l}{L} = 0,833$ et dont le second est muni d'un canal qui n'existe pas dans le premier.

174. Pour trouver l'expression générale de ce rapport, nous avons pris pour abscisses, dans les deux cas distincts dont il s'agit, ses valeurs calculées d'après les résultats de nos expériences, et pour ordonnées les charges moyennes correspondantes h. Nous avons trouvé, pour représenter approximativement les deux courbes ainsi obtenues :

1° Dans le cas où $\frac{l}{L}$ est inférieur à 0,50, D^c exprimant la dépression pour l'orifice lorsqu'il est prolongé par un canal, D^A la dépression qui se rapporte au même orifice quand il débouche librement dans l'air, et qui se déduit de la formule (A),

$$\frac{D^c}{D^A} = 1,00 - (0,00138h - 0,768)^2 \quad (C);$$

2° Dans le cas où $\frac{l}{L}$ est plus grand que 0,50, D^D étant la dépression pour l'orifice prolongé par un canal, D^B la dépression pour le même orifice sans canal, donnée par la formule (B),

$$\frac{D^D}{D^B} = \frac{1}{(0{,}00444h - 0{,}607)^2 + 1{,}723} \qquad \text{(D).}$$

175. Dans la formule (C), le rapport $\frac{D^C}{D^A}$ a un maximum correspondant à $h = 556{,}52$ millimètres et qui est égal à 1. Pour de plus grandes valeurs de h, $\frac{D^C}{D^A}$ diminuerait successivement et finirait par devenir négatif, ce qui est absurde, et indique que la branche de la courbe qui donne pour $\frac{D^C}{D^A}$ des valeurs positives toujours croissantes avec h, satisfait seule à la question. En effet, ce rapport mesure en quelque sorte le degré d'influence que le canal, qui prolonge l'orifice au dehors du réservoir, a sur la dépression de la surface du liquide. Cette influence diminue donc, comme l'indique l'expérience, à mesure que la charge de fluide augmente, et elle est nulle lorsque $\frac{D^C}{D^A} = 1$. A cet instant, les choses se passent comme si le canal n'existait pas, et l'on comprendrait d'autant moins que son influence se fît de nouveau sentir, et devînt de plus en plus grande au fur et à mesure que les charges excéderaient davantage celle qui donne le maximum pour $\frac{D^C}{D^A}$, que, dans les mêmes circonstances, la veine fluide, à sa sortie de l'orifice, se détache de plus en plus, en se contractant, des parois latérales de ce canal (109), en sorte que l'écoulement tend sans cesse à se faire comme si le déversoir débouchait librement dans l'air. En outre, si l'on prolonge de sentiment les courbes des coefficients de la dépense des déversoirs avec canal et sans canal (pl. 37, tabl. XXXIX et XLII, dispositifs des fig. 1 et 15), on voit qu'elles se confondent et que par conséquent la dépense est la même dans ces deux cas, pour la charge totale d'environ 585 millimètres, qui correspond à une charge moyenne de 557 millimètres. Il n'y a donc lieu de faire usage de la formule (C) que pour des charges inférieures à celles que nous venons d'indiquer,

et, pour toutes celles qui les surpassent, il faut calculer directement les dépressions au moyen de la formule (A).

Dans la formule (D), la valeur maxima de $\frac{D^n}{D^a}$ est de 0,58, et elle correspond à $h = 136,71$ millimètres. Ce rapport diminue ensuite au fur et à mesure que h augmente, en sorte que le canal paraît avoir d'autant plus d'influence sur la dépression de la surface du liquide, que la charge est plus forte. Nous n'avons aucun moyen de reconnaître jusqu'à quel point une formule qui donne de fort petites dépressions pour de très-hautes charges (18,54 millimètres lorsque $h = 1000$ millimètres) peut exprimer la loi du phénomène. Tout ce que nous pouvons dire, c'est qu'elle reproduit les résultats de nos expériences avec un degré d'approximation satisfaisant; c'est que, dans le cas auquel elle est applicable, la veine fluide à sa sortie de l'orifice ne se détache que très-peu, même sous les plus fortes charges, des parois latérales du canal, ce qui annoncerait que, sous ce rapport, l'influence de ce canal ne diminue pas (111); c'est qu'enfin les courbes des coefficients de la dépense (pl. 37, dispositifs des fig. 9 et 21) paraissent ne devoir se confondre, et par conséquent la dépense de l'orifice avec canal et sans canal ne devoir être la même qu'à une grande distance de l'origine des charges.

176. Nous avons fait, dans le tableau suivant, l'application des formules (C) et (D) aux résultats de nos expériences sur un déversoir de $0^m,20$ de largeur, avec les dispositifs des figures 15 et 21. Quelques-unes des sections que nous avons relevées, pour le premier de ces deux dispositifs, sont dessinées sur les planches 29 et 30.

DÉSIGNATION DU DISPOSITIF et de la formule qu'il convient de lui appliquer.	NUMÉROS d'ordre.	DONNÉES de l'observation		Valeurs de H déduites du calcul.	DIFFÉRENCES proportionnelles des valeurs de H.
1	2	H. 3	h. 4	5	6
		millimétres.	millimétres.	millimétres.	
	1	212,9	200,0	213,01	+ 0,0005
	2	206,4	193,8	206,46	+ 0,0003
	3	176,0	164,8	175,88	— 0,0007
	4	145,0	135,3	144,75	— 0,0017
	5	120,5	112,1	120,25	— 0,0021
Figure 15. $\frac{l}{L}$ plus petit que 0,50. Formule (C).	6	107,4	100,0	107,84	+ 0,0041
	7	102,9	95,6	102,83	— 0,0007
	8	80,5	74,7	80,77	+ 0,0034
	9	60,0	55,0	59,93	— 0,0012
	10	54,1	50,0	54,58	+ 0,0089
	11	44,6	41,6	45,74	+ 0,0256
	12	32,1	30,0	33,42	+ 0,0411
	13	27,9	26,8	30,02	+ 0,0760
Figure 21. $\frac{l}{L}$ plus grand que 0,50. Formule (D).	14	201,6	187,4	202,29	+ 0,0034
	15	129,8	120,4	129,80	"
	16	53,4	49,1	53,12	— 0,0052
	17	20,2	18,1	20,32	+ 0,0059

On voit, par la sixième colonne de ce tableau, que les différences proportionnelles de H sont généralement fort petites, excepté celles qui concernent les expériences 11, 12 et 13. Mais il n'est pas probable que jamais dans la pratique on ait, dans le cas dont il s'agit, à considérer d'aussi faibles charges que celles auxquelles ces trois expériences et surtout les deux dernières se rapportent, parce que, par suite du ralentissement de la vitesse occasionné par le canal, l'écoulement n'est alors pour ainsi dire qu'une bavure, et la dépense du déversoir est à peine d'un litre par seconde.

177. Il ne nous reste plus, pour terminer ce qui concerne les dépressions dans le plan des déversoirs isolés par leur base et prolongés par un canal au dehors du réservoir, qu'à rendre compte des opérations que nous avons faites sur le dispositif de la figure 20.

Ce dispositif tient de ceux des figures 15 et 21, de la même manière que celui de la figure 8 tient de ceux des figures 1 et 9; il y a donc lieu de lui appliquer ce que nous avons dit aux articles 167, 168 et 169. C'est pourquoi, conformément à la règle empirique posée dans ce dernier article, nous avons calculé, dans le tableau suivant, les dépressions qui le concernent, en prenant une moyenne entre celles que donnent les formules (C) et (D), pour les dispositifs des figures 15 et 21.

NUMÉROS d'ordre.	DONNÉES de l'observation		VALEURS DE H			DIFFÉRENCES proportionnelles des valeurs de H (colonnes 2 et 6.)
			déduites de la formule		moyenne entre celles que donnent les formules (C) et (D).	
	H.	h.	(C).	(D).		
1	2	3	4	5	6	7
	millimètres.	millimètres.	millimètres.	millimètres.	millimètres.	
1	203,1	189,5	201,94	204,56	203,25	+0,0007
2	101,1	92,8	99,88	99,96	99,92	—0,0117
3	50,1	45,0	49,93	48,76	49,05	—0,0210
4	19,1	17,1	19,66	19,27	19,47	+0,0193

La septième colonne de ce tableau montre que, dans le cas de la figure 20 comme dans ceux des figures 8 et 12 (171), on ne peut faire usage de ce mode d'interpolation que pour les charges qui excèdent 51 millimètres.

DÉPRESSIONS DANS LE PLAN DES DÉVERSOIRS DÉBOUCHANT LIBREMENT DANS L'AIR,
DONT LA BASE EST PLUS OU MOINS RAPPROCHÉE DU FOND DU RÉSERVOIR,
SANS ÊTRE AU MÊME NIVEAU.

178. Il résulte des tableaux des numéros 157 et 165, et des explications qui les accompagnent, que nos déversoirs et ceux de MM. Eytelwein, Castel et Bidone donnent, toutes choses égales d'ailleurs, sensiblement les mêmes résultats. Or, les bases de ces orifices sont respectivement exhaussées au-dessus du fond du réservoir, de 540, 188, 170 et 147 millimètres; on doit donc en conclure que cette dernière distance est suffisante, pour que ce fond n'ait point d'influence sur la dépression de la surface du liquide dans le plan du déversoir.

Selon M. d'Aubuisson (Rapport sur les expériences de M. Castel,

Mémoires de l'Académie des sciences de Toulouse, t. IV, 1837), l'écoulement ne doit être considéré comme se faisant par un déversoir, qu'autant que le seuil est élevé de *150 à 200 millimètres au-dessus du fond du canal, et que la section d'eau en amont est d'au moins 4 à 5 fois aussi grande que celle qui passe sur ce seuil.* Ainsi, L et l désignant les largeurs du réservoir et du déversoir, p la hauteur du seuil au-dessus du fond du canal, et H_1 la charge sur ce seuil mesurée au point le plus haut des remous, on devrait avoir $L(p + H_1) = 5\,l\,H_1$. D'où l'on déduit, pour la plus forte charge sous laquelle l'écoulement puisse être considéré comme se faisant par un déversoir, $H_1 = \dfrac{Lp}{5\,l - L}$. Lorsque $L = l$, il vient $H_1 = \dfrac{p}{4}$, en sorte que pour les déversoirs de même largeur que le réservoir, la charge ne pourrait pas excéder le $\frac{1}{4}$ de la hauteur du seuil au-dessus du fond du réservoir.

179. D'après cela, les résultats obtenus par M. Castel avec les orifices de 740, 680, 600 et 500 millimètres de largeur, sous des charges respectivement supérieures à 43, 48, 56 et 72 millimètres, ne devraient pas suivre la même loi que ceux qui se rapportent à de plus faibles charges; et cependant, non-seulement ils se classent très-bien parmi ces derniers, mais encore, toutes choses égales d'ailleurs, ils sont les mêmes que ceux que nos déversoirs nous ont donnés pour des charges qui satisfont aux conditions indiquées par M. d'Aubuisson.

Au surplus, ce savant ingénieur lui-même, en examinant les expériences de M. Castel relatives à un déversoir formé en barrant un canal de 0^m74 de largeur, sur des hauteurs qui ont varié depuis 225 jusqu'à 32 millimètres, sous des charges de 80 à 30 millimètres, ne rejette, *comme se rapportant plutôt à un cours d'eau qu'à un déversoir,* que les seuls résultats qui concernent des hauteurs de seuil de 41 et de 32 millimètres. (*Annales des mines,* t. XI.)

180. Le fait est que le seuil, quelque peu élevé qu'il soit, offre toujours un obstacle que le liquide est obligé de franchir pour déverser par-dessus. L'écoulement n'a donc pas lieu comme dans

un cours d'eau ordinaire, et il n'y a aucune raison pour ne pas le considérer comme se faisant par un déversoir, sauf à en étudier les lois par l'expérience, et c'est ce que nous avons fait. Mais comme il nous était impossible, faute de temps, d'opérer sur toutes les positions que pouvait occuper le fond du réservoir par rapport à la base de l'orifice, depuis le point où il en est assez éloigné pour n'avoir aucune influence, jusqu'à celui où il est au niveau de cette base, nous n'avons fait des séries complètes d'expériences que dans ce dernier cas, parce qu'on pourra déduire approximativement, par interpolation, les résultats qui conviennent aux positions intermédiaires, de ceux que nous avons obtenus pour les deux positions extrêmes.

Toutefois, nous avons eu l'occasion de constater les augmentations successives qu'éprouvent les dépressions de la surface du liquide, dans le plan d'un même déversoir, au fur et à mesure qu'on rapproche la base de cet orifice du fond du réservoir. Pour les mettre en évidence, nous avons réuni, dans la table suivante, quelques-uns des résultats qui concernent un déversoir de $0^m,202$ de largeur, formé en barrant, sur diverses hauteurs, l'extrémité d'un canal établi dans le prolongement d'un orifice fermé à la partie supérieure de $0^m,05$ de hauteur, dans le but d'étudier l'influence des remous sur la dépense de cet orifice (21). Nous avons pris les données nécessaires pour la formation de cette table sur la planche 23 et sur les tableaux XVIII et XXIII, en choisissant, autant que possible, celles qui se rapportent à la même hauteur d'eau dans le réservoir (celle de $0^m,2375$), afin que les comparaisons qu'il s'agit d'établir se rapportent à des circonstances parfaitement identiques. La dixième colonne de cette table indique les dépressions de la surface du liquide déduites de la formule (B), dans le cas où la base du déversoir est isolée du fond du réservoir, et la onzième contient les différences proportionnelles des valeurs ainsi obtenues et de celles que l'expérience a fournies.

NUMÉROS D'ORDRE.	DONNÉES DE L'OBSERVATION.								VALEUR de la dépression $H - h$, déduite de la formule (B).	DIF-FÉRENCES proportionnelles des valeurs de $H - h$.
	Hauteur de la base du déversoir au-dessus du fond du canal, R.	Profondeur d'eau dans le canal au point le plus haut des remous, O.	Charge sur la base du déversoir mesurée au point le plus haut des remous, H_1.	Rapport de la section d'eau au point le plus haut des remous à celle qui passe par le déversoir, ou valeur de $\dfrac{O}{H_1}$.	Hauteur due à la vitesse acquise par le liquide au point le plus haut des remous, i.	Charge totale réelle sur la base du déversoir, ou valeur de $H = H_1 + i$	Charge moyenne dans le plan du déversoir, h.	Dépression moyenne dans le plan du déversoir, $H - h$.		
1	2	3	4	5	6	7	8	9	10	11
	millimètres	millimètres	millimètres		millimètres	millimètres	millimètres	millimètres	millimètres	
1	175,0	284,0	109,0	2,61	3,0	112,0	93,0	19,0	17,58	0,0747
2	130,0	200,5	70,5	2,84	1,5	72,0	58,1	13,9	11,13	0,1992
3	100,0	180,5	80,5	2,24	2,9	83,4	63,6	19,8	12,07	0,3904
4	70,0	158,0	88,0	1,80	5,7	93,7	71,5	22,2	13,47	0,3932
5	48,0	143,5	95,5	1,50	9,8	105,3	79,0	26,3	14,86	0,4350
6	43,0	138,5	95,5	1,45	11,1	106,6	79,5	27,1	14,95	0,4483

181. En jetant un coup d'œil sur la 11e colonne de cette table, on voit clairement que les dépressions moyennes de la surface du liquide, dans le plan du déversoir, sont d'autant plus grandes, comparativement à celles qui leur correspondent dans le cas où la base de cet orifice est entièrement isolée du fond du réservoir, que la distance entre cette base et ce fond est plus petite. Le rapport de la section d'eau prise au point le plus haut des remous, à celle qui passe sur le seuil du déversoir (col. 5), diminue en même temps que ces dépressions augmentent. Il n'y a d'exception que pour l'expérience n° 1, mais nous ferons remarquer à son sujet que, comme il y avait alors dans le réservoir une assez grande hauteur de liquide ($0^m,5020$), la veine fluide qui en sortait choquait avec force les remous dans le canal, ce qui y occasionnait des bouillonnements et un mouvement incessant de va-et-vient, qui empêchaient de prendre des mesures parfaitement exactes. Nous sommes persuadé que, sans cette circonstance, nous aurions trouvé pour $H - h$ la même valeur que donne la formule (B); car, d'après ce qui a été dit au n° 178, nous ne doutons pas que le fond du réservoir, lorsqu'il est éloigné d'environ $0^m,17$ de la

base du déversoir, ne cesse d'avoir une influence sensible sur la dépression de la surface du liquide, quelle que soit d'ailleurs la charge totale.

182. Il n'existe pas d'autres expériences que celles que nous avons faites, sur les déversoirs dont la base est au niveau du fond du réservoir, et comme nous n'avons opéré que sur une seule ouverture, nous sommes obligé, pour généraliser nos résultats, d'admettre, pour ce cas, les faits que nous avons démontrés (155 et 161) pour les orifices isolés par leur base, à savoir : que les dépressions de la surface du liquide ne varient, à égalité de charge totale, qu'avec la largeur absolue l des déversoirs ou le rapport $\frac{l}{L}$ de cette largeur à celle du réservoir, selon que $\frac{l}{L}$ est inférieur ou supérieur à 0,50. Tout porte à croire qu'il en est réellement ainsi, mais nous n'avons, quant à présent, aucun moyen de le constater.

Nous devons, en outre, pour le cas où $\frac{l}{L}$ est plus petit que 0,50, supposer, ce qui paraît d'ailleurs très-vraisemblable, que la dépression de la surface du liquide, dans le plan de notre déversoir de $0^m,20$ de largeur, correspondante à une charge quelconque, étant représentée par D^B lorsque la base de cet orifice est au niveau du fond du réservoir, et par D^A quand au contraire elle en est isolée, le rapport $\frac{D^B}{D^A}$ ne varie pas, à égalité de charge, quelle que soit la largeur absolue de l'ouverture.

183. Les courbes construites en prenant pour abscisses les dépressions de la surface du liquide dans le plan des déversoirs, et pour ordonnées les charges moyennes correspondantes, ne peuvent pas être représentées par des équations du second degré avec autant d'exactitude, à beaucoup près, quand la base des orifices

est au niveau du fond du réservoir que lorsqu'elle en est isolée (161). Mais elles ont cela de remarquable, que tous les points qui correspondent à des charges supérieures, en général, à 60 millimètres et quelquefois beaucoup moindres, sont sensiblement en ligne droite. C'est pourquoi, considérant que, dans la pratique, on a très-rarement l'occasion de faire usage de charges plus petites avec des dispositifs comme ceux dont il s'agit, nous avons renoncé à reproduire à la fois les résultats qui concernent ces dernières charges et ceux qui se rapportent aux autres, au moyen d'une formule unique, qui, pour les donner avec un degré d'approximation suffisant, serait assez compliquée.

184. La portion en ligne droite de la courbe relative au dispositif de la figure 4, pour lequel $\frac{l}{L}$ est inférieur à 0,5, a pour équation, en prenant le millimètre pour unité, $H - h = 0,01 h + 15,76$. Pour le dispositif de la figure 1, en tout semblable au précédent, excepté que la base de l'orifice est isolée du fond du réservoir au lieu d'être dans son prolongement, on a (148) $H - h = 0,9 + \sqrt{1,319 h + 0,81}$. Le rapport des dépressions pour ces deux dispositifs est donc exprimé par $\dfrac{0,01 h + 15,76}{0,9 + \sqrt{1,319 h + 0,81}}$. Or, nous avons admis (182) que ce rapport ne variait pas, quelle que fût la largeur du déversoir, pourvu qu'elle n'excédât pas les 0,5 de celle du réservoir; on a donc, dans ce cas, entre les dépressions D^E qui concernent les déversoirs dont la base est au niveau du fond du réservoir, et celles D^A qu'on déduit de la formule (A) (156) pour les orifices dont la base est isolée, la relation générale

$$\frac{D^E}{D^A} = \frac{0,01 h + 15,76}{0,9 + \sqrt{1,319 h + 0,81}} \ \ldots \ (E).$$

Cette formule reproduit avec un degré d'approximation bien suffisant, comme on le verra au tableau du n° 188, les résultats de nos expériences sur le dispositif de la figure 4, mais seulement pour les charges supérieures à 60 millimètres; pour celles qui sont plus petites, les dépressions D^{E_1} sont données par l'équation

$$\frac{D^{E_1}}{D^A} = 1{,}088 + (0{,}0048h - 0{,}979)^2 \ldots (E_1),$$

qui s'obtient en prenant pour abscisses les valeurs du rapport $\frac{D^{E_1}}{D^A}$, des dépressions relatives à ces charges pour les dispositifs des figures 4 et 1, et pour ordonnées les charges moyennes correspondantes. Cette équation satisfait à nos expériences pour toutes les charges depuis 60 jusqu'à 24 millimètres, et par conséquent jusqu'à la limite inférieure de celles qui doivent être prises en considération, attendu que, pour de plus petites hauteurs d'eau au-dessus de la base du déversoir, la veine s'attache au madrier dans lequel est encastrée la plaque en cuivre qui contient cet orifice, ce qui altère la loi de l'écoulement du liquide.

185. Lorsqu'on fait $h = o$ dans l'équation (E_1), il vient $\frac{D^{E_1}}{D^A} = 2{,}046$, et comme alors $D^A = 1{,}8$ millimètre (148), il s'ensuit que $D^{E_1} = 2{,}046\, D^A = 3{,}68$ millimètres. A l'instant où $h = o$, la dépression se confond avec la charge totale; or, quand on fait monter le niveau de l'eau dans le réservoir, le liquide ne commence à s'écouler par le déversoir, dans le cas du dispositif qui nous occupe, que lorsque cette charge est de 5,3 millimètres (162), et quand au contraire on le fait baisser, l'écoulement ne cesse tout à fait que lorsque cette même charge est réduite à environ 2 millimètres : la valeur de D^{E_1} donnée par l'équation (E_1) est donc à peu près une moyenne entre les charges totales correspondantes à ces deux instants, en sorte que cette équation exprime assez exactement la loi du phénomène à la limite inférieure. Mais on ne peut pas en dire autant pour la limite supérieure. En effet, le rapport $\frac{D^{E_1}}{D^A}$, qui est de 2,046 pour $h = o$, diminue à mesure que cette charge augmente, jusqu'à ce qu'il ait atteint la valeur minima 1,088, qui correspond à $h = 203{,}96$ millimètres, et il croît ensuite sans cesse avec h. Nous n'avons aucun moyen de vérifier si ce rapport, qui mesure en quelque sorte l'influence

que le fond du réservoir, lorsqu'il est établi au niveau de la base de l'orifice, exerce sur la dépression de la surface du liquide, doit réellement, après avoir diminué successivement comme l'indique l'expérience, devenir de plus en plus grand pour des charges moyennes qui excèdent de plus en plus 204 millimètres. Mais il est évident que la formule (E_1) n'exprime pas la véritable loi de cet accroissement; car les valeurs qu'on en déduirait pour les dépressions D^{E_1}, correspondantes aux hautes charges, seraient tellement considérables, qu'on ne saurait les admettre.

Il n'en est pas ainsi de la formule (E); la plus petite valeur qu'elle donne pour $\frac{D^E}{D^A}$ est de 0,677 et correspond à $h = 1600$ millimètres. Ce rapport augmente pour de plus fortes charges, mais aussi lentement qu'il a diminué, car il ne reprend la valeur 1, qu'il avait pour $h = 220$ millimètres, que lorsque h est de 10 mètres, et il n'est encore que de 1,32 quand $h = 20$ mètres. Cette formule paraît donc mieux exprimer que l'équation (E_1), la loi de diminution successive du rapport $\frac{D^E}{D^A}$ indiquée par l'expérience, et en outre elle fournit, pour les dépressions, des valeurs qui n'ont rien d'exagéré, même pour des charges de beaucoup supérieures à toutes celles qu'on peut rencontrer dans la pratique. Elles donnent du reste l'une et l'autre, à des différences insignifiantes près, les mêmes résultats pour toutes les charges comprises entre 60 et 204 millimètres.

186. Ainsi, jusqu'à ce que de nouvelles expériences aient fourni le moyen d'éclaircir la question qui nous occupe, on doit, pour calculer les dépressions relatives aux déversoirs dont la base est au niveau du fond du réservoir, dans le cas où $\frac{l}{L}$ est plus petit que 0,50, admettre provisoirement, faute de mieux, les formules (E_1) ou (E), selon que la charge moyenne est inférieure ou supérieure à 60 millimètres; mais, dans l'intervalle de 60 à 204 millimètres, on peut se servir indistinctement de l'une ou de l'autre.

Nous avons appliqué, dans le tableau suivant, la première de ces deux formules à toutes nos expériences sur le dispositif de la figure 4; et, dans le tableau du n° 188, nous avons fait usage de la seconde pour celles de ces expériences qui se rapportent à des charges excédant 60 millimètres. La plupart des sections de la surface du liquide par le plan du déversoir, que nous avons relevées pour déterminer h, sont dessinées sur la planche 25.

NUMÉROS des expériences.	DONNÉES DE L'OBSERVATION		VALEURS de H déduites de la formule (E_1).	DIFFÉRENCES proportionnelles des valeurs de H.
	H.	h.		
1	2	3	4	5
	millimètres.	millimètres.	millimètres.	
1	208,1	190,4	208,72	+0,0030
2	205,2	187,5	205,72	+0,0025
3	171,9	154,5	171,90	0,0000
4	130,1	113,3	130,11	0,0000
5	119,0	103,1	119,79	—0,0009
6	92,1	75,7	91,75	—0,0038
7	67,0	52,0	66,95	—0,0007
8	51,1	37,8	51,63	+0,0104
9	40,0	27,5	40,10	+0,0025
10	36,8	24,6	36,80	0,0000
11	30,9	20,1	31,55	"
12	28,6	18,4	29,50	"
13	19,7	11,6	21,14	"
14	16,1	9,3	18,14	"
15	15,9	9,2	18,03	"
16	8,6	5,2	12,27	"
17	5,2	3,1	9,36	"
18	4,6	2,9	9,06	"

Nous n'avons pas calculé les différences proportionnelles des valeurs de H (colonne 5) pour les huit dernières expériences, parce qu'alors, comme on l'a déjà dit (184), le jet est tellement faible, que la partie inférieure de la veine s'attache au madrier dans lequel est encastrée la plaque de cuivre qui contient le déversoir, ce qui altère la loi de l'écoulement. Elles se rapportent d'ailleurs à des charges trop petites, pour qu'on en fasse usage dans la pratique avec un dispositif comme celui de la figure 4. Quant aux dix premières expériences, les différences proportionnelles qui leur correspondent sont généralement très-minimes, ce qui tend à démontrer qu'on peut, en pareil cas, employer avec confiance la formule (E_1), dans les limites que nous avons indiquées plus haut.

DÉPRESSIONS DANS LE PLAN DES DÉVERSOIRS DÉBOUCHANT LIBREMENT DANS L'AIR,
DONT LA BASE EST AU NIVEAU DU FOND DU RÉSERVOIR,
DANS LE CAS OÙ LEUR LARGEUR EXCÈDE LES 0,5 DE CELLE DE CE RÉSERVOIR.

187. D'après ce qui a été dit précédemment (155 et 182), l'équation du n° 184 qui donne, pour les charges supérieures à 60 millimètres, les dépressions relatives à l'orifice de 20 centimètres de largeur avec le dispositif de la figure 4, pour lequel $\frac{l}{L} = 0,0544$, s'applique au même orifice dans tous les cas où $\frac{l}{L}$ n'excède pas 0,50, et par conséquent dans celui où la valeur de ce rapport est précisément de 0,50. On a donc alors $H - h = 0,01 h + 15,76$ (1).

Les dépressions pour le même orifice et les mêmes charges, avec les dispositifs des figures 6 et 13 qui correspondent à $\frac{l}{L} = 0,833$ et à $\frac{l}{L} = 1$, sont respectivement représentées par :

$$H - h = 0,748 h - 14,0 \ldots \ldots (2)$$
$$H - h = 1,049 h + 4,85 \ldots \ldots (3).$$

En combinant ensemble les équations 1, 2 et 3 par le procédé indiqué au n° 161, et prenant le millimètre pour unité, on trouve :

$$\left. \begin{array}{l} H - h = \delta h + \theta \\ \delta = 0,8276 \left[2,2782 - \left(\frac{l}{L} - 2,0054\right)^2 \right] \\ \theta = 404 \left[\left(\frac{l}{L} - 0,777\right)^2 - 0,0377 \right] \end{array} \right\} (F).$$

Cette formule, pour être applicable à tous les déversoirs pour lesquels $\frac{l}{L}$ est égal ou supérieur à 0,50, suppose, comme nous l'avons déjà dit (182), que la largeur absolue de l'orifice ou son rapport à celle du réservoir, selon que ce rapport est inférieur ou supérieur à 0,50, font seuls, toutes choses égales d'ailleurs, varier la dépression de la surface du liquide, lorsque la base du déversoir est au niveau du fond du réservoir, comme cela a lieu quand elle en est isolée (155 et 161). Nous ne voyons pas de raison pour qu'il n'en soit pas ainsi, et cependant la question aurait besoin d'être tranchée par de nouvelles expériences, qui sont d'autant plus nécessaires, que nous n'avons eu, pour déterminer δ et θ en fonction de $\frac{l}{L}$, que trois valeurs numériques de chacun de ces deux coefficients.

188. Quoi qu'il en soit, nous devons, quant à présent, admettre qu'elle exprime d'une manière générale, dans les cas dont il s'agit, les dépressions de la surface du liquide pour toutes les charges moyennes qui excèdent 60 millimètres, et nous en avons fait l'application, dans le tableau suivant, aux résultats de nos expériences sur les dispositifs des figures 4, 6 et 13.

NUMÉROS des expériences.	DONNÉES DE L'OBSERVATION				RÉSULTATS DÉDUITS de la formule (F).		DIFFÉRENCES proportionnelles des valeurs de H.	OBSERVATIONS.
	$l.$	$\frac{l}{L}$	H.	$h.$	Valeurs de $H - h$, en fonction de h, correspondantes à celles de $\frac{l}{L}$.	Valeurs de H.		
1	2	3	4	5	6	7	8	9
	millim.		millim.	millim.	millimètres.	millim.		
1			208,1	190,4		208,06	— 0,0002	On n'a pas indiqué ici les résultats qui concernent de plus faibles charges, parce qu'ils sont compris dans le tableau du n° 186, et que d'ailleurs la formule (F) ne leur est pas applicable.
2			205,2	187,5		205,14	— 0,0003	
3	200,00	0,500	171,9	154,5	$0,01\,h + 15,76$	171,81	— 0,0005	
4			130,1	113,3		130,19	+ 0,0007	
5			119,9	103,1		119,89	— 0,0001	
6			92,1	75,7		92,22	+ 0,0013	
7			255,0	153,5		254,32	— 0,0027	
8			254,2	153,0		253,44	— 0,0030	
9			196,9	120,9		197,33	+ 0,0022	
10			153,6	96,3		154,33	+ 0,0048	
11			141,7	89,2		141,92	+ 0,0016	
12			106,0	68,4		105,56	— 0,0042	
13	200,00	0,833	103,4	66,3	$0,748\,h - 14,00$	101,89	— 0,0146	
14			61,4	36,8		"	"	
15			59,2	36,0		"	"	
16			40,4	22,6		"	"	La formule (F) n'est pas applicable aux expériences numérotées de 14 à 20.
17			30,7	15,9		"	"	
18			21,8	11,3		"	"	
19			21,4	11,1		"	"	
20			11,4	5,0		"	"	
21			316,5	152,0		316,29	— 0,0007	
22	200,00	1,000	130,0	61,0	$1,049\,h + 4,85$	129,84	— 0,0012	
23			129,5	60,9		129,63	+ 0,0010	
24			54,0	24,0		54,03	+ 0,0006	

La huitième colonne de ce tableau montre que la formule (F) reproduit, avec un degré d'exactitude remarquable, tous les résultats de nos expériences qui concernent des charges supérieures à 60 millimètres, et qu'en outre, dans le cas où $\frac{l}{L} = 1$, elle satisfait à la limite inférieure de ces charges; car, en faisant $h = 0$ dans l'équation, on trouve pour H une valeur 4,85 millimètres, qui diffère très-peu de celle qui correspond à l'instant où le liquide est assez élevé dans le réservoir pour commencer à s'écouler par l'orifice (162).

189. Pour le dispositif de la figure 6 en particulier, nous avons déterminé, au moyen de sections tranversales et longitudinales de la surface du liquide (pl. 27), outre les charges moyennes h qui figurent sur le tableau précédent, les dépressions qui ont lieu sur toute la longueur du réservoir. Nous indiquons ci-dessous celles qui correspondent aux points les plus remarquables, notamment au centre du déversoir qui se forme naturellement à l'entrée de ce réservoir.

NUMÉROS D'ORDRE.	CHARGE TOTALE de liquide sur la base de l'orifice, H.	DÉPRESSION moyenne dans le plan du déversoir formé à l'entrée du réservoir, déduite de l'aire entière de la section.	DÉPRESSION DANS LE PLAN VERTICAL PASSANT PAR L'AXE DE L'ORIFICE,			
			relevée au centre du déversoir formé à l'entrée du réservoir.	relevée au point le plus bas de la chute du liquide, après sa sortie du déversoir d'entrée.	relevée à un mètre en amont du déversoir de sortie.	relevée au centre du déversoir de sortie.
1	2	3	4	5	6	7
	millimètres.	millimètres.	millimètres.	millimètres.	millimètres.	millimètres.
1	141,7	14,5	13,8	62,0	50,7	61,0
2	106,0	12,5	12,9	45,7	34,2	43,6
3	59,2	8,1	7,7	23,7	17,8	27,2
4	30,7	5,9	4,8	9,9	9,7	15,8
5	21,8	3,2	3,2	6,2	5,9	11,1
6	11,4	1,4	1,4	2,7	2,9	6,4

190. Le dispositif de la figure 14, pour lequel $\frac{l}{L} = 1$, ne diffère de celui de la figure 13 qu'en ce que les extrémités d'amont

des faces latérales et du fond du réservoir, y sont arrondies suivant la forme présumée de la veine fluide, au lieu d'être terminées carrément (13). Pour ce dispositif, les dépressions sont représentées très-approximativement, comme l'indique le tableau suivant, par l'équation

$$H - h = 0,96h + 2,24.$$

NUMÉROS des expériences.	DONNÉES DE L'OBSERVATION				VALEURS calculées de H.	DIFFÉRENCES proportionnelles des valeurs de H.
	$l.$	$\dfrac{l}{L}$	H.	h_s		
1	2	3	4	5	6	7
	millimètres,		millimètres,	millimètres.	millimètres.	
1			316,5	160,4	316,80	+0,0009
2	200,0	1,000	225,0	113,5	224,70	—0,0013
3			130,0	65,2	130,03	+0,0002
4			54,2	26,5	54,18	—0,0003

Nous avons vu au n° 187 que, pour le dispositif de la figure 13, on avait $H - h = 1,049h + 4,85$; le rapport des dépressions relatives aux figures 14 et 13 est donc exprimé par $\dfrac{0,96h + 2,24}{1,049h + 4,85}$. Par conséquent, en admettant que l'arrondissement des parois produise le même effet sur l'écoulement, quel que soit $\dfrac{l}{L}$ dans les limites où ce rapport a de l'influence (de 0,50 à 1), on pourra déduire les dépressions qui concernent les parois arrondies de celles qui se rapportent aux parois terminées carrément, en multipliant les résultats que fournit la formule (F) par la fraction $\dfrac{0,96h + 2,24}{1,049h + 4,85}$, qui augmente sans cesse avec la charge de liquide sans jamais atteindre l'unité.

191. Les dépressions de la surface du liquide pour le dispositif de la figure 5 ne sont pas des moyennes entre celles qui se rapportent aux dispositifs des figures 4 et 6, ainsi que cela a lieu pour la figure 8 relativement aux figures 1 et 9 (169), quoique ces trois derniers dispositifs soient respectivement, les uns à l'égard des autres, dans les mêmes conditions que les trois premiers. Ainsi, pour les charges totales sur la base du déversoir de. . . . . 208,70 179,60 140,00 108,70 mill.

les dépressions ⎧ Fig. 4, 17,58   17,30   16,93   16,64 *id.*
correspondantes ⎨ Fig. 5, 26,30   25,50   22,60   20,70 *id.*
sont de :   ⎩ Fig. 6, 122,44 101,27   73,81   51,87 *id.*

On voit, d'après cela, que, pour reproduire les dépressions de la surface du liquide concernant des dispositifs analogues à celui de la figure 5, il faudrait indispensablement une formule particulière pour laquelle les données nous manquent, attendu que nous n'avons opéré que dans le seul cas où les bords verticaux de l'orifice étaient éloignés des faces correspondantes du réservoir, l'un de 2 centimètres et l'autre de $1^m,74$. C'est pourquoi nous ne pouvons qu'indiquer ici les résultats de nos expériences, sans chercher à les généraliser. Ils sont exprimés avec un degré d'exactitude satisfaisant, pour toutes les charges qui excèdent 60 millimètres, par l'équation $H - h = 0,064h + 14,89$. Les sections de la surface du liquide par le plan du déversoir, qui nous ont servi à déterminer la charge moyenne h, sont dessinées sur la planche 26.

NUMÉROS des expériences.	DONNÉES DE L'OBSERVATION		VALEURS de H déduites du calcul.	DIFFÉRENCES proportionnelles des valeurs de H.	OBSERVATIONS.
	H,	h,			
1	2	3	4	5	6
	millimètres.	millimètres.	millimètres.		
1	208,7	182,4	208,96	$+0,0012$	
2	206,0	180,0	206,41	$+0,0019$	Le niveau a varié pour les expériences 3, 12 et 14, et c'est pour cela qu'on a opéré sur des charges qui diffèrent très-peu de celles que ces trois expériences concernent, afin de rectifier les premiers résultats.
3	205,8	180,8	207,26	$+0,0071$	
4	179,6	154,1	178,85	$-0,0042$	
5	140,0	117,4	139,80	$-0,0014$	
6	108,7	88,0	108,52	$-0,0017$	
7	98,1	78,5	98,41	$+0,0032$	
8	58,0	42,0	"	"	
9	41,1	28,2	"	"	
10	21,4	13,2	"	"	
11	19,6	11,9	"	"	La formule n'est pas applicable aux expériences numérotées de 8 à 15.
12	10,8	6,0	"	"	
13	10,2	6,3	"	"	
14	5,8	3,8	"	"	
15	5,2	3,5	"	"	

DÉPRESSIONS DANS LE PLAN DES DÉVERSOIRS PROLONGÉS PAR UN CANAL,
DONT LA BASE EST AU NIVEAU DU FOND DU RÉSERVOIR.

192. Afin de généraliser les résultats de nos expériences sur les déversoirs prolongés par un canal, dont la base est au niveau du plancher du réservoir, nous admettons *provisoirement* pour ce cas, comme nous l'avons admis pour celui dont la base est isolée (172 et 173), que le canal a la même influence, quelle que soit la largeur de l'orifice, ou quel que soit $\frac{l}{L}$, selon que ce rapport est inférieur ou supérieur à 0,50.

Les dépressions données par l'expérience, pour toutes les charges supérieures à 60 millimètres, sont représentées : par $H - h = 0,059 h + 4,35$, pour le dispositif de la figure 16 dans lequel $\frac{l}{L}$ est inférieur à 0,50; et par $H - h = 0,01 h + 15,76$ (184) pour celui de la figure 4, en tout semblable au précédent, excepté que le déversoir débouche librement dans l'air au lieu d'être prolongé par un canal. Par conséquent, le rapport des dépressions relatives à ces deux dispositifs est exprimé par $\frac{0,059h + 4,35}{0,01h + 15,76}$. Or, nous avons admis que ce rapport ne variait pas pour toutes les valeurs de $\frac{l}{L}$ inférieures à 0,50 ; donc, en appelant en général D^G la dépression qui, dans ce cas, concerne les déversoirs prolongés par un canal, et D^E celle qui se rapporte aux mêmes orifices débouchant librement dans l'air, et qu'on déduit de la formule (E) du n° 184, on aura

$$\frac{D^G}{D^E} = \frac{0,059h + 4,35}{0,01h + 15,76} \cdots (G).$$

Pareillement, le rapport des dépressions relatives aux dispositifs des figures 19 et 6, pour lesquels $\frac{l}{L}$ est plus grand que 0,50, et qui ne diffèrent que par le canal qui est adapté au premier, est exprimé par $\frac{0,232h - 1,47}{0,748h - 14,0}$. En désignant par conséquent par D^H la dépression qui, pour toutes les valeurs de $\frac{l}{L}$ supérieures à 0,50, correspond aux déversoirs prolongés par un canal, et par D^F celle que, dans ce cas, on déduit de la formule (F) du n° 187, pour les mêmes orifices débouchant librement dans l'air, on aura

$$\frac{D^H}{D^F} = \frac{0,232h - 1,47}{0,748h - 14,0} \cdots (H).$$

193. D'après la formule (G), le rapport $\frac{D^G}{D^E}$ augmente sans cesse avec h, mais évidemment les valeurs supérieures à l'unité ne satisfont pas à la question, car il s'ensuivrait que la dépression D^G, pour les déversoirs prolongés par un canal, deviendrait plus forte que celle D^E qui se rapporte aux mêmes orifices débouchant librement dans l'air. On conçoit que l'influence de ce canal, dont l'effet est de diminuer la dépression en ralentissant la vitesse de l'écoulement, devienne moindre à mesure que la charge de liquide augmente. Ce fait résulte des mesures que nous avons prises sur place, et en outre des apparences mêmes que présente la veine ; car, pour les fortes charges, elle se contracte latéralement

à sa sortie de l'orifice et se détache des parois du canal, en sorte que l'écoulement tend de plus en plus à se faire comme si ce canal n'existait pas (109). Mais, du moment que la charge est assez forte pour que le rapport $\frac{D^G}{D^E}$ atteigne la valeur 1, qui correspond à $h = 232,86$ millimètres, les choses se passent réellement, en ce qui concerne les dépressions, comme si le déversoir débouchait librement dans l'air; et l'on ne comprendrait pas que le canal, qui ne peut que ralentir la vitesse de l'écoulement, devînt ensuite une cause d'augmentation du rapport $\frac{D^G}{D^E}$. C'est pourquoi nous pensons que, pour les valeurs de h ou de H supérieures à 233 ou 251 millimètres, les dépressions doivent être calculées *directement* par la formule (E), sans avoir recours à l'équation (G).

La valeur de $\frac{D^E}{D^E}$, déduite de la formule (H) pour la charge de 60 millimètres, qui est la plus faible de celles que nous considérons ici, est de 0,357. Ce rapport diminue ensuite très-lentement au fur et à mesure que h augmente, et tend sans cesse vers sa limite inférieure 0,31. Ainsi, l'influence que le canal qui prolonge l'orifice exerce sur la dépression de la surface du liquide, augmente un peu avec la charge, au lieu de diminuer comme dans le cas précédent. Les apparences de la veine fluide, à sa sortie du déversoir, expliquent, jusqu'à un certain point, cette différence dans les effets produits par le canal, puisque dans ce dernier cas elle se détache des parois verticales de ce canal sous les fortes charges (109), tandis que dans l'autre elle n'éprouve aucune contraction dans le sens latéral (111).

194. Nous avons indiqué, dans le tableau suivant, les résultats donnés par nos expériences et par les formules (G) et (H), pour l'orifice de 20 centimètres de largeur avec les dispositifs des figures 16 et 19. Les sections de la surface du liquide par le plan du déversoir, qui nous ont servi à déterminer les charges moyennes h, sont dessinées sur les planches 31 et 32.

DÉSIGNATION DU DISPOSITIF et de la formule qu'il convient de lui appliquer.	NUMÉROS d'ordre.	DONNÉES DE L'OBSERVATION		VALEURS de H déduites du calcul.	DIFFÉRENCES proportionnelles des valeurs de H.
1	2	H. 3	h. 4	5	6
		millimètres.	millimètres.	millimètres.	
Figure 16. $\frac{l}{L}$ plus petit que 0,50. Formule (G).	1	206,4	190,8	206,40	0,0000
	2	145,0	133,3	145,51	+0,0035
	3	102,9	92,5	102,31	—0,0057
	4	60,5	53,0	60,48	—0,0003
	5	44,6	39,9	"	"
	6	27,9	26,6	"	"
Figure 19. $\frac{l}{L}$ plus grand que 0,50. Formule (H).	7	206,4	168,6	206,25	—0,0007
	8	102,9	85,2	103,49	+0,0057
	9	60,5	50,2	60,37	—0,0021
	10	44,6	37,4	44,60	0,0000

195. Nous avons déterminé, pour le dispositif de la figure 19, au moyen de sections longitudinales et transversales (pl. 32), les dépressions de la surface du liquide sur toute la longueur du réservoir, et dans le plan du déversoir qui se forme naturellement à son entrée. Celles qui correspondent aux points les plus remarquables sont indiquées sur le tableau suivant.

NUMÉROS DES EXPÉRIENCES.	CHARGE TOTALE sur la base du déversoir.	DÉPRESSION moyenne dans le plan du déversoir formé à l'entrée du réservoir, déduite de l'aire entière de la section.	DÉPRESSION DANS LE PLAN VERTICAL PASSANT PAR L'AXE DU DÉVERSOIR,			
			relevée au centre du déversoir qui se forme à l'entrée du réservoir.	relevée au point le plus bas de la chute du liquide, après sa sortie du déversoir d'entrée.	relevée à un mètre en amont du déversoir de sortie.	relevée au centre du déversoir de sortie.
1	2	3	4	5	6	7
	millimètres.	millimètres.	millimètres.	millimètres.	millimètres.	millimètres.
1	206,4	27,5	23,7	61,0	36,9	40,5
2	102,9	8,6	8,6	25,5	13,9	18,5
3	60,5	4,5	4,5	12,5	8,7	10,3
4	44,6	3,5	3,5	7,2	5,9	7,2

196. Le dispositif de la figure 18 participe de ceux des figures 16 et 19, mais les dépressions qui le concernent ne sont pas des moyennes entre celles qui se rapportent à ceux-ci, ainsi que cela a lieu pour les déversoirs isolés par leur base. Pour ex-

primer d'une manière générale les dépressions relatives aux dispositifs analogues à celui dont il s'agit, il faut, comme nous l'avons déjà dit (191), une formule particulière déduite d'expériences, dans lesquelles on fera varier la position relative des bords verticaux du déversoir et des faces latérales du réservoir.

Nous devons donc nous borner à indiquer les résultats que nous a donnés l'observation, pour notre déversoir de 20 centimètres de largeur avec le dispositif de la figure 18, et qui sont représentés avec un degré d'exactitude satifaisant, comme le montre le tableau suivant, par l'équation $H — h = 0,111\,h + 1,94$.

NUMÉROS des expériences.	DONNÉES DE L'OBSERVATION		VALEURS de H déduites du calcul.	DIFFÉRENCES proportionnelles des valeurs de H.
	H.	h.		
1	2	3	4	5
	millimètres.	millimètres.	millimètres.	
1	206,4	184,2	206,59	+ 0,0009
2	145,0	128,8	145,04	+ 0,0003
3	60,5	52,7	60,49	— 0,0002
4	44,6	39,1	44,93	+ 0,0074

197. Dans le dispositif de la figure 22, les parois du réservoir, disposées à 2 centimètres des bords verticaux du déversoir, sont inclinées à 45° sur le plan qui contient cet orifice. Il est donc, par rapport aux dispositifs des figures 16 et 19, ce qu'est, par rapport à ceux des figures 9 et 1, le dispositif de la figure 12, où les parois du réservoir sont aussi inclinées à 45°. Or, les dépressions pour ce dernier dispositif sont des moyennes entre celles qui se rapportent aux figures 9 et 1; il semblerait donc qu'il devrait en être de même des dépressions relatives au dispositif de la figure 22, par rapport à celles qui concernent les dispositifs des figures 16 et 19. Mais il n'en est point ainsi, et il serait de toute nécessité, pour pouvoir établir, dans ce cas, une relation entre la charge totale et la charge moyenne, de faire des expériences dans lesquelles on ferait varier à la fois l'inclinaison des parois du réservoir, et leur position par rapport aux bords verticaux de l'orifice.

Nous avons indiqué, dans le tableau suivant, les résultats que nous avons obtenus pour notre déversoir de 20 centimètres de largeur avec le dispositif de la figure 22. Ils sont représentés très-approximativement par l'équation $H - h = 0,084 h + 1,32$.

NUMÉROS des expé- riences.	DONNÉES DE L'OBSERVATION		VALEURS de H déduites du calcul.	DIFFÉRENCES proportionnelles des valeurs de H.
	H.	h.		
1	2	3	4	5
	millimètres.	millimètres.	millimètres.	
1	206,4	189,2	206,41	0,0000
2	102,9	93,6	102,78	— 0,0012
3	60,5	54,3	60,18	—0,0053
4	44,6	40,1	44,78	+0,0040

198. Le canal qui prolonge le déversoir au dehors du réservoir doit évidemment, toutes choses égales d'ailleurs, avoir moins d'influence sur la dépression de la surface du liquide quand il est incliné, que lorsqu'il est horizontal comme dans tous les cas que nous avons examinés jusqu'ici. Pour nous rendre compte de la différence des effets produits, nous avons fait trois expériences sur le dispositif de la figure 26, où le canal est incliné à $\frac{1}{10}$, et nous en avons comparé les résultats, dans le tableau suivant, avec ceux qui concernent le dispositif de la figure 9, d'après lequel le déversoir débouche librement dans l'air, et celui de la figure 21, où l'orifice est prolongé par un canal horizontal.

NUMÉROS d'ordre.	CHARGE TOTALE sur la base du déversoir.	DÉPRESSION MOYENNE DANS LE PLAN DU DÉVERSOIR,		
		lorsqu'il dé- bouche librement dans l'air.	lorsqu'il est prolongé au dehors du réservoir par un canal	
			incliné à $\frac{1}{10}$.	horizontal.
1	2	3	4	5
	millimètres.	millimètres.	millimètres.	millimètres.
1	201,1	25,43	19,6	14,43
2	59,6	7,95	6,6	4,27
3	19,6	4,36	2,3	2,18

Pour les deux premières expériences, les dépressions inscrites dans la colonne 4 sont à peu près des moyennes entre celles qui sont consignées dans les colonnes 3 et 5, en sorte que l'inclinaison de $\frac{1}{10}$ ne fait perdre au canal qu'environ la moitié de l'influence qu'il a sur ces dépressions quand il est horizontal.

DÉVERSOIR DE 20 MILLIMÈTRES DE LARGEUR EN MINCE PAROI PLANE.

199. Nous avons dit au numéro 152, que les dépressions relatives au déversoir de 20 millimètres de largeur en mince paroi plane (dispositif de la fig. 1), étaient moindres que 1,8 millimètre pour les charges totales inférieures à 593,5 millimètres, et que par ce motif elles ne pouvaient pas, comme celles qui se rapportent à de plus larges orifices, être exprimées par la formule (A), qui suppose que $1^{\text{mill.}},8$ est la limite inférieure des valeurs de la dépression. Les résultats qui concernent ce déversoir sont représentés avec une exactitude presque rigoureuse, comme le montre le tableau suivant, par l'équation $H - h = 0,004\,h + 0,14$.

NUMÉROS des expé- riences.	DONNÉES DE L'OBSERVATION			VALEURS de H déduites du calcul.	DIFFÉRENCES proportionnelles des valeurs de H.
	H.	h.	H — h.		
1	2	3	4	5	6
	millimètres.	millimètres.	millimètres.	millimètres.	
1	593,5	591,0	2,5	593,50	0,0000
2	301,5	300,2	1,3	301,54	+ 0,0001
3	162,5	161,7	0,8	162,49	— 0,0001
4	81,5	81,0	0,5	81,46	— 0,0005

RÉCAPITULATION DES FORMULES QUI PEUVENT SERVIR À DÉDUIRE LA CHARGE *TOTALE* DE LA CHARGE *MOYENNE* ET RÉCIPROQUEMENT, POUR LES DÉVERSOIRS QUI ONT AU MOINS 30 MILLIMÈTRES DE LARGEUR.

200. Les cas sur lesquels ont porté nos expériences relatives à la dépression moyenne de la surface du liquide, dans le plan des

déversoirs qui ont au moins 3o millimètres de largeur, sont si nombreux qu'il nous a paru utile d'en faire la récapitulation, ainsi que celle des formules qui peuvent servir à déduire la charge totale sur la base de l'orifice, de la charge moyenne et réciproquement, en y ajoutant quelques indications sur la manière de les appliquer.

Les déversoirs considérés sous le rapport dont il s'agit, se partagent en deux catégories, selon que leur base est entièrement isolée du fond du réservoir, c'est-à-dire est exhaussée d'au moins 1 5o millimètres au-dessus de ce fond, ou est placée au même niveau. Dans chaque catégorie, on distingue les déversoirs débouchant librement dans l'air de ceux qui sont prolongés par un canal au dehors du réservoir, et chacune de ces deux subdivisions comprend deux cas distincts, selon que la largeur de l'orifice est inférieure ou supérieure aux o,5 de celle du réservoir. Il y a, en outre, un cas mixte dans chaque catégorie, c'est celui où les faces du réservoir sont inégalement éloignées des bords verticaux du déversoir, ou sont inclinées sur le plan qui contient cet orifice.

Nous avons désigné dans la table suivante, comme dans tout ce qui précède, par :

l et L...les largeurs du déversoir et du réservoir;

H...la charge totale, *réelle* ou *fictive*, sur la base du déversoir, censée mesurée en un point où le liquide serait parfaitement stagnant, et qu'on détermine, dans tous les cas, par la charge ciaprès, toujours facile à relever sur place;

h...la charge moyenne dans le plan du déversoir, déduite de l'aire entière de la section de la veine par ce plan;

D^A, D^B, D^C......les dépressions H —h données par les formules (A), (B), (C)......

Le millimètre est pris pour unité.

LA VALEUR du rapport $\dfrac{l}{L}$ étant :	1re CATÉGORIE. DÉVERSOIRS DONT LA BASE EST ENTIÈREMENT ISOLÉE DU FOND DU RÉSERVOIR,	
	débouchant librement dans l'air.	prolongés par un canal horizontal au dehors du réservoir.
Inférieure à 0,50.	$\left.\begin{array}{l} \mathrm{H}-h=\mathrm{D^A}=0{,}9+\sqrt{ph+0{,}81} \\ p=5{,}428-(0{,}001731-2{,}373)^2 \end{array}\right\}$ .. (A).	$\mathrm{H}-h=\mathrm{D^C}=[1{,}00-(0{,}00138h-0{,}768)^2]\mathrm{D^A}$ .. (C).
Supérieure à 0,50.	$\left.\begin{array}{l} \mathrm{H}-h=\mathrm{D^B}=\alpha h^2+\beta h-\gamma \\ \alpha=0{,}00315\left[\left(\dfrac{l}{L}-0{,}656\right)^2+0{,}037\right] \\ \beta=0{,}89\left[\left(\dfrac{l}{L}-0{,}83\right)^2+0{,}096\right] \\ \gamma=9{,}1\left[\left(\dfrac{l}{L}-0{,}98\right)^2-0{,}333\right] \end{array}\right\}$ .. (B).	$\mathrm{H}-h=\mathrm{D^D}=\dfrac{\mathrm{D^B}}{1{,}723+(0{,}90444\,h-0{,}607)^2}$ .... (D).

LA VALEUR du rapport $\dfrac{l}{L}$ étant :	2e CATÉGORIE. DÉVERSOIRS DONT LA BASE EST AU NIVEAU DU FOND DU RÉSERVOIR,	
	débouchant librement dans l'air.	prolongés par un canal horizontal au dehors du réservoir.
Inférieure à 0,50.	1° Lorsque h ou H surpassent 60 ou 78 millimètres : $$\mathrm{H}-h=\mathrm{D^E}=\dfrac{0{,}01\,h+15{,}76}{0{,}9+\sqrt{1{,}319\,h+0{,}81}}\mathrm{D^A} \quad (\mathrm{E}).$$ 2° Lorsque h ou H sont inférieures à 60 ou 78 millimètres : $$\mathrm{H}-h=\mathrm{D^E}=[1{,}088+(0{,}0048h-0{,}979)^2]\mathrm{D^A} \quad (\mathrm{E_1}).$$	$\mathrm{H}-h=\mathrm{D^G}=\dfrac{0{,}059h+4{,}35}{0{,}01h+15{,}76}\mathrm{D^E}$ .... (G).
Supérieure à 0,50.	$\left.\begin{array}{l} \mathrm{H}-h=\mathrm{D^F}=\delta h+\theta \\ \delta=0{,}8276\left[2{,}2782-\left(\dfrac{l}{L}-2{,}0054\right)^2\right] \\ \theta=404\left[\left(\dfrac{l}{L}-0{,}777\right)^2-0{,}0377\right] \end{array}\right\}$ .. (F).	$\mathrm{H}-h=\mathrm{D^H}=\dfrac{0{,}232h-1{,}47}{0{,}748h-14{,}0}\mathrm{D^F}$ .... (H).

204. Les formules (A) et (B) sont basées sur un très-grand nombre d'expériences, faites par divers observateurs sur des déversoirs et des réservoirs très-différents les uns des autres. Elles peuvent être employées avec confiance, surtout la première, qui satisfait au cas où la charge est infinie, comme à celui où elle n'est plus assez grande pour vaincre les forces d'adhésion qui retiennent le liquide contre la base de l'orifice. Toutefois, elle suppose que,

pour les déversoirs dont la largeur surpasse 1372 millimètres, la valeur de p est constante et égale à son maximum 5,428, et que par suite, à égalité de charge, les dépressions ne varient plus quel que soit l. Nous ferons remarquer que, dans tous les cas auxquels cette équation se rapporte, on peut se contenter de mesurer l'épaisseur effective de la nappe de liquide au centre de l'orifice et dans son plan, parce qu'alors cette épaisseur diffère très-peu de la charge moyennne.

Toutes les autres formules ne sont fondées que sur nos seules observations ; elles n'ont pas le même caractère de généralité que les deux premières, et l'on ne peut, en général, en faire usage qu'avec quelques restrictions.

Ainsi, celles qui sont désignées par (C) et (G) cessent d'être applicables lorsque h est supérieur à 557 millimètres, dans le cas de la première, et à 233 millimètres dans celui de la seconde, et l'on doit alors calculer *directement* les dépressions par les formules (A) ou (E), comme si le déversoir débouchait librement dans l'air au lieu d'être prolongé par un canal.

Cette même formule (G) et celles que nous avons appelées (E), (F) et (H), n'ont été établies et ne peuvent être employées que pour des valeurs de h supérieures à 60 millimètres, tandis que l'équation (E_1) ne satisfait, au contraire, à la question que depuis $h = 0$ jusqu'à $h = 204$ millimètres, en sorte que (E) et (E_1) donnent les mêmes résultats dans l'intervalle de $h = 60$ à $h = 204$ millimètres.

Nos expériences relatives au cas où les parois du réservoir sont inégalement éloignées des bords de l'ouverture, et à celui où elles sont inclinées sur le plan qui la contient, sont trop incomplètes pour qu'on puisse en déduire aucune règle à suivre pour évaluer les dépressions. Toutefois, pour les déversoirs isolés par leur base, on peut, à la rigueur, faire usage du mode d'interpolation indiqué aux numéros 169, 170 et 171.

Enfin, soient D les dépressions relatives à un déversoir dont la base est située, au-dessus du fond du réservoir, à une distance B

20.

plus petite que $0^m,17$, et D^i celles qui concernent le même orifice dans le cas où sa base est entièrement isolée; si l'on admet que le rapport $\frac{D}{D^i}$ soit constant, c'est-à-dire que le fond du réservoir ait, toutes choses égales d'ailleurs, la même influence sur la dépression quels que soient le déversoir et le dispositif, on pourra déduire les dépressions D correspondantes à chaque valeur de R comprise entre zéro et $0^m,17$, de celles D^i qui se rapportent au cas où R est égal ou supérieur à $0^m,17$, et qui sont données par les formules (A), (B), (C) ou (D). En effet, si l'on prend pour abscisses les rapports $\frac{D}{D^i}$, donnés par la comparaison des résultats consignés dans les colonnes 9 et 10 de la table du numéro 180, et pour ordonnées les hauteurs R de la base du déversoir au-dessus du fond du réservoir (colonne 2), on obtient, en ne tenant pas compte de l'expérience numéro 3 qui fait évidemment anomalie, une courbe qui diffère extrêmement peu d'une droite représentée par l'équation.... $\frac{D}{D^i} = 2,088 - 0,0064 R$, qui servira à calculer D en fonction de D^i.

DEUXIÈME SECTION.

DÉPENSES DES ORIFICES.

§ I.

FORMATION DES TABLEAUX RELATIFS AUX DÉPENSES DES ORIFICES.

202. Les résultats qui concernent les dépenses des orifices forment deux catégories distinctes qui se rapportent, l'une aux *orifices* proprement dits, c'est-à-dire limités sur tout leur pourtour, l'autre aux *déversoirs* ou orifices découverts à la partie supérieure. Chaque catégorie est divisée en deux sections relatives, l'une au cas où les orifices débouchent librement dans l'air, l'autre à celui où ils sont prolongés par des canaux au dehors du réservoir. En-

fin, on a formé autant de tableaux portant chacun un numéro, qu'on a considéré d'orifices différents, et on y a inscrit, à la suite les uns des autres, les résultats des expériences en les distinguant par dispositif. Tous ces tableaux sont rejetés à la fin du texte de ce mémoire, et sont précédés d'une légende qui dispense de toute explication pour faire comprendre les annotations, les indications de formules et les dispositifs qui y sont relatés.

203. Les sept premiers tableaux concernent les orifices de $0^m,20$ de base sur diverses hauteurs, débouchant librement dans l'air. Ils sont divisés en deux parties distinctes, dont celle de gauche se rapporte au cas où la charge de fluide est mesurée à une distance de l'orifice telle, que le liquide puisse y être considéré comme stagnant, tandis que celle de droite appartient au cas où cette charge est prise à $0^m,02$ en amont de l'orifice (114).

204. Le tableau n° VIII est relatif aux orifices de $0^m,60$ et de $0^m,02$ de base sur diverses hauteurs, en mince paroi plane et entièrement isolés du fond et des faces latérales du réservoir. Il ne comprend pas le cas où la charge est relevée près des orifices, ce qui n'était pas nécessaire pour l'objet qu'on avait en vue, et on y a au contraire inséré, de plus que dans tous les autres, les coefficients de la formule D′, qui tient compte de l'influence de la hauteur de l'ouverture, parce que ces coefficients sont indispensables pour pouvoir comparer entre eux certains résultats, comme on le dira plus loin (236). Cette formule étant plus compliquée que la formule D, et ses coefficients étant aussi variables que ceux de cette dernière, nous ne l'avons pas fait figurer ailleurs que dans le tableau qui nous occupe, et dans le n° XVIII dont on parlera plus bas.

205. Les tableaux du n° IX au n° XII concernent des orifices de $0^m,60$ de base sur diverses hauteurs, pratiqués dans une paroi de $0^m,05$ d'épaisseur et débouchant librement dans l'air. Leur composition est exactement la même que celle des sept premiers.

206. Ceux du n° XIII au n° XVII sont relatifs, comme les sept premiers, aux orifices de $0^m,20$ de base sur diverses hauteurs,

mais prolongés par des canaux au dehors du réservoir au lieu de déboucher librement dans l'air. Ces tableaux ne diffèrent des quatre qui les précèdent qu'en ce que, pour les ouvertures de moins de $0^m,20$ de hauteur et le dispositif de la figure 15, on a ajouté, sur la gauche, deux colonnes donnant les températures de l'air et de l'eau pendant la durée de chaque expérience, et, sur la droite, deux autres colonnes indiquant les valeurs des coefficients de la formule D, rectifiées en tenant compte des variations que ces températures font éprouver à la hauteur des orifices (28). Il y a, en outre, dans certains cas, à l'extrémité de droite, six colonnes concernant la vitesse dans les canaux qui prolongent ces orifices.

207. Le tableau n° XVIII a pour objet l'effet des remous sur la dépense d'un orifice de $0^m,20$ de base sur $0^m,05$ de hauteur, prolongé au dehors du réservoir par un canal barré à son extrémité (pl. 23 et 24). Il est divisé en deux parties distinctes, dont celle de gauche comprend les données de l'expérience et de l'observation, et celle de droite les résultats du calcul appliqué à diverses formules de la dépense.

Dans la première partie, se trouvent les températures de l'air et de l'eau pendant les opérations, l'aire de l'orifice rectifiée d'après ces températures (28), les coefficients de la formule D' extraits du tableau n° VI du mémoire de 1829, et relatifs au cas où l'orifice que l'on considère ici est en mince paroi plane, et entièrement isolé du fond et des faces latérales du réservoir; enfin, les coefficients de la formule D donnés par les expériences 1278 et suivantes, qui se rapportent au cas où l'eau coule librement dans le canal, sans y être arrêtée par un barrage (tabl. n° XV).

La deuxième partie du même tableau, renferme les calculs relatifs à la détermination des coefficients de correction, dont il faut affecter la formule ordinaire D et d'autres formules théoriques, pour obtenir la dépense effective de l'orifice dont il s'agit, telle qu'elle résulte des expériences faites avec le canal barré à son extrémité.

208. Les tableaux du n° XIX au n° XXI se rapportent à des déversoirs de $0^m,20$, $0^m,02$ et $0^m,60$ de base, débouchant librement dans l'air. Ils sont tous divisés en trois parties comprenant, l'une les données fournies par l'expérience et l'observation, la seconde les résultats concernant la formule de la dépense ordinairement en usage, et la troisième les calculs relatifs au cas où l'on assimile les déversoirs à des orifices fermés à la partie supérieure, qui ont pour hauteur l'épaisseur moyenne $h - h'$ de la tranche de liquide qui sort par le déversoir, et pour charge sur le centre la hauteur H, obtenue en retranchant la moitié de l'épaisseur $h - h'$ de la charge totale h sur la base, mesurée loin de l'orifice en un point où le fluide est parfaitement stagnant.

209. Le tableau n° XXII a pour objet un déversoir de $0^m,20$ de base, prolongé par des canaux au dehors du réservoir. Il ne diffère des trois précédents qu'en ce que, dans certains cas, on y a ajouté six colonnes relatives à la vitesse de l'écoulement dans les canaux.

210. Le tableau n° XXIII concerne un déversoir de $0^m,202$ de base, formé en barrant un canal sur toute sa largeur. Les données principales de ce tableau sont les mêmes que celles du n° XVIII, auquel il sert en quelque sorte de supplément. Nous donnerons plus loin (272) quelques explications qui sont nécessaires pour bien faire comprendre l'objet de quelques-unes de ses colonnes.

211. Le tableau n° XXIV est relatif à des déversoirs incomplets ou en partie noyés de $0^m,24$ et $0^m,204$ de base, prolongés par des canaux de même largeur au dehors du réservoir. Sa formation et son but seront indiqués avec détail lorsqu'il sera question de la dépense de ces déversoirs (312).

212. Les tableaux du n° XXV au n° XLIII comprennent une table générale des coefficients des formules de la dépense. Ceux qui concernent les orifices fermés à la partie supérieure (du n° XXV au n° XXXVIII) sont tous, excepté le n° XXXII, divisés, comme les tableaux détaillés (203), en deux parties distinctes qui

se rapportent, l'une au cas où l'on mesure la charge loin de l'orifice, en un point où le liquide est parfaitement stagnant, l'autre à celui où l'on relève cette charge immédiatement au-dessus de l'orifice (à $0^m,02$ en amont). Le tableau n° XXXII n'est relatif qu'au cas où l'on prend la charge loin de l'orifice; mais il est aussi partagé en deux parties donnant, l'une les coefficients de la formule D, l'autre ceux de la formule D', qui ne figurent pas dans les autres tableaux par les motifs exposés au n° 204. Les tableaux du n° XXXIX au n° XLII donnent, pour les déversoirs, les coefficients de la formule ordinaire d de la dépense de ces sortes d'orifices, et ceux dont il faut affecter la formule D, lorsqu'on assimile les déversoirs à des orifices fermés à la partie supérieure (208). Enfin, le n° XLIII fait connaître, pour les déversoirs incomplets, les coefficients à appliquer à la formule D, qui leur est particulière. Comme ce tableau sera examiné à part, il n'en sera plus question dans tout ce qui va suivre.

213. La première colonne de tous ces tableaux indique, pour les orifices fermés à la partie supérieure, la charge sur le sommet mesurée, soit loin, soit immédiatement au-dessus de l'orifice, et, pour les déversoirs, la charge totale sur la base prise, dans tous les cas, en un point où le liquide est parfaitement stagnant. Les colonnes qui suivent la première donnent, pour chaque charge, les coefficients des formules de la dépense relatifs aux divers dispositifs portés en tête de ces colonnes.

Ces coefficients ont été déduits, par interpolation, de ceux qu'ont fournis les expériences et qui sont consignés dans les tableaux détaillés. A cet effet, on a construit, pour chaque orifice et pour chaque dispositif distinct, une courbe ayant pour abscisses les charges et pour ordonnées les coefficients correspondants. Ces courbes ont été assujetties à passer rigoureusement par tous les points donnés par l'expérience, et on les a prolongées au delà de ces points d'après le sentiment de la continuité, pour leur faire embrasser toutes les charges, depuis celle de $0^m,30$ et même, dans certains cas, de 1 mètre sur la base des déversoirs, jusqu'à celle de $0^m,01$, et depuis celle de 3 mètres sur le sommet des orifices fermés à la partie supérieure, jusqu'à celle qui correspond à l'instant où le liquide se détache de ce sommet.

214. Comme cette dernière charge, lorsqu'elle est mesurée loin de l'orifice, varie pour chaque dispositif et comprend souvent des fractions de millimètre, nous ne l'avons pas portée dans les tableaux, afin d'éviter de les compliquer inutilement, et nous nous sommes borné à y indiquer le coefficient relatif à la charge qui lui est immédiatement supérieure dans la série générale des charges, établie de 5 en 5 millimètres depuis zéro jusqu'à $0^m,07$, et ensuite de centimètre en centimètre jusqu'à $0^m,24$. Mais nous nous sommes servi du coefficient correspondant à la charge dont il s'agit, pour calculer celui qui se rapporte au cas dans lequel cette même charge est relevée immédiatement au-dessus de l'orifice, et où elle est par conséquent nulle. La détermination de ce dernier coefficient, par le simple prolongement à vue de la courbe d'interpolation, eût été trop incertaine, parce que les ordonnées de cette courbe croissent très-rapidement pour les basses charges. On a même été obligé de renoncer à chercher sa valeur pour les orifices de $0^m,01$ et de $0^m,005$ de hauteur, parce que la courbe d'interpolation relative au cas où la charge est prise loin de l'orifice, se rapproche elle-même beaucoup trop de la verticale, pour qu'on puisse la prolonger au delà des points donnés par les expériences, quelque près qu'ils soient de la limite inférieure des charges.

En général, les coefficients relatifs au cas où les charges sont relevées loin des orifices, ont seuls été conclus immédiatement des courbes d'interpolation, qu'on a pu alors, sauf les deux exceptions qu'on vient de mentionner, prolonger sans inconvénient, soit parce que leurs ordonnées ne croissent pas trop rapidement, soit parce que nos expériences se sont presque toujours étendues jusque tout près de la limite inférieure des charges, et quelquefois même au-dessous de cette limite, comme on peut le voir au tableau n° I (expériences 76, 77, 78, 132, 133, 134 et 159). Nous avons ensuite déduit les autres coefficients de ceux-ci, en leur appliquant, pour plus de rigueur, le même calcul que pour former les tableaux détaillés eux-mêmes.

215. Pour qu'on puisse prendre, d'un seul coup d'œil, une idée exacte des lois suivies par ces coefficients, selon les divers dispositifs sur lesquels nous avons opéré, y compris celui qui a fait l'objet du mémoire de 1829, on a dessiné sur les planches 33, 34, 35, 36 et 37, pour le cas où les charges sont mesurées en un point où le liquide est parfaitement stagnant, les courbes d'interpolation relatives aux orifices et au déversoir de $0^m,20$ de base.

Les abscisses de ces courbes sont comptées sur l'axe A X, à partir du point A, et représentent, pour les orifices, les charges sur leur sommet à l'échelle de $\frac{1}{10}$, et, pour le déversoir, les charges totales sur sa base à l'échelle de grandeur naturelle. Les ordonnées sont mesurées parallèlement à l'axe A Y, à partir de la ligne A X, et expriment les coefficients à l'échelle de 1 mètre de longueur pour un coefficient égal à l'unité. Mais, afin de diminuer l'étendue occupée par ces ordonnées, on en a retranché, sur chaque figure, une quantité constante qui est cotée au-dessous de l'axe des abscisses.

On a écrit, sur chaque courbe, le numéro du dispositif auquel elle se rapporte; on y a marqué par de gros points, laissés en évidence, les résultats déduits des expériences, en sorte qu'on peut facilement distinguer leurs prolongements au delà de ces points, du côté des plus faibles et des plus fortes charges. En outre, les coefficients conclus de ces prolongements sont séparés des autres par de petits *traits horizontaux*, dans chacune des colonnes de la table générale.

§ 2.

RÉSULTATS D'EXPÉRIENCES PARTICULIÈRES CONCERNANT LES DÉPENSES
DES ORIFICES.

216. Il nous a paru convenable, pour n'avoir pas à inter-

rompre, par des questions incidentes, l'examen des lois des dépenses des orifices, de discuter à part les résultats de diverses expériences particulières qui s'y rapportent, et de réunir ici, en les développant, quelques explications qui ne sont indiquées que sommairement dans les colonnes d'observations des tableaux détaillés.

217. Nous avons rattaché les résultats obtenus en 1828 avec ceux de 1829 et de 1831, au moyen de 9 expériences numérotées 44 *bis*, 121 *bis* et 341 *bis*, qui ont en même temps constaté *directement* l'influence qu'a sur la dépense un canal établi dans le prolongement des orifices (tabl. I, III, XIII, XV, XXXIV et XXXVI). Ces mêmes expériences nous ont servi à vérifier réciproquement les contenances des jauges en charpente et en maçonnerie, puisque en 1828 et 1829 nous avons recueilli les produits de l'écoulement dans la première de ces jauges, et en 1831 dans la seconde. En outre, nous avons rendu cette vérification aussi complète que possible, en répétant en 1831, avec la jauge en maçonnerie, les séries entières d'expériences que nous avions faites en 1829 avec la jauge en charpente, sur les orifices de $0^m,20$, de $0^m,10$ et de $0^m,05$ de hauteur, dans le cas du dispositif de la figure 4. Tous les coefficients de la formule ordinaire de la dépense, déduits de ces opérations, s'encadrent bien entre eux et donnent des courbes parfaitement continues, ce qui démontre, de la manière la plus incontestable, que les résultats fournis par l'une et par l'autre jauge sont exactement comparables. Il en est de même de ces jauges à l'égard du cuvier qu'on leur a substitué dans le cas des faibles dépenses (57), comme le prouvent vingt et une expériences faites à des époques fort éloignées les unes des autres, et mentionnées sur les tableaux n°s III, XV et XVII.

218. L'expérience numéro 16 a été faite en s'écartant de la marche ordinaire, pour en suivre une qu'on peut être obligé d'employer dans la pratique. L'orifice carré de $0^m,20$ de côté (dispositif de la fig. 3) étant entièrement ouvert, on l'a fermé tout à coup, et, après avoir laissé le calme se rétablir dans le réservoir, on a levé la vanne. Lorsque les plus fortes oscillations produites

par la brusque ouverture de l'orifice ont cessé, on a mesuré la
charge de liquide qui était alors de $1^m,6680$, et, à partir de cet
instant, on a recueilli la dépense dans la jauge. A la fin de l'expérience, qui a duré $97'',5$, on a de nouveau relevé la charge, qui
s'est trouvée n'être que de $1^m,6642$, et l'on a calculé le coefficient
de la formule D sur la moyenne $1^m,6661$ entre ces deux charges.
Sa valeur $0,6035$ ne diffère pas de celle $0,6034$ fournie par
les deux expériences 14 et 15, qui ont été faites avec un niveau
constant.

219. Lorsque l'orifice est accompagné de venteaux très-rapprochés de ses bords, la vanne, comme on l'a dit au numéro 9,
glisse dans deux feuillures de $0^m,006$ de largeur, ménagées à la
jonction de ces venteaux et de la face d'aval du réservoir. Nous
avons voulu constater l'influence que ces feuillures pouvaient avoir
sur la dépense. Dans ce but, nous les avons fait boucher pour les
expériences 169 et 481 qui concernent, l'une l'orifice carré de
$0^m,20$ de côté, et l'autre celui de $0^m,20$ de base sur $0^m,05$ de
hauteur. Ces expériences ont donné des coefficients qui sont de
$\frac{1}{469}$ et $\frac{1}{200}$ plus forts que ceux qui se rapportent aux mêmes charges,
dans le cas où les feuillures sont ouvertes.

L'effet inverse a lieu pour les déversoirs dans certaines circonstances, tandis que, dans d'autres, on retrouve la même loi
d'augmentation que pour les orifices fermés à la partie supérieure. Ainsi, dans le cas du dispositif de la figure 13 avec le
barrage dont on parlera plus loin, les expériences 1798 et 1799
relatives à la charge de $0^m,1295$, et 1802 et 1803 relatives à
celle de $0^m,0538$, ont été faites avec les feuillures ouvertes, et
que ceux des coefficients de la dépense de $\frac{1}{221}$ et $\frac{1}{46}$ plus forts
ont donné qu'on a obtenus pour les feuillures bouchées. Avec
le même dispositif de la figure 13, mais sans barrage, l'expérience 1810 a donné, lorsque les feuillures étaient ouvertes, un
coefficient de $\frac{1}{104}$ plus fort que celui qui lui correspond dans le
cas des feuillures bouchées. Pour le dispositif de la figure 14,
les expériences 1817 et 1818 ont, au contraire, fourni des résul-

tats de $\frac{1}{190}$ plus faibles que ceux qui correspondent au cas des feuillures bouchées.

On doit conclure de là que ces feuillures ont sur la dépense une influence variable selon les circonstances, et qui, toutes choses égales d'ailleurs, paraît d'autant plus grande que la dépense elle-même est plus faible. Dans tous les cas que nous avons examinés, leur suppression donnait immédiatement lieu à un plus grand élargissement de la veine à sa sortie de l'orifice.

On doit mentionner que, pour ne pas s'écarter des circonstances ordinaires de la pratique, on n'a tenu compte, en dressant la table générale des coefficients de la dépense, que des résultats relatifs au cas des feuillures ouvertes pour les orifices fermés à la partie supérieure, et des feuillures bouchées pour les déversoirs.

220. On s'est souvent demandé si la dépense ne variait pas selon qu'on levait plus ou moins la vanne du canal de décharge, destiné à régler le niveau de l'eau dans le réservoir. Pour vérifier le fait, on a ouvert entièrement ce canal pour faire les expériences 1360 et 1361, et la première des deux qui sont numérotées 849 *bis*, tandis qu'il était tout à fait fermé pour celles qui les suivent immédiatement. Les résultats obtenus dans l'un et l'autre cas ne diffèrent entre eux que de $\frac{1}{850}$ à $\frac{1}{2120}$, ce qui prouve qu'il est indifférent de lever peu ou beaucoup la vanne de ce canal, qui d'ailleurs n'a jamais été que très-peu ouvert pendant tout le cours de nos opérations.

221. Pour les orifices de moins de $0^m,20$ de hauteur, on a toujours eu le soin d'arc-bouter la vanne à son extrémité inférieure, afin de l'empêcher de fléchir, au moyen du mécanisme mentionné au numéro 33. Il nous a paru utile de constater directement l'altération que pouvait éprouver la dépense, lorsque ce mécanisme n'agissait pas. On a fait, dans ce but, sur l'orifice de $0^m,01$ de hauteur, les deux expériences 849 *bis*, relatives à une charge moyenne de $1^m,8220$, et l'expérience 851 *bis*, qui concerne une charge de $0^m,9975$. Le coefficient $0,6796$ déduit des deux premières, et celui $0,6811$ donné par la troisième, sont respecti-

vement de $\frac{1}{120}$ et $\frac{1}{680}$ plus forts que ceux qui se rapportent aux mêmes charges, dans le cas où la vanne ne fléchit pas.

222. Il ne nous reste plus, avant de passer à l'examen des lois des dépenses, qu'à parler des effets du barrage décrit aux numéros 39 et suivants.

Ce barrage s'arrêtait à $0^m,05$ au-dessus du bord supérieur de l'orifice carré de $0^m,20$ de côté, pour les expériences 108, 109, 114 et 115, et descendait jusqu'au niveau du sommet de l'orifice de $0^m,10$ de hauteur, pour les numéros 277, 278, 279 et 280, et cependant les résultats qu'on a déduits de ces expériences s'accordent tous parfaitement avec ceux qu'on a obtenus lorsque, toutes choses égales d'ailleurs, ce barrage n'existait pas. Quand, au contraire, il était prolongé (41) jusqu'à $0^m,25$ du fond du réservoir sur son côté parallèle au plan des orifices, et jusqu'à $0^m,40$ sur ses deux autres côtés, il avait, dans certains cas, une influence notable sur les produits de l'écoulement, comme on l'a prouvé de la manière la plus irrécusable en faisant successivement, d'abord avec ce barrage et ensuite lorsqu'il était entièrement supprimé, les expériences suivantes, savoir :

1° Orifices de $0^m,20$ de base sur $0^m,20$, $0^m,05$ et $0^m,01$ de hauteur;

Expériences du numéro 191 au numéro 210, du numéro 472 au numéro 498, du numéro 837 au numéro 859.

2° Orifices de $0^m,60$ de base sur $0^m,20$, $0^m,05$ et $0^m,03$ de hauteur, percés dans une paroi de $0^m,05$ d'épaisseur;

Expériences du numéro 1040 au numéro 1042, du numéro 1053 au numéro 1055, et du numéro 1074 au numéro 1076.

3° Déversoir de $0^m,20$ de base;

Expériences du numéro 1793 au numéro 1816.

223. En comparant entre eux les résultats de ces expériences, on reconnaît que, pour les orifices fermés à la partie supérieure, les coefficients de la dépense relatifs au cas où le barrage existe, sont toujours plus forts que ceux qui concernent le cas où ce barrage est entièrement supprimé. Le rapport de la différence à

la valeur de ces derniers, varie d'un orifice à l'autre; et, pour un même orifice, il augmente à mesure que la charge devient plus faible, jusqu'à une certaine limite au delà de laquelle il diminue un peu. Les valeurs maxima et minima de ce rapport, pour les orifices de $0^m,20$ de base avec des hauteurs

$$\text{de} \qquad 0^m,20 \qquad 0^m,05 \qquad 0^m,01$$

$$\text{sont de} \quad \frac{1}{76} \text{ et } \frac{1}{188} \qquad \frac{1}{66} \text{ et } \frac{1}{217} \qquad \frac{1}{44} \text{ et } \frac{1}{674}.$$

Les expériences comparatives pour les orifices de $0^m,60$ de base pratiqués dans une paroi de $0^m,05$ d'épaisseur, ne concernent, pour chaque orifice, qu'une seule charge qui n'est pas la même pour tous non plus que le dispositif, et le barrage descendait moins bas que pour les orifices de $0^m,20$ de base. La valeur du rapport dont il s'agit, pour les hauteurs d'ouverture

$$\text{de} \qquad 0^m,20 \quad 0^m,05 \quad 0^m,03$$

$$\text{est de} \quad \frac{1}{68} \qquad \frac{1}{112} \qquad \frac{1}{122}.$$

224. Le barrage a sur la dépense du déversoir de $0^m,20$ de base, une influence inverse de celle que nous venons de signaler pour les orifices fermés à la partie supérieure, c'est-à-dire que les coefficients obtenus lorsqu'il existe, sont tous plus faibles que ceux qui se rapportent au cas où il est entièrement supprimé. Le rapport de la différence à la valeur de ces derniers est nul pour la charge totale de $0^m,3230$ sur la base du déversoir; il augmente ensuite, à mesure que cette charge devient plus faible, jusqu'à un certain point au delà duquel il diminue, puis il augmente de nouveau pour les plus petites charges. Sa valeur, dans la limite des expériences comparatives que nous avons faites, est comprise entre zéro et environ $\frac{1}{64}$.

225. En résumé, on fait *augmenter* la dépense des orifices fermés à la partie supérieure et *diminuer* celle des déversoirs, lorsqu'on prolonge *au-dessous de la base de ces orifices*, comme il est dit au numéro 41, la cloison établie à $6^m,00$ en amont.

Nous ne saurions d'ailleurs expliquer ces singuliers effets, autrement qu'en faisant des hypothèses qui ne seraient basées sur aucun résultat positif d'expériences ou d'observations, comme, par exemple, en admettant que, pour les orifices fermés à la partie supérieure, la cloison donne lieu à la formation d'un noyau d'écoulement, dont la vitesse s'ajoute à celle qui résulte de la charge de liquide au-dessus de ces orifices. Cette vitesse ne pourrait du reste, selon la manière ordinaire d'envisager les choses, être attribuée à une différence de hauteur entre le niveau de l'eau en amont et en aval du barrage, puisque, malgré les soins les plus minutieux pour la déterminer, nous n'avons pu en constater aucune (41), et que, en outre, le calcul indique que sa valeur maxima est absolument insignifiante. En effet, cette valeur correspond évidemment au cas de la plus forte dépense par les ouvertures ménagées entre le fond du réservoir et les arêtes inférieures de la cloison, dépense qui est toujours égale à celle qui se fait par les orifices eux-mêmes. Or celle-ci, pendant toute la durée des expériences comparatives qui nous occupent, ne s'est jamais élevée au delà de 156,989 litres (expérience 191). La vitesse moyenne de l'écoulement à travers les ouvertures en question, dont la surface est de 4 mètres carrés (41), doit donc, pour fournir cette dépense, être de $\frac{0,156989}{4} = 0^m,03925$, qui corespond à une chute ou différence de hauteur entre le niveau de l'eau en amont et en aval du barrage, de $\frac{(0,03925)^2}{2g} = 0^m,000078$.

Ce qui précède démontre combien les circonstances les plus insignifiantes, en apparence, peuvent avoir d'influence sur les résultats des expériences, et justifie les longs détails dans lesquels nous sommes entré, pour bien faire connaître nos appareils et la manière dont nous avons opéré.

§ 3.

DÉPENSES DES ORIFICES FERMÉS À LA PARTIE SUPÉRIEURE,
DÉBOUCHANT LIBREMENT DANS L'AIR.

ORIFICES DE $0^m,20$ DE BASE SUR DIVERSES HAUTEURS.

226. L'orifice carré de $0^m,20$ de côté présentant moins de chances d'erreur que tous les autres, à cause de la grandeur de ses dimensions, nous l'avons pris pour type et pour point de départ de toutes nos expériences, et nous nous sommes particulièrement attaché à étudier, en ce qui le concerne, les lois des dépenses depuis les plus faibles jusqu'aux plus fortes charges, pour les vingt-huit premiers dispositifs dessinés sur les planches 1, 2 et 3, et décrits au paragraphe 2 du chapitre premier de ce mémoire. Nous avons opéré avec ces mêmes dispositifs, excepté ceux des figures 13^1 et 27, sur les orifices de $0^m,05$ et de $0^m,01$ de hauteur, pour connaître, dans tous les cas, les résultats relatifs à la plus grande, à la moyenne et à la plus petite ouverture, et pouvoir en déduire ceux qui conviennent aux ouvertures intermédiaires. Nous avons, en outre, soumis à l'expérience les orifices de $0^m.10$, $0^m.03$ et $0^m.02$ de hauteur, avec ceux de ces dispositifs qui modifient le plus les dépenses, afin qu'on n'ait à procéder par interpolation que dans les cas où les erreurs qu'on peut commettre ont le moins d'influence. Enfin, nous avons, dans les mêmes circonstances, opéré sur l'orifice de $0^m,005$ d'ouverture, qu'on n'avait pas considéré dans les expériences publiées en 1829, afin d'acquérir une idée de la loi des dépenses pour cette limite extrême de la hauteur des orifices.

227. En jetant un coup d'œil sur les résultats qui concernent le cas où l'on mesure la hauteur du niveau de l'eau, dans le réservoir, en un point où le liquide est parfaitement stagnant, on voit que les coefficients de la formule D de la dépense croissent constamment, en même temps que les charges diminuent, pour

les ouvertures de $0^m.005$, $0^m.01$ et $0^m.02$ de hauteur; et que, pour celles qui sont plus grandes, ils ne suivent cette loi ascendante que dans certains cas, tandis que dans d'autres ils n'augmentent, à mesure que les charges deviennent plus faibles, que jusqu'à une certaine limite qui est variable selon le dispositif et la hauteur de l'orifice, et au delà de laquelle ils décroissent avec les charges (tableaux du n° I au n° VII et du n° XXV au n° XXXI).

Les courbes dont les ordonnées Ay représentent ces cofficients (pl. 33, 34, 35 et 36), bien qu'assujetties à passer par tous les points donnés par l'expérience, sans aucune exception, suivent une marche très-régulière et ont une continuité en quelque sorte parfaite. Celle qui se rapporte à l'orifice carré de $0^m,20$ de côté avec le dispositif de la figure 4, présente, dans la portion correspondant aux charges comprises entre $1^m,10$ et $1^m,70$, une inflexion que n'a aucune des autres courbes qui concernent cet orifice, et qui semblerait, au premier abord, devoir résulter de quelque accident particulier. Mais il n'en est point ainsi, car cette inflexion est déterminée au moyen de neuf points, donnés par vingt-trois expériences dont les résultats s'intercalent parfaitement entre eux, quoique obtenus à des époques séparées par un intervalle de deux ans (1829 et 1831).

La même inflexion se reproduit d'ailleurs, quoique beaucoup moins fortement prononcée, pour les orifices de $0^m,10$ et de $0^m,05$ de hauteur, et si les autres courbes n'offrent rien de semblable, cela tient sans doute à la différence des dispositifs, et peut-être aussi à ce que les points déduits de l'expérience étant moins rapprochés les uns des autres, cette inflexion et même d'autres encore sont restées inaperçues. On remarquera, au surplus, qu'en supprimant entièrement l'inflexion dont il s'agit, pour donner à cette portion de la courbe 4 une forme analogue à celle qu'affectent les autres courbes, la plus grande altération qu'on ferait éprouver aux coefficients correspondants ne s'élèverait qu'à environ $\frac{1}{625}$ de leur valeur.

228. Lorsque, considérant toujours le cas où le niveau de

l'eau, dans le réservoir, est pris en un point où le liquide est parfaitement stagnant, on compare les résultats relatifs aux dispositifs de la figure 1 avec ceux qui concernent les autres dispositifs, on voit que, à égalité de charge, les coefficients de la formule D de la dépense sont *généralement* d'autant plus forts, pour un même orifice, que ses bords sont plus rapprochés des faces correspondantes du réservoir, et que les augmentations produites par le même dispositif varient à la fois avec les orifices et avec les charges.

Afin de donner tout d'un coup une idée de ces variations, nous avons retranché, pour toutes les charges depuis la plus faible jusqu'à celle de 3^m,00, les coefficients correspondant au dispositif de la figure 1 de ceux qui se rapportent aux autres dispositifs, et nous avons divisé les différences par ces premiers coefficients. La table suivante indique les valeurs maxima et minima de ces rapports ou différences proportionnelles, et la moyenne de ces deux valeurs, pour tous les orifices de 0^m,20 de base, excepté celui de 0^m,005 de hauteur, qu'on n'a pas soumis à l'expérience avec le dispositif de la figure 1, et pour lequel, par conséquent, on n'a point de terme de comparaison.

TABLE DES DIFFÉRENCES PROPORTIONNELLES DES COEFFICIENTS DE LA FORMULE D DE LA DÉPENSE, POUR LES ORIFICES DE 0^M,20 DE BASE SUR DIVERSES HAUTEURS DÉBOUCHANT LIBREMENT DANS L'AIR, OBTENUES EN COMPARANT LES RÉSULTATS RELATIFS AU DISPOSITIF DE LA FIGURE 1, AVEC CEUX QUI CONCERNENT LES AUTRES DISPOSITIFS.

HAUTEURS des orifices.	DIFFÉRENCES proportionnelles.	2.	3.	4.	5.	6.	7.	8.	9.	10.	11.	12.	13¹.	13.	14.
mètre.	Maxima.....	0,0017	0,0033	0,0472	0,0670	0,2196	0,2178	0,0262	0,0957	0,1207	0,0909	0,0297	0,1231	0,2752	0,2383
0,20	Minima.....	0,0000	0,0000	0,0216	0,0529	0,0915	0,1065	0,0099	0,0383	0,0549	0,0612	0,0116	0,0595	0,1248	0,1581
	Moyenne....	0,0009	0,0017	0,0344	0,0600	0,1556	0,1622	0,0181	0,0670	0,0878	0,0791	0,0207	0,0913	0,2000	0,1982
	Maxima.....	»	»	0,0597	0,0779	0,1636	»	»	0,0590	»	»	»	»	»	»
0,10	Minima.....	»	»	0,0470	0,0569	0,0959	»	»	0,0226	»	»	»	»	»	»
	Moyenne....	»	»	0,0534	0,0674	0,1298	»	»	0,0408	»	»	»	»	0,1504	0,1472
	Maxima.....	0,0132	0,0132	0,0924	0,1040	0,1306	0,1188	0,0297	0,0675	0,0857	0,1023	0,0379	»	0,0845	0,1049
0,05	Minima.....	0,0000	0,0000	0,0602	0,0681	0,0873	0,0982	0,0032	0,0143	0,0132	0,0683	0,0032	»	0,1175	0,1261
	Moyenne....	0,0066	0,0066	0,0763	0,0861	0,1090	0,1085	0,0165	0,0409	0,0495	0,0853	0,0206	»	»	»
	Maxima.....	»	»	0,1176	0,1066	0,1078	»	»	0,0521	»	»	»	»	»	»
0,03	Minima.....	»	»	0,0718	0,0686	0,1000	»	»	0,0208	»	»	»	»	»	»
	Moyenne....	»	»	0,0947	0,0876	0,1039	»	»	0,0365	»	»	»	»	»	»
	Maxima.....	»	»	0,1184	0,1201	0,1201	»	»	0,0444	»	»	»	»	»	»
0,02	Minima.....	»	»	0,0608	0,0623	0,0608	»	»	0,0203	»	»	»	»	»	»
	Moyenne....	»	»	0,0896	0,0912	0,0905	»	»	0,0324	»	»	»	»	»	»
	Maxima.....	0,0099	0,0099	0,1314	0,1330	0,1412	»	0,0130	0,0823	0,0575	0,1314	0,0162	»	0,1002	0,1232
0,01	Minima.....	0,0000	0,0000	0,0807	0,0653	0,0552	»	0,0028	0,0402	0,0219	0,0570	0,0089	»	0,0415	0,0702
	Moyenne....	0,0050	0,0050	0,1061	0,0992	0,0982	»	0,0079	0,0613	0,0397	0,0942	0,0126	»	0,0709	0,0967

22.

Pour compléter cette table et en faciliter l'examen, nous indiquons, dans le tableau suivant, les portions des contours des orifices sur lesquelles la contraction est supprimée en totalité ou en *presque totalité*, pour chaque dispositif; nous disons en *presque totalité*, parce que, pour les dispositifs des figures 5, 6, 8 et 9, les bords verticaux de l'ouverture sont éloignés de 2 centimètres des faces latérales du réservoir, au lieu d'être dans leur prolongement comme pour les dispositifs des figures 7, 10, 13¹, 13 et 14.

HAUTEURS des orifices.	PORTIONS DU CONTOUR DES ORIFICES SUR LESQUELLES LA CONTRACTION EST SUPPRIMÉE, le contour entier étant représenté par 1, pour les dispositifs des figures									
	4.	5.	6.	7.	8.	9.	10.	13¹.	13.	14.
mètre.										
0,200	0,250	0,500	0,750	0,750	0,250	0,500	0,500	0,500	0,750	0,750
0,100	0,333	0,500	0,667	0,667	0,167	0,333	0,333	0,333	0,667	0,667
0,050	0,400	0,500	0,600	0,600	0,100	0,200	0,200	0,200	0,600	0,600
0,030	0,435	0,500	0,565	0,565	0,065	0,130	0,130	0,130	0,565	0,565
0,020	0,455	0,500	0,545	0,545	0,045	0,091	0,091	0,091	0,545	0,545
0,010	0,476	0,500	0,524	0,524	0,024	0,048	0,048	0,048	0,524	0,524
0,005	0,488	0,500	0,512	0,512	0,012	0,024	0,024	0,024	0,512	0,512

En rapprochant ce tableau de la table qui le précède, et jetant un coup d'œil sur les courbes des coefficients de la dépense déssinées sur les planches 33, 34, 35 et 36, et sur les tableaux du numéro XXV au numéro XXXI, on fait les remarques suivantes.

229. Les courbes 2 et 3 obtenues pour l'orifice carré de $0^m,20$ de côté, dans le cas où l'une d'abord, ensuite les deux parois du réservoir sont éloignées de $0^m,54$ des bords verticaux de l'ouverture, diffèrent très-peu entre elles et de la courbe 1, relative au même orifice dans le cas des minces parois. Ces trois courbes se confondent pour les charges inférieures à $0^m,21$ et pour celles qui surpassent $1^m,60$; et, pour les charges intermédiaires, les coefficients donnés par la courbe 1 sont, à charge égale, respectivement de $\frac{1}{600}$ et de $\frac{1}{300}$ de leurs valeurs plus faibles que ceux que fournissent les courbes 2 et 3.

Pour l'orifice de $0^m,05$ de hauteur, la courbe 2 fournit des résultats de $\frac{1}{76}$, $\frac{1}{122}$ et $\frac{1}{308}$ plus grands que ceux qui leur correspondent sur la courbe 1, pour des charges de $0^m.01$, $0^m.015$ et $0^m.02$. Pour de plus fortes charges, l'augmentation varie entre zéro, $\frac{1}{210}$, $\frac{1}{315}$ et $\frac{1}{627}$. Pour ce même orifice, la courbe 3 se confond avec la courbe 2 pour les charges inférieures à $0^m,15$ et pour celles qui excèdent $0^m,80$, et les coefficients qu'on en déduit pour les charges intermédiaires surpassent ceux que donne la courbe 1, de $\frac{1}{210}$, $\frac{1}{158}$ et $\frac{1}{314}$.

Les coefficients relatifs à l'orifice de $0^m,01$ de hauteur, sont plus grands sur la courbe 2 que sur la courbe 1, de $\frac{1}{101}$, $\frac{1}{140}$, $\frac{1}{175}$ et $\frac{1}{232}$, pour les charges de $0^m.005$, $0^m.01$, $0^m.015$ et $0^m.02$. La différence de ces coefficients varie ensuite entre $\frac{1}{130}$ et $\frac{1}{616}$, à mesure que la charge augmente, et elle est nulle pour toutes celles qui excèdent $1^m,90$. Pour ce même orifice, la courbe 3 se confond avec la courbe 2 pour les charges inférieures à $0^m,14$ et pour celles qui surpassent $1^m,80$; et, pour les charges intermédiaires, les coefficients déduits de la première de ces courbes excèdent de $\frac{1}{81}$ à $\frac{1}{632}$ ceux que fournit la courbe 1.

Ainsi, en établissant d'abord l'une des parois du réservoir, ensuite l'autre à $0^m,54$ des bords correspondants de l'ouverture, on fait successivement augmenter les coefficients de la dépense de quantités, très-minimes pour l'orifice de $0^m,20$ de hauteur, mais qui croissent un peu à mesure que cette hauteur diminue. Il s'ensuit donc que cette distance n'est pas tout à fait suffisante pour que les orifices dont il s'agit puissent, avec les dispositifs des figures 2 et 3, être considérés comme entièrement isolés des parois du réservoir. Par conséquent, si l'on admet que le fond de ce réservoir ait, sur la dépense, la même influence qu'une de ses faces latérales, on doit en conclure que les résultats que nous avons obtenus en 1828, avec le dispositif de la figure 1, sont trop forts de la très-légère augmentation que produit le dispositif de la figure 2, puisque la base de nos orifices était alors éloignée de $0^m,54$ du fond du réservoir.

230. Les augmentations qu'éprouvent successivement les coef-

ficients de la dépense relatifs aux minces parois (fig. 1), pour un
même orifice avec des dispositifs différents, ne dépendent pas du
nombre des côtés sur lesquels la contraction est supprimée, mais
de la portion du contour entier de l'ouverture sur laquelle cette
suppression a lieu. En effet, pour les orifices de 5, de 3, de 2
et de 1 centimètre de hauteur, la courbe 4, relative au cas où
il n'y a pas de contraction sur leur base, donne des résultats notablement plus forts que les courbes 9 et 10, qui concernent celui
où la contraction est supprimée sur leurs deux côtés verticaux.

En outre, à égalité de la portion du contour sans contraction, les
augmentations dont il s'agit sont plus grandes quand la base est
au nombre des côtés qui en sont privés, que lorsque la suppression a lieu sur les seuls bords verticaux de l'ouverture. En effet,
si, afin de donner aux coefficients fournis par les courbes 5 et 8,
pour l'orifice-carré de $0^m,20$ de côté, les valeurs qu'ils auraient
dans le cas où l'un des bords verticaux serait dans l'alignement de
la face correspondante du réservoir, au lieu d'en être éloigné de
2 centimètres, on les augmente de la moitié de la différence des
résultats relatifs, d'une part aux courbes 6 et 7, et d'autre part
aux courbes 9 et 10, on trouve pour les dispositifs des figures 4
et 5, où la contraction est supprimée sur la base, des coefficients
respectivement plus forts que pour les dispositifs des figures 8 et
10, où elle n'est supprimée que sur les côtés verticaux.

231. Ce que nous avons dit pour un même orifice avec des
dispositifs différents, a lieu aussi pour des orifices différents avec
le même dispositif. Les accroissements que subissent les coefficients des minces parois sont alors, en général, relativement d'autant plus grands, d'une ouverture à l'autre, que les contours privés
de contraction diffèrent davantage entre eux. Mais l'égalité de ces
contours (fig. 5) n'entraîne pas celle des accroissements, car ils
augmentent, dans ce cas, à mesure que la hauteur de l'orifice diminue. Il s'ensuit donc que, toutes choses égales d'ailleurs, le
rapprochement des parois du réservoir des bords correspondants
de l'orifice, produit moins d'effet sur les grandes ouvertures que

sur les petites, comme on l'a déjà constaté en ce qui concerne les dispositifs des figures 2 et 3 (229). Cependant, pour ces dernières, ce rapprochement, lorsqu'il dépasse une certaine limite, fait diminuer, dans certains cas, les coefficients de la formule de la dépense au lieu de les faire augmenter.

Ainsi, pour l'orifice de $0^m,01$ de hauteur, sous des charges inférieures à $0^m,90$, la courbe 4 passe au-dessus de la courbe 5, qui se trouve elle-même au-dessus de la courbe 6, et ces trois courbes sont plus élevées, dans presque tout leur cours, que les courbes 13 et 14. Par conséquent, dans l'étendue que nous considérons, les coefficients de la dépense, qui sont notablement plus forts dans le cas du dispositif de la figure 4 que dans celui des minces parois (fig. 1), diminuent successivement à mesure qu'après avoir supprimé la contraction sur la base de l'ouverture, on place d'abord l'un de ses côtés verticaux, ensuite l'autre à 2 centimètres des faces latérales du réservoir, et enfin dans le prolongement de ces faces, réduites ainsi que le fond de ce réservoir à une longueur de $0^m,264$ (fig. 13). Pour le même orifice, la courbe 9, relative au cas où la distance entre ces faces et ces bords est de 2 centimètres, donne des coefficients constamment plus forts que la courbe 10, qui concerne le cas où cette distance est nulle.

L'orifice de $0^m,005$ de hauteur donne lieu à des observations analogues aux précédentes. Les coefficients de la dépense sont tous plus grands sur la courbe 4 que sur la courbe 5, et sur celle-ci que sur la courbe 6, excepté pour les charges comprises entre $0^m,035$ et $0^m,12$. En outre, la courbe 9, qui, pour tous les autres orifices dont la hauteur est inférieure à $0^m,20$, se trouve presque toujours au-dessous des trois précédentes, est au contraire plus élevée qu'elles pour les charges de moins de $0^m,12$.

Pour les orifices de $0^m,02$ et de $0^m,03$ de hauteur et des charges inférieures à $1^m,10$, pour le premier, et à $0^m,10$, pour le second, la courbe 4 est située au-dessus de la courbe 5, mais elles sont toutes les deux moins élevées que la courbe 6.

Pour l'orifice de $0^m,05$ de hauteur lui-même et les charges qui

excèdent $0^m,95$, la courbe 9 passe au-dessus de la courbe 10.
Pour le même orifice et des charges supérieures à $0^m,25$, la
courbe 13, relative au cas où la longueur des faces et du fond
du réservoir, établis dans le prolongement de la base et des
bords verticaux de l'orifice, est réduite à $0^m,264$, donne des coefficients plus faibles que ceux qui leur correspondent sur la courbe 7,
où ces parois ont $1^m,95$ de longueur, tandis que c'est le contraire
qui a lieu pour l'orifice carré de $0^m,20$ de côté.

Enfin, la figure 14, où les parois de $0^m,264$ de longueur sont
arrondies à leurs extrémités d'amont, fournit des coefficients
surpassant ceux qui concernent la figure 13, où ces extrémités
sont taillées carrément pour tous les orifices, excepté ceux de
$0^m,20$ et de $0^m,05$ de hauteur, sous des charges plus petites que
$0^m,20$ pour le premier, et que $0^m,09$ pour le second.

232. Le décroissement des coefficients de la dépense, que
nous venons de signaler pour les petites ouvertures, ne peut être
attribué à ce que le débouché de l'orifice n'était pas alors entièrement libre, attendu que, pour prévenir un pareil inconvénient, son contour débordait de 2 millimètres le fond et les
faces latérales du réservoir, qui étaient du reste parfaitement
plans (10). Nous ne saurions l'expliquer autrement qu'en supposant que les parois du réservoir, quand elles sont très-rapprochées ou dans l'alignement des bords de l'ouverture, donnent
lieu à un ralentissement de la vitesse de l'écoulement qui, dans
ce cas, fait plus que compenser l'augmentation de la dépense due
à la diminution de la contraction.

Au surplus, ce décroissement n'intervertit pas, en général, la
loi que les coefficients suivent dans le cas des minces parois, car
leur valeur absolue va toujours en augmentant à mesure que la
hauteur de l'ouverture diminue. Il n'y a d'exception que : pour
le dispositif de la figure 10, où les résultats relatifs à l'orifice de
$0^m,05$ de hauteur, sous des charges supérieures à $0^m,70$, sont
plus faibles que ceux qui concernent l'orifice carré de $0^m,20$ de
côté; pour celui de la figure 13 (parois de $0^m,264$ de longueur),

où les coefficients sont presque égaux pour tous les orifices, quoique un peu supérieurs pour celui de $0^m,20$ de hauteur; enfin, pour celui de la figure 14 (parois de $0^m,264$ de longueur arrondies à leurs extrémités), où les coefficients sont sensiblement plus forts pour cette dernière ouverture que pour les autres. Toutes ces circonstances ajoutent encore à la complication qui résulte naturellement de la multiplicité des cas que nous avons soumis à l'expérience, ce qui entraîne l'indispensable nécessité de dresser pour la pratique, comme nous l'avons fait, des tables qui donnent, pour chaque orifice et pour chaque charge, les coefficients des formules de la dépense correspondant aux divers dispositifs. Ces coefficients éprouvent d'ailleurs de trop grandes variations (table du n° 228) pour qu'on puisse songer à les déduire, même approximativement, de ceux qui concernent le cas des minces parois, en ajoutant à ces derniers une quantité constante pour tous les orifices, mais plus ou moins grande selon que la contraction est supprimée sur un plus ou moins grand nombre de leurs côtés, comme l'ont proposé quelques auteurs, en se basant sur des expériences faites à ce sujet par M. Bidone.

233. Ce savant a opéré sur un orifice carré de $0^m,0135$ de côté, avec une charge sur le sommet de $0^m,5290$ au commencement de chaque expérience, et de $0^m,3124$ à la fin, en sorte que, en moyenne, elle était de $0^m,4207$. Il a considéré cinq cas différents, parmi lesquels deux sont relatifs à la suppression de la contraction sur le sommet de l'ouverture, circonstance que nous n'avons pas étudiée, parce qu'elle ne se présente que fort rarement et même pas du tout dans la pratique, et les trois autres se rapportent aux dispositifs des figures 4, 5 et 7. Pour ces trois derniers, il a obtenu les coefficients 0.639, 0.662, 0.694, et il a supposé que celui des minces parois était de 0,619, sans s'astreindre à le déterminer directement (*Mémoires de l'Académie des sciences de Turin*, t. XXVII, 1823).

La première de ces trois expériences a été faite avec un orifice différent de celui qui a servi pour les autres, en sorte qu'elles ne sont pas exactement comparables. D'un autre côté, outre l'inconvénient de faire des expériences de cette nature avec un réservoir qui se vide, ce qui peut conduire à des erreurs que M. Bidone lui-même évalue à environ $\frac{1}{70}$, le moyen employé pour détruire la contraction est évidemment vicieux. En effet, il s'est servi pour cela de planches carrées de $0^m,162$ de côté seulement sur $0^m,03$ d'épaisseur, qu'il plaçait perpendiculairement au plan de l'orifice contre les bords où il voulait supprimer la contraction, sans fermer les intervalles entre ces planches et les parois correspondantes du réservoir, qui avait $0^m,975$ de longueur sur $0^m,65$ de largeur et de profondeur. Il s'ensuit que, lorsqu'elles étaient dressées verticalement, par exemple, leurs arêtes supérieures étaient recouvertes par une hauteur d'eau de $0^m,367$ au commencement et de $0^m,1504$ à la fin de l'expérience.

On conçoit que ces diverses circonstances aient profondément modifié les lois de l'écoulement; il n'est donc pas étonnant que les résultats de M. Bidone diffèrent notablement de ceux qu'on déduit de nos tables d'interpolation, pour le même orifice de $0^m,0135$ de côté sous la charge moyenne de $0^m,4207$, en prenant pour abscisses les hauteurs des orifices sur lesquels nous avons opéré avec les dispositifs des figures 1, 4, 5 et 7, et pour ordonnées les coefficients correspondants dont la valeur, comme on le verra plus loin (240), dépend, toutes choses égales d'ailleurs, du plus petit intervalle qu'il y a entre les bords opposés de l'ouverture. En procédant ainsi, on trouve les coefficients 0.645, 0.701, 0.697 et 0.699, qui tous, sauf le dernier, sont beaucoup plus forts que ceux de M. Bidone.

234. Les coefficients de la formule D sont loin de suivre une loi aussi régulière quand on relève les charges immédiatement au-dessus de l'orifice, que lorsqu'on les prend en un point où le liquide est parfaitement stagnant. Les irrégularités qu'ils présentent peuvent provenir en partie, dans quelques cas, de la difficulté d'apprécier avec exactitude la hauteur du niveau de l'eau, au milieu des bouillonnements et des tourbillons qui se manifes-

tent dans le voisinage de l'ouverture; mais elles doivent surtout être attribuées à ce que, à la distance fixe de 2 centimètres en amont de l'orifice, où l'on mesure la charge (114), la dépression de la surface du liquide a tantôt sa valeur maxima, tantôt sa valeur minima, et est même quelquefois négative.

Cette dernière circonstance, qui se rapporte au cas où le fluide s'élève, près de l'orifice, au-dessus du niveau général dans le réservoir, et où par conséquent la charge est plus forte à 2 centimètres qu'à $3^m,50$ en amont de cet orifice, parce qu'il s'y forme une espèce de monticule dû à l'adhérence du liquide contre les parois du réservoir, à des bouillonnements et à un amas d'écume en ce point, s'est présentée pour 103 de nos expériences relatives aux dispositifs des figures 2, 3, 8, 10, 12, 13 et 14. Telle est la cause qui, jointe à ce que, pour le dispositif de la figure 1, nous avons toujours relevé la charge au point correspondant à la dépression maxima de la surface du liquide, fait que les coefficients de la formule D, relatifs à ce dispositif, sont généralement plus grands que ceux qui concernent celui de la figure 2, tandis que c'est l'inverse qui a lieu lorsqu'on considère les charges prises à $3^m,50$ en amont.

235. A part les exceptions que nous venons de signaler, les coefficients de la formule D sont, toutes choses égales d'ailleurs, généralement plus forts quand on relève le niveau de l'eau près, que lorsqu'on le prend loin de l'orifice, et même ils surpassent souvent l'unité, dans le cas des très-faibles charges et des dispositifs où la contraction est supprimée sur trois côtés de l'ouverture. Mais ils décroissent très-rapidement à mesure que la charge augmente, et lorsqu'elle a atteint au plus $1^m,00$ pour les orifices de $0^m,20$ et de $0^m,10$ de hauteur, et $0^m,50$ pour ceux de $0^m,05$ de hauteur et au-dessous, il devient à peu près indifférent de mesurer la charge à $3^m,50$ ou à 2 centimètres en amont de ces orifices. On fera remarquer que les coefficients relatifs à cette seconde manière de relever la charge, peuvent être employés avec autant de confiance que les autres, malgré les irrégularités qu'ils pré-

sentent, parce que les mêmes causes qui y ont donné lieu dans nos expériences, se rencontreront dans la pratique et produiront les mêmes effets.

ORIFICES DE 0^m,60 ET DE 0^m,02 DE BASE SUR DIVERSES HAUTEURS,
EN MINCE PAROI PLANE.

236. Nous avons dit au numéro 22 que, après avoir terminé nos opérations sur les orifices de 0^m,20 de base, nous avions fait quelques expériences sur d'autres orifices en mince paroi plane, de 0^m,60 et de 0^m,02 de base sur diverses hauteurs. Les résultats qui les concernent sont consignés sur les tableaux VIII et XXXII que nous allons examiner.

Les coefficients de la formule D′ de la dépense, relatifs à l'orifice de 0^m,60 de base sur 0^m,02 de hauteur, sont, à égalité de charge sur le sommet, plus forts que ceux qui se rapportent à l'orifice de 0^m,02 de base sur 0^m,60 de hauteur, de quantités qui, diminuant à mesure que la charge augmente, varient graduellement de $\frac{1}{81}$ à $\frac{1}{637}$, depuis la charge de 0^m,02 jusqu'à celle de 0^m,15. Ces mêmes coefficients sont, au contraire, plus faibles que les autres de $\frac{1}{635}$ à $\frac{1}{210}$ depuis la charge de 0^m,20 jusqu'à celle de 0^m,40, et la différence diminue ensuite successivement jusqu'à la charge de 1^m,10, à partir de laquelle elle demeure constante et égale à environ $\frac{1}{635}$. Mais l'orifice de 0^m,60 de base est, par rapport au réservoir de 3^m,68 de largeur, dans les mêmes conditions que celui de 0^m,20 de base avec le dispositif de la figure 3, par rapport à son propre réservoir dont la largeur est de 1^m,28. Or, nous avons vu (229) que ce dispositif donnait de plus grands coefficients que celui de la figure 1; donc il faut diminuer ceux que nous avons obtenus pour l'orifice de 0^m,60 de base, afin de les réduire à la valeur qu'ils auraient dans le cas où cet orifice serait entièrement isolé des faces latérales du réservoir, comme l'est celui de 0^m,02 de base auquel nous le comparons. En opérant cette réduction, qui doit être d'autant plus grande que la charge est plus faible, on trouve, pour le premier des deux orifices dont il s'agit, des résultats qui diffèrent très-peu de ceux qu'a donnés le second.

D'un autre côté, les coefficients de la même formule D', pour l'orifice de $0^m,02$ de base sur $0^m,20$ de hauteur (tabl. VIII et XXXII), et pour celui de $0^m,20$ de base sur $0^m,02$ de hauteur (dispositif de la fig. 1, tabl. XXIX du présent mémoire et tabl. XII de celui de 1829), sont les mêmes à de très-légères différences près. On peut donc en conclure que, pour des ouvertures égales en longueur et en largeur, les coefficients de la formule D' sont sensiblement les mêmes, quelle que soit celle de ces deux dimensions qui est disposée horizontalement.

237. Les coefficients de la dépense, pour les orifices de $0^m,20$ de base et de $0^m,20$ à $0^m,01$ de hauteur, avec le dispositif de la figure 1 (tabl. du n° XXV au n° XXX), sont généralement, à égalité de charge sur le sommet de l'ouverture, d'autant plus grands que la hauteur de l'orifice est plus petite, soit qu'on considère la formule D, soit qu'on considère la formule D'. Il en est encore ainsi pour les orifices de $0^m,02$ de base sur $0^m.60$, $0^m.20$, $0^m.05$ et $0^m.02$ de hauteur (tabl. XXXII), dans le cas de la première de ces deux formules. Mais dans celui de la seconde, les coefficients relatifs aux trois derniers de ces orifices sont presque rigoureusement égaux entre eux, tandis qu'ils surpassent sensiblement ceux qui concernent le premier. Il s'ensuit donc que, pour les ouvertures dont la plus grande dimension est verticale, les coefficients de la formule D' demeurent constants, à largeur égale, jusqu'à ce que la hauteur ait atteint une certaine limite au delà de laquelle ils diminuent.

Pareillement, si l'on compare les résultats qui se rapportent aux orifices déjà mentionnés de $0^m,02$ de hauteur sur $0^m.02$, $0^m.20$ et $0^m.60$ de base, on voit que les coefficients qui correspondent aux deux premiers sont les mêmes, à très-peu de chose près, mais qu'ils excèdent notablement ceux qui concernent le troisième, surtout après que ceux-ci ont été réduits à la valeur qu'ils auraient si l'orifice était entièrement isolé des faces latérales du réservoir (229). On peut par conséquent en conclure que, pour les ouvertures dont la plus grande dimension est horizontale, les coefficients dont il s'agit demeurent les mêmes, à hauteur égale, tant que la largeur ne dépasse pas une certaine limite au delà de laquelle ils diminuent.

238. Ainsi, pour les orifices rectangulaires verticaux, il y a, à base égale, une limite de hauteur, et, à hauteur égale, une limite de largeur au delà de laquelle, à égalité de charge sur le sommet de l'ouverture, les coefficients de la formule D′ de la dépense diminuent, tandis que, en deçà, ils ont une valeur constante et égale à celle qui correspond au plus petit intervalle qui sépare les bords opposés de l'orifice. Cette limite est indépendante de la grandeur absolue des dimensions de l'ouverture, car nous verrons au numéro 244 que l'orifice carré de $0^m,20$ de côté donne, à très-peu de chose près, les mêmes résultats que celui de $0^m,20$ de hauteur sur $0^m,60$ de base, et, par conséquent, aussi que celui de $0^m,60$ de hauteur sur $0^m,20$ de base (236); elle ne peut donc dépendre que du rapport de ces deux dimensions.

239. La valeur de ce rapport, qui correspond à la limite dont il s'agit, nous est inconnue. Elle ne peut être déterminée d'une manière précise que par des expériences spéciales, qu'il nous eût été facile de faire, mais que nous n'avons pas entreprises, parce que nous ne nous attendions pas à voir surgir cette question, qui n'est soulevée que par le rapprochement, fait nécessairement après coup, des résultats de nos expériences. Toutefois, d'après ce qui précède, cette valeur est comprise entre $\frac{1}{10}$ et $\frac{1}{30}$, puisque, pour les orifices de $0^m,02$ de hauteur, les coefficients de la formule D′ ne varient pas lorsque la largeur de l'ouverture est égale ou inférieure à $0^m,20$, tandis qu'ils diminuent quand cette largeur est de $0^m,60$. D'un autre côté, M. Bidone conclut d'opérations qu'il a faites, avec un réservoir de $0^m,65$ de largeur et une charge moyenne de $0^m,33$, sur des orifices de $0^m,0092$ de hauteur et de $0^m,0185$, $0^m,0370$, $0^m,0739$ et $0^m,1478$ de largeur, que *le coefficient de la contraction est sensiblement le même pour les orifices*

allongés que pour les orifices carrés ou circulaires, jusqu'à la limite où la largeur est égale à 16 fois la hauteur, cette dernière dimension étant la même pour tous (Mémoires de l'Académie des sciences de Turin, t. XXVII, 1823, p. 84 et suiv.). Ce savant a fixé la limite $\frac{1}{16}$, sans doute parce que l'orifice de $0^m,1478$ de largeur a donné le coefficient 0,626, tandis qu'il n'a obtenu que 0,620 pour les autres. Mais la largeur de ce dernier surpassait le $\frac{1}{5}$ de celle $0^m,65$ du réservoir; il n'était donc pas entièrement isolé comme les autres des faces latérales de ce réservoir, et c'est évidemment à cette circonstance qu'est dû l'excès du coefficient 0,626 qui lui correspond (229). En le diminuant de la quantité dont le dispositif de la figure 3 a fait augmenter les résultats relatifs à notre orifice de $0^m,01$ de hauteur sur $0^m,20$ de largeur, en mince paroi, sous la même charge de $0^m,33$ (tabl. XXX, fig. 1), il se réduit à 0,619, et dès lors il ne diffère que de $\frac{1}{620}$ de celui qui se rapporte aux autres orifices.

240. Il résulte de là que la valeur du rapport R des deux dimensions de l'ouverture, au-dessous de laquelle les coefficients de la dépense cessent d'être sensiblement constants, est une fraction inférieure à $\frac{0,0092}{0,1478} = \frac{1}{16}$. Comme les variations de ces coefficients ne sauraient être bien appréciables lorsque R $= \frac{1}{20}$, même en supposant qu'elles commencent à se faire sentir, ce qui n'est guère probable, aussitôt que ce rapport descend au-dessous de $\frac{1}{16}$, on peut admettre sans inconvénient, en attendant que de nouvelles expériences aient définitivement tranché la question, que, pour les orifices dont la plus petite dimension est la même, les coefficients de D′ ne changent pas, à égalité de charge sur leur sommet, quelle que soit leur autre dimension, pourvu qu'elle n'excède pas environ vingt fois la première. Il suit de là que les résultats de nos expériences, et, par suite, les tables d'interpolation que nous en avons déduites, sont applicables à toutes les ouvertures qui remplissent cette condition. Au surplus, la hauteur des pertuis en usage dans la pratique est, en général, au moins égale à $\frac{1}{10}$ de leur largeur; on peut donc, d'après ce que nous venons de dire,

en calculer la dépense au moyen de nos tables, sans admettre autre chose que ce que nos observations ont démontré directement, et sans s'appuyer sur celles de M. Bidone, dont les résultats sont cependant incontestables.

241. M. d'Aubuisson, à la vérité, a fait sur des orifices de $0^m,0102$ et de $0^m,01$ de hauteur avec des largeurs de $0^m,10$ et de $0^m,30$, des expériences desquelles il tire des conséquences tout à fait opposées à celles que nous venons d'énoncer, savoir : *que le coefficient propre aux orifices rectangulaires allongés, n'est plus le même que celui des orifices circulaires ou carrés* (Annales de chimie et de physique, t. XLIV, 1830, p. 225 et suiv.).

Ce célèbre ingénieur a obtenu, savoir :

1° Pour l'orifice de $0^m,0102$ de hauteur sur $0^m,10$ de largeur, sous des charges

| de............ | $0^m,0201$ | $0^m,0301$ | $0^m,0401$ | $0^m,0501$ | et | $0^m,0601$, |
| des coefficients de... | 0,728 | 0,720 | 0,719 | 0,715 | et | 0,710; |

2° Pour l'orifice de $0^m,01$ de hauteur sur $0^m,30$ de largeur, sous des charges

| de............ | $0^m,018$ | $0^m,0305$ | $0^m,054$ | $0^m,064$ | et | $0^m,081$, |
| des coefficients de... | 0,70 | 0,71 | 0,71 | 0,69 | et | 0,69. |

M. Castel, contrôleur des eaux de la ville de Toulouse, dont nous avons déjà eu l'occasion de citer les expériences, n'a trouvé, sous des charges pareilles, que de 0,64 à 0,66 pour un orifice carré de $0^m,01$ de côté, et que de 0,66 à 0,67 pour un orifice circulaire de $0^m,01$ de diamètre; et c'est la comparaison de ces derniers résultats aux autres qui a conduit M. d'Aubuisson à penser que les coefficients étaient plus forts pour les orifices allongés que pour les orifices circulaires ou carrés.

242. Mais ceux qu'a donnés l'orifice de $0^m,0102$ sur $0^m,10$ sont notablement plus grands que si cet orifice eût été entièrement isolé des faces latérales du réservoir, car sa largeur, qui, pour remplir cette dernière condition (229), aurait dû être inférieure

aux $0,167$ de celle de ce réservoir, en était les $\frac{0^{m},10}{0^{m},35} = 0,286$. Or, en déterminant, à l'aide de notre table d'interpolation n° XXX, les quantités dont ces coefficients doivent être diminués, pour être ramenés au cas proprement dit des minces parois, on trouve des résultats qui n'ont sur ceux qui concernent notre orifice de $0^{m},01$ sur $0^{m},20$, qu'un léger excès qu'on doit peut-être attribuer à ce que la base de l'ouverture n'était pas assez éloignée du fond du réservoir, ce que nous n'avons pas pu vérifier parce que M. d'Aubuisson n'en indique pas la distance dans sa notice.

Ce savant n'a pas fait connaître non plus les dimensions du réservoir dans lequel était pratiqué son orifice de $0^{m},01$ sur $0^{m},30$. Nous ignorons, par conséquent, si cet orifice pouvait ou non être considéré comme entièrement isolé; mais nous ferons remarquer que les coefficients qu'il a fournis se trouvent un peu plus faibles que ceux qui se rapportent au précédent orifice, même après que ceux-ci ont été réduits, ce qui tendrait à prouver, comme nos expériences l'ont démontré (239), que ces coefficients diminuent lorsque le rapport des deux dimensions de l'ouverture est égal à $\frac{1}{30}$.

Quant aux expériences de M. Castel, M. d'Aubuisson s'est borné à en donner les résultats, sans indiquer ni l'appareil dont on s'est servi pour les faire, ni la manière dont on a opéré, ni même les charges correspondant à chaque coefficient. Il nous est donc impossible d'en discuter le mérite, mais nous ferons observer que les coefficients qui, pour l'orifice carré de $0^{m},01$ de côté et pour l'orifice circulaire de $0^{m},01$ de diamètre, ont varié entre $0,64$ et $0,67$, s'accorderaient parfaitement avec ceux que fournit notre orifice de $0^{m},01$ sur $0^{m},20$, si les charges correspondantes étaient comprises entre $0^{m},40$ et $0^{m},06$.

ORIFICES DE $0^{m},60$ DE BASE SUR DIVERSES HAUTEURS, PRATIQUÉS DANS UNE PAROI PLANE DE $0^{m},05$ D'ÉPAISSEUR (TABLEAUX IX, X, XI, XII ET XXXIII).

243. D'après le dispositif de la figure A, l'ouverture n'est pas limitée par une vanne à sa partie supérieure, et par suite ses quatre

côtés sont dans un même plan vertical (24). L'orifice de 0^m,60 de base sur 0^m,20 de hauteur se trouve donc, avec ce dispositif, dans les mêmes conditions que celui de 0^m,20 de côté avec le dispositif de la figure 3 ; car, pour l'un comme pour l'autre, la largeur est environ $\frac{1}{6}$ de celle du réservoir ; et la base est élevée de 0^m,54 au-dessus du fond de ce réservoir. Il n'y a de différence entre eux qu'en ce que, pour le second, l'épaisseur de la paroi est réduite à une simple arête vive ; tandis que pour l'autre elle est de 0^m,05.

244. Si l'on compare entre eux les résultats relatifs à ces deux orifices (tabl. I et XXV, fig. 3 et tabl. X et XXXIII, fig. A), on voit que les coefficients des formules de la dépense qui concernent celui de 0^m,60 de base, sont plus grands que ceux qui se rapportent à l'autre, de quantités qui diminuent progressivement à mesure que les charges augmentent, et varient de $\frac{1}{34}$ à zéro pour celles qui sont comprises entre 0^m,025 et 0^m,80. Ces mêmes coefficients sont au contraire plus petits que les autres de $\frac{1}{303}$ à $\frac{1}{606}$ pour les charges de 1^m,00 à 1^m,60, et pour celles qui sont plus fortes toute différence disparaît. Or, pour les charges au-dessous de 0^m,60, la veine s'attache à la base de l'orifice de 0^m,60 de largeur sur une plus ou moins grande longueur, selon que la charge est plus ou moins faible, et c'est évidemment à cette circonstance qu'est due l'augmentation des coefficients correspondants.

Pour de plus hautes charges, et même généralement pour toutes celles qui surpassent 0^m,40, les différences en plus ou en moins entre les coefficients que nous comparons, ne s'écartent pas du degré d'approximation qu'on peut obtenir dans des expériences de cette nature, surtout eu égard à la diversité des dispositifs dont il s'agit, car leur valeur maxima n'est que de $\frac{1}{303}$. On doit en conclure que, pour ces charges, l'orifice carré de 0^m,20 de côté donne les mêmes résultats que celui de 0^m,60 de largeur sur 0^m,20 de hauteur, et que par conséquent ni l'allongement de la base, ni l'épaisseur de la paroi de celui-ci n'ont d'influence sur l'écoulement. Il est donc permis de dire, d'une manière générale, que « dans tous les cas où la veine se détache de tout le pourtour de l'ouverture, la dépense est la même, toutes choses égales d'ailleurs, pour les orifices en mince paroi plane et pour ceux qui sont pratiqués dans une paroi épaisse et dont *les quatre côtés sont dans un même plan vertical.* »

245. Nous insistons sur cette dernière condition, parce que, lorsqu'elle n'est pas remplie, les résultats sont tout à fait différents. Ainsi, quand l'orifice de $0^m,20$ de hauteur sur $0^m,60$ de base est limité à sa partie supérieure par une vanne de $0^m,05$ d'épaisseur (fig. B), les coefficients de la formule de la dépense surpassent ceux qui concernent la figure A, de quantités qui augmentent successivement avec la charge, depuis $\frac{1}{54}$ jusqu'à $\frac{1}{17}$ de la valeur de ces coefficients. A la vérité, dans le second cas, la veine, comme nous l'avons déjà dit, s'attache à la base de l'orifice, mais seulement pour les charges inférieures à $0^m,60$, tandis que, dans le premier, elle en est constamment détachée, et elle s'attache au contraire de plus en plus à la face horizontale inférieure de la vanne, à mesure que les charges diminuent, à partir de la plus forte de celles que nous avons soumises à l'expérience. Mais cette différence dans les circonstances de l'écoulement ne suffit pas pour expliquer la supériorité des coefficients relatifs à la figure B, sur ceux qui se rapportent à la figure A; car si c'était là la seule cause d'augmentation de ces coefficients, elle cesserait d'avoir un effet sensible pour les fortes charges, puisque la veine est alors détachée de la presque totalité du contour de l'ouverture pour l'un et pour l'autre dispositif, tandis que c'est au contraire dans ce cas que leurs résultats diffèrent le plus. La supériorité dont il s'agit doit être principalement attribuée à ce que, dans le dispositif de la figure B, le sommet de l'orifice se trouve reporté en amont du plan qui contient ses trois autres côtés.

246. Ce fait est mis en évidence par les résultats relatifs aux orifices de $0^m,05$ et de $0^m,03$ de hauteur avec ce même dispositif (tabl. XXXII), sous les charges qui surpassent $1^m,00$ et pour lesquelles, par conséquent, la veine est entièrement détachée de tout le pourtour de l'ouverture. En effet, ces résultats, qui devraient

alors être les mêmes que ceux qui correspondent au dispositif de la figure 3 (229), sont au contraire notablement plus forts (tabl. XXVII et XXVIII). En outre, les différences proportionnelles des coefficients que nous comparons sont, à égalité de charge sur le sommet, d'autant plus grandes que les orifices sont moins hauts. Ainsi, pour ceux de $0^m,20$, $0^m,05$ et $0^m,03$ de hauteur, sous la charge de $1^m,50$, elles sont respectivement de $0,056$, $0,093$ et $0,098$. Nous ne pouvons déterminer directement ces différences pour l'orifice de $0^m,40$ de hauteur, puisque nous ne l'avons pas soumis à l'expérience avec le dispositif de la figure 3; mais en déterminant par interpolation, à l'aide de nos tables, les coefficients relatifs à ce dernier dispositif, on trouve $0,595$ pour celui qui correspond à la charge de $1^m,50$, en sorte que sa différence proportionnelle avec celui qui se rapporte au dispositif de la figure B, sous la même charge, est de $0,008$.

247. D'après le dispositif de la figure C, les deux bords verticaux et la base de l'ouverture sont entourés, à la distance de 5 centimètres, de tringles de $0^m,20$ de largeur sur $0^m,05$ d'épaisseur, formant feuillure autour des côtés correspondants de la vanne (26). Ce dispositif donne des résultats plus forts que celui de la figure B, sous toutes les charges pour les orifices de $0^m,40$ et de $0^m,20$ de hauteur, et seulement sous celles qui excèdent $0^m,20$ pour celui de $0^m,05$. Pour ces trois pertuis, l'écoulement, quelle que soit sa durée, présente toujours les mêmes circonstances tant que la charge ne change pas. Ainsi, la veine est constamment détachée des bords verticaux de l'ouverture, tandis qu'elle est attachée à sa base, et elle l'est également à la face horizontale inférieure de la vanne, mais sur une petite longueur et sous les basses-charges seulement.

Il n'en est pas de même lorsque la hauteur de l'orifice est réduite à $0^m,03$. La moindre secousse, le plus léger souffle de vent suffisent alors, quand la charge est inférieure à $0^m,50$, pour faire attacher la veine sur toute la longueur de la face inférieure de la vanne ou pour l'en faire détacher, et par suite pour faire

varier considérablement la dépense. Cette extrême mobilité de la
veine nous a été révélée par une circonstance fortuite. Ne pouvant
réussir, contre notre habitude, à obtenir des résultats sensiblement constants pour une même charge, nous avons été conduit,
après de longues et minutieuses recherches, à en attribuer la
cause aux oscillations occasionnées, dans la masse du liquide, par
un de nos aides qui, encore novice dans ce genre de service, au
lieu de rester immobile à son poste, se promenait par moments
sur une planche établie à $2^m,5o$ au-dessus de l'orifice, sur la tête
des gros poteaux qui soutenaient la paroi d'aval du réservoir.

248. Nous avons en effet constaté que, pour l'orifice de $o^m,o3$
de hauteur dont il s'agit, sous des charges comprises entre $o^m,5o$
et $o^m,o1$, non-seulement l'ébranlement produit par la marche de
cet homme, mais encore le moindre souffle de vent, un léger coup
frappé avec la main, à une certaine hauteur au-dessus de l'orifice,
contre la paroi qui le contenait, faisait détacher la veine du plan
horizontal inférieur de la vanne ou l'y faisait attacher, et qu'à ces
deux circonstances distinctes correspondaient des dépenses très-
différentes (tabl. XII). C'est pourquoi, nous avons dû séparer les
coefficients de la formule de la dépense donnés par nos expériences
en deux séries, selon qu'ils se rapportent au premier ou au second
cas, et nous les avons inscrits dans les deux colonnes qui sont
comprises sous l'accolade figure C, dans le tableau n° XXXIII.

Il y a un troisième cas qu'on peut appeler mixte, c'est celui où
la veine s'attache alternativement à la vanne et s'en détache. Il s'est
présenté pour les expériences 1083, 1084, 1088 et 1089; mais les
résultats qu'on en a déduits ne sauraient appartenir à une loi régulière, attendu que les circonstances de l'écoulement ont varié, non-
seulement d'une opération à l'autre, mais encore pendant la durée
d'une même opération. Il faut nécessairement alors, si les oscillations de la veine pour s'attacher à la vanne et pour s'en détacher
ne sont pas égales, tenir compte de la durée des unes et des autres,
pour évaluer avec exactitude la dépense moyenne de l'orifice.

249. Le dispositif de la figure D ne diffère de celui de la

figure C, qu'en ce que la tringle qui, dans celui-ci, est fixée à $0^m,05$ au-dessous de la base de l'ouverture, est, dans l'autre, établie au même niveau, en sorte que l'épaisseur de la paroi en ce point est de $0^m,10$. Cette modification n'en a apporté aucune dans les circonstances de l'écoulement, et a simplement donné lieu, pour tous les orifices, à une légère augmentation de la dépense. Il est vrai que nous n'avons pas opéré sur d'assez basses charges pour pouvoir distinguer, en ce qui concerne celui de $0^m,03$ de hauteur, le cas où la veine est attachée à la vanne de celui où elle en est détachée, et que pour ces charges nous avons prolongé la courbe d'interpolation *de sentiment*, en nous guidant d'après celle qui se rapporte à ce dernier cas pour la figure C. Mais, puisque les circonstances de l'écoulement n'ont pas changé, il paraît clair que les différences entre les coefficients correspondant aux deux cas dont il s'agit, doivent être les mêmes pour ces deux dispositifs. D'après cela, il sera facile de déduire, pour l'orifice de $0^m,03$ de hauteur avec le dispositif de la figure D, les coefficients relatifs au cas où la veine est attachée à la vanne, de ceux qui concernent le cas où elle en est détachée, et qui sont consignés sur le tableau XXXIII.

250. Les dispositifs des figures B, C et D, se rapportent aux circonstances les plus ordinaires de la pratique. On ne connaît d'autres expériences sur des pertuis ainsi organisés, que celles qui ont été faites par M. Lapeyre sur les portes de l'écluse du vieux bassin du Havre, et par Pin et Lespinasse sur les grandes vannes des portes d'écluse du canal de Languedoc.

M. Navier, en citant l'expérience de M. Lapeyre à la page 289 de sa nouvelle édition de l'Architecture hydraulique de Bélidor, se borne à indiquer que cet ingénieur a obtenu 0,625 pour le coefficient de la dépense, sans faire connaître les dimensions du pertuis ni la charge de liquide. Quant à celles de Pin et Lespinasse, les principaux résultats, au nombre de huit déjà cités dans notre mémoire de 1829, sont rapportés par M. d'Aubuisson à la page 33 de son traité d'hydraulique à l'usage des ingénieurs.

Les pertuis avaient une largeur de $1^m,30$ à très-peu près, et leur hauteur, qui n'a pu être estimée qu'approximativement, attendu que leur forme n'était pas exactement rectangulaire, a varié de $0^m,55$ à $0^m,46$.

De ces huit expériences, cinq seulement se rapportent à des charges comprises dans les limites de celles sur lesquelles nous avons opéré, avec nos orifices pratiqués en parois épaisses. Elles concernent des ouvertures de $0^m,50$ et de $0^m,48$ de hauteur, sous des charges sur le sommet de $1^m.771$, $1^m.654$, $1^m.709$, $1^m.655$ et $1^m.735$, dont la moyenne est de $1^m,705$. Les coefficients correspondants sont de 0.641, 0.629, 0.616, 0.594 et 0.621, et leur moyenne $0,621$ est précisément égale au résultat fourni par notre orifice de $0^m,40$ de hauteur sous la charge de $1^m,70$, avec le dispositif de la figure D, dont l'organisation se rapproche beaucoup de celle des pertuis dont il s'agit. A la vérité, ces derniers étant plus hauts devraient donner de plus faibles coefficients, mais leur base était très-près du radier de l'écluse, et cette circonstance a nécessairement donné lieu à une augmentation de la dépense, qui a pu compenser la diminution résultant de l'excès de leur hauteur sur celle de notre orifice de $0^m,40$, dont la base était exhaussée de $0^m,54$ au-dessus du fond du réservoir. Nous ajouterons que les huit expériences de Pin et Lespinasse, prises ensemble, fournissent un coefficient moyen de $0,625$, qui ne diffère que de $\frac{1}{155}$ du précédent, et est égal à celui qu'a obtenu M. Lapeyre avec un pertuis et une charge qui, du reste, nous sont inconnus.

RÉSUMÉ DES CONSÉQUENCES QUI SE DÉDUISENT DES EXPÉRIENCES
SUR LES ORIFICES FERMÉS À LA PARTIE SUPÉRIEURE, DÉBOUCHANT LIBREMENT DANS L'AIR,
ET USAGE DES TABLES D'INTERPOLATION.

251. « Les coefficients par lesquels il faut multiplier les formules de la dépense théorique, pour avoir la dépense effective, dépendent du plus petit intervalle qui sépare les bords opposés de l'orifice, et restent les mêmes, toutes choses égales d'ailleurs,

quelle que soit l'autre dimension de l'ouverture, pourvu qu'elle n'excède pas environ 20 fois la première. »

Ce fait n'a été constaté par des expériences directes que pour les orifices en minces parois, isolés du fond et des faces latérales du réservoir; mais il paraît clair, quoiqu'il soit permis en hydraulique de douter de tout ce qui n'est pas démontré d'une manière péremptoire, qu'il a également lieu lorsque les bords de l'ouverture sont à une petite distance, ou dans le prolongement des parois correspondantes du réservoir. On est d'autant plus fondé à l'admettre, que, sauf les trois exceptions signalées à l'article 232, et dont le dispositif de la figure 1 offre lui-même des exemples, les coefficients augmentent, dans le second cas comme dans le premier, à mesure que la hauteur de l'orifice diminue.

252. « Pour les orifices dont les côtés contigus sont inégaux, les coefficients de la formule D' de la dépense, qui tient compte de l'influence de la hauteur de l'ouverture, sont les mêmes, à égalité de charge sur le sommet, quand la plus grande dimension est verticale que lorsqu'elle est horizontale. »

D'après cela, il suffira, pour avoir les coefficients de la formule D' relatifs aux orifices plus hauts que larges, qui sont d'ailleurs peu usités dans la pratique, de multiplier par le rapport $\frac{D}{D'}$ ceux de la formule D, que nos tables d'interpolation donnent pour les orifices plus larges que hauts.

253. « Les orifices pratiqués dans une paroi épaisse donnent, toutes choses égales d'ailleurs, les mêmes résultats que ceux en mince paroi, lorsque la veine se détache de tout leur pourtour, et que leurs quatre côtés sont dans un même plan vertical. »

Ces conditions ne peuvent être remplies que par les orifices dont le contour n'est pas garni de feuillures, et qui ne sont pas limités par le haut au moyen d'une vanne épaisse, à moins que l'extrémité inférieure de celle-ci ne soit taillée en chanfrein, de façon à ne présenter qu'une très-faible épaisseur, sinon une simple arête vive.

254. « Les parois du réservoir commencent à avoir une influence appréciable sur la dépense, lorsque leur distance aux bords correspondants de l'orifice est réduite à 2,7 fois la largeur de celui-ci. »

Il résulte de là qu'un orifice ne doit être regardé comme entièrement isolé du réservoir, que lorsque la distance dont il s'agit est d'environ trois fois la largeur de l'ouverture. Il faudra donc partir de cette limite pour évaluer, par interpolation, les coefficients de la dépense correspondant à des intervalles, entre les parois du réservoir et les bords de l'orifice, autres que ceux que nous avons considérés dans nos expériences.

255. « Les coefficients de la dépense n'augmentent pas selon le nombre des côtés de l'orifice sur lesquels la contraction est supprimée, mais en raison de la portion du contour entier de l'ouverture sur laquelle cette suppression a lieu ; et, à égalité de cette portion du contour, les coefficients sont plus forts quand la base de l'orifice est au nombre des côtés privés de contraction que lorsqu'elle en est exclue. »

256. La manière de faire usage de nos tables d'interpolation découle naturellement des faits que nous venons d'énoncer. Il y a deux façons de procéder, selon que le pertuis dont on veut calculer la dépense est ou n'est pas exactement dans les mêmes conditions que l'un des dispositifs sur lesquels nous avons opéré.

Dans le premier cas, on construira une courbe en prenant pour abscisses les hauteurs des orifices que nous avons soumis à l'expérience, et pour ordonnées les coefficients de la dépense relatifs au dispositif et à la charge de liquide que l'on considère. Portant ensuite sur l'axe des abscisses de cette courbe la plus petite des deux dimensions du pertuis en question, l'ordonnée correspondante donnera évidemment le coefficient cherché, puisque sa valeur ne dépend, toutes choses égales d'ailleurs, que du plus petit intervalle qu'il y a entre les bords opposés de l'ouverture (251).

Dans le second cas, on déterminera d'abord par interpolation, pour chacun de nos orifices, les coefficients qui se rapportent aux conditions dans lesquelles se trouve le pertuis dont on s'occupe, et l'on procédera ensuite avec les résultats ainsi obtenus, comme nous l'avons indiqué pour le cas précédent. Si la différence entre le dispositif de ce pertuis et les nôtres consiste dans le plus ou le moins d'intervalle entre les parois du réservoir et les bords de l'ouverture, on agira, pour l'interpolation, comme il est dit à l'article 254. Mais, si ces parois sont plus ou moins inclinées sur le plan qui contient l'orifice, on se réglera pour la faire, soit sur les coefficients relatifs aux dispositifs des figures 1, 12 et 9, soit sur ceux qui concernent les figures 4, 11 et 6, selon que la base du pertuis sera isolée du fond du réservoir ou se trouvera dans son prolongement.

Ce mode d'évaluation présente sans doute quelque incertitude; mais comme on connaît, dans tous les cas, les coefficients correspondant aux deux positions extrêmes, et à au moins une position intermédiaire, on ne saurait craindre de commettre des erreurs dangereuses. Il serait certainement à désirer qu'on pût, par de nouvelles expériences, se donner des points de repère plus multipliés; néanmoins, nos tables nous paraissent assez complètes pour fournir, en les employant avec discernement, les moyens de résoudre, sinon avec une entière exactitude, au moins avec un degré d'approximation suffisant, à peu près toutes les questions concernant la dépense des orifices fermés à la partie supérieure, qui peuvent se présenter dans la pratique.

256 *bis*. Ces tables, par les motifs déjà exposés (204), ne donnent que les coefficients à appliquer à la seule formule $D = lo\sqrt{2gH}$, dans laquelle l, o et H expriment respectivement la largeur et la hauteur de l'orifice et la charge de liquide sur son centre, mesurée, soit à 3ᵐ,50, soit à 0ᵐ,02 en amont de cet orifice. Il n'y a d'exception que pour les tableaux VIII et XXXII, concernant les ouvertures dont la plus grande dimension est placée dans le sens vertical, et sur lesquels nous avons fait figurer, en outre, les coefficients de la formule $D' = \frac{2}{3} l\sqrt{2g}\left(h^{\frac{3}{2}} - h'^{\frac{3}{2}}\right)$, qui tient compte de l'influence

de la hauteur de l'orifice, et dans laquelle h et h' représentent les charges de fluide sur ses bords supérieur et inferieur.

Pour les orifices alimentés par un canal rectangulaire découvert, communiquant librement avec le réservoir, et dont les parois sont très-rapprochées des bords correspondants de l'ouverture, on exprime aussi la dépense théorique par

$$Q = \omega \sqrt{2g \frac{H'}{1 - \frac{\omega^2}{o'^2}}} \quad (1).$$

Dans cette formule, basée sur le principe des forces vives, ω représente l'aire de l'orifice, H' la charge sur son centre, prise dans le canal en un point où le régime des eaux soit, autant que possible, uniforme, et o' l'aire de la section transversale du courant en ce point.

Nous en avons fait, dans la table suivante, l'application à nos expériences sur l'orifice carré de $0^m,20$ de côté avec le dispositif de la figure 6, où la base de l'ouverture est dans le prolongement du fond du canal, et ses bords verticaux sont éloignés de 2 centimètres des faces latérales correspondantes. Dans cette table, nous avons représenté par :

H la charge sur le centre de l'orifice mesurée à $3^m,5o$ en amont, en un point où le liquide est parfaitement stagnant;

H' la même charge prise dans le canal à environ 1 mètre en amont de l'orifice, au point où le régime des eaux paraît le plus uniforme;

$D = lo \sqrt{2g H}$ la dépense théorique relative à la charge H, calculée par la formule ordinaire;

$$Q = \omega \sqrt{2g \frac{H'}{1 - \frac{\omega^2}{o'^2}}}$$ la dépense théorique relative à la charge H, calculée par la formule basée sur le principe des forces vives;

E la dépense effective par seconde sexagésimale;

(1) Voir le Cours de machines de l'école d'application de l'artillerie et du génie. 6ᵉ section, n° 86.

$\frac{E}{D}$ et $\frac{E}{Q}$ les coefficients de correction à appliquer aux dépenses théoriques D et Q, pour avoir la dépense effective.

Toutes les données de la question sont extraites de la planche 7 et des tableaux I et XXV.

H.	H'.	E.	$\frac{E}{D}$.	$\frac{E}{Q}$.
mètre.	mètre.	litres.		
1,4207	1,4195	140,400	0,663	0,658
1,0593	1,0437	121,079	0,665	0,662
0,7753	0,7651	103,896	0,666	0,658
0,4711	0,4410	81,594	0,671	0,660
0,2730	0,2244	62,856	0,678	0,643
0,2289	0,1696	57,979	0,684	0,625
0,2041	0,1200	56,828	0,710	0,604

Les deux dernières colonnes de cette table, montrent que les coefficients de correction à appliquer à la dépense théorique varient tout autant, avec la charge de liquide, pour l'une que pour l'autre des formules D et Q; et, comme nous nous sommes assuré qu'on arrivait à la même conséquence, soit que H fût mesuré à 3ᵐ,5o ou à 2 centimètres seulement en amont de l'orifice, nous avons donné la préférence, pour la formation de nos tableaux, à la formule ordinaire D, parce qu'elle exige beaucoup moins de calculs que l'autre, sans méconnaître cependant que cette dernière offre quelque chose de plus satisfaisant sous le point de vue rationnel.

§ 4.

DÉPENSES DES ORIFICES FERMÉS À LA PARTIE SUPÉRIEURE, PROLONGÉS AU DEHORS DU RÉSERVOIR PAR DES CANAUX RECTANGULAIRES DÉCOUVERTS.

257. Il n'existe, à notre connaissance, d'autres expériences que les nôtres sur les orifices prolongés, au dehors du réservoir, par des canaux rectangulaires découverts d'une petite longueur, et où

par conséquent le régime des eaux ne peut parvenir à l'uniformité, comme ceux qu'on emploie ordinairement pour les usines hydrauliques et les écluses des fortifications et de la navigation. On ne savait autre chose sur cette matière que ce qu'en a dit Bossut, d'après des observations qu'il a simplement citées, à savoir: « qu'on reçoit à l'extrémité d'un canal rectangulaire découvert, quelle que soit sa longueur, la même quantité d'eau qu'à la prise, quand le canal est tout à fait enlevé » (*Traité théorique et expérimental d'hydrodynamique*, t. II, p. 222, art. 750). Dubuat a depuis admis le fait sans le vérifier, pour tous les cas où l'eau du canal ne vient pas refluer par-dessus le sommet de l'orifice ou couvrir la veine contractée (*Principes d'hydraulique et de pyrodynamique*, t. I, p. 263, art. 189).

258. Le résultat annoncé par Bossut comme étant général, ne s'applique qu'à quelques cas particuliers, car on voit par les tableaux du n° XIII au n° XVII et du n° XXXIV au n° XXXVIII, que, toutes choses égales d'ailleurs, les coefficients de la dépense sont presque toujours notablement plus forts pour les orifices débouchant librement dans l'air, que pour ceux qui sont prolongés par un canal, soit horizontal, soit incliné. La plus grande différence entre ces coefficients correspond à la plus faible charge sur le sommet de l'orifice; elle diminue graduellement à mesure que cette charge augmente, et finit par devenir nulle pour certains dispositifs, comme le montre la table suivante, où nous avons indiqué, pour les orifices de 20, de 5 et de 1 centimètre de hauteur, les différences proportionnelles maxima et minima, et la charge correspondante à cette dernière. La première colonne de cette table fait connaître les dispositifs des orifices sans canal et avec canal pour lesquels on compare les résultats.

 EXPÉRIENCES HYDRAULIQUES

TABLE DES DIFFÉRENCES PROPORTIONNELLES DES COEFFICIENTS DE LA DÉPENSE, RELATIFS AU CAS OÙ LES ORIFICES DÉBOUCHENT LIBREMENT DANS L'AIR, ET À CELUI OÙ ILS SONT PROLONGÉS PAR UN CANAL AU DEHORS DU RÉSERVOIR.

COUPLES de dispositifs pour lesquels on compare les coefficients.	ORIFICE DE 0m,20 DE BASE SUR UNE HAUTEUR									OBSERVATIONS.
	de 0m,20.			de 0m,05.			de 0m,01.			
	Différence proportionnelle		Charge correspondante à la différence proportionnelle minima.	Différence proportionnelle		Charge correspondante à la différence proportionnelle minima.	Différence proportionnelle		Charge correspondante à la différence proportionnelle minima.	
	maxima.	minima.		maxima.	minima.		maxima.	minima.		
1	2	3	4	5	6	7	8	9	10	11
figures.			mètres.			mètres.			mètres.	
1 et 15	0,1917	0,0000	1,80	0,3579	0,0000	1,20	0,2865	0,0000	0,075	
4 et 16	0,2479	0,0216		0,4320	0,0712		0,3485	0,0567		Le canal qui prolonge les orifices est horizontal pour les dispositifs des figures de 15 à 22.
5 et 18	0,2370	0,0532	3,00	0,3727	0,0653	3,00	0,3322	0,0518	3,000	
6 et 19	0,2893	0,0413		0,2910	0,0532		0,2877	0,0373		
8 et 20	0,2004	0,0000	1,80	0,1882	0,0000	1,20	0,0995	0,0000	0,055	
9 et 21	0,2525	0,0000	0,90	0,2319	0,0000	0,80	0,1685	0,0000	0,350	
11 et 22	0,2655	0,0257	3,00	0,3725	0,0570	3,00	0,2651	0,0487	3,000	
4 et 23	0,1366	0,0099		0,1591	0,0200		0,1458	0,0000	3,000	
5 et 24	0,1521	0,0292	3,00	0,1451	0,0276	3,00	0,1502	0,0000	1,800	Le canal qui prolonge les orifices est incliné à $\frac{1}{10}$ pour les dispositifs des fig. de 2 à 26.
6 et 25	0,2175	0,0234		0,1436	-0,0259		0,1605	0,0000	1,800	
9 et 26	0,1023	0,0000	0,90	0,1634	0,0000	0,80	0,1829	0,0000	0,260	

259. Il résulte de cette table, que les différences proportionnelles des coefficients de la dépense sont nulles pour les orifices de 0m,20 et de 0m,05 de hauteur, lorsque la charge surpasse respectivement 1m,80 et 1m,20, dans le cas des dispositifs 1 et 15 et 8 et 20, et 0m,90 et 0m,80 dans celui des figures 9 et 21, et 9 et 26. Dans tous les autres cas, la différence minima, qui correspond toujours à la limite supérieure 3m,00 des charges que nous avons considérées, a une valeur plus ou moins considérable et qui ne descend jamais au-dessous de 0,0099.

L'orifice de 0m,01 de hauteur présente des circonstances particulières qui méritent d'être mentionnées. Les coefficients relatifs à la figure 15, où cet orifice est prolongé par un canal horizontal, sont plus forts que ceux qui concernent la figure 1, où il débouche librement dans l'air, pour les charges comprises entre 0m,075 et 1m,70, et la différence varie entre zéro et $\frac{1}{74}$. Il en est

de même des dispositifs de figures 20 et 8, 21 et 9, et 26 et 9,
pour les charges de $0^m,055$ à $0^m,70$, de $0^m,35$ à $1^m,80$ et de
$0^m,28$ à $1^m,80$; mais la plus grande différence des coefficients,
dans ces intervalles, n'est respectivement que de $\frac{1}{133}$, $\frac{1}{333}$ et $\frac{1}{334}$.
Ainsi, le canal horizontal, sous certaines charges, fait augmenter
la dépense de quantités appréciables dans le cas des dispositifs
des figures 15 et 20, et très-minimes dans celui des figures 21
et 26. Ce fait est d'autant plus étrange, qu'il ne se reproduit ni
pour les orifices de $0^m,20$ et de $0^m,05$ de hauteur, ni pour ceux
de $0^m,10$ et de $0^m,03$ (tabl. XXXV et XXXVII), que nous n'avons
pas fait figurer sur la table précédente pour ne pas trop l'allonger.
Cependant, nous ne saurions le révoquer en doute, car les expériences qui le constatent ont été exécutées en 1828, immédiatement après celles qui concernent les minces parois, et sans qu'on
eût fait aux appareils d'autre changement que d'y fixer le canal
au moyen de quatre boulons à vis, dont les trous avaient été mé-
nagés pendant la construction même du réservoir.

260. La diminution de la contraction résultant du rapprochement des parois du réservoir des bords de l'ouverture, fait en général, toutes choses égales d'ailleurs, moins augmenter les coefficients pour les orifices prolongés par un canal horizontal, que pour
ceux qui débouchent librement dans l'air. La différence entre les
accroissements est surtout très-sensible lorsque la base de l'ouverture est au nombre des côtés sans contraction, comme dans les
dispositifs des figures 16, 18 et 19. Dans le cas du premier de ces
dispositifs, où la base seule est privée de contraction, les coefficients diminuent au lieu d'augmenter, pour les orifices de $0^m,20$
et de $0^m,05$ de hauteur, sous les charges respectivement inférieures à $1^m,10$ et à $0^m,50$, car ils sont alors plus faibles pour ce
dispositif que pour celui de la figure 15, d'après lequel l'orifice
est entièrement isolé du réservoir.

Les orifices de $0^m,05$ et de $0^m,01$ de hauteur avec les dispositifs des figures 20 et 21, sous des charges inférieures à $0^m,06$,
dans le premier cas, et à $0^m,04$ dans le second, forment une ex-

ception analogue à celle que nous avons signalée au second alinéa de l'article précédent. En effet, l'excès des coefficients qui les concernent sur ceux de la figure 15 est, pour ces charges, plus grand que celui des coefficients relatifs aux figures 8 et 9 sur ceux de la figure 1.

261. La table du n° 258 montre que le canal de $2^m,50$ de longueur incliné à $\frac{1}{10}$ (dispositifs des figures 23, 24, 25 et 26), donne des résultats plus forts que le canal horizontal de $3^m,00$ de long, mais encore notablement plus faibles que ceux qu'on trouve pour les orifices débouchant librement dans l'air. Afin d'obtenir des données propres à diriger dans les interpolations à effectuer, pour déterminer les coefficients de la dépense à appliquer dans le cas de canaux dont la pente serait inférieure ou supérieure à $\frac{1}{10}$, nous avons fait, sur l'orifice carré de $0^m,20$ de côté avec le dispositif de la figure 27 qui, à l'intérieur du réservoir, est le même que celui de la figure 6, diverses expériences qui sont consignées sur le tableau n° XIII, et que nous avons résumées dans la table suivante. Elle contient la longueur et la pente du canal, la plus forte et la plus faible des charges sur le sommet de l'orifice qui ont été soumises à l'expérience, enfin les différences proportionnelles des coefficients correspondant à ces deux charges, comparés à ceux qui concernent le dispositif de la figure 6, où l'orifice débouche librement dans l'air.

CANAL.		CHARGES sur le sommet de l'orifice soumises à l'expérience		DIFFÉRENCES proportionnelles des coefficients correspondant à la charge	
Longueur.	Inclinaison.	la plus forte.	la plus faible.	la plus forte.	la plus faible.
mètres.		mètres.	mètres.		
3,00	$\frac{1}{20}$	1,00	0,11	0,054	0,214
3,00	$\frac{1}{15}$	"	0,11	"	0,207
1,24	$\frac{1}{5,24}$	1,52	0,11	0,006	0,116
0,74	$\frac{1}{2,9}$	1,17	0,11	0,000	0,057
0,15	$\frac{1}{2,9}$	"	0,11	"	0,000
2,25	Zéro.	"	0,11	"	0,134

262. La dernière colonne horizontale de cette table, qui est séparée des autres par un trait, se rapporte à un canal horizontal de $2^m,25$ de longueur, de même largeur que l'orifice, et dont le fond était abaissé de $0^m,05$ au-dessous de la base de ce dernier (fig. 27). Cet abaissement a eu pour effet de réduire, pour la charge de $0^m,11$, à $0,134$ la différence proportionnelle des coefficients, qui est de $0,246$ lorsque le fond du même canal est au niveau de la base de l'orifice (tabl. XXV et XXXIV). On comprend que, si la distance entre ce fond et cette base était double ou triple, le canal n'aurait plus aucune influence sur la dépense; par conséquent il devait, à plus forte raison, en être ainsi de celui qui, pour toutes nos expériences, conduisait les produits de l'écoulement dans la jauge ou dans le cuvier destinés à les recevoir, car il était placé à $0^m,27$ au-dessous de l'orifice, et il était de $1,67$ à trois fois plus large que celui-ci (59).

Mais un canal qui prolonge exactement un orifice dont la base est au niveau du fond du réservoir, fait toujours diminuer sensiblement la dépense, pour les faibles charges, à moins que sa pente et sa longueur ne soient telles, que la veine puisse le franchir sans toucher en quelque sorte ses parois, comme cela avait lieu pour celui de $0^m,15$ de longueur incliné à $\frac{1}{2,9}$. En effet, on voit par la table du numéro précédent que ce même canal, avec une longueur de $0^m,74$, a fait descendre à $0,665$ le coefficient qui, pour la charge de $0^m,11$ sur le sommet de l'ouverture, était de $0,703$ lorsque l'orifice débouchait librement dans l'air (tabl. XIII et XXV).

263. Il est donc indispensable, pour calculer exactement la dépense d'un pertuis, d'avoir égard à la fois aux dispositions qui l'accompagnent dans l'intérieur du réservoir, et à la pente du canal qui y est adapté. Cette pente est en général comprise entre zéro et $\frac{1}{10}$, en sorte que nos tables, en donnant les coefficients relatifs à ces deux limites extrêmes, fournissent les moyens de déterminer, par interpolation, ceux qui conviennent aux inclinaisons qu'on rencontre ordinairement dans la pratique. Pour des pentes qui excéderaient $\frac{1}{10}$, on se guiderait d'après les résultats d'expé-

riences spéciales mentionnées plus haut, que nous avons faites sur l'orifice carré de 0^m,20 de côté avec des canaux inclinés de $\frac{1}{20}$ à $\frac{1}{1,9}$. On procédera du reste à ces évaluations comme dans le cas des orifices débouchant librement dans l'air (256), en prenant pour base le plus petit intervalle qu'il y a entre les bords opposés de l'ouverture. Pour les uns comme pour les autres, les coefficients de la dépense dépendent de cet intervalle, et sont d'autant plus grands, toutes choses égales d'ailleurs, qu'il est lui-même moindre, comme le montrent les tableaux du n° XXXIV au n° XXXVIII.

Dans le cas particulier des orifices dont la base est exhaussée au-dessus du fond du réservoir, on peut apprécier jusqu'à un certain point, à la vue simple, le degré d'influence que le canal a sur la dépense, d'après la longueur de la portion de la veine liquide qui se détache des parois latérales de ce canal, et de la nappe d'air qui se manifeste alors (85) entre le fond de celui-ci et la veine. Lorsque cette longueur est à peu près égale à la largeur de l'orifice, la dépense est sensiblement la même que si le canal n'existait pas.

VITESSE DE L'EAU DANS LES CANAUX RECTANGULAIRES DÉCOUVERTS,

QUI PROLONGENT LES ORIFICES AU DEHORS DU RÉSERVOIR.

264. La vitesse *moyenne* de l'eau dans les coursiers est une donnée fort importante pour le calcul de la quantité d'action transmise aux roues hydrauliques. M. Navier, dans la nouvelle édition de l'Architecture hydraulique de Bélidor (note *dn*, § 3, p. 424), l'évalue aux 0,86 ou 0,89 de celle qui est due à la hauteur de chute, selon que la veine se contracte à la fois sur la base et sur les côtés verticaux du pertuis ou seulement sur ceux-ci, circonstances qui se rapportent respectivement à nos dispositifs des figures 15 et 16.

Les charges de liquide, les dimensions du pertuis et sa position par rapport aux roues hydrauliques pouvant varier à l'infini, il faut admettre, pour appliquer d'une manière générale les résultats trouvés par M. Navier, en considérant le coursier comme un tuyau adapté à un vase, que la vitesse moyenne dont il s'agit est une fraction constante de celle qui est due à la chute, quelle qu'elle soit ainsi que le pertuis, et qu'à égalité de charge elle reste la même dans toute l'étendue du coursier. Nous nous sommes proposé, comme *question accessoire*, dans le cours de nos opérations sur la dépense des orifices, de vérifier s'il en était véritablement ainsi.

265. Dans ce but, nous avons relevé 141 sections des lames fluides qui coulaient dans nos canaux, sous des charges et avec des orifices et des dispositifs différents. Elles sont dessinées et cotées sur les planches numérotées de 12 à 22, et leurs distances aux orifices, leurs aires, les vitesses moyennes qu'on en déduit, et les rapports de ces vitesses à celles qui correspondent aux hauteurs de chute, sont consignées sur les tableaux du n° XIII au n° XVIII. On rappellera ici que le canal horizontal n'avait une largeur uniforme de 0^m,20 que sur une longueur de 2 mètres à partir de l'orifice (17); au delà il s'élargissait graduellement jusqu'à son extrémité, où il avait 0^m,202, et nous avons tenu compte de cette circonstance dans le calcul des surfaces des sections, qui a été effectué par la méthode de Thomas Simpson. Ces sections n'ont pas été relevées à des distances fixes et uniformément réparties le long du canal. En général, nous en avons fait une à l'extrémité de celui-ci et une près de l'orifice, un peu en aval du point où la veine cesse d'être détachée du fond et des faces latérales du canal, afin d'éviter de comprendre dans son aire un espace qui pouvait ne pas être rempli de liquide; en outre, nous en avons assez fréquemment relevé dans des positions intermédiaires, en choisissant de préférence les points où l'écoulement présentait quelque particularité.

266. En comparant entre eux les résultats qu'elles ont fournis, on reconnaît que le rapport de la vitesse moyenne dans le canal à celle qui est due à la hauteur de chute varie, toutes choses égales d'ailleurs, d'un point à l'autre du canal, pour une même charge de

liquide, et avec la charge pour un même point du canal. Le premier fait est parfaitement constaté pour chacune des charges, au nombre de 33 se rapportant à des orifices et à des dispositifs différents, pour lesquelles nous avons relevé des sections en divers points du canal. Quant au second, il est mis en évidence par les résultats que nous avons groupés dans le tableau suivant.

ORIFICE DE 0^m,20 DE HAUTEUR.									ORIFICE DE 0^m,05 de hauteur.	
Dispositif de la figure 16.					Dispositif de la figure 19.				Dispositif de la figure 16.	
Charge sur le centre de l'orifice.	Rapport de la vitesse réelle dans le canal à la vitesse due à la hauteur de chute, à des distances en aval de l'orifice				Charge sur le centre de l'orifice.	Rapport de la vitesse réelle dans le canal à la vitesse due à la hauteur de chute, à des distances en aval de l'orifice			Charge sur le centre de l'orifice.	Rapport de la vitesse réelle dans le canal à la vitesse due à la hauteur de chute, à une distance en aval de l'orifice de 0^m,0565.
	de 0^m,05.	de 0^m,06.	de 0^m,07.	de 0^m,08.		de 0^m,09.	de 0^m,36.	de 0^m,95.		
1	2	3	4	5	6	7	8	9	10	11
mètres.					mètres.				mètres.	
0,4005	0,8232	0,8651	0,8687	0,8842	0,9105	0,8595	0,9841	0,9643	0,2125	0,9694
0,2440	0,8022	0,8381	0,8475	0,8561	0,4005	0,8657	0,9223	0,9036	0,1058	0,9475
0,1220	0,7202	0,7297	0,7443	0,7569	0,2420	"	0,8771	0,8488	"	"

Les nombres inscrits dans les colonnes verticales de ce tableau, montrent que le rapport dont il s'agit diminue avec la charge de liquide, pour un même point du canal, et ceux qui sont placés sur une même ligne horizontale font voir qu'il varie d'un point à l'autre de ce canal, pour une même charge, ce qui est d'ailleurs démontré par un très-grand nombre d'autres résultats, comme nous l'avons déjà dit.

267. On ne saurait douter qu'il ne varie aussi avec le dispositif et avec la hauteur de l'ouverture, quoique cela ne ressorte pas d'une manière aussi frappante des résultats de nos opérations, parce que les sections que nous avons faites de la lame liquide ne correspondent pas exactement à la fois à la même charge et au même point du canal.

Ainsi, pour l'orifice carré de 0^m,20 de côté, avec le dispositif de la figure 15, sous la charge de o^m,122 sur le centre; la valeur de ce rapport, à une distance de o^m,083 de l'orifice, est de 0,6308 (expérience 1108), tandis qu'elle est de 0,7569 avec le dispositif de la figure 16, à o^m,08 de ce même orifice. Or, dans ce dernier cas, le rapport en question augmente à mesure qu'on s'éloigne vers l'aval, comme l'indique le tableau précédent; il serait donc au-dessus de 0,7569 à o^m,083 de l'ouverture; on peut, par conséquent, en conclure qu'à cette distance la différence des valeurs relatives aux deux dispositifs que nous considérons, qui, d'après la savante analyse de M. Navier, ne serait que de 0,89 — 0,86 = 0,03, est, d'après nos expériences, d'au moins 0,7569 — 0,6308 = 0,1261. Pour le même orifice, sous la charge de o^m,4005 sur le centre, le rapport qui, avec le dispositif de la figure 16, est de 0,8842 à la distance de o^m,08, n'est que de 0,8657 avec celui de la figure 19 à o^m,09 de l'orifice. Mais pour le premier de ces dispositifs, le rapport, ainsi que nous venons de le dire, augmente quand on s'avance vers l'aval; il excéderait donc 0,8842 à o^m,09, et, par conséquent, à cette dernière distance la différence des valeurs qui nous occupent est d'au moins 0,8842 — 0,8657 = 0,0185. La vitesse moyenne est donc plus forte en ce point pour le dispositif de la figure 16, où la contraction n'est supprimée que sur la base de l'ouverture, que pour celui de la figure 19, où elle est détruite à la fois sur cette base et sur les côtés verticaux. Nous ne prétendons pas inférer de là qu'elle est constamment plus faible dans ce dernier cas que dans l'autre, car il est possible que l'inverse ait lieu à d'autres distances de l'orifice ou sous d'autres charges. Tout ce que nous voulons en conclure, c'est que, à égalité de charge et de distance en aval de l'orifice, elle varie avec le dispositif.

Sa variation avec la hauteur de l'ouverture, toutes choses égales d'ailleurs, n'est pas moins évidente. En effet, pour l'orifice de o^m,05 de hauteur avec le dispositif de la figure 16, sous une charge de o^m,2125 sur le centre, les valeurs du rapport de la vitesse moyenne dans le canal à la vitesse théorique, à des distances de l'orifice de o^m.0510, o^m.0565 et o^m.0615, sont respectivement de

0.9131, 0.9694 et 0.9704 (tabl. XV). Ces valeurs seraient plus fortes si la charge, au lieu d'être de $0^m,2125$, était de $0^m,2440$ (266); or, telles qu'elles sont, elles excèdent notablement celles qui, pour le même dispositif, les mêmes distances de l'orifice et la charge de $0^m,2440$, correspondent à l'orifice de $0^m,20$ de hauteur, comme on peut en juger par les résultats consignés sur le tableau du n° 266.

268. Les résultats que nous avons cités jusqu'ici concernent exclusivement un canal horizontal; mais tout ce que nous avons dit s'applique également aux canaux inclinés. Ainsi, pour l'orifice carré de $0^m,20$ de côté, prolongé par un canal de $1^m,24$ de longueur avec une inclinaison de $\frac{1}{5,24}$ (fig. 27, tabl. XIII), le rapport de la vitesse moyenne à celle qui est due à la hauteur de chute, à des distances de l'orifice de $0^m,1336$ et $0^m,2102$, est respectivement de 0,8583 et 0,9043, sous la charge de $1^m,6037$, tandis qu'il n'est que de 0,8228 et 0,8821 sous celle de $0^m,2079$; il a donc diminué avec la charge.

Pour le même orifice, avec un canal de $0^m,74$ de longueur incliné à $\frac{1}{2,19}$, sous la charge de $1^m,2720$, le rapport en question, à $0^m,3348$ en aval de l'ouverture, aurait une valeur comprise entre celles de 0,9061 et 0,9165, qui concernent les distances de $0^m,3267$ et $0^m,3646$. Or, la valeur de ce rapport correspondant à la même distance de $0^m,3348$, sous la charge de $0^m,6704$, est de 0,9718; elle est donc notablement plus forte que les précédentes, en sorte que ce rapport, lorsque la charge devient plus faible, augmente au lieu de diminuer comme dans le cas précédent. Cette différence est sans doute due à ce que les circonstances ne sont pas identiquement les mêmes dans les deux cas, car la veine suit constamment le fond du canal incliné à $\frac{1}{5,24}$, tandis qu'elle se détache, au contraire, sur une certaine longueur du fond de celui dont la pente est de $\frac{1}{2,19}$, pour les deux charges de $1^m,2720$ et $0^m,6704$ dont il s'agit. Quoi qu'il en soit, il est certain que le rapport en question varie avec la charge, pour un même point des canaux inclinés, et c'est tout ce que nous voulons prouver.

269. Il varie aussi d'un point à l'autre de ces canaux, pour la même charge, ce dont on s'assure aisément en comparant la vitesse moyenne, non pas simplement à celle qui est due à la hauteur du niveau de l'eau au-dessus du centre de l'orifice, comme nous l'avons fait dans le tableau n° XIII, mais à cette hauteur augmentée de la pente du canal depuis l'orifice jusqu'au point que l'on considère. En procédant ainsi, le rapport qui, pour l'orifice carré de $0^m,20$ de côté sous la charge de $0^m,2079$, avec le canal de $1^m,24$ de longueur incliné à $\frac{1}{5,24}$, est de $1,1856$ à la distance de $1^m,2155$ en aval de l'orifice, se réduit à $1,0522$. Il est donc encore plus fort que l'unité et ce n'est pas le seul cas qui fournisse de semblables résultats, car pour le même orifice avec le dispositif de la figure 15, sous la charge de $0^m,1220$, le rapport dont il s'agit est de $1,0371$ à l'extrémité du canal horizontal, et il est de $1,0102$ à $0^m,0835$ en aval de l'orifice de $0^m,05$ de hauteur, sous la charge de $1^m,5022$ avec le même canal et le dispositif de la figure 16 (tabl. n° XV).

En faisant la part des légères erreurs que nous avons pu commettre, malgré tous nos soins, dans le lever des sections des lames liquides, qui n'était pour nous qu'un travail secondaire, on ne saurait méconnaître que la vitesse moyenne, dans un canal d'une petite longueur raboté et poli à l'intérieur comme l'étaient les nôtres, ne puisse, dans certains cas, égaler et même surpasser celle qui est due à la hauteur de la chute au-dessus du centre de l'orifice, augmentée, s'il y a lieu, de la pente du canal. Ce fait, entièrement opposé aux idées reçues, est analogue à celui que nous avons signalé au sujet de la vitesse dans la section contractée des veines fluides jaillissant librement dans l'air (67 et 74).

270. Il résulte de tout ce qui précède, que le rapport de la vitesse moyenne dans un canal rectangulaire découvert de petite longueur, établi dans le prolongement d'un orifice, à celle qui est due à la hauteur de chute, dépend à la fois de cette hauteur, du point du canal que l'on considère, des dispositions qui accompagnent l'orifice à l'intérieur du réservoir et de la hauteur de cet

orifice, et qu'on ne saurait attribuer à ce rapport, sans s'exposer à de très-graves erreurs, une valeur constante pour le même dispositif, comme l'ont fait quelques auteurs en se basant sur les résultats trouvés par M. Navier. Jusqu'à ce qu'on ait fait des séries complètes d'expériences spéciales, qui permettent d'évaluer immédiatement la vitesse moyenne en fonction de la hauteur de chute (expériences qui n'exigeraient d'ailleurs ni beaucoup de temps ni beaucoup de peine, parce qu'on n'aurait pas à s'occuper de la dépense effective, attendu qu'elle serait donnée par nos tables d'interpolation), il faut nécessairement, pour déterminer cette vitesse avec exactitude, la déduire, dans chaque cas particulier, de la dépense effective divisée par l'aire de la section de la lame de liquide, qui coule dans le coursier au point même que l'on considère.

270 bis. Jusqu'ici nous avons constamment comparé la vitesse moyenne dans les sections de la nappe de liquide qui coule dans le canal, établi dans le prolongement de l'orifice, à celle qui est due à la charge au-dessus du centre de cet orifice, mesurée, soit à $3^m,5o$, soit à $o^m,o2$ en amont. Néanmoins, on sait que lorsque la veine fluide suit exactement le fond du coursier, et que le régime est uniforme et parallèle dans une certaine étendue de la partie contractée de cette veine, la vitesse moyenne dans cette partie doit, en réalité, être comparée à celle qui est due à la charge au-dessus de son niveau supérieur, et qu'il doit en être de même lorsque la veine est recouverte par des remous. Quoique dans nos expériences l'écoulement ne fût pas exactement dans les conditions dont il s'agit, nous avons cependant cru utile de faire cette comparaison, en extrayant des tableaux XIII et XV et des planches 18, 19, 20, 21 et 22, pour les réunir dans la table suivante, les résultats relatifs aux orifices de $o^m,2o$ de base sur $o^m,2o$ et $o^m,o5$ de hauteur avec les dispositifs des figures 16 et 19, c'est-à-dire pour lesquels la base des orifices se trouve exactement dans le prolongement du fond du réservoir.

ORIFICES de 0,^m20 de base sur une hauteur de :	CHARGE sur la base de l'orifice, mesurée en amont à une distance		DIS-TANCE de la section con-tractée au plan de l'orifice.	ÉPAIS-SEUR de la section con-tractée sur l'axe du canal.	CHARGE de liquide au-dessus de la section contractée ou du remous, mesurée en amont de l'orifice à une distance		VITESSE moyenne dans la section con-tractée.	VITESSE due à la charge au-dessus de la section contractée ou du remous, mesurée en amont de l'orifice à une distance		RAPPORT de la vitesse moyenne dans la section contractée à celle qui est due à la charge au-dessus de cette section ou du remous, mesurée en amont de l'orifice à une distance	
	de 3^m,50.	de 0^m,02.			de 3^m,50.	de 0^m,02.		de 3^m,50.	de 0^m,02.	de 3^m,50.	de 0^m,02.
1	2	3	4	5	6	7	8	9	10	11	12
DISPOSITIF DE LA FIGURE 16.											
mètres.	mètres.	mètres.	mètres.	mètres.	mètres.	mètres.	mètres.	mètres.	mètres.	mètres.	mètres.
0,20	0,5005	0,5000	0,0800	0,1672	0,3333	0,3328	2,4785	2,5569	2,5550	0,969	0,970
	0,3420	0,3409		0,1653	0,1767	0,1756	1,8654	1,8621	1,8561	1,002	1,005
	0,2220	0,2142		0,1663	0,0557	0,0479	1,1709	1,0455	0,9690	1,120	1,208
0,05	1,5272	1,5272	0,0835	0,0384	1,4888	1,4888	5,4839	5,4044	5,4044	1,015	1,015
	1,1058	1,1057	0,0550	0,0380	1,0678	1,0677	4,4748	4,5770	4,5770	0,978	0,978
	0,5020	0,5019	0,0615	0,0386	0,4634	0,4633	2,9528	3,0152	3,0148	0,979	0,979
	0,2375	0,2372	0,0615	0,0379	0,1996	0,1993	1,9813	1,9790	1,9775	1,001	1,002
	0,1308	0,1291	0,0565	0,0382	0,0926	0,0909	1,3651	1,3479	1,3357	1,013	1,022
	0,0716	0,0696	0,0210	0,0433	0,0283	0,0263	0,5480	0,7451	0,7183	0,735	0,763
	0,0613	0,0578	0,0065	0,0502	0,0111	0,0076	0,3732	0,4666	0,3861	0,800	0,967
DISPOSITIF DE LA FIGURE 19.											
0,20	1,0105	0,9932	0,36	0,1331	0,8774	0,8601	4,1590	4,1488	4,1076	1,002	1,012
	0,5005	0,4785		0,1300	0,3705	0,3485	2,5852	2,6961	2,6148	0,959	0,989
	0,3420	0,3190		0,1294	0,2126	0,1896	1,9111	2,0424	1,9290	0,936	0,991

Les deux dernières colonnes de ce tableau montrent que, en général, la vitesse moyenne dans la section contractée, diffère assez peu de celle qui résulte de la charge au-dessus de cette section, mesurée dans le réservoir, soit à 3^m,50, soit à 0^m,02 en amont de l'orifice. Il peut se faire, d'ailleurs, que nous n'ayons pas toujours relevé la section de la nappe de liquide précisément au point correspondant à la plus grande contraction de la veine, point dont la position, comme le prouve le tableau qui précède, varie à la fois avec la charge de fluide, avec le dispositif et avec la hauteur de l'orifice. Mais nous avons dû nous en écarter très-peu, parce que nous avons fait des sections très-rapprochées les unes des autres, jusqu'à ce que nous en eussions trouvé une dont l'aire fût plus

petite que celles des sections qui la précédaient en amont de
l'orifice et qui la suivaient en aval. Au surplus, si, malgré tous
nos soins et la précision de nos appareils, nos résultats peuvent
présenter, sous ce rapport, quelque incertitude, on ne saurait
espérer de faire mieux et même aussi bien dans la pratique, et
l'on doit renoncer à se servir de formules qui seraient basées sur
l'égalité des vitesses dont il s'agit.

§ 5.

INFLUENCE DES REMOUS SUR LA DÉPENSE DES ORIFICES FERMÉS
À LA PARTIE SUPÉRIEURE, PROLONGÉS AU DEHORS DU RÉSERVOIR
PAR DES CANAUX RECTANGULAIRES DÉCOUVERTS.

271. Dubuat est jusqu'à présent le seul auteur qui se soit occupé
de l'évaluation de la dépense des orifices fermés à la partie supérieure, dans le cas où les remous dans le canal qui reçoit le produit de l'écoulement, s'élèvent au-dessus du bord supérieur de
l'ouverture. Il estime que *la hauteur uniforme de l'eau dans ce canal
peut excéder un peu l'élévation de la vanne, sans nuire à la dépense, qui
reste alors la même que si le canal n'existait pas, et qu'elle ne commence à diminuer que lorsque les remous couvrent la veine contractée.*
Quand cette dernière circonstance se présente, il considère la vitesse de l'écoulement comme étant due à la différence entre la
charge de liquide sur la base de l'orifice, prise dans le réservoir,
et la profondeur uniforme de l'eau dans le canal. Cette vitesse,
multipliée par l'aire de l'orifice, donne la dépense théorique, et
Dubuat lui applique, pour avoir la dépense effective, le coefficient
0,620, relatif aux minces parois, ou celui 0,812 qui concerne
les tuyaux, selon que le canal est plus large ou a la même largeur que l'orifice (*Principes d'hydraulique et de pyrodynamique*,
t. Ier, p. 264, art. 189 et 190).

272. Nous nous sommes proposé de vérifier si les faits annoncés
par Dubuat et la règle qu'il indique pour calculer la dépense,

étaient applicables aux canaux rectangulaires découverts d'une petite longueur, où le régime des eaux ne peut parvenir à l'uniformité. Nous avons fait, dans ce but, une série d'expériences sur l'orifice de $0^m,20$ de base et $0^m,05$ de hauteur, sous diverses charges avec le dispositif de la figure 15, en barrant à son extrémité, sur toute sa largeur et sur diverses hauteurs, le canal horizontal de $3^m,00$ de longueur qui prolongeait cet orifice au dehors du réservoir.

La hauteur des barrages était réglée d'après la charge de liquide, de façon à produire des remous qui, s'avançant plus ou moins vers l'amont, s'arrêtaient à une petite distance de la veine contractée, ou la recouvraient, soit en totalité, soit en partie seulement, selon le besoin. Les sections de ces remous par des plans verticaux passant par l'axe du canal, que nous avons relevées par les procédés décrits précédemment (45), sont dessinées et cotées sur les planches 23 et 24, et les résultats des expériences sont consignés sur le tableau n° XVIII. La dépense théorique a été calculée au moyen de quatre formules distinctes, qui sont indiquées dans la légende explicative placée en tête des tableaux détaillés, et auxquelles il faut appliquer des coefficients de correction différents, pour avoir la dépense effective.

La première T (col. 22) suppose, d'après Dubuat, que la vitesse théorique (col. 20) est due à la différence $C - c$ des charges sur le sommet de l'orifice mesurées, l'une dans le réservoir (col. 10), l'autre dans le canal au point le plus haut des remous (col. 11). La seconde T' (col. 23) ne diffère de la précédente qu'en ce qu'on a substitué à la charge c prise au point le plus haut des remous, celle c' (col. 12) mesurée dans le canal immédiatement contre l'orifice. La troisième t (col. 24), a été établie par M. Poncelet en se basant sur le principe des forces vives. Il y a fait entrer, outre la différence des charges $C - c$, l'aire A de la section de l'eau dans le canal au point le plus haut des remous (col. 13), et le coefficient m de la formule D' de la dépense, pour le cas où l'orifice est en mince paroi (col. 7). Enfin, la quatrième t'

(col. 25) est déduite de la précédente, en substituant à la charge et à l'aire de la section au point le plus haut des remous, la charge et l'aire prises immédiatement en aval de l'orifice (col. 12 et 14). Les coefficients de correction de ces formules figurent dans les colonnes 26, 27, 28 et 29; ceux de la formule ordinaire D, dans le cas où l'extrémité du canal est libre et dans celui où elle est barrée, sont inscrits dans les colonnes 8 et 19; la hauteur p du barrage établi à cette extrémité est donnée par la colonne 9; enfin, la colonne 4 fait connaître l'aire de l'orifice, rectifiée en tenant compte des variations que les températures de l'air et de l'eau, à l'instant où l'on exécutait chaque expérience (col. 2 et 3), avaient fait éprouver à sa hauteur, par suite de la dilatation linéaire de la tige de manœuvre de la vanne (28).

273. La hauteur des remous a été, dans chaque cas, déterminée à l'aide de sections perpendiculaires à l'axe du canal. Leurs épaisseurs moyennes ont été calculées par la méthode des quadratures de Thomas Simpson, et la plus forte donnait la plus grande élévation des remous. Les sections longitudinales dessinées sur les planches 23 et 24 sont déduites de ces sections transversales; les cotes qui y sont inscrites n'indiquent pas les hauteurs absolues du liquide au-dessus du fond du canal mesurées suivant son axe, mais les épaisseurs moyennes des sections transversales passant par les points auxquels elles sont appliquées.

Ces levers sont difficiles à faire et présentent toujours quelque incertitude, lorsque les remous n'atteignent pas tout à fait la veine contractée ou ne la recouvrent qu'en partie, parce qu'alors l'écoulement ne se fait, en quelque sorte, que par saccades, qui occasionnent dans le canal de forts bouillonnements et un mouvement de va-et-vient incessant. Mais il n'en est plus de même quand ces remous occupent constamment toute la longueur du canal, notamment sous les faibles charges de liquide. Ainsi nous ne saurions révoquer en doute l'exactitude de nos opérations relatives aux expériences numérotées de 1662 à 1665, quoiqu'elles produisent un fait entièrement inadmissible, à savoir: que le liquide, au point le plus haut des remous, s'élève de 1,2 millimètre au-dessus du niveau général dans le réservoir. La section transversale de l'eau, en ce point du canal, a une surface de 14,56 centimètres carrés, et comme la dépense effective est de 0,843 litre, il s'ensuit que le fluide, dans cette section, est animé d'une vitesse moyenne de $0^m,0579$, qui correspond à une hauteur de chute de $0^m,00017$, en sorte que, même en admettant qu'il n'y ait aucune perte de vitesse depuis l'orifice jusqu'au point que l'on considère, les remous seraient de 1,37 millimètre plus élevés qu'ils ne devraient l'être. Un résultat aussi extraordinaire ne peut être attribué qu'au relèvement qu'éprouve toujours le liquide le long des parois latérales du canal, ce qui tendrait à prouver que, dans l'évaluation de sa hauteur moyenne, on ne doit pas tenir compte de ce relèvement comme nous l'avons fait, du moins dans le cas où la différence entre le niveau de l'eau dans le réservoir et dans le canal est très-faible.

274. Les remous n'atteignent pas la veine contractée pour les expériences de 1619 à 1621 et de 1634 à 1636, relatives à des charges sur le centre de $0^m,2125$ et $0^m,1058$. Pour les trois premières, ils s'arrêtent à $0^m,25$ de l'orifice vis-à-vis son centre et à $0^m,17$ vis-à-vis ses angles; et, pour les trois autres, ils ne s'étendent que jusqu'à $0^m,40$ de ce même orifice. Dans le premier cas, le coefficient de la formule ordinaire D est de $\frac{1}{572}$ de sa valeur plus faible que lorsque le canal est libre à son extrémité, tandis que, dans le second, il est au contraire plus fort de $\frac{1}{362}$; mais, comme ces différences ne s'écartent pas sensiblement des limites du degré d'approximation qu'on peut espérer d'obtenir dans ces opérations, on doit en conclure, comme l'a annoncé Dubuat, que les remous n'ont alors aucune influence sur la dépense.

Nous avons voulu examiner quelle était, dans ce cas, la vitesse de l'écoulement dans la partie que n'occupent pas les remous. A cet effet, nous avons relevé à $0^m,075$ en aval de l'orifice, dans les circonstances qui se rapportent aux expériences de 1634 à 1636, une section par un plan perpendiculaire à l'axe du canal, qui est dessinée et cotée sur la planche 24. Elle a 78,257 centimètres carrés de surface, et par conséquent une épaisseur moyenne de 3,91 centimètres; et, comme la dépense effective est de 8,892 litres, la vitesse moyenne dans cette section est de $\frac{8,892}{7,8257} = 1^{m},1363$, et son rapport à la vitesse théorique due à la charge de $0^{m},1058$ sur le centre, est exprimé par $\frac{1,1363}{1,4407} = 0,7887$.

275. Pour les expériences de 1622 à 1624 et de 1637 à 1640, qui concernent respectivement les mêmes charges que les précédentes, les remous n'arrivent point encore jusqu'au centre de l'orifice, mais tantôt ils s'avancent jusqu'aux angles et les remplissent, et tantôt ils s'en éloignent par un mouvement alternatif. Cette circonstance fait brusquement diminuer la valeur qu'a le coefficient de la dépense quand le canal n'est pas barré, de $\frac{1}{34}$ pour les trois premières de ces expériences, et de $\frac{1}{30}$ pour les quatre autres.

Les remous, pour les expériences de 1641 à 1644, qui concernent la charge de $0^{m},1058$ sur le centre, remplissent constamment les angles de l'orifice et s'avancent, en affleurant son bord supérieur ~~sans le dépasser, jusqu'à~~ son centre, dont ils s'éloignent cependant par moments d'environ $0^{m},01$. Dans ce cas, le coefficient est d'environ $\frac{1}{10}$ de sa valeur plus petit que celui qui correspond à la même charge, lorsque l'extrémité du canal est libre.

Enfin, pour toutes les autres expériences, les remous couvrent constamment la veine contractée dans toute son étendue, dépassent le bord supérieur de l'orifice, et les coefficients de la formule D deviennent de plus en plus faibles, pour une même charge sur le centre, au fur et à mesure que la distance diminue entre le point le plus haut des remous et le niveau de l'eau dans le réservoir, pris à $3^{m},50$ en amont de l'orifice.

276. Cette formule suit donc toutes les variations que peut éprouver la dépense, pour une même charge, soit que les remous n'atteignent pas la section contractée, soit qu'ils la recouvrent en partie seulement ou en totalité. Elle les suit également d'une charge à l'autre; car, si l'on ordonne tous les résultats compris sur

le tableau n° XVIII, d'après les valeurs du rapport $\frac{c}{C}$ des charges sur le sommet de l'orifice, mesurées dans le canal et dans le réservoir, ses coefficients diminuent d'une manière régulière à mesure que $\frac{c}{C}$ augmente, de façon à former les ordonnées d'une courbe parfaitement continue, qui aurait pour abscisses les valeurs de ce rapport.

Les résultats fournis par les formules T et t ne suivent au contraire aucune loi régulière, de quelque manière qu'on les envisage. Ainsi, pour la charge de $0^m,1058$ sur le centre, le coefficient relatif aux expériences de 1641 à 1644, est notablement plus fort que ceux qui concernent les expériences de 1637 à 1640 et de 1634 à 1636, et cependant la veine contractée est entièrement couverte par les remous pour les quatre premières, tandis qu'elle ne l'est qu'en partie et par moments seulement pour les quatre suivantes, et pas du tout pour les trois dernières. Pareillement, pour la charge de $0^m,0466$ sur le centre, le coefficient correspondant aux expériences de 1658 à 1661 surpasse de beaucoup celui qui se rapporte aux expériences de 1655 à 1657, quoique la veine contractée soit recouverte sur une moins grande hauteur pour ces dernières que pour les autres.

277. Les formules T′ et $t′$ présentent des anomalies analogues à celles que nous venons de signaler pour les formules T et t, et pour toutes les quatre les valeurs des coefficients, ordonnées par rapport à $\frac{c}{C}$, ne suivent aucune loi régulière, comme le montre, en ce qui concerne les deux dernières, la table suivante, qui contient, en sus des données du tableau n° XVIII, les valeurs de $\frac{c}{C}$ (col. 5) et les rapports des coefficients de la formule D lorsque l'extrémité du canal est barrée, aux mêmes coefficients quand cette extrémité est libre (col. 10).

NUMÉROS des expériences.	CHARGE sur le centre de l'orifice, ou valeur de H.	CHARGE sur le sommet de l'orifice — mesurée dans le réservoir à 3m,50 en amont de l'orifice, C.	mesurée dans le canal au point le plus haut des remous, c.	RAPPORT des charges sur le sommet de l'orifice, prises dans le canal et dans le réservoir, $\frac{c}{C}$.	COEFFICIENTS des formules T et t, ou valeurs de $\frac{E}{T}$.	de $\frac{E}{t}$.	COEFFICIENTS de la formule D, lorsque l'extrémité du canal est libre.	l'extrémité du canal est barrée.	RAPPORTS des coefficients de D lorsque l'extrémité du canal est barrée, aux mêmes coefficients quand cette extrémité est libre.	OBSERVATIONS.
1	2	3	4	5	6	7	8	9	10	11
	mètre.	mètre.	mètre.							
1634 à 1636	0,1058	0,0808	0,0326	0,403	0,9126	1,0516	0,6143	0,6160	1,003	Les remous n'atteignent pas la veine contractée.
1619 à 1621	0,2125	0,1875	0,0885	0,472	0,9223	1,1770	0,6306	0,6295	0,998	
1637 à 1640	0,1058	0,0808	0,0363	0,449	0,9164	1,0643	0,6143	0,5943	0,967	Les remous ne s'étendent pas jusqu'au centre de l'orifice, mais tantôt ils touchent les angles et les remplissent, et tantôt ils s'en éloignent.
1622 à 1624	0,2125	0,1875	0,0935	0,499	0,9212	1,1837	0,6306	0,6128	0,972	
1641 à 1644	0,1058	0,0808	0,0434	0,537	0,9362	1,1092	0,6143	0,5566	0,906	Les remous remplissent constamment les angles de l'orifice et le touchent en son centre, en affleurant son bord supérieur sans le dépasser.
1645 à 1647	0,1058	0,0808	0,0440	0,545	0,8851	1,0449	0,6143	0,5220	0,850	Les remous s'appuient contre l'orifice et dépassent son bord supérieur. Pour les expériences de 1662 à 1665, c est plus grand que C, en sorte que T et t sont imaginaires (273).
1625 à 1627	0,2125	0,1875	0,1080	0,576	0,8400	1,0983	0,6306	0,5138	0,815	
1617 à 1618	0,4770	0,4520	0,2640	0,584	0,7946	1,1368	0,6257	0,4990	0,797	
1655 à 1657	0,0466	0,0216	0,0132	0,611	0,8561	0,9589	0,4949	0,3635	0,734	
1628 à 1630	0,2125	0,1875	0,1305	0,696	0,8137	1,0879	0,6306	0,4214	0,668	
1648 à 1650	0,1058	0,0808	0,0580	0,718	0,8332	1,0118	0,6143	0,3867	0,629	
1631 à 1633	0,2125	0,1875	0,1505	0,803	0,8024	1,0905	0,6306	0,3348	0,531	
1658 à 1661	0,0466	0,0216	0,0178	0,824	0,8912	1,0111	0,4949	0,2544	0,514	
1651 à 1654	0,1058	0,0808	0,0719	0,890	0,7932	0,9876	0,6143	0,2300	0,374	
1662 à 1665	0,0466	0,0216	0,0228	1,056	"	"	0,4949	0,0879	0,178	

278. On voit par cette table que, dans le cas où les remous n'atteignent pas la veine contractée, ou ne la recouvrent qu'en partie, les coefficients de la formule D (col. 9), qui sont séparés des autres par un trait horizontal, ne suivent aucune loi régulière par rapport à $\frac{c}{C}$ (col. 5), soit qu'il doive en être ainsi, soit que nous ayons mal apprécié la charge c (col. 4), par suite de la difficulté qu'on éprouve alors à prendre avec exactitude la plus grande profondeur d'eau dans le canal (273). Mais, dans ce cas, le coefficient peut être évalué à la vue simple avec un degré d'ap-

proximation bien suffisant. En effet, les remous n'ont aucune influence sur la dépense, et par conséquent le coefficient reste le même que si le canal n'était pas barré (col. 10, 1er et 2e résultat), tant qu'ils ne remplissent pas, par un mouvement alternatif de va-et-vient, les vides que la veine contractée laisse entre elle et les parois latérales du canal. Or, lorsque cette dernière circonstance se présente, le coefficient correspondant devient les 0,967 ou les 0,972 de ce qu'il était auparavant (col. 10, 3e et 4e résultat). En prenant donc pour sa valeur les 0,970 de ce qu'il serait sans les remous, on est certain de ne se tromper que de $\frac{1}{323}$ au plus.

Il nous a d'ailleurs été impossible de trouver, pour le rapport du coefficient de D lorsque l'extrémité du canal est barrée, au même coefficient quand cette extrémité est libre, des valeurs intermédiaires, d'une part entre 1 et la moyenne 0,970 dont nous venons de parler, et d'autre part entre cette moyenne et 0,906, qui correspond au cas où les remous touchent l'orifice en son centre, en affleurant son sommet sans le dépasser (col. 10, 5e résultat). En effet, malgré les essais les plus persistants, nous n'avons jamais pu réussir à faire occuper à ces remous des positions intermédiaires entre celles auxquelles se rapportent ces valeurs. Le moindre changement dans la hauteur du barrage à l'extrémité du canal, ou dans celle du niveau de l'eau dans le réservoir, suffisait toujours pour les faire passer brusquement et sans transition de l'une à l'autre de ces trois positions. Il répugne sans doute d'admettre que ce rapport passe tout à coup de la valeur 1 à celle 0,970 et de celle-ci à 0,906, mais il est certain que nous ne sommes pas parvenu, malgré tous nos efforts, à réaliser les circonstances qui pourraient donner lieu à des valeurs différentes, et, par conséquent, il est à croire qu'on ne les rencontre pas dans la pratique.

279. Lorsque les remous recouvrent entièrement la veine contractée, ce qui a lieu (col. 5) quand $\frac{c}{C}$ est égal à au moins 0,537, les coefficients de D (col. 9) diminuent graduellement, ainsi

que nous l'avons l'avons déjà dit, au fur et à mesure que ce rapport augmente, de telle sorte qu'en prenant ses valeurs pour abscisses et celles des coefficients pour ordonnées, on obtient une courbe continue et régulière, à l'aide de laquelle il est facile de déterminer le coefficient de la dépense correspondant à une valeur quelconque de $\frac{c}{C}$, comprise entre 0,537 et 1.

Pour résoudre complétement la question qui nous occupe, il faudrait pouvoir construire une semblable courbe pour tous les orifices prolongés par des canaux que nous avons considérés, et, à cet effet, répéter sur chacun les opérations que nous avons faites sur celui de 0^m,05 de hauteur avec le dispositif de la figure 15. Mais de telles expériences, qui exigeraient beaucoup de temps et de peine, deviendraient inutiles si l'on pouvait admettre que les rapports des coefficients de la formule D, dans le cas où les remous recouvrent la veine contractée et dans celui où ils ne l'atteignent pas, restent les mêmes à égalité de $\frac{c}{C}$, quels que soient l'orifice et le dispositif. En effet, ces rapports (col. 10), que nous désignerons par $\frac{\alpha}{\beta}$, diminuent suivant une loi régulière à mesure que $\frac{c}{C}$ augmente; on peut donc tracer une courbe qui donne la valeur de $\frac{\alpha}{\beta}$ correspondant à une valeur quelconque de $\frac{c}{C}$, et dès lors le coefficient α, à appliquer à la formule D dans le cas où les remous recouvrent la veine contractée, se trouve déterminé en fonction de celui β qui concerne le cas où l'extrémité du canal est libre, et qu'on évalue aisément à l'aide de nos tables d'interpolation (tabl. du n° XXXIV au n° XXXVIII).

280. Aucun résultat d'expérience n'autorise à admettre que le rapport de ces coefficients ne varie pas avec l'orifice et le dispositif, et que, par suite, l'influence relative des remous sur le produit de l'écoulement ne dépend que de la valeur de $\frac{c}{C}$. Mais le raisonnement semble indiquer qu'il doit en être ainsi; et d'ailleurs, comme c'est au moyen de cette seule hypothèse qu'on peut, *quant à présent*, calculer la dépense effective des orifices fermés à

la partie supérieure, dans le cas où ils sont recouverts par des remous, nous proposons de l'adopter *provisoirement*. C'est pourquoi nous avons dressé la table suivante, en nous basant sur les résultats compris dans les colonnes 5 et 10 de celle du n° 277. Nous avons exclu de ces données la valeur absurde $\frac{c}{C} = 1,056$; et, pour prolonger la courbe d'interpolation au delà du dernier point donné par l'expérience et qui correspond à $\frac{c}{C} = 0,89$, nous avons naturellement dû supposer que $\frac{\alpha}{\beta}$ devient nul quand $\frac{c}{C} = 1$, c'est-à-dire lorsque, le liquide étant au même niveau dans le réservoir et dans le canal, il n'y a plus d'écoulement.

TABLE DES VALEURS DES RAPPORTS $\frac{\alpha}{\beta}$ DES COEFFICIENTS DE LA FORMULE D, DANS LE CAS OÙ LES REMOUS RECOUVRENT LA VEINE CONTRACTÉE ET DANS CELUI OÙ ILS NE L'ATTEIGNENT PAS, CORRESPONDANTES À CELLES DU RAPPORT $\frac{c}{C}$ DES CHARGES SUR LE SOMMET DE L'ORIFICE, PRISES DANS LE RÉSERVOIR ET DANS LE CANAL.

$\frac{c}{C}$.	$\frac{\alpha}{\beta}$.	$\frac{c}{C}$.	$\frac{\alpha}{\beta}$.	$\frac{c}{C}$.	$\frac{\alpha}{\beta}$.	OBSERVATIONS.
0,537	0,906	0,660	0,692	0,860	0,442	Lorsque les remous n'atteignent pas la veine contractée, $\frac{\alpha}{\beta} = 1$; et, quand ils remplissent les vides entre cette veine et les parois latérales du canal, sans atteindre le sommet de l'orifice, $\frac{\alpha}{\beta} = 0,970$ quel que soit d'ailleurs $\frac{c}{C}$. La charge c est prise dans le canal au point le plus haut des remous, et celle C est mesurée dans le réservoir, en un point où le liquide est parfaitement stagnant.
0,540	0,882	0,680	0,674	0,880	0,402	
0,550	0,846	0,700	0,656	0,900	0,352	
0,560	0,827	0,720	0,633	0,920	0,297	
0,570	0,813	0,740	0,612	0,940	0,236	
0,580	0,796	0,760	0,590	0,960	0,166	
0,590	0,778	0,780	0,566	0,980	0,086	
0,600	0,763	0,800	0,540	1,000	0,000	
0,620	0,734	0,820	0,512			
0,640	0,714	0,840	0,477			

Il est bien entendu qu'il ne s'agit ici que des remous produits par un obstacle qui ralentit l'écoulement de l'eau au dehors du réservoir, et non de ceux qui se forment naturellement dans le canal qui prolonge l'orifice, lorsque la charge est très-faible, quoique ce canal soit libre dans toute son étendue.

§ 6.

DÉPENSES DES ORIFICES DÉCOUVERTS OU EN DÉVERSOIR,
DÉBOUCHANT LIBREMENT DANS L'AIR.

281. En examinant les résultats de nos expériences sur le déversoir de $0^m,20$ de base (tabl. XIX et XXXIX et pl. 25, 26, 27, 28 et 37), on voit que les coefficients de la formule d de la dépense sont constamment plus faibles pour le dispositif de la figure 1, où le déversoir est en mince paroi, que pour ceux des figures 2 et 3, où d'abord l'un, ensuite les deux côtés verticaux de cet orifice sont éloignés de $0^m,54$ des faces latérales du réservoir. La différence est, en général, d'autant plus grande que la charge est plus faible; elle varie de $\frac{1}{61}$ à $\frac{1}{391}$ pour le dispositif de la figure 2, et de $\frac{1}{35}$ à $\frac{1}{391}$ pour celui de la figure 3. Or, pour ce dernier, la largeur $1^m,28$ du réservoir est égale à 6,4 fois celle du déversoir; on doit donc en conclure que le rapport de la première à la seconde de ces largeurs doit excéder 6,4, pour que les parois verticales du réservoir n'aient aucune influence sensible sur la dépense.

282. Les dispositifs des figures 8, 9 et 10, d'après lesquels la base du déversoir continue à être isolée du fond du réservoir, tandis que d'abord l'un de ses côtés verticaux, ensuite tous les deux sont rapprochés à la distance de 2 centimètres des faces correspondantes de ce réservoir, et enfin sont placés dans leur prolongement exact, donnent des coefficients de la dépense de plus en plus forts. Mais ces coefficients diminuent d'environ $\frac{1}{3}$ à $\frac{1}{10}$ de la valeur qu'ils ont dans le cas du dispositif de la figure 9, et deviennent même, pour les charges comprises entre $0^m,01$ et $0^m,22$, de $\frac{1}{3}$ à $\frac{1}{96}$ plus faibles que ceux qui concernent le cas des minces parois, lorsque, laissant aux bords de l'orifice la position qu'ils ont d'après la figure 9, on établit sa base au niveau du fond du réservoir (fig. 6).

Le même fait se reproduit quand la longueur des parois du

réservoir est réduite à $0^m,264$. Ainsi, les coefficients sont d'environ $\frac{1}{4}$ à $\frac{1}{6}$ plus faibles pour le dispositif de la figure 13, où la base et les bords verticaux du déversoir sont dans l'alignement du fond et des faces du réservoir, que pour celui de la figure 10, où les bords verticaux sont seuls dans cet alignement. A la vérité, on peut attribuer une partie de cette énorme diminution à ce que, pour le premier de ces dispositifs, la veine qui se contracte à l'entrée du réservoir et par conséquent à une petite distance en amont de l'orifice, ne s'est point encore entièrement dilatée, et les vides qu'elle laisse entre elle et les faces latérales de ce réservoir ne sont pas remplis à son passage sur le seuil du déversoir (pl. 28, art. 104). Mais cette circonstance ne se présente pas pour le dispositif de la figure 14, où l'entrée du réservoir est arrondie de façon qu'il n'y a pas de contraction en ce point, et cependant les coefficients relatifs à ce dispositif sont d'environ $\frac{1}{6}$ à $\frac{1}{85}$ moindres que ceux qui concernent la figure 10.

283. Lorsque, les bords verticaux du déversoir étant entièrement isolés des faces du réservoir, on établit la base de cet orifice au niveau du fond de ce réservoir (fig. 4), les coefficients de la dépense sont plus faibles que dans le cas des minces parois, de $\frac{1}{10}$ à zéro pour les charges comprises entre $0^m,01$ et $0^m,035$, tandis que pour des charges supérieures à cette dernière, ils sont au contraire plus forts que les autres de quantités qui augmentent graduellement avec ces charges depuis zéro jusqu'à $\frac{1}{13}$.

Mais si, laissant la base de l'orifice au niveau du fond du réservoir, on rapproche l'une des faces de celui-ci à la distance de $0^m,02$ du bord correspondant du déversoir (fig. 5), les coefficients deviennent moindres que dans le cas précédent, de $\frac{1}{17}$ à zéro pour les charges de $0^m,01$ à $0^m,17$; et, pour les charges supérieures à cette dernière, ils sont au contraire plus grands que les autres de zéro à $\frac{1}{134}$. Enfin, pour le dispositif de la figure 6, où les bords verticaux de l'ouverture sont tous les deux à $0^m,02$ des faces du réservoir, les coefficients sont d'environ $\frac{1}{5}$ à $\frac{1}{15}$ plus faibles que pour la figure 5.

284. Il y a une différence essentielle et qui mérite d'être signalée dans la loi des coefficients de la dépense, selon que la base du déversoir est isolée du fond du réservoir ou est située au même niveau. En effet, les courbes qui représentent ces coefficients (pl. 37) suivent, à mesure que la charge diminue, une marche ascendante dans le premier cas et descendante dans le second.

En résumé, la dépense augmente ou diminue en général pour un même déversoir :

1° Selon que la base de cet orifice est plus élevée ou est située au même niveau que le fond du réservoir, au fur et à mesure que celui-ci devient plus étroit;

2° Selon que les bords verticaux de l'ouverture sont placés à une grande ou à une petite distance des faces correspondantes du réservoir, au fur et à mesure que le fond de celui-ci se rapproche de la base de cette ouverture.

En d'autres termes, on fait diminuer la dépense en détruisant la contraction sur les trois côtés de l'orifice à la fois, ou sur un de ses deux côtés verticaux lorsque déjà elle est supprimée sur la base, tandis qu'on fait augmenter cette même dépense en ne supprimant la contraction que sur la base seulement, ou sur les deux côtés verticaux.

285. La diminution de la dépense lorsqu'on détruit la contraction sur la base du déversoir quand déjà elle est supprimée sur ses côtés verticaux, sinon en totalité, du moins en très-grande partie, ressort clairement de nos expériences sur les dispositifs des figures 6, 13 et 14. Ce fait, entièrement opposé aux idées généralement reçues, est d'ailleurs confirmé par les opérations que nous avons faites sur un déversoir de $0^m,202$ de largeur, formé en barrant l'extrémité d'un canal horizontal de 3 mètres de longueur, pour étudier l'effet des remous sur la dépense des orifices fermés à la partie supérieure (272). La manière dont cet orifice était organisé, et les précautions prises pour mesurer avec exactitude la hauteur de sa base au-dessus du fond du canal, sont indiqués à l'article 21. Nous ajouterons que, dès le principe, il s'échappait, entre le barrage et les parois du canal, une petite quantité d'eau qui, se réunissant dans la jauge à celle qui passait par-dessus le déversoir, augmentait la dépense effective de celui-ci. Mais, au bout de peu de temps, cet inconvénient que nous n'avions pas cherché à éviter dès le début, n'ayant en vue que d'étudier l'effet des remous sur le produit de l'orifice qui alimentait le déversoir, avait cessé parce que la planche qui servait de barrage, exposée à l'humidité pendant huit jours consécutifs (du 3 au 10 octobre), s'était gonflée et fermait hermétiquement le canal. C'est pourquoi nous n'avons tenu compte, en ce qui concerne la dépense du déversoir dont il s'agit, que des expériences postérieures au 9 octobre. Les résultats en sont consignés sur le tableau n° XXIII, dont les données principales sont extraites du tableau n° XVIII.

Nous y avons fait figurer, outre ces données : la charge h sur la base du déversoir, mesurée au point le plus haut des remous, et la charge moyenne $h - h'$ dans le plan de cet orifice, déduites l'une et l'autre des aires des sections de la veine (pl. 23 et 24); la vitesse moyenne v du liquide au point où a été relevée h, obtenue en divisant la dépense effective par l'aire de la lame de fluide; la vitesse à la surface du courant au même point, supposée être égale à $1,25u$; enfin, les hauteurs dues à ces deux vitesses. En ajoutant à h d'abord la première, ensuite la seconde de ces hauteurs, nous avons eu les charges totales h_1 et h'_1 sur la base du déversoir, et par suite les formules théoriques $d_1 = lh_1 \sqrt{2gh_1}$ et $d'_1 = lh'_1 \sqrt{2gh'_1}$, dont l'une est due à Dubuat et l'autre est indiquée par M. d'Aubuisson (*Traité d'hydraulique*, p. 76). Il ne sera question que de la première dans ce qui va suivre.

286. La distance de la base du déversoir qui nous occupe au fond du canal, a varié de $0^m,02$ à $0^m,13$; elle était donc plus grande que dans le cas du dispositif de la figure 6, où elle est nulle, et moindre que dans celui de la figure 9, où elle est de $0^m,54$. Si donc il est vrai que les coefficients de la dépense diminuent avec cette distance, leurs valeurs pour le déversoir dont

il s'agit doivent, à égalité de charge totale, être comprises entre celles qui concernent ces deux dispositifs, et c'est ce qui a lieu en effet comme le montre la table suivante, qui est extraite des tableaux XXIII et XXXIX.

CHARGE TOTALE, y compris la hauteur due à la vitesse acquise par le liquide au point où cette charge a été mesurée.	COEFFICIENTS DE LA DÉPENSE pour le déversoir		
	de $0^m,20$ de largeur, avec le dispositif de la figure 6,	de $0^m,202$ de largeur, formé en barrant l'extrémité du canal,	de $0^m,20$ de largeur, avec le dispositif de la figure 10.
1	2	3	4
mètres.			
0,1066	0,382	0,414	0,434
0,1053	0,382	0,411	0,434
0,0937	0,381	0,411	0,434
0,0834	0,379	0,401	0,434
0,0720	0,376	0,397	0,435
0,0471	0,359	0,381	0,444
0,0394	0,350	0,349	0,449

On voit, par cette table, que les coefficients relatifs au déversoir de $0^m,202$ (col. 3) sont plus forts que ceux qui concernent le dispositif de la figure 6 (col. 2), et plus faibles que ceux qui se rapportent au dispositif de la figure 10. Ces résultats que nous n'avons recueillis qu'accidentellement, en traitant la question des remous (272), démontrent donc, d'une manière générale, que les coefficients de la dépense augmentent avec la distance qui sépare le fond du réservoir de la base du déversoir, depuis zéro jusqu'à $0^m,54$. Mais, comme nous n'avons opéré que sur une seule charge de liquide pour chaque position de cette base, et que cette charge est différente pour toutes ces positions, les résultats dont il s'agit ne fournissent aucun moyen, soit de déterminer la valeur des coefficients dans les divers cas qui peuvent se présenter, soit d'assigner la limite d'écartement entre la base de l'orifice et le fond du réservoir, au delà de laquelle ce dernier n'a plus aucune influence sur la dépense.

287. On peut déduire quelques indications à cet égard, d'ex-

périences que M. Castel a faites plusieurs années après que les nôtres étaient terminées, et que nous avons déjà citées (138 et suivants). Cet ingénieur a barré, sur diverses hauteurs, l'extrémité d'un canal rectangulaire découvert dont la largeur, qui était primitivement de 0^m,74, augmentait ou diminuait au point où était établi le déversoir, chaque fois qu'on abaissait la base de cet orifice. M. d'Aubuisson, en faisant connaître ce fait dans son rapport sur le Mémoire de M. Castel (*Mémoires de l'Académie des sciences de Toulouse*, t. IV, Ire part. 1837, p. 152), dit que *de semblables variations peuvent avoir eu lieu sur la longueur du canal, qui était de 5^m,96.*

Si ce canal s'était uniformément rétréci ou élargi à partir de son origine, la convergence ou la divergence de ses parois ne serait pas assez considérable pour avoir une influence appréciable sur la dépense; mais, il en serait tout autrement si le rétrécissement ou l'élargissement prenait naissance à une petite distance de son extrémité d'aval, parce que, la largeur du déversoir ayant varié de 0^m,7293 à 0^m,7425, les portions attenantes des faces du réservoir auraient alors une inclinaison sensible sur le plan qui contient cet orifice. Cette circonstance a donc pu, indépendamment des vices inhérents à l'appareil que nous avons signalés aux articles 140 et suivants, altérer en général la valeur *absolue* des coefficients de la dépense, mais la valeur *relative* de ceux qui se rapportent à des déversoirs de largeurs peu différentes, doit être à peu près la même que si le canal dont il s'agit était rectangulaire dans toute son étendue.

288. C'est pourquoi nous avons comparé, dans le tableau suivant, les résultats relatifs aux orifices de 0^m.7373, 0^m.7398 et 0^m.7418, dont les bases sont respectivement exhaussées au-dessus du fond du canal de 0^m.225, 0^m.170 et 0^m.093. Nous n'y avons pas fait figurer le déversoir de 0^m,7293, parce que les coefficients qu'il a fournis font évidemment anomalie dans la série générale, ce qui s'explique par la différence de sa largeur comparée à celles de tous les autres orifices. Enfin, nous avons dû considérer

comme non avenus les résultats qui concernent ceux dont la base est éloignée de moins de 0^m,093 du fond du réservoir. En effet, M. Castel a mesuré la charge en un point où le liquide n'était pas stagnant (139); il faut donc, pour avoir la charge totale, ajouter à la hauteur qu'il a trouvée celle qui est due à la vitesse moyenne possédée par le fluide en ce point. Mais cette dernière hauteur est, pour les déversoirs dont il s'agit, une fraction notable de la première (de $\frac{1}{6}$ à $\frac{1}{24}$); or, nous avons démontré qu'en procédant ainsi on n'obtenait jamais la charge entière, et qu'on pouvait, en pareil cas, commettre des erreurs considérables (127).

Nous avons ajouté sur ce tableau les coefficients de la dépense qu'a donnés notre déversoir de 0^m,20 de largeur, avec les dispositif des figures 10 et 6 (première et dernière ligne horizontale). Ils s'appliquent, comme tous les autres, à la formule ordinaire $d = lh\sqrt{2gh}$, dans laquelle h représente la charge obtenue, soit en la relevant directement en un point où le liquide est parfaitement stagnant, ainsi que nous l'avons toujours pratiqué, soit, dans le cas contraire, en ajoutant à la hauteur mesurée celle qui est due à la vitesse moyenne acquise par le liquide. Pour les expériences de M. Castel, nous avons pris les éléments du calcul dans les tableaux mêmes de cet ingénieur, sans arrondir les nombres comme l'a fait M. d'Aubuisson dans certains cas. Après avoir déterminé les coefficients correspondant aux charges sur lesquelles il a opéré, nous en avons déduit par interpolation, pour faciliter la comparaison que nous voulions en faire, ceux qui conviennent à des charges comprenant des nombres ronds de centimètres, lesquelles, d'ailleurs, diffèrent très-peu des premières. On rappellera que, pour notre dispositif de la figure 6, la largeur du déversoir n'est que les 0,833 de celle du réservoir, tandis que ces deux largeurs sont égales entre elles pour le dispositif de la figure 10, comme pour les trois orifices de M. Castel dont nous nous occupons ici.

LARGEUR du déversoir, l.	HAUTEUR de la base du déversoir au-dessus du fond du réservoir, R.	COEFFICIENTS DE LA FORMULE d de la dépense, pour des charges totales sur la base du déversoir						
		de $0^m,09$.	de $0^m,08$.	de $0^m,07$.	de $0^m,06$.	de $0^m,05$.	de $0^m,04$.	de $0^m,03$.
1	2	3	4	5	6	7	8	9
mètres.	mètres.							
0,20 (figure 10).	0,540	0,434	0,434	0,435	0,437	0,442	0,449	0,459
0,7373	0,225	0,433	0,434	0,435	0,437	0,440	0,441	0,442
0,7398	0,170	0,428	0,430	0,432	0,433	0,435	0,437	0,430
0,7418	0,093	0,425	0,427	0,429	0,431	0,433	0,436	0,438
0,20 (figure 6).	0,000	0,380	0,379	0,375	0,370	0,362	0,352	0,337

289. En examinant ce tableau, on reconnaît que les coefficients de la dépense croissent, comme l'ont démontré nos expériences, au fur et à mesure que la distance R entre la base du déversoir et le fond du réservoir augmente, depuis $R = o$ jusqu'à $R = o^m,2 2 5$. Pour cette dernière distance et les charges supérieures à $o^m,o5$, les coefficients sont les mêmes que pour notre dispositif de la figure 10, où cependant la distance dont il s'agit est de $o^m,54$. Quoique les résultats obtenus par M. Castel aient pu être altérés par les causes énoncées plus haut (287), on n'a pas moins le droit d'en conclure que la limite d'écartement entre la base du déversoir et le fond du réservoir, au delà de laquelle ce fond cesse d'avoir une influence sensible sur la dépense pour les charges de $o^m,o5$ et au-dessus, doit peu excéder $o^m,2 2 5$, et qu'en la portant à environ $o^m,25$ on ne court pas le risque de s'éloigner beaucoup de la vérité.

Mais cette distance paraît devoir être notablement plus grande pour les charges au-dessous de $o^m,o5$, à en juger par la différence des coefficients correspondant à $R = o^m,2 2 5$ et $R = o^m,54$. En effet, si, dans l'intervalle compris entre $R = o^m,2 2 5$ et la limite cherchée, les accroissements de ces coefficients étaient proportionnellement les mêmes qu'entre $R = o^m,1 7$ et $R = o^m,2 2 5$, il s'ensuivrait que, pour la charge de $o^m,o3$, ils n'atteindraient la valeur 0,459 relative au dispositif de la figure 10, que lorsqu'on aurait $R = 0^m,537$. Cela ne semblera pas étonnant si l'on considère que les faces du réservoir, lorsqu'elles ne sont éloignées que de $0^m,54$ des bords verticaux du déversoir, ont une influence sensible sur la dépense, surtout pour les très-faibles charges de liquide (281); car il est naturel d'admettre que le fond du réservoir étend son action à peu près à la même distance que ses parois latérales.

290. Dubuat et M. Bidone ont aussi fait des expériences sur des déversoirs dont les bords verticaux étaient situés dans le prolongement des faces du réservoir. Le premier de ces savants a mesuré la charge de fluide au point le plus élevé des remous, en amont de l'orifice, et, pour avoir la charge totale, il a ajouté à la hauteur ainsi obtenue celle qui est due à la vitesse moyenne acquise par le liquide en ce point. Le détail de ses expériences, numérotées de 189 à 192, est rapporté dans ses Principes d'hydraulique, tome II, page 116, § 413, et les éléments du calcul sont réunis en un tableau dans le tome I du même ouvrage, page 202, § 145. M. Bidone a pris pour la charge totale la hauteur à laquelle s'élevait l'eau dans la branche verticale d'un tube recourbé, dont la branche horizontale, plongée dans la veine liquide qui passait sur le seuil du déversoir, en recevait le choc (*Mémoires de l'Académie des sciences de Turin*, t. XXVIII, 1824). Nous avons réuni, dans le tableau suivant, les résultats de toutes ces expériences, en y ajoutant les coefficients correspondants pour nos dispositifs des figures 10 et 6.

NOMS des auteurs.	LARGEUR du déversoir, $l.$	HAUTEUR de la base du déversoir au-dessus du fond du réservoir, $R.$	CHARGE mesurée au point le plus haut des remous, $h_1.$	HAUTEUR due à la vitesse moyenne acquise par le liquide, $\frac{v^2}{2g}.$	CHARGE totale sur la base du déversoir, $h = h_1 + \frac{v^2}{2g}.$	DÉPENSE effective par seconde.	COEFFICIENTS de la formule $d.$	COEFFICIENTS de la formule d, pour le dispositif	
								de la figure 10.	de la figure 6.
1	2	3	4	5	6	7	8	9	10
	mètres.	mètres.	mètres.	mètres.	mètres.	litres.			
Dubuat....	0,4670	0,1105	0,1782	0,0169	0,1951	77,122	0,433	0,432	0,383
			0,1286	0,0095	0,1381	48,844	0,460	0,434	0,383
			0,0857	0,0031	0,0888	22,066	0,403	0,434	0,380
			0,0338	0,0003	0,0341	5,141	0,395	0,455	0,344
Bidone.....	0,6429	0,1557	"	"	0,1963	101,727	0,411	0,432	0,383
			"	"	0,1692	77,983	0,393	0,433	0,383
			"	"	0,1489	66,770	0,408	0,434	0,383
			"	"	0,1151	45,511	0,409	0,434	0,382
			"	"	0,0947	32,659	0,394	0,434	0,381
			"	"	0,0744	23,045	0,399	0,435	0,377

Pour les deux premières expériences de Dubuat, la hauteur due à la vitesse moyenne acquise par le fluide est une portion considérable (d'environ $\frac{1}{10}$ et $\frac{1}{13}$) de la charge mesurée au point le plus haut des remous; par conséquent, la somme de ces deux quantités doit être notablement plus petite (127) que la charge entière, telle qu'on l'obtiendrait en la relevant directement en un point où le liquide serait parfaitement stagnant, comme le suppose la formule $d.$ La dépense théorique calculée par cette formule est donc trop faible, et par suite les coefficients correspondants sont trop forts. En outre, la seconde de ces expériences, abstraction faite de cette circonstance, forme évidemment anomalie, ce qui ne doit pas surprendre, car Dubuat déclare lui-même (§ 145) ne pas pouvoir répondre de l'exactitude de ses mesures à une ligne et par conséquent à $\frac{0,002256}{0,1286} = \frac{1}{57}$ près, dans le cas dont il s'agit. En tenant compte de ces observations, on voit que, dans le cas des déversoirs de Dubuat et de M. Bidone, pour lesquels on a $R = 0^m,1105$ et $R = 0^m,1557$, les coefficients sont tous plus faibles que dans le cas du dispositif de la figure 10, pour lequel $R = 0^m,54$, et plus forts que dans celui de la figure 6, où $R = 0$; ce qui s'accorde parfaitement avec ce que nous avons dit au sujet de la diminution qu'éprouve la dépense, au fur et à mesure que la distance R entre la base de l'orifice et le fond du réservoir diminue.

291. La différence entre les résultats obtenus par MM. Castel, Bidone, Dubuat et par nous, en opérant sur des déversoirs dont les bords sont dans l'alignement des faces latérales du réservoir, ne saurait, abstraction faite des variations qui peuvent provenir des appareils et des moyens employés pour relever les charges, être attribuée à d'autres causes qu'à la différence de largeur de ces orifices, ou de position de leurs bases par rapport au fond du réservoir. Mais, les déversoirs de $0^m,74$ et de $0^m,20$ de largeur donnent des coefficients qui se rapprochent de plus en plus, à mesure que la position de leur base diffère moins, et finissent par devenir égaux pour les charges supérieures à $0^m,05$ (289). On doit donc en conclure que ces deux orifices ainsi que ceux de M. Bidone et de Dubuat fourniraient, toutes choses égales d'ailleurs, les mêmes coefficients quelle que fût la charge, si leurs bases étaient placées à des distances égales du fond du réservoir, et que par conséquent, dans le cas dont il s'agit, la valeur de ces coefficients est entièrement indépendante de la largeur absolue des orifices.

292. M. d'Aubuisson, dans son rapport déjà cité (138), déduit la même conséquence des seules expériences de M. Castel, et il l'étend à tous les cas où la largeur du déversoir surpasse environ le quart de celle du réservoir. Il en conclut en outre que, lorsque la première de ces largeurs est moindre que le quart de l'autre, et qu'en même temps elle est inférieure à $0^m,08$, les parois du réservoir n'ont plus d'influence sur l'écoulement et chaque déversoir a un coefficient particulier.

Ces expériences, comme nous l'avons dit à l'article 139, ont eu pour objet des déversoirs d'égales largeurs, adaptés à deux réservoirs différents dont le fond était abaissé de $0^m,17$ au-dessous de la base de ces orifices. Malheureusement, les dimensions des uns et des autres n'ont pas été combinées de façon que la série des rapports des largeurs l des orifices, à celles L des réservoirs, soit la même pour l'un et pour l'autre de ces réservoirs, ce qui pouvait s'effectuer en faisant l'un de ceux-ci double de l'autre, et aurait singulièrement facilité la comparaison des coefficients de la dépense, tout en rendant plus décisives les conséquences qu'on peut en tirer. Ainsi, les déversoirs de $0^m.6001$, $0^m.3998$, $0^m.1994$, etc. de largeur, ne sont pas situés, par rapport au réservoir de $0^m,74$, exactement comme le sont, par rapport à celui de $0^m,361$, les déversoirs de $0^m.3002$, $0^m.1994$, $0^m.1004$, etc. Pour ceux-ci, le rapport $\frac{l}{L}$ est respectivement plus grand que pour les autres; par conséquent, il doit en être de même à l'égard des coefficients de la dépense, s'il est vrai qu'ils croissent avec ce rapport. Cela a lieu en effet, mais la différence, si l'on ne considérait que les résultats donnés par M. Castel et sur lesquels M. d'Aubuisson a basé son raisonnement, pourrait être attribuée plutôt à la disposition particulière du réservoir de $0^m,361$ qu'à l'augmentation de la valeur de $\frac{l}{L}$. En effet, ces résultats devraient être égaux pour les déversoirs de $0^m,361$ et de $0^m,74$ de largeur, puisque pour l'un et pour l'autre on a $\frac{l}{L} = 1$. Cependant ceux qui concernent le premier de ces deux orifices sont de $\frac{1}{79}$ plus forts que ceux qui se rapportent au second, et il y a précisément la même différence entre les coefficients relatifs au déversoir de $0^m,3002$, pratiqué dans le réservoir de $0^m,361$ et pour lequel $\frac{l}{L} = 0,832$, et ceux qui correspondent au déversoir de $0^m,6001$, adapté au réservoir de $0^m,74$ et pour lequel $\frac{l}{L} = 0,811$.

293. Cette différence pourrait, dans ce dernier cas, être motivée par l'excès de la valeur $0,832$ de $\frac{l}{L}$ sur celle $0,811$, mais pourquoi est-elle la même que lorsque $\frac{l}{L} = 1$, et pourquoi, dans ce dernier cas, n'est-elle pas nulle? Il serait certainement permis de supposer que, dans l'un et l'autre cas, elle est due aux conditions particulières dans lesquelles était placé le réservoir de $0^m,361$, et qui différaient en plusieurs points essentiels de celles qui accom-

pagnaient celui de $0^m,74$, notamment en ce qui concernait le mode d'arrivée de l'eau destinée à alimenter les orifices d'écoulement (141). Mais, la question s'éclaircit lorsqu'on tient compte de la hauteur due à la vitesse acquise par le liquide au point où M. Castel a relevé la charge, comme on doit toujours le faire quand on ne l'a pas mesurée directement en un point où le fluide est parfaitement stagnant, ou qu'on ne l'a pas déduite de la charge moyenne dans le plan du déversoir (200). Les coefficients de la formule d de la dépense ne sont alors moyennement que d'environ $\frac{1}{145}$ plus forts pour le déversoir de $0^m,361$ que pour celui de $0^m,74$ de largeur, tandis qu'ils sont de $\frac{1}{70}$ plus grands pour le déversoir de $0^m,3002$ pour lequel $\frac{l}{L} = 0,832$, que pour celui de $0^m,6001$ auquel correspond la valeur $0,811$ de $\frac{l}{L}$. La différence de ces coefficients tient, dans le premier cas, à ce que le réservoir de $0^m,361$ donne nécessairement lieu, par suite des circonstances dans lesquelles il est placé, à des dépenses qui, toutes choses égales d'ailleurs, surpassent d'autant plus celles qu'on obtiendrait avec le réservoir de $0^m,74$ qu'elles sont plus considérables; dans le second cas, cette différence est due à la fois à la cause que nous venons de signaler et à l'excès du rapport $0,832$ sur celui $0,811$.

294. En appliquant à toutes les expériences de M. Castel le même calcul qu'aux cas précédents, il devient évident que les coefficients en question dépendent exclusivement de $\frac{l}{L}$, tant que ce rapport ne descend pas au-dessous d'une certaine valeur, passé laquelle les parois du réservoir n'ont plus aucune influence sur l'écoulement, mais nous ne saurions admettre avec M. d'Aubuisson que cette limite correspond à $\frac{l}{L} = 0,25$. En effet, d'un côté, nos expériences (281) ont fait voir que la dépense est sensiblement plus grande pour le dispositif de la figure 3, d'après lequel on a $\frac{l}{L} = 0,156$, que pour le cas des minces parois (fig. 1). La limite cherchée répond donc à une valeur de $\frac{l}{L}$ inférieure à $0,156$; d'un autre côté, en examinant la diminution que les coefficients

de la dépense éprouvent, pour chaque charge, en passant du dispositif de la figure 10 à celui de la figure 9 et de ce dernier à celui de la figure 3, dispositifs pour lesquels les valeurs de $\frac{l}{L}$ sont respectivement de 1.000, 0.833 et 0.156, on voit que ces coefficients deviennent égaux à ceux qui concernent les minces parois, pour des valeurs de $\frac{l}{L}$ de plus en plus petites à mesure que la charge de liquide diminue, et que lorsque celle-ci est réduite à $0^{m},01$, l'égalité des coefficients dont il s'agit correspond à $\frac{l}{L}=0,1$.

Ce résultat est confirmé par les expériences mêmes de M. Castel, car il est clair que lorsque les parois du réservoir ont cessé d'avoir de l'influence sur l'écoulement, les coefficients de la dépense, à égalité de largeur du déversoir, doivent être les mêmes pour les réservoirs de $0^{m},74$ et de $0^{m},361$; or, les plus larges des déversoirs de M. Castel qui remplissent à peu près cette condition, sont ceux de $0^{m},05$ et de $0^{m},03$, pour lesquels on a respectivement $\frac{l}{L} = \frac{0,05}{0,361} = 0,138$ et $\frac{l}{L} = \frac{0,03}{0,361} = 0,083$. Pour le premier, les coefficients sont tous plus forts avec le réservoir de $0^{m},361$ qu'avec celui de $0^{m},74$, et la différence varie de $\frac{1}{68}$ à $\frac{1}{410}$; pour le second, c'est l'inverse qui a lieu et la différence est constante et égale à $\frac{1}{208}$. On peut, d'après cela, regarder comme satisfaisant à la question un déversoir dont la largeur $0^{m},04$ soit une moyenne entre celles des deux précédents, et pour lequel le rapport $\frac{l}{L}$ a une valeur 0,11, peu différente de celle 0,10 que nous avons indiquée plus haut comme résultant de nos expériences.

295. Nous admettrons donc que les faces latérales du réservoir cessent d'avoir de l'influence sur l'écoulement, lorsque sa largeur est égale ou supérieure à environ 10 fois celle du déversoir. Alors les coefficients dont il s'agit dépendent de la grandeur absolue de la dernière de ces deux largeurs et non de son rapport à la première, comme le constatent les expériences que nous avons faites sur un déversoir de $0^{m},02$ de largeur, dont la base et les deux bords verticaux étaient respectivement éloignés de $0^{m},54$ et

de $1^m,83$ des parois correspondantes du réservoir. En effet, les coefficients de la dépense fournis par cet orifice sont de $\frac{1}{35}$ à $\frac{1}{9}$ plus forts que ceux que nous avons obtenus, dans les mêmes circonstances, pour notre déversoir de $0^m,20$ de largeur sous des charges comprises entre $0^m,01$ et $0^m,22$ (tabl. XIX, XX, XXXIX et XL).

Le même fait est démontré d'une manière plus complète par les expériences de M. Castel. Ses déversoirs de $0^m.05$, $0^m.03$, $0^m.02$ et $0^m.01$ se trouvaient dans les conditions voulues, puisque leurs largeurs étaient moindres que $\frac{1}{10}$ de celle du réservoir de $0^m,74$, et il en était de même de ceux de $0^m.03$, $0^m.02$ et $0^m.01$ par rapport au réservoir de $0^m,361$. Mais nous ne nous occuperons pas de ce qui concerne celui-ci, puisque M. Castel (141) regarde les résultats fournis par ce réservoir comme beaucoup moins exacts que ceux qu'il a trouvés pour l'autre. Nous avons calculé, pour ce dernier, les coefficients de la formule d de la dépense, et nous les avons consignés sur le tableau suivant.

CHARGES totales sur les bases des déversoirs.	COEFFICIENTS DE LA FORMULE d DE LA DÉPENSE, pour des déversoirs dont les bases, exhaussées de $0^m,17$ au-dessus du fond du réservoir, ont des longueurs			
	de $0^m,0499$.	de $0^m,0301$.	de $0^m,0199$.	de $0^m,0100$.
1	2	3	4	5
mètres.				
0,24	0,410	"	0,426	"
0,22	0,410	"	0,426	"
0,20	0,410	0,419	0,427	0,447
0,18	0,409	0,419	0,427	0,448
0,16	0,409	0,419	0,428	0,450
0,14	0,408	0,419	0,429	0,450
0,12	0,408	0,418	0,430	0,452
0,10	0,408	0,418	0,432	0,458
0,08	0,408	0,418	0,435	0,466
0,06	0,408	0,419	0,439	0,475
0,05	0,409	0,419	0,442	"
0,04	0,410	"	0,446	"

On voit, par ce tableau, que les coefficients de la dépense augmentent très-rapidement à mesure que la largeur des déversoirs diminue, à partir de celui de $0^m,0499$. Leur variation avec cette largeur, dans le cas qui nous occupe, ne saurait donc être douteuse. Mais nous devons, à cette occasion, faire une observation qui s'applique en général à toutes les expériences de M. Castel.

296. La distance entre le fond du réservoir et la base du déversoir de $0^m,02$, sur lequel cet ingénieur a opéré, n'était que de $0^m,17$, tandis que cette distance était de $0^m,54$ pour notre orifice de même dimension. Les coefficients qu'il a trouvés devraient donc être tous plus forts que ceux que nous avons obtenus (283). Au lieu de cela, ils sont plus faibles que ces derniers de quantités qui augmentent graduellement depuis zéro jusqu'à $\frac{1}{53}$, pour les charges comprises entre $0^m,08$ et $0^m,24$, et ils sont plus grands au contraire de zéro à $\frac{1}{41}$ pour les charges de $0^m,08$ à $0^m,04$.

Cette anomalie s'explique par les vices de l'appareil dont M. Castel a été forcé de se servir, à défaut d'autre. En effet, son réservoir était barré par plusieurs cloisons dites *languettes de calme*, destinées à amortir la vitesse de l'eau descendant d'une hauteur de $9^m,95$. La dernière de ces cloisons n'était éloignée que de $1^m,30$ des déversoirs, et son arête inférieure n'était exhaussée que de $0^m,04$ au-dessus de la base de ces orifices (140). Son action sur l'écoulement, qui était nulle pour les charges de $0^m,04$ et au-dessous, devenait évidemment d'autant plus grande qu'elle était plongée davantage sous l'eau, c'est-à-dire que la charge de liquide était plus forte. Or, nous avons vu (224) qu'une semblable cloison établie à 6 mètres en amont de notre déversoir de $0^m,20$ de largeur, avait fait diminuer sensiblement la dépense. Il devait en être ainsi, à plus forte raison, de celle qui n'était distante que de $1^m,30$ des orifices, dans les expériences de M. Castel. Cette circonstance rend parfaitement compte pourquoi les coefficients obtenus par cet ingénieur, qui devraient être plus forts que les nôtres, sont de plus en plus faibles qu'eux à mesure que la charge augmente, à partir de celle de $0^m,08$, et pourquoi ils sont, au contraire, plus grands pour les basses charges, notamment pour celle de $0^m,04$: c'est que, pour cette dernière, la languette de calme la plus voisine du déversoir n'avait aucune action sur l'écoulement, attendu que la surface supérieure du liquide rasait simplement son arête inférieure, sans la dépasser.

M. d'Aubuisson a bien senti les défauts de cet appareil sans le dire positivement, car on trouve dans son rapport la phrase suivante : *Peut-être de petites différences entre les coefficients proviendraient-elles encore de la manière dont l'eau, après avoir passé sous les languettes de calme, arrivait au déversoir. Au reste, toute erreur, dans le jaugeage des cours d'eau, qui est au-dessous d'un centième, doit être regardée comme nulle.* Sans doute les praticiens seraient très-heureux s'ils ne commettaient jamais que des erreurs de un centième, mais il faut pour cela que les expériences entreprises dans le but de les diriger soient aussi exactes que possible, et M. Castel a certainement fait preuve d'une très-grande habileté en obtenant des résultats aussi réguliers que ceux qu'il a présentés, avec des moyens d'exécution imparfaits comme ceux qui avaient été mis à sa disposition.

297. Il résulte donc des expériences de M. Castel et des nôtres, que, pour les déversoirs dont la largeur n'excède pas environ $\frac{1}{10}$ de celle du réservoir, les coefficients de la dépense diminuent à mesure que la grandeur absolue de la base de ces orifices augmente, à partir de $0^m,01$. Mais ces coefficients continuent-ils à diminuer ainsi et indéfiniment? M. d'Aubuisson fixe à $0^m,08$ la limite de largeur au-dessus de laquelle ils restent constants, en se basant sur les résultats obtenus par M. Castel pour les déversoirs adaptés au réservoir de $0^m,361$ de largeur. En effet, lorsqu'on passe de l'un à l'autre de ces déversoirs en commençant par celui de $0^m,01$ de largeur, les coefficients de la dépense, à charge égale, se rapprochent de plus en plus, et la différence entre ceux qui concernent les orifices de $0^m,079$ et de $0^m,092$ n'est plus moyennement que d'environ $\frac{1}{190}$ de leur valeur, et peut, par conséquent, être regardée comme nulle, puisque M. Castel a déclaré ne pouvoir répondre de l'exactitude de ses opérations qu'à $\frac{1}{150}$ près. Si donc on admettait avec M. d'Aubuisson que les parois du réservoir

n'eussent aucune influence sur la dépense du déversoir de $0^m,092$, pour lequel $\frac{l}{L} = 0^m,255$, il s'ensuivrait qu'en effet les coefficients n'éprouvent point de variation en passant de la largeur $0^m,079$ à celle $0^m,092$; et, quoique elles diffèrent peu entre elles, on serait peut-être en droit d'en conclure que ces coefficients restent les mêmes pour toutes les largeurs qui excèdent $0^m,08$.

Mais, nous avons vu (294) que les parois du réservoir ne cessaient d'avoir de l'influence sur l'écoulement que lorsque $\frac{l}{L}$ était égal ou inférieur à environ $0,1$; et, d'un autre côté, si l'on admet que cette influence est nulle quand $\frac{l}{L} = 0,255$, on doit l'admettre à plus forte raison lorsque ce rapport n'est que de $0,135$, comme cela a lieu pour le déversoir de $0^m,10$ adapté au réservoir de $0^m,74$. Les coefficients relatifs à ce déversoir de $0^m,10$ de largeur devraient donc être les mêmes que ceux qui concernent les déversoirs de $0^m,079$ et de $0^m,092$, tandis qu'ils sont moyennement plus faibles que ces derniers d'environ $\frac{1}{40}$ de leur valeur.

298. La grave question dont il s'agit ici, à savoir, s'il existe pour les déversoirs une limite de largeur au delà de laquelle les coefficients de la dépense restent constants, tant que cette largeur n'excède pas environ $\frac{1}{10}$ de celle du réservoir, ne peut être résolue d'une manière décisive que par de nouvelles expériences. En effet, celles qui ont été faites avant les nôtres se divisent en deux catégories: pour les unes, la position relative des bords des orifices et des parois du réservoir nous est inconnue ; et, pour les autres, ces orifices ne sont pas exactement dans les conditions des minces parois.

Parmi les premières se trouvent: celles de Smeaton et Brindley, que M. Navier a citées à la page XII de la Nouvelle architecture hydraulique de Bélidor, sans indiquer ni les dimensions du réservoir, ni l'abaissement de son fond au-dessous de la base de l'orifice; celles de M. d'Aubuisson qui a fait le même oubli, en rapportant à la page 77, § 70 de son Traité d'hydraulique, les résultats qu'il a obtenus avec un déversoir de $0^m,30$ de largeur, ouvert dans une feuille de fer-blanc; enfin, celles de M. Christian, qui paraissent avoir été exécutées dans des circonstances particulières que nous ignorons (*Traité de mécanique industrielle*, t. I).

Nous avons réuni, dans le tableau suivant, les résultats relatifs à cette première catégorie d'expériences, en distinguant celles qui sont dues à des auteurs différents, parce que très-probablement elles ne se rapportent pas aux mêmes dispositifs, et nous avons mis en regard, dans la dernière colonne, en les séparant des autres par un double trait vertical, les coefficients de la dépense fournis par notre dispositif de la figure 1. Tous ces coefficients concernent la formule théorique $d = lh\sqrt{2gh}$.

NOMS DES AUTEURS.	LARGEUR du déversoir, l.	CHARGE totale sur la base du déversoir, h.	DÉPENSE effective par seconde, E.	COEFFICIENT de la formule d, $\dfrac{E}{d}$	COEFFICIENT de la formule d, pour la dispositif de la figure I, $\dfrac{E}{d}$
1	2	3	4	5	6
	mètres.	mètres.	litres.		
		0,1651	18,877	0,417	0,395
		0,1429	13,450	0,369	0,393
		0,1270	12,317	0,403	0,394
		0,0794	60,880	0,403	0,397
Smeaton et Brindley.............	0,1524	0,0587	40,730	0,424	0,401
		0,0413	24,070	0,425	0,407
		0,0347	19,210	0,440	0,410
		0,0317	17,370	0,455	0,412
		0,0254	12,980	0,475	0,414
		0,0580	7,460	0,402	0,401
		0,0525	6,600	0,412	0,403
D'Aubuisson	0,3000	0,0470	5,670	0,418	0,404
		0,0430	4,860	0,412	0,406
		0,0367	3,850	0,411	0,408
		0,0240	2,030	0,413	0,414
		0,0800	17,310	0,431	0,397
		0,0700	14,062	0,428	0,398
		0,0600	11,250	0,432	0,401
	0,4000	0,0500	8,490	0,329	0,404
		0,0400	6,000	0,423	0,407
		0,0300	3,629	0,394	0,412
Christian..................		0,0200	1,844	0,368	0,417
		0,0100	0,659	0,363	0,424
		0,0800	9,000	0,449	0,397
	0,2000	0,0400	3,061	0,431	0,407
		0,0200	0,945	0,376	0,417

299. Les colonnes 5 et 6 de ce tableau montrent que Smeaton

et Brindley ont trouvé des résultats notablement plus forts que ceux qui concernent notre déversoir de $0^m,20$ de largeur, avec le dispositif de la figure 1. La différence peut sans doute provenir, et de ce que leur orifice était plus étroit que le nôtre, et de ce que sa base avait une épaisseur de $0^m,025$, et de ce qu'il n'était pas entièrement isolé comme celui-ci des parois du réservoir; mais cette dernière circonstance suffirait pour expliquer la différence, car certains de nos dispositifs donnent des coefficients qui dépassent ceux qu'ont obtenus ces savants (tabl. XXXIX).

M. d'Aubuisson a aussi trouvé des résultats plus grands que ceux qui correspondent à notre dispositif de la figure 1, mais ils s'en rapprochent plus que ceux de Smeaton et Brindley, et leur excès ne peut être attribué qu'à la seule influence des parois du réservoir, puisque l'orifice sur lequel ce célèbre ingénieur a opéré était beaucoup plus large que le nôtre, et sa base n'avait qu'une très-faible épaisseur.

Quant aux expériences de M. Christian, elles présentent cette particularité, que les coefficients diminuent avec la charge de liquide. Ce fait ne saurait s'expliquer, à défaut de renseignements sur le dispositif dont cet observateur s'est servi et sur la manière dont il a opéré, qu'en admettant que la base de ses orifices était au niveau du fond du réservoir, ou en était très-rapprochée, parce que c'est le seul cas dans lequel les plus petits coefficients de la dépense correspondent aux plus faibles charges (tabl. XXXIX).

300. Six des expériences de la seconde des deux catégories dont nous nous occupons ici ont pour objet des orifices qui, sous le rapport de leur éloignement des faces latérales du réservoir, sont à peu près dans les conditions des minces parois. Quatre d'entre elles sont dues à Dubuat et concernent un déversoir de $0^m,467$ de largeur, adapté directement au fossé d'un ouvrage de fortification dont les dimensions ne sont pas indiquées, mais étaient, dans tous les cas, infiniment plus grandes que celles de l'orifice (*Principes d'hydraulique*, t. I, § 143, et t. II, § 410, expériences numérotées de 185 à 188). Les deux autres ont été faites

par M. Bidone sur un déversoir dont la largeur $0^m,0774$ (*Mémoires de l'Académie des sciences de Turin*, t. XXVIII, 1824) était les 0,1205 de celle du réservoir, et par conséquent n'excédait pas beaucoup la valeur maxima 0,10 du rapport de ces largeurs, pour que les faces latérales du réservoir n'aient pas d'influence sur l'écoulement (294). Les résultats de ces six expériences sont consignés sur le tableau suivant, et nous y avons ajouté les coefficients relatifs à notre orifice de $0^m,20$ de largeur avec les dispositifs des figures 1 et 4.

NOMS des auteurs.	LARGEUR du déversoir, l.	RAPPORT de la largeur du déversoir à celle du réservoir, $\frac{l}{L}$.	HAUTEUR de la base du déversoir au-dessus du fond du réservoir, R.	CHARGE totale sur la base du déversoir, h.	DÉPENSE effective par seconde, E.	COEFFICIENT de la formule d, $\frac{E}{d}$.	COEFFICIENT de la formule d, pour le dispositif	
							de la figure 1, $\frac{E}{d}$.	de la figure 4, $\frac{E}{d}$.
1	2	3	4	5	6	7	8	9
	mètres.		mètres,	mètres,	litres.			
				0,1714	61,698	0,420	0,393	0,406
Dubuat...........	0,4670	"	0,1105	0,1184	35,241	0,418	0,394	0,408
				0,0812	19,923	0,416	0,397	0,409
				0,0451	8,569	0,432	0,405	0,411
Bidone...........	0,0774	0,1205	0,1470	0,1692	9,815	0,411	0,393	0,406
				0,0880	3,574	0,399	0,396	0,409

301. Si les coefficients de la dépense diminuaient indéfiniment, pour les déveroirs dont les bords sont entièrement isolés des faces du réservoir, à mesure que leur largeur augmente à partir de $0^m,01$ (297), l'orifice de $0^m,467$ devrait en donner de plus faibles que celui de $0^m,20$, lorsque ces deux orifices sont placés exactement dans les mêmes circonstances, et à plus forte raison quand la base du premier est éloignée de $0^m,1105$ du fond du réservoir, tandis que celle du second est au niveau de ce fond, comme dans le dispositif de la figure 4 (283). Or, les résultats obtenus par Dubuat (col. 7) sont, au contraire, tous plus grands que ceux qui concernent ce dispositif (col. 9). A la vérité, la base du déversoir de $0^m,467$ a une épaisseur de $0^m,025$ qui a pu faire augmenter la

dépense ; mais, en supposant qu'elle ait produit le même effet que le fond du réservoir relevé à la hauteur de cette base, il n'en résulterait pas moins que, toutes choses égales d'ailleurs, les coefficients de la dépense ne seraient pas plus petits pour cet orifice que pour celui de $0^m,20$ de largeur.

Pareillement, si la loi mentionnée au commencement de cet article se vérifiait pour toutes les largeurs de déversoir inférieures à $0^m,20$, l'orifice de $0^m,0774$ devrait fournir de plus forts résultats que celui de $0^m,20$, lorsqu'ils sont tous les deux placés exactement dans les mêmes conditions. Or, les bords verticaux du premier ne sont pas, comme ceux du second, entièrement isolés des faces du réservoir, et sa base n'est éloignée que de $0^m,147$ du fond de ce réservoir, tandis que pour le second, avec le dispositif de la figure 1, cette distance est de $0^m,54$; et, comme toutes ces circonstances contribuent à augmenter la dépense du déversoir de $0^m,0774$ (284), il s'ensuit que les coefficients obtenus par M. Bidone (col. 7), devraient être beaucoup plus grands que ceux qui concernent le dispositif de la figure 1 (col. 8). Cependant la différence est peu considérable surtout pour la charge de $0^m,088$, d'où il résulte qu'ils n'éprouvent pas de diminution sensible lorsqu'on passe de la largeur $0^m,0774$ à celle $0^m,20$; et, comme il en est de même en passant de cette dernière à celle de $0^m,467$, on peut, à la rigueur, en conclure que, *toutes choses égales d'ailleurs, les coefficients de la dépense ne varient pas, tant que la largeur des déversoirs est à la fois supérieure à environ $0^m,08$, et inférieure à environ $\frac{1}{10}$ de celle du réservoir.*

Nous reconnaissons d'ailleurs que les expériences sur lesquelles notre raisonnement repose, faites par des observateurs différents et dans des circonstances qui ne sont pas identiquement les mêmes, ne sont ni assez nombreuses, ni assez précises en elles-mêmes, pour qu'on puisse regarder comme définitive la conséquence que nous en avons déduite. Mais il faut nécessairement l'adopter, *quant à présent,* en attendant qu'on ait fait sur ce sujet des observations spéciales qui, nous l'avons déjà dit (298), sont indispensables pour trancher une question si importante pour la pratique de l'hydraulique.

302. Pour compléter la seconde catégorie des seules expériences qui, du moins à notre connaissance, ont été faites avant les nôtres (298), nous indiquons dans le tableau suivant, les résultats de sept qui sont dues à M. Bidone et à Eytelwein (*Manuel de mécanique et d'hydraulique*, 1823). Pour avoir la charge totale (col. 7), nous avons ajouté à celle qui a été mesurée par ces savants (col. 5), la hauteur due à la vitesse acquise par le liquide au point où ils ont relevé cette charge (col. 6).

NOMS des auteurs.	LARGEUR du déversoir, l.	RAPPORT de la largeur du déversoir à celle du réservoir, $\dfrac{l}{L}$.	HAUTEUR de la base du déversoir au-dessus du fond du réservoir, R.	CHARGE mesurée au point le plus haut des remous, h_1.	HAUTEUR due à la vitesse acquise par le liquide, $\dfrac{v^2}{2g}$.	CHARGE totale sur la base du déversoir, $h = h_1 + \dfrac{v^2}{2g}$.	DÉPENSE effective par seconde, E.	COEFFICIENTS de la formule d, $\dfrac{E}{d}$.
1	2	3	4	5	6	7	8	9
	mètres.		mètres.	mètres.	mètres.	mètres.	litres.	
Eytelwein	0,1570	0,1250		0,3925	0,0005	0,3930		0,421
	0,2610	0,2080		0,2826	0,0008	0,2834		0,413
	0,3660	0,2936	0,188	0,2261	0,0010	0,2271	72,044	0,411
	0,4710	0,3750		0,1871	0,0012	0,1883		0,423
	0,6730	0,5384		0,1510	0,0015	0,1525		0,406
	1,0820	0,8656		0,1080	0,0019	0,1099		0,413
Bidone	0,1708	0,2656	0,147	0,1008	0,0002	0,1010	9,696	0,399

Les résultats d'Eytelwein ne suivent pas une marche régulière, car les plus forts coefficients ne correspondent pas, comme cela devrait avoir lieu, aux plus faibles charges et aux plus grandes valeurs de $\dfrac{l}{L}$. Mais il paraît, d'après ce que dit M. d'Aubuisson à la page 74 de son Traité d'hydraulique, qu'Eytelwein s'est servi, pour mesurer la dépense de ses déversoirs, d'orifices de jaugeage auxquels il n'a pas appliqué des coefficients de contraction convenables, et qu'en outre les charges de liquide peuvent ne pas être exactes, puisque Funk leur attribue des valeurs un peu plus grandes, en citant les six expériences dont il s'agit parmi les quarante qui ont été faites sur le canal de Bromberg.

303. Nous avons indiqué plus haut les résultats obtenus par M. Castel, avec des déversoirs dont la largeur est inférieure à $\frac{1}{10}$ de celle du réservoir; il nous reste à rapporter ceux qui concernent le cas où la première de ces largeurs excède $\frac{1}{10}$ de la seconde. Ils font l'objet du tableau suivant qui, avec celui de l'article 295, comprend l'ensemble des observations faites par cet ingénieur. Nous n'avons pas eu égard à celles qui ont été faites avec le réservoir de $0^m,361$ de largeur, par les motifs que nous avons déjà exposés (141). Pour évaluer la dépense théorique nous avons substitué à h, dans la formule $d = lh\sqrt{2gh}$, la charge mesurée par M. Castel, augmentée de la hauteur due à la vitesse acquise par le liquide, dont il a toujours négligé de tenir compte dans ses calculs. Pour ne pas trop allonger le tableau, et rendre plus facile la comparaison des coefficients de la dépense qui se rapportent à des déversoirs différents, nous n'y avons porté que ceux qui correspondent à des charges exprimées en nombres ronds de centimètres, et que nous avons déduits, par interpolation, de ceux qui résultent des données mêmes des expériences. Nous ajouterons que la base de tous les déversoirs dont il est question ici est exhaussée de $0^m,17$ au-dessus du fond du réservoir.

LARGEUR du déversoir, l.	RAPPORT de la largeur du déversoir à celle du réservoir, $\frac{l}{L}$.	COEFFICIENTS DE LA FORMULE d DE LA DÉPENSE, pour des charges totales sur la base du déversoir												
		de $0^m,24$.	de $0^m,22$.	de $0^m,20$.	de $0^m,18$.	de $0^m,16$.	de $0^m,14$.	de $0^m,12$.	de $0^m,10$.	de $0^m,08$.	de $0^m,06$.	de $0^m,05$.	de $0^m,04$.	de $0^m,03$.
1	2	3	4	5	6	7	8	9	10	11	12	13	14	15
mètres.														
0,7400	1,0000	»	»	»	»	»	»	»	»	0,430	0,433	0,435	0,437	0,439
0,6804	0,9195	»	»	»	»	»	»	»	0,424	0,427	0,431	0,432	0,433	0,437
0,6001	0,8109	»	»	»	»	»	»	»	0,418	0,422	0,425	0,424	0,427	0,433
0,5024	0,6800	»	»	»	»	»	»	»	0,414	0,416	0,418	0,420	0,423	0,427
0,3998	0,5403	»	»	»	»	»	0,408	0,409	0,410	0,410	0,413	0,416	0,420	0,424
0,3002	0,4057	»	»	»	»	»	0,399	0,400	0,401	0,402	0,406	0,411	0,415	0,421
0,1994	0,2695	»	0,395	0,395	0,395	0,395	0,394	0,394	0,394	0,396	0,403	0,407	0,413	0,416
0,1004	0,1357	0,396	0,396	0,396	0,396	0,395	0,395	0,394	0,394	0,395	0,397	0,398	0,403	0,412

Les coefficients de la dépense suivent, sur ce tableau, une loi bien plus régulière que sur ceux qu'a dressés M. Castel, et les anomalies qu'on remarquait sur ceux-ci ont disparu, ce qui prouve la nécessité d'établir les calculs, comme nous l'avons fait, en tenant compte de la vitesse acquise par le liquide. Il est bien regrettable que, pour les larges déversoirs, cet ingénieur n'ait pas pu opérer sur des charges supérieures à $0^m,08$ ou $0^m,10$, et surtout qu'il y ait eu dans ses appareils des causes permanentes d'altération de la dépense (296).

304. Après avoir terminé nos expériences sur les déversoirs diversement placés par rapport au fond et aux faces du réservoir, nous avons naturellement dû examiner l'influence que l'épaisseur des parois pouvait exercer sur la dépense. Dans ce but, nous avons opéré sur un déversoir de $0^m,60$ de largeur ouvert dans une cloison de $0^m,05$ d'épaisseur. La distance de ses bords verticaux et de sa base aux parois correspondantes du réservoir, était respectivement de $1^m,54$ et de $0^m,54$. Il était donc situé par rapport à ce réservoir, exactement comme le déversoir de $0^m,20$ avec le dispositif de la figure 3, l'était par rapport à son propre réservoir. Les coefficients de la formule d qu'il a donnés (tabl. XXI et XLI) doivent donc être comparés à ceux qui concernent ce dispositif (tabl. XIX et XXXIX).

Ces derniers coefficients excèdent les autres de zéro à $\frac{1}{36}$ de leur valeur pour les charges comprises entre $0^m,04$ et $0^m,01$, et ils sont au contraire plus faibles de zéro à $\frac{1}{57}$ pour les charges de $0^m,04$ à $0^m,10$, et de $\frac{1}{57}$ à $\frac{1}{100}$ pour celles de $0^m,10$ à $0^m,20$. En traçant les courbes des coefficients pour ces deux cas, on voit qu'elles se comportent, à l'égard l'une de l'autre, à peu près de la même manière que celle qui concerne le dispositif de la figure 4, par rapport à celle qui est relative au dispositif de la figure 1. D'où il semblerait résulter que l'épaisseur de la base du déversoir de $0^m,60$ de largeur, produit un effet analogue à celui qui est dû au fond du réservoir, lorsqu'on le relève jusqu'au niveau de la base de l'orifice de $0^m,20$; ce qui s'explique très-bien puisque la veine fluide est constamment détachée des parois verticales du déversoir de 0m,60 de largeur, tandis qu'elle s'attache de plus en plus à sa base à mesure que la charge de liquide diminue.

305. La partie de droite des tableaux XIX, XX, XXI et XXXIX et les dernières colonnes des tableaux XL et XLI, sont relatives au cas où l'on assimile les déversoirs à des orifices fermés à la partie supérieure, qui auraient pour hauteur la charge moyenne $h - h'$ dans le plan du déversoir, déduite de l'aire entière de la section de la veine par ce plan. Les coefficients de la formule

$$D = l\,(h - h')\sqrt{2g\frac{(h + h')}{2}},$$

qui sert alors à calculer la dépense théorique, varient en général, pour un même dispositif, avec la charge totale h sur la base, à peu près de la même manière que ceux de la formule $d = lh\sqrt{2gh}$. Mais il n'en est pas de même quant aux variations qu'ils éprouvent avec les dispositifs. Ainsi, lorsqu'on passe de ceux des figures 9 ou 10 à ceux des figures 6, 13 et 14, les coefficients de la formule D augmentent tandis que ceux de la formule d diminuent (282-284), c'est-à-dire que les premiers deviennent plus grands lorsque, la contraction étant supprimée sur deux côtés de l'ouverture, on la détruit aussi sur le troisième, tandis que c'est l'inverse qui a lieu pour les seconds. Sous ce rapport, la formule D exprimé mieux la véritable loi du phénomène que la formule d, mais elle n'offre d'ailleurs aucun avantage pour la pratique, et elle a l'inconvénient d'exiger qu'on mesure à la fois la charge moyenne dans le plan du déversoir et la charge totale, qui seule est nécessaire lorsqu'on fait usage de la formule d.

306. En résumant tout ce que nous avons dit sur les déversoirs débouchant librement dans l'air, on voit qu'ils se partagent en deux catégories distinctes, selon que leur largeur est inférieure ou supérieure à $\frac{1}{10}$ de celle du réservoir.

Pour ceux de la première catégorie, les coefficients de la formule d de la dépense sont indépendants de la largeur, tant qu'elle excède environ o^m,o8; mais lorsqu'elle est moindre, ils varient au contraire avec cette largeur. Dans le premier cas, les valeurs des coefficients sont données immédiatement par notre dispositif de la figure 1 (tabl. XXXIX), ou se déduisent, par interpolation, de celles qui se rapportent à ce dispositif et à celui de la figure 4, selon que la distance de la base de l'orifice au fond du réservoir est plus grande ou plus petite qu'environ o^m,54. Dans le second cas, il faut admettre (3o1) que les coefficients relatifs au déversoir de o^m,2o (dispositif de la figure 1) s'appliquent aussi à celui de o^m,o8 de largeur; et, au moyen de ces coefficients et de ceux qui concernent notre orifice de o^m,o2 de largeur (tabl. XL), on déterminera par interpolation ceux qui conviennent à des largeurs intermédiaires. Les expériences de M. Castel dont nous avons calculé les résultats (295), pourront être très-utiles dans cette opération, non pour donner la valeur *absolue* des coefficients (296), mais leur valeur *relative* d'une largeur d'orifice à l'autre.

Pour les déversoirs de la seconde catégorie, on évaluera les coefficients correspondant aux diverses valeurs du rapport $\frac{l}{L}$ de leur largeur à celle du réservoir, au moyen de ceux qui concernent les dispositifs des figures 3, 9 et 1o (tabl. XXXIX), quand la distance R de leur base au fond du réservoir sera égale ou supérieure à environ o^m,54; mais lorsqu'elle sera plus petite, avant de procéder à cette interpolation, il faudra déterminer, pour nos propres déversoirs, les coefficients relatifs à la distance R que l'on considère, en se réglant d'après les résultats fournis par notre dispositif de la figure 6, comparés à ceux qui concernent le dispositif de la figure 9. Les expériences de M. Castel que nous avons rapportées au n° 3o3, pourront encore ici être d'un grand secours en indiquant, non les valeurs *absolues*, mais les valeurs *relatives* des coefficients d'une valeur à l'autre du rapport $\frac{l}{L}$.

Nous ne nous étendrons pas sur la marche à suivre pour calculer ces coefficients, dans le cas où les faces du réservoir sont inégalement éloignées des bords de l'orifice, sont inclinées sur le plan qui le contient, ou n'ont qu'une petite longueur, comme dans les dispositifs des figures 5, 8, 1 2 , 1 3 et 1 4 , parce que tout ce que nous avons dit à ce sujet pour les orifices fermés à la partie supérieure, s'applique aux déversoirs.

§ 7.

DÉPENSES DES ORIFICES DÉCOUVERTS OU EN DÉVERSOIR,

PROLONGÉS AU DEHORS DU RÉSERVOIR

PAR DES CANAUX RECTANGULAIRES DÉCOUVERTS.

307. Il n'a point été fait d'expériences, avant les nôtres, sur les déversoirs prolongés au dehors du réservoir par des canaux rectangulaires découverts, et l'on ne connaissait d'autre règle pour en calculer la dépense, que celle que Dubuat a donnée dans ses Principes d'hydraulique (t. I, § 1 77 et suivants). Cet illustre savant affirme avoir trouvé, par ses expériences, que cette dépense variait entre les 0,87 et les 0,97 de la section uniforme du courant, multipliée par la vitesse due à la différence de hauteur entre le niveau du liquide dans le réservoir et sa surface supérieure dans le canal, prolongée jusqu'à ce réservoir.

Mais cette règle, fût-elle exacte, n'est applicable qu'au seul cas où le canal est établi au niveau du fond du réservoir, comme l'était celui de Dubuat, et où il est assez long pour que le régime de l'eau y parvienne à l'uniformité. Or, le plus souvent il n'en est point ainsi dans la pratique, il y a donc là une lacune importante que nous nous sommes proposé de combler; et, dans ce but, nous avons fait sur notre déversoir de $0^m,20$ de largeur, prolongé par un canal rectangulaire découvert, les mêmes expériences que sur cet orifice débouchant librement dans l'air.

308. Les résultats de ces opérations qui sont consignés sur les tableaux XXII et XLII, montrent que les coefficients de la dépense sont, toutes choses égales d'ailleurs, beaucoup plus faibles dans le premier cas que dans le second, même lorsque le canal est

incliné à $\frac{1}{10}$ et n'a que $2^m,5o$ de longueur, comme dans le dispositif de la figure 26, au lieu d'être horizontal et long de $3^m,oo$. Il est digne de remarque que, pour les déversoirs prolongés par des canaux comme pour ceux qui débouchent librement dans l'air (art. 282 et suivants), la dépense augmente lorsque, leur base étant isolée du fond du réservoir, on détruit la contraction sur leurs côtés verticaux (dispositifs des figures 15, 20 et 21), tandis que cette même dépense diminue au contraire quand, les côtés verticaux étant privés de contraction, on la supprime aussi sur la base (dispositifs des figures 16 et 19). Le fond du réservoir établi au niveau de la base de l'orifice, a d'ailleurs une influence différente sur la dépense des déversoirs prolongés par des canaux et de ceux qui débouchent librement dans l'air, lorsque leurs bords verticaux sont isolés des faces latérales de ce réservoir; il fait diminuer les coefficients pour toutes les charges inférieures à $o^m,16$, dans le premier cas, et seulement pour celles qui sont au-dessous de $o^m,o35$, dans le second.

309. Au nombre des expériences de M. Castel que nous avons souvent citées dans le cours de ce mémoire, il y en a 5 qui ont eu pour objet un déversoir de $o^m,1994$ de largeur, prolongé par un canal de $o^m,2o4$ de longueur, incliné à $\frac{1}{13,3}$. La base de cet orifice était exhaussée de $o^m,17$ au-dessus du fond d'un réservoir de $o^m,74$ de largeur, auquel il était adapté. Nous avons calculé, pour ces expériences, les coefficients de la formule $d = lh\sqrt{2gh}$, en tenant compte de la vitesse acquise par le liquide au point où a été relevée la charge, et nous les avons indiqués dans le tableau suivant.

CHARGE MESURÉE au point le plus haut des remous, h_1.	HAUTEUR due à la vitesse moyenne acquise par le liquide, $\frac{v^2}{2g}$.	CHARGE TOTALE sur la base du déversoir, $h = h_1 + \frac{v^2}{2g}$.	DÉPENSE effective par seconde.	COEFFICIENTS de la formule d.
1	2	3	4	5
mètres.	mètres.	mètres.	litres.	
0,1114	0,0003	0,1117	11,520	0,349
0,0053	0,0002	0,0955	9,124	0,350
0,0765	0,0001	0,0766	6,565.	0,351
0,0598	"	0,0598	4,549	0,352
0,0501	"	0,0501	3,498	0,353

Les coefficients de la dépense portés sur ce tableau sont moyennement plus faibles que ceux qui concernent le même orifice débouchant librement dans l'air, d'environ $\frac{1}{8}$ de la valeur de ces derniers (303). Ces résultats, *quant à la valeur relative des coefficients,* s'accordent bien avec les nôtres, car ceux qui, pour les mêmes charges, correspondent à notre dispositif de la figure 9, où l'orifice débouche librement dans l'air, excèdent de $\frac{1}{8,4}$ ceux qui se rapportent au dispositif de la figure 26 en tout semblable au précédent, sauf que le déversoir est prolongé par un canal de $2^m,50$ de longueur incliné à $\frac{1}{10}$.

Les explications que nous avons données à l'article 306 au sujet de la table d'interpolation n° XXXIX, nous dispensent d'entrer dans aucun détail sur ce qui concerne la table n° XLII, relative aux déversoirs prolongés par des canaux, puisqu'elle est en tout semblable à la première, et que la manière de s'en servir est exactement la même.

§ 8.

DÉPENSES DES DÉVERSOIRS INCOMPLETS OU EN PARTIE NOYÉS.

310. Dubuat appelle *demi-réversoir* ou *réversoir non complet,* un déversoir qui verse son eau dans un bassin inférieur dont le niveau s'élève au-dessus de la base de l'orifice (*Principes d'hydraulique,* t. I, §§ 141-147). Il indique, pour calculer la dépense de cette

sorte de déversoirs, la formule $lC\sqrt{2g\,(C-c)}$, dans laquelle l est la largeur de l'orifice, C la charge sur sa base prise en amont au point le plus haut des remous, et augmentée de la hauteur due à la vitesse moyenne acquise par le liquide en ce point, et c la quantité dont la surface supérieure du liquide, dans le bassin inférieur, s'élève au-dessus de la base du déversoir.

Cet illustre savant n'a fait, dans ces conditions, qu'une seule expérience, portant le n° 193, sur un déversoir formé en barrant un canal sur toute sa largeur, qui était de $0^m,467$, et sur une hauteur de $0^m,1105$ (t. II, § 413). Pour cette expérience, on a $C = 0^m,1602 + 0^m,0131 = 0^m,1733$, $c = 0^m,0541$ et par conséquent $lC\sqrt{2g\,(C-c)} = 123,776$ litres; et, comme la dépense effective est de $64,269$ litres, il s'ensuit que le coefficient dont il faut affecter la formule théorique est de $0,519$. Mais ce résultat ne doit pas être considéré comme fort rigoureux, attendu que, d'après ce que dit Dubuat, l'évaluation de c n'est qu'approximative.

311. Cette formule, si elle exprimait la véritable loi du phénomène, conviendrait évidemment aux déversoirs formés à l'entrée des canaux de $0^m,24$ et de $0^m,204$ de largeur, servant de réservoir pour alimenter les divers orifices que nous avons soumis à l'expérience, avec les dispositifs des figures 6, 7, 9, 10, 19, 21, etc.; car la veine fluide qui tendait naturellement à s'en échapper, était recouverte en partie par le liquide qui se trouvait amoncelé dans ces canaux. Nous avons essayé de l'appliquer à ceux de ces dispositifs pour lesquels les données nécessaires au calcul sont indiquées sur des sections longitudinales et transversales de la surface du liquide, que nous avons relevées avec le plus grand soin afin de représenter toutes les circonstances de l'écoulement (pl. 7, 8, 9, 10, 11, 20, 21, 22, 27, 28 et 32). Mais les valeurs des coefficients de la dépense ainsi obtenus, varient de $4,000$ à $0,287$ et présentent les anomalies les plus choquantes, de quelque manière qu'on les classe entre eux.

312. En examinant la question, il nous a paru que la hauteur c de l'eau d'aval au-dessus de la base du déversoir, devait

être mesurée à la rencontre de la nappe supérieure de la veine fluide qui sort par cet orifice, avec la surface du liquide contenu dans le bassin inférieur, et par conséquent au point le plus bas de cette surface et non au point le plus haut; car ce dernier point, comme on peut le voir sur les sections longitudinales, est souvent situé à une si grande distance en aval, qu'il est douteux que son exhaussement au-dessus du point le plus bas de la chute, contribue à diminuer la dépense autant que le suppose la formule de Dubuat, puisque nous avons vu (274) que, pour les orifices fermés à la partie supérieure, les remous ne produisent aucun effet tant qu'ils n'atteignent pas la veine contractée.

Ainsi, en nommant n la distance verticale du point le plus bas dont il s'agit à la base du déversoir, ou, ce qui revient au même, la hauteur en ce point de la portion noyée de la veine fluide, et h la charge totale sur la base prise en amont de l'orifice, nous admettons que la vitesse de l'écoulement est due à la hauteur $h - n$ de la portion de la veine qui n'est pas noyée, et que par conséquent la dépense théorique est exprimée par $D_1 = lh\sqrt{2g(h-n)}$.

Les coefficients par lesquels il faut multiplier cette formule, pour obtenir la dépense effective, suivent une loi parfaitement régulière en les ordonnant d'après les valeurs du rapport $\frac{h-n}{h}$, de la portion de la veine qui n'est pas noyée à la charge totale, comme le montre le tableau n° XXIV, où nous avons réuni toutes les expériences relatives aux dispositifs des figures 6, 19 et 10 pour lesquelles, ainsi que nous l'avons déjà dit, nous avons relevé des sections de la surface du liquide. Les résultats qui concernent les deux premiers de ces dispositifs sont classés indistinctement entre eux suivant l'ordre des valeurs de $\frac{h-n}{h}$; mais ceux qui se rapportent au troisième forment une catégorie à part, parce que pour celui-ci la base du déversoir est au niveau du fond du réservoir, tandis que, pour les deux autres, elle en est éloignée de $0^m,54$.

313. Les déversoirs incomplets dont nous nous occupons ali-

mentaient, comme l'indiquent les deux dernières colonnes du tableau XXIV, des orifices découverts et des orifices fermés à la partie supérieure de diverses hauteurs, adaptés à des dispositifs différents, et cependant les coefficients de la formule D_1 correspondant à un même déversoir incomplet, suivent une loi très-régulière. On doit donc en conclure que ces orifices et ces dispositifs n'ont aucune influence sur ces coefficients, et que ceux-ci ne dépendent que du rapport $\frac{h-n}{h}$. Mais, à égalité de ce rapport, ils n'auraient sans doute plus les mêmes valeurs, si le déversoir incomplet se trouvait par lui-même placé dans des conditions différentes, comme, par exemple : si ses bords verticaux étaient situés dans le prolongement ou à une petite distance des faces latérales du réservoir, au lieu d'en être entièrement isolés; s'il débouchait directement dans un large bassin au lieu d'être prolongé par un canal; ou peut-être même si ce canal avait une forte pente au lieu d'être horizontal. En effet, le déversoir incomplet de $0^m,204$ de largeur, dont la base est au niveau du fond du réservoir, paraît devoir donner, toutes choses égales d'ailleurs, de plus forts résultats que celui de $0^m,24$ de largeur, dont la base est au contraire élevée de $0^m,54$ au-dessus de ce fond.

La question dont il s'agit ne peut donc être considérée comme rigoureusement résolue, que pour les déversoirs incomplets prolongés par des canaux horizontaux, dont les bords verticaux et la base sont entièrement isolés des parois correspondantes du réservoir; car les deux expériences relatives au déversoir de $0^m,204$ de largeur, auxquelles nous avons pu appliquer la formule D_1, sont tout à fait insuffisantes pour indiquer la marche que les coefficients suivraient dans ce cas. Pour fournir les moyens de calculer la dépense de tous les orifices qui seraient dans les conditions que nous venons d'énoncer, nous avons construit par interpolation, à l'aide des résultats consignés sur le tableau n° XXIV, la table n° XLIII qui donne les coefficients de la formule $D_1 = lh\sqrt{2g(h-n)}$, correspondant aux diverses valeurs du rapport $\frac{h-n}{h}$.

Ces coefficients peuvent être employés avec confiance, et il est vivement à désirer que, par des expériences analogues aux nôtres, on détermine les valeurs qu'ils doivent avoir dans les autres circonstances qui peuvent se présenter dans la pratique.

RÉSUMÉ.

314. Nous terminerons notre pénible tâche en présentant le résumé : de ce qui concerne le coefficient de la contraction naturelle de la veine fluide; des principales difficultés qui arrêtaient à chaque pas dans l'évaluation de la dépense des orifices, lorsque nous avons commencé notre travail, et des solutions qui résultent de nos expériences.

315. D'après les opérations que nous avons faites en 1834, pour vérifier celles de 1827, sur un orifice carré de $0^m,20$ de côté, en minces parois planes et entièrement isolé du fond et des faces du réservoir, le rapport de l'aire de la section minima de la veine fluide, jaillissant sous une charge de $1^m,71$ sur le centre, à celle de l'orifice, est de $0,577$, tandis que le rapport des dépenses effective et théorique est de $0,602$. Or, le centre de gravité de cette section était abaissé de $0^m,0197$ au-dessous du centre de l'orifice; la vitesse théorique était donc due à une charge de $1^m,7297$, en sorte que, même en tenant compte de cet abaissement, elle est, contrairement aux idées reçues, d'environ $\frac{1}{26}$ de sa valeur plus faible que la vitesse moyenne dans la section minima de la veine fluide.

Cette dernière vitesse est au contraire d'environ $\frac{1}{35}$ de sa valeur plus petite que l'autre, pour un orifice de $0^m,02$ de largeur horizontale sur $0^m,60$ de hauteur, sous une charge de $1^m,55$ sur le centre, placé dans les mêmes circonstances que le précédent, en tenant compte, comme on vient de le dire, de l'abaissement du centre de gravité de la section minima au-dessous de celui de l'orifice, abaissement qui est ici de $0^m,0257$.

Pour les orifices de o^m,20 de largeur horizontale sur o^m,20 et o^m,o5 de hauteur, lorsque leur base est au niveau du fond du réservoir, et que leurs deux bords verticaux sont placés à o^m,o2 des faces correspondantes de ce réservoir, la section minima de la veine fluide, jaillissant sous une charge de 1^m,5475 sur le centre du premier de ces deux orifices, et de 1^m,5096 sur celui du second, est située à o^m,o93 seulement en aval de l'ouverture, tandis qu'elle en est éloignée de o^m,30 dans les deux cas précédents. En tenant encore ici compte de l'abaissement du centre de gravité de cette section minima, qui est de o^m,o317 pour l'orifice de o^m,2o de hauteur et de o^m,o257 pour celui de o^m,o5, on trouve que la vitesse moyenne du liquide dans la section dont il s'agit est, pour l'un comme pour l'autre, d'environ $\frac{1}{125}$ de sa valeur plus forte que la vitesse théorique.

316. On admettait généralement que, pour les orifices fermés à la partie supérieure, en minces parois planes et complétement isolés du fond et des faces du réservoir, le coefficient par lequel il fallait multiplier les formules théoriques pour avoir la dépense effective, coefficient qu'on nommait improprement *coefficient de contraction*, et que nous avons appelé, dans tout le cours de notre mémoire, *coefficient de la dépense*, variait : avec la charge de liquide, pour un même orifice ; et, pour une même charge, avec les dimensions de l'orifice.

Mais cette assertion, d'ailleurs parfaitement exacte, ne reposait que sur des résultats isolés, souvent contradictoires, ne pouvant par conséquent pas servir à établir des lois, et se rapportant presque exclusivement à des orifices circulaires et à des charges ou très-faibles ou très-fortes, et presque jamais aux charges intermédiaires, qui sont précisément celles qu'on rencontre le plus fréquemment dans la pratique, et qui intéressent particulièrement le jaugeage des cours d'eau, en sorte qu'il était à peu près impossible d'en évaluer la dépense avec exactitude.

Les expériences que nous avons faites à ce sujet lèvent toute difficulté. En effet, celles de 1828 qui ont été publiées en 1829, nous ont fourni les moyens de dresser une table des valeurs des coefficients de la dépense, pour les orifices de 0^{m},20 de base et de 0^{m},20 à 0^{m},01 de hauteur, sous des charges sur le sommet comprises entre zéro et 3 mètres; et celles que nous avons exécutées en 1834, pour compléter les premières, ont démontré directement que ces coefficients ne dépendent que du plus petit intervalle qui sépare les bords opposés de l'orifice, et qu'ils restent les mêmes, quelle que soit l'autre dimension de cet orifice, tant qu'elle n'excède pas environ vingt fois la première. Or, les pertuis en usage dans la pratique remplissent en général cette condition. Nos tables (tabl. du n° XXV au n° XXX, fig. 1) peuvent donc servir à résoudre toutes les questions relatives à la dépense des orifices rectangulaires verticaux, en minces parois planes et entièrement isolés du fond et des faces du réservoir, même dans le cas, d'ailleurs fort rare, où leur hauteur excéderait leur largeur; car il résulte aussi des expériences de 1834 que, pour des ouvertures d'égales dimensions, les coefficients de la formule D′ de la dépense, à égalité de charge sur le sommet, sont sensiblement les mêmes quelle que soit celle de ces deux dimensions qui est disposée horizontalement.

317. On était obligé, pour évaluer le produit des orifices percés dans des parois épaisses et débouchant librement dans l'air, comme ceux qu'on rencontre dans la pratique, de se servir d'un très-petit nombre de résultats relatifs à des dispositifs différents, et dont aucun ne se rapporte exactement au cas où ces pertuis sont entièrement isolés du fond et des faces du réservoir. Nos expériences de 1834 ont comblé cette lacune : d'une part, en montrant que les coefficients de la dépense sont alors les mêmes que pour les minces parois, quand la veine se détache de tout le pourtour de l'orifice (circonstance qui ne se présente d'ailleurs que lorsque cet orifice n'est pas limité par une vanne à sa partie supérieure, ou que l'épaisseur de celle-ci, à son extrémité inférieure, est réduite à une simple arête vive); et d'autre part, en fournissant les éléments nécessaires à la formation du tableau

n° XXXIII, qui donne les coefficients de la dépense correspondant aux diverses dispositions du vannage adapté à l'orifice.

318. Les pertuis débouchant librement dans l'air en usage dans la pratique, au lieu d'être tout à fait isolés du fond et des faces du réservoir, en sont souvent très-rapprochés et sont accompagnés, vers l'intérieur de ce réservoir, de murs en ailes plus ou moins longs, plus ou moins évasés, circonstances qui toutes modifient les lois de l'écoulement. Les auteurs s'accordaient à admettre que le coefficient de la dépense augmentait à mesure que la distance entre les bords de l'orifice et les parois du réservoir diminuait; mais quelles étaient les lois de cette augmentation dans chaque cas particulier, et pour toutes les combinaisons qui se rencontrent dans la pratique? On était dans la plus complète ignorance à cet égard, et par conséquent il était alors impossible de calculer, même approximativement, la dépense des orifices; car les expériences de M. Bidone, les seules qui eussent été faites sur ce sujet, et que nous avons examinées à l'article 233, ne pouvaient être d'aucune utilité, attendu qu'elles ne concernent qu'une seule disposition d'orifice et une seule charge de liquide, et que les résultats ne sont même pas exacts, par suite d'un vice que nous avons signalé dans l'appareil. Mais cette dépense peut maintenant être évaluée dans tous les cas par interpolation, sinon avec une rigoureuse exactitude, du moins avec un degré d'approximation bien suffisant pour la pratique, au moyen des tables du n° XXV au n° XXXI, déduites de nos observations sur les dispositifs des figures numérotées de 1 à 14.

319. On manquait totalement d'expériences sur les orifices fermés à la partie supérieure, prolongés au dehors du réservoir par des canaux rectangulaires découverts, où le régime des eaux ne peut devenir *uniforme*. On admettait, d'après Bossut, que la dépense de ces orifices était la même que si les canaux n'existaient pas; mais les résultats des opérations que nous avons faites sur les dispositifs des figures numérotées de 15 à 27, comparés à ceux que nous avons obtenus pour les dispositifs des figures de 1 à 14,

montrent que, dans la plupart des cas, les canaux font au contraire diminuer notablement le produit de l'écoulement, surtout pour les faibles charges, et le réduisent quelquefois aux 0,7 de ce qu'il serait si les orifices débouchaient librement dans l'air. En s'en tenant à l'assertion de Bossut sans l'avoir vérifiée, on pouvait donc commettre de très-graves erreurs qui désormais seront impossibles; car nos tables du n° XXXIV au n° XXXVIII donnent les moyens de résoudre, d'une manière satisfaisante, toutes ces questions qui sont d'une haute importance, en ce qu'elles concernent précisément les dispositions le plus généralement en usage pour les prises d'eau, les usines hydrauliques et les écluses des fortifications et de la navigation.

320. Dubuat a établi une formule particulière qui était généralement admise pour calculer la dépense des orifices dont nous venons de parler, quand il se forme dans le canal des remous qui s'élèvent au-dessus du bord supérieur de l'ouverture. Mais elle ne comprend pas le cas, qui peut se présenter souvent, où les remous ne recouvrent qu'en partie la veine contractée; et, appliquée dans les autres cas à des expériences spéciales que nous avons faites sur ce sujet, elle donne des coefficients qui ne suivent aucune loi régulière, et diffèrent notablement de la valeur unique que leur attribue cet illustre hydraulicien. Cette formule, qui n'est d'ailleurs basée sur aucun résultat d'observation, ne peut donc conduire qu'à des erreurs; mais nous avons remarqué qu'on pouvait la remplacer, soit que ces remous recouvrent en totalité ou en partie seulement la veine contractée, soit qu'ils ne l'atteignent pas, par la formule ordinaire de la dépense, en modifiant, comme l'indique une table déduite de nos expériences et insérée à l'article 280 de ce mémoire, les coefficients dont elle serait affectée s'il n'y avait pas de remous dans le canal, et qui sont donnés par les tableaux du n° XXXIV au n° XXXVIII. Ces modifications ne conviennent, à la rigueur, qu'au seul dispositif que nous avons soumis à l'épreuve, parce qu'il n'est pas certain que l'influence relative des remous sur le produit de l'écoulement, soit la même pour tous

les dispositifs, quoique le raisonnement semble l'indiquer; mais on doit admettre, *quant à présent*, cette hypothèse qui paraît devoir conduïre, dans tous les cas, à des résultats beaucoup plus approchants de la vérité que ceux qu'on déduirait de la formule de Dubuat.

321. L'évaluation de la dépense présentait autant de difficultés pour les déversoirs isolés du fond et des faces latérales du réservoir et débouchant librement dans l'air, que pour les orifices fermés à la partie supérieure, quoiqu'on eût fait pour les premiers beaucoup d'expériences en grand, parce qu'elles sont, sous tous les rapports, bien plus faciles à exécuter que pour les seconds. Selon certains auteurs, le coefficient de la dépense augmentait à mesure que la charge diminuait; selon d'autres, c'était l'inverse qui avait lieu, et même ce coefficient était sensiblement indépendant du rapport des dimensions de l'orifice et du réservoir, de sorte que la contraction effective de la veine n'avait aucune influence sur la dépense.

Nos expériences de 1828, publiées en 1829, ont constaté d'une manière irrécusable l'augmentation du coefficient à mesure que la charge diminue, pour les déversoirs *entièrement* isolés du réservoir dans tous les sens. Toutefois, la question ne se trouvait pas suffisamment éclaircie, parce que nos résultats étaient notablement plus faibles que ceux qu'avaient obtenus tous les autres observateurs, même pour des déversoirs dont les bords verticaux étaient éloignés de 3 fois et $\frac{1}{2}$ la largeur de ces orifices des faces correspondantes du réservoir. Or, on était porté à croire qu'une telle distance était plus que suffisante pour que ces faces n'eussent aucune influence sur l'écoulement; que par conséquent en la rendant 2 fois et $\frac{1}{2}$ plus grande, comme cela avait lieu pour notre dispositif, la dépense ne devait pas changer, et dès lors on ne pouvait se rendre compte pourquoi nos résultats étaient plus petits que ceux des autres expérimentateurs.

Nos observations de 1834 ont tout expliqué, en démontrant que les faces latérales du réservoir ont de l'action sur la dépense;

tant que sa largeur n'excède pas environ 10 fois celle du déversoir. Les résultats qu'elles ont fournis, rapprochés de ceux de Dubuat, de M. Bidone, et particulièrement de ceux de M. Castel, rectifiés par nous en tenant compte, comme on doit le faire, de la vitesse acquise par le liquide au point où la charge a été mesurée, établissent, d'une manière incontestable, que les coefficients de la dépense sont indépendants du rapport de la largeur du déversoir à celle du réservoir, ou varient avec ce rapport, selon qu'il est plus petit ou plus grand que 0,1. Dans le premier cas, ces coefficients restent constants quelle que soit la largeur absolue de l'orifice, tant qu'elle ne descend pas au-dessous d'une certaine limite de grandeur qui est inconnue, mais qui paraît devoir peu s'écarter de $0^m,08$; tandis que dans le second ils sont toujours entièrement indépendants de cette largeur.

Nos expériences ont en outre fait voir que, dans l'un et l'autre cas, les valeurs des coefficients varient, toutes choses égales d'ailleurs, selon que le fond du réservoir est plus ou moins éloigné de la base du déversoir, et que ses faces sont plus ou moins longues ou plus ou moins inclinées sur le plan qui contient cet orifice, circonstances dont ni M. Castel, ni aucun autre expérimentateur ne s'est occupé. Le tableau n° XXXIX, qui est déduit des résultats que nous avons obtenus dans ces divers cas, donne donc les moyens de résoudre, soit directement, soit par interpolation, toutes les questions relatives à la dépense des déversoirs qui peuvent se présenter, en y adjoignant, lorsqu'il s'agit d'un orifice dont la largeur est à la fois inférieure à $0^m,08$ et à $\frac{1}{10}$ de celle du réservoir, le tableau n° XL, qui concerne un déversoir de $0^m,02$ de largeur, que nous avons soumis à l'épreuve.

322. Les déversoirs en usage dans la pratique sont presque toujours ouverts dans des parois plus ou moins épaisses. Il était donc important de vérifier si, comme on l'avait admis jusqu'alors faute d'expériences sur ce sujet, on pouvait leur appliquer les coefficients relatifs aux minces parois. Les observations que nous avons faites sur un orifice dont les joues verticales et la base

avaient une épaisseur de o^m,o5, ont prouvé le contraire, et les coefficients que nous en avons déduits (tabl. XLI) pourront servir à modifier, selon le cas, ceux qui se rapportent aux minces parois.

323. Pour calculer la dépense des déversoirs prolongés au dehors du réservoir par des canaux rectangulaires découverts d'une petite longueur, où le régime des eaux ne peut parvenir à *l'uni-formité*, on n'avait d'autre règle que celle que Dubuat a établie pour les canaux où ce régime est au contraire *uniforme*, et qui est évidemment inapplicable au cas dont il s'agit. Pour combler cette lacune, d'autant plus fâcheuse qu'elle se rapporte à des disposi-tions très-fréquemment usitées dans la pratique, nous avons fait sur les dispositifs des figures numérotées de 15 à 26, des séries complètes d'expériences, ayant pour objet la détermination des coefficients dont il faut alors affecter la formule ordinaire de la dépense. Le tableau n° XLII, que nous avons déduit de ces obser-vations, fournit les moyens de résoudre, soit directement, soit par interpolation, toutes les questions relatives à la dépense de ces sortes de déversoirs.

324. Toutes les formules en usage pour évaluer la dépense des déversoirs comprennent la charge totale sur la base, censée prise en un point où le liquide est parfaitement stagnant. La détermination *directe* de cette charge est souvent ou très-difficile ou impossible, soit à cause des obstacles que présentent les localités, soit parce que le fluide, à son arrivée dans la sphère d'activité de l'orifice, est animé d'une certaine vitesse dont la hauteur génératrice est inconnue. Dubuat indique une règle à suivre, dans ce cas, pour obtenir la charge totale; mais nous avons fait voir, d'après les ré-sultats de nos expériences, qu'elle conduit à des erreurs qui, pour certains dispositifs, sont très-considérables. La charge moyenne dans le plan du déversoir est au contraire, en général, facile à mesurer. C'est pourquoi nous avons établi des formules qui, liant cette dernière charge à la charge totale, *réelle* ou *fictive*, permettent de déterminer celle-ci en fonction de l'autre, dans les divers cas que nous avons soumis à l'épreuve. La recherche de ces formules,

dont nous avons fait la récapitulation à l'article 2oo de ce mémoire, a exigé, de notre part, un si grand nombre d'essais infructueux et des calculs tellement considérables, que nous y aurions certainement renoncé dès le début, si nous n'avions été soutenu par le vif désir de fournir ainsi les moyens d'évaluer la dépense des déversoirs, dans les circonstances où, la charge totale ne pouvant être relevée directement, cette dépense ne saurait sans cela être obtenue même approximativement. Plusieurs de ces formules sont purement empiriques, mais elles ont toutes le mérite de satisfaire, avec un degré de précision remarquable, à la fois à nos expériences et à celles des autres observateurs, et d'offrir par cela même de grandes chances de succès dans la détermination de la charge totale.

325. Le cas des déversoirs incomplets ou en partie noyés, quoique se présentant fréquemment, n'avait été l'objet que d'une seule observation qui a été faite par Dubuat. Ce célèbre hydraulicien donne, pour ce cas, une formule de la dépense qui, appliquée à nos opérations, fournit les résultats les plus extraordinaires. Nous proposons de lui en substituer une autre résultant de quarante et une expériences que nous avons faites sur ce sujet, et qui, sans être plus compliquée que la première, paraît beaucoup mieux exprimer la loi du phénomène. Le tableau n° XLIII fait connaître les coefficients qu'il faut lui appliquer, pour calculer la dépense des déversoirs incomplets dont la base est isolée du fond du réservoir, et qui sont prolongés au dehors de ce réservoir par un canal rectangulaire découvert. Ces coefficients seraient sans doute différents pour des dispositifs autres que celui sur lequel nous avons opéré, et il est vivement à désirer qu'on fasse de nouvelles expériences à cet égard, afin de compléter les nôtres.

TABLEAUX DÉTAILLÉS

DES RÉSULTATS DES EXPÉRIENCES FAITES,

PENDANT LES TROIS DERNIERS MOIS DE 1828

ET PENDANT LES ANNÉES 1829, 1831 ET 1834,

SUR LA DÉPENSE DES ORIFICES RECTANGULAIRES VERTICAUX.

LÉGENDE EXPLICATIVE

DES ANNOTATIONS

ET DES INDICATIONS DE FORMULES ET DE DISPOSITIFS,

PORTÉS DANS LES TABLEAUX

RELATIFS A LA DÉPENSE DES ORIFICES RECTANGULAIRES VERTICAUX.

ANNOTATIONS ET INDICATIONS DE FORMULES.

Dans tous les tableaux détaillés et dans la table générale des coefficients qui les suit, on a représenté par :

l la largeur des orifices ;

h la charge de fluide sur le bord inférieur de ces orifices ;

h' celle sur le bord supérieur ;

$o = h - h'$ la hauteur d'ouverture des orifices, ou l'épaisseur moyenne de la lame d'eau dans le plan de ces orifices ;

$H = \frac{h+h'}{2}$ la charge sur le centre ;

$g = 9^m,8088$ la gravité ;

$V = \sqrt{2gH}$ la *vitesse théorique moyenne* de sortie de l'eau des orifices fermés à la partie supérieure, en négligeant l'influence de la hauteur de ces orifices ;

$D = lo\sqrt{2gH} = l(h-h')\sqrt{2g\left(\frac{h+h'}{2}\right)}$ la dépense théorique relative à la vitesse V, pour les orifices fermés à la partie supérieure, et pour les déversoirs assimilés à des orifices fermés qui auratent pour hauteur l'épaisseur moyenne $h-h'$ de la tranche de liquide, mesurée dans le plan même du déversoir ;

$D' = \frac{2}{3} l\sqrt{2g}\left(h^{\frac{3}{2}} - h'^{\frac{3}{2}}\right) = \frac{2}{3} l\left(h\sqrt{2gh} - h'\sqrt{2gh'}\right)$ la dépense théorique, en tenant compte de l'influence de la hauteur des orifices ;

d la dépense théorique pour les déversoirs, calculée par la formule simplifiée $lh\sqrt{2gh}$, dans laquelle h représente toujours la charge totale sur la base du déversoir mesurée dans le réservoir, à $3^m,5o$ en amont, excepté toutefois pour le déversoir formé en barrant un canal : dans ce dernier cas, h est prise dans le canal au point où la surface du liquide commence a s'infléchir vers l'aval ;

E la *dépense effective* en litres et par seconde sexagésimale, telle qu'elle résulte de l'observation directe ;

a l'aire des sections transversales de la veine qui coule dans les canaux ;

s la distance de l'orifice aux points où l'on a pris ces sections ;

$v = \frac{E}{a}$ la vitesse *moyenne* de l'écoulement dans ces sections.

Dans le tableau n° XVIII, relatif à l'effet des remous sur la dépense de l'orifice de $o^m,o5$ de hauteur, prolongé au dehors du réservoir par un canal horizontal, on a de plus exprimé par :

m le *coefficient* de la formule D' pour le cas où l'orifice est en mince paroi ;

p la distance entre le fond du canal et l'arête supérieure de la planche qui le barre pour produire des remous ;

C la charge sur le sommet de l'orifice mesurée, dans le réservoir, à $3^m,5o$ en amont de cet orifice ;

c la même charge prise dans le canal en aval de l'orifice, au point le plus haut des remous ;

c' la même charge prise dans le canal immédiatement contre l'orifice ;

A l'aire de la section de l'eau dans le canal, au point le plus haut des remous ;

A' l'aire de la même section prise immédiatement en aval de l'orifice ;

$T = lo\sqrt{2g(C-c)}$ la dépense théorique en admettant, d'après Dubuat, que la vitesse *moyenne* de sortie de l'eau est due à la différence entre la charge d'amont et la charge d'aval, mesurée au point le plus haut des remous;

$T' = lo\sqrt{2g(C-c')}$ la même dépense en supposant qu'on retranche de la charge d'amont la charge d'aval prise immédiatement contre l'orifice;

$$t = A\sqrt{\dfrac{2g(C-c)}{1+\left(\frac{A}{m.l.o.}-1\right)^2}}$$ la même dépense évaluée par la formule que M. Poncelet a établie en se basant sur le principe des forces vives;

$$t' = A'\sqrt{\dfrac{2g(C-c')}{1+\left(\frac{A'}{m.l.o.}-1\right)^2}}$$ la même dépense calculée par la même formule, en substituant à la charge et à l'aire de la section au point le plus haut des remous, la charge et l'aire de la section prises immédiatement en aval de l'orifice.

Dans le tableau n° XXIII, qui concerne un déversoir formé en barrant un canal sur toute sa largeur, on a de plus représenté par :

$v' = 1,25\, v$ la vitesse à la surface du courant dans le canal, au point où commence l'inflexion vers le déversoir, en admettant que cette vitesse soit de $\frac{1}{4}$ plus forte que la vitesse moyenne;

$h_1 = h + \frac{v^2}{2g}$ la charge *entière* sur la base du déversoir, obtenue en ajoutant à la charge h, mesurée au point où commence l'inflexion de la surface du liquide, la hauteur due à la vitesse moyenne v de l'écoulement en ce point;

$h'_1 = h + \frac{v'^2}{2g}$ la même charge, en substituant à la vitesse moyenne la vitesse à la surface du courant;

d_1 la dépense théorique calculée par la formule simplifiée $lh_1\sqrt{2gh_1}$, d'après laquelle on tient compte de la vitesse acquise par l'eau au point où sa surface commence à s'infléchir vers le déversoir, comme l'indique Dubuat;

$d'_1 = lh'_1\sqrt{2gh'_1}$ la même dépense en remplaçant la vitesse moyenne par la vitesse à la surface du courant.

Enfin, dans le tableau n° XXIV, relatif à des déversoirs incomplets ou en partie noyés, on a continué à appeler l la largeur des orifices et h la charge totale sur la base mesurée, dans le réservoir, à $3^m,50$ en amont comme pour les déversoirs complets, et l'on a en outre désigné par :

34.

n la hauteur de la portion *noyée* de la veine fluide qui sort par le déversoir, mesurée au point le plus bas de la chute, c'est-à-dire au point de rencontre des remous et de la courbe d'intersection de la surface supérieure de cette veine par un plan vertical passant par l'axe du déversoir;

$h - n$ la hauteur totale de la portion de la veine fluide qui n'est pas noyée, ou la distance verticale comprise entre le niveau général de l'eau dans le réservoir et le point le plus bas de la chute;

$V_1 = \sqrt{2g(h - n)}$ la *vitesse théorique* due à $h - n$;

$D_1 = lh\sqrt{2g(h - n)}$ la dépense théorique relative à la vitesse V_1.

OBSERVATION PARTICULIÈRE.

Tous les résultats des calculs se rapportent à la seconde sexagésimale prise pour unité de temps.

DISPOSITIFS DES ORIFICES D'ÉCOULEMENT.

LARGEUR des orifices.	DISTANCES			PLANCHES ET FIGURES sur lesquelles sont représentés les dispositifs,				OBSERVATIONS.
	de la base des orifices au fond du réservoir.	du bord vertical de gauche des orifices à la face gauche du réservoir.	du bord vertical de droite des orifices à la face droite du réservoir.	lorsque l'orifice débouche librement dans l'air.	lorsque l'orifice est prolongé au dehors du réservoir par un canal			
					horizontal et de 3 mètres de longueur.	incliné à $\frac{1}{10}$ et de 2^m,50 de longueur.	de diverses longueurs et inclinaisons.	
mètres.	mètres.	mètres.	mètres.	Planche 1.	Planche 2.	Planche 2.	Planche 3.	Le plancher et les faces latérales du réservoir, qu'on rapproche à volonté des bords des orifices, ont respectivement 2^m,50 et 1^m,95 de longueur dans tous les dispositifs, excepté dans ceux des figures 13¹, 13 et 14, où cette longueur est réduite à 0^m,264. Ces faces sont toujours verticales et terminées carrément à l'entrée du réservoir, sauf dans le dispositif de la figure 14, où elles sont arrondies.
0,20	0,54	1,74	1,74	Fig. 1.	Fig. 15.	»	»	
	0,54	0,54	1,74	Fig. 2.	»	»	»	
	0,54	0,54	0,54	Fig. 3.	»	»	»	
	0,00	1,74	1,74	Fig. 4.	Fig. 16.	Fig. 23.	»	
	0,00	0,54	1,74	»	Fig. 17.	»	»	Dans les dispositifs des figures 11, 12 et 22, les parois latérales du réservoir forment un angle de 45° avec le plan vertical qui contient les orifices, au lieu de lui être perpendiculaires comme dans tous les autres dispositifs sans exception.
	0,00	0,02	1,74	Fig. 5.	Fig. 18.	Fig. 24.	»	
	0,00	0,02	0,02	Fig. 6 et 11.	Fig. 19 et 22.	Fig. 25.	Fig. 27.	
	0,00	0,00	0,00	Fig. 7, 13 et 14.	»	»	»	
	0,54	0,02	1,74	Fig. 8.	Fig. 20.	»	»	Les figures A, B, C et D de la planche 3, se rapportent à des orifices pratiqués dans une paroi de 0^m,05 d'épaisseur et considérés dans quatre cas distincts : dans le premier, ces orifices ne sont pas limités par une vanne à leur partie supérieure; et, dans les trois suivants, on leur a adapté successivement une vanne, des feuillures et un seuil pour recevoir cette vanne.
	0,54	0,02	0,02	Fig. 9 et 12.	Fig. 21.	Fig. 26.	»	
	0,54	0,00	0,00	Fig. 10 - et 13¹.	»	»	»	
0,02	0,54	1,83	1,83	Fig. 1.	»	»	»	
0,60	0,54	1,54	1,54	Fig. 1.	»	»	»	
	0,54	1,54	1,54	Planche 3. Fig. A, B, C et D.	»	»	»	

Orifice de 0^m,20 de hauteur et 0^m,20 de largeur, débouchant librement dans l'air.

LA HAUTEUR DU NIVEAU DE L'EAU DANS LE RÉSERVOIR ÉTANT MESURÉE

à 3^m,50 en amont de l'orifice.

DATES des EXPÉRIENCES.	NUMÉROS des EXPÉRIENCES.	CHARGE sur le centre de l'orifice, ou valeur de H.	VALEURS du rapport $\frac{H}{h-h'}=\frac{H}{o}$	VALEURS de la vitesse due à H, ou de V.	DÉPENSE théorique par seconde, ou valeur de D.	DÉPENSE effective par seconde, ou valeur de E.	VALEUR du coefficient de D, ou du rapport $\frac{E}{D}$ pour chaque expérience.	VALEUR du coefficient de D, ou du rapport $\frac{E}{D}$ moyenne pour chaque charge.
		mètres.		mètres.	litres.	litres.		
DISPOSITIF DE LA FIGURE 2, PLANCHE 1.								
14 novembre 1834	1	1,6798	8,40	5,7414	229,050	138,769	0,6042	0,6031
	2	1,6728	8,36	5,7286	229,144	137,928	0,6019	
	3	0,9115	4,56	4,2286	169,144	102,316	0,6049	0,6049
15 novembre 1834	4	0,4075	2,04	2,8275	113,100	67,958	0,6009	0,6015
	5					68,095	0,6021	
	6					53,228	0,5967	
14 novembre 1834	7	0,2535	1,27	2,2300	89,200	53,085	0,5951	0,5962
	8					53,230	0,5967	
	9					35,398	0,5744	
	10	0,1210	0,61	1,5407	61,628	35,363	0,5738	0,5746
	11					35,478	0,5757	
DISPOSITIF DE LA FIGURE 3, PLANCHE 1.								
11 novembre 1834	12	1,7761	8,88	5,9028	236,112	141,992	0,6014	0,6029
	13	1,7581	8,79	5,8728	234,912	141,950	0,6043	
12 novembre 1834	14	1,6674	8,34	5,7193	228,772	138,269	0,6044	0,6034
	15	1,6654	8,33	5,7151	228,604	137,669	0,6023	
	16	1,6661	8,33	5,7171	228,684	138,004	0,6035	0,6035
11 novembre 1834	17	0,9261	4,63	4,2623	170,492	103,443	0,6067	0,6065
	18					103,359	0,6062	
	19	0,4261	2,13	2,8913	115,652	69,649	0,6022	0,6030
	20					69,762	0,6037	
13 novembre 1834	21	0,2511	1,26	2,2195	88,780	52,759	0,5943	0,5960
	22					53,058	0,5976	
	23					35,506	0,5712	
	24	0,1231	0,62	1,5540	62,160	35,798	0,5759	0,5745
	25					35,817	0,5762	
	26					35,711	0,5745	

à 0^m,02 en amont de l'orifice.

NUMÉROS des EXPÉRIENCES.	CHARGE sur le centre de l'orifice, ou valeur de H.	VALEURS du rapport $\frac{H}{h-h'}=\frac{H}{o}$	VALEURS de la vitesse due à H, ou de V.	DÉPENSE théorique par seconde, ou valeur de D.	VALEUR du coefficient de D, ou du rapport $\frac{E}{D}$ pour chaque expérience.	VALEUR du coefficient de D, ou du rapport $\frac{E}{D}$ moyenne pour chaque charge.	OBSERVATIONS PARTICULIÈRES.
	mètres.		mètres.	litres.			
FIGURE 2, PLANCHE 1.							
1	1,6793	8,40	5,7397	229,588	0,6044	0,6032	La veine à sa sortie de l'orifice converge un peu, pour les fortes charges, vers la direction prolongée de la face du réservoir la plus rapprochée de cet orifice.
2	1,6723	8,36	5,7278	229,112	0,6020		
3	0,9169	4,55	4,2272	169,088	0,6051	0,6051	
4	0,4084	2,04	2,8307	113,228	0,6002	0,6008	
5					0,6014		
6					0,5980		
7	0,2524	1,26	2,2252	89,008	0,5964	0,5975	
8					0,5980		
9					0,5839		
10	0,1171	0,59	1,5157	60,628	0,5833	0,5841	
11					0,5852		
FIGURE 3, PLANCHE 1.							
12	1,7751	8,88	5,9011	236,044	0,6015	0,6030	Les apparences de l'écoulement sont les mêmes que dans le cas des minces parois.
13	1,7571	8,79	5,8711	234,844	0,6044		
14	1,6664	8,33	5,7176	228,704	0,6046	0,6035	
15	1,6644	8,32	5,7141	228,564	0,6024		
16	1,6651	8,33	5,7152	228,608	0,6037	0,6037	On a fait l'expérience nº 16 sans régler le niveau de l'eau dans le réservoir, et l'on a pris, pour établir le calcul, une moyenne entre les charges au commencement et à la fin de l'écoulement, dont la durée a été de 97″,5. Le résultat ainsi obtenu est le même qu'en opérant avec un niveau constant, ce dont on voulait s'assurer.
17	0,9250	4,63	4,2598	170,392	0,6071	0,6069	
18					0,6066		
19	0,4270	2,14	2,8943	115,772	0,6016	0,6021	
20					0,6026		
21	0,2523	1,26	2,2248	88,992	0,5929	0,5945	
22					0,5962		
23					0,5812		
24	0,1190	0,60	1,5279	61,116	0,5857	0,5843	
25					0,5861		
26					0,5843		

Orifice de 0ᵐ,20 de hauteur et 0ᵐ,20 de largeur, débouchant librement dans l'air.

DISPOSITIF DE LA FIGURE 4, PLANCHE 1.

DATES des EXPÉRIENCES.	NUMÉROS des EXPÉRIENCES.	LA HAUTEUR DU NIVEAU DE L'EAU DANS LE RÉSERVOIR ÉTANT MESURÉE — À 3ᵐ,50 EN AMONT DE L'ORIFICE — CHARGE sur le centre de l'orifice, ou valeur de H. (mètres)	VALEURS du rapport $\frac{H}{h-h'}=\frac{H}{e}$	VALEURS de la vitesse due à H, ou de V. (mètres)	DÉPENSE théorique par seconde, ou valeur de D. (litres)	DÉPENSE effective par seconde, ou valeur de E. (litres)	VALEUR du coefficient de D, ou du rapport $\frac{E}{D}$ — pour chaque expérience.	— moyenne pour chaque charge.	À 0ᵐ,02 EN AMONT DE L'ORIFICE — CHARGE sur le centre de l'orifice, ou valeur de H. (mètres)	VALEURS du rapport $\frac{H}{h-h'}=\frac{H}{e}$	VALEURS de la vitesse due à H, ou de V. (mètres)	DÉPENSE théorique par seconde, ou valeur de D. (litres)	VALEUR du coefficient de D, ou du rapport $\frac{E}{D}$ — pour chaque expérience.	— moyenne pour chaque charge.	OBSERVATIONS PARTICULIÈRES.
6 novembre 1829	27	1,7995	9,00	5,9417	237,668	147,662	0,6213	0,6211	1,7994	9,00	5,9413	237,652	0,6213	0,6212	En 1829, on a recueilli la dépense dans le bassin en charpente décrit au n° 30 du mémoire publié en 1832, tandis qu'en 1831 on s'est servi de celui en maçonnerie, qu'on a construit en 1830 pour remplacer le premier. Les résultats obtenus dans l'un et l'autre cas s'accordent bien.
	28					147,557	0,6209						0,6210		
	29					147,624	0,6211						0,6212		
2 octobre 1831	30	1,7859	8,93	5,9190	236,760	147,098	0,6213	0,6213	1,7857	8,93	5,9187	236,748	0,6213	0,6213	
	31	1,7600	8,80	5,8775	235,100	146,318	0,6224	0,6224	1,7607	8,80	5,8771	235,084	0,6224	0,6224	
28 octobre 1829	32	1,708?	8,54	5,7386	231,544	144,321	0,6233	0,6233	1,7078	8,54	5,7881	231,524	0,6234	0,6234	
	33					144,320	0,6233						0,6233		
1ᵉʳ octobre 1831	34	1,698*	8,49	5,7715	230,860	143,920	0,6234	0,6235	1,6978	8,49	5,7712	230,848	0,6234	0,6236	
	35	1,695*	8,48	5,7680	230,720	143,864	0,6235		1,6957	8,48	5,7676	230,704	0,6236		
	36	1,690*	8,45	5,7579	230,316	143,645	0,6237		1,6898	8,45	5,7576	230,304	0,6237		
28 octobre 1829	37	1,4301	7,15	5,2967	211,868	132,402	0,6249	0,6250	1,4298	7,15	5,2961	211,844	0,6250	0,6250	
	38					132,425	0,6250						0,6250		
2 octobre 1831	39	1,3822	6,91	5,2072	208,288	130,225	0,6252	0,6251	1,3819	6,91	5,2066	208,264	0,6253	0,6252	
	40					130,304	0,6256						0,6257		
	41					130,096	0,6248						0,6247		
22 octobre 1829	42	1,3421	6,71	5,1312	205,248	128,317	0,6252	0,6250	1,3418	6,71	5,1306	205,224	0,6253	0,6251	
	43					128,248	0,6248						0,6249		
3 novembre 1829	44 (A)	1,2734	6,37	4,9980	199,920	124,861	0,6246	0,6245	1,2730	6,37	4,9973	199,892	0,6246	0,6246	
	45					124,828	0,6244						0,6245		
3 octobre 1831	46	1,2282	6,14	4,9086	196,344	122,555	0,6242	0,6242	1,2278	6,14	4,9078	196,312	0,6243	0,6243	
	47					122,559	0,6242						0,6243		
21 novembre 1829	48	1,1263	5,63	4,7006	188,024	117,477	0,6248	0,6240	1,1259	5,63	4,6998	187,992	0,6249	0,6241	Avant de procéder à l'expérience 44, on a fait les trois qui sont cotées 44 bis. Pour celles-ci, l'orifice était, comme en 1828 (fig. 16, expériences 1111 et suiv.), prolongé au dehors du réservoir par un canal horizontal de 3 mètres de longueur, qu'on a brusquement enlevé pour faire l'expérience 44, sans rien changer au reste de l'appareil. De cette manière, on a constaté directement l'influence du canal sur la dépense, et reconnu qu'il y avait un accord parfait entre les résultats des expériences de 1828 et de celles de 1829 et de 1831 (voyez le tableau n° XXXIV).
	49					117,130	0,6230						0,6231		
	50					117,370	0,6242						0,6243		
3 novembre 1829	(A) 44 bis.	1,2734	6,37	4,9980	199,920	120,454	0,6025	0,6036	1,2730	6,37	4,9973	199,892	0,6026	0,6037	
						120,789	0,6042						0,6043		
						120,783	0,6012						0,6042		

Orifice de 0^m,20 de hauteur et 0^m,20 de largeur, débouchant librement dans l'air.

DATES des EXPÉRIENCES.	NUMÉROS des EXPÉRIENCES.	LA HAUTEUR DU NIVEAU DE L'EAU DANS — À 3^m,50 EN AMONT DE L'ORIFICE.							LE RÉSERVOIR ÉTANT MESURÉE — À 0^m,02 EN AMONT DE L'ORIFICE.						OBSERVATIONS PARTICULIÈRES.
		CHARGE sur le centre de l'orifice, ou valeur de H.	VALEURS du rapport $\frac{H}{h-h'} = \frac{H}{e}$.	VALEURS de la vitesse due à H, ou de V.	DÉPENSE théorique par seconde, ou valeur de D.	DÉPENSE effective par seconde, ou valeur de E.	VALEUR du coefficient de D. ou du rapport $\frac{E}{D}$ pour chaque expérience.	VALEUR moyenne pour chaque charge.	CHARGE sur le centre de l'orifice, ou valeur de H.	VALEURS du rapport $\frac{H}{h-h'} = \frac{H}{e}$.	VALEURS de la vitesse due à H, ou de V.	DÉPENSE théorique par seconde, ou valeur de D.	VALEUR du coefficient de D. ou du rapport $\frac{E}{D}$ pour chaque expérience.	VALEUR moyenne pour chaque charge.	
		mètres.		mètres.	litres.	litres.			mètres.		mètres.	litres.			
28 octobre 1829............	51					116,829	0,6234						0,6235		
	52	1,1190	5,60	4,6854	187,416	116,995	0,6243	0,6240	1,1186	5,59	4,6846	187,384	0,6244	0,6241	
	53					117,005	0,6243						0,6244		
6 octobre 1831............	54					98,915	0,6241						0,6242		
	55					98,789	0,6233						0,6234		
	56	0,8004	4,00	3,9626	158,504	98,924	0,6241	0,6237	0,7999	4,00	3,9615	158,460	0,6243	0,6241	
	57					98,764	0,6231						0,6233		
21 novembre 1829.........	58					95,954	0,6237						0,6240		
	59	0,7540	3,77	3,8459	153,836	95,925	0,6236	0,6237	0,7535	3,77	3,8446	153,784	0,6238	0,6239	
6 octobre 1831............	60					70,022	0,6223						0,6229		
	61	0,4054	2,02	2,8131	112,524	70,005	0,6221	0,6222	0,4026	2,01	2,8103	112,412	0,6228	0,6228	
	62					70,014	0,6222						0,6228		
12 novembre 1829..........	63					69,348	0,6219						0,6226		
	64	0,3961	1,98	2,7879	111,516	69,418	0,6225	0,6222	0,3953	1,98	2,7847	111,388	0,6232	0,6229	
30 octobre 1829...........	65					58,560	0,6209						0,6222		
	66	0,2834	1,42	2,3579	94,316	58,537	0,6206	0,6208	0,2822	1,41	2,3529	94,116	0,6220	0,6221	
6 octobre 1831............	67					49,043	0,6138						0,6167		
	68	0,2034	1,02	1,9976	79,904	49,190	0,6157	0,6148	0,2013	1,01	1,9872	79,488	0,6186	0,6177	
	69					49,134	0,6149						0,6178		
21 novembre 1829.........	70					44,422	0,6115						0,6169		
	71	0,1681	0,84	1,8161	72,644	44,355	0,6106	0,6109	0,1652	0,83	1,8002	72,008	0,6160	0,6163	
	72					44,354	0,6106						0,6160		
30 octobre 1829...........	73					36,573	0,5990						0,6281		
	74	0,1194	0,60	1,5306	61,224	36,633	0,5983	0,5989	0,1086	0,54	1,4596	58,384	0,6274	0,6280	
	75					36,695	0,5994						0,6285		
6 octobre 1831............	76					36,635	0,5997						0,6295		Pour les six dernières expériences, la veine ne remplit pas constamment les angles supérieurs de l'orifice.
	77	0,1189	0,59	1,5273	61,092	36,568	0,5986	0,5989	0,1079	0,54	1,4549	58,190	0,6284	0,6287	
	78					36,563	0,5985						0,6283		

Suite du DISPOSITIF DE LA FIGURE 4, PLANCHE 1.

Orifice de 0ᵐ,20 de hauteur et 0ᵐ,20 de largeur, débouchant librement dans l'air.

Bandeau : *LA HAUTEUR DU NIVEAU DE L'EAU DANS LE RÉSERVOIR ÉTANT MESURÉE* — colonnes 3 à 9 : à 3ᵐ,50 en amont de l'orifice ; colonnes 10 à 15 : à 0ᵐ,02 en amont de l'orifice. Valeur du rapport $\frac{H}{h-h'} = \frac{H}{o}$.

DATES des expériences.	NUMÉROS des expériences.	CHARGE sur le centre de l'orifice, ou valeur de H. (mètres)	VALEURS du rapport $\frac{H}{h-h'}=\frac{H}{o}$	VALEURS de la vitesse due à H, ou de V. (mètres)	DÉPENSE théorique par seconde, ou valeur de D. (litres)	DÉPENSE effective par seconde, ou valeur de R. (litres)	coefficient de D, ou rapport $\frac{E}{D}$ — pour chaque expérience.	coefficient de D — moyenne pour chaque charge.	CHARGE sur le centre de l'orifice, ou valeur de H. (mètres)	du rapport $\frac{H}{h-h'}=\frac{H}{o}$	de la vitesse due à H, ou de V. (mètres)	DÉPENSE théorique par seconde, ou valeur de D. (litres)	coefficient de D, ou rapport $\frac{E}{D}$ — pour chaque expérience.	coefficient de D — moyenne pour chaque charge.	OBSERVATIONS PARTICULIÈRES.
DISPOSITIF DE LA FIGURE 5, PLANCHE 1.															
28 septembre 1831	79	1,6053	8,03	5,6118	224,472	143,208	0,6380	0,6370	1,6049	8,03	5,6111	224,444	0,6381	0,6371	La surface de l'eau, dans le réservoir, s'élève plus haut du côté de la face la plus rapprochée de l'orifice que du côté opposé, et la veine, à sa sortie, converge plus ou moins vers la direction prolongée de cette face, selon que la charge est plus ou moins forte.
	80					142,767	0,6360						0,6361		
	81	0,8944	4,46	4,1819	167,276	106,683	0,6378	0,6364	0,8899	4,45	4,1783	167,132	0,6383	0,6370	
	82					106,225	0,6360						0,6356		
26 septembre 1831	83	0,3445	1,73	2,6073	104,292	66,120	0,6340	0,6341	0,3430	1,72	2,5940	103,760	0,6372	0,6373	
	84					66,158	0,6344						0,6376		
	85					66,113	0,6339						0,6371		
	86	0,2046	1,03	2,0133	80,532	50,004	0,6284	0,6282	0,2013	1,01	1,9875	79,500	0,6365	0,6363	
	87					50,585	0,6281						0,6363		
	88					50,579	0,6281						0,6362		
DISPOSITIF DE LA FIGURE 6, PLANCHE 1.															
15 août 1831	89	1,7868	8,93	5,9205	236,820	156,475	0,6607	0,6606	1,7773	8,89	5,9048	236,192	0,6625	0,6623	Les remous en amont de l'orifice, la chute à l'entrée de l'étroit réservoir qui le précède immédiatement, et la contraction de la veine en ce point, deviennent de plus en plus sensibles à mesure que la charge diminue.
	90					156,500	0,6608						0,6626		
	91					156,338	0,6602						0,6619		
9 août 1831	92	1,6836	8,42	5,7486	229,944	151,881	0,6605	0,6606	1,6752	8,38	5,7327	229,308	0,6623	0,6623	
	93					151,939	0,6606						0,6625		
	94					151,844	0,6604						0,6622		
11 août 1831	95	1,2808	6,40	5,0125	200,500	132,986	0,6633	0,6633	1,2709	6,35	4,9931	199,724	0,6658	0,6658	
	96					133,184	0,6643						0,6668		
	97					132,764	0,6622						0,6647		
	98	0,8073	4,04	3,9810	159,240	106,015	0,6658	0,6657	0,7951	3,98	3,9194	157,976	0,6711	0,6710	
	99					105,947	0,6653						0,6707		
	100					106,036	0,6659						0,6712		
12 août 1831	101	0,4153	2,08	2,8562	114,248	76,726	0,6716	0,6716	0,4023	2,01	2,8093	112,372	0,6827	0,6827	
	102					76,731	0,6715						0,6827		
	103					76,715	0,6715						0,6827		
28 octobre 1831	104	0,4103	2,05	2,8393	113,572	76,260	0,6715	0,6717	0,3974	1,99	2,7921	111,684	0,6828	0,6830	
	105					76,303	0,6718						0,6832		

Orifice de 0^m,20 de hauteur et 0^m,20 de largeur, débouchant librement dans l'air.

| | | LA HAUTEUR DU NIVEAU DE L'EAU DANS | | | | | | | LE RÉSERVOIR ÉTANT MESURÉE | | | | | | |
| | | à 5^m,50 en amont de l'orifice. | | | | | | | à 0^m,02 en amont de l'orifice. | | | | | | |
DATES des expériences.	NUMÉROS des expériences.	CHARGE sur le centre de l'orifice, ou valeur de H.	VALEURS du rapport $\frac{H}{h-h'}=\frac{H}{a}$	de la vitesse due à H, ou de V.	DÉPENSE théorique par seconde, ou valeur de D.	effective par seconde, ou valeur de E.	VALEUR du coefficient de D, ou du rapport $\frac{E}{D}$ pour chaque expérience.	moyenne pour chaque charge.	CHARGE sur le centre de l'orifice, ou valeur de H.	VALEURS du rapport $\frac{H}{h-h'}=\frac{H}{a}$	de la vitesse due à H, ou de V.	DÉPENSE théorique par seconde, ou valeur de D.	VALEUR du coefficient de D, ou du rapport $\frac{E}{D}$ pour chaque expérience.	moyenne pour chaque charge.	OBSERVATIONS PARTICULIÈRES.
		mètres.		mètres.	litres.	litres.			mètres.		mètres.	litres.			
						Suite du DISPOSITIF DE LA FIGURE 6, PLANCHE 1.									
12 août 1831	106	0,2531	1,27	2,2283	89,132	60,613	0,6800	0,6796	0,2382	1,19	2,1617	86,468	0,7010	0,7006	
	107					60,541	0,6792						0,7002		
26 août 1831	108	0,2214	1,11	2,0843	83,372	57,409	0,6884	0,6885	0,1902	0,95	1,9317	77,268	0,7429	0,7429	Pour les expériences n°s 108, 109, 114 et 115, le barrage décrit au n° 41 du texte descendait jusqu'à 0^m,05 au-dessus du bord supérieur de l'orifice, tandis qu'il était entièrement supprimé pour toutes les autres expériences.
	109					57,406	0,6886						0,7429		
	110					57,393	0,6884						0,7428		
	111					57,406	0,6886						0,7429		
	112					57,435	0,6889						0,7433		
	113					57,363	0,6880						0,7424		
12 août 1831	114	0,2092	1,05	2,0260	81,040	57,174	0,7055	0,7062	0,1729	0,86	1,8418	73,672	0,7761	0,7758	La charge 0^m,2092 est si rapprochée de celle qui correspond à l'instant de la formation du déversoir que, pour peu que le niveau baisse, la surface du liquide se détache brusquement du bord supérieur de l'orifice, et descend tout à coup d'une quantité notable. Si, au contraire, ce niveau s'élève un tant soit peu, il se forme instantanément un fort remous contre l'orifice, dans l'intérieur du réservoir.
	115					57,197	0,7058						0,7764		
	116					57,134	0,7050						0,7755		
	117					57,256	0,7065						0,7772		
26 août 1831	118					57,372	0,7079						0,7787		
	119					57,144	0,7051						0,7757		
	120					57,411	0,7084						0,7793		
	121 (a)					57,160	0,7053						0,7759		
						DISPOSITIF DE LA FIGURE 7, PLANCHE 1.									
5 novembre 1831	122	1,7704	8,85	5,8933	235,732	157,514	0,6686	0,6700	1,7680	8,84	5,8893	235,572	0,6690	0,6704	
	123					158,252	0,6713						0,6717		
	124	1,6629	8,31	5,7116	228,464	153,188	0,6705	0,6705	1,6600	8,30	5,7066	228,264	0,6711	0,6711	
	125	1,4044	7,02	5,2488	209,952	141,659	0,6747	0,6746	1,3965	6,98	5,2342	209,368	0,6766	0,6764	
	126					141,584	0,6744						0,6762		
	127	0,8854	4,43	4,1677	166,708	113,118	0,6785	0,6770	0,8733	4,37	4,1390	165,560	0,6832	0,6807	
	128					112,723	0,6782						0,6809		
	129					112,722	0,6762						0,6809		
8 août 1831	(a) 121 bis.	0,2075	1,04	2,0176	80,704	45,172	0,5597	0,5605	0,1820	0,90	1,8900	75,600	0,5975	0,5984	Pour l'expérience 121 bis, on a prolongé l'orifice au dehors du réservoir par un canal horizontal de 3 mètres de longueur, afin de constater directement l'influence de ce canal sur la dépense, et de relier les opérations de 1831 avec celles de 1828 (fig. 19, expériences 1143 et suiv.). Les résultats obtenus à ces deux époques s'accordent bien (voy. le tableau n° XXXIV).
						45,332	0,5617						0,5996		
						45,212	0,5602						0,5980		

Orifice de 0ᵐ,20 de hauteur et 0ᵐ,20 de largeur, débouchant librement dans l'air.

LA HAUTEUR DU NIVEAU DE L'EAU DANS LE RÉSERVOIR ÉTANT MESURÉE

À 3ᵐ,50 EN AMONT DE L'ORIFICE.

DATES des EXPÉRIENCES.	NUMÉROS des EXPÉRIENCES.	CHARGE sur le centre de l'orifice, ou valeur de H. (mètres)	VALEURS du rapport $\frac{H}{h-h'}=\frac{H}{e}$	VALEURS de la vitesse due à H, en valeur de V. (mètres)	DÉPENSE théorique par seconde, en valeur de D. (litres)	DÉPENSE effective par seconde, en valeur de E. (litres)	VALEUR du coefficient de D. ou du rapport E/D pour chaque expérience.	moyenne pour chaque charge.
					Suite du DISPOSITIF DE LA FIGURE 7, PLANCHE 1.			
4 novembre 1831	130 / 131	0,3714	1,86	2,6993	107,972	74,641 / 74,312	0,6913 / 0,6883	0,6898
	132 / 133 / 134	0,2869	1,43	2,3725	94,900	66,079 / 65,677 / 65,758	0,6963 / 0,6921 / 0,6929	0,6937
					DISPOSITIF DE LA FIGURE 8, PLANCHE 1.			
1er novembre 1834	135 / 136	1,6717 / 1,6618	8,36 / 8,31	5,7267 / 5,7097	229,068 / 228,388	139,944 / 139,457	0,6109 / 0,6106	0,6108
3 novembre 1834	137 / 138	0,9228 / 0,9161	4,61 / 4,58	4,2548 / 4,2393	170,192 / 169,572	103,953 / 103,731	0,6108 / 0,6117	0,6113
	139 / 140	0,4506	2,25	2,9733	118,932	72,635 / 72,245	0,6107 / 0,6074	0,6091
2 novembre 1834	141 / 142	0,2526	1,26	2,2261	89,044	53,847 / 53,589	0,6048 / 0,6019	0,6034
	143 / 144 / 145	0,1241	0,62	1,5600	62,400	36,721 / 36,712 / 36,743	0,5885 / 0,5883 / 0,5888	0,5886
					DISPOSITIF DE LA FIGURE 9, PLANCHE 1.			
14 novembre 1831	146 / 147	1,7737	8,87	5,8988	235,952	148,067 / 147,772	0,6275 / 0,6263	0,6269
17 novembre 1831	148 / 149	0,9062	4,53	4,2163	168,652	105,925 / 106,011	0,6281 / 0,6286	0,6284
	150 / 151	0,4088	2,04	2,8321	113,284	71,686 / 71,471	0,6328 / 0,6309	0,6318

À 0ᵐ,02 EN AMONT DE L'ORIFICE.

NUMÉROS des EXPÉRIENCES.	CHARGE sur le centre de l'orifice, ou valeur de H. (mètres)	VALEURS du rapport $\frac{H}{h-h'}=\frac{H}{e}$	VALEURS de la vitesse due à H, en valeur de V. (mètres)	DÉPENSE théorique par seconde, ou valeur de D. (litres)	VALEUR du coefficient de D. ou du rapport E/D pour chaque expérience.	moyenne pour chaque charge.	OBSERVATIONS PARTICULIÈRES.
130 / 131	0,3600	1,80	2,6575	106,300	0,7022 / 0,6991	0,7007	Pour les basses charges, il se forme de très-forts bouillonnements immédiatement en amont de l'orifice.
132 / 133 / 134	0,2580	1,29	2,2498	89,992	0,7343 / 0,7298 / 0,7307	0,7216	Pour les expériences 132, 133 et 134, le bord supérieur de l'orifice est par moments découvert, en sorte qu'elles ne se rapportent exactement ni aux orifices fermés par le haut ni aux déversoirs.
135 / 136	1,6747 / 1,6648	8,37 / 8,32	5,7319 / 5,7148	229,276 / 228,592	0,6104 / 0,6101	0,6103	La surface de l'eau, dans le réservoir, s'élève plus haut du côté de la face la plus rapprochée de l'orifice que du côté opposé, et la veine, à sa sortie, converge plus ou moins vers la direction prolongée de cette face, selon que la charge est plus ou moins forte.
137 / 138	0,9260 / 0,9193	4,63 / 4,60	4,2621 / 4,2467	170,484 / 169,868	0,6098 / 0,6107	0,6103	Il y a eu quelque incertitude dans l'évaluation de la durée de l'écoulement pour la 139ᵉ expérience; et, pour la 141ᵉ, la coulisse d'admission de l'eau dans la jauge a été ouverte un peu avant le signal.
139 / 140	0,4510	2,26	2,9745	118,980	0,6105 / 0,6072	0,6089	
141 / 142	0,2530	1,27	2,2278	89,112	0,6043 / 0,6014	0,6029	
143 / 144 / 145	0,1150	0,58	1,5020	60,080	0,6112 / 0,6111 / 0,6116	0,6113	
146 / 147	1,7701	8,85	5,8928	235,712	0,6282 / 0,6269	0,6276	
148 / 149	0,9000	4,50	4,2024	168,096	0,6301 / 0,6307	0,6344	
150 / 151	0,4030	2,02	2,8117	112,468	0,6374 / 0,6355	0,6365	

Orifice de 0^m,20 de hauteur et 0^m,20 de largeur, débouchant librement dans l'air.

LA HAUTEUR DU NIVEAU DE L'EAU DANS LE RÉSERVOIR ÉTANT MESURÉE — colonnes de gauche : à 3^m,50 en amont de l'orifice ; colonnes de droite : à 0^m,02 en amont de l'orifice. La valeur du rapport est $\frac{H}{h-h'} = \frac{H}{\varphi}$ et celle du coefficient de D est $\frac{E}{D}$.

DATES des EXPÉRIENCES	NUMÉROS des EXPÉRIENCES	CHARGE sur le centre de l'orifice, ou valeur de H (mètres)	VALEURS du rapport $\frac{H}{h-h'}=\frac{H}{\varphi}$	VALEURS de la vitesse due à H, ou de V (mètres)	DÉPENSE théorique par seconde, ou valeur de D (litres)	DÉPENSE effective par seconde, ou valeur de E (litres)	VALEUR du coefficient de D, ou du rapport $\frac{E}{D}$ — pour chaque expérience	— moyenne pour chaque charge	CHARGE sur le centre de l'orifice, ou valeur de H (mètres)	VALEURS du rapport $\frac{H}{h-h'}=\frac{H}{\varphi}$	VALEURS de la vitesse due à H, ou de V (mètres)	DÉPENSE théorique par seconde, ou valeur de D (litres)	VALEUR du coefficient de D, ou du rapport $\frac{E}{D}$ — pour chaque expérience	— moyenne pour chaque charge	OBSERVATIONS PARTICULIÈRES
						Suite du DISPOSITIF DE LA FIGURE 9, PLANCHE 1.									
15 novembre 1831	152 153 154	0,3477	1,74	2,6118	104,472	65,947 65,757 66,135	0,6312 0,6294 0,6331	0,6312	0,3460	1,70	2,5826	103,304	0,6384 0,6365 0,6402	0,4254	
13 novembre 1831	155 156	0,1274	0,64	1,5811	63,244	39,891 39,874	0,6307 0,6305	0,6306	0,1150	0,58	1,5020	60,080	0,6640 0,6637	0,4639	
26 novembre 1831	157 158	0,1273	0,64	1,5803	63,212	39,773 39,867	0,6292 0,6307	0,6300	0,1149	0,58	1,5014	60,056	0,6622 0,6638	0,4630	Pour l'expérience n° 159, le bord supérieur de l'orifice est découvert, en son centre, sur une longueur de 0^m,06, et sa distance à la surface de la lame qui en sort est, en ce point, d'environ 0^m,02. Ainsi, cette expérience ne se rapporte exactement ni aux orifices fermés par le haut ni aux déversoirs.
13 novembre 1831	159	0,1174	0,58	1,5176	60,704	38,239	0,6299	0,6299	"	"	"	"			
						DISPOSITIF DE LA FIGURE 10, PLANCHE 1.									
6 novembre 1834	160 161	1,6291 1,6256	8,15 8,13	5,6533 5,6472	226,132 225,888	144,131 143,923	0,6374 0,6371	0,6373	1,6284 1,6249	8,14 8,12	5,6521 5,6459	226,084 225,836	0,6375 0,6373	0,6374	De chaque côté de l'orifice, les filets jaillissant des angles se détachent de la masse de la veine et se rencontrent à environ 0^m,10 en aval, ce qui donne lieu à un jet d'eau qui retombe en forme de pluie. Cet effet diminue avec les charges; en même temps la veine s'élargit de plus en plus, et les filets partant des angles supérieurs finissent par s'attacher aux joues latérales, ou évasements à 45° de l'embrasure dans laquelle l'orifice est encastré. Le jet d'eau disparaît lorsqu'on bouche les fouillures de la vanne, mais la veine ne cesse pas de s'élargir comme on l'a indiqué. La fouillure de 0^m,006 de largeur, dans laquelle glisse la vanne de l'orifice, était bouchée pour l'expérience n° 169, tandis qu'elle était ouverte pour toutes les autres expériences, afin de reconnaître si elle avait quelque influence sur la dépense.
6 novembre 1834	162 163	0,9248	4,62	4,2593	170,372	108,572 108,854	0,6379 0,6389	0,6384	0,9235	4,62	4,2564	170,256	0,6377 0,6394	0,6386	
9 novembre 1834	164 165 166	0,3931	1,97	2,7771	111,084	71,128 70,921 71,035	0,6403 0,6384 0,6395	0,6394	0,3890	1,94	2,7025	110,500	0,6457 0,6418 0,6429	0,6425	
8 novembre 1834	167 168 169	0,2441	1,22	2,1883	87,532	56,232 56,261 56,309	0,6424 0,6428 0,6440	0,6426 0,6440	0,2402	1,20	2,1707	86,828	0,6476 0,6480 0,6492	0,6483	
7 novembre 1834	170 171	0,1641	0,82	1,7942	71,768	46,427 46,448	0,6469 0,6472	0,6471	0,1565	0,78	1,7522	70,088	0,6624 0,6627	0,6355	
						DISPOSITIF DE LA FIGURE 11, PLANCHE 1.									
7 novembre 1831	172 173 174	1,7222 1,7107 1,7001	8,61 8,55 8,50	5,8125 5,7931 5,7751	232,500 231,724 231,004	148,809 148,485 148,040	0,6400 0,6408 0,6409	0,6406	1,7192 1,7077 1,6971	8,60 8,54 8,49	5,8075 5,7880 5,7700	232,300 231,520 230,800	0,6406 0,6413 0,6414	0,6410	
7 novembre 1831	175 176	1,1744	5,87	4,8000	192,000	123,184 123,280	0,6416 0,6420	0,6418	1,1712	5,86	4,7934	191,736	0,6425 0,6430	0,6428	

Suite du TABLEAU N° 1.

Orifice de $0^m,20$ de hauteur et $0^m,20$ de largeur, débouchant librement dans l'air.

DATES des EXPÉRIENCES.	NUMÉROS des EXPÉRIENCES.	LA HAUTEUR DU NIVEAU DE L'EAU DANS LE RÉSERVOIR ÉTANT MESURÉE À $3^m,50$ EN AMONT DE L'ORIFICE : CHARGE sur le centre de l'orifice, ou valeur de H.	VALEURS du rapport $\frac{H}{h-h'}=\frac{H}{e}$.	VALEURS de la vitesse due à H, ou de V.	DÉPENSE théorique par seconde, ou valeur de D.	DÉPENSE effective par seconde, ou valeur de E.	VALEUR du coefficient de D, ou du rapport $\frac{E}{D}$: pour chaque expérience.	VALEUR du coefficient : moyenne pour chaque charge.	À $0^m,02$ EN AMONT DE L'ORIFICE : CHARGE sur le centre de l'orifice, ou valeur de H.	VALEURS du rapport $\frac{H}{h-h'}=\frac{H}{e}$.	VALEURS de la vitesse due à H, ou de V.	DÉPENSE théorique par seconde, ou valeur de D.	VALEUR du coefficient de D, ou du rapport $\frac{E}{D}$: pour chaque expérience.	VALEUR du coefficient : moyenne pour chaque charge.	OBSERVATIONS PARTICULIÈRES.
		Suite du DISPOSITIF DE LA FIGURE 11, PLANCHE 1.													
		mètres.		mètres.	litres.	litres.			mètres.		mètres.	litres.			
7 novembre 1831	177 178	0,8004	4,00	3,9626	158,504	102,049 101,969	0,6438 0,6433	0,6436	0,7969	3,98	3,9538	158,152	0,6452 0,6446	0,6449	
	179 180	0,4034	2,02	2,8131	112,524	72,483 72,449	0,6442 0,6439	0,6441	0,3990	2,00	2,7978	111,912	0,6477 0,6474	0,6476	
8 novembre 1831	181 182 183	0,1489	0,74	1,7094	68,376	43,443 43,561 43,465	0,6354 0,6371 0,6357	0,6361	0,1437	0,72	1,6790	67,160	0,6469 0,6486 0,6472	0,6476	
		DISPOSITIF DE LA FIGURE 12, PLANCHE 1.													
10 novembre 1834	184	1,5245	7,62	5,4688	218,752	133,683	0,6111	0,6111	1,5261	7,63	5,4716	218,864	0,6108	0,6108	La veine a la même forme que dans le cas des minces parois.
	185 186	0,9085	4,54	4,2216	168,864	103,436 103,117	0,6125 0,6107	0,6116	0,9104	4,55	4,2260	169,040	0,6119 0,6100	0,6110	
	187 188	0,2625	1,31	2,2700	90,800	54,997 54,919	0,6057 0,6048	0,6053	0,2629	1,31	2,2710	90,840	0,6054 0,6046	0,6050	
	189 190	0,1205	0,60	1,5375	61,500	36,140 36,373	0,5877 0,5914	0,5896	0,1149	0,57	1,5014	60,056	0,6019 0,6057	0,6038	
		DISPOSITIF DE LA FIGURE 13[1], PLANCHE 1.													
26 novembre 1834	191[1] 192[1]	1,7155 1,7120	8,58 8,56	5,8012 5,7953	232,048 231,812	148,922 148,447	0,6418 0,6404	0,6411	1,7144 1,7109	8,57 8,55	5,7993 5,7934	231,972 231,736	0,6419 0,6420	0,6420	La veine, à sa sortie de l'orifice, s'élargit d'autant plus dans le sens horizontal que les charges sont plus faibles ; pour les deux dernières, son élargissement est tel, qu'elle s'attache à la paroi extérieure de la face d'aval du réservoir. A l'entrée du petit réservoir qui précède immédiatement l'orifice, la veine se contracte et se détache des parois latérales sur une certaine étendue. La chute à cette entrée, les remous et les tourbillons circulaires près de l'orifice, deviennent de plus en plus sensibles à mesure que la charge diminue.
20 novembre 1834	193[1] 194[1]	0,9055	4,53	4,2147	168,588	107,961 108,321	0,6403 0,6425	0,6414	0,9004	4,50	4,2028	168,112	0,6422 0,6443	0,6433	
	195[1] 196[1]	0,4135	2,07	2,8483	113,932	73,287 73,490	0,6433 0,6450	0,6442	0,4089	2,04	2,8324	113,296	0,6469 0,6487	0,6478	
21 novembre 1834	197[1] 198[1]	0,2535	1,27	2,2300	89,200	57,770 57,926	0,6476 0,6494	0,6485	0,2459	1,23	2,1965	87,860	0,6575 0,6593	0,6584	
	199[1] 200[1]	0,1545	0,77	1,7409	69,636	45,669 45,728	0,6558 0,6567	0,6563	0,1174	0,59	1,5180	60,720	0,7521 0,7531	0,7526	

Suite du TABLEAU N° I.

Orifice de $0^m,20$ de hauteur et $0^m,20$ de largeur, débouchant librement dans l'air.

DATES des expériences.	NUMÉROS des expériences.	LA HAUTEUR DU NIVEAU DE L'EAU DANS LE RÉSERVOIR ÉTANT MESURÉE À $3^m,50$ EN AMONT DE L'ORIFICE. Charge sur le centre de l'orifice, ou valeur de H.	Valeurs du rapport $\frac{H}{h-h'}=\frac{H}{c}$.	Valeurs de la vitesse due à H, ou de V.	Dépense théorique par seconde, ou valeur de H.	Dépense effective par seconde, ou valeur de E.	Valeur du coefficient de D, ou du rapport $\frac{E}{D}$ pour chaque expérience.	Valeur du coefficient, moyenne pour chaque charge.	À $0^m,02$ EN AMONT DE L'ORIFICE. Charge sur le centre de l'orifice, ou valeur de H.	Valeurs du rapport $\frac{H}{h-h'}=\frac{H}{c}$.	Valeurs de la vitesse due à H, ou de V.	Dépense théorique par seconde, ou valeur de D.	Valeur du coefficient de D, ou du rapport $\frac{E}{D}$ pour chaque expérience.	Valeur du coefficient, moyenne pour chaque charge.	OBSERVATIONS PARTICULIÈRES.
								DISPOSITIF DE LA FIGURE 13, PLANCHE 1.							
		mètres.		mètres.	litres.	litres.			mètres.		mètres.	litres.			
23 novembre 1834	191	1,6845	8,42	5,7485	229,940	156,989	0,6827	0,6826	1,6764	8,38	5,7347	229,388	0,6844	0,6843	Le barrage en avant du réservoir décrit au n° 41 du texte subsistait pour ces neuf expériences.
	192	1,6715	8,36	5,7264	229,056	156,314	0,6824		1,6634	8,32	5,7124	228,496	0,6841		
	193	0,9145	4,57	4,2356	169,424	115,639	0,6825	0,6862	0,9129	4,56	4,2319	169,276	0,6831	0,6868	
	194					116,483	0,6875						0,6881		
	195					116,656	0,6885						0,6891		
22 novembre 1834	196	0,4195	2,10	2,8690	114,760	79,692	0,6944	0,6943	0,4324	2,16	2,9127	116,508	0,6840	0,6839	
	197					79,669	0,6942						0,6838		
23 novembre 1834	198	0,3019	1,51	2,4336	97,344	70,222	0,7214	0,7202	0,2614	1,31	2,2646	90,584	0,7752	0,7739	
	199					69,986	0,7190						0,7726		
24 novembre 1834	200	1,7410	8,71	5,8442	233,768	158,792	0,6793	0,6788	1,7329	8,66	5,8305	233,220	0,6809	0,6804	Le barrage en avant du réservoir était entièrement supprimé pour la 200e expérience et pour toutes celles qui la suivent. A l'entrée du petit réservoir qui précède immédiatement l'orifice, la veine se contracte et se détache des parois latérales sur une certaine longueur. La chute à cette entrée, les remous et les tourbillons circulaires près de l'orifice deviennent de plus en plus sensibles à mesure que la charge diminue. La veine, en sortant de l'orifice, est très-aplatie à sa partie supérieure, et va en s'élargissant de plus en plus dans le sens horizontal.
	201					158,567	0,6783						0,6799		
	202	0,8975	4,49	4,1960	167,840	113,755	0,6778	0,6812	0,8963	4,48	4,1933	167,732	0,6782	0,6816	
	203					114,688	0,6833						0,6838		
	204					114,526	0,6824						0,6828		
25 novembre 1834	205	0,4195	2,10	2,8690	114,760	78,988	0,6883	0,6869	0,4324	2,16	2,9127	116,508	0,6780	0,6767	
	206					78,673	0,6855						0,6753		
	207	0,3045	1,57	2,4441	97,764	69,296	0,7088	0,7082	0,2645	1,32	2,2779	91,116	0,7605	0,7598	
	208					69,166	0,7075						0,7591		
	209	0,3019	1,51	2,4336	97,344	69,289	0,7118	0,7118	0,2609	1,30	2,2624	90,496	0,7657	0,7657	
	210					69,294	0,7118						0,7657		
								DISPOSITIF DE LA FIGURE 14, PLANCHE 1.							
26 novembre 1834	211	1,7635	8,82	5,8818	235,272	164,172	0,6978	0,6984	1,7607	8,80	5,8772	235,088	0,6967	0,6982	Les apparences de l'écoulement ne diffèrent de celles qui se rapportent au dispositif de la figure 13, qu'en ce que la veine n'éprouve aucune contration sensible à l'entrée du petit réservoir qui précède immédiatement l'orifice.
	212	1,7535	8,77	5,8651	234,604	163,989	0,6990		1,7507	8,75	5,8603	234,412	0,6996		
	213	0,9035	4,52	4,2100	168,400	118,054	0,7010	0,7004	0,9029	4,51	4,2086	168,344	0,7013	0,7007	
	214					117,856	0,6998						0,7001		
	215	0,4095	2,05	2,8345	113,380	79,974	0,7054	0,7047	0,4034	2,02	2,8131	112,524	0,7107	0,7099	
	216					79,811	0,7039						0,7091		
27 novembre 1834	217	0,3045	1,52	2,4441	97,764	69,447	0,7104	0,7113	0,2974	1,49	2,4156	96,624	0,7187	0,7197	
	218					69,624	0,7122						0,7206		

TABLEAU N° II.

Orifice de 0^{m},10 de hauteur et 0^{m},20 de largeur, débouchant librement dans l'air.

LA HAUTEUR DU NIVEAU DE L'EAU DANS LE RÉSERVOIR ÉTANT MESURÉE

DISPOSITIF DE LA FIGURE 4, PLANCHE 1.

DATES des expériences.	NUMÉROS des expériences.	à 3^{m},50 en amont de l'orifice — CHARGE sur le centre de l'orifice, ou valeur de H. (mètres)	à 3^{m},50 — VALEURS du rapport $\frac{H}{h-h'}=\frac{H}{o}$	à 3^{m},50 — VALEURS de la vitesse due à H, ou de V. (mètres)	à 3^{m},50 — DÉPENSE théorique par seconde, ou valeur de D. (litres)	à 3^{m},50 — DÉPENSE effective par seconde, ou valeur de E. (litres)	à 3^{m},50 — VALEUR du coefficient de D, ou du rapport $\frac{E}{D}$ pour chaque expérience.	à 3^{m},50 — moyenne pour chaque charge.	à 0^{m},02 en amont de l'orifice — CHARGE sur le centre de l'orifice, ou valeur de H. (mètres)	à 0^{m},02 — VALEURS du rapport $\frac{H}{h-h'}=\frac{H}{o}$	à 0^{m},02 — VALEURS de la vitesse due à H, ou de V. (mètres)	à 0^{m},02 — DÉPENSE théorique par seconde, ou valeur de D. (litres)	à 0^{m},02 — VALEUR du coefficient de D, ou du rapport $\frac{E}{D}$ pour chaque expérience.	à 0^{m},02 — moyenne pour chaque charge.	OBSERVATIONS PARTICULIÈRES.
2 octobre 1831	219 220	1,8595	18,60	6,0398	120,796	77,543 77,510	0,6419 0,6417	0,6418	1,8502	18,59	6,0393	120,786	0,6420 0,6417	0,6419	En 1829, on a recueilli la dépense dans le bassin en charpente décrit au n° 30 du mémoire publié en 1832, tandis qu'en 1831 on s'est servi de celui en maçonnerie qu'on a construit en 1830 pour remplacer le premier. Les résultats obtenus dans l'un et l'autre cas s'accordent bien.
10 novembre 1829	221 222	1,7682	17,68	5,8897	117,794	75,674 75,727	0,6424 0,6429	0,6427	1,7679	17,68	5,8891	117,782	0,6425 0,6429	0,6427	
	223 224	1,5222	15,22	5,4646	109,292	70,413 70,350	0,6443 0,6437	0,6440	1,5218	15,22	5,4639	109,278	0,6443 0,6438	0,6441	
18 octobre 1831	225 226	1,2799	12,80	5,0108	100,216	64,684 64,646	0,6454 0,6451	0,6453	1,2795	12,80	5,0100	100,200	0,6455 0,6452	0,6454	
10 novembre 1829	227 228	1,0101	10,10	4,4515	89,030	57,578 57,583	0,6467 0,6468	0,6468	1,0096	10,10	4,4504	89,008	0,6469 0,6469	0,6469	
6 octobre 1831	229 230 231	0,8529	8,53	4,0905	81,810	52,940 53,016 53,089	0,6471 0,6480 0,6489	0,6480	0,8524	8,52	4,0993	81,986	0,6457 0,6466 0,6475	0,6466	
5 octobre 1831	232 233 234	0,8524	8,52	4,0893	81,786	53,086 52,983 52,954	0,6491 0,6478 0,6475	0,6461	0,8519	8,52	4,0881	81,762	0,6493 0,6480 0,6477	0,6483	
10 novembre 1829	235 236 237	0,4836	4,84	3,0803	61,606	39,920 39,911 39,926	0,6480 0,6478 0,6481	0,6480	0,4830	4,83	3,0784	61,568	0,6484 0,6482 0,6485	0,6484	
	238 239 240	0,4554	4,55	2,9890	59,780	38,750 38,736 38,706	0,6482 0,6480 0,6475	0,6479	0,4548	4,55	2,9871	59,742	0,6486 0,6484 0,6479	0,6483	
5 octobre 1831	241 242 243	0,2056	2,05	2,0075	40,150	26,016 25,949 26,001	0,6480 0,6463 0,6476	0,6473	0,2045	2,05	2,0027	40,054	0,6495 0,6479 0,6491	0,6488	

Orifice de 0m,10 de hauteur et 0m,20 de largeur, débouchant librement dans l'air.

LA HAUTEUR DU NIVEAU DE L'EAU DANS LE RÉSERVOIR ÉTANT MESURÉE — à 3m,50 en amont de l'orifice (colonnes de gauche) ; à 0m,02 en amont de l'orifice (colonnes de droite).

DATES des expériences.	NUMÉROS des expériences.	CHARGE sur le centre de l'orifice, ou valeur de H. (mètres)	du rapport $\frac{H}{h-h'}=\frac{H}{o}$	de la vitesse due à H, ou de V. (mètres)	DÉPENSE théorique par seconde, ou valeur de D. (litres)	DÉPENSE effective par seconde, ou valeur de H. (litres)	coefficient de D, pour chaque expérience	coefficient de D, moyenne pour chaque charge	CHARGE sur le centre de l'orifice, ou valeur de H. (mètres)	du rapport $\frac{H}{h-h'}=\frac{H}{o}$	de la vitesse due à H, ou de V. (mètres)	DÉPENSE théorique par seconde, ou valeur de D. (litres)	coefficient de E, pour chaque expérience	coefficient de E, moyenne pour chaque charge	OBSERVATIONS PARTICULIÈRES.
		mètres.		mètres.	litres.	litres.			mètres.		mètres.	litres.			
Suite du DISPOSITIF DE LA FIGURE 4, PLANCHE 1.															
	244					19,544	0,6387						0,6464		
5 octobre 1831	245	0,1192	1,19	1,5292	30,584	19,563	0,6396	0,6389	0,1165	1,17	1,5117	30,234	0,6471	0,6433	
	246					19,512	0,6380						0,6454		
	247	0,1135	1,14	1,4922	29,844	19,064	0,6388		0,1107	1,11	1,4737	29,474	0,6468		
	248					19,014	0,6371	0,6380					0,6451	0,6450	
10 novembre 1829	249	0,0751	0,75	1,2138	24,276	15,226	0,6272		0,0690	0,69	1,1634	23,268	0,6544		
	250					15,217	0,6268	0,6270					0,6540	0,6542	
	251	0,0695	0,70	1,1677	23,354	14,589	0,6247	0,6247	0,0590	0,59	1,0736	21,472	0,6794	0,6794	
3 octobre 1831	252	0,0691	0,69	1,1643	23,236	14,500	0,6227	0,6227	0,0577	0,58	1,0649	21,298	0,6808	0,6808	
	253	0,0688	0,69	1,1618	23,236	14,429	0,6209	0,6209	0,0569	0,57	1,0566	21,132	0,6828	0,6828	
DISPOSITIF DE LA FIGURE 5, PLANCHE 1.															
	254					77,838	0,6531						0,6531		La surface de l'eau, dans le réservoir, s'élève plus haut du côté de la face la plus rapprochée de l'orifice que du côté opposé, et la veine, à sa sortie, converge plus ou moins vers la direction prolongée de cette face, selon que la charge est plus ou moins forte.
28 septembre 1831	255	1,8102	18,10	5,9592	119,184	77,850	0,6532	0,6532	1,8099	18,10	5,9587	119,174	0,6532	0,6532	
	256	1,6534	16,53	5,6953	113,906	74,485	0,6539	0,6539	1,6531	16,53	5,6947	113,894	0,6540	0,6543	
	257					52,162	0,6557						0,6560		
25 septembre 1831	258	0,8064	8,06	3,9775	79,550	52,233	0,6556	0,6558	0,8056	8,06	3,9755	79,510	0,6569	0,6561	
	259					52,119	0,6552						0,6555		
	260					26,223	0,6559						0,6595		
	261	0,2037	2,04	1,9990	39,980	26,286	0,6575	0,6565	0,2014	2,01	1,9880	39,760	0,6611	0,6601	
	262					26,230	0,6561						0,6597		
	263					18,200	0,6452						0,6663		
25 septembre 1831	264	0,1014	1,01	1,4104	28,208	18,189	0,6448	0,6447	0,0951	0,95	1,3658	27,316	0,6659	0,6658	
	265					18,171	0,6442						0,6652		

Orifice de 0^m,10 de hauteur et 0^m,20 de largeur, débouchant librement dans l'air.

DISPOSITIF DE LA FIGURE 6, PLANCHE 1.

LA HAUTEUR DU NIVEAU DE L'EAU DANS LE RÉSERVOIR ÉTANT MESURÉE — À 3^m,50 EN AMONT DE L'ORIFICE.

DATES des expériences.	NUMÉROS des expériences.	CHARGE sur le centre de l'orifice, ou valeur de H. (mètres)	VALEURS du rapport $\frac{H}{h-h'}=\frac{H}{o}$	VALEURS de la vitesse due à H, ou de V. (mètres)	DÉPENSE théorique par seconde, ou valeur de D. (litres)	DÉPENSE effective par seconde, ou valeur de E. (litres)	VALEUR du coefficient de D, ou du rapport $\frac{E}{D}$ pour chaque expérience.	moyenne pour chaque charge.
15 août 1831	266	1,8227	18,33	5,9961	119,922	80,270	0,6694	0,6695
	267	1,8218	18,32	5,9946	119,892	80,270	0,6695	
	268	1,2648	12,65	4,9812	99,624	67,025	0,6728	0,6730
	269					67,014	0,6727	
	270					67,010	0,6726	
	271					67,145	0,6740	
13 août 1831	272	0,9366	9,37	4,2866	85,732	57,863	0,6749	0,6746
	273					57,980	0,6702	
	274					57,679	0,6728	
17 août 1831	275	0,6346	6,35	3,5283	70,566	47,865	0,6783	0,6778
	276					47,789	0,6772	
	277	0,6345	6,35	3,5281	70,562	47,895	0,6788	0,6775
	278					47,711	0,6782	
	279					47,864	0,6783	
	280					47,758	0,6768	
13 août 1831	281	0,2541	2,64	2,2765	45,530	31,000	0,6809	0,6802
	282					30,900	0,6787	
	283					30,975	0,6803	
	284					31,003	0,6809	
	285	0,1126	1,13	1,4862	29,724	20,287	0,6825	0,6828
	286					20,288	0,6825	
	287					20,315	0,6834	
12 août 1831	288	0,1052	1,05	1,4366	28,732	19,900	0,6926	0,6925
	289					19,894	0,6924	
	290					19,895	0,6924	
	291					19,901	0,6926	

LA HAUTEUR DU NIVEAU DE L'EAU DANS LE RÉSERVOIR ÉTANT MESURÉE — À 0^m,02 EN AMONT DE L'ORIFICE.

NUMÉROS	CHARGE sur le centre de l'orifice, ou valeur de H. (mètres)	VALEURS du rapport $\frac{H}{h-h'}=\frac{H}{o}$	VALEURS de la vitesse due à H, ou de V. (mètres)	DÉPENSE théorique par seconde, ou valeur de D. (litres)	VALEUR du coefficient de D, ou du rapport $\frac{E}{D}$ pour chaque expérience.	moyenne pour chaque charge.
266	1,8292	18,29	5,9903	119,806	0,6700	0,6701
267	1,8283	18,28	5,9889	119,778	0,6702	
268	1,2605	12,61	4,9727	99,454	0,6739	0,6741
269					0,6738	
270					0,6738	
271					0,6750	
272	0,9318	9,32	4,2755	85,510	0,6767	0,6764
273					0,6781	
274					0,6745	
275	0,6281	6,28	3,5103	70,206	0,6818	0,6813
276					0,6807	
277	0,6280	6,28	3,5100	70,200	0,6823	0,6810
278					0,6796	
279					0,6818	
280					0,6803	
281	0,2561	2,56	2,2414	44,828	0,6915	0,6900
282					0,6893	
283					0,6910	
284					0,6916	
285	0,0911	0,91	1,3369	26,738	0,7587	0,7591
286					0,7588	
287					0,7598	
288	0,0824	0,82	1,2714	25,428	0,7826	0,7825
289					0,7824	
290					0,7825	
291					0,7820	

OBSERVATIONS PARTICULIÈRES.

Les remous en amont de l'orifice, la chute à l'entrée de l'étroit réservoir qui le précède immédiatement et la contraction de la veine en ce point, deviennent de plus en plus sensibles à mesure que la charge diminue.

Pour les expériences 277, 278, 279 et 280, le barrage en avant du réservoir décrit au n° 41 du texte subsistait, mais il ne descendait que jusqu'à la hauteur du bord supérieur de l'orifice, tandis qu'il était entièrement supprimé pour toutes les autres expériences.

Suite du TABLEAU N° II.

Orifice de 0ᵐ,10 de hauteur et 0ᵐ,20 de largeur, débouchant librement dans l'air.

Column groups: **LA HAUTEUR DU NIVEAU DE L'EAU DANS LE RÉSERVOIR ÉTANT MESURÉE** — left group: **à 5ᵐ,50 en amont de l'orifice**; right group: **à 0ᵐ,02 en amont de l'orifice**. In each group the value columns are: CHARGE sur le centre de l'orifice, ou valeur de H (mètres); VALEURS du rapport $\frac{H}{h-h'} = \frac{H}{\sigma}$; de la vitesse due à H, ou de V (mètres); DÉPENSE théorique par seconde, en valeur de D (litres); [left group only] DÉPENSE effective par seconde, en valeur de E (litres); VALEUR du coefficient de D, ou du rapport $\frac{E}{D}$ — pour chaque expérience; moyenne pour chaque charge.

Suite du DISPOSITIF DE LA FIGURE 6, PLANCHE 1.

DATES des EXPÉRIENCES	NUMÉROS des EXPÉRIENCES	H (5ᵐ,50) mètres	rapport	V mètres	D théor. litres	E eff. litres	coeff. chaque exp.	moyenne	H (0ᵐ,02) mètres	rapport	V mètres	D théor. litres	coeff. chaque exp.	moyenne	OBSERVATIONS PARTICULIÈRES
13 août 1831 26 août 1831	292 293 294 295 296	0,1045	1,05	1,4318	28,636	19,874 19,887 19,858 19,889 19,923	0,6940 0,6945 0,6935 0,6945 0,6957	0,6944	0,0815	0,82	1,2044	25,288	0,7859 0,7864 0,7853 0,7865 0,7878	0,7864	

DISPOSITIF DE LA FIGURE 7, PLANCHE 1.

DATES des EXPÉRIENCES	NUMÉROS des EXPÉRIENCES	H (5ᵐ,50) mètres	rapport	V mètres	D théor. litres	E eff. litres	coeff. chaque exp.	moyenne	H (0ᵐ,02) mètres	rapport	V mètres	D théor. litres	coeff. chaque exp.	moyenne	OBSERVATIONS PARTICULIÈRES
5 novembre 1831	297 298	1,8314	18,31	5,9939	119,878	81,294 81,376	0,6781 0,6788	0,6785	"	"	"	"	"	"	

DISPOSITIF DE LA FIGURE 9, PLANCHE 1.

DATES des EXPÉRIENCES	NUMÉROS des EXPÉRIENCES	H (5ᵐ,50) mètres	rapport	V mètres	D théor. litres	E eff. litres	coeff. chaque exp.	moyenne	H (0ᵐ,02) mètres	rapport	V mètres	D théor. litres	coeff. chaque exp.	moyenne	OBSERVATIONS PARTICULIÈRES
14 novembre 1831	299 300	1,8429	18,43	6,0128	120,256	75,655 75,606	0,6291 0,6287	0,6289	1,8406	18,41	6,0090	120,080	0,6361 0,6296	0,6299	
27 novembre 1831	301 302	0,9524	9,52	4,8225	86,450	54,419 54,497	0,6293 0,6304	0,6299	0,9498	9,50	4,3166	86,332	0,6303 0,6313	0,6308	
23 novembre 1831	303 304	0,4556	4,56	2,9897	59,794	37,803 37,814	0,6322 0,6324	0,6323	0,4525	4,53	2,9794	59,588	0,6344 0,6346	0,6345	
14 novembre 1831	305 306	0,2177	2,18	2,0667	41,334	26,295 26,189	0,6362 0,6336	0,6349	0,2123	2,12	2,0408	40,816	0,6442 0,6416	0,6429	
26 novembre 1831	307 308 309 310	0,0664	0,66	1,1413	22,826	14,347 14,355 14,375 14,357	0,6285 0,6289 0,6298 0,6290	0,6291	0,0550	0,55	1,0389	20,778	0,6905 0,6909 0,6918 0,6910	0,6911	

Orifice de 0^m,05 de hauteur et 0^m,20 de largeur, débouchant librement dans l'air.

LA HAUTEUR DU NIVEAU DE L'EAU DANS LE RÉSERVOIR ÉTANT MESURÉE

DATES des expériences.	NUMÉROS des expériences.	À 3^m,50 en amont de l'orifice. CHARGE sur le centre de l'orifice, ou valeur de H. (mètres)	VALEURS du rapport $\frac{H}{h-h'}=\frac{H}{\theta}$	VALEURS de la vitesse due à H, ou de V. (mètres)	DÉPENSE théorique par seconde, ou valeur de D. (litres)	DÉPENSE effective par seconde, ou valeur de E. (litres)	VALEUR du coefficient de D, ou du rapport $\frac{E}{D}$ pour chaque expérience.	VALEUR ... moyenne pour chaque charge.	À 0^m,02 en amont de l'orifice. CHARGE sur le centre de l'orifice, ou valeur de H. (mètres)	VALEURS du rapport $\frac{H}{h-h'}=\frac{H}{\theta}$	VALEURS de la vitesse due à H, ou de V. (mètres)	DÉPENSE théorique par seconde, ou valeur de D. (litres)	VALEUR du coefficient de D, ou du rapport $\frac{E}{D}$ pour chaque expérience.	VALEUR ... moyenne pour chaque charge.	OBSERVATIONS PARTICULIÈRES.
						DISPOSITIF DE LA FIGURE 2, PLANCHE 1.									
14 novembre 1834	311	1,7212	34,42	5,8108	58,108	35,832	0,6166	0,6169	1,7217	34,43	5,8117	58,117	0,6166	0,6169	La veine à sa sortie de l'orifice converge un peu, pour les fortes charges, vers la direction prolongée de la face du réservoir la plus rapprochée de cet orifice.
	312					35,889	0,6176						0,6175		
	313					35,832	0,6166						0,6166		
15 novembre 1834	314	0,4775	9,55	3,0606	30,606	19,308	0,6309	0,6305	0,4814	19,63	3,0732	30,732	0,6283	0,6279	
	315					19,282	0,6300						0,6274		
	316	0,3315	6,63	2,5500	25,500	16,106	0,6316	0,6321	0,3310	6,62	2,5482	25,482	0,6321	0,6326	
	317					16,129	0,6325						0,6330		
16 novembre 1834	318	0,2245	4,49	2,0986	20,986	13,295	0,6335	0,6336	0,2249	4,50	2,1005	21,005	0,6329	0,6330	
	319					13,298	0,6336						0,6331		
	320	0,0345	0,69	0,8227	8,227	5,063	0,6154	0,6152	0,0304	0,61	0,7722	7,722	0,6558	0,6556	
	321					5,060	0,6150						0,6553		
						DISPOSITIF DE LA FIGURE 3, PLANCHE 1.									
12 novembre 1834	322	1,7535	35,07	5,8649	58,649	36,118	0,6158	0,6167	1,7534	35,07	5,8049	58,649	0,6158	0,6167	Les apparences de l'écoulement sont les mêmes que dans le cas des minces parois.
	323					36,217	0,6175						0,6175		
	324					36,171	0,6167						0,6167		
11 novembre 1834	325	0,9845	19,69	4,3947	43,947	27,538	0,6266	0,6266	0,9844	19,69	4,3946	43,946	0,6266	0,6266	
	326					27,531	0,6265						0,6265		
	327	0,4965	9,93	3,1209	31,209	19,696	0,6311	0,6319	0,4994	9,99	3,1300	31,300	0,6293	0,6301	
	328					19,776	0,6337						0,6318		
	329					19,691	0,6309						0,6291		
13 novembre 1834	330	0,1955	3,93	1,9635	19,635	12,366	0,6298	0,6346	0,1999	4,00	1,9803	19,803	0,6245	0,6292	Pour les expériences 330, 331 et 332, on a recueilli la dépense dans la jauge en maçonnerie, tandis que pour les deux suivantes on s'est servi du cuvier décrit au n° 57 du texte.
	331					12,525	0,6379						0,6325		
	332					12,469	0,6351						0,6297		
	333					12,469	0,6351						0,6297		
	334					12,468	0,6350						0,6296		

Orifice de 0m,05 de hauteur et 0m,20 de largeur, débouchant librement dans l'air.

LA HAUTEUR DU NIVEAU DE L'EAU DANS LE RÉSERVOIR ÉTANT MESURÉE — à 3m,50 en amont de l'orifice et à 0m,02 en amont de l'orifice.

DISPOSITIF DE LA FIGURE 4, PLANCHE 1.

Dans les en-têtes : valeur du rapport $\frac{H}{h-h'} = \frac{H}{\varphi}$.

DATES des expériences	NUMÉROS des expériences	CHARGE, valeur de H (mètres) — à 3m,50	rapport $\frac{H}{h-h'}=\frac{H}{\varphi}$ — à 3m,50	vitesse due à H, de V (mètres) — à 3m,50	DÉPENSE théorique, valeur de D (litres) — à 3m,50	DÉPENSE effective, valeur de E (litres) — à 3m,50	coefficient de D, rapport E/D, pour chaque expérience — à 3m,50	moyenne pour chaque charge — à 3m,50	CHARGE, valeur de H (mètres) — à 0m,02	rapport $\frac{H}{h-h'}=\frac{H}{\varphi}$ — à 0m,02	vitesse, de V (mètres) — à 0m,02	DÉPENSE théorique, valeur de D (litres) — à 0m,02	coefficient de D, rapport E/D, pour chaque expérience — à 0m,02	moyenne pour chaque charge — à 0m,02	OBSERVATIONS PARTICULIÈRES
2 octobre 1831	335	1,8769	37,54	6,0679	60,679	40,303	0,6642	0,6640	1,8767	37,53	6,0676	60,676	0,6642	0,3541	En 1829, on a recueilli la dépense dans le bassin en charpente décrit au n° 30 du mémoire publié en 1832, tandis qu'en 1831 on s'est servi de celui en maçonnerie qu'on a construit en 1830 pour remplacer le premier. Les résultats obtenus dans l'un et l'autre cas s'accordent bien.
	336					40,280	0,6638						0,6639		
18 octobre 1831	337	1,8174	36,35	5,9710	59,710	39,687	0,6647	0,6643	1,8172	36,34	5,9707	59,707	0,6647	0,3543	
	338					39,635	0,6638						0,6638		
12 novembre 1829	339	1,7963	35,93	5,9362	59,362	39,444	0,6645	0,6644	1,7961	35,92	5,9357	59,357	0,6645	0,6645	
	340					39,434	0,6643						0,6644		
12 novembre 1829	341 (A)	1,5911	31,82	5,5868	55,868	37,133	0,6647	0,6647	1,5908	31,82	5,5863	55,863	0,6647	0,6618	Avant de procéder aux expériences 341 et 342, on a fait les deux qui sont cotées 341 bis. Pour celles-ci, l'orifice était, comme en 1828 (fig. 16, expériences 1300 et suiv.), prolongé au dehors du réservoir par un canal horizontal de 3 mètres de longueur, qu'on a brusquement enlevé pour faire les expériences 341 et 342, sans rien changer au reste de l'appareil. De cette manière, on a constaté directement l'influence du canal sur la dépense, et reconnu qu'il y avait un accord parfait entre les résultats des expériences de 1828 et de celles de 1829 et de 1831.
	342					37,135	0,6647						0,6648		
18 octobre 1831	343	1,3039	26,08	5,0576	50,576	33,686	0,6660	0,6659	1,3035	26,07	5,0560	50,569	0,6661	0,6650	
	344					33,676	0,6658						0,6659		
3 octobre 1831	345	1,2982	25,96	5,0465	50,465	33,644	0,6667	0,6660	1,2978	25,96	5,0458	50,458	0,6668	0,6641	
	346					33,573	0,6653						0,6654		
12 novembre 1829	347	1,0071	20,14	4,4450	44,450	29,558	0,6650	0,6665	1,0065	20,13	4,4437	44,437	0,6652	0,6547	
	348					29,659	0,6672						0,6674		
	349					29,656	0,6672						0,6674		
6 octobre 1831	350	0,8784	17,57	4,1512	41,512	27,691	0,6671	0,6670	0,8777	15,55	4,1495	41,495	0,6673	0,6573	
	351					27,721	0,6677						0,6681		
	352					27,652	0,6661						0,6664		
7 octobre 1831	353	0,4849	9,70	3,0845	30,845	20,616	0,6684	0,6682	0,4841	9,66	3,0819	30,819	0,6689	0,6687	
	354					20,616	0,6684						0,6689		
	355					20,600	0,6679						0,6684		
12 novembre 1829	356	0,4757	9,51	3,0548	30,548	20,463	0,6699	0,6684	0,4749	9,50	3,0523	30,525	0,6704	0,6690	
	357					20,401	0,6678						0,6684		
	358					20,393	0,6676						0,6681		
12 novembre 1829	341 bis (A)	1,5911	31,82	5,5868	55,868	34,975	0,6260	0,6256	1,5908	31,82	5,5863	55,865	0,6261	0,6252	
						34,926	0,6252						0,6252		

Orifice de 0^m,05 de hauteur et 0^m,20 de largeur, débouchant librement dans l'air.

LA HAUTEUR DU NIVEAU DE L'EAU DANS LE RÉSERVOIR ÉTANT MESURÉE

DATES des expériences.	NUMÉROS des expériences.	à 3^m,50 EN AMONT DE L'ORIFICE. CHARGE sur le centre de l'orifice, ou valeur de H.	VALEURS du rapport $\frac{H}{h-h'}=\frac{H}{o}$.	VALEURS de la vitesse due à H, ou de V.	DÉPENSE théorique par seconde, ou valeur de D.	DÉPENSE effective par seconde, ou valeur de E.	VALEUR du coefficient de D, ou du rapport $\frac{E}{D}$ pour chaque expérience.	moyenne pour chaque charge.	à 0^m,02 EN AMONT DE L'ORIFICE. CHARGE sur le centre de l'orifice, ou valeur de H.	VALEURS du rapport $\frac{H}{h-h'}=\frac{H}{o}$.	VALEURS de la vitesse due à H, ou de V.	DÉPENSE théorique par seconde, ou valeur de D.	VALEUR du coefficient de D, ou du rapport $\frac{E}{D}$ pour chaque expérience.	moyenne pour chaque charge.	OBSERVATIONS PARTICULIÈRES.
		mètres.		mètres.	litres.	litres.			mètres.		mètres.	litres.			
						Suite du DISPOSITIF DE LA FIGURE 4, PLANCHE 1.									
8 octobre 1831........	359	0,2099	4,20	2,0295	20,295	13,584	0,6693	0,6702	0,2089	4,18	2,0244	20,244	0,6710	0,6719	Pour les expériences 359 et 360, on a recueilli la dépense dans la jauge en maçonnerie, tandis que, pour les suivantes, on s'est servi du cuvier décrit au n° 57 du texte.
	360					13,599	0,6701						0,6718		
	361					13,614	0,6708						0,6725		
	362					13,610	0,6706						0,6723		
	363	0,0860	1,72	1,2989	12,989	8,670	0,6675	0,6672	0,0836	1,67	1,2806	12,806	0,6770	0,6767	
	364					8,657	0,6665						0,6760		
	365					8,670	0,6675						0,6770		
	366	0,0526	1,04	1,0100	10,100	6,719	0,6652	0,6651	0,0474	0,95	0,9643	9,643	0,6968	0,6967	
9 octobre 1831........	367					6,716	0,6650						0,6965		
	368	0,0421	0,84	0,9089	9,089	6,037	0,6642	0,6633	0,0345	0,60	0,8227	8,227	0,7337	0,7328	
	369					6,029	0,6633						0,7328		
	370					6,021	0,6624						0,7319		
						DISPOSITIF DE LA FIGURE 5, PLANCHE 1.									
11 octobre 1831........	371	1,7568	35,14	5,8707	58,707	39,348	0,6702	0,6704	1,7566	35,13	5,8703	58,703	0,6703	0,6705	La surface de l'eau, dans le réservoir, s'élève plus haut du côté de la face la plus rapprochée de l'orifice que du côté opposé, et la veine, à sa sortie, converge plus ou moins vers la direction prolongée de cette face, selon que la charge est plus ou moins forte.
	372					39,370	0,6706						0,6707		
	373	1,2682	25,36	4,9878	49,878	33,342	0,6685	0,6707	1,2676	25,33	4,9867	49,867	0,6686	0,6708	
	374					33,557	0,6728						0,6729		
	375					33,463	0,6709						0,6710		
	376	0,9192	18,38	4,2465	42,465	28,723	0,6764	0,6731	0,9184	18,37	4,2447	42,447	0,6767	0,6734	
	377					28,585	0,6731						0,6734		
	378					28,503	0,6712						0,6715		
1ᵉʳ novembre 1831........	379					28,521	0,6716						0,6719		
	380	0,4802	9,60	3,0694	30,694	20,748	0,6760	0,6758	0,4793	9,58	3,0664	30,664	0,6766	0,6764	
	381					20,736	0,6756						0,6762		
	382	0,1608	3,22	1,7761	17,761	12,000	0,6756	0,6751	0,1593	3,19	1,7678	17,678	0,6788	0,6783	
	383					11,981	0,6746						0,6777		
	384	0,0604	1,21	1,0885	10,885	7,254	0,6664	0,6670	0,0562	1,10	1,0406	10,406	0,6971	0,6977	
29 octobre 1831........	385					7,245	0,6656						0,6962		
	386					7,282	0,6690						0,6998		

Suite du TABLEAU N° III.

Orifice de 0ᵐ,05 de hauteur et 0ᵐ,20 de largeur, débouchant librement dans l'air.

DISPOSITIF DE LA FIGURE 6, PLANCHE 1.

DATES des EXPÉRIENCES.	NUMÉROS des EXPÉRIENCES.	LA HAUTEUR DU NIVEAU DE L'EAU DANS LE RÉSERVOIR ÉTANT MESURÉE à 3ᵐ,50 EN AMONT DE L'ORIFICE.							à 0ᵐ,02 EN AMONT DE L'ORIFICE.						OBSERVATIONS PARTICULIÈRES.
		CHARGE sur le centre de l'orifice, ou valeur de H.	VALEURS du rapport $\frac{H}{h-h'}=\frac{H}{o}$.	VALEURS de la vitesse due à H, ou de V.	DÉPENSE théorique par seconde, ou valeur de D.	DÉPENSE effective par seconde, ou valeur de E.	VALEUR du coefficient de D, ou du rapport $\frac{E}{D}$ pour chaque expérience.	moyenne pour chaque charge.	CHARGE sur le centre de l'orifice, ou valeur de H.	VALEURS du rapport $\frac{H}{h-h'}=\frac{H}{o}$.	VALEURS de la vitesse due à H, ou de V.	DÉPENSE théorique par seconde, ou valeur de D.	VALEUR du coefficient de D, ou du rapport $\frac{E}{D}$ pour chaque expérience.	moyenne pour chaque charge.	
		mètres.		mètres.	litres.	litres.			mètres.		mètres.	litres.			
23 octobre 1831	387	1,8218	36,44	5,9782	59,782	40,360	0,6751	0,6756	1,8193	36,39	5,9749	59,749	0,6755	0,6759	Les remous en amont de l'orifice, la chute à l'entrée de l'étroit réservoir qui le précède immédiatement, et la contraction de la veine en ce point, deviennent de plus en plus sensibles à mesure que la charge diminue.
	388					40,429	0,6763						0,6766		
	389					40,370	0,6753						0,6757		
26 octobre 1831	390	1,2919	25,84	5,0343	50,343	34,255	0,6804	0,6792	1,2892	25,76	5,0290	50,290	0,6811	0,6758	
	391					34,171	0,6788						0,6794		
	392					34,148	0,6783						0,6790		
27 octobre 1831	393	0,8764	17,53	4,1464	41,464	28,304	0,6826	0,6804	0,8734	17,47	4,1393	41,393	0,6838	0,6816	
	394					28,174	0,6795						0,6806		
	395					28,158	0,6791						0,6803		
	396	0,5419	10,84	3,2606	32,606	22,266	0,6829	0,6823	0,5385	10,77	3,2503	32,503	0,6850	0,6845	
	397					22,273	0,6831						0,6853		
	398					22,205	0,6810						0,6832		
22 octobre 1831	399	0,2279	4,56	2,1145	21,145	14,515	0,6865	0,6865	0,2231	4,46	2,0921	20,921	0,6938	0,6938	
	400					14,515	0,6865						0,6938		
	401	0,1384	2,77	1,6478	16,478	11,349	0,6887	0,6879	0,1326	2,65	1,6129	16,129	0,7036	0,7028	
	402					11,322	0,6871						0,7020		
	403	0,0785	1,57	1,2414	12,414	8,568	0,6903	0,6896	0,0692	1,38	1,1651	11,651	0,7354	0,7347	
	404					8,551	0,6888						0,7339		
	405	0,0584	1,17	1,0704	10,704	7,475	0,6983	0,6983	0,0469	0,94	0,9592	9,592	0,7793	0,7792	
	406					7,473	0,6982						0,7791		

DISPOSITIF DE LA FIGURE 7, PLANCHE 1.

DATES	NUMÉROS	H	rapport	V	D	E	coeff.	moyenne	H	rapport	V	D	coeff.	moyenne	
5 novembre 1831	407	1,8599	37,20	6,0405	60,405	41,110	0,6806	0,6809	1,8593	37,19	6,0395	60,395	0,6807	0,6814	
	408					41,148	0,6812						0,6813		
	409	1,4809	29,62	5,3900	53,900	36,724	0,6813	0,6812	1,4799	29,60	5,3882	53,882	0,6816	0,6815	
	410					36,711	0,6811						0,6813		
	411	0,9590	19,20	4,3395	43,395	29,656	0,6834	0,6852	0,9582	19,16	4,3357	43,357	0,6841	0,6839	
	412					29,935	0,6898						0,6904		
	413					29,619	0,6825						0,6831		

Orifice de 0^m,o5 de hauteur et 0^m,2o de largeur, débouchant librement dans l'air.

DATES des expériences.	NUMÉROS des expériences.	LA HAUTEUR DU NIVEAU DE L'EAU DANS à 3^m,50 en amont de l'orifice. CHARGE sur le centre de l'orifice, ou valeur de H.	VALEURS du rapport $\frac{H}{h-h'}=\frac{H}{o}$.	VALEURS de la vitesse due à H, ou de V.	DÉPENSE théorique par seconde, ou valeur de D.	DÉPENSE effective par seconde, ou valeur de E.	VALEUR du coefficient de D, ou du rapport $\frac{E}{D}$ pour chaque expérience.	VALEUR du coefficient de D, ou du rapport $\frac{E}{D}$ moyenne pour chaque charge.	LE RÉSERVOIR ÉTANT MESURÉE à 0^m,02 en amont de l'orifice. CHARGE sur le centre de l'orifice, ou valeur de H.	VALEURS du rapport $\frac{H}{h-h'}=\frac{H}{o}$.	VALEURS de la vitesse due à H, ou de V.	DÉPENSE théorique par seconde, ou valeur de D.	VALEUR du coefficient de D, ou du rapport $\frac{E}{D}$ pour chaque expérience.	VALEUR du coefficient de D, ou du rapport $\frac{E}{D}$ moyenne pour chaque charge.	OBSERVATIONS PARTICULIÈRES.
		mètres.		mètres.	litres.	litres.			mètres.		mètres.	litres.			
		DISPOSITIF DE LA FIGURE 8, PLANCHE I.													
1ᵉʳ novembre 1834..........	414	1,7356	34,71	5,8351	58,351	36,104	0,6187	0,6192	1,7359	34,72	5,8356	58,356	0,6187	0,6192	La surface de l'eau, dans le réservoir, s'élève plus haut du côté de la face la plus rapprochée de l'orifice que du côté opposé, et la veine, à sa sortie, converge plus ou moins vers la direction prolongée de cette face, selon que la charge est plus ou moins forte.
	415	1,7348	34,70	5,8337	58,337	36,146	0,6196		1,7351	34,70	5,8342	58,342	0,6196		
5 novembre 1834...........	416	0,9991	19,98	4,4273	44,273	27,776	0,6274	0,6281	0,9995	19,99	4,4282	44,282	0,6273	0,6279	
	417					27,831	0,6287						0,6285		
	418	0,5291	10,56	3,2188	32,188	20,370	0,6328	0,6336	0,5285	10,57	3,2200	32,200	0,6326	0,6333	
	419					20,415	0,6343						0,6340		
2 novembre 1834...........	420	0,3248	6,50	2,5242	25,242	16,032	0,6351	0,6350	0,3265	6,53	2,5309	25,309	0,6335	0,6334	
	421					16,027	0,6349						0,6333		
	422	0,2006	4,01	1,9840	19,840	12,607	0,6354	0,6348	0,2005	4,01	1,9833	19,833	0,6357	0,6351	
	423					12,589	0,6345						0,6348		
	424					12,589	0,6345						0,6348		
3 novembre 1834...........	425	0,0346	0,69	0,8239	8,239	5,120	0,6214	0,6248	0,0305	0,61	0,7736	7,736	0,6618	0,6654	
	426					5,160	0,6262						0,6670		
	427					5,162	0,6226						0,6673		
		DISPOSITIF DE LA FIGURE 9, PLANCHE I.													
16 novembre 1831..........	428	1,8644	37,29	6,0477	60,477	38,329	0,6337	0,6337	1,8639	37,28	6,0469	60,469	0,6339	0,6339	
	429	1,8572	37,14	6,0361	60,361	38,250	0,6337		1,8567	37,13	6,0352	60,352	0,6338		
27 novembre 1831..........	430	0,9796	19,59	4,3839	43,839	27,805	0,6343	0,6349	0,9780	19,56	4,3802	43,802	0,6348	0,6354	
	431					27,858	0,6355						0,6360		
13 novembre 1831..........	432	0,4839	9,68	3,0813	30,813	19,611	0,6364	0,6371	0,4813	9,63	3,0729	30,729	0,6382	0,6388	
	433					19,648	0,6377						0,6394		
14 novembre 1831..........	434	0,2492	4,98	2,2109	22,109	14,182	0,6415	0,6418	0,2457	4,91	2,1955	21,955	0,6460	0,6464	
	435					14,199	0,6422						0,6467		
18 novembre 1831..........	436	0,0354	0,71	0,8333	8,333	5,418	0,6501	0,6478	0,0305	0,61	0,7735	7,735	0,7005	0,6979	
	437					5,399	0,6479						0,6980		
	438					5,378	0,6454						0,6953		

Orifice de 0^m,05 de hauteur et 0^m,20 de largeur, débouchant librement dans l'air.

DATES des EXPÉRIENCES.	NUMÉROS des EXPÉRIENCES.	LA HAUTEUR DU NIVEAU DE L'EAU DANS — à 3^m,50 en amont de l'orifice.							LE RÉSERVOIR ÉTANT MESURÉE — à 0^m,02 en amont de l'orifice.						OBSERVATIONS PARTICULIÈRES.
		CHARGE sur le centre de l'orifice, ou valeur de H.	VALEURS du rapport $\frac{H}{h-h'}=\frac{H}{o}$	VALEURS de la vitesse due à H, ou de V.	DÉPENSE théorique par seconde, ou valeur de D.	DÉPENSE effective par seconde, ou valeur de E.	VALEUR du coefficient de D, ou du rapport $\frac{E}{D}$ — pour chaque expérience.	VALEUR — moyenne pour chaque charge.	CHARGE sur le centre de l'orifice, ou valeur de H.	VALEURS du rapport $\frac{H}{h-h'}=\frac{H}{o}$	VALEURS de la vitesse due à H, ou de V.	DÉPENSE théorique par seconde, ou valeur de D.	VALEUR du coefficient de D, ou du rapport $\frac{E}{D}$ — pour chaque expérience.	VALEUR — moyenne pour chaque charge.	
		mètres.		mètres.	litres.	litres.			mètres.		mètres.	litres.			
DISPOSITIF DE LA FIGURE 10, PLANCHE 1.															
6 novembre 1834	439	1,7081	34,16	5,7886	57,886	36,180	0,6250	0,6246	1,7171	34,34	5,8039	58,039	0,6234	0,6230	De chaque côté de l'orifice, les filets jaillissant des angles se détachent de la masse de la veine, et se rencontrent à environ 0^m,08 en aval, ce qui donne lieu à un jet d'eau qui retombe en forme de pluie. Cet effet diminue avec les charges ; en même temps la veine s'élargit de plus en plus, et les filets partant des angles supérieurs finissent par s'attacher aux joues latérales ou évasements à 45° de l'embrasure dans laquelle l'orifice est encastré. Le jet d'eau disparaît lorsqu'on bouche les feuillures de la vanne, mais la veine ne cesse pas de s'élargir comme on l'a indiqué.
	440					36,130	0,6242						0,6225		Les feuillures de la vanne sont bouchées pour la dernière expérience.
	441	0,9951	19,90	4,4184	44,184	28,038	0,6346	0,6344	1,0100	20,20	4,4513	44,513	0,6299	0,6297	
	442					28,021	0,6342						0,6295		
7 novembre 1834	443	0,3241	6,48	2,5215	25,215	16,176	0,6415	0,6415	0,3227	6,45	2,5161	25,161	0,6429	0,6429	
	444					16,175	0,6415						0,6429		
	445	0,2381	4,76	2,1612	21,612	13,919	0,6441	0,6419	0,2383	4,77	2,1622	21,622	0,6437	0,6415	
	446					13,862	0,6414						0,6411		
	447					13,833	0,6401						0,6398		
8 novembre 1834	448	0,0771	1,54	1,2298	12,298	7,992	0,6499	0,6492	0,0755	1,51	1,2170	12,170	0,6567	0,6560	
	449					7,964	0,6476						0,6544		
	450					7,994	0,6500						0,6569		
DISPOSITIF DE LA FIGURE 11, PLANCHE 1.															
7 novembre 1831	451	1,7738	35,48	5,8990	58,990	39,563	0,6707	0,6696	1,7735	35,47	5,8985	58,985	0,6707	0,6696	
	452	1,7710	35,42	5,8943	58,943	39,527	0,6706		1,7707	35,42	5,8938	58,938	0,6706		
	453	1,7682	35,36	5,8897	58,897	39,321	0,6676		1,7679	35,34	5,8892	58,892	0,6676		
	454	1,3039	26,08	5,0576	50,576	33,885	0,6700	0,6698	1,3034	26,07	5,0567	50,567	0,6701	0,6699	
	455					33,867	0,6696						0,6697		
	456	0,5309	10,62	3,2273	32,273	21,568	0,6683	0,6709	0,5297	10,59	3,2236	32,236	0,6691	0,6717	
	457					21,743	0,6737						0,6745		
	458					21,642	0,6706						0,6714		
9 novembre 1831	459	0,2264	4,53	2,1076	21,076	14,219	0,6747	0,6750	0,2240	4,48	2,0963	20,963	0,6783	0,6787	
	460					14,252	0,6762						0,6799		
	461					14,208	0,6741						0,6778		
	462	0,0499	1,00	0,9894	9,894	6,697	0,6769	0,6777	0,0420	0,84	0,9677	9,077	0,7378	0,7388	
	463					6,713	0,6785						0,7397		

Orifice de 0ᵐ,05 de hauteur et 0ᵐ,20 de largeur, débouchant librement dans l'air.

DATES des expériences.	NUMÉROS des expériences.	LA HAUTEUR DU NIVEAU DE L'EAU DANS — à 3ᵐ,50 en amont de l'orifice.							LE RÉSERVOIR ÉTANT MESURÉE — à 0ᵐ,02 en amont de l'orifice.						OBSERVATIONS PARTICULIÈRES.
		CHARGE sur le centre de l'orifice, ou valeur de H.	VALEURS du rapport $\frac{H}{h-h'}=\frac{H}{e}$	VALEURS de la vitesse due à H, ou de V.	DÉPENSE théorique par seconde, ou valeur de D.	DÉPENSE effective par seconde, ou valeur de E.	VALEUR du coefficient de D, ou du rapport $\frac{E}{D}$ — pour chaque expérience.	VALEUR — moyenne pour chaque charge.	CHARGE sur le centre de l'orifice, ou valeur de H.	VALEURS du rapport $\frac{H}{h-h'}=\frac{H}{e}$	VALEURS de la vitesse due à H, ou de V.	DÉPENSE théorique par seconde, ou valeur de D.	VALEUR du coefficient de D, ou du rapport $\frac{E}{D}$ — pour chaque expérience.	VALEUR — moyenne pour chaque charge.	
		mètres.		mètres.	litres.	litres.			mètres.		mètres.	litres.			
					DISPOSITIF DE LA FIGURE 12, PLANCHE 1.										
10 novembre 1834	464	1,6059	32,12	5,6128	56,128	34,807	0,6201	0,6197	1,6065	32,13	5,6139	56,139	0,6200	0,6196	La veine a la même forme que dans le cas des minces parois.
	465					34,764	0,6193						0,6192		
	466	1,0085	20,17	4,4480	44,480	27,829	0,6257	0,6275	1,0094	20,19	4,4500	44,500	0,6254	0,6272	
	467					27,987	0,6292						0,6289		
	468	0,2905	4,01	1,9835	19,835	12,546	0,6325	0,6330	0,2016	4,03	1,9887	19,887	0,6309	0,6314	
	469					12,564	0,6334						0,6318		
	470	0,0549	1,30	1,1284	11,284	7,125	0,6314	0,6316	0,0634	1,27	1,1152	11,152	0,6389	0,6391	
	471					7,129	0,6317						0,6393		
					DISPOSITIF DE LA FIGURE 13, PLANCHE 1.										
23 novembre 1834	472	1,7690	35,38	5,8910	58,910	39,905	0,6775	0,6786	1,7670	35,34	5,8877	58,877	0,6778	0,6789	Le barrage en avant du réservoir décrit au n° 41 du texte, subsistait pour les expériences numérotées de 472 à 484. La feuillure de 0ᵐ,006 de largeur, dans laquelle glisse la vanne, était bouchée pour l'expérience n° 481, tandis qu'elle était ouverte pour toutes les autres expériences, afin de reconnaître si elle avait quelque influence sur la dépense. Sa suppression donne immédiatement lieu à un plus grand élargissement de la veine.
	473					40,031	0,6796						0,6799		
24 novembre 1834	474	0,9555	19,11	4,3295	43,295	29,626	0,6842	0,6844	0,9534	19,07	4,3248	43,248	0,6850	0,6852	
	475					29,645	0,6846						0,6854		
22 novembre 1834	476	0,4885	9,77	3,0958	30,958	21,411	0,6916	0,6930	0,4867	9,73	3,0903	30,903	0,6928	0,6942	
	477					21,474	0,6936						0,6948		
	478					21,479	0,6938						0,6950		
	479	0,2315	4,63	2,1311	21,311	14,961	0,7021	0,7015	0,2299	4,60	2,1233	21,233	0,7046	0,7040	
	480					14,935	0,7008						0,7034		
	481					15,023	0,7050	0,7050					0,7076	0,7076	
21 novembre 1834	482	0,0895	1,79	1,3251	13,251	9,574	0,7224	0,7193	0,0844	1,69	1,2868	12,868	0,7440	0,7407	
	483					9,521	0,7186						0,7399		
	484					9,497	0,7168						0,7381		
24 novembre 1834	485	1,3295	36,59	5,9908	59,908	40,449	0,6752	0,6755	1,8276	36,55	5,9877	59,877	0,6763	0,6761	Le barrage en avant du réservoir était entièrement supprimé pour la 485ᵉ expérience et pour toutes celles qui suivent.
	486					40,357	0,6736						0,6740		
	487					40,594	0,6776						0,6780		

Orifice de 0ᵐ,05 de hauteur et 0ᵐ,20 de largeur, débouchant librement dans l'air.

DATES des EXPÉRIENCES.	NUMÉROS des EXPÉRIENCES.	LA HAUTEUR DU NIVEAU DE L'EAU DANS — à 3ᵐ,50 en amont de l'orifice. CHARGE sur le centre de l'orifice, ou valeur de H. (mètres)	VALEURS du rapport $\frac{H}{h-h'}=\frac{H}{o}$	VALEURS de la vitesse due à H, ou de V. (mètres)	DÉPENSE théorique par seconde, ou valeur de D. (litres)	DÉPENSE effective par seconde, ou valeur de E. (litres)	VALEUR du coefficient de D, ou du rapport $\frac{E}{D}$ — pour chaque expérience.	VALEUR du coefficient de D, ou du rapport $\frac{E}{D}$ — moyenne pour chaque charge.	LE RÉSERVOIR ÉTANT MESURÉE — à 0ᵐ,02 en amont de l'orifice. CHARGE sur le centre de l'orifice, ou valeur de H. (mètres)	VALEURS du rapport $\frac{H}{h-h'}=\frac{H}{o}$	VALEURS de la vitesse due à H, ou de V. (mètres)	DÉPENSE théorique par seconde, ou valeur de D. (litres)	VALEUR du coefficient de D, ou du rapport $\frac{2}{3}$ — pour chaque expérience.	VALEUR du coefficient de D, ou du rapport $\frac{2}{3}$ — moyenne pour chaque charge.	OBSERVATIONS PARTICULIÈRES.
															Suite du DISPOSITIF DE LA FIGURE 13, PLANCHE 1.
24 novembre 1834	488	0,9775	19,55	4,3791	43,791	29,721	0,6787	0,6792	0,9754	19,51	4,3744	43,744	0,6794	0,6800	À l'entrée du petit réservoir qui précède immédiatement l'orifice, la veine se contracte et se détache des parois latérales sur une certaine longueur, pour les charges au-dessous de 0ᵐ,80.
	489					29,745	0,6793						0,6800		La chute à cette entrée, les remous et les tourbillons circulaires près de l'orifice, deviennent de plus en plus sensibles à mesure que la charge diminue, à partir de celle de 0ᵐ,80.
	490					29,767	0,6797						0,6805		La veine, en sortant de l'orifice, est très-aplatie à sa partie supérieure, et va en s'élargissant de plus en plus dans le sens horizontal.
	491	0,4885	9,77	3,0958	30,958	21,126	0,6824	0,6827	0,4867	9,73	3,0903	30,903	0,6836	0,6839	
	492					21,141	0,6829						0,6841		
25 novembre 1834	493	0,2215	4,45	2,0848	20,848	14,539	0,6974	0,6956	0,2199	4,40	2,0770	20,770	0,7000	0,6983	
	494					14,484	0,6947						0,6974		
	495					14,484	0,6947						0,6974		
	496	0,0895	1,79	1,3251	13,251	9,444	0,7128	0,7152	0,0845	1,69	1,2875	12,875	0,7335	0,7350	
	497					9,509	0,7176						0,7386		
	498					9,475	0,7151						0,7359		
															DISPOSITIF DE LA FIGURE 14, PLANCHE 1.
27 novembre 1834	499	1,7465	34,03	5,8533	58,533	40,078	0,6847	0,6859	1,7436	34,87	5,8485	58,485	0,6853	0,6835	Les apparences de l'écoulement ne diffèrent de celles qui se rapportent au dispositif de la figure 13, qu'en ce que la veine n'éprouve aucune contraction sensible à l'entrée du petit réservoir qui précède immédiatement l'orifice.
	500	1,7405	34,81	5,8434	58,434	40,149	0,6871		1,7376	34,75	5,8385	58,385	0,6877		
23 novembre 1834	501	0,9795	19,59	4,3836	43,836	30,321	0,6917	0,6925	0,9759	19,52	4,3756	43,756	0,6930	0,6938	
	502					30,352	0,6924						0,6937		
	503					30,395	0,6934						0,6946		
27 novembre 1834	504	0,4760	9,52	3,0558	30,558	21,342	0,6984	0,6949	0,4759	9,52	3,0555	30,555	0,6985	0,6950	
	505					21,166	0,6926						0,6927		
	506					21,197	0,6937						0,6937		
28 novembre 1834	507	0,2255	4,51	2,1033	21,033	14,692	0,6997	0,6998	0,2209	4,42	2,0817	20,817	0,7058	0,7065	
	508					14,720	0,6999						0,7071		
27 novembre 1834	509	0,0895	1,79	1,3251	13,251	9,465	0,7143	0,7136	0,0794	1,59	1,2481	12,481	0,7584	0,7576	
	510					9,444	0,7128						0,7567		

TABLEAU N° IV.

Orifice de 0^m,03 de hauteur et 0^m,20 de largeur, débouchant librement dans l'air.

DATES des EXPÉRIENCES.	NUMÉROS des EXPÉRIENCES.	LA HAUTEUR DU NIVEAU DE L'EAU DANS — à 3^m,50 en amont de l'orifice.							LE RÉSERVOIR ÉTANT MESURÉE — à 0^m,02 en amont de l'orifice.						OBSERVATIONS PARTICULIÈRES.
		CHARGE sur le centre de l'orifice, ou valeur de H.	VALEURS du rapport $\frac{H}{h-h'}=\frac{H}{e}$	VALEURS de la vitesse due à H, ou de V.	DÉPENSE théorique par seconde, ou valeur de D.	DÉPENSE effective par seconde, ou valeur de E.	VALEUR du coefficient de D, ou du rapport $\frac{E}{D}$ pour chaque expérience.	moyenne pour chaque charge.	CHARGE sur le centre de l'orifice, ou valeur de H.	VALEURS du rapport $\frac{H}{h-h'}=\frac{H}{e}$	VALEURS de la vitesse due à H, ou de V.	DÉPENSE théorique par seconde, ou valeur de D.	VALEUR du coefficient de D, ou du rapport $\frac{E}{D}$ pour chaque expérience.	moyenne pour chaque charge.	
		mètres.		mètres.	litres.	litres.			mètres.		mètres.	litres.			DISPOSITIF DE LA FIGURE 4, PLANCHE 1.
	511 512	1,8284	60,95	5,9890	35,934	24,246 24,244	0,6747 0,6747	0,6747	1,8283	60,94	5,9880	35,933	0,6747 0,6747	0,5747	
18 octobre 1831............	513 514 515 516	1,3036	43,45	5,0570	30,342	20,486 20,541 20,450 20,454	0,6752 0,6770 0,6740 0,6741	0,6751	1,3035	43,45	5,0569	30,341	0,6752 0,6770 0,6740 0,6741	0,3751	
	517 518 519	0,8457	28,22	4,0757	24,454	16,546 16,539 16,532	0,6766 0,6763 0,6760	0,6763	0,8465	28,22	4,0751	24,451	0,6767 0,6764 0,6761	0,3764	
	520 521 522	0,5132	17,01	3,1638	18,983	12,911 12,931 12,890	0,6801 0,6812 0,6790	0,6801	0,5099	17,00	3,1628	18,977	0,6803 0,6814 0,6792	0,3803	
	523 524	0,1634	5,55	1,8068	10,841	7,407 7,379	0,6832 0,6806	0,6819	0,1660	5,53	1,8046	10,828	0,6841 0,6815	0,3828	
17 octobre 1831............	525 526 527	0,0630	2,27	1,1550	6,930	4,750 4,755 4,751	0,6854 0,6861 0,6856	0,6857	0,0659	2,20	1,1370	6,822	0,6963 0,6970 0,6964	0,3969	
	528 529 530	0,0334	1,28	0,8680	5,208	3,583 3,583 3,584	0,6880 0,6880 0,6881	0,6880	0,0355	1,18	0,8345	5,007	0,7156 0,7156 0,7158	0,7157	
	531 532 533	0,0237	0,96	0,7503	4,502	3,275 3,282 3,278	0,7274 0,7290 0,7280	0,7281	0,0213	0,71	0,6465	3,879	0,8443 0,8461 0,8451	0,3452	

Orifice de 0^m,03 de hauteur et 0^m,20 de largeur, débouchant librement dans l'air.

DATES des expériences	NUMÉROS des expériences	LA HAUTEUR DU NIVEAU DE L'EAU DANS LE RÉSERVOIR ÉTANT MESURÉE — à 3^m,50 EN AMONT DE L'ORIFICE — CHARGE sur le centre de l'orifice, ou valeur de H	VALEURS du rapport $\frac{H}{k-k'}=\frac{H}{e}$	VALEURS de la vitesse due à H, ou de V	DÉPENSE théorique par seconde, ou valeur de D	DÉPENSE effective par seconde, ou valeur de E	VALEUR du coefficient de D, ou du rapport $\frac{E}{D}$ — pour chaque expérience	moyenne pour chaque charge	à 0^m,02 EN AMONT DE L'ORIFICE — CHARGE sur le centre de l'orifice, ou valeur de H	VALEURS du rapport $\frac{H}{k-k'}=\frac{H}{e}$	VALEURS de la vitesse due à H, ou de V	DÉPENSE théorique par seconde, ou valeur de D	VALEUR du coefficient de D, ou du rapport $\frac{E}{D}$ — pour chaque expérience	moyenne pour chaque charge	OBSERVATIONS PARTICULIÈRES
		mètres.		mètres.	litres.	litres.			mètres.		mètres.	litres.			
						DISPOSITIF DE LA FIGURE 5, PLANCHE 1.									
31 octobre 1831	534	1,7621	58,74	5,8795	35,277	23,914	0,6779	0,6774	1,7620	58,73	5,8793	35,276	0,6779	0,6774	La surface de l'eau, dans le réservoir, s'élève plus haut du côté de la face la plus rapprochée de l'orifice que du côté opposé, et la veine, à sa sortie, converge plus ou moins vers la direction prolongée de cette face, selon que la charge est plus ou moins forte.
	535	1,7597	58,66	5,8755	35,253	23,941	0,6791		1,7596	58,65	5,8753	35,252	0,6791		
	536	1,7594	58,65	5,8750	35,250	23,824	0,6759		1,7593	58,64	5,8748	35,249	0,6759		
	537	1,7577	58,59	5,8722	35,233	23,835	0,6765		1,7576	58,58	5,8720	35,232	0,6765		
	538					20,510	0,6824	0,6811					0,6826	0,6813	
	539	1,2790	42,63	5,0090	30,054	20,454	0,6806		1,2786	42,62	5,0082	30,049	0,6807		
	540					20,448	0,6804						0,6805		
1er novembre 1831	541					17,431	0,6821	0,6828					0,6824	0,6831	
	542	0,9244	30,81	4,2590	25,554	17,459	0,6832		0,9239	30,80	4,2573	25,544	0,6835		
	543					17,453	0,6830						0,6833		
	544	0,4904	16,35	3,1016	18,610	12,682	0,6815	0,6820	0,4893	16,33	3,0997	18,598	0,6819	0,6824	
	545					12,699	0,6824						0,6829		
	546	0,2477	8,26	2,2043	13,226	9,035	0,6831	0,6835	0,2470	8,25	2,2012	13,207	0,6841	0,6845	
	547					9,045	0,6839						0,6849		
10 novembre 1831	548					4,689	0,6826	0,6839					0,6958	0,6971	
	549	0,0668	2,23	1,1448	6,869	4,713	0,6861		0,0643	2,23	1,1231	6,739	0,6993		
	550					4,691	0,6829						0,6961		
	551					3,458	0,6877	0,6883					0,7320	0,7326	
	552	0,0358	1,19	0,8380	5,028	3,464	0,6889		0,0316	1,19	0,7874	4,724	0,7332		
						DISPOSITIF DE LA FIGURE 6, PLANCHE 1.									
23 octobre 1831	553					24,375	0,6789	0,6797					0,6792	0,6803	Les remous en amont de l'orifice, la chute à l'entrée de l'étroit réservoir qui le précède immédiatement, et la contraction de la veine en ce point, deviennent de plus en plus sensibles à mesure que la charge diminue.
	554	1,8256	60,85	5,9677	35,906	24,475	0,6816		1,8234	60,78	5,9808	35,885	0,6821		
	555					24,368	0,6786						0,6791		
28 octobre 1831	556					20,663	0,6818	0,6820					0,6825	0,6827	
	557	1,3004	43,35	5,0508	30,305	20,676	0,6822		1,2979	43,26	5,0460	30,276	0,6829		
	558					20,668	0,6820						0,6827		

Orifice de 0^m,o3 de hauteur et 0^m,20 de largeur, débouchant librement dans l'air.

DATES des EXPÉRIENCES.	NUMÉROS des EXPÉRIENCES.	CHARGE sur le centre de l'orifice, en valeur de H.	VALEURS du rapport $\frac{H}{h-h'}=\frac{H}{e}$	de la vitesse due à H, ou de V.	DÉPENSE théorique par seconde, ou valeur de D.	DÉPENSE effective par seconde, ou valeur de E.	VALEUR du coefficient de D, ou du rapport $\frac{E}{D}$ pour chaque expérience.	moyenne pour chaque charge.	CHARGE sur le centre de l'orifice, en valeur de H.	VALEURS du rapport $\frac{H}{h-h'}=\frac{H}{e}$	de la vitesse due à H, ou de V.	DÉPENSE théorique par seconde, ou valeur de D.	VALEUR du coefficient de D, ou du rapport $\frac{E}{D}$ pour chaque expérience.	moyenne pour chaque charge.	OBSERVATIONS PARTICULIÈRES.
		LA HAUTEUR DU NIVEAU DE L'EAU DANS LE RÉSERVOIR ÉTANT MESURÉE — à 3^m,50 EN AMONT DE L'ORIFICE.							à 0^m,02 EN AMONT DE L'ORIFICE.						
		mètres.		mètres.	litres.	litres.			mètres.		mètres.	litres.			
Suite du DISPOSITIF DE LA FIGURE 6, PLANCHE 1.															
27 octobre 1831............	559 560	0,8874	29,58	4,1723	25,034	17,182 17,191	0,6863 0,6867	0,6865	0,8846	29,49	4,1658	24,995	0,6874 0,6878	0,3876	
	561 562	0,4937	16,46	3,1122	18,673	12,917 12,910	0,6917 0,6914	0,6916	0,4907	16,36	3,1026	18,516	0,6939 0,6935	0,3937	
21 octobre 1831............	563 564 565 566	0,2216	7,39	2,0852	12,511	8,706 8,740 8,565 8,664	0,6959 0,6986 0,6926 0,6925	0,6937	0,2185	7,28	2,0703	12,422	0,7009 0,7036 0,6976 0,6975	0,6987	Pour l'expérience 564, on a ouvert avant le signal la coulisse d'admission de l'eau dans la jauge ; c'est pourquoi on n'a pas tenu compte du résultat qui la concerne, en prenant la valeur moyenne du coefficient de D, correspondant à la charge 0^m,2216.
	567 568	0,0667	2,22	1,1438	6,863	4,782 4,793	0,6968 0,6984	0,6976	0,0625	2,08	1,1074	6,644	0,7197 0,7214	0,7206	
22 octobre 1831............	569 570 571	0,0384	1,28	0,8680	5,208	3,706 3,713 3,727	0,7116 0,7120 0,7156	0,7134	0,0280	0,93	0,7412	4,447	0,8334 0,8349 0,8381	0,8355	
DISPOSITIF DE LA FIGURE 9, PLANCHE 1.															
13 novembre 1831............	572 573	1,8794 1,8766	62,65 62,55	6,0720 6,0673	36,432 36,404	23,107 23,071	0,6342 0,6338	0,6340	1,8788 1,8760	62,63 62,53	6,0710 6,0665	36,426 36,399	0,6344 0,6338	0,6341	
15 novembre 1831............	574 575	0,8968	29,89	4,1943	25,166	16,168 16,081	0,6425 0,6390	0,6408	0,8958	32,86	4,1921	25,153	0,6427 0,6393	0,6410	L'orifice était d'environ $\frac{1}{16}$ de millimètre trop haut pour l'expérience 574.
20 novembre 1831............	576 577	0,5018	16,73	3,1375	18,825	12,191 12,191	0,6476 0,6476	0,6476	0,5005	16,68	3,1329	18,797	0,6486 0,6486	0,6486	
14 novembre 1831............	578 579	0,2588	8,63	2,2535	13,521	8,853 8,859	0,6548 0,6552	0,6550	0,2580	8,60	2,2498	13,499	0,6558 0,6563	0,6561	
18 novembre 1831............	580 581 582	0,0232	0,77	0,6747	4,048	2,701 2,690 2,708	0,6672 0,6644 0,6689	0,6668	0,0175	0,58	0,5859	3,515	0,7684 0,7653 0,7704	0,7680	

Orifice de 0^m,02 de hauteur et 0^m,20 de largeur, débouchant librement dans l'air.

DATES des expériences.	NUMÉROS des expériences.	LA HAUTEUR DU NIVEAU DE L'EAU DANS LE RÉSERVOIR ÉTANT MESURÉE — à 3^m,50 EN AMONT DE L'ORIFICE.							à 0^m,02 EN AMONT DE L'ORIFICE.						OBSERVATIONS PARTICULIÈRES.
		CHARGE sur le centre de l'orifice, ou valeur de H.	du rapport $\frac{H}{k-k'}=\frac{H}{o}$	de la vitesse due à H, ou de V.	DÉPENSE théorique par seconde, ou valeur de D.	DÉPENSE effective par seconde, ou valeur de E.	du coefficient de D, ou du rapport $\frac{E}{D}$ — pour chaque expérience.	moyenne pour chaque charge.	CHARGE sur le centre de l'orifice, ou valeur de H.	du rapport $\frac{H}{k-k'}=\frac{H}{o}$	de la vitesse due à H, ou de V.	DÉPENSE théorique par seconde, ou valeur de D.	du coefficient de D, ou du rapport $\frac{E}{D}$ — pour chaque expérience.	moyenne pour chaque charge.	
		mètres.		mètres.	litres.	litres.			mètres.		mètres.	litres.			
						DISPOSITIF DE LA			FIGURE 4, PLANCHE 1.						
2 octobre 1831	583	1,8964	94,82	6,0995	24,398	16,670	0,6835	0,6840	1,8963	94,82	6,0992	24,397	0,6833	0,[illegible]840	
	584					16,671	0,6833						0,6833		
	585					16,723	0,6854						0,6855		
13 octobre 1831	586	1,8284	91,42	5,9890	23,956	16,300	0,6804	0,6842	1,8283	91,42	5,9889	23,956	0,6804	0,[illegible]842	
	587					16,432	0,6859						0,6859		
	588					16,441	0,6863						0,6863		
17 octobre 1831	589	1,8115	90,58	5,9616	23,846	16,316	0,6842	0,6842	1,8114	90,57	5,9614	23,846	0,6842	0,[illegible]842	
21 octobre 1831	590	1,4924	74,62	5,4110	21,644	14,849	0,6861	0,6866	1,4923	74,62	5,4107	21,643	0,6861	0,[illegible]866	
	591					14,853	0,6862						0,6863		
	592					14,880	0,6875						0,6875		
22 octobre 1831	593	1,4764	73,82	5,3818	21,527	14,782	0,6867	0,6807	1,4763	73,82	5,3816	21,526	0,6867	0,[illegible]867	
	594					14,781	0,6866						0,6867		
	595					14,782	0,6867						0,6867		
	596	0,9460	47,30	4,3080	17,232	11,933	0,6925	0,6923	0,9458	47,29	4,3074	17,230	0,6926	0,[illegible]24	
	597					11,925	0,6920						0,6921		
25 octobre 1831	598	0,4894	24,47	3,0985	12,394	8,574	0,6918	0,6939	0,4891	24,46	3,0011	12,364	0,6935	0,[illegible]58	
	599					8,683	0,7001						0,7023		
	600					8,551	0,6899						0,6916		
	601	0,1955	9,78	1,9585	7,834	5,453	0,6961	0,6966	0,1951	9,76	1,9536	7,814	0,6979	0,[illegible]84	
	602					5,461	0,6971						0,6989		
	603	0,0551	2,76	1,0398	4,159	2,911	0,6990	0,7012	0,0535	2,68	1,0245	4,098	0,7103	0,[illegible]7	
	604					2,918	0,7014						0,7121		
	605					2,921	0,7023						0,7128		
26 octobre 1831	606	0,0307	1,54	0,7760	3,104	2,180	0,7023	0,7020	0,0283	1,42	0,7452	2,981	0,7313	0,[illegible]0	
	607					2,178	0,7017						0,7306		
	608	0,0249	1,25	0,6989	2,796	1,968	0,7059	0,7052	0,0201	1,01	0,6282	2,513	0,7831	0,7[illegible]6	
	609					1,970	0,7046						0,7839		
	610					1,977	0,7071						0,7867		

Orifice de 0m,02 de hauteur et 0m,20 de largeur, débouchant librement dans l'air.

DATES des EXPÉRIENCES.	NUMÉROS des EXPÉRIENCES.	LA HAUTEUR DU NIVEAU DE L'EAU DANS — à 3m,50 en amont de l'orifice. CHARGE sur le centre de l'orifice, ou valeur de H.	VALEURS du rapport $\frac{H}{h-h'}=\frac{H}{o}$.	VALEURS de la vitesse due à H, ou de V.	DÉPENSE théorique par seconde, ou valeur de D.	DÉPENSE effective par seconde, ou valeur de E.	VALEUR du coefficient de D, ou du rapport $\frac{E}{D}$ — pour chaque expérience.	moyenne pour chaque charge.	LE RÉSERVOIR ÉTANT MESURÉE — à 0m,02 en amont de l'orifice. CHARGE sur le centre de l'orifice, ou valeur de H.	VALEURS du rapport $\frac{H}{h-h'}=\frac{H}{o}$.	VALEURS de la vitesse due à H, ou de V.	DÉPENSE théorique par seconde, ou valeur de D.	VALEUR du coefficient de D, ou du rapport $\frac{E}{D}$ — pour chaque expérience.	moyenne pour chaque charge.	OBSERVATIONS PARTICULIÈRES.
		mètres.		mètres.	litres.	litres.			mètres.		mètres.	litres.			
Suite du DISPOSITIF DE LA FIGURE 4, PLANCHE 1.															
16 octobre 1831	611	0,0213	1,07	0,6464	2,586	1,886	0,7293	0,7314	0,0121	0,61	0,4873	1,949	0,9676	0,9749	
	612					1,905	0,7367						0,9775		
	613					1,909	0,7382						0,9795		
	614	0,0212	1,06	0,6449	2,580	1,909	0,7400	0,7398	0,0119	0,60	0,4802	1,921	0,9937	0,9935	
	615					1,908	0,7395						0,9932		
DISPOSITIF DE LA FIGURE 5, PLANCHE 1.															
31 octobre 1831	616	1,7779	88,00	5,9058	23,623	16,227	0,6869	0,6869	1,7778	88,89	5,9056	23,622	0,6869	0,6869	La surface de l'eau, dans le réservoir, s'élève plus haut du côté de la face la plus rapprochée de l'orifice que du côté opposé, et la veine, à sa sortie, converge plus ou moins vers la direction prolongée de cette face, selon que la charge est plus ou moins forte.
	617					16,230	0,6886						0,6886		
	618	1,7699	88,50	5,8925	23,570	16,147	0,6851		1,7698	88,49	5,8923	23,569	0,6851		
	619	1,2820	64,20	5,0188	20,075	13,853	0,6901	0,6904	1,2836	64,18	5,0180	20,072	0,6902	0,6905	
	620					13,865	0,6907						0,6908		
1er novembre 1831	621	0,9344	46,72	4,2815	17,126	11,829	0,6907	0,6907	0,9338	46,69	4,2802	17,121	0,6909	0,6909	
	622					11,828	0,6906						0,6908		
	623					5,933	0,6908	0,6910					0,6928	0,6931	
	624	0,2350	11,75	2,1473	8,589	5,937	0,6912		0,2336	11,68	2,1409	8,564	0,6933		
	625					5,937	0,6912						0,6933		
10 novembre 1831	626					3,308	0,6954	0,6977					0,7082	0,7105	
	627	0,0721	3,61	1,1893	4,757	3,317	0,6973		0,0695	3,48	1,1677	4,671	0,7101		
	628					3,332	0,7004						0,7133		
	629					2,066	0,7044	0,7046					0,7559	0,7561	
	630	0,0274	1,37	0,7333	2,933	2,067	0,7047		0,0238	1,19	0,6833	2,733	0,7563		
DISPOSITIF DE LA FIGURE 6, PLANCHE 1.															
23 octobre 1831	631					16,397	0,6847	0,6868					0,6851	0,6872	Les remous en amont de l'orifice, la chute à l'entrée de l'étroit réservoir qui le précède immédiatement, et la contraction de la veine en ce point, deviennent de plus en plus sensibles à mesure que la charge diminue.
	632	1,8270	91,35	5,9867	23,947	16,470	0,6878		1,8250	91,25	5,9834	23,934	0,6881		
	633					16,473	0,6879						0,6883		
	634					13,957	0,6910	0,6914					0,6925	0,6920	
	635	1,2964	64,82	5,0430	20,172	13,937	0,6918		1,2942	64,71	5,0388	20,155	0,6914		

Orifice de 0^m,02 de hauteur et 0^m,20 de largeur, débouchant librement dans l'air.

DATES des EXPÉRIENCES.	NUMÉROS des EXPÉRIENCES.	CHARGE sur le centre de l'orifice, en valeur de H.	VALEURS du rapport $\frac{H}{h-h'}=\frac{H}{e}$	VALEURS de la vitesse due à H, ou de V.	DÉPENSE théorique par seconde, ou valeur de D.	DÉPENSE effective par seconde, ou valeur de E.	VALEUR du coefficient de D, ou du rapport $\frac{E}{D}$ pour chaque expérience.	VALEUR du coefficient de D, ou du rapport $\frac{E}{D}$ moyenne pour chaque charge.	CHARGE sur le centre de l'orifice, en valeur de H.	VALEURS du rapport $\frac{H}{h-h'}=\frac{H}{e}$	VALEURS de la vitesse due à H, ou de V.	DÉPENSE théorique par seconde, ou valeur de D.	VALEUR du coefficient de D_1, ou du rapport $\frac{E}{E}$ pour chaque expérience.	VALEUR du coefficient de D_1, ou du rapport $\frac{E}{E}$ moyenne pour chaque charge.	OBSERVATIONS PARTICULIÈRES.
		LA HAUTEUR DU NIVEAU DE L'EAU DANS — à 3^m,50 en amont de l'orifice.							LE RÉSERVOIR ÉTANT MESURÉ — à 0^m,02 en amont de l'orifice.						
		mètres.		mètres.	litres.	litres.			mètres.		mètres.	litres.			
Suite du DISPOSITIF DE LA FIGURE 6, PLANCHE 1.															
	636					11,887	0,6960						0,6969		Le niveau de l'eau dans le réservoir a varié pendant l'expérience n° 636; c'est pourquoi on n'a pas tenu compte du résultat qui la concerne, en prenant la valeur moyenne du coefficient de D correspondant à la charge 0^m,9294.
	637	0,9294	46,47	4,2700	17,080	11,847	0,6936	0,6937	0,9269	46,35	4,2642	17,057	0,6946	0,6947	
	638					11,850	0,6938						0,6947		
21 octobre 1831	639					8,730	0,6972						0,6991		
	640	0,4994	24,97	3,1300	12,520	8,700	0,6949	0,6949	0,4968	24,84	3,1219	12,488	0,6967	0,6963	
	641					8,673	0,6927						0,6945		
	642					5,879	0,6992						0,7035		
	643	0,2252	11,26	2,1020	8,408	5,857	0,6966	0,6972	0,2225	11,13	2,0893	8,357	0,7008	0,7015	
	644					5,851	0,6959						0,7001		
	645					3,853	0,6985						0,7137		
	646	0,0734	3,67	1,2000	4,800	3,366	0,7013	0,6998	0,0703	3,52	1,1744	4,698	0,7165	0,7129	
	647					3,358	0,6996						0,7146		
22 octobre 1831	648					2,227	0,7175						0,8533		
	649	0,0307	1,54	0,7760	3,164	2,231	0,7188	0,7181	0,0217	1,09	0,6525	2,610	0,8548	0,8540	
	650					2,229	0,7181						0,8540		
DISPOSITIF DE LA FIGURE 9, PLANCHE 1.															
14 novembre 1831	651	1,8794	93,97	6,0720	24,288	15,594	0,6421	0,6408	1,8792	93,96	6,0716	24,286	0,6421	0,6404	
	652	1,8770	93,85	6,0680	24,272	15,519	0,6394		1,8768	93,84	6,0677	24,271	0,6394		
20 novembre 1831	653	1,0036	50,18	4,4373	17,749	11,542	0,6503	0,6503	1,0030	50,15	4,4360	17,744	0,6505	0,6505	
	654					11,542	0,6503						0,6505		
	655	0,4998	24,99	3,1313	12,525	8,190	0,6539	0,6536	0,4975	24,88	3,1241	12,496	0,6554	0,6552	
	656					8,183	0,6533						0,6549		
18 novembre 1831	657	0,2124	10,62	2,0415	8,166	5,418	0,6635	0,6645	0,2097	10,49	2,0283	8,113	0,6678	0,6638	
	658					5,433	0,6654						0,6697		
	659	0,0155	0,78	0,5515	2,206	1,518	0,6882	0,6880	0,0125	0,63	0,4952	1,981	0,7663	0,7641	
	660					1,517	0,6877						0,7658		

Orifice de $0^m,01$ de hauteur et $0^m,20$ de largeur, débouchant librement dans l'air.

Colonnes 3 à 9 : LA HAUTEUR DU NIVEAU DE L'EAU DANS LE RÉSERVOIR ÉTANT MESURÉE — à $3^m,50$ en amont de l'orifice.
Colonnes 10 à 15 : LA HAUTEUR DU NIVEAU DE L'EAU DANS LE RÉSERVOIR ÉTANT MESURÉE — à $0^m,02$ en amont de l'orifice.

DATES des expériences.	NUMÉROS des expériences.	CHARGE sur le centre de l'orifice, ou valeur de H.	VALEURS du rapport $\frac{H}{h-h'}=\frac{H}{o}$	VALEURS de la vitesse due à H, ou de V.	DÉPENSE théorique par seconde, ou valeur de D.	DÉPENSE effective par seconde, ou valeur de E.	VALEUR du coefficient de D, ou du rapport $\frac{E}{D}$ pour chaque expérience.	VALEUR moyenne pour chaque charge.	CHARGE sur le centre de l'orifice, ou valeur de H.	VALEURS du rapport $\frac{H}{h-h'}=\frac{H}{o}$	VALEURS de la vitesse due à H, ou de V.	DÉPENSE théorique par seconde, ou valeur de D.	VALEUR du coefficient de D, ou du rapport $\frac{E}{D}$ pour chaque expérience.	VALEUR moyenne pour chaque charge.	OBSERVATIONS PARTICULIÈRES.
		mètres.		mètres.	litres.	litres.			mètres.		mètres.	litres.			
DISPOSITIF DE LA FIGURE 2, PLANCHE 1.															
14 novembre 1834	661	1,7905	179,05	5,9267	11,853	7,274	0,6136	0,6142	1,7908	179,08	5,9272	11,854	0,6136	0,6142	La veine à sa sortie de l'orifice converge un peu, pour les fortes charges, vers la direction prolongée de la face du réservoir la plus rapprochée de cet orifice.
	662					7,287	0,6148						0,6147		
15 novembre 1834	663	1,0025	100,25	4,4349	8,870	5,608	0,6323	0,6328	1,0029	100,29	4,4358	8,872	0,6321	0,6327	
	664					5,618	0,6333						0,6332		
	665	0,4985	49,85	3,1272	6,254	4,043	0,6464	0,6461	0,4999	49,99	3,1316	6,263	0,6455	0,6452	
	666					4,039	0,6458						0,6449		
16 novembre 1834	667	0,2435	24,35	2,1859	4,372	2,877	0,6580	0,6570	0,2444	24,44	2,1897	4,379	0,6570	0,6560	
	668					2,872	0,6569						0,6559		
	669					2,869	0,6562						0,6552		
	670	0,0245	2,45	0,6933	1,387	0,969	0,6986	0,6990	0,0244	2,44	0,6919	1,384	0,7001	0,7005	
	671					0,970	0,6994						0,7009		
DISPOSITIF DE LA FIGURE 3, PLANCHE 1.															
11 novembre 1834	672	1,8761	187,61	6,0065	12,133	7,445	0,6136	0,6142	1,8767	187,67	6,0676	12,135	0,6149	0,6155	Les apparences de l'écoulement sont les mêmes que dans le cas des minces parois.
	673					7,459	0,6148						0,6161		
	674	0,0915	99,15	4,4095	8,819	5,558	0,6302	0,6305	0,9924	99,24	4,4124	8,825	0,6298	0,6302	
	675					5,565	0,6309						0,6306		
	676					5,561	0,6305						0,6301		
14 novembre 1834	677	0,4695	46,95	3,0348	6,070	3,935	0,6481	0,6510	0,4674	46,74	3,0281	6,056	0,6498	0,6526	
	678					3,960	0,6524						0,6539		
	679					3,962	0,6526						0,6542		
	680	0,2505	25,05	2,2168	4,434	2,922	0,6590	0,6588	0,2519	25,19	2,2230	4,446	0,6572	0,6570	
	681					2,020	0,6586						0,6568		
11 novembre 1834	682	0,1135	11,35	1,4925	2,985	2,002	0,6708	0,6685	0,1156	11,56	1,5060	3,012	0,6647	0,6625	
	683					1,984	0,6646						0,6587		
	684					2,003	0,6711						0,6650		
	685					1,992	0,6675						0,6614		

Orifice de 0m,01 de hauteur et 0m,20 de largeur, débouchant librement dans l'air.

DISPOSITIF DE LA FIGURE 4, PLANCHE 1. (LA HAUTEUR DU NIVEAU DE L'EAU DANS LE RÉSERVOIR ÉTANT MESURÉE)

DATES des expériences.	NUMÉROS des expériences.	CHARGE sur le centre de l'orifice, ou valeur de H. (à 3m,50 en amont de l'orifice)	VALEURS du rapport $\frac{H}{h-h'}=\frac{H}{o}$	VALEURS de la vitesse due à H, ou de V.	DÉPENSE théorique par seconde, ou valeur de D.	DÉPENSE effective par seconde, ou valeur de E.	VALEUR du coefficient de D, ou du rapport $\frac{E}{D}$ pour chaque expérience.	moyenne pour chaque charge.	CHARGE sur le centre de l'orifice, ou valeur de H. (à 0m,02 en amont de l'orifice)	VALEURS du rapport $\frac{H}{h-h'}=\frac{H}{o}$	VALEURS de la vitesse due à H, ou de V.	DÉPENSE théorique par seconde, ou valeur de D.	VALEUR du coefficient de D, ou du rapport $\frac{E}{E}$ pour chaque expérience.	moyenne pour chaque charge.	OBSERVATIONS PARTICULIÈRES.
		mètres.		mètres.	litres.	litres.			mètres.		mètres.	litres.			
13 octobre 1831	686	1,8324	183,24	5,9955	11,991	8,321	0,6939	0,6940	1,8323	183,23	5,9954	11,991	0,6939	0,6940	
	687					8,324	0,6942						0,6942		
	688					8,321	0,6939						0,6939		
11 octobre 1831	689	1,4920	149,29	5,4118	10,824	7,547	0,6972	0,6975	1,4928	149,28	5,4116	10,823	0,6973	0,6976	
	690					7,556	0,6981						0,6981		
	691					7,549	0,6974						0,6975		
12 octobre 1831	692	1,4794	147,94	5,3875	10,775	7,529	0,6987	0,6982	1,4703	147,93	5,3871	10,774	0,6988	0,6982	
	693					7,566	0,7022						0,7022		
	694					7,474	0,6936						0,6937		
	695	0,9479	94,79	4,3125	8,625	6,042	0,7005	0,7007	0,9478	94,78	4,3120	8,624	0,7006	0,7007	
	696					6,044	0,7008						0,7008		
	697	0,6039	60,39	3,4420	6,884	4,837	0,7026	0,7027	0,6036	60,36	3,4411	6,882	0,7028	0,7029	
	698					4,838	0,7028						0,7030		
	699	0,3874	38,74	2,7570	5,514	3,891	0,7057	0,7066	0,3870	38,70	2,7554	5,511	0,7060	0,7070	
	700					3,901	0,7075						0,7079		
15 octobre 1831	701	0,1496	14,96	1,7130	3,426	2,457	0,7172	0,7159	0,1490	14,90	1,7097	3,419	0,7186	0,7173	
	702					2,445	0,7137						0,7151		
	703					2,456	0,7169						0,7183		
	704	0,0524	5,24	1,0140	2,028	1,492	0,7357	0,7367	0,0514	5,14	1,0043	2,009	0,7427	0,7437	
	705					1,496	0,7377						0,7446		
	706	0,0171	1,71	0,5792	1,158	0,889	0,7677	0,7663	0,0145	1,45	0,5333	1,067	0,8332	0,8317	
	707					0,886	0,7651						0,8304		
	708					0,886	0,7651						0,8304		
	709					0,889	0,7677						0,8332		
	710					0,887	0,7660						0,8313		
DISPOSITIF DE LA FIGURE 5, PLANCHE 1.															
31 octobre 1831	711	1,7775	177,75	5,9050	11,810	8,209	0,6951	0,6951	1,7774	177,74	5,9049	11,810	0,6951	0,6951	La surface de l'eau, dans le réservoir, s'élève plus haut du côté de la face la plus rapprochée de l'orifice que du côté opposé, et la veine, à sa sortie, converge plus ou moins vers la direction prolongée de cette face, selon que la charge est plus ou moins forte.
	712					8,195	0,6939						0,6939		
	713					8,223	0,6963						0,6963		

EXPÉRIENCES HYDRAULIQUES — Suite du TABLEAU — N° VI. — SUR LES LOIS DE L'ÉCOULEMENT DE L'EAU.

Orifice de 0^m,01 de hauteur et de 0^m,20 de largeur, débouchant librement dans l'air.

LA HAUTEUR DU NIVEAU DE L'EAU DANS LE RÉSERVOIR ÉTANT MESURÉE — colonnes « À 3^m,50 EN AMONT DE L'ORIFICE » et « À 0^m,02 EN AMONT DE L'ORIFICE ». Le rapport est $\dfrac{H}{h-h'}=\dfrac{H}{e}$.

Suite du DISPOSITIF DE LA FIGURE 5, PLANCHE 1.

DATES des EXPÉRIENCES	NUMÉROS des EXPÉRIENCES	CHARGE, valeur de H (mètres) [3m,50]	rapport H/e [3m,50]	vitesse, valeur de V (mètres) [3m,50]	DÉPENSE théorique, valeur de D (litres) [3m,50]	DÉPENSE effective, valeur de E (litres) [3m,50]	coeff E/D pour chaque expérience [3m,50]	moyenne pour chaque charge [3m,50]	CHARGE, valeur de H (mètres) [0m,02]	rapport H/e [0m,02]	vitesse V (mètres) [0m,02]	DÉPENSE théorique D (litres) [0m,02]	coeff E/D pour chaque expérience [0m,02]	moyenne pour chaque charge [0m,02]	OBSERVATIONS PARTICULIÈRES
11 novembre 1831	714	1,1368	113,68	4,7225	9,445	6,618	0,7007	0,7007	1,1360	113,60	4,7208	9,442	0,7009	0,7009	Le coefficient de D, donné par l'expérience n° 716, différant beaucoup des 3 qui le suivent, on a répété les mêmes opérations le 11 novembre, afin de bien constater l'erreur. Les résultats obtenus à cette dernière époque étant identiquement les mêmes que ceux du 30 octobre, on a regardé l'expérience 716 comme non avenue.
	715					6,618	0,7007						0,7009		
30 octobre 1831	716	0,4414	44,14	2,9425	5,885	4,163	0,7074	0,7020	0,4404	44,04	2,9393	5,879	0,7092	0,7088	
	717					4,130	0,7028						0,7046		
	718					4,123	0,7006						0,7024		
	719					4,134	0,7025						0,7043		
11 novembre 1831	720	0,4414	44,14	2,9425	5,885	4,136	0,7028	0,7020	0,4404	44,04	2,9393	5,879	0,7046	0,7088	
	721					4,123	0,7006						0,7024		
	722					4,134	0,7025						0,7043		
	723	0,2391	23,91	2,1660	4,332	3,061	0,7066	0,7076	0,2378	23,78	2,1600	4,320	0,7086	0,7096	
	724					3,071	0,7089						0,7109		
	725					3,064	0,7073						0,7093		
30 novembre 1831	726	0,0796	7,96	1,2195	2,499	1,791	0,7167	0,7186	0,0777	7,77	1,2346	2,469	0,7254	0,7273	
	727					1,797	0,7191						0,7278		
	728					1,799	0,7199						0,7286		
	729	0,0169	1,69	0,5758	1,152	0,871	0,7561	0,7546	0,0147	1,47	0,5370	1,074	0,8110	0,8095	
	730					0,867	0,7525						0,8073		
	731					0,870	0,7552						0,8101		

DISPOSITIF DE LA FIGURE 6, PLANCHE 1.

DATES des EXPÉRIENCES	NUMÉROS des EXPÉRIENCES	CHARGE, valeur de H (mètres) [3m,50]	rapport H/e [3m,50]	vitesse, valeur de V (mètres) [3m,50]	DÉPENSE théorique, valeur de D (litres) [3m,50]	DÉPENSE effective, valeur de E (litres) [3m,50]	coeff E/D pour chaque expérience [3m,50]	moyenne pour chaque charge [3m,50]	CHARGE, valeur de H (mètres) [0m,02]	rapport H/e [0m,02]	vitesse V (mètres) [0m,02]	DÉPENSE théorique D (litres) [0m,02]	coeff E/D pour chaque expérience [0m,02]	moyenne pour chaque charge [0m,02]	OBSERVATIONS PARTICULIÈRES
23 octobre 1831	732	1,8320	183,20	5,9050	11,999	8,335	0,6951	0,6983	1,8304	183,04	5,9523	11,905	0,7001	0,7034	Les remous en amont de l'orifice, la chute à l'entrée de l'étroit réservoir qui la précède immédiatement, et la contraction de la veine en ce point, deviennent de plus en plus sensibles à mesure que la charge diminue.
	733					8,395	0,7002						0,7052		
	734					8,391	0,6998						0,7045		
	735	1,3014	130,14	5,0530	10,106	7,076	0,7002	0,7007	1,3001	130,01	5,0502	10,100	0,7005	0,7011	
	736					7,065	0,7011						0,7014		
	737					7,083	0,7009						0,7013		
21 octobre 1831	738	0,9316	93,16	4,2750	8,550	5,980	0,6994	0,7007	0,9297	92,97	4,2707	8,541	0,7002	0,7015	
	739					6,013	0,7033						0,7040		
	740					5,981	0,6995						0,7003		
	741	0,5037	50,37	3,1435	6,287	4,403	0,7003	0,7007	0,5016	50,16	3,1369	6,274	0,7018	0,7022	
	742					4,408	0,7011						0,7025		

Orifice de $0^m,01$ de hauteur et $0^m,20$ de largeur, débouchant librement dans l'air.

DATES des EXPÉRIENCES.	NUMÉROS des EXPÉRIENCES.	LA HAUTEUR DU NIVEAU DE L'EAU DANS — à $3^m,50$ en amont de l'orifice : CHARGE sur le centre de l'orifice, ou valeur de H. (mètres)	VALEURS du rapport $\frac{H}{h-h'}=\frac{H}{o}$	VALEURS de la vitesse due à H, ou de V. (mètres)	DÉPENSE théorique par seconde, ou valeur de D. (litres)	DÉPENSE effective par seconde, ou valeur de E. (litres)	VALEUR du coefficient de D, ou du rapport $\frac{E}{D}$: pour chaque expérience.	moyenne pour chaque charge.	LE RÉSERVOIR ÉTANT MESURÉE — à $0^m,02$ en amont de l'orifice : CHARGE sur le centre de l'orifice, ou valeur de H. (mètres)	VALEURS du rapport $\frac{H}{h-h'}=\frac{H}{o}$	VALEURS de la vitesse due à H, ou de V. (mètres)	DÉPENSE théorique par seconde, ou valeur de D. (litres)	VALEUR du coefficient de D, ou du rapport $\frac{E}{D}$: pour chaque expérience.	moyenne pour chaque charge.	OBSERVATIONS PARTICULIÈRES.
							Suite du DISPOSITIF DE LA FIGURE 6, PLANCHE 1.								
21 octobre 1831	743	0,2331	23,31	2,1385	4,277	3,016	0,7052	0,7066	0,2309	23,09	2,1282	4,256	0,7086	0,7100	
	744					3,026	0,7075						0,7110		
	745					3,024	0,7070						0,7105		
	746	0,0781	7,81	1,2380	2,476	1,779	0,7185	0,7162	0,0756	7,56	1,2179	2,436	0,7303	0,7279	
	747					1,768	0,7141						0,7257		
	748					1,773	0,7161						0,7278		
22 octobre 1831	749	0,0372	3,72	0,8545	1,709	1,262	0,7385	0,7260	0,0342	3,42	0,8191	1,638	0,7705	0,7574	L'expérience n° 749 est considérée comme non avenue, parce que le niveau a varié pendant qu'on le faisait.
	750					1,236	0,7232						0,7546		
	751					1,240	0,7256						0,7570		
	752					1,246	0,7291						0,7607		
21 octobre 1831	753	0,0174	1,74	0,5845	1,169	0,872	0,7459	0,7473	0,0093	0,93	0,4271	0,854	1,0211	1,0230	
	754					0,874	0,7476						1,0234		
	755					0,875	0,7485						1,0246		
							DISPOSITIF DE LA FIGURE 7, PLANCHE 1.								
5 novembre 1831	756	1,8704	187,04	6,0575	12,115	8,484	0,7003	0,6995							
	757					8,465	0,0987								
							DISPOSITIF DE LA FIGURE 8, PLANCHE 1.								
1er novembre 1834	758	1,7524	175,24	5,8632	11,726	7,280	0,6208	0,6218	1,7620	176,20	5,8793	11,759	0,6191	0,6203	La surface de l'eau, dans le réservoir, s'élève plus haut du côté de la face la plus rapprochée de l'orifice que du côté opposé, et la veine, à sa sortie, converge plus ou moins vers la direction prolongée de cette face, selon que la charge est plus ou moins forte.
	759	1,7521	175,21	5,8644	11,720	7,304	0,6227		1,7617	176,17	5,8788	11,758	0,6212		
5 novembre 1834	760	0,9981	99,81	4,4250	8,850	5,613	0,6343	0,6345	1,0085	100,85	4,4480	8,896	0,6310	0,6313	
	761					5,618	0,6348						0,6315		
	762	0,5231	52,31	3,2034	6,407	4,157	0,6488	0,6490	0,5240	52,40	3,2063	6,415	0,6482	0,6434	
	763					4,160	0,6493						0,6487		
	764					4,157	0,6488						0,6482		
3 novembre 1834	765	0,2152	21,52	2,0548	4,110	2,715	0,6606	0,6605	0,2155	21,55	2,0561	4,112	0,6603	0,6602	
	766					2,714	0,6604						0,6600		
	767	0,0941	9,41	1,3587	2,717	1,845	0,6790	0,6770	0,0946	9,46	1,3623	2,725	0,6771	0,6751	
	768					1,838	0,6765						0,6745		
	769					1,835	0,6754						0,6736		

Orifice de o^m,o1 de hauteur et o^m,2o de largeur, débouchant librement dans l'air.

DATES des EXPÉRIENCES.	NUMÉROS des EXPÉRIENCES.	LA HAUTEUR DU NIVEAU DE L'EAU DANS À 3^m,50 EN AMONT DE L'ORIFICE. CHARGE sur le centre de l'orifice, ou valeur de H. (mètres)	VALEURS du rapport $\frac{H}{h-h'}=\frac{H}{o}$	VALEURS de la vitesse due à H, ou de V. (mètres)	DÉPENSE théorique par seconde, ou valeur de D. (litres)	DÉPENSE effective par seconde, ou valeur de E. (litres)	VALEUR du coefficient de D, ou du rapport $\frac{E}{D}$ pour chaque expérience.	moyenne pour chaque charge.	LE RÉSERVOIR ÉTANT MESURÉE À 0^m,02 EN AMONT DE L'ORIFICE. CHARGE sur le centre de l'orifice, ou valeur de H. (mètres)	VALEURS du rapport $\frac{H}{h-h'}=\frac{H}{o}$	VALEURS de la vitesse due à H, ou de V. (mètres)	DÉPENSE théorique par seconde, ou valeur de D. (litres)	VALEUR du coefficient de D, ou du rapport $\frac{E}{D}$ pour chaque expérience.	moyenne pour chaque charge.	OBSERVATIONS PARTICULIÈRES.
				Suite du DISPOSITIF DE LA FIGURE 8, PLANCHE 1.											
3 novembre 1834	770	0,0131	1,31	0,5069	1,014	0,716	0,7058	0,7054	0,0125	1,25	0,4952	0,990	0,7232	0,7229	
	771					0,712	0,7019						0,7192		
	772					0,719	0,7086						0,7262		
				DISPOSITIF DE LA FIGURE 9, PLANCHE 1.											
20 novembre 1831	773	1,8793	187,93	6,0720	12,144	7,924	0,6525	0,6523	1,8789	187,89	6,0714	12,143	0,6526	0,6524	
	774	1,8779	187,79	6,0695	12,139	7,916	0,6521		1,8775	187,75	6,0688	12,138	0,6522		
	775	1,0089	100,89	4,4490	8,898	5,895	0,6625	0,6624	1,0080	100,80	4,4470	8,894	0,6628	0,6627	
	776					5,893	0,6623						0,6626		
	777	0,5427	50,27	3,1405	6,281	4,202	0,6689	0,6687	0,5003	50,03	3,1329	6,266	0,6706	0,6704	
	778					4,199	0,6684						0,6701		
18 novembre 1831	779					2,830	0,6846						0,6809		
	780	0,2178	21,78	2,0670	4,134	2,830	0,6846	0,6853	0,2163	21,63	2,0599	4,120	0,6800	0,6876	
	781					2,839	0,6868						0,6891		
28 novembre 1831	782	0,0840	8,40	1,2835	2,567	1,827	0,7118	0,7097	0,0823	8,23	1,2706	2,541	0,7190	0,7169	
	783					1,816	0,7075						0,7147		
18 novembre 1831	784					0,713	0,7537						0,8488		
	785					0,723	0,7643	0,7595					0,8607	0,8571	
	786	0,0114	1,14	0,4720	0,946	0,720	0,7611		0,0090	0,90	0,4202	0,840	0,8571		
	787					0,718	0,7588						0,8548		
				DISPOSITIF DE LA FIGURE 10, PLANCHE 1.											
6 novembre 1834	788	1,7291	172,91	5,8242	11,648	7,568	0,6497	0,6486	1,7290	172,90	5,8240	11,648	0,6497	0,6486	Pour les fortes charges, la veine s'élargit de plus en plus dans le sens horizontal, à mesure que le jet s'éloigne de l'orifice, tandis que l'effet inverse a lieu pour les faibles charges.
	789					7,542	0,6475						0,6475		
	790	1,0221	102,21	4,4778	8,956	5,896	0,6584	0,6578	1,0220	102,20	4,4776	8,955	0,6584	0,6579	
	791					5,887	0,6572						0,6574		
9 novembre 1834	792					4,085	0,6670						0,6674		
	793	0,4781	47,81	3,0625	6,125	4,083	0,6667	0,6669	0,4775	47,75	3,0606	6,121	0,6670	0,6673	
	794					4,085	0,6670						0,6674		

Orifice de 0ᵐ,01 de hauteur et 0ᵐ,20 de largeur, débouchant librement dans l'air.

DATES des EXPÉRIENCES.	NUMÉROS des EXPÉRIENCES.	CHARGE sur le centre de l'orifice, ou valeur de H.	VALEURS du rapport $\frac{H}{h-h'}=\frac{H}{e}$	VALEURS de la vitesse due à H, ou de V.	DÉPENSE théorique par seconde, ou valeur de D.	DÉPENSE effective par seconde, ou valeur de E.	VALEUR du coefficient de D, ou du rapport $\frac{E}{D}$ — pour chaque expérience.	— moyenne pour chaque charge.	CHARGE sur le centre de l'orifice, ou valeur de H.	VALEURS du rapport $\frac{H}{h-h'}=\frac{H}{e}$	VALEURS de la vitesse due à H, ou de V.	DÉPENSE théorique par seconde, ou valeur de D.	VALEUR du coefficient de D, ou du rapport $\frac{E}{D}$ — pour chaque expérience.	— moyenne pour chaque charge.	OBSERVATIONS PARTICULIÈRES.
					LA HAUTEUR DU NIVEAU DE L'EAU DANS (à 3ᵐ,50 en amont de l'orifice.)				LE RÉSERVOIR ÉTANT MESURÉE (à 0ᵐ,02 en amont de l'orifice.)						
		métres.		métres.	litres.	litres.			métres.		métres.	litres.			
						Suite du DISPOSITIF DE LA FIGURE 10, PLANCHE 1.									
8 novembre 1834	795	0,2491	24,91	2,2100	4,420	2,972	0,6725	0,6732	0,2470	24,70	2,2012	4,402	0,6750	0,6758	
	796					2,971	0,6723						0,6749		
	797					2,983	0,6749						0,6776		
	798	0,0971	9,71	1,3802	2,760	1,885	0,6831	0,6839	0,0955	9,55	1,3687	2,737	0,6887	0,6896	
	799					1,889	0,6845						0,6903		
	800					1,888	0,6841						0,6898		
	801	0,0141	1,41	0,5260	1,052	0,770	0,7317	0,7313	0,0100	1,00	0,4429	0,886	0,8691	0,8687	
	802					0,772	0,7335						0,8713		
	803					0,767	0,7288						0,8657		
						DISPOSITIF DE LA FIGURE 11, PLANCHE 1.									
7 novembre 1831	804	1,7851	178,51	5,9175	11,835	8,203	0,6931	0,6936	1,7832	178,32	5,9145	11,829	0,6935	0,6940	
	805	1,7824	178,24	5,9130	11,826	8,214	0,6946		1,7805	178,05	5,9100	11,820	0,6950		
	806	1,7807	178,07	5,9105	11,821	8,192	0,6930		1,7788	177,88	5,9072	11,814	0,6934		
	807	1,2962	129,62	5,0125	10,085	7,003	0,6944	0,6948	1,2942	129,42	5,0388	10,078	0,6949	0,6957	
	808					7,010	0,6951						0,6956		
	809					7,010	0,6951						0,6956		
	810					7,006	0,6947						0,6966		
	811	0,5917	59,17	3,4070	6,814	4,752	0,6974	0,6967	0,5902	59,02	3,4027	6,805	0,6983	0,6976	
	812					4,750	0,6971						0,6980		
	813					4,740	0,6956						0,6965		
9 novembre 1831	814	0,2618	26,18	2,2660	4,532	3,179	0,7015	0,7016	0,2603	26,03	2,2598	4,520	0,7033	0,7035	
	815					3,188	0,7084						0,7053		
	816					3,172	0,6909						0,7018		
	817	0,0699	6,99	1,1710	2,342	1,676	0,7156	0,7150	0,0681	6,81	1,1558	2,312	0,7249	0,7243	
	818					1,679	0,7169						0,7262		
	819					1,671	0,7135						0,7228		
	820					1,672	0,7139						0,7232		
	821	0,0202	2,02	0,6295	1,259	0,932	0,7403	0,7450	0,0160	1,60	0,5602	1,120	0,8321	0,8375	
	822					0,940	0,7466						0,8393		
	823					0,942	0,7482						0,8411		

Orifice de 0^m,01 de hauteur et 0^m,20 de largeur, débouchant librement dans l'air.

LA HAUTEUR DU NIVEAU DE L'EAU DANS LE RÉSERVOIR ÉTANT MESURÉE

DATES des expériences.	NUMÉROS des expériences.	à 3^m,50 EN AMONT DE L'ORIFICE. CHARGE sur le centre de l'orifice, ou valeur de H. (mètres)	VALEURS du rapport $\frac{H}{h-h'}=\frac{H}{e}$	VALEURS de la vitesse due à H, ou de V. (mètres)	DÉPENSE théorique par seconde, ou valeur de D. (litres)	DÉPENSE effective par seconde, ou valeur de E. (litres)	VALEUR du coefficient de D, ou du rapport $\frac{E}{D}$ pour chaque expérience.	VALEUR moyenne pour chaque charge.	à 0^m,02 EN AMONT DE L'ORIFICE. CHARGE sur le centre de l'orifice, ou valeur de H. (mètres)	VALEURS du rapport $\frac{H}{h-h'}=\frac{H}{e}$	VALEURS de la vitesse due à H, ou de V. (mètres)	DÉPENSE théorique par seconde, ou valeur de D. (litres)	VALEUR du coefficient de D, ou du rapport $\frac{E}{D}$ pour chaque expérience.	VALEUR moyenne pour chaque charge.	OBSERVATIONS PARTICULIÈRES.
		DISPOSITIF DE LA FIGURE 12, PLANCHE 1.													
19 novembre 1834	824	1,8520	185,20	6,0276	12,055	7,484	0,6208	0,6205	1,8524	185,24	6,0282	12,056	0,6208	0,6205	La veine a la même forme que dans le cas des minces parois.
	825					7,476	0,6202						0,6201		
	826	1,1850	118,50	4,8216	9,643	6,119	0,6346	0,6345	1,1856	118,56	4,8229	9,646	0,6344	0,6343	
	827					6,117	0,6344						0,6341		
	828	0,4951	49,51	3,1165	6,233	4,069	0,6528	0,6522	0,4960	49,60	3,1194	6,239	0,6522	0,6516	
	829					4,061	0,6516						0,6509		
	830	0,2381	23,81	2,1615	4,323	2,856	0,6607	0,6601	0,2390	23,90	2,1653	4,331	0,6594	0,6589	
	831					2,851	0,6595						0,6583		
	832	0,0846	8,46	1,2885	2,577	1,745	0,6771	0,6771	0,0851	8,51	1,2921	2,584	0,6753	0,6753	
	833					1,745	0,6771						0,6753		
9 novembre 1834	834					0,787	0,7116						0,7253		
	835	0,0156	1,56	0,5530	1,106	0,792	0,7160	0,7124	0,0150	1,50	0,5425	1,085	0,7300	0,7283	
	836					0,785	0,7098						0,7235		
		DISPOSITIF DE LA FIGURE 13, PLANCHE 1.													
24 novembre 1834	837	1,8085	180,86	5,9565	11,913	8,008	0,6722	0,6730	1,8076	180,76	5,9550	11,910	0,6724	0,6730	Le barrage en avant du réservoir décrit au n° 41 du texte subsistait pour ces douze expériences. Le bord inférieur de l'orifice était garni d'ordures pendant l'expérience 841, et la charge a varié pendant le n° 848 : c'est pourquoi on n'a pas tenu compte des résultats qui concernent ces deux expériences.
	838					8,026	0,6737						0,6736		
	839	0,9775	97,75	4,3790	8,758	5,990	0,6839	0,6837	0,9764	97,64	4,3767	8,753	0,6843	0,6841	
	840					5,986	0,6835						0,6839		
22 novembre 1834	841					4,240	0,6718						0,6716		
	842	0,5075	50,75	3,1555	6,311	4,393	0,6961	0,6960	0,5079	50,79	3,1566	6,313	0,6959	0,6958	
	843					4,391	0,6958						0,6956		
	844	0,2530	25,30	2,2280	4,456	3,126	0,7015	0,7012	0,2534	25,34	2,2296	4,459	0,7011	0,7008	
	845					3,123	0,7008						0,7004		
21 novembre 1834	846					1,417	0,7226						0,7678		
	847	0,0490	4,90	0,9805	1,961	1,423	0,7257	0,7242	0,0434	4,34	0,9227	1,845	0,7710	0,7694	
	848					1,407	0,7175						0,7625		

Orifice de 0^m,01 de hauteur et 0^m,20 de largeur, débouchant librement dans l'air.

LA HAUTEUR DU NIVEAU DE L'EAU DANS LE RÉSERVOIR ÉTANT MESURÉE

à 3^m,50 en amont de l'orifice

DATES des expériences.	NUMÉROS des expériences.	CHARGE sur le centre de l'orifice, ou valeur de H. (mètres)	VALEURS au rapport $\frac{H}{h-h'}=\theta$	VALEURS de la vitesse due à H, ou de V. (mètres)	DÉPENSE théorique par seconde, en valeur de D. (litres)	DÉPENSE effective par seconde, ou valeur de D. (litres)	coeff. D pour chaque expérience	coeff. D moyenne pour chaque charge
						Suite du DISPOSITIF DE LA FIGURE 13, PLANCHE 1.		
24 novembre 1834	849 (a)	1,8235	182,35	5,9810	11,962	8,067	0,6743	0,6740
	350					8,059	0,6737	
15 novembre 1834	351 (a)	0,9975	99,75	4,4240	8,848	6,017	0,6800	0,6801
	352					6,018	0,6801	
	353	0,5085	50,85	3,1890	6,378	4,345	0,6812	0,6807
	354					4,338	0,6801	
	355	0,2510	25,10	2,2190	4,438	3,060	0,6895	0,6898
	356					3,062	0,6900	
	357					1,430	0,7117	
	858	0,0515	5,15	1,0050	2,010	1,430	0,7117	0,7120
	859					1,432	0,7126	
						DISPOSITIF DE LA FIGURE 14, PLANCHE 1.		
17 novembre 1834	860	1,7695	176,95	5,8920	11,784	8,120	0,6901	0,6888
	861					8,112	0,6884	
	862	0,9995	99,95	4,4280	8,856	6,151	0,6945	0,6948
	863					6,156	0,6951	
18 novembre 1834	864	0,4045	49,45	3,1145	6,229	4,317	0,6930	0,6927
	865					4,313	0,6924	
	866					3,056	0,6992	
	867	0,2435	24,35	2,1855	4,371	3,076	0,7037	0,7007
	868					3,056	0,6992	
27 novembre 1834	869	0,0515	5,15	1,0052	2,010	1,465	0,7288	0,7303
	870					1,471	0,7318	
24 novembre 1834	(A) 849 bis	1,8325	185,25	5,9955	11,991	8,153	0,6800	0,6796
		1,8115	181,15	5,9615	11,923	8,098	0,6792	
	(a) 851 bis	0,9975	99,75	4,4240	8,848	6,027	0,6812	0,6812

à 0^m,02 en amont de l'orifice

NUMÉROS des expériences.	CHARGE sur le centre de l'orifice, ou valeur de H. (mètres)	VALEURS au rapport $\frac{H}{h-h'}=\theta$	VALEURS de la vitesse due à H, ou de V. (mètres)	DÉPENSE théorique par seconde, ou valeur de D. (litres)	coeff. m pour chaque expérience	coeff. m moyenne pour chaque charge	OBSERVATIONS PARTICULIÈRES.
					Suite du DISPOSITIF DE LA FIGURE 13, PLANCHE 1.		
849 (a)	1,8225	182,25	5,0793	11,959	0,6746	0,6743	Le barrage en avant du réservoir était entièrement supprimé pour la 849e expérience et pour celles qui la suivent. La veine se rétrécit, après sa sortie de l'orifice, au lieu de s'élargir comme pour les ouvertures de 0^m,20 et de 0^m,05 de hauteur. Sa contraction à l'entrée du petit réservoir qui précède immédiatement l'orifice, la chute en ce point et les remous près de l'orifice, ne deviennent un peu sensibles que pour les très-faibles charges. Pour les trois expériences cotées 849 bis et 851 bis, la vanne n'était pas soutenue à son extrémité au moyen de l'appareil décrit au n° 64 du mémoire publié en 1832. Pour la première des deux expériences 849 bis, la vanne du canal latéral de décharge était entièrement levée, tandis qu'elle était tout à fait fermée pour la deuxième.
350					0,6739		
351 (a)	0,9964	99,64	4,4213	8,843	0,6804	0,6805	
352					0,6803		
353	0,5089	50,89	3,1597	6,319	0,6876	0,6871	
354					0,6865		
355	0,2514	25,14	2,2208	4,442	0,6889	0,6891	
356					0,6893		
857					0,7534		
858	0,0459	4,59	0,9490	1,898	0,7534	0,7538	
859					0,7545		
				DISPOSITIF DE LA FIGURE 14, PLANCHE 1.			
860	1,7678	176,78	5,8890	11,778	0,6804	0,6846	Les apparences de l'écoulement ne diffèrent de celles qui se rapportent au dispositif de la figure 13, qu'en ce que la veine n'éprouve aucune contraction sensible à l'entrée du petit réservoir qui précède immédiatement l'orifice, quelque faible que soit la charge.
861					0,6887		
862	0,9974	99,74	4,4236	8,847	0,6953	0,6955	
863					0,6958		
864	0,4934	49,34	3,1113	6,223	0,6937	0,6935	
865					0,6932		
866					0,6993		
867	0,2434	24,34	2,1852	4,370	0,7039	0,7008	
868					0,6993		
869	0,0519	5,19	1,0090	2,018	0,7260	0,7275	
870					0,7289		
(A) 849 bis	·	·	·	·	·	·	
(a) 851 bis	·	·	·	·	·	·	

43.

TABLEAU   N° VII.

Orifice de 0m,005 de hauteur et 0m,20 de largeur, débouchant librement dans l'air.

LA HAUTEUR DU NIVEAU DE L'EAU DANS LE RÉSERVOIR ÉTANT MESURÉE

DISPOSITIF DE LA FIGURE 4, PLANCHE 1.

DATES des EXPÉRIENCES.	NUMÉROS des EXPÉRIENCES.	À 3m,50 EN AMONT DE L'ORIFICE. CHARGE sur le centre de l'orifice, ou valeur de H. (mètres)	VALEUR du rapport H/(h−h')=H/e	de la vitesse due à H, ou de V. (mètres)	DÉPENSE théorique par seconde, ou valeur de D. (litres)	DÉPENSE effective par seconde, ou valeur de D. (litres)	VALEUR du coefficient de D. ou du rapport E/D — pour chaque expérience.	moyenne pour chaque charge.	À 0m,02 EN AMONT DE L'ORIFICE. CHARGE sur le centre de l'orifice, ou valeur de H. (mètres)	VALEUR du rapport H/(h−h')=H/e	de la vitesse due à H, ou de V. (mètres)	DÉPENSE théorique par seconde, ou valeur de D. (litres)	VALEUR du coefficient de D. ou du rapport E/D — pour chaque expérience.	moyenne pour chaque charge.	OBSERVATIONS PARTICULIÈRES.
13 octobre 1831	871	1,8349	366,98	6,0000	6,000	4,351	0,7252	0,7249	1,8348	366,96	5,9995	6,000	0,7252	0,7249	
	872					4,338	0,7230						0,7230		
	873					4,359	0,7265						0,7265		
11 octobre 1831	874	1,4929	298,58	5,4120	5,412	3,938	0,7276	0,7272	1,4928	298,56	5,4116	5,412	0,7276	0,7272	
	875					3,932	0,7265						0,7265		
	876					3,938	0,7276						0,7276		
12 octobre 1831	877	1,4309	296,18	5,3900	5,390	3,913	0,7260	0,7274	1,4808	296,16	5,3898	5,390	0,7260	0,7274	
	878					3,921	0,7275						0,7275		
	879					3,928	0,7288						0,7288		
	880	1,3714	274,28	5,1870	5,187	3,779	0,7286	0,7288	1,3713	274,26	5,1867	5,187	0,7286	0,7288	
	881					3,776	0,7280						0,7280		
	882					3,786	0,7299						0,7299		
	883	0,9469	189,38	4,3100	4,310	3,143	0,7292	0,7322	0,9468	189,36	4,3097	4,310	0,7292	0,7322	
	884					3,154	0,7318						0,7318		
	885					3,170	0,7355						0,7355		
	886	0,4979	99,58	3,1250	3,125	2,289	0,7325	0,7343	0,4975	99,50	3,1241	3,124	0,7327	0,7345	
	887					2,303	0,7370						0,7372		
	888					2,292	0,7334						0,7336		
14 octobre 1831	889	0,2039	40,78	2,0000	2,000	1,487	0,7435	0,7443	0,2034	40,68	1,9975	1,998	0,7442	0,7450	
	890					1,490	0,7450						0,7457		
	891	0,0437	8,74	0,9259	0,926	0,715	0,7721	0,7727	0,0425	8,50	0,9131	0,913	0,7831	0,7837	
	892					0,716	0,7732						0,7842		
	893	0,0182	3,64	0,5975	0,598	0,491	0,8211	0,8211	0,0152	3,04	0,5461	0,546	0,8993	0,8993	
	894					0,491	0,8211						0,8993		
	895					0,491	0,8211						0,8993		
	896					0,491	0,8211						0,8993		

Orifice de 0^m,005 de hauteur et 0^m,20 de largeur, débouchant librement dans l'air.

DATES des EXPÉRIENCES	NUMÉROS des EXPÉRIENCES	LA HAUTEUR DU NIVEAU DE L'EAU DANS (à 3^m,50 en amont de l'orifice) CHARGE sur le centre de l'orifice, ou valeur de H	VALEURS du rapport $\frac{H}{h-h'}=\frac{H}{e}$	VALEURS de la vitesse due à H, ou de V	DÉPENSE théorique par seconde, ou valeur de D	DÉPENSE effective par seconde, ou valeur de E	VALEUR du coefficient de D, ou du rapport $\frac{E}{D}$ pour chaque expérience	VALEUR du coefficient de D — moyenne pour chaque charge	LE RÉSERVOIR ÉTANT MESURÉE (à 0^m,02 en amont de l'orifice) CHARGE sur le centre de l'orifice, ou valeur de H	VALEURS du rapport $\frac{H}{h-h'}=\frac{H}{e}$	VALEURS de la vitesse due à H, ou de V	DÉPENSE théorique par seconde, en valeur de D	VALEUR du coefficient de D, ou du rapport $\frac{E}{D}$ pour chaque expérience	VALEUR du coefficient de D — moyenne pour chaque charge	OBSERVATIONS PARTICULIÈRES.
		mètres.		mètres.	litres.	litres.			mètres.		mètres.	litres.			
						DISPOSITIF DE LA FIGURE 5, PLANCHE 1.									
11 novembre 1831	897 898 899 900	1,6869	337,33	5,7526	5,753	4,144 4,144 4,151 4,148	0,7203 0,7203 0,7215 0,7210	0,7208	1,6866	337,36	5,7524	5,752	0,7204 0,7201 0,7217 0,7211	0,7209	La surface de l'eau, dans le réservoir, s'élève plus haut du côté de la face la plus rapprochée de l'orifice que du côté opposé, et la veine, à sa sortie, converge plus ou moins vers la direction prolongée de cette face, selon que la charge est plus ou moins forte.
	901 902	1,1459	229,18	4,7414	4,741	3,423 3,427	0,7220 0,7228	0,7224	1,1457	229,14	4,7410	4,741	0,7220 0,7228	0,7224	
	903 904	0,6025	120,50	3,4350	3,438	2,494 2,492	0,7254 0,7248	0,7251	0,6016	120,32	3,4354	3,435	0,7261 0,7255	0,7258	
	905 906 907	0,2584	51,68	2,2517	2,252	1,648 1,649 1,653	0,7318 0,7322 0,7340	0,7327	0,2572	51,44	2,2465	2,246	0,7337 0,7341 0,7360	0,7346	
19 novembre 1831	908 909 910 911	0,0775	15,50	1,2330	1,233	0,930 0,929 0,933 0,931	0,7542 0,7534 0,7567 0,7551	0,7549	0,0756	15,12	1,2178	1,218	0,7635 0,7627 0,7660 0,7644	0,7642	
	912 913	0,0180	3,00	0,5942	0,594	0,465 0,465	0,7828 0,7828	0,7828	0,0158	3,16	0,5567	0,557	0,8348 0,8348	0,8348	
						DISPOSITIF DE LA FIGURE 6, PLANCHE 1.									
20 octobre 1831	914 915	1,7390	347,80	5,8408	5,841	4,182 4,192	0,7160 0,7177	0,7169	1,7376	347,52	5,8385	5,839	0,7162 0,7179	0,7171	
	916 917 918	1,2064	241,28	4,8648	4,865	3,487 3,502 3,500	0,7168 0,7198 0,7194	0,7187	1,2050	241,00	4,8620	4,862	0,7172 0,7203 0,7199	0,7191	
	919 920 921	0,8073	161,46	3,9798	3,980	2,867 2,873 2,873	0,7204 0,7219 0,7219	0,7214	0,8053	161,06	3,9747	3,975	0,7213 0,7228 0,7228	0,7223	

Orifice de 0^m,005 de hauteur et 0^m,20 de largeur, débouchant librement dans l'air.

LA HAUTEUR DU NIVEAU DE L'EAU DANS — à 3^m,50 en amont de l'orifice.

DATES des EXPÉRIENCES.	NUMÉROS des EXPÉRIENCES.	CHARGE sur le centre de l'orifice, ou valeur de H. (mètres)	VALEURS du rapport $\frac{H}{h-h'}=\frac{H}{e}$	VALEURS de la vitesse due à H, en, ou de V. (mètres)	DÉPENSE théorique par seconde, ou valeur de D. (litres)	DÉPENSE effective par seconde, ou valeur de E. (litres)	VALEUR du coefficient de D, ou du rapport $\frac{E}{D}$ pour chaque expérience.	VALEUR moyenne pour chaque charge.
						Suite du DISPOSITIF DE LA FIGURE 6, PLANCHE 1.		
20 octobre 1831	922 923 924	0,4546	90,92	2,9864	2,986	2,156 2,151 2,160	0,7220 0,7204 0,7234	0,7216
	925 926 927	0,1834	36,68	1,8970	1,807	1,307 1,396 1,398	0,7364 0,7360 0,7367	0,7364
	928 929 930	0,0461	9,22	0,9510	0,951	0,729 0,730 0,730	0,7666 0,7676 0,7676	0,7673
	931 932	0,0188	3,76	0,6073	0,607	0,473 0,473	0,7792 0,7792	0,7792
						DISPOSITIF DE LA FIGURE 9, PLANCHE 1.		
29 novembre 1831	933 934 935	1,8804	376,08	6,0740	6,074	4,194 4,209 4,193	0,6905 0,6929 0,6903	0,6912
	936 937	1,0109	202,18	4,4530	4,453	3,111 3,119	0,6985 0,7003	0,6994
	938 939	0,5165	103,30	3,1830	3,183	2,279 2,280	0,7165 0,7166	0,7165
11 novembre 1831	940 941	0,2176	43,52	2,0650	2,066	1,507 1,508	0,7294 0,7299	0,7297
28 novembre 1831	942 943 944	0,0871	17,42	1,3072	1,307	0,999 0,991 0,997	0,7646 0,7586 0,7630	0,7621
18 novembre 1831	945 946 947	0,0327	6,54	0,8009	0,801	0,632 0,631 0,638	0,7890 0,7878 0,7965	0,7011

LE RÉSERVOIR ÉTANT MESURÉE — à 0^m,02 en amont de l'orifice.

NUMÉROS des EXPÉRIENCES.	CHARGE sur le centre de l'orifice, ou valeur de H. (mètres)	VALEURS du rapport $\frac{H}{h-h'}=\frac{H}{e}$	VALEURS de la vitesse due à H, ou de V. (mètres)	DÉPENSE théorique par seconde, ou valeur de D. (litres)	VALEUR du coefficient de D, pour chaque expérience.	VALEUR moyenne pour chaque charge.	OBSERVATIONS PARTICULIÈRES.
					Suite du DISPOSITIF DE LA FIGURE 6, PLANCHE 1.		
922 923 924	0,4525	90,50	2,9797	2,980	0,7235 0,7218 0,7248	0,7234	
925 926 927	0,1812	36,24	1,8854	1,885	0,7411 0,7407 0,7414	0,7411	
928 929 930	0,0433	8,66	0,9217	0,922	0,7907 0,7918 0,7918	0,7914	
931 932	0,0143	2,86	0,5297	0,530	0,8925 0,8925	0,8925	
					DISPOSITIF DE LA FIGURE 9, PLANCHE 1.		
933 934 935	1,8796	375,92	6,0723	6,072	0,6907 0,6932 0,6905	0,6915	
936 937	1,0100	202,00	4,4513	4,451	0,6989 0,7007	0,6998	
938 939	0,5156	103,12	3,1804	3,180	0,7167 0,7170	0,7169	
940 941	0,2155	43,10	2,0561	2,056	0,7330 0,7335	0,7333	
942 943 944	0,0849	16,98	1,2906	1,291	0,7738 0,7676 0,7723	0,7712	
945 946 947	0,0305	6,10	0,7735	0,774	0,8165 0,8152 0,8243	0,8187	

Orifices en mince paroi plane de diverses hauteurs et largeurs, débouchant librement dans l'air, dans le cas du dispositif de la figure 1, planche 1.

La charge est mesurée loin de l'orifice, en un point où le liquide est parfaitement stagnant.

DATES des expériences.	NUMÉROS des expériences.	CHARGE sur le centre de l'orifice, ou valeur de H.	DU RAPPORT $\frac{H}{h-h'}=\frac{H}{o}$	DE LA VITESSE due à H, ou de V.	DÉPENSE THÉORIQUE par seconde, ou valeur de D.	DÉPENSE EFFECTIVE par seconde, ou valeur de E.	VALEUR du COEFFICIENT DE D, ou du rapport $\frac{E}{D}$.	VALEUR MOYENNE pour chaque charge, du rapport $\frac{E}{D}$.	du rapport $\frac{E}{D'}$.	OBSERVATIONS PARTICULIÈRES.
		mètres.		mètres.	litres.	litres.				
ORIFICE DE 0ᵐ,02 DE HAUTEUR ET 0ᵐ,60 DE LARGEUR.										
30 novembre 1834	948	1,7120	85,60	5,7953	69,544	43,130	0,6202	0,6217	0,6217	
29 novembre 1834	949	1,7085	85,43	5,7893	69,472	43,353	0,6240			
	950					43,145	0,6210			
	951	1,0215	51,08	4,4765	53,718	33,739	0,6281	0,6263	0,6263	
	952	1,0185	50,93	4,4700	53,640	33,461	0,6238			
	953					33,632	0,6270			
30 novembre 1834	954	0,2445	12,23	2,1904	26,285	16,672	0,6343	0,6342	0,6345	
	955					16,662	0,6339			
	956					16,672	0,6343			
ORIFICE DE 0ᵐ,60 DE HAUTEUR ET 0ᵐ,02 DE LARGEUR.										
1ᵉʳ décembre 1834	957	1,4755	2,46	5,3802	64,502	40,431	0,6262	0,6256	0,6267	La veine a une forme très-remarquable; on en a fait le lever et on l'a dessinée sur la planche 6.
	958					40,303	0,6243			
	959					40,426	0,6262			
3 décembre 1834	960	0,7315	1,22	3,7882	45,458	28,635	0,6299	0,6289	0,6335	
	961					28,540	0,6278			
	962	0,3285	0,55	2,5385	30,462	18,623	0,6114	0,6103	0,6382	
	963					18,557	0,6092			
ORIFICE DE 0ᵐ,20 DE HAUTEUR ET 0ᵐ,02 DE LARGEUR.										
1ᵉʳ décembre 1834	964	1,6755	8,38	5,7332	22,933	14,208	0,6195	0,6193	0,6195	
	965					14,198	0,6191			
	966					14,200	0,6192			
	967	0,8875	4,44	4,1726	16,090	10,586	0,6343	0,6357	0,6340	
	968					10,564	0,6330			
3 décembre 1834	969	0,4995	2,50	3,1303	12,521	8,023	0,6408	0,6403	0,6414	
	970					8,003	0,6392			
	971	0,1975	0,99	1,9085	7,874	5,079	0,6450	0,6451	0,6524	
	972					5,082	0,6454			
	973					5,077	0,6448			

Orifices en mince paroi plane de diverses hauteurs et largeurs, débouchant librement dans l'air, dans le cas du dispositif de la figure 1, planche 1. La charge est mesurée loin de l'orifice, en un point où le liquide est parfaitement stagnant.

DATES des expériences.	NUMÉROS des expériences.	CHARGE sur le centre de l'orifice, ou valeur de H.	VALEURS — DU RAPPORT $\frac{H}{\lambda-\lambda'}=\frac{H}{e}$	VALEURS — DE LA VITESSE due à H, ou de V.	DÉPENSE théorique par seconde, ou valeur de D.	DÉPENSE effective par seconde, ou valeur de E.	VALEUR du coefficient de D, ou du rapport $\frac{E}{D}$.	VALEUR MOYENNE, pour chaque charge, du rapport $\frac{E}{D}$.	VALEUR MOYENNE, du rapport $\frac{E}{D'}$.	OBSERVATIONS PARTICULIÈRES.
				ORIFICE DE 0^m,05 DE HAUTEUR		ET 0^m,02 DE LARGEUR.				
		mètres.		mètres.	litres.	litres.				
1er décembre 1834	974 975 976	1,7505	35,01	5,8600	5,860	3,614 3,620 3,617	0,6167 0,6177 0,6172	0,6172	0,6172	
	977 978	0,9625	19,25	4,3453	4,345	2,752 2,748	0,6334 0,6325	0,6330	0,6331	
3 décembre 1834	979 980	0,5745	11,49	3,3571	3,357	2,140 2,144	0,6375 0,6387	0,6381	0,6383	
	981 982	0,2730	5,46	2,3143	2,314	1,494 1,492	0,6456 0,6448	0,6452	0,6455	
				ORIFICE DE 0^m,02 DE HAUTEUR		ET 0^m,02 DE LARGEUR.				
1er décembre 1834	983 984 985	1,7655	88,28	5,8852	2,354	1,456 1,451 1,446	0,6185 0,6163 0,6143	0,6163	0,6163	
	986 987 988	0,9775	48,88	4,3791	1,752	1,105 1,110 1,109	0,6307 0,6336 0,6329	0,6324	0,6324	
	989 990 991	0,5895	29,48	3,4006	1,360	0,868 0,866 0,864	0,6382 0,6368 0,6353	0,6368	0,6368	
3 décembre 1834	992 993 994 995	0,2880	14,40	2,3771	0,951	0,613 0,614 0,612 0,613	0,6446 0,6456 0,6435 0,6446	0,6446	0,6447	
	996 997 998 999	0,1320	6,60	1,6100	0,644	0,418 0,421 0,422 0,419	0,6491 0,6537 0,6553 0,6506	0,6521	0,6523	

Orifice de 0^m,40 de hauteur et 0^m,60 de largeur, pratiqué dans une paroi plane de 0^m,05 d'épaisseur et débouchant librement dans l'air.

Les colonnes 3 à 9 se rapportent à : LA HAUTEUR DU NIVEAU DE L'EAU DANS LE RÉSERVOIR ÉTANT MESURÉE — à 3^m,50 EN AMONT DE L'ORIFICE. Les colonnes 10 à 15 : à 0^m,02 EN AMONT DE L'ORIFICE.

DATES des EXPÉRIENCES	NUMÉROS des EXPÉRIENCES	CHARGE sur le centre de l'orifice, ou valeur de H (mètres)	du rapport $\frac{H}{h-h'}=\frac{H}{o}$	de la vitesse due à H, ou de V (mètres)	DÉPENSE théorique par seconde, ou valeur de D (litres)	DÉPENSE effective par seconde, ou valeur de E (litres)	coeff. de D ou rapport E/D — pour chaque expérience	coeff. de D ou rapport E/D — moyenne pour chaque charge	CHARGE, ou valeur de H (mètres)	du rapport $\frac{H}{h-h'}=\frac{H}{o}$	de la vitesse due à H, ou de V (mètres)	DÉPENSE théorique par seconde, ou valeur de D (litres)	coeff. de D ou rapport — pour chaque expérience	coeff. de D ou rapport — moyenne pour chaque charge	OBSERVATIONS PARTICULIÈRES
								DISPOSITIF DE LA FIGURE B, PLANCHE 3.							
10 décembre 1834	1000	1,7070	4,27	5,7868	1388,832	834,782	0,6011		1,7200	4,30	5,8088	1394,112	0,5988		La veine est constamment détachée de la base et des joues verticales de l'orifice, mais elle est attachée à la face inférieure de la vanne qui la limite par le haut, sur une longueur d'abord fort petite à partir des angles, et qui augmente à mesure que la charge diminue, jusqu'à être de 0^m13 lorsque cette charge est réduite à 0^m,3025.
	1001	1,6715	4,18	5,7264	1374,336	821,554	0,5978	0,6006	1,6840	4,21	5,7476	1379,424	0,5956	0,5983	
9 décembre 1834	1002	1,6545	4,14	5,6971	1367,304	824,244	0,6028		1,6670	4,18	5,7186	1372,464	0,6006		
	1003	1,2085	3,02	4,8690	1168,560	711,791	0,6091	0,6086	1,2110	3,03	4,8741	1169,784	0,6085	0,6080	
	1004					710,634	0,6081						0,6075		
8 décembre 1834	1005	0,8405	2,10	4,0607	974,568	600,599	0,6163	0,6165	0,8370	2,09	4,0522	972,528	0,6176	0,6178	Pour l'expérience 1005 et pour les quatre suivantes, on remarque dans le réservoir, en amont et sur les côtés de l'orifice, des tourbillons circulaires formant une espèce de cône tordu très-apparent, dont le sommet serait au centre de cet orifice.
	1006					600,892	0,6166						0,6180		
	1007	0,4865	1,22	3,0897	741,528	450,624	0,6077	0,6080	0,4760	1,19	3,0558	733,392	0,6144	0,6147	
	1008					451,199	0,6084						0,6152		
	1009					450,692	0,6078						0,6145		
7 décembre 1834	1010	0,3115	0,78	2,4720	593,280	349,870	0,5897	0,5898	0,3040	0,76	2,4423	586,152	0,5969	0,5972	
	1011	0,3025	0,76	2,4363	584,712	344,942	0,5899		0,2950	0,74	2,4057	577,368	0,5974		
									DISPOSITIF DE LA FIGURE C, PLANCHE 3.							
11 décembre 1834	1012	0,3045	0,76	2,4442	586,608	371,956	0,6341	0,6335	0,2950	0,74	2,4058	577,392	0,6442	0,6436	La veine est attachée à la base, mais elle est détachée des trois autres parois de l'orifice, excepté toutefois sur une petite étendue, à la rencontre des bords verticaux avec la face inférieure de la vanne.
	1013					371,179	0,6328						0,6429		
									DISPOSITIF DE LA FIGURE D, PLANCHE 3.							
	1014	1,4785	3,70	5,3856	1292,544	812,124	0,6283	0,6282	1,4860	3,72	5,3993	1295,832	0,6267	0,6237	La veine se comporte, à sa sortie de l'orifice, comme dans le cas du dispositif de la figure C.
	1015	1,4175	3,54	5,2733	1265,592	794,897	0,6281		1,4240	3,56	5,2854	1268,496	0,6206		
12 décembre 1834	1016	0,7975	1,99	3,9554	949,296	616,047	0,6480	0,6499	0,5910	1,98	3,9393	945,432	0,6516	0,6531	
	1017					618,757	0,6518						0,6545		
	1018	0,4865	1,22	3,0897	741,528	484,640	0,6536	0,6535	0,4770	1,19	3,0500	734,160	0,6601	0,6600	
	1019					484,420	0,6533						0,6598		

TABLEAU N° X.

Orifice de 0^m,20 de hauteur et 0^m,60 de largeur, pratiqué dans une paroi plane de 0^m,05 d'épaisseur et débouchant librement dans l'air.

DATES des EXPÉRIENCES.	NUMÉROS des EXPÉRIENCES.	LA HAUTEUR DU NIVEAU DE L'EAU DANS — à 3^m,50 en amont de l'orifice.							LE RÉSERVOIR ÉTANT MESURÉE — à 0^m,02 en amont de l'orifice.						OBSERVATIONS PARTICULIÈRES.
		CHARGE sur le centre de l'orifice, ou valeur de H.	du rapport $\frac{H}{h-h'}=\frac{H}{o}$	de la vitesse due à H, ou de V.	théorique par seconde, ou valeur de D.	effective par seconde, ou valeur de E.	du coefficient de D, pour chaque expérience.	moyenne pour chaque charge.	CHARGE sur le centre de l'orifice, ou valeur de H.	du rapport $\frac{H}{h-h'}=\frac{H}{o}$	de la vitesse due à H, ou de V.	théorique par seconde, ou valeur de D.	du coefficient de D, pour chaque expérience.	moyenne pour chaque charge.	
		mètres.		mètres.	litres.	litres.			mètres.		mètres.	litres.			
						DISPOSITIF DE LA — FIGURE A, PLANCHE 3.									
13 décembre 1834	1020	1,5645	7,82	5,5400	664,800	401,701	0,6043	0,6026	1,5635	7,82	5,5382	654,584	0,6045	0,6028	La veine est constamment détachée de toutes les parois de l'orifice. Toutefois, pour la charge de 0^m,1365, elle est attachée à la base sur une longueur d'environ 0^m,06 à partir des angles, et cette longueur diminue au fur et à mesure que la charge augmente jusqu'à celle de 0^m,60, pour laquelle elle est presque nulle.
	1021					399,482	0,6009						0,6011		
	1022	0,8905	4,50	4,2007	504,084	305,333	0,6057	0,6062	0,8960	4,48	4,1926	503,112	0,6069	0,6074	
	1023					305,849	0,6067						0,6079		
	1024	0,4015	2,01	2,8068	336,792	204,756	0,6080	0,6067	0,4035	2,02	2,8134	337,608	0,6065	0,6052	
	1025					203,885	0,6054						0,6039		
	1026	0,1365	0,68	1,6364	196,368	116,719	0,5944	0,5947	0,1370	0,60	1,6394	196,728	0,5933	0,5936	
	1027					116,827	0,5949						0,5939		
						DISPOSITIF DE LA — FIGURE B, PLANCHE 3.									
10 décembre 1834	1028	1,7845	8,92	5,9167	710,004	451,120	0,6353	0,6364	1,7840	8,92	5,9158	709,896	0,6355	0,6367	La veine est constamment détachée de la base et des joues verticales de l'orifice, mais elle est attachée à la face inférieure de la vanne qui la limite par le haut, sur une longueur d'abord fort petite à partir des angles, et qui augmente à mesure que la charge diminue, jusqu'à être de 0^m,13 lorsque cette charge est réduite à 0^m,1695.
	1029	1,7595	8,80	5,8752	705,024	449,462	0,6375		1,7580	8,79	5,8727	704,724	0,6378		
	1030	0,9385	4,69	4,2909	514,908	327,875	0,6368	0,6369	0,9340	4,67	4,2807	513,684	0,6370	0,6382	
	1031					327,955	0,6370						0,6384		
	1032	0,5855	2,93	3,3891	406,692	260,326	0,6400	0,6380	0,5810	2,91	3,3762	405,144	0,6426	0,6406	
	1033					258,701	0,6361						0,6386		
	1034	0,4050	2,03	2,8186	338,232	215,700	0,6377	0,6371	0,4000	2,00	2,8014	336,168	0,6416	0,6411	
	1035					215,304	0,6365						0,6405		
	1036	0,1695	0,85	1,8235	218,820	134,286	0,6137	0,6146	0,1620	0,81	1,7828	213,936	0,6277	0,6287	
	1037					134,697	0,6155						0,6296		
						DISPOSITIF DE LA — FIGURE C, PLANCHE 3.									
11 décembre 1834	1038	0,4345	2,17	2,9197	350,364	236,088	0,6739	0,6760	0,4350	2,18	2,9213	350,556	0,6735	0,6757	La veine est attachée à la base, mais elle est détachée des trois autres parois de l'orifice, excepté cependant sur une petite étendue, à la rencontre des bords verticaux avec la face inférieure de la vanne. Pour l'expérience 1042, on a rétabli le barrage décrit au n° 41 du texte, sans cependant le prolonger jusqu'à une aussi grande profondeur, pour juger de son influence sur la dépense. On voit qu'il l'a fait augmenter d'environ $\frac{1}{34}$.
	1039					237,547	0,6780						0,6778		
	1040	0,1665	0,83	1,8073	216,876	139,976	0,6454	0,6458	0,1600	0,80	1,7717	212,604	0,6584	0,6589	
	1041					140,156	0,6462						0,6593		
	1042					142,116	0,6553						0,6685		
						DISPOSITIF DE LA — FIGURE D, PLANCHE 3.									
12 décembre 1834	1043	1,6225	8,11	5,6418	677,016	456,731	0,6747	0,6745	1,6250	8,13	5,6461	677,532	0,6741	0,6739	La veine se comporte, à sa sortie de l'orifice, comme dans le cas du dispositif de la figure C.
	1044	1,6185	8,09	5,6348	676,176	455,853	0,6742		1,6210	8,11	5,6391	676,692	0,6737		
	1045	0,9025	4,51	4,2077	504,924	341,533	0,6764	0,6762	0,8990	4,50	4,1995	503,940	0,6777	0,6775	
	1046					341,324	0,6760						0,6775		

Orifice de 0^m,05 de hauteur et 0^m,60 de largeur, pratiqué dans une paroi plane de 0^m,05 d'épaisseur et débouchant librement dans l'air.

LA HAUTEUR DU NIVEAU DE L'EAU DANS LE RÉSERVOIR ÉTANT MESURÉE — colonnes « à 3^m,50 en amont de l'orifice » puis « à 0^m,02 en amont de l'orifice ».

DATES des expériences.	NUMÉROS des expériences.	à 3^m,50 — CHARGE sur le centre de l'orifice, ou valeur de H. (mètres)	VALEURS du rapport $\frac{H}{h-h'}=\frac{M}{s}$	VALEURS de la vitesse due à H, ou de V. (mètres)	DÉPENSE théorique par seconde, ou valeur de D. (litres)	DÉPENSE effective par seconde, en valeur de D. (litres)	VALEUR du coefficient de D, ou du rapport $\frac{M}{D}$ — pour chaque expérience.	moyenne pour chaque charge.	à 0^m,02 — CHARGE sur le centre de l'orifice, ou valeur de H. (mètres)	VALEURS du rapport $\frac{H}{h-h'}=\frac{M}{s}$	VALEURS de la vitesse due à H, ou de V. (mètres)	DÉPENSE théorique par seconde, ou valeur de D. (litres)	VALEUR du coefficient de D, ou du rapport $\frac{M}{D}$ — pour chaque expérience.	moyenne pour chaque charge.	OBSERVATIONS PARTICULIÈRES.
															DISPOSITIF DE LA FIGURE B, PLANCHE 3.
10 décembre 1834	1047	1,8385	36,77	6,0056	180,168	121,181	0,6726	0,6727	1,8450	36,90	6,0162	180,486	0,6714	0,6715	La veine, d'abord détachée de toutes les parois de l'orifice, s'attache à la face inférieure de la vanne qui le limite par le haut, pour les charges au-dessous de 1^m,00. Elle s'attache aussi un peu à la base de l'orifice, de chaque côté de sa rencontre avec les bords verticaux, lorsque la charge est réduite à 0^m,0745. Pour l'expérience 1055, on a rétabli le barrage décrit au n° 41 du texte, sans néanmoins le faire descendre à une aussi grande profondeur, afin de juger de son influence sur la dépense. On voit qu'il l'a fait augmenter d'environ $\frac{1}{112}$.
	1048					121,195	0,6727						0,6715		
9 décembre 1834	1049	0,9965	19,93	4,4216	132,648	89,673	0,6760	0,6751	1,0030	20,06	4,4360	133,080	0,6738	0,6730	
	1050					89,437	0,6742						0,6722		
7 décembre 1834	1051	0,4805	9,61	3,0703	92,109	62,829	0,6767	0,6770	0,4760	9,52	3,0558	91,674	0,6799	0,6803	
	1052					62,389	0,6773						0,6806		
	1053	0,2270	4,54	2,1103	63,309	43,285	0,6837	0,6855	0,2275	4,55	2,1127	63,381	0,6829	0,6846	
	1054					43,500	0,6872						0,6863		
	1055					43,784	0,6916	0,6916					0,6908	0,6908	
6 décembre 1834	1056	0,0745	1,49	1,2089	36,267	25,373	0,6996	0,7001	0,0750	1,50	1,2130	36,390	0,6973	0,6978	
	1057					25,408	0,7006						0,6982		
															DISPOSITIF DE LA FIGURE C, PLANCHE 3.
11 décembre 1834	1058	0,5080	10,16	3,1569	94,707	65,547	0,6921	0,6926	0,5035	10,07	3,1428	94,284	0,6952	0,6957	La veine est constamment détachée des parois verticales de l'orifice, mais elle est au contraire attachée à la base. Elle l'est également à la face inférieure de la vanne qui le limite par le haut, sur une longueur d'abord assez petite, à partir des angles, et qui augmente à mesure que la charge diminue, jusqu'à être d'environ 0^m,15 lorsque cette charge est réduite à 0^m,0715.
	1059					65,642	0,6931						0,6962		
	1060	0,2435	4,97	2,1859	65,577	45,142	0,6884	0,6894	0,2440	4,88	2,1882	65,646	0,6877	0,6887	
	1061					45,269	0,6903						0,6896		
	1062	0,0715	1,43	1,1844	35,532	22,945	0,6458	0,6463	0,0720	1,44	1,1885	35,655	0,6435	0,6440	
	1063					22,081	0,6468						0,6445		
															DISPOSITIF DE LA FIGURE D, PLANCHE 3.
12 décembre 1834	1064	1,6945	33,89	5,7656	172,068	119,974	0,6957	0,6940	1,6985	33,97	5,7724	173,172	0,6928	0,6951	La veine est attachée à la base et est détachée des trois autres parois de l'orifice.
	1065					120,077	0,6942						0,6934		
	1066	0,9775	19,55	4,3791	131,373	91,200	0,6942	0,6951	0,9800	19,60	4,3802	131,400	0,6940	0,6940	
	1067					91,440	0,6960						0,6958		

45.

TABLEAU N° XII.

Orifice de 0ᵐ,03 de hauteur et 0ᵐ,60 de largeur, pratiqué dans une paroi plane de 0ᵐ,05 d'épaisseur et débouchant librement dans l'air.

Groupes de colonnes : **LA HAUTEUR DU NIVEAU DE L'EAU DANS LE RÉSERVOIR ÉTANT MESURÉE** — colonnes 3 à 9 « à 3ᵐ,50 en amont de l'orifice » ; colonnes 10 à 15 « à 0ᵐ,02 en amont de l'orifice ».

DATES des expériences	NUMÉROS des expériences	CHARGE sur le centre de l'orifice, ou valeur de H	du rapport $\frac{H}{h-h'}=\frac{H}{\varphi}$	de la vitesse due à H, ou de V	DÉPENSE théorique par seconde, ou valeur de D	DÉPENSE effective par seconde, ou valeur de E	VALEUR du coefficient de D, pour chaque expérience	moyenne pour chaque charge	CHARGE ou valeur de H	du rapport $\frac{H}{h-h'}=\frac{H}{\varphi}$	de la vitesse due à H, ou de V	DÉPENSE théorique par seconde, ou valeur de D	VALEUR du coefficient de D, pour chaque expérience	moyenne pour chaque charge	OBSERVATIONS PARTICULIÈRES
		mètres.		mètres.	litres.	litres.			mètres.		mètres.	litres.			
DISPOSITIF DE LA FIGURE B, PLANCHE 3.															
9 décembre 1834	1068	1,7515	58,38	5,8617	105,511	71,349	0,6762	0,6765	1,7550	58,30	5,8676	105,617	0,6756	0,6759	La veine, d'abord entièrement détachée des parois de l'orifice, s'attache à la face inférieure de la vanne qui le limite par le haut, pour les charges au-dessous de 1ᵐ,00. Elle s'attache aussi un peu à la base de l'orifice, de chaque côté de sa rencontre avec les bords verticaux, pour les charges au-dessous de 0ᵐ,50.
	1069					71,406	0,6767						0,6761		
	1070	1,0085	33,62	4,4480	80,064	54,477	0,6804	0,6813	1,0120	33,73	4,4556	80,201	0,6703	0,6801	
	1071					54,608	0,6821						0,6800		
7 décembre 1834	1072	0,4815	16,38	3,1052	55,894	38,287	0,6850	0,6868	0,4870	16,23	3,0912	55,762	0,6914	0,6908	Pour l'expérience 1076, on a rétabli le barrage décrit au n° 41 du texte, sans cependant le faire descendre à une aussi grande profondeur, afin d'apprécier son influence sur la dépense. On voit qu'il l'a fait augmenter d'environ 1/11.
	1073					38,482	0,6885						0,6901		
	1074	0,2395	7,98	2,1676	39,017	27,028	0,6928	0,6950	0,2400	8,00	2,1700	39,060	0,6920	0,6943	
	1075					27,205	0,6972						0,6965		
	1076					27,340	0,7007	0,7007					0,7000	0,7000	
6 décembre 1834	1077	0,0835	2,78	1,2798	23,036	16,276	0,7065	0,7075	0,0810	2,70	1,2606	22,691	0,7173	0,7183	
	1078					16,321	0,7085						0,7193		
DISPOSITIF DE LA FIGURE C, PLANCHE 3.															
11 décembre 1834	1079	0,5215	17,38	3,1985	57,573	40,771	0,7082	0,7091	0,5180	17,27	3,1878	57,380	0,7105	0,7115	Pour les expériences 1079, 1080, 1081, 1082 et 1087, la veine a été constamment attachée à la base et détachée des trois autres parois de l'orifice.
	1080					40,878	0,7100						0,7124		
	1081					27,703	0,7056	0,7065					0,7048	0,7056	Pour les n°s 1085, 1086, 1090, 1091 et 1092, la veine, détachée d'ailleurs des parois verticales, a été, pendant toute la durée de ces expériences, attachée à la fois à la base de l'orifice et à la face inférieure de la vanne qui le limite par le haut.
	1082					27,765	0,7073						0,7064		
	1083	0,2225	8,08	2,1811	39,260	28,682	0,7306	0,7441 +	0,2430	8,10	2,1836	39,305	0,7297	0,7433 +	Enfin, pour les n°s 1083, 1084, 1088 et 1089, la veine, également détachée des joues verticales de l'orifice et attachée à sa base, tantôt s'attachait à la face inférieure de la vanne et tantôt s'en détachait par un mouvement alternatif, ce qui explique l'énorme différence qu'on remarque entre les résultats que ces expériences ont fournis pour la même charge.
	1084					29,741	0,7570						0,7568		
	1085					30,065	0,7887	0,7868					0,7878	0,7859	Les 5 premières expériences qu'on vient d'indiquer et dont on a souligné les résultats, forment une loi distincte de celle qui se rapporte aux cinq suivantes, parce que l'écoulement ne se présentait pas les mêmes circonstances. Les quatre dernières dont les résultats sont marqués d'une +, ne sauraient appartenir à une loi régulière, attendu que les circonstances de l'écoulement ont varié, non-seulement d'une expérience à l'autre, mais encore pendant la durée d'une même opération.
	1086					30,515	0,7849						0,7840		
10 décembre 1834	1087					16,493	0,6876	0,6876 -					0,6890	0,6895	
	1088	0,0905	3,02	1,3324	23,963	17,878	0,7454	0,7553 +	0,0900	3,00	1,3288	23,919	0,7474	0,7573 +	
	1089					18,351	0,7652						0,7672		
11 décembre 1834	1090	0,0815	2,72	1,2644	22,759	17,019	0,7477	0,7495	0,0790	2,63	1,2449	22,408	0,7595	0,7613	
	1091					17,057	0,7405						0,7612		
	1092					17,100	0,7514						0,7631		
DISPOSITIF DE LA FIGURE D, PLANCHE 3.															
12 décembre 1834	1093	1,7075	56,92	5,7876	104,177	72,780	0,6986	0,6987	1,7110	57,03	5,7036	104,285	0,6979	0,6980	La veine est attachée à la base et est détachée des autres parois de l'orifice.
	1094					72,804	0,6988						0,6981		
	1095	0,8875	32,92	4,4014	79,228	55,093	0,7067	0,7055	0,9910	33,03	4,4093	79,367	0,7068	0,7056	
	1096					55,801	0,7043						0,7043		

Orifice de 0m,20 de hauteur et 0m,20 de largeur, prolongé au dehors du réservoir par un canal rectangulaire découvert et horizontal, de même largeur que l'orifice.

DATES des EXPÉRIENCES.	NUMÉROS des EXPÉRIENCES.	CHARGE sur le centre de l'orifice, ou valeur de H. (à 3m,50)	VALEURS du rapport $\frac{h-h'}{o}$ (à 3m,50)	VALEURS de la vitesse due à H, ou valeur de V. (à 3m,50)	DÉPENSE théorique par seconde, ou valeur de D.	DÉPENSE effective par seconde, ou valeur de E.	VALEUR du coeff. de D, ou rapport $\frac{E}{D}$ pour chaque expérience.	moyenne pour chaque charge.	CHARGE sur le centre de l'orifice, ou valeur de H. (à 0m,02)	VALEURS du rapport $\frac{h-h'}{o}$ (à 0m,02)	VALEURS de la vitesse due à H, ou valeur de V. (à 0m,02)	DÉPENSE théorique par seconde, ou valeur de D. (mesurée de l'orifice)	VALEUR du coeff. de D, ou rapport $\frac{E}{D}$ pour chaque expérience.	moyenne pour chaque charge.	DISTANCE de l'orifice au point où l'on a pris la section dans le canal, ou valeur de S.	VALEUR du rapport $\frac{S}{l}$	SURFACE de la section de l'eau dans le canal, ou valeur de a.	VITESSE moyenne de l'eau dans la section, ou valeur de $v=\frac{E}{a}$	RAPPORT $\frac{v}{V}$ à 3m,50 en amont de l'orifice.	RAPPORT $\frac{v}{V}$ à 0m,02 en amont de l'orifice.	OBSERVATIONS PARTICULIÈRES.
		mètres.		mètres.	litres.	litres.			mètres.		mètres.	litres.			mètres.		cent. car.	mètres.			
DISPOSITIF DE LA FIGURE 15, PLANCHE 2.																					
	1097					121,800	0,6016						0,6016								Contraction complète; nappe d'air très-apparente entre le fond du canal et la veine, pour les deux premières charges: cette nappe disparaît lorsque la charge est réduite à 0m,4005. La contraction supérieure est peu prononcée pour la charge de 0m,2420, et la contraction latérale est sensible même pour les trois dernières expériences, car la veine est encore détachée des parois verticales du canal sur une longueur de 0m,08, à partir de l'orifice.
	1098	1,3060	6,53	5,0617	202,468	121,324	0,5992	0,6013	1,3058	6,53	5,0613	202,452	0,5993	0,6014	"	"	"	"	"	"	
20 octobre 1828	1099					122,116	0,6031						0,6032								
	1100	0,9525	4,76	4,3227	172,908	104,187	0,6026	0,6016	0,9522	4,76	4,3220	172,880	0,6027	0,6017	"	"	"	"	"	"	
	1101					103,831	0,6005						0,6006								
	1102	0,4005	2,00	2,8030	112,120	66,276	0,5911	0,5910	0,4000	2,00	2,8014	112,056	0,5915	0,5914	0,244	1,220	276,480	2,3966	0 8550	0,3556	Espèces de losanges dans le canal, fort allongés et par suite peu prononcés pour les très-fortes charges, parfaitement dessinés pour les moyennes et effacés, pour la plus faible charge, par les remous qui, partant de l'extrémité du canal, s'avancent jusqu'à 0m,38 de l'orifice.
	1103					66,242	0,5908						0,5912								
	1104					48,721	0,5590						0,5602								
23 octobre 1828	1105	0,2420	1,21	2,1789	87,156	48,647	0,5582	0,5587	0,2409	1,20	2,1741	86,964	0,5504	0,5599	0,260	1,300	271,280	1,7948	0,8238	0,3256	
	1106					48,719	0,5590						0,5602		3,000	15,000	247,497	1,9673	0,9030	0,3049	
	1107					29,736	0,4805						0,4967								
	1108	0,1220	0,61	1,5470	61,880	30,131	0,4869	0,4834	0,1142	0,57	1,4968	59,872	0,5032	0,4996	0,083	0,415	306,543	0,9758	0,6308	0,6519	
22 octobre 1828	1109					29,826	0,4820						0,4982		3,000	15,000	186,446	1,6044	1,0371	1,6718	
	1110					29,059	0,4841						0,5004								
DISPOSITIF DE LA FIGURE 16, PLANCHE 2.																					
	1111	1,4235	7,12	5,2844	211,376	127,140	0,6015	0,6015	1,4233	7,12	5,2841	211,364	0,6015	0,6015	"	"	"	"	"	"	Point de nappe d'air entre le fond du canal et la veine.
	1112	1,4070	7,04	5,2538	210,152	126,539	0,6021	0,6021	1,4068	7,03	5,2534	210,136	0,6022	0,6022	"	"	"	"	"	"	Veine constamment détachée des parois latérales du canal sur une plus ou moins grande longueur, à partir de l'orifice, selon que la charge est plus ou moins forte; contraction supérieure bien prononcée pour toutes les charges, excepté la dernière.
	1113	1,3770	6,89	5,1974	207,896	125,192	0,6022	0,6022	1,3768	6,88	5,1970	207,880	0,6022	0,6022	"	"	"	"	"	"	Pour les 5 premières expériences, les filets partant des angles supérieurs de l'orifice s'élèvent de 0m,30 à 0m,40 au-dessus du point le plus haut de la veine, et retombent sous forme de pluie.
6 novembre 1828	1114	0,9500	4,75	4,3170	172,680	103,438	0,5990	0,5992	0,9497	4,75	4,3164	172,656	0,5990	0,5992	"	"	"	"	"	"	Les apparences de l'écoulement dans le canal sont d'ailleurs les mêmes que dans le cas du dispositif de la figure 15.
	1115					103,405	0,5993						0,5994								
	1116					65,001	0,5805						0,5800		0,060	0,25	281,649	2,3072	0,8232	0,8236	
	1117	0,4005	2,00	2,8030	112,120	64,917	0,5790	0,5796	0,4000	2,00	2,8014	112,056	0,5793	0,5799	0,060	0,30	267,987	2,4248	0,8651	0,8655	
	1118					64,900	0,5788						0,5792		0,070	0,35	266,874	2,4350	0,8087	0,8691	
	1119					65,022	0,5799						0,5803		0,080	0,40	262,190	2,4785	0,8842	0,8846	

Orifice de 0ᵐ,20 de hauteur et 0ᵐ,20 de largeur, prolongé au dehors du réservoir par un canal rectangulaire découvert et horizontal, de même largeur que l'orifice.

LA HAUTEUR DU NIVEAU DE L'EAU DANS LE RÉSERVOIR ÉTANT MESURÉE

DATES DES EXPÉRIENCES	NUMÉROS	à 3ᵐ,50 — CHARGE au centre de l'orifice, ou valeur de H	à 3ᵐ,50 — VALEUR du rapport $\frac{H-H'}{H-h'}$ ou de V	à 3ᵐ,50 — VALEUR de la vitesse due à H, ou de V	à 3ᵐ,50 — DÉPENSE théorique par seconde, ou valeur de D	à 3ᵐ,50 — DÉPENSE effective par seconde, ou valeur de E	à 3ᵐ,50 — coeff. $\frac{E}{D}$ pour chaque expérience	à 3ᵐ,50 — coeff. $\frac{E}{D}$ moyenne pour chaque charge	à 0ᵐ,02 — CHARGE sur le centre de l'orifice, ou valeur de H	à 0ᵐ,02 — rapport	à 0ᵐ,02 — vitesse due à H, ou de V	DE L'ORIFICE — DÉPENSE théorique par seconde, ou valeur de D	DE L'ORIFICE — coeff. $\frac{E}{D}$ pour chaque expérience	DE L'ORIFICE — coeff. $\frac{E}{D}$ moyenne pour chaque charge
		mètres.		mètres.	litres.	litres.			mètres.		mètres.	litres.		
						Suite du DISPOSITIF DE LA FIGURE 16, PLANCHE 2.								
novembre 1828	1120	0,2220	1,21	2,1789	87,156	48,108	0,5520	0,5522	0,2409	1,20	2,1741	86,964	0,5532	0,5535
	1121					48,097	0,5518						0,5531	
	1122					48,183	0,5528						0,5541	
	1123	0,1220	0,61	1,5470	61,880	29,880	0,4829	0,4823	0,1142	0,57	1,4968	59,872	0,4991	0,4984
	1124					29,776	0,4812						0,4973	
	1125					29,869	0,4827						0,4989	
						DISPOSITIF DE LA FIGURE 17, PLANCHE 2.								
décembre 1828	1126	1,4970	7,49	5,4191	216,764	131,028	0,6045	0,6038	1,4968	7,49	5,4188	216,752	0,6045	0,6038
	1127					130,730	0,6031						0,6031	
	1128	0,4005	2,00	2,8030	112,120	65,357	0,5829	0,5822	0,4900	2,00	2,8014	112,656	0,5833	0,5826
	1129					65,196	0,5815						0,5818	
3 novembre 1828	1130	0,1220	0,61	1,5470	61,880	29,936	0,4838	0,4836	0,1142	0,57	1,4968	59,872	0,5000	0,4998
	1131					29,915	0,4834						0,4996	
						DISPOSITIF DE LA FIGURE 18, PLANCHE 2.								
3 décembre 1828	1132	1,5735	7,87	5,5560	222,240	134,290	0,6043	0,6037	1,5690	7,85	5,5498	221,992	0,6049	0,6041
	1133					134,092	0,6034						0,6040	
	1134					134,119	0,6035						0,6042	
4 décembre 1828	1135	0,9500	4,75	4,3170	172,680	103,854	0,6014	0,5998	0,9417	4,71	4,2982	171,928	0,6041	0,6026
	1136					103,336	0,5981						0,6010	
	1137	0,4005	2,00	2,8030	112,120	64,645	0,5756	0,5769	0,3877	1,94	2,7579	110,316	0,5860	0,5863
	1138					64,716	0,5772						0,5866	

RÉSULTATS RELATIFS À LA VITESSE DE L'EAU DANS LE CANAL

NUMÉROS	DISTANCE de l'orifice au point où l'on a pris la section dans le canal, ou valeur de S	VALEUR du rapport $\frac{S}{T}$	SURFACE de la section de l'eau dans le canal, ou valeur de α	VITESSE moyenne de l'eau dans la section, ou valeur de $v=\frac{E}{\alpha}$	RAPPORT $\frac{v}{V}$ — charge mesurée à 3ᵐ,50 en amont de l'orifice	RAPPORT $\frac{v}{V}$ — charge mesurée à 0ᵐ,02 en amont de l'orifice	OBSERVATIONS PARTICULIÈRES
	mètres.		cent. car.	mètres.			
1120–1122	0,05	0,25	275,333	1,7480	0,8022	0,8041	
	0,06	0,30	263,559	1,8261	0,8381	0,8401	
	0,07	0,35	260,629	1,8466	0,8475	0,8495	
	0,08	0,40	258,006	1,8654	0,8561	0,8581	
1123–1125	0,05	0,25	207,860	1,1142	0,7202	0,7443	
	0,06	0,30	264,380	1,1288	0,7297	0,7541	
	0,07	0,35	259,201	1,1514	0,7443	0,7692	
	0,08	0,40	254,871	1,1709	0,7569	0,7822	
1126–1131	»	»	»	»	»	»	Toutes les apparences de l'écoulement sont les mêmes que dans le cas du dispositif de la figure 16.
1132–1138	»	»	»	»	»	»	La veine, à sa sortie de l'orifice, suit le fond du canal et la paroi correspondant à la face du réservoir la plus rapprochée de cet orifice, et se détache au contraire entièrement de la paroi opposée. Au point où, en se dilatant après s'être contractée, elle rencontre cette dernière paroi, il se forme, pour les trois premières charges, un jet qui s'élève de 0ᵐ,50 à 0ᵐ,50 au-dessus du fond du canal, et retombe sous forme de pluie. Demi-losanges à la surface du canal pour les quatre premières charges, au lieu des losanges entiers des dispositifs précédents, et remous, pour la dernière charge, plus rapprochés de l'orifice du côté où la veine se contracte latéralement que de l'autre côté.

Orifice de 0ᵐ,20 de hauteur et 0ᵐ,20 de largeur, prolongé au dehors du réservoir par un canal rectangulaire découvert et horizontal, de même largeur que l'orifice.

La hauteur du niveau de l'eau dans le réservoir étant — **à 3ᵐ,50 en amont de l'orifice** : CHARGE sur le centre de l'orifice, ou valeur de H (mètres) ; VALEURS du rapport $\frac{H}{h-h'}=\frac{H}{\varphi}$ ou de V ; de la vitesse due à H, ou de V (mètres) ; DÉPENSE théorique par seconde, ou valeur de D (litres) ; effective par seconde, ou valeur de E (litres) ; VALEUR du coefficient de D, ou du rapport $\frac{E}{D}$, pour chaque expérience ; moyenne pour chaque charge. — **à 0ᵐ,02 en amont** : CHARGE sur le centre de l'orifice, ou valeur de V (mètres) ; VALEURS du rapport $\frac{H}{h-h'}=\frac{H}{\varphi}$ ou de V ; de la vitesse due à H, ou de V (mètres). — **MESURÉE DE L'ORIFICE** : DÉPENSE théorique par seconde, ou valeur de D (litres) ; VALEUR du coefficient de D, ou du rapport $\frac{E}{D}$, pour chaque expérience ; moyenne pour chaque charge. — **RÉSULTATS relatifs à la vitesse de l'eau dans le canal** : DISTANCE de l'orifice au point où l'on a pris la section dans le canal, ou valeur de S (mètres) ; VALEUR du rapport $\frac{S}{l}$; SURFACE de la section de l'eau dans le canal, ou valeur de a (cent. car.) ; VITESSE moyenne de l'eau dans la section, ou valeur de $v=\frac{E}{a}$ (mètres) ; RAPPORT de la vitesse moyenne dans la section du canal à la vitesse théorique dans l'orifice, ou valeur de $\frac{v}{V}$, la charge de fluide étant mesurée à 3ᵐ,50 en amont de l'orifice ; à 6ᵐ,02 en amont de l'orifice. — OBSERVATIONS PARTICULIÈRES.

Suite du DISPOSITIF DE LA FIGURE 18, PLANCHE 2.

DATES des expériences	NUMÉROS	Charge H (m)	rapport	vitesse V (m)	Dép. D (lit.)	Dép. E (lit.)	coeff. chaque exp.	moyenne chaque charge	Charge 0,02 (m)	rapport	vitesse V (m)	Dép. D mes. (lit.)	coeff. chaque exp.	moyenne chaque charge	Dist. S (m)	S/l	Surf. a (c.c.)	Vit. v (m)	v/V à 3,50	v/V à 6,02	OBSERVATIONS PARTICULIÈRES
14 décembre 1828	1139 1140	0,2420	1,21	2,1789	87,156	47,736 47,835	0,5477 0,5488	0,5483	0,2284	1,14	2,1168	84,672	0,5638 0,5649	0,5644	"	"	"	"	"	"	La surface de l'eau, dans le réservoir, se relève vers la face la plus voisine de l'orifice et s'abaisse vers la face opposée. Pour les deux dernières expériences, le niveau du liquide, à 0ᵐ,02 en amont de l'orifice et vis-à-vis son centre, est de 0ᵐ,0042 plus bas que son bord supérieur, et cependant ce bord est entièrement couvert par le fluide.
	1141 1142	0,1220	0,61	1,5470	61,880	30,044 29,960	0,4855 0,4842	0,4849	0,0958	0,48	1,3709	54,836	0,5479 0,5464	0,5472	"	"	"	"	"	"	

DISPOSITIF DE LA FIGURE 19, PLANCHE 2.

DATES des expériences	NUMÉROS	Charge H (m)	rapport	vitesse V (m)	Dép. D (lit.)	Dép. E (lit.)	coeff. chaque exp.	moyenne chaque charge	Charge 0,02 (m)	rapport	vitesse V (m)	Dép. D mes. (lit.)	coeff. chaque exp.	moyenne chaque charge	Dist. S (m)	S/l	Surf. a (c.c.)	Vit. v (m)	v/V à 3,50	v/V à 6,02	OBSERVATIONS PARTICULIÈRES
27 décembre 1828	1143 1144	1,5460	8,23	5,6825	227,360	143,881 143,672	0,6530 0,6321	0,6326	1,0300	8,18	5,6652	226,608	0,6349 0,6340	0,6345	"	"	"	"	"	"	La veine, à sa sortie de l'orifice, suit constamment le fond du canal. Elle se détache de ses parois latérales pour les deux premières charges, et s'y attache au contraire pour les deux suivantes.
17 décembre 1828	1145 1146 1147	0,9105	4,55	4,2262	169,040	106,252 106,141 106,399	0,6285 0,6279 0,6294	0,6286	0,8932	4,47	4,1860	167,440	0,6346 0,6339 0,6354	0,6346	0,09 0,36 0,95	0,45 1,80 4,75	292,533 255,503 260,740	3,6325 4,1590 4,0755	0,8595 0,9841 0,9643	0,3678 0,3935 0,3736	Point de losanges dans le canal pour les deux premières et les deux dernières expériences, et quelques légères traces seulement pour les autres. Les remous en amont de l'orifice, la chute à l'entrée de l'étroit réservoir qui le précède immédiatement, et la contraction de la veine en ce point, deviennent de plus en plus sensibles à mesure que la charge diminue.
16 décembre 1828	1148 1149	0,4005	2,00	2,8030	112,120	67,617 67,626	0,6031 0,6033	0,6032	0,3785	1,89	2,7250	109,000	0,6203 0,6204	0,6204	0,09 0,36 0,95	0,45 1,80 4,75	278,697 261,600 267,013	2,4266 2,5852 2,5328	0,8657 0,9223 0,9036	0,3905 0,3487 0,3295	
16 décembre 1828	1150 1151	0,2420	1,21	2,1789	87,156	50,169 50,185	0,5756 0,5758	0,5757	0,2190	1,10	2,0729	82,916	0,6051 0,6053	0,6052	0,30 0,36 0,50 0,92	1,50 1,80 2,50 4,75	265,277 262,560 259,943 271,290	1,8915 1,9111 1,9301 1,8495	0,8681 0,8771 0,8858 0,8488	0,3125 0,3219 0,3311 0,2922	

DISPOSITIF DE LA FIGURE 20, PLANCHE 2.

DATES des expériences	NUMÉROS	Charge H (m)	rapport	vitesse V (m)	Dép. D (lit.)	Dép. E (lit.)	coeff. chaque exp.	moyenne chaque charge	Charge 0,02 (m)	rapport	vitesse V (m)	Dép. D mes. (lit.)	coeff. chaque exp.	moyenne chaque charge	Dist. S (m)	S/l	Surf. a (c.c.)	Vit. v (m)	v/V à 3,50	v/V à 6,02	OBSERVATIONS PARTICULIÈRES
5 novembre 1834	1152 1153	0,9191 0,9171	4,60 4,59	4,2462 4,2416	169,848 169,664	103,411 103,042	0,6088 0,6073	0,6081	0,9228 0,9208	4,61 4,60	4,2548 4,2502	170,192 170,008	0,6075 0,6061	0,6069	"	"	"	"	"	"	La veine, à sa sortie de l'orifice, est très-peu détachée de la paroi du canal correspondant à la face du réservoir la plus rapprochée de cet orifice, tandis qu'elle l'est entièrement de la paroi opposée. Pour toutes les charges excepté la dernière, il y a une nappe d'air très-apparente entre le fond du canal et la veine, et des demi-losanges à la surface du canal. La surface de l'eau, dans le réservoir, s'élève plus haut du côté de la face la plus voisine de l'orifice que du côté opposé.
	1154 1155	0,3984	1,99	2,7957	111,828	66,030 65,894	0,5905 0,5892	0,5899	0,4025	2,01	2,8100	112,400	0,5875 0,5862	0,5869	"	"	"	"	"	"	
	1156 1157	0,2501	1,25	2,2150	88,600	50,122 49,811	0,5657 0,5622	0,5640	0,2570	1,29	2,2454	89,816	0,5581 0,5546	0,5564	"	"	"	"	"	"	

Orifice de 0m,20 de hauteur et 0m,20 de largeur, prolongé au dehors du réservoir — par un canal rectangulaire découvert et horizontal, de même largeur que l'orifice.

Le tableau ci-dessous donne, pour chaque groupe d'expériences : la hauteur du niveau de l'eau dans le réservoir étant mesurée de l'orifice, avec les résultats relatifs à la vitesse de l'eau dans le canal.

DATES DES EXPÉRIENCES	NUMÉROS des EXPÉRIENCES	(à 3m,50 en amont de l'orifice) CHARGE sur le centre de l'orifice, en valeur de H	VALEURS du rapport $\frac{H}{h-h'\,o}$	VALEURS de la vitesse due à H, ou valeur de V	DÉPENSE théorique par seconde, ou valeur de D	DÉPENSE effective par seconde, ou valeur de E	VALEUR du coefficient de D, ou du rapport $\frac{E}{D}$ pour chaque expérience	VALEUR … moyenne pour chaque charge	(à 0m,02 en amont) CHARGE sur le centre de l'orifice, ou valeur de V	VALEURS du rapport $\frac{H}{h-h'\,o}$	VALEURS de la vitesse due à H, ou valeur de V	(MESURÉE DE L'ORIFICE) DÉPENSE théorique par seconde, ou valeur de D	VALEUR du coefficient de D, ou du rapport $\frac{E}{D}$ pour chaque expérience	VALEUR … moyenne pour chaque charge	(RÉSULTATS) DISTANCE de l'orifice au point où l'on a pris la section dans le canal, ou valeur de S	VALEUR du rapport $\frac{S}{l}$	SURFACE de la section de l'eau dans le canal, ou valeur de S	VITESSE moyenne de l'eau dans la section, ou valeur de $u=\frac{E}{\omega}$	RAPPORT … à 3m,50 en amont de l'orifice	RAPPORT … à 0m,02 en amont de l'orifice	OBSERVATIONS PARTICULIÈRES
		mètres.		mètres.	litres.	litres.			mètres.		mètres.	litres.			mètres.		cent. car.	mètres.			
Suite du DISPOSITIF DE LA FIGURE 20, PLANCHE 2.																					
	1158					30,159	0,4900						0,5022								
5 novembre 1834	1159	0,1207	0,60	1,5388	61,552	30,167	0,4901	0,4900	0,1149	0,57	1,5014	60,056	0,5023	0,5022	"	"	"	"	"	"	
	1160					30,148	0,4898						0,5020								
DISPOSITIF DE LA FIGURE 21, PLANCHE 2.																					La veine, détachée d'abord des parois latérales du canal sur une longueur de 0m,08 à partir de l'orifice, s'en détache de moins en moins à mesure que la charge diminue. Pour les deux premières expériences, il y a, entre le fond du canal et la veine, une nappe d'air de 0m,20 de longueur qui disparaît pour les autres expériences. Mêmes observations que pour le dispositif de la figure 19, en ce qui concerne les remous en amont de l'orifice et la chute à l'entrée de l'étroit réservoir qui le précède immédiatement.
	1161					107,100	0,6272						0,6270								
30 octobre 1834	1162	0,3291	4,65	4,2693	170,772	107,383	0,6288	0,6280	0,9297	4,65	4,2707	170,828	0,6286	0,6278	"	"	"	"	"	"	
	1163					61,989	0,5973						0,6018								
	1164	0,3431	1,77	2,5944	103,776	62,405	0,6013	0,5985	0,3380	1,69	2,5750	103,000	0,6059	0,6031	"	"	"	"	"	"	
	1165					61,950	0,5969						0,6015								
	1166					30,200	0,4939						0,5107								
	1167	0,1191	0,60	1,5286	61,144	30,150	0,4931	0,4935	0,1114	0,56	1,4784	59,136	0,5098	0,5103	"	"	"	"	"	"	
DISPOSITIF DE LA FIGURE 22, PLANCHE 2.																					La veine, à sa sortie de l'orifice, suit toujours le fond du canal et est au contraire entièrement détachée de ses parois latérales. Écoulement insensible dans le réservoir, en amont de l'orifice.
	1168					144,847	0,6244						0,6257								
29 décembre 1828	1169	1,7144	8,57	5,7993	231,072	144,036	0,6248	0,6246	1,7074	8,54	5,7875	231,500	0,6261	0,6259	"	"	"	"	"	"	
	1170					107,523	0,6227						0,6256								
	1171					107,490	0,6225						0,6254								
28 décembre 1828	1172	0,9500	4,75	4,3170	172,680	107,618	0,6232	0,6220	0,9410	4,71	4,2966	171,864	0,6262	0,6266	"	"	"	"	"	"	
	1173					107,011	0,6197						0,6226								
	1174					66,942	0,5971						0,6050								
29 décembre 1828	1175	0,4005	2,00	2,8030	112,120	66,096	0,5975	0,5973	0,3900	1,95	2,7661	110,644	0,6055	0,6053	"	"	"	"	"	"	
	1176					40,640	0,5696						0,5842								
28 décembre 1828	1177	0,2420	1,21	2,1789	87,156	40,419	0,5670	0,5683	0,2300	1,15	2,1241	84,964	0,5816	0,5829	"	"	"	"	"	"	

Orifice de 0^m,20 de hauteur et 0^m,20 de largeur, prolongé au dehors du réservoir par un canal rectangulaire découvert, incliné à $\frac{1}{10}$, et de même largeur que l'orifice.

LA HAUTEUR DU NIVEAU DE L'EAU DANS LE RÉSERVOIR ÉTANT — À 3^m,50 EN AMONT DE L'ORIFICE ; MESURÉE DE L'ORIFICE (à 0^m,02 EN AMONT)

DATES DES EXPÉRIENCES	NUMÉROS des EXPÉRIENCES	CHARGE sur le centre de l'orifice, ou valeur de H. (mètres)	VALEURS du rapport $\frac{H}{h-h'}=\frac{H}{o}$	VALEURS de la vitesse due à H, ou de V. (mètres)	DÉPENSE théorique par seconde, ou valeur de D. (litres)	DÉPENSE effective par seconde, ou valeur de E. (litres)	VALEUR du coefficient de D, ou du rapport $\frac{E}{D}$ pour chaque expérience	VALEUR du coefficient de D, moyenne pour chaque charge
							DISPOSITIF DE LA FIGURE 23, PLANCHE 2.	
18 octobre 1831	1178 / 1179	1,7706	8,85	5,8933	235,732	143,943 / 143,678	0,6106 / 0,6095	0,6101
19 octobre 1831	1180 / 1181 / 1182	0,3839	1,92	2,7443	109,772	65,915 / 65,622 / 65,903	0,6004 / 0,5996 / 0,6003	0,6001
	1183 / 1184 / 1185	0,1204	0,60	1,5369	61,476	32,273 / 32,453 / 32,490	0,5250 / 0,5280 / 0,5270	0,5267
							DISPOSITIF DE LA FIGURE 24, PLANCHE 2.	
30 septembre 1831	1186 / 1187	1,7624	8,81	5,8800	235,200	145,058 / 145,016	0,6167 / 0,6164	0,6166
	1188 / 1189	1,4531	7,27	5,3393	213,572	131,862 / 131,863	0,6174 / 0,6174	0,6174
1er octobre 1831	1190 / 1191	0,6929	3,96	3,6870	147,480	89,890 / 89,968	0,6095 / 0,6100	0,6098
	1192 / 1193	0,1502	0,80	1,7672	70,689	38,941 / 39,002	0,5509 / 0,5525	0,5517
							DISPOSITIF DE LA FIGURE 25, PLANCHE 2.	
29 septembre 1831	1194 / 1195	1,7728	8,86	5,8973	235,892	151,277 / 151,246	0,6413 / 0,6412	0,6413

À 0^m,02 EN AMONT ; MESURÉE DE L'ORIFICE

NUMÉROS	CHARGE sur le centre de l'orifice, en valeur de H. (mètres)	VALEURS du rapport $\frac{H}{h-h'}=\frac{H}{o}$	VALEURS de la vitesse due à H, ou de V. (mètres)	DÉPENSE théorique par seconde, ou valeur de D. (litres)	VALEUR du coefficient de D, ou du rapport $\frac{E}{D}$ pour chaque expérience	VALEUR du coefficient de D, moyenne pour chaque charge
1178 / 1179	1,7704	8,85	5,8933	235,732	0,6106 / 0,6095	0,6101
1180 / 1181 / 1182	0,3832	1,42	2,7418	109,672	0,6010 / 0,6002 / 0,6009	0,6007
1183 / 1184 / 1185	0,1100	0,55	1,4690	58,760	0,5492 / 0,5523 / 0,5514	0,5530
1186 / 1187	1,7613	8,81	5,8782	235,128	0,6160 / 0,6166	0,6168
1188 / 1189	1,4510	7,26	5,3354	213,416	0,6179 / 0,6179	0,6179
1190 / 1191	0,6882	3,44	3,6743	146,972	0,6116 / 0,6121	0,6119
1192 / 1193	0,1473	0,74	1,7000	68,000	0,5727 / 0,5744	0,5736
1194 / 1195	1,7630	8,82	5,8810	235,240	0,6431 / 0,6429	0,6430

RÉSULTATS RELATIFS À LA VITESSE DE L'EAU DANS LE CANAL

NUMÉROS	DISTANCE de l'orifice au point où l'on a pris la section dans le canal, ou valeur de S. (mètres)	VALEUR du rapport $\frac{S}{l}$	SURFACE de la section de l'eau dans le canal, ou valeur de a.	VITESSE moyenne de l'eau dans la section, ou valeur de $v=\frac{E}{a}$. (mètres)	RAPPORT de la vitesse moyenne dans la section du canal à la vitesse théorique dans l'orifice, ou valeur de $\frac{v}{V}$: à 3^m,50 en amont de l'orifice	à 0^m,02 en amont de l'orifice	OBSERVATIONS PARTICULIÈRES.
1178 / 1179	»	»	»	»	»	»	Les apparences de l'écoulement sont les mêmes que dans le cas du dispositif de la figure 16, sauf que les contractions supérieure et latérale sont plus prononcées, surtout pour les faibles charges, et que, pour ces dernières, il y a moins de remous dans le canal.
1180 / 1181 / 1182	»	»	»	»	»	»	
1183 / 1184 / 1185	»	»	»	»	»	»	
1186 / 1187	»	»	»	»	»	»	La veine se contracte plus fortement et il y a moins de remous dans le canal, pour les faibles charges, que dans le cas du dispositif de la figure 18. Les autres circonstances de l'écoulement paraissent d'ailleurs être les mêmes.
1188 / 1189	»	»	»	»	»	»	
1190 / 1191	»	»	»	»	»	»	
1192 / 1193	»	»	»	»	»	»	
1194 / 1195	»	»	»	»	»	»	Les apparences de l'écoulement ne diffèrent de celles qui se rapportent au dispositif de la figure 19, qu'en ce que, pour la plus faible charge, la veine, au lieu d'être attachée aux parois latérales du canal, en est détachée sur une longueur de 0^m,02 à partir de l'orifice.

Orifice de 0^m,20 de hauteur et 0^m,20 de largeur, prolongé au dehors du réservoir par un canal rectangulaire découvert, incliné à $\frac{1}{15}$, et de même largeur que l'orifice.

DATES des EXPÉRIENCES	NUMÉROS des EXPÉRIENCES	CHARGE sur le centre de l'orifice, ou valeur de H (à 3^m,50 en amont)	VALEUR du rapport $\frac{H}{h-h'}=o$ (à 3^m,50)	VALEUR de la vitesse due à H, ou de V (à 3^m,50)	DÉPENSE théorique par seconde, ou valeur de D (à 3^m,50)	DÉPENSE effective par seconde, ou valeur de E (à 3^m,50)	VALEUR du coefficient de D, ou du rapport $\frac{E}{D}$, pour chaque expérience (à 3^m,50)	VALEUR du coefficient de D, moyenne pour chaque charge (à 3^m,50)	CHARGE sur le centre de l'orifice, ou valeur de H (à 0^m,02 en amont)	VALEURS du rapport $\frac{H}{h-h'}=o$ (à 0^m,02)	VALEURS de la vitesse due à H, ou de V (à 0^m,02)	DÉPENSE théorique par seconde, ou valeur de D (mesurée de l'orifice)	VALEUR du coefficient de D, ou du rapport $\frac{E}{D}$, pour chaque expérience (mesurée)	VALEUR du coefficient de D, moyenne pour chaque charge (mesurée)	DISTANCE de l'orifice au point où l'on a pris la section dans le canal, ou valeur de S	VALEUR du rapport $\frac{S}{l}$	SURFACE de la section dans le canal, ou valeur de a	VITESSE moyenne de l'eau dans la section, ou valeur de $v=\frac{E}{a}$	RAPPORT de la vitesse moyenne dans la section du canal à la vitesse théorique dans l'orifice, ou valeur de $\frac{v}{V}$, à 3^m,50 en amont de l'orifice	à 0^m,02 en amont de l'orifice	OBSERVATIONS PARTICULIÈRES
		mètres.		mètres.	litres.	litres.			mètres.		mètres.	litres.			mètres.		cent. car.	mètres.			
						Suite du DISPOSITIF DE LA FIGURE 25, PLANCHE 2.															
29 août 1831	1196 1197	1,1106	5,55	4,6677	186,708	119,146 118,987	0,6381 0,6373	0,6377	1,0990	5,50	4,6433	185,732	0,6415 0,6406	0,6411	»	»	»	»	»	»	
	1198 1199 1200	0,6300	3,15	3,5156	140,024	88,881 89,011 88,954	0,6321 0,6330 0,6326	0,6326	0,6140	3,07	3,4757	139,028	0,6393 0,6402 0,6399	0,6398	»	»	»	»	»	»	
	1201 1202	0,4049	2,02	2,8183	112,732	70,597 70,603	0,6262 0,6263	0,6263	0,3873	1,94	2,7564	110,256	0,6403 0,6404	0,6404	»	»	»	»	»	»	
	1203 1204 1205	0,2464	1,23	2,1987	87,948	53,217 53,511 53,428	0,6051 0,6084 0,6075	0,6070	0,2242	1,12	2,0973	83,892	0,6344 0,6379 0,6369	0,6364	»	»	»	»	»	»	
	1206 1207	0,2092	1,05	2,0260	81,040	48,299 48,314	0,5960 0,5962	0,5961	0,1792	0,90	1,8783	75,132	0,6429 0,6431	0,6430	»	»	»	»	»	»	
						DISPOSITIF DE LA FIGURE 26, PLANCHE 3.															
31 octobre 1834	1208 1209	0,4791	2,40	3,6658	122,632	76,753 76,439	0,6259 0,6233	0,6246	0,4797	2,40	3,0677	122,708	0,6255 0,6229	0,6242	»	»	»	»	»	»	La veine est détachée des parois latérales du canal, sur une longueur de 0^m,065, à partir de l'orifice, pour les deux premières expériences, de 0^m,05 pour les deux suivantes et de 0^m,025 pour les trois dernières. Pour la première charge, on remarque, entre le fond du canal et la veine, une nappe d'air de 0^m,30 de longueur qui disparaît pour les autres charges.
	1210 1211	0,2511	1,26	2,2195	88,780	53,279 53,539	0,6001 0,6031	0,6016	0,2431	1,22	2,1838	87,352	0,6099 0,6129	0,6114	»	»	»	»	»	»	
30 octobre 1834	1212 1213 1214	0,1201	0,60	1,5350	61,400	33,038 32,950 32,917	0,5381 0,5366 0,5361	0,5369	0,1105	0,55	1,4724	58,896	0,5610 0,5595 0,5589	0,5598	»	»	»	»	»	»	

Orifice de 0m,20 de hauteur et 0m,20 de largeur, prolongé au dehors du réservoir par un canal rectangulaire découvert, de diverses longueurs et inclinaisons, et de même largeur que l'orifice.

DATES des expériences.	NUMÉROS des expériences.	à 3m,50 en amont — CHARGE sur le centre de l'orifice, ou valeur de H.	VALEURS du rapport $\frac{H}{h-h'}$	VALEURS de la vitesse dans à H, ou valeur de V.	DÉPENSE théorique par seconde, ou valeur de D.	DÉPENSE effective par seconde, ou valeur de E.	VALEUR du coefficient de E, ou du rapport $\frac{E}{D}$ — pour chaque expérience.	moyenne pour chaque charge.	à 0m,02 en amont — CHARGE sur le centre de l'orifice, ou valeur de H.	VALEURS du rapport $\frac{H}{h-h'}$	VALEURS de la vitesse dans à H, ou valeur de V.	DE L'ORIFICE — DÉPENSE théorique par seconde, ou valeur de D.	VALEUR du coefficient de D, ou du rapport $\frac{E}{D}$ — pour chaque expérience.	moyenne pour chaque charge.	DISTANCE de l'orifice au point où l'on a pris la section dans le canal, ou valeur de S.	VALEUR du rapport $\frac{S}{l}$.	SURFACE de la section dans le canal, ou valeur de a.	VITESSE moyenne de l'eau dans la section, ou valeur de $v = \frac{E}{a}$.	RAPPORT $\frac{v}{V}$ — à 3m,56 en amont de l'orifice.	à 0m,02 en amont de l'orifice.	OBSERVATIONS PARTICULIÈRES.
		mètres.		mètres.	litres.	litres.			mètres.		mètres.	litres.			mètres.		cent. car.	mètres.			
DISPOSITIF DE LA FIGURE 27, PLANCHE 3. (Canal de 3m,oo de longueur incliné à $\frac{1}{30}$.)																					
28 août 1831	1215	1,1051	5,53	4,6562	186,248	117,349	0,6301	0,6302	1,1038	5,54	4,6534	186,136	0,6305	0,6306	»	»	»	»	»	»	Les circonstances de l'écoulement paraissent être exactement les mêmes que dans le cas du dispositif de la figure 19.
	1216					117,475	0,6308						0,6312								
	1217					117,266	0,6296						0,6300								
	1218	0,2497	1,25	2,2132	88,528	52,509	0,5931	0,5931	0,2477	1,24	2,2044	88,176	0,5955	0,5955	»	»	»	»	»	»	
17 août 1831	1219	0,2096	1,05	2,0280	81,120	46,911	0,5783	0,5788	0,2066	1,03	2,0132	80,528	0,5824	0,5830	»	»	»	»	»	»	
	1220					46,957	0,5789						0,5831								
	1221					46,991	0,5793						0,5835								
DISPOSITIF DE LA FIGURE 27, PLANCHE 3. (Canal de 3m,oo de longueur incliné à $\frac{1}{15}$.)																					
23 août 1831	1222	0,2087	1,04	2,0235	80,940	47,057	0,5814	0,5819	0,2056	1,03	2,0083	80,332	0,5858	0,5863	»	»	»	»	»	»	Les circonstances de l'écoulement paraissent être exactement les mêmes que dans le cas du dispositif de la figure 19.
	1223					47,133	0,5823						0,5867								
DISPOSITIF DE LA FIGURE 27, PLANCHE 3. (Canal de 1m,24 de longueur incliné à $\frac{1}{5,44}$.)																					
30 août 1831	1224	1,6456	8,23	5,6818	227,272	149,272	0,6568	0,6569	1,6446	8,22	5,6800	227,200	0,6570	0,6571	0,1336	0,67	306,187	4,8141	0,8583	0,8586	La veine, à sa sortie de l'orifice, suit constamment le fond du canal. Elle se détache au contraire de ses parois latérales sur une longueur de 0m,12, à partir de l'orifice, pour les trois premières expériences. Cette distance diminue avec les charges, et elle est presque nulle pour la dernière.
	1225	1,6158	8,08	5,6302	225,208	147,962	0,6570		1,6148	8,07	5,6284	225,136	0,6572		0,2102	1,05	200,620	5,0721	0,9043	0,9046	
	1226	1,6037	8,02	5,6089	224,356	147,415	0,6570		1,6027	8,01	5,6072	224,288	0,6572								
	1227	1,1019	5,51	4,6494	185,976	121,732	0,6547	0,6547	1,1008	5,50	4,6471	185,884	0,6549	0,6549	»	»	»	»	»	»	
	1228					121,732	0,6547						0,6549								
	1229	0,7054	3,53	3,7200	148,800	97,251	0,6536	0,6532	0,7041	3,52	3,7166	148,664	0,6542	0,6538	»	»	»	»	»	»	
	1230					97,127	0,6527						0,6533								
	1231	0,4042	2,02	2,8159	112,636	73,222	0,6501	0,6500	0,4028	2,01	2,8111	112,444	0,6512	0,6511	»	»	»	»	»	»	
	1232					73,188	0,6498						0,6509								

Orifice de 0m,20 de hauteur et 0m,20 de largeur, prolongé au dehors du réservoir par un canal rectangulaire découvert, de diverses longueurs et inclinaisons, et de même largeur que l'orifice.

LA HAUTEUR DU NIVEAU DE L'EAU DANS LE RÉSERVOIR ÉTANT MESURÉE

DATES des EXPÉRIENCES	NUMÉROS des EXPÉRIENCES	à 3m,50 en amont de l'orifice — CHARGE sur le centre de l'orifice, ou valeur de H. (mètres.)	du rapport H/(h−h')=H/o	de la vitesse due à H, ou de V. (mètres.)	DÉPENSE théorique par seconde, ou valeur de D. (litres.)	DÉPENSE effective par seconde, ou valeur de E. (litres.)	VALEUR du coefficient de D, ou du rapport E/D, pour chaque expérience.	moyenne pour chaque charge.	à 0m,02 en amont — CHARGE sur le centre de l'orifice, ou valeur de H. (mètres.)	du rapport H/(h−h')=H/o	de la vitesse due à H, ou de V. (mètres.)	DE L'ORIFICE — DÉPENSE théorique par seconde, ou valeur de D. (litres.)	VALEUR du coefficient de D, ou du rapport E/D, pour chaque expérience.	moyenne pour chaque charge.
Suite du DISPOSITIF DE LA FIGURE 27, PLANCHE 3. (Suite du Canal de 1m,24 de longueur incliné à 1/5,24.)														
30 août 1831	1233 1234	0,2079	1,04	2,0195	80,780	50,911 50,839	0,6302 0,6294	0,6298	0,2042	1,02	2,0015	80,060	0,6359 0,6350	0,6355
DISPOSITIF DE LA FIGURE 27, PLANCHE 3. (Canal de 0m,74 de longueur incliné à 1/1,9.)														
31 août 1831	1235 1236	1,2730 1,2720	6,37 6,36	4,9973 4,9953	199,892 199,812	133,423 132,703	0,6675 0,6641	0,6658	1,2720 1,2710	6,36 6,36	4,9953 4,9933	199,812 199,732	0,6677 0,6634	0,6656
	1237 1238	0,6704	3,35	3,6265	145,060	97,796 97,668	0,6742 0,6733	0,6738	0,6691	3,35	3,6230	144,920	0,6748 0,6730	0,6744
	1239 1240	0,4081	2,04	2,8296	113,184	76,408 76,256	0,6751 0,6737	0,6744	0,4067	2,03	2,8246	112,984	0,6763 0,6749	0,6756
	1241 1242	0,2094	1,05	2,0270	81,080	54,002 53,816	0,6660 0,6637	0,6649	0,2059	1,03	2,0098	80,392	0,6717 0,6694	0,6706
DISPOSITIF DE LA FIGURE 27, PLANCHE 3. (Canal de 0m,15 de longueur incliné à 1/2,9.)														
1er septembre 1831	1243 1244 1245	0,2224	1,11	2,0890	83,560	58,036 57,648 57,743	0,6945 0,6898 0,6910	0,6918	0,2193	1,10	2,0742	82,968	0,6995 0,6948 0,6960	0,6968
DISPOSITIF DE LA FIGURE 27, PLANCHE 3. (Canal horizontal de 2m,25 de longueur, dont le fond est à 0m,05 au-dessous de la base de l'orifice.)														
1er septembre 1831	1246 1247	0,2083	1,04	2,0215	80,860	50,133 50,132	0,6200 0,6200	0,6200	0,2048	1,02	2,0044	80,176	0,6253 0,6253	0,6253

RÉSULTATS RELATIFS À LA VITESSE DE L'EAU DANS LE CANAL

DATES des EXPÉRIENCES	NUMÉROS des EXPÉRIENCES	DISTANCE de l'orifice au point où l'on a pris la section dans le canal, ou valeur de S. (mètres.)	VALEUR du rapport S/l.	SURFACE de la section dans le canal, ou valeur de a. (cent. car.)	VITESSE moyenne de l'eau dans la section, ou valeur de v = E/a. (mètres.)	RAPPORT de la vitesse moyenne dans la section du canal à la vitesse théorique dans l'orifice, ou valeur de v/V — à 3m,50 en amont de l'orifice.	à 0m,02 en amont de l'orifice.	OBSERVATIONS PARTICULIÈRES.
30 août 1831	1233 1234	0,0796 0,1336 0,2102 1,2155	0,40 0,67 1,05 6,08	326,309 306,166 285,577 212,467	1,5591 1,6616 1,7814 2,3943	0,7720 0,8228 0,8821 1,1856	0,7790 0,8302 0,8900 1,1962	
31 août 1831	1235 1236	0,3267 0,3645 0,4119	1,63 1,82 2,06	293,155 289,854 286,272	4,5267 4,5783 4,6356	0,9061 0,9165 0,9279	0,9066 0,9169 0,9283	Pour les deux premières expériences, il y a, entre la veine et le fond du canal, une nappe d'air qui se réduit à quelques bulles isolées, ne se montrant que par instants pour les expériences suivantes. — La veine est détachée du fond du canal jusqu'à 0m,316 de l'orifice, et, de ses parois latérales, jusqu'à 0m,123, pour les deux premières expériences. Ces deux distances diminuent avec les charges : la première n'est plus que de 0m,12 pour les deux dernières expériences, et la seconde est à peu près nulle.
	1237 1238	0,2402 0,2875 0,3348	1,20 1,44 1,67	288,784 283,282 277,349	3,3842 3,4503 3,5242	0,9332 0,9514 0,9718	0,9340 0,9522 0,9726	
	1239 1240	»	»	»	»	»	»	
	1241 1242	»	»	»	»	»	»	
1er septembre 1831	1243 1244 1245	»	»	»	»	»	»	La veine est entièrement détachée du fond du canal jusqu'à son extrémité, et elle l'est au contraire très-peu de ses parois latérales.
1er septembre 1831	1246 1247	»	»	»	»	»	»	Chute prononcée à l'entrée du canal, donnant lieu à un bouillonnement.

Orifice de 0ᵐ,10 de hauteur et 0ᵐ,20 de largeur, prolongé au dehors du réservoir par un canal rectangulaire découvert et horizontal, de même largeur que l'orifice.

DISPOSITIF DE LA FIGURE 15, PLANCHE 2.

Colonnes 5 à 11 : **LA HAUTEUR DU NIVEAU DE L'EAU DANS LE RÉSERVOIR ÉTANT À 3ᵐ,50 EN AMONT DE L'ORIFICE.** — Colonnes 12 à 14 : **À 0ᵐ,02 EN AMONT.** — Colonnes 15 à 17 : **MESURÉE DE L'ORIFICE.** — Colonnes 18-19 : **VALEURS DÉFINITIVES des coefficients, ou du rapport $\frac{R}{D}$, corrigés d'après la température, la charge du fluide étant mesurée.** — Colonnes 20 à 25 : **RÉSULTATS RELATIFS À LA VITESSE DE L'EAU DANS LE CANAL.**

DATES des expériences	TEMP. de L'AIR (grades +)	TEMP. de L'EAU (grades +)	NUMÉROS des expér.	CHARGE sur le centre de l'orifice, ou valeur de H (mètres)	VALEURS du rapport $\frac{H}{h-h'}$ ou $\frac{H}{o}$	VALEURS de la vitesse due à H, ou de V	DÉPENSE théorique par seconde, ou valeur de D (litres)	DÉPENSE effective par seconde, ou valeur de E (litres)	VALEUR du coeff. de D, ou du rapport $\frac{E}{D}$, pour chaque expérience	moyenne pour chaque charge	CHARGE sur le centre de l'orifice, ou valeur de H (mètres)	VALEURS du rapport $\frac{H}{h-h'}$ ou $\frac{H}{o}$	VALEURS de la vitesse due à H, ou de V (mètres)	DÉPENSE théorique par seconde, ou valeur de D (litres)	VALEUR du coeff. de D, ou du rapport $\frac{E}{D}$, pour chaque expérience	moyenne pour chaque charge	Défin. à 3ᵐ,50 en amont de l'orifice	Défin. à 0ᵐ,02 en amont de l'orifice	DISTANCE de l'orifice au point où l'on a pris la section dans le canal, ou valeur de S	VALEUR du rapport $\frac{S}{l}$	SURFACE de la section de l'eau dans le canal, ou valeur de a (cent. car.)	VITESSE moyenne de l'eau dans la section, ou valeur $u=\frac{E}{a}$ (mètres)	RAPPORT de la vitesse moyenne à la vitesse théorique $\frac{v}{V}$, à 3ᵐ,50 en amont	à 0ᵐ,02 en amont	OBSERVATIONS PARTICULIÈRES
24 octobre 1828 ..	11,7	12,0	1248	1,3560	13,56	5,1577	103,154	63,323	0,6139	0,6149	1,3559	13,56	5,1575	103,150	0,6139	0,6149	0,6137	0,6137	"	"	"	"	"	"	Pour les six premières expériences, la contraction est complète, et il y a, entre le fond du canal et la veine, une nappe d'air qui disparaît pour les expériences suivantes. — La contraction supérieure cesse d'être apparente lorsque la charge est réduite à 0ᵐ,063, et la contraction latérale est encore sensible pour les trois dernières expériences, car la veine est alors détachée des parois verticales du canal, sinon jusqu'au fond, du moins par le haut, sur une longueur de 0ᵐ,04, à partir de l'orifice. — Losanges parfaitement dessinés à la surface dans toute l'étendue que ne recouvrent pas les remous. Ceux-ci, prenant naissance non loin de l'extrémité du canal, s'avancent jusqu'à 0ᵐ,84 de l'orifice pour la charge de 0ᵐ,1140, et s'en rapprochent jusqu'à 0ᵐ,14 pour les trois dernières expériences.
			1249					63,518	0,6158						0,6158										
			1250	1,0072	10,07	4,4452	88,904	54,733	0,6156	0,6156	1,0071	10,07	4,4450	88,900	0,6157	0,6156	0,6144	0,6144	"	"	"	"	"	"	
			1251					54,720	0,6155						0,6155										
25 octobre 1828 ..	11,4	11,5	1252	0,4818	4,82	3,0745	61,490	37,863	0,6158	0,6164	0,4815	4,82	3,0734	61,468	0,6160	0,6166	0,6152	0,6154	0,20	1,00	132,400	2,5627	0,9311	0,9314	
			1253					37,941	0,6170						0,6172				3,00	15,00	154,490	2,4535	0,7980	0,7082	
16 octobre 1828 ..	12,2	11,0	1254	0,1606	1,61	1,7750	35,500	21,023	0,5922	0,5910	0,1596	1,60	1,7695	35,390	0,5940	0,5928	0,5898	0,5916	0,10	0,50	147,470	1,6227	0,8015	0,8040	
			1255					20,963	0,5905						0,5923				0,36	1,80	138,123	1,5190	0,8558	0,8584	
			1256					20,955	0,5903						0,5921				1,72	8,60	157,703	1,5304	0,7495	0,7517	
																			3,00	15,00	142,500	1,6724	0,8295	0,8320	
15 octobre 1828 ..	13,0	11,5	1257	0,1140	1,14	1,4955	29,910	16,829	0,5627	0,5630	0,1122	1,12	1,4836	29,672	0,5672	0,5675	0,5619	0,5664	0,07	0,35	155,253	1,0847	0,7253	0,7311	
			1258					16,856	0,5634						0,5670				0,30	1,50	133,873	1,2570	0,8411	0,8478	
			1259					16,838	0,5630						0,5675				2,50	12,50	200,753	0,8161	0,5609	0,5654	
																			3,00	15,00	126,694	1,3292	0,8888	0,8959	
16 octobre 1828 ..	12,2	11,0	1260	0,0880	0,88	1,3139	26,278	13,774	0,5242	0,5241	0,0850	0,85	1,2913	25,826	0,5333	0,5332	0,5231	0,5322	"	"	"	"	"	"	
			1261					13,882	0,5283						0,5375										
			1262					13,667	0,5201						0,5292										
			1263					13,792	0,5218						0,5340										
			1264					13,729	0,5225						0,5316										
			1265					13,781	0,5244						0,5336										
15 octobre 1828 ..	13,0	11,5	1266	0,0630	0,63	1,1117	22,234	10,383	0,4670	0,4653	0,0535	0,54	1,0245	20,490	0,5067	0,5049	0,4644	0,5040	0,06	0,30	161,547	0,6605	0,5761	0,6251	
			1267					10,297	0,4631						0,5025				2,20	11,00	160,000	0,6666	0,5816	0,0311	
			1268					10,320	0,4642						0,5037				3,00	15,00	90,230	1,2466	1,0314	1,1191	
			1269					10,382	0,4669						0,5067										
			1270	0,0600	0,60	1,0849	21,698	9,988	0,4603	0,4599	0,0523	0,52	1,0129	20,258	0,4930	0,4926	0,4590	0,4917	"	"	"	"	"	"	
			1271					10,006	0,4611						0,4939										
			1272					9,943	0,4582						0,4908										

Orifice de 0m,05 de hauteur et 0m,20 de largeur, prolongé au dehors du réservoir par un canal rectangulaire découvert et horizontal de même largeur que l'orifice.

DISPOSITIF DE LA FIGURE 15, PLANCHE 2.

Tableau — partie I : la hauteur du niveau de l'eau dans le réservoir étant — à 3m,50 en amont de l'orifice, puis à 0m,02 en amont.

DATES des expériences.	TEMP. de L'AIR (grades +)	TEMP. de L'EAU (grades +)	NUMÉROS des expériences.	à 3m,50 — CHARGE, valeur de H (mètres)	à 3m,50 — rapport $\frac{H}{h-h'} = \frac{H}{o}$	à 3m,50 — vitesse due à H, de V	à 3m,50 — DÉPENSE théorique, de D (litres)	à 3m,50 — DÉPENSE effective, de E (litres)	à 3m,50 — coeff. E/D pour chaque expérience	à 3m,50 — coeff. E/D moyenne pour chaque charge	à 0m,02 — CHARGE, de H (mètres)	à 0m,02 — rapport $\frac{H}{h-h'} = \frac{H}{o}$	à 0m,02 — vitesse due à H, de V (mètres)
25 octobre 1828	11,4	11,5	1273	1,4610	29,22	5,3536	53,536	33,325	0,6225	0,6228	1,4610	29,22	5,3536
			1274					33,364	0,6232				
			1275					33,337	0,6227				
			1276	1,0808	21,62	4,6046	46,046	28,853	0,6266	0,6263	1,0807	21,61	4,6046
			1277					28,825	0,6260				
4 octobre 1828	15,5	14,5	1278	0,6770	9,54	3,0590	30,590	19,132	0,6254	0,6263	0,4769	9,54	3,0587
			1279					19,200	0,6277				
			1280					19,130	0,6254				
22 octobre 1828	13,7	10,0	1281					19,175	0,6268				
12 octobre 1828	11,1	12,0	1282	0,2125	4,25	2,0417	20,417	12,911	0,6324	0,6330	0,2122	4,24	2,0403
			1283					12,939	0,6337				
			1284					12,940	0,6338				
			1285					12,907	0,6322				
25 octobre 1828	11,4	11,5	1286	0,1125	2,25	1,4856	14,856	9,237	0,6218	0,6218	0,1109	2,22	1,4750
4 octobre 1828	15,5	14,5	1287	0,1058	2,12	1,4407	14,407	8,876	0,6161	0,6155	0,1041	2,08	1,4290
			1288					8,875	0,6160				
			1289					8,880	0,6164				
			1290					8,839	0,6135				
10 octobre 1828	12,5	13,5	1291	0,0466	0,93	0,9561	9,561	4,732	0,4949	0,4960	0,0446	0,89	0,9354
			1292					4,764	0,4983				
			1293					4,726	0,4943				
			1294					4,747	0,4965				
13 octobre 1828	11,9	12,0	1295	0,0363	0,73	0,8439	8,439	3,868	0,4583	0,4535	0,0328	0,66	0,8022
			1296					3,788	0,4489				
			1297					3,830	0,4538				
			1298					3,791	0,4492				
			1299					3,858	0,4572				

Tableau — partie II : dépense mesurée de l'orifice, valeurs définitives et résultats relatifs à la vitesse de l'eau dans le canal.

NUMÉROS	MESURÉE — DÉPENSE théorique, de D (litres)	MESURÉE — coeff. E/D pour chaque expérience	MESURÉE — coeff. E/D moyenne pour chaque charge	VAL. DÉFINITIVES — à 3m,50 en amont	VAL. DÉFINITIVES — à 0m,02 en amont	DISTANCE de l'orifice, de S (mètres)	VALEUR du rapport $\frac{S}{l}$	SURFACE de la section, de a (cent. car.)	VITESSE moyenne, de $v=\frac{E}{a}$ (mètres)	RAPPORT $\frac{v}{V}$ à 3m,50	RAPPORT $\frac{v}{V}$ à 0m,02	OBSERVATIONS PARTICULIÈRES.
1273	53,536	0,6225	0,6228	0,6202	0,6202	0,340	1,700	66,140	5,0311	0,9416	0,9416	Pour les treize premières expériences, la contraction est complète, et il y a, entre le fond du canal et la veine, une nappe d'air qui disparaît pour les expériences suivantes. La contraction supérieure est encore un peu apparente, même pour les dernières expériences, tandis que la contraction latérale cesse d'être sensible pour la charge de 0m,1058. Lozanges à la surface du canal formant, pour les neuf premières expériences, un jet à la jonction des filets qui sortent des angles supérieurs de l'orifice. Remous se manifestant lorsque la charge est réduite à 0m,0466, et s'étendant, à partir de l'extrémité du canal, d'abord jusqu'à 0m,15 de l'orifice, et ensuite jusqu'à 0m,13. Pour les expériences 1281 et 1285, on a recueilli le produit de l'écoulement dans le cuvier décrit au n° 57 du texte, tandis que pour les trois qui les précèdent respectivement, on s'est servi de la jauge en maçonnerie.
1274		0,6232										
1275		0,6227										
1276	46,046	0,6266	0,6263	0,6237	0,6237	0,270	1,350	66,153	4,3594	0,9467	0,9467	
1277		0,6260										
1278	30,587	0,6255	0,6264	0,6257	0,6258	0,207	1,035	67,168	2,8522	0,9324	0,9326	
1279		0,6277				0,350	1,750	71,741	2,6705	0,8730	0,8731	
1280		0,6254				3,000	15,000	90,000	2,2283	0,6959	0,6960	
1281		0,6269										
1282	20,403	0,6328	0,6335	0,6306	0,6311	0,117	0,585	68,373	1,8902	0,9258	0,9265	
1283		0,6342				0,310	1,550	70,340	1,8373	0,8999	0,9006	
1284		0,6342				3,000	15,000	85,600	1,5096	0,7394	0,7401	
1285		0,6326										
1286	14,750	0,6262	0,6262	0,6196	0,6240							
1287	14,290	0,6211	0,6205	0,6143	0,6193							
1288		0,6211										
1289		0,6214										
1290		0,6185										
1291	9,354	0,5059	0,5070	0,4949	0,5059	0,580	2,900	110,020	0,4387	0,4484	0,4583	
1292		0,5093				2,500	12,500	90,320	0,5351	0,5492	0,5613	
1293		0,5052				3,000	15,000	53,040	0,8940	0,9351	0,9550	
1294		0,5074										
1295	8,022	0,4822	0,4771	0,4524	0,4760	0,480	2,400	93,053	0,4113	0,4874	0,5127	
1296		0,4722				1,950	9,800	93,693	0,4664	0,4840	0,5092	
1297		0,4774				3,000	15,000	46,730	0,3190	0,9705	1,0210	
1298		0,4726										
1299		0,4809										

Orifice de 0m,05 de hauteur et 0m,20 de largeur, prolongé au dehors du réservoir par un canal rectangulaire découvert et horizontal, de même largeur que l'orifice.

DISPOSITIF DE LA FIGURE 16, PLANCHE 2.

Colonnes de gauche — LA HAUTEUR DU NIVEAU DE L'EAU DANS LE RÉSERVOIR ÉTANT MESURÉE, et VALEURS DÉFINITIVES :

DATES des EXPÉRIENCES	TEMP. de L'AIR	TEMP. de L'EAU	NUMÉROS des EXPÉRIENCES	à 3m,50 — CHARGE H (mètres)	à 3m,50 — rapport H/o	à 3m,50 — vitesse V (mètres)	à 3m,50 — DÉPENSE théorique D (litres)	à 3m,50 — DÉPENSE effective E (litres)	à 3m,50 — coef E/D pour chaque expérience	à 3m,50 — coef moyenne pour chaque charge	à 0m,02 — CHARGE H (mètres)	à 0m,02 — rapport H/o	à 0m,02 — vitesse V (mètres)	MESURÉE — DÉPENSE théorique D (litres)	MESURÉE — coef pour chaque expérience	MESURÉE — coef moyenne pour chaque charge	VALEURS DÉFINITIVES à 3m,50 en amont	VALEURS DÉFINITIVES à 0m,02 en amont
12 novembre 1829.	grades +	grades +	1300	1,5911	31,82	5,5868	55,868	34,975	0,6260	0,6256	1,5908	31,82	5,5863	55,863	0,6261	0,6257	»	»
			1301					34,926	0,6252						0,6252			
27 novembre 1828.	»	»	1302	1,5022	30,04	5,4285	54,285	33,987	0,6261	0,6266	1,5022	30,04	5,4285	54,285	0,6261	0,6266	»	»
			1303					34,038	0,6270						0,6270			
26 novembre 1828.	»	»	1304	1,0808	21,62	4,6046	46,046	28,916	0,6280	0,6280	1,0807	21,61	4,6046	46,046	0,6280	0,6280	»	»
24 novembre 1828.	»	»	1305	0,4770	9,54	3,0590	30,590	19,131	0,6254	0,6254	0,4769	9,54	3,0587	30,587	0,6255	0,6255	»	»
			1306					19,102	0,6245						0,6246			
26 novembre 1828.	»	»	1307					19,157	0,6263						0,6264			
			1308					19,134	0,6255						0,6256			
	»	»	1309	0,2125	4,25	2,0417	20,417	12,607	0,6175	0,6160	0,2122	4,24	2,0403	20,403	0,6179	0,6165	»	»
			1310					12,562	0,6153						0,6157			
			1311					12,561	0,6152						0,6156			
	»	»	1312	0,1058	2,12	1,4407	14,407	8,614	0,5979	0,5982	0,1041	2,08	1,4290	14,290	0,6028	0,6031	»	»
			1313					8,616	0,5981						0,6029			
			1314					8,625	0,5987						0,6036			
24 novembre 1828.	»	»	1315	0,0466	0,93	0,9561	9,561	4,719	0,4935	0,4942	0,0446	0,89	0,9354	9,354	0,5044	0,5051	»	»
			1316					4,731	0,4948						0,5057			
	»	»	1317	0,0363	0,73	0,8439	8,439	3,730	0,4419	0,4440	0,0328	0,66	0,8022	8,022	0,4649	0,4670	»	»
			1318					3,755	0,4449						0,4680			
			1319					3,741	0,4433						0,4662			
			1320					3,756	0,4450						0,4681			
			1321					3,743	0,4441						0,4671			
			1322					3,752	0,4446						0,4676			

Colonnes de droite — RÉSULTATS RELATIFS À LA VITESSE DE L'EAU DANS LE CANAL, et OBSERVATIONS :

NUMÉROS des EXPÉRIENCES	DISTANCE de l'orifice, ou valeur de S (mètres)	VALEUR du rapport s/l	SURFACE de la section, ou valeur de a (cent. car.)	VITESSE moyenne $v = \frac{S}{a}$ (mètres)	RAPPORT v/V à 3m,50 en amont de l'orifice	RAPPORT v/V à 0m,02 en amont de l'orifice	OBSERVATIONS PARTICULIÈRES
1300	»	»	»	»	»	»	Les apparences de l'écoulement ne diffèrent de celles qui se rapportent au dispositif de la figure 15, qu'en ce que la voine suit constamment le fond du canal dans toute sa longueur, au lieu d'en être détachée pour certaines charges.
1301							
1302	0,0545	0,27	64,533	5,2711	0,9710	0,9710	
1303	0,0585	0,29	63,592	5,3487	0,9853	0,9853	
	0,0675	0,34	63,161	5,3856	0,9921	0,9921	
	0,0835	0,42	62,027	5,4339	1,0102	1,0102	
1304	0,0550	0,28	64,620	4,6748	0,9718	0,9718	
1305	0,0615	0,31	64,789	2,5523	0,9653	0,9653	
1306							
1307							
1308							
1309	0,0510	0,26	67,463	1,8543	0,9131	0,9137	
1310	0,0565	0,28	63,541	1,0794	0,9694	0,9701	
1311	0,0615	0,31	63,475	1,9313	0,9704	0,9711	
1312	0,0355	0,18	67,275	1,2210	0,8891	0,8965	
1313	0,0565	0,28	63,130	1,3651	0,9475	0,9553	
1314							
1315	0,0045	0,02	98,000	0,4824	0,5045	0,5157	
1316	0,0210	0,11	86,255	0,5480	0,5732	0,5859	
	2,5200	12,60	96,922	0,4879	0,5102	0,5215	
	3,0000	15,00	56,560	0,8259	0,8742	0,8936	
1317	0,0065	0,03	100,400	0,3732	0,4422	0,4652	
1318	2,5000	12,50	84,630	0,4427	0,5216	0,5518	
1319	3,0000	15,00	48,783	0,7631	0,9101	0,9574	
1320							
1321							
1322							

Orifice de 0^m,05 de hauteur et 0^m,20 de largeur, prolongé au dehors du réservoir par un canal rectangulaire découvert et horizontal, de même largeur que l'orifice.

LA HAUTEUR DU NIVEAU DE L'EAU DANS LE RÉSERVOIR ÉTANT — à 3^m,50 en amont de l'orifice.

DATES des EXPÉRIENCES	TEMP. de L'AIR	TEMP. de L'EAU	NUMÉROS des EXPÉRIENCES	CHARGE sur le centre de l'orifice, ou valeur de H (mètres)	VALEURS du rapport $\frac{H}{h-h'}=\frac{H}{e}$	VALEURS de la vitesse due à H, ou de V (mètres)	DÉPENSE théorique par seconde, ou valeur de D (litres)	DÉPENSE effective par seconde, ou valeur de E (litres)	VALEUR du coeff. de D ou du rapport $\frac{E}{D}$ — pour chaque expérience	moyenne pour chaque charge
	grades +	grades +								
						DISPOSITIF DE LA FIGURE 17, PLANCHE 2.				
3 décembre 1828..	"	"	1323	1,5022	30,04	5,4285	54,285	34,036	0,6270	0,6269
			1324					34,024	0,6268	
			1325	1,0808	21,62	4,6046	46,046	28,948	0,6287	0,6282
			1326					28,903	0,6277	
2 décembre 1828..	"	"	1327	0,4770	9,54	3,0590	30,590	19,165	0,6265	0,6253
			1328					19,148	0,6260	
4 décembre 1828..	"	"	1329	0,1058	2,12	1,4407	14,407	8,578	0,5954	0,5978
			1330					8,633	0,5992	
			1331					8,627	0,5988	
			1332	0,0466	0,93	0,9561	9,561	4,653	0,4867	0,4869
			1333					4,668	0,4882	
			1334					4,645	0,4858	
						DISPOSITIF DE LA FIGURE 18, PLANCHE 2.				
13 décembre 1828.	"	"	1335	1,6049	32,10	5,6111	56,111	35,445	0,6317	0,6323
			1336					35,508	0,6328	
			1337	1,0808	21,62	4,6046	46,046	29,157	0,6332	0,6328
			1338					29,115	0,6323	
			1339	0,4770	9,54	3,0590	30,590	19,252	0,6294	0,6300
			1340					19,279	0,6302	
			1341					19,247	0,6292	
			1342					19,270	0,6302	
			1343					19,302	0,6310	
12 décembre 1828.	"	"	1344	0,2125	4,25	2,0417	20,417	12,683	0,6212	0,6219
			1345					12,711	0,6226	
			1346	0,1058	2,12	1,4407	14,407	8,665	0,6014	0,6013
			1347					8,662	0,6012	
			1348	0,0466	0,93	0,9561	9,561	4,668	0,4882	0,4898
			1349					4,685	0,4900	
			1350					4,695	0,4911	

LA HAUTEUR DU NIVEAU DE L'EAU DANS LE RÉSERVOIR ÉTANT — à 0^m,02 en amont de l'orifice. — MESURÉE DE L'ORIFICE. — VALEURS DÉFINITIVES des coefficients $\frac{E}{D}$, corrigés d'après la température.

NUMÉROS	CHARGE sur le centre de l'orifice, ou valeur de H (mètres)	VALEURS du rapport $\frac{H}{h-h'}=\frac{H}{e}$	VALEURS de la vitesse due à H, ou de V (mètres)	DÉPENSE théorique par seconde, ou valeur de D (litres)	VALEUR du coeff. $\frac{E}{D}$ — pour chaque expérience	moyenne pour chaque charge	VALEURS DÉFINITIVES à 3^m,50 en amont de l'orifice	VALEURS DÉFINITIVES à 0^m,02 en amont de l'orifice
1323	1,5022	30,04	5,4285	54,285	0,6270	0,6260	"	"
1324					0,6268			
1325	1,0807	21,61	4,6046	46,015	0,6287	0,6282	"	"
1326					0,6277			
1327	0,4769	9,54	3,0587	30,587	0,6266	0,6263	"	"
1328					0,6260			
1329	0,1041	2,08	1,4290	14,290	0,6043	0,6027	"	"
1330					0,6041			
1331					0,6057			
1332	0,0446	0,89	0,9354	9,354	0,4975	0,4977	"	"
1333					0,4990			
1334					0,4966			
1335	1,6044	32,09	5,6102	56,102	0,6318	0,6324	"	"
1336					0,6329			
1337	1,0790	21,60	4,6028	46,028	0,6335	0,6330	"	"
1338					0,6325			
1339	0,4756	9,51	3,0545	30,545	0,6303	0,6309	"	"
1340					0,6312			
1341					0,6301			
1342					0,6312			
1343					0,6319			
1344	0,2110	4,22	2,0345	20,345	0,6324	0,6241	"	"
1345					0,6243			
1346	0,1030	2,06	1,4215	14,215	0,6096	0,6095	"	"
1347					0,6094			
1348	0,0415	0,83	0,9023	9,023	0,5173	0,5189	"	"
1349					0,5192			
1350					0,5203			

RÉSULTATS RELATIFS À LA VITESSE DE L'EAU DANS LE CANAL. (Pour toutes les expériences, ces colonnes portent des guillemets de répétition ".)

NUMÉROS	DISTANCE de l'orifice au point où l'on a pris la section dans le canal, ou valeur de S (mètres)	VALEUR du rapport $\frac{S}{l}$	SURFACE de la section de l'eau dans le canal, ou valeur de a (cent. car.)	VITESSE moyenne de l'eau dans la section, ou valeur de $v=\frac{E}{a}$ (mètres)	RAPPORT $\frac{v}{V}$ à 3^m,50 en amont de l'orifice	RAPPORT $\frac{v}{V}$ à 0^m,02 en amont de l'orifice	OBSERVATIONS PARTICULIÈRES
1323–1334	"	"	"	"	"	"	Toutes les circonstances de l'écoulement paraissent être les mêmes que dans le cas du dispositif de la figure 16.
1335–1350	"	"	"	"	"	"	La veine, à sa sortie de l'orifice, n'est pas sensiblement détachée de la paroi du canal correspondant à la face du réservoir la plus rapprochée de cet orifice, tandis qu'elle l'est entièrement de la paroi opposée. — Demi-losanges à la surface du canal pour les cinq premières charges, au lieu des losanges entiers des dispositifs précédents. Ils sont presque entièrement effacés, lorsque la charge est réduite à 0^m,0466, par des remous qui, prenant naissance non loin de l'extrémité du canal, s'étendent jusqu'à une petite distance de l'orifice, en s'en approchant toutefois un peu plus du côté où la veine se contracte latéralement que du côté opposé. — La surface de l'eau dans le réservoir se relève, pour les faibles charges, vers la face la plus voisine de l'orifice, et s'abaisse vers l'autre.

Orifice de 0m,05 de hauteur et 0m,20 de largeur, prolongé au dehors du réservoir par un canal rectangulaire découvert et horizontal, de même largeur que l'orifice.

LA HAUTEUR DU NIVEAU DE L'EAU DANS LE RÉSERVOIR ÉTANT — à 3m,50 en amont de l'orifice, et à 0m,02 en amont

DATES des EXPÉRIENCES	T. de l'AIR	T. de l'EAU	NUMÉROS des EXPÉRIENCES	CHARGE H (3m,50) mètres	rapport $\frac{H}{h-h'}=\frac{H}{p}$	vitesse V (3m,50) mètres	DÉPENSE théor. D (litres)	DÉPENSE eff. E (litres)	coef. $\frac{E}{D}$ par expér.	coef. $\frac{E}{D}$ moy. par charge	CHARGE H (0m,02) mètres	rapport $\frac{H}{p}$	vitesse V (0m,02) mètres
12 décembre 1828.	grades. +	grades. +	1351	0,0363	0,73	0,8439	8,439	3,706	0,4392	0,4392	0,0302	0,60	0,7697
			1352					3,709	0,4395				
			1353					3,703	0,4388				
27 décembre 1828.			1354	1,7140	34,28	5,7986	57,986	37,525	0,6471	0,6462	1,7140	34,28	5,7986
			1355	1,7130	34,26	5,7969	57,969	37,400	0,6452		1,7130	34,26	5,7969
			1356	1,0808	21,62	4,6046	46,046	29,878	0,6489	0,6487	1,0808	21,62	4,6046
			1357					29,862	0,6485				
			1358	0,4770	9,54	3,0590	30,590	19,781	0,6486	0,6466	0,4741	9,48	3,0497
			1359					19,775	0,6465				
			1360	0,2125	4,25	2,0417	20,417	12,976	0,6355	0,6359	0,2093	4,18	2,0260
			1361					12,987	0,6361				
			1362					12,988	0,6361				
			1363	0,1058	2,12	1,4407	14,407	8,803	0,6110	0,6113	0,1006	2,01	1,4048
23 décembre 1828.			1364					8,811	0,6116				
			1365	0,0406	0,81	0,8925	8,925	4,403	0,4038	0,4948	0,0345	0,69	0,8227
			1366					4,420	0,4952				
			1367					4,426	0,4959				
4 novembre 1834.			1368	0,2051	4,10	2,0059	20,059	12,686	0,6324	0,6325	0,2070	4,14	2,0152
			1369					12,689	0,6326				
			1370	0,0751	1,50	1,2138	12,138	7,287	0,6003	0,6002	0,0752	1,50	1,2146
			1371					7,284	0,6001				
			1372	0,0336	0,67	0,8110	8,119	4,218	0,5194	0,5204	0,0355	0,71	0,8345
			1373					4,233	0,5214				

MESURÉE DE L'ORIFICE — VALEURS DÉFINITIVES — RÉSULTATS RELATIFS À LA VITESSE DE L'EAU DANS LE CANAL

NUMÉROS	DÉPENSE théor. D (litres)	coef. $\frac{E}{D}$ par expér.	coef. $\frac{E}{D}$ moy. par charge	Déf. à 3m,50	Déf. à 0m,02	DISTANCE S	rapport $\frac{S}{l}$	SURFACE a	VITESSE $\frac{E}{a}$	$\frac{u}{V}$ à 3m,50	$\frac{u}{V}$ à 0m,02	OBSERVATIONS PARTICULIÈRES
1351	7,697	0,4815	0,4815	0,4815	0,4815							
1352		0,4819										
1353		0,4811										
1354	57,986	0,6471	0,6462									La veine suit constamment le fond du canal et se détache, au contraire, de ses parois latérales pour toutes les charges, excepté la dernière. Les images à la surface du canal, commençant à être apparents pour la charge de 1m,00, et cessant de l'être pour la plus faible. Pour celle-ci, les remous occupent toute la longueur du canal et s'élèvent, contre l'orifice, de un millimètre au-dessus de son bord supérieur. Les remous en amont de l'orifice, la chute à l'entrée de l'étroit réservoir qui le précède immédiatement, et la contraction de la veine en ce point, deviennent de plus en plus sensibles, à mesure que la charge diminue, à partir de celle 0m,4770. Pour les expériences 1360 et 1361, le canal latéral de décharge était tout à fait fermé, tandis qu'il était entièrement ouvert pour le n° 1362.
1355	57,969	0,6452										
1356	46,046	0,6489	0,6487									
1357		0,6485										
1358	30,497	0,6486	0,6485									
1359		0,6484										
1360	20,260	0,6405	0,6409									
1361		0,6410										
1362		0,6411										
1363	14,048	0,6266	0,6269									
1364		0,6272										
1365	8,227	0,5352	0,5368									
1366		0,5373										
1367		0,5380										
1368	20,152	0,6295	0,6296									Pour la première charge, la veine est détachée, sur une longueur de 0m,03 à partir de l'orifice, de la paroi verticale du canal correspondant à la face du réservoir la plus rapprochée de cet orifice, et sur une longueur de 0m,11 de la paroi opposée. Pour la dernière charge, ces longueurs se réduisent respectivement à 0m,01 et à 0m,02. — Nappe d'air entre le fond du canal et la veine pour les deux premières expériences, disparaissant entièrement pour les suivantes. La surface de l'eau, dans le réservoir, s'élève plus haut du côté de la face la plus voisine de l'orifice que du côté opposé.
1369		0,6297										
1370	12,146	0,5991	0,5993									
1371		0,5992										
1372	8,345	0,5055	0,5064									
1373		0,5073										

Suite du DISPOSITIF DE LA FIGURE 18, PLANCHE 2.

DISPOSITIF DE LA FIGURE 19, PLANCHE 2.

DISPOSITIF DE LA FIGURE 20, PLANCHE 2.

Orifice de 0m,05 de hauteur et 0m,20 de largeur, prolongé au dehors du réservoir par un canal rectangulaire découvert et horizontal, de même largeur que l'orifice.

DISPOSITIF DE LA FIGURE 21, PLANCHE 2. — **DISPOSITIF DE LA FIGURE 22, PLANCHE 2.**

LA HAUTEUR DU NIVEAU DE L'EAU DANS LE RÉSERVOIR ÉTANT :

DATES des expériences	TEMPÉRATURE de l'air	TEMPÉRATURE de l'eau	NUMÉROS des expériences	à 3m,50 en amont de l'orifice — CHARGE sur le centre de l'orifice, ou valeur de H. (mètres)	VALEURS du rapport $\frac{H-H'}{h-h'}$ o	VALEURS de la vitesse due à H, ou valeur de V. (mètres)	DÉPENSE théorique par seconde, ou valeur de D. (litres)	DÉPENSE effective par seconde, ou valeur de E. (litres)	VALEUR du coefficient de D, ou du rapport E/D — pour chaque expérience.	— moyenne pour chaque charge.	à 0m,02 en amont — CHARGE ou valeur de H. (mètres)	VALEURS du rapport $\frac{H-H'}{h-h'}$ o	VALEURS de la vitesse due à H, ou de V. (mètres)
30 octobre 1834	grades. +	grades. +	1374 1375	0,4776	8,35	2,8624	28,624	18,238 18,142	0,6371 0,6338	0,6355	0,4162	8,32	2,8574
25 octobre 1834	"	"	1376 1377 1378 1379 1380	0,2281	4,56	2,1154	21,154	13,460 13,521 13,417 13,450 13,496	0,6303 0,6392 0,6342 0,6358 0,6380	0,6367	0,2289	4,58	2,1191
	"	"	1381 1382 1383	0,0551	0,70	0,8298	8,298	4,362 4,357 4,369	0,5257 0,5250 0,5264	0,5257	0,0339	0,68	0,8155
29 décembre 1828	"	"	1384 1385	1,7840	35,68	5,9158	59,158	37,673 37,618	0,6368 0,6359	0,6364	1,7840	35,68	5,9158
	"	"	1386 1387	1,0808	21,62	4,6046	46,046	29,416 29,356	0,6388 0,6375	0,6382	1,0808	21,62	4,6046
30 décembre 1828	"	"	1388 1389 1390	0,4770	9,54	3,0590	30,590	19,431 19,455 19,412	0,6352 0,6360 0,6346	0,6353	0,4769	9,54	3,0587
	"	"	1391 1392 1393	0,2125	4,25	2,0417	20,417	12,814 12,820 12,814	0,6276 0,6279 0,6276	0,6277	0,2122	4,24	2,0403
30 décembre 1828	"	"	1394 1395 1396	0,1058	2,12	1,4407	14,407	8,753 8,770 8,781	0,6076 0,6087 0,6095	0,6086	0,1036	2,07	1,4256
	"	"	1397 1398	0,0466	0,93	0,9561	9,561	4,801 4,777	0,5021 0,4996	0,5009	0,0420	0,84	0,9078

NUMÉROS des expériences	MESURÉE DE L'ORIFICE — DÉPENSE théorique par seconde, ou valeur de D. (litres)	VALEUR du coefficient de D, ou du rapport $\frac{E'}{D}$ — pour chaque expérience.	— moyenne pour chaque charge.	VALEURS DÉFINITIVES des coefficients $\frac{E}{D}$, corrigés d'après la température — à 3m,50 en amont de l'orifice.	à 0m,02 en amont de l'orifice.	RÉSULTATS — DISTANCE de l'orifice au point où l'on a pris la section dans le canal, ou valeur de S. (mètres)	VALEUR du rapport $\frac{S}{l}$.	SURFACE de la section de l'eau dans le canal, ou valeur de a. (cent. car.)	VITESSE moyenne de l'eau dans la section, ou valeur de $v=\frac{E}{a}$. (mètres)	RAPPORT de la vitesse moyenne dans la section du canal à la vitesse théorique dans l'orifice, ou valeur de $\frac{v}{V}$ — à 3m,50 en amont de l'orifice.	à 0m,02 en amont de l'orifice.	OBSERVATIONS PARTICULIÈRES.
1374 1375	28,574	0,6383 0,6349	0,6366	"	"	"	"	"	"	"	"	La veine se détache des parois latérales du canal pour les deux premières charges, et s'y attache au contraire pour la dernière. Nappe d'air entre le fond du canal et la veine occupant une longueur de 0m,12 à 0m,08, à partir de l'orifice, pour les sept premières expériences et disparaissant entièrement pour les trois dernières. Les expériences 1376 et 1377 ont été faites au moyen du cuvier décrit au n° 57 du texte; pour les trois suivantes, on s'est servi de la jauge en maçonnerie.
1376 1377 1378 1379 1380	21,191	0,6352 0,6381 0,6332 0,6347 0,6369	0,6356	"	"	"	"	"	"	"	"	
1381 1382 1383	8,155	0,5349 0,5343 0,5357	0,5350	"	"	"	"	"	"	"	"	
1384 1385	59,158	0,6368 0,6359	0,6364	"	"	"	"	"	"	"	"	Écoulement insensible dans le réservoir, en amont de l'orifice. La veine suit constamment le fond du canal, tandis qu'elle est détachée de ses parois latérales, et il y a des losanges à la surface de ce canal, pour toutes les expériences excepté les deux dernières. Pour celles-ci, la veine ne se contracte pas à sa sortie de l'orifice, et il y a de forts remous dans le canal. Pour les expériences 1388 et 1389, on a recueilli la dépense dans le cuvier décrit au n° 57 du texte; et, pour les suivantes, on s'est servi de la jauge en maçonnerie.
1386 1387	46,046	0,6388 0,6375	0,6382	"	"	"	"	"	"	"	"	
1388 1389 1390	30,587	0,6353 0,6361 0,6346	0,6353	"	"	"	"	"	"	"	"	
1391 1392 1393	20,403	0,6280 0,6283 0,6280	0,6281	"	"	"	"	"	"	"	"	
1394 1395 1396	14,256	0,6140 0,6151 0,6160	0,6150	"	"	"	"	"	"	"	"	
1397 1398	9,078	0,5289 0,5262	0,5270	"	"	"	"	"	"	"	"	

Orifice de 0m,05 de hauteur et 0m,20 de largeur, prolongé au dehors du réservoir par un canal rectangulaire découvert, incliné à $\frac{1}{18}$ et de même largeur que l'orifice.

DATES des EXPÉRIENCES.	TEMPÉRATURE de L'AIR. (grades +)	TEMPÉRATURE de L'EAU. (grades +)	NUMÉROS des EXPÉRIENCES.	à 3m,50 en amont de l'orifice — CHARGE sur le centre de l'orifice, ou valeur de H. (mètres)	du rapport $\frac{H}{h-h'}$	de la vitesse due à H, ou valeur de V. (mètres)	DÉPENSE théorique par seconde, ou valeur de D. (litres)	DÉPENSE effective par seconde, ou valeur de D. (litres)	VALEUR du coefficient de D, ou du rapport E/D pour chaque expérience.	moyenne pour chaque charge.	à 0m,02 en amont — CHARGE, ou valeur de H. (mètres)	du rapport $\frac{H}{h-h'}$	de la vitesse due à H, ou valeur de V. (mètres)	MESURÉE DE L'ORIFICE — DÉPENSE théorique, ou valeur de D. (litres)	VALEUR du coefficient de D, ou du rapport E/D pour chaque expérience.	moyenne pour chaque charge.
DISPOSITIF DE LA FIGURE 23, PLANCHE 2.																
8 octobre 1831...	»	»	1399 1400 1401	1,8488	36,98	6,0224	60,224	39,189 39,168 30,108	0,6507 0,6504 0,6494	0,6502	1,8487	36,97	6,0223	60,223	0,6507 0,6504 0,6494	0,6502
1er novembre 1831.	»	»	1402 1403 1404	0,9584	19,17	4,3361	43,361	28,245 28,188 28,221	0,6514 0,6501 0,6509	0,6508	0,9579	19,16	4,3350	43,350	0,6516 0,6503 0,6511	0,6510
9 octobre 1831...	»	»	1405 1406 1407	0,4377	8,75	2,9303	29,303	19,694 19,117 19,086	0,6517 0,6524 0,6513	0,6518	0,4371	8,54	2,9283	29,283	0,6521 0,6528 0,6517	0,6522
1er novembre 1831.	»	»	1408 1409	0,0424	0,85	0,9120	9,120	5,276 5,281	0,5785 0,5791	0,5788	0,0365	0,73	0,8473	8,473	0,6228 0,6231	0,6230
DISPOSITIF DE LA FIGURE 24, PLANCHE 2.																
30 septembre 1831	»	»	1410	1,8378	36,76	6,0044	60,044	59,100	0,6512	0,6512	1,8376	36,75	6,0041	60,041	0,6512	0,6512
1er octobre 1831..	»	»	1411 1412	1,5548	31,08	5,5229	55,229	35,967 35,986	0,6512 0,6516	0,6514	1,5544	31,09	5,5221	55,221	0,6513 0,6517	0,6515
	»	»	1413 1414	0,7712	15,42	3,8897	38,897	25,319 25,309	0,6509 0,6507	0,6508	0,7702	15,40	3,8872	38,872	0,6513 0,6507	0,6510
30 septembre 1831	»	»	1415 1416	0,1783	3,57	1,8705	18,705	11,932 11,945	0,6379 0,6386	0,6384	0,1712	3,42	1,8329	18,329	0,6510 0,6517	0,6514
	»	»	1417 1418	0,0579	1,16	1,0658	10,658	6,375 6,376	0,5981 0,5982	0,5982	0,0520	1,04	1,0100	10,100	0,6312 0,6313	0,6313

VALEURS DÉFINITIVES des coefficients E/D, corrigés d'après la température, la charge de fluide étant mesurée; et RÉSULTATS RELATIFS À LA VITESSE DE L'EAU DANS LE CANAL.

DATES	NUMÉROS	VALEURS DÉFINITIVES des coefficients E/D — à 3m,50 en amont de l'orifice.	— à 0m,02 en amont de l'orifice.	DISTANCE de l'orifice au point où l'on a pris la section dans le canal, ou valeur de S. (mètres)	VALEUR du rapport $\frac{S}{l}$.	SURFACE de la section de l'eau dans le canal, ou valeur de s. (cent. car.)	VITESSE moyenne de l'eau dans la section, ou valeur de a. (mètres)	RAPPORT de la vitesse moyenne $\frac{v}{V}=\frac{E}{a}$ — à 3m,50 en amont de l'orifice.	— à 0m,02 en amont de l'orifice.	OBSERVATIONS PARTICULIÈRES.
8 octobre 1831...	1399–1401	»	»	»	»	»	»	»	»	Les apparences générales de l'écoulement sont les mêmes que dans le cas du dispositif de la figure 16, mais la contraction de la veine est plus prononcée, et il y a moins de remous dans le canal pour les faibles charges.
1er novembre 1831.	1402–1404	»	»	»	»	»	»	»	»	
9 octobre 1831...	1405–1407	»	»	»	»	»	»	»	»	
1er novembre 1831.	1408–1409	»	»	»	»	»	»	»	»	
30 septembre 1831	1410	»	»	»	»	»	»	»	»	La veine se contracte plus fortement que dans le cas du dispositif de la fig. 18, et il y a moins de remous dans le canal; les autres apparences de l'écoulement sont d'ailleurs les mêmes dans l'un et dans l'autre cas.
1er octobre 1831..	1411–1412	»	»	»	»	»	»	»	»	
	1413–1414	»	»	»	»	»	»	»	»	
30 septembre 1831	1415–1416	»	»	»	»	»	»	»	»	
	1417–1418	»	»	»	»	»	»	»	»	

Orifice de 0ᵐ,o5 de hauteur et 0ᵐ,2o de largeur, prolongé au dehors du réservoir par un canal rectangulaire découvert, incliné à $\frac{1}{16}$ et de même largeur que l'orifice.

Partie gauche du tableau

DATES des EXPÉRIENCES.	TEMPÉRATURE de L'AIR. (grades. +)	TEMPÉRATURE de L'EAU. (grades. +)	NUMÉROS des EXPÉRIENCES.	LA HAUTEUR DU NIVEAU DE L'EAU DANS LE RÉSERVOIR ÉTANT — à 5ᵐ,50 en amont de l'orifice — CHARGE sur le centre de l'orifice, ou valeur de H. (mètres)	VALEURS du rapport $\frac{H}{h-h'} = \frac{H}{o}$	VALEURS de la vitesse due à H, ou de V. (mètres)	DÉPENSE théorique par seconde, ou valeur de D. (litres)	DÉPENSE effective par seconde, ou valeur de E. (litres)	VALEUR du coefficient de D, ou du rapport $\frac{E}{D}$ — pour chaque expérience.	VALEUR du coefficient de D, ou du rapport $\frac{E}{D}$ — moyenne pour chaque charge.
							DISPOSITIF DE LA FIGURE 25, PLANCHE 2.			
29 septembre 1831			1419	1,8497	36,99	6,0239	60,239	39,524	0,6561	0,6561
			1420	1,8493	36,99	6,0232	60,232	39,516	0,6561	
			1421	0,9894	19,79	4,4057	44,057	28,930	0,6566	0,6562
			1422					28,802	0,6558	
			1423	0,1777	3,55	1,8674	18,674	12,053	0,6454	0,6455
			1424					12,055	0,6455	
			1425	0,0600	1,20	1,0849	10,849	6,696	0,6172	0,6169
			1426					6,688	0,6165	
							DISPOSITIF DE LA FIGURE 26, PLANCHE 2.			
31 octobre 1834			1427					11,823	0,6389	0,6385
			1428	0,1746	3,49	1,8506	18,506	11,793	0,6372	
			1429					11,830	0,6393	
			1430					10,312	0,6358	0,6363
			1431	0,1341	2,68	1,6219	16,219	10,347	0,6379	
			1432					10,302	0,6352	
1er novembre 1834			1433					4,554	0,5526	0,5520
			1434	0,0346	0,69	0,8239	8,239	4,544	0,5514	

Partie droite du tableau

NUMÉROS	à 0ᵐ,02 en amont — CHARGE sur le centre de l'orifice, ou valeur de H. (mètres)	VALEURS du rapport $\frac{H}{h-h'} = \frac{H}{o}$	VALEURS de la vitesse due à H, ou de V. (mètres)	MESURÉE DE L'ORIFICE — DÉPENSE théorique par seconde, ou valeur de B. (litres)	VALEUR du coefficient de D, ou du rapport $\frac{E}{D}$ — pour chaque expérience.	VALEUR ... moyenne pour chaque charge.	VALEURS DÉFINITIVES des coefficients $\frac{E}{D}$, corrigés d'après la température, la charge de fluide étant mesurée — à 5ᵐ,50 en amont de l'orifice.	à 0ᵐ,02 en amont de l'orifice.	DISTANCE de l'orifice au point où l'on a pris la section dans le canal, ou valeur de S. (mètres)	VALEUR du rapport $\frac{S}{l}$.	SURFACE de la section de l'eau dans le canal, ou valeur de α. (cent. car.)	VITESSE moyenne de l'eau dans la section, ou valeur de $v = \frac{E}{\alpha}$. (mètres)	RAPPORT de la vitesse moyenne dans la section du canal à la vitesse théorique dans l'orifice, ou valeur de $\frac{v}{V}$ — à 5ᵐ,50 en amont de l'orifice.	à 0ᵐ,02 en amont de l'orifice.	OBSERVATIONS PARTICULIÈRES.
1419	1,8481	36,96	6,0213	60,213	0,6564	0,6564	·	·	·	·	·	·	·	·	La veine suit le fond du canal sur toute en longueur et se détache au contraire de ses parois latérales, même pour la plus faible charge. Les autres apparences de l'écoulement sont les mêmes que pour le dispositif de la figure 19.
1420	1,8477	36,95	6,0206	60,206	0,6564		·	·	·	·	·	·	·	·	
1421	0,9874	19,75	4,4011	44,011	0,6573	0,6569	·	·	·	·	·	·	·	·	
1422					0,6565		·	·	·	·	·	·	·	·	
1423	0,1730	3,46	1,8422	18,422	0,6543	0,6544	·	·	·	·	·	·	·	·	
1424					0,6544		·	·	·	·	·	·	·	·	
1425	0,0520	1,04	1,0100	10,100	0,6630	0,6626	·	·	·	·	·	·	·	·	
1426					0,6622		·	·	·	·	·	·	·	·	
1427					0,6397	0,6393	·	·	·	·	·	·	·	·	Les apparences de l'écoulement ne diffèrent de celles qui se rapportent au dispositif de la figure 21, qu'en ce que la veine se contracte plus fortement sans que cependant elle soit détachée ni du fond, ni des parois latérales du canal, pour la dernière charge.
1428	0,1741	3,48	1,8481	18,481	0,6381		·	·	·	·	·	·	·	·	
1429					0,6401		·	·	·	·	·	·	·	·	
1430					0,6382	0,6387	·	·	·	·	·	·	·	·	
1431	0,1331	2,66	1,6159	16,159	0,6403		·	·	·	·	·	·	·	·	
1432					0,6375		·	·	·	·	·	·	·	·	
1433					0,5838	0,5832	·	·	·	·	·	·	·	·	
1434	0,0310	0,62	0,7800	7,800	0,5826		·	·	·	·	·	·	·	·	

Orifice de 0^m,03 de hauteur et 0^m,20 de largeur, prolongé au dehors du réservoir par un canal rectangulaire découvert et horizontal, de même largeur que l'orifice.

DISPOSITIF DE LA FIGURE 15, PLANCHE 2.

Partie I — Hauteur du niveau de l'eau dans le réservoir et dépense mesurée de l'orifice

DATES des EXPÉRIENCES	TEMPÉRATURE de L'AIR	TEMPÉRATURE de L'EAU	NUMÉROS des EXPÉRIENCES	à 3^m,50 EN AMONT DE L'ORIFICE — CHARGE (valeur de H)	VALEURS du rapport $\frac{H}{h-h'}=\frac{H}{o}$	VALEURS de la vitesse due à H (de V)	DÉPENSE théorique (valeur de D)	DÉPENSE effective (valeur de E)	coefficient $\frac{E}{D}$ pour chaque expérience	coefficient moyenne pour chaque charge	à 0^m,02 EN AMONT — CHARGE (valeur de H)	rapport $\frac{H}{h-h'}=\frac{H}{o}$	vitesse (de V)	MESURÉE DE L'ORIFICE — DÉPENSE théorique (valeur de D)	coefficient pour chaque expérience	coefficient moyenne pour chaque charge	VALEURS DÉFINITIVES à 3^m,50	VALEURS DÉFINITIVES à 0^m,02
	grades +	grades +		mètres		mètres	litres	litres			mètres		mètres	litres				
25 septembre 1828.	18,5	14,0	1435	1,3494	44,98	5,1451	30,871	19,220	0,6226	0,6235	1,3494	44,98	5,1450	30,870	0,6226	0,6235	0,6218	0,6213
			1436					19,288	0,6243						0,6248			
			1437					19,232	0,6230						0,6230			
			1438					19,242	0,6233						0,6234			
26 septembre 1828.	21,0	15,5	1439	0,4662	15,54	3,0242	18,145	11,442	0,6306	0,6309	0,4661	15,54	3,0239	18,143	0,6307	0,6310	0,6293	0,6293
			1440					11,453	0,6312						0,6313			
26 septembre 1828.	21,0	15,5	1441	0,2075	6,92	2,0176	12,106	7,650	0,6310	0,6328	0,2072	6,91	2,0102	12,097	0,6324	0,6332	0,6322	0,6325
			1442					7,667	0,6333						0,6338			
			1443					7,664	0,6331						0,6335			
2 octobre 1828....	13,5	15,0	1444	0,0810	2,70	1,2606	7,564	4,792	0,6335	0,6352	0,0792	2,64	1,2465	7,479	0,6407	0,6424	0,6325	0,6395
			1445					4,811	0,6360						0,6433			
			1446					4,810	0,6359						0,6431			
			1447					4,806	0,6354						0,6426			
2 octobre 1828....	13,5	15,0	1448	0,0630	2,10	1,1117	6,670	4,199	0,6295	0,6296	0,0608	2,03	1,0923	6,554	0,6407	0,6408	0,6267	0,6379
			1449					4,207	0,6307						0,6419			
			1450					4,193	0,6286						0,6398			
3 octobre 1828 ...	13,4	14,5	1451	0,0596	1,99	1,0813	6,488	4,009	0,6179	0,6181	0,0574	1,91	1,0607	6,364	0,6290	0,6301	0,6151	0,6270
			1452					4,011	0,6182						0,6303			
2 octobre 1828 ...	13,3	15,0	1453	0,0590	1,97	1,0759	6,455	3,959	0,6133	0,6125	0,0567	1,89	1,0550	6,330	0,6254	0,6246	0,6097	0,6217
			1454					3,948	0,6116						0,6237			

Partie II — Résultats relatifs à la vitesse de l'eau dans le canal

NUMÉROS	DISTANCE de l'orifice (valeur de S)	VALEUR du rapport $\frac{S}{l}$	SURFACE de la section (valeur de a)	VITESSE moyenne (valeur de $u=\frac{E}{a}$)	RAPPORT $\frac{v}{V}$ à 3^m,50	RAPPORT $\frac{v}{V}$ à 0^m,02
	mètres		cent. car.	mètres		
1435–1438	0,25	1,25	46,908	4,0955	0,7960	0,7960
	0,40	2,00	39,343	4,8920	0,9508	0,9508
	3,00	15,00	61,000	3,1555	0,6133	0,6133
1439–1440	0,20	1,00	48,251	2,3725	0,7845	0,7846
	0,60	3,00	46,065	2,4853	0,8218	0,8210
	3,00	15,00	63,200	1,8115	0,5990	0,5991
1441–1443	0,10	0,50	40,455	1,8935	0,9385	0,9391
	0,33	1,65	43,720	1,7521	0,8684	0,8690
	0,41	2,05	45,041	1,7008	0,8430	0,8435
	3,00	15,00	64,040	1,1960	0,5928	0,5932
1444–1447	0,23	1,15	46,088	1,1424	0,8269	0,8363
	0,45	2,25	48,422	1,0922	0,7871	0,7960
	2,69	13,45	96,407	0,4983	0,3953	0,3998
	2,85	14,25	76,500	0,4273	0,4970	0,5032
	2,95	14,74	69,662	0,4956	0,5518	0,5581
	3,00	15,00	54,929	0,5746	0,6938	0,7017
1448–1450	0,06	0,30	45,378	0,6255	0,8325	0,8473
	0,34	1,70	49,383	0,6505	0,7650	0,7786
	2,85	14,25	73,532	0,4711	0,5137	0,5229
	2,95	14,75	65,490	0,4511	0,5767	0,5870
	3,00	15,00	49,677	0,5853	0,7604	0,7740
1451–1452	»	»	»	»	»	»
1453–1454	»	»	»	»	»	»

OBSERVATIONS PARTICULIÈRES.

Contraction complète pour les neuf premières expériences et nappe d'air entre le fond du canal et la veine, disparaissant pour les autres expériences.

Les contractions supérieure et latérale diminuent avec les charges, et sont tout à fait insensibles pour la dernière.

Losanges parfaitement dessinés à la surface du canal, dans toute l'étendue que ne recouvrent pas les remous. Ceux-ci, commençant à se manifester pour la charge de 0^m,081, s'arrêtent d'abord à 0^m,09 de l'orifice, en partant de l'extrémité du canal, et finissant par recouvrir entièrement la veine, à tel point que, pour les quatre dernières expériences, on ne les distingue de l'eau d'arrivée qu'à de fortes stries qui se forment à 0^m,06 en aval de l'orifice.

Orifice de 0^m,03 de hauteur et 0^m,20 de largeur, prolongé au dehors du réservoir par un canal rectangulaire découvert et horizontal, de même largeur que l'orifice.

Suite du DISPOSITIF DE LA FIGURE 15, PLANCHE 2. (lignes 1455 à 1465) — **DISPOSITIF DE LA FIGURE 18, PLANCHE 2.** (lignes 1466 à 1475)

Hauteur du niveau de l'eau dans le réservoir, dépenses et coefficients

DATES des EXPÉRIENCES	TEMP. de L'AIR (grades +)	TEMP. de L'EAU (grades +)	NUMÉROS des expériences	à 3^m,50 — CHARGE H (mètr.)	à 3^m,50 — VALEUR du rapport $\frac{H}{h-h'}=\frac{H}{o}$	à 3^m,50 — VALEUR de la vitesse due à H, ou de V (mètres)	à 3^m,50 — DÉPENSE théorique par seconde, valeur de D (litres)	à 3^m,50 — DÉPENSE effective par seconde, valeur de E (litres)	à 3^m,50 — VALEUR du coefficient de D, ou du rapport $\frac{E}{D}$ pour chaque expérience	à 3^m,50 — VALEUR moyenne pour chaque charge	à 0^m,02 — CHARGE H (mètres)	à 0^m,02 — rapport $\frac{H}{h-h'}=\frac{H}{o}$	à 0^m,02 — vitesse due à H, ou de V (mètres)	MESURÉE — DÉPENSE théorique, valeur de D (litres)	MESURÉE — coefficient de D ou $\frac{E}{D}$ pour chaque expérience	MESURÉE — moyenne pour chaque charge	VALEURS DÉFINITIVES des coefficients $\frac{E}{D}$ corrigés — à 3^m,50 en amont de l'orifice	VALEURS DÉFINITIVES — à 0^m,02 en amont de l'orifice
27 septembre 1828.	22,0	16,0	1455 / 1456 / 1457 / 1458	0,0567	1,89	1,0547	6,328	3,873 / 3,840 / 3,862 / 3,866	0,6120 / 0,6082 / 0,6103 / 0,6109	0,6104	0,0543	1,48	1,0331	6,109	0,6248 / 0,6209 / 0,6230 / 0,6236	0,6231	0,6106	0,6229
3 octobre 1828 ...	15,4	14,5	1459 / 1460 / 1461	0,0271	1,24	0,8551	5,119	2,634 / 2,633 / 2,620	0,5146 / 0,5144 / 0,5118	0,5136	0,0331	1,10	0,8058	4,835	0,5448 / 0,5446 / 0,5419	0,5438	0,5111	0,5411
			1462 / 1463 / 1464 / 1465	0,0201	0,67	0,6280	3,768	1,429 / 1,424 / 1,436 / 1,439	0,3792 / 0,3779 / 0,3811 / 0,3819	0,3800	0,0128	0,43	0,5011	3,007	0,4752 / 0,4736 / 0,4776 / 0,4786	0,4763	0,3782	0,4740
7 décembre 1828..	7,4	1,0	1466 / 1467	1,3494	44,98	5,1451	30,871	19,675 / 19,682	0,6373 / 0,6376	0,6375	1,3490	44,97	5,1443	30,856	0,6374 / 0,6377	0,6376	0,6376	
6 décembre 1828..	2,1	1,0	1468 / 1469 / 1470	0,4562	15,54	3,0242	18,145	11,583 / 11,503 / 11,587	0,6384 / 0,6373 / 0,6386	0,6381	0,4655	15,52	3,0219	13,181	0,6388 / 0,6377 / 0,6301	0,6385	0,6385	
7 décembre 1828..	7,4	1,0	1471 / 1472 / 1473	0,2375	6,92	2,0176	12,106	7,669 / 7,669 / 7,088	0,6335 / 0,6360 / 0,6351	0,6349	0,2065	6,88	2,0129	12,077	0,6350 / 0,6375 / 0,6366	0,6364	0,6364	
6 décembre 1828..	2,1	1,0	1474 / 1475	0,0630	2,10	1,1117	6,670	4,049 / 4,043	0,6070 / 0,6061	0,6066	0,0601	2,00	1,0859	6,515	0,6215 / 0,6205	0,6210	0,6210	

RÉSULTATS relatifs à la vitesse de l'eau dans le canal

DATES des EXPÉRIENCES	DISTANCE de l'orifice au point où l'on a pris la section dans le canal, valeur de S (mètres)	VALEUR du rapport $\frac{S}{i}$	SURFACE de la section de l'eau dans le canal, valeur de a (cent. car.)	VITESSE moyenne de l'eau dans la section, $v=\frac{E}{a}$ (mètres)	RAPPORT de la vitesse moyenne dans la section du canal à la vitesse théorique dans l'orifice, $\frac{v}{V}$ — à 3^m,50 en amont de l'orifice	RAPPORT $\frac{v}{V}$ — à 0^m,02 en amont de l'orifice
27 septembre 1828.	0,06	0,30	43,636	0,8852	0,8303	0,8568
	0,60	3,00	93,767	0,4120	0,3906	0,3987
	2,93	14,65	65,810	0,5809	0,5565	0,5681
	2,97	14,85	58,071	0,6652	0,6307	0,6438
	3,00	15,00	46,226	0,8356	0,7923	0,8088
3 octobre 1828 ...	1,63	8,15	78,794	0,3337	0,3911	0,4141
	2,40	12,45	67,166	0,3914	0,4588	0,4858
	2,75	13,75	62,304	0,4519	0,4946	0,5237
	2,90	14,50	55,843	0,4707	0,5518	0,5843
	2,95	14,75	51,433	0,5111	0,5991	0,6344
	3,00	15,00	37,436	0,7023	0,8232	0,8715
	0,20	1,00	57,686	0,2482	0,3052	0,4954
	0,60	3,00	62,551	0,2289	0,3045	0,4569
	2,58	12,00	47,343	0,3024	0,4816	0,6036
	2,85	14,25	41,848	0,3421	0,5448	0,6829
	2,93	14,65	40,621	0,3225	0,5613	0,7035
	3,00	15,00	24,101	0,5019	0,9425	1,1814
7 et 6 décembre 1828 (Fig. 18)	»	»	»	»	»	»

OBSERVATIONS PARTICULIÈRES. — La veine, à sa sortie de l'orifice, suit le fond du canal, et est très-peu détachée de la paroi-verticale correspondant à la face du réservoir la plus rapprochée de cet orifice, tandis qu'elle l'est entièrement de la paroi opposée.

Demi-losanges à la surface du canal au lieu des losanges entiers du dispositif précédent. Pour la dernière charge, ces demi-losanges sont presque entièrement effacés par des remous qui, prenant naissance à l'extrémité du canal, s'étendent jusqu'à une petite distance de l'orifice, en s'en approchant toutefois un peu plus du côté où la contraction latérale de la veine est le plus forte que du côté opposé. La surface de l'eau dans le réservoir se relève, pour les faibles charges, vers la face la plus voisine de l'orifice et s'abaisse vers l'autre.

TABLEAU N° XVII.

Orifice de 0ᵐ,01 de hauteur et 0ᵐ,20 de largeur, prolongé au dehors du réservoir par un canal rectangulaire découvert et horizontal, de même largeur que l'orifice.

DISPOSITIF DE LA FIGURE 15, PLANCHE 2.

LA HAUTEUR DU NIVEAU DE L'EAU DANS LE RÉSERVOIR ÉTANT MESURÉE — à 3ᵐ,50 EN AMONT DE L'ORIFICE.

DATES des EXPÉRIENCES.	TEMP. de L'AIR (grades +)	TEMP. de L'EAU (grades +)	NUMÉROS des EXPÉRIENCES.	CHARGE sur le centre de l'orifice, ou valeur de H (mètres).	VALEURS du rapport $\frac{H}{h-h'}=\frac{H}{e}$	VALEURS de la vitesse due à H, ou de V (mètres).	DÉPENSE théorique par seconde, ou valeur de D (litres).	DÉPENSE effective par seconde, ou valeur de E (litres).	VALEUR du coefficient de D, ou du rapport $\frac{E}{D}$ pour chaque expérience.	moyenne pour chaque charge.
20 octobre 1828	10,0	9,5	1476	1,3565	135,65	5,1587	10,317	6,568	0,6366	0,6370
			1477					6,577	0,6374	
			1478					6,573	0,6371	
			1479	0,9929	99,29	4,4136	8,827	5,700	0,6457	0,6469
			1480					5,714	0,6473	
			1481					5,711	0,6470	
			1482					5,716	0,6476	
18 octobre 1828	8,8	10,0	1483	0,4974	49,74	3,1238	6,243	4,153	0,6647	0,6654
			1484					4,152	0,6645	
			1485					4,166	0,6668	
			1486					4,159	0,6657	
17 octobre 1828	10,2	11,0	1487	0,1950	19,50	1,9559	3,012	2,605	0,6812	0,6803
			1488					2,656	0,6789	
			1489					2,663	0,6807	
			1490	0,1270	12,70	1,5784	3,157	2,166	0,6861	0,6866
			1491					2,164	0,6855	
			1492					2,173	0,6883	
18 octobre 1828	8,8	10,0	1493	0,0760	7,60	1,2211	2,442	1,673	0,6851	0,6893
			1494					1,680	0,6880	
			1495					1,697	0,6949	
			1496	0,0420	4,20	0,9078	1,810	1,183	0,6514	0,6558
			1497					1,201	0,6613	
			1498					1,189	0,6547	

LA HAUTEUR DU NIVEAU DE L'EAU DANS LE RÉSERVOIR ÉTANT MESURÉE — à 0ᵐ,02 EN AMONT DE L'ORIFICE et **VALEURS DÉFINITIVES des coefficients $\frac{E}{D}$ corrigés d'après la température, la charge de fluide étant mesurée.**

NUMÉROS	CHARGE H (mètres).	VALEURS du rapport $\frac{H}{h-h'}=\frac{H}{e}$	vitesse de V (mètres).	DÉPENSE théorique, valeur de D (litres).	coefficient $\frac{E}{D}$ pour chaque expérience.	moyenne pour chaque charge.	déf. à 3ᵐ,50 en amont.	déf. à 0ᵐ,02 en amont.
1476	1,3565	135,65	5,1587	10,317	0,6366	0,6370	0,6210	0,6210
1477					0,6374			
1478					0,6371			
1479	0,9929	99,29	4,4136	8,827	0,6457	0,6469	0,6307	0,6307
1480					0,6473			
1481					0,6470			
1482					0,6476			
1483	0,4973	49,73	3,1234	6,247	0,6648	0,6655	0,6481	0,6482
1484					0,6646			
1485					0,6669			
1486					0,6658			
1487	0,1948	19,48	1,9548	3,909	0,6817	0,6808	0,6647	0,6652
1488					0,6794			
1489					0,6812			
1490	0,1265	12,65	1,5753	3,151	0,6874	0,6879	0,6688	0,6701
1491					0,6868			
1492					0,6896			
1493	0,0751	7,51	1,2138	2,428	0,6890	0,6933	0,6714	0,6753
1494					0,6919			
1495					0,6989			
1496	0,0406	4,06	0,8925	1,785	0,6627	0,6672	0,6398	0,6510
1497					0,6728			
1498					0,6661			

RÉSULTATS RELATIFS À LA VITESSE DE L'EAU DANS LE CANAL.

NUMÉROS	DISTANCE de l'orifice, valeur de S (mètres).	VALEUR du rapport $\frac{S}{l}$.	SURFACE de la section, valeur de a (cent. car.).	VITESSE moyenne, valeur de $e=\frac{E}{a}$ (mètres).	RAPPORT à 3ᵐ,50 en amont.	RAPPORT à 0ᵐ,02 en amont.
1476–1478	0,275	1,38	14,197	4,6294	0,8974	0,8974
	0,753	3,77	20,143	3,6229	0,6325	0,6325
	3,000	15,00	34,129	1,9257	0,3733	0,3733
1479–1482	0,275	1,38	14,517	3,9334	0,8912	0,8912
	0,753	3,77	19,067	2,9081	0,6786	0,6786
	3,000	15,00	33,053	1,7275	0,3914	0,3914
1483–1486	0,120	0,60	15,020	2,5615	0,8520	0,8521
	0,543	2,72	18,813	2,3098	0,7074	0,7075
	3,000	15,00	33,317	1,2476	0,3994	0,3995
1487–1489	0,060	0,30	13,680	1,9453	0,9946	0,9953
	0,350	1,75	16,920	1,5727	0,8041	0,8047
	3,000	15,00	32,853	0,9099	0,4141	0,4144
1490–1492	·	·	·	·	·	·
1493–1495	0,035	0,18	15,747	1,6690	0,8754	0,8805
	0,300	1,50	18,613	1,5045	0,7407	0,7450
	2,600	13,45	51,635	0,3960	0,2970	0,2985
	3,000	15,00	36,079	0,6455	0,5286	0,5316
1496–1498	0,410	2,05	55,290	0,5161	0,2380	0,2421
	2,490	12,45	42,294	0,5820	0,3106	0,3160
	0,300	15,00	19,190	0,6214	0,6845	0,6906

OBSERVATIONS PARTICULIÈRES.

Contraction complète pour les cinq premières charges ; nappe d'air entre le fond du canal et la veine, occupant d'abord une longueur de 0ᵐ,21 à partir de l'orifice, et se réduisant à quelques bulles isolées pour la charge de 0ᵐ,0760.

Losanges très-apparents à la surface du canal, sur toute la partie que n'occupent pas les remous. Ceux-ci, prenant naissance non loin de l'extrémité du canal, s'avancent jusqu'à 1ᵐ,20 de l'orifice pour la charge de 0ᵐ,1270, et viennent le toucher pour les trois dernières expériences, en s'élevant même un peu au-dessus de son bord supérieur. On ne distingue alors l'eau d'arrivée des remous, qu'à des stries qui se forment à 0ᵐ,01 en aval de l'orifice.

Orifice de $0^m,01$ de hauteur et $0^m,20$ de largeur, prolongé au dehors du réservoir par un canal rectangulaire découvert et horizontal, de même largeur que l'orifice.

LA HAUTEUR DU NIVEAU DE L'EAU DANS LE RÉSERVOIR ÉTANT MESURÉE — À $3^m,50$ EN AMONT DE L'ORIFICE.

DATES des EXPÉRIENCES	TEMPÉRATURE de L'AIR	TEMPÉRATURE de L'EAU	NUMÉROS des EXPÉRIENCES	CHARGE sur le centre de l'orifice, ou valeur de H. (mètres)	VALEURS du rapport $\frac{H}{h-h'}\theta$	VALEURS de la vitesse due à H, ou valeur de V. (mètres)	DÉPENSE théorique par seconde, ou valeur de D. (litres)	DÉPENSE effective par seconde, ou valeur de E. (litres)	VALEUR du coefficient de D, ou du rapport $\frac{E}{D}$, pour chaque expérience.	VALEUR moyenne pour chaque charge.
									DISPOSITIF DE LA FIGURE 16, PLANCHE 2.	
25 novembre 1828.	grades. +	grades. +	1499	1,3220	132,20	5,0927	10,185	6,718	0,6596	0,6596
			1500					6,721	0,6599	
			1501					6,716	0,6594	
			1502	0,9929	99,29	4,4136	8,827	5,869	0,6649	0,6651
			1503					5,873	0,6653	
			1504	0,4974	49,74	3,1238	6,248	4,201	0,6724	0,6713
			1505					4,192	0,6709	
			1506					4,189	0,6705	
			1507	0,0780	7,80	1,2211	2,442	1,658	0,6790	0,6799
			1508					1,662	0,6806	
			1509					1,661	0,6802	
									DISPOSITIF DE LA FIGURE 17, PLANCHE 2.	
5 décembre 1828.	»	»	1510	1,3129	131,29	5,0750	10,150	6,713	0,6615	0,6605
			1511					6,694	0,6595	
			1512	0,4908	49,08	3,1034	6,207	4,169	0,6717	0,6727
			1513					4,180	0,6734	
			1514					4,178	0,6730	
			1515	0,0740	7,40	1,2049	2,410	1,643	0,6817	0,6805
			1516					1,637	0,6793	
									DISPOSITIF DE LA FIGURE 18, PLANCHE 2.	
6 décembre 1828.	»	»	1517	1,3220	132,20	5,0927	10,185	6,782	0,6659	0,6655
			1518					6,761	0,6638	
			1519					6,792	0,6669	
			1520	0,9929	99,29	4,4136	8,827	5,924	0,6711	0,6716
			1521					5,932	0,6720	

À $0^m,02$ EN AMONT — MESURÉE DE L'ORIFICE.

NUMÉROS	CHARGE sur le centre de l'orifice, ou valeur de H. (mètres)	VALEURS du rapport $\frac{H}{h-h'}\theta$	VALEURS de la vitesse due à H, ou de V. (mètres)	DÉPENSE théorique par seconde, ou valeur de D. (litres)	VALEUR du coefficient de D, ou du rapport $\frac{E}{D}$, pour chaque expérience.	VALEUR moyenne pour chaque charge.
1499	1,3220	132,20	5,0926	10,185	0,6596	0,6596
1500					0,6599	
1501					0,6594	
1502	0,9929	99,29	4,4136	8,827	0,6649	0,6651
1503					0,6653	
1504	0,4973	49,73	3,1234	6,247	0,6725	0,6714
1505					0,6710	
1506					0,6706	
1507	0,0752	7,52	1,2146	2,429	0,6826	0,6835
1508					0,6842	
1509					0,6838	
1510	1,3128	131,28	5,0748	10,150	0,6613	0,6604
1511					0,6595	
1512	0,4913	49,13	3,1045	6,209	0,6715	0,6725
1513					0,6732	
1514					0,6729	
1515	0,0730	7,30	1,1970	2,394	0,6862	0,6850
1516					0,6838	
1517	1,3220	132,20	5,0927	10,185	0,6650	0,6655
1518					0,6638	
1519					0,6669	
1520	0,9929	99,29	4,4136	8,827	0,6711	0,6716
1521					0,6720	

VALEURS DÉFINITIVES des coefficients $\frac{E}{D}$ corrigés d'après la température, la charge de fluide étant mesurée — à $3^m,50$ en amont de l'orifice / à $0^m,02$ en amont de l'orifice. — **RÉSULTATS RELATIFS À LA VITESSE DE L'EAU DANS LE CANAL** (DISTANCE de l'orifice au point où l'on a pris la section dans le canal, ou valeur de S [mètres]; VALEUR du rapport $\frac{S}{1}$; SURFACE de la section de l'eau dans la section, ou valeur de s [cent. car.]; VITESSE moyenne de l'eau dans la section, ou valeur de u [mètres]; RAPPORT de la vitesse moyenne dans la section du canal à la vitesse théorique dans l'orifice, ou valeur de $\frac{u}{V}$ — à $3^m,50$ en amont de l'orifice / à $0^m,02$ en amont de l'orifice).

Les cases de ces colonnes sont vides (marquées par des guillemets » pour toutes les expériences).

OBSERVATIONS PARTICULIÈRES.

DISPOSITIF DE LA FIGURE 16, PLANCHE 2 : Les apparences de l'écoulement ne diffèrent de celles qui se rapportent au dispositif de la figure 15, qu'en ce que la veine suit constamment le fond du canal, au lieu d'en être détachée pour certaines charges.

DISPOSITIF DE LA FIGURE 17, PLANCHE 2 : Les apparences de l'écoulement sont les mêmes que dans le cas du dispositif de la figure 16.

DISPOSITIF DE LA FIGURE 18, PLANCHE 2 : La veine, à sa sortie de l'orifice, suit le fond du canal, et est très-peu détachée de sa paroi verticale correspondant à la face du réservoir la plus rapprochée de cet orifice, tandis qu'elle l'est entièrement de la paroi opposée.
Demi-losanges à la surface du canal au lieu des losanges entiers des dispositifs précédents, dans toute l'étendue que ne

Orifice de 0^m,01 de hauteur et 0^m,20 de largeur, prolongé au dehors du réservoir par un canal rectangulaire découvert et horizontal, de même largeur que l'orifice.

Partie gauche — LA HAUTEUR DU NIVEAU DE L'EAU DANS LE RÉSERVOIR ÉTANT

DATES des expériences.	TEMPÉRATURE de L'AIR.	TEMPÉRATURE de L'EAU.	NUMÉROS des expériences.	à 3^m,50 EN AMONT DE L'ORIFICE — CHARGE sur le centre de l'orifice, ou valeur de H.	VALEURS du rapport $\frac{H}{h-h'}=o$	VALEURS de la vitesse due à H, ou de V.	DÉPENSE théorique par seconde, ou valeur de D.	DÉPENSE effective par seconde, ou valeur de E.	VALEUR du coefficient de D, ou du rapport $\frac{E}{D}$ pour chaque expérience.	VALEUR moyenne pour chaque charge.	à 0^m,02 EN AMONT — CHARGE sur le centre de l'orifice, ou valeur de H.	VALEURS du rapport $\frac{H}{h-h'}=o$	VALEURS de la vitesse due à H, ou de V.
	grades. +	grades. +		mètres.		mètres.	litres.	litres.			mètres.		mètres.
Suite du DISPOSITIF DE LA FIGURE 18, PLANCHE 2.													
6 décembre 1828..	"	"	1522 1523	0,4974	49,74	3,1238	6,248	4,238 4,236	0,6783 0,6780	0,6782	0,4973	49,73	3,1234
5 décembre 1828..	"	"	1524 1525	0,0760	7,60	1,2211	2,442	1,654 1,647	0,6773 0,6744	0,6759	0,0746	7,46	1,2097
DISPOSITIF DE LA FIGURE 19, PLANCHE 2.													
26 décembre 1828.	"	"	1526 1527	1,7130	171,30	5,7969	11,594	7,844 7,831	0,6766 0,6754	0,6760	1,7130	171,30	5,7969
			1528 1529	1,3220	132,20	5,0927	10,185	6,956 6,935	0,6830 0,6809	0,6820	1,3220	132,20	5,0927
			1530 1531	0,9929	99,29	4,4136	8,827	6,042 6,049	0,6845 0,6853	0,6849	0,0929	99,29	4,4136
25 décembre 1828.	"	"	1532 1533	0,4974	49,74	3,1238	6,248	4,327 4,313	0,6925 0,6903	0,6914	0,4965	49,65	3,1209
			1534 1535	0,0760	7,60	1,2211	2,442	1,696 1,683	0,6945 0,6892	0,6919	0,0741	7,41	1,2054
DISPOSITIF DE LA FIGURE 20, PLANCHE 2.													
4 novembre 1834..	"	"	1536 1537	0,2240	22,40	2,0962	4,192	2,787 2,785	0,6649 0,6645	0,6647	0,2244	22,44	2,0982
			1538 1539 1540	0,0955	9,55	1,3721	2,744	1,872 1,868 1,862	0,6822 0,6808 0,6786	0,6805	0,0967	9,67	1,3773
			1541 1542 1543	0,0455	4,55	0,9448	1,889	1,291 1,290 1,283	0,6833 0,6828 0,6792	0,6818	0,0474	4,74	0,9643

Partie droite — MESURÉE DE L'ORIFICE · VALEURS DÉFINITIVES · RÉSULTATS

DATES	NUMÉROS	DÉPENSE théorique par seconde, ou valeur de D.	VALEUR du coefficient de D, ou du rapport $\frac{E}{D}$ pour chaque expérience.	VALEUR moyenne pour chaque charge.	VALEURS DÉFINITIVES des coefficients $\frac{E}{D}$ — à 3^m,50 en amont de l'orifice.	à 0^m,02 en amont de l'orifice.	DISTANCE de l'orifice, ou valeur de δ.	VALEUR du rapport $\frac{S}{l}$.	SURFACE de la section de l'eau dans le canal, ou valeur de a.	VITESSE moyenne de l'eau, ou valeur de $v=\frac{E}{a}$.	RAPPORT $\frac{v}{V}$ à 3^m,50 en amont.	RAPPORT $\frac{v}{V}$ à 0^m,02 en amont.	OBSERVATIONS PARTICULIÈRES.
		litres.					mètres.		cent. car.	mètres.			
6 décembre 1828..	1522 1523	6,247	0,6784 0,6781	0,6783	"	"	"	"	"	"	"	"	recouvrent pas les remous. Ceux-ci s'approchent toujours un peu plus de l'orifice du côté où la contraction latérale est le plus forte que du côté opposé. La surface de l'eau dans le réservoir se relève, pour les faibles charges, vers la face la plus voisine de l'orifice et s'abaisse vers l'autre.
5 décembre 1828..	1524 1525	2,419	0,6838 0,6809	0,6824	"	"	"	"	"	"	"	"	
26 décembre 1828.	1526 1527	11,594	0,6766 0,6754	0,6760	"	"	"	"	"	"	"	"	La veine, à sa sortie de l'orifice, suit constamment le fond du canal, et se détache au contraire de ses parois latérales. Losanges parfaitement dessinés dans le canal; remous ne s'avançant que jusqu'à 1^m,00 de l'orifice, pour la dernière charge. La chute à l'entrée de l'étroit réservoir qui précède immédiatement l'orifice, et la contraction de la veine en ce point, sont peu sensibles, même pour la plus faible charge.
	1528 1529	10,185	0,6830 0,6809	0,6820	"	"	"	"	"	"	"	"	
	1530 1531	8,827	0,6845 0,6853	0,6849	"	"	"	"	"	"	"	"	
25 décembre 1828.	1532 1533	. 6,242	0,6932 0,6910	0,6921	"	"	"	"	"	"	"	"	
	1534 1535	2,411	0,7034 0,6981	0,7008	"	"	"	"	"	"	"	"	
4 novembre 1834..	1536 1537	4,196	0,6642 0,6637	0,6640	"	"	"	"	"	"	"	"	Contraction complète pour toutes les charges; nappe d'air entre le fond du canal et la veine; demi-losanges à la surface du canal.
	1538 1539 1540	2,755	0,6795 0,6780 0,6759	0,6778	"	"	"	"	"	"	"	"	
	1541 1542 1543	1,929	0,6693 0,6687 0,6651	0,6677	"	"	"	"	"	"	"	"	

Orifice de 0ᵐ,01 de hauteur et 0ᵐ,20 de largeur, prolongé au dehors du réservoir par un canal rectangulaire découvert et horizontal, de même largeur que l'orifice.

DATES des EXPÉRIENCES.	TEMPÉRATURE de L'AIR.	TEMPÉRATURE de L'EAU.	NUMÉROS des EXPÉRIENCES.	[à 3ᵐ,50 en amont] CHARGE sur le centre de l'orifice, ou valeur de H.	[à 3ᵐ,50] VALEURS du rapport $\frac{H}{h-h'}$, $\circ$	[à 3ᵐ,50] VALEURS de la vitesse due à H, ou de V.	[à 3ᵐ,50] DÉPENSE théorique par seconde, ou valeur de D.	[à 3ᵐ,50] DÉPENSE effective par seconde, ou valeur de E.	[à 3ᵐ,50] VALEUR du coefficient de D, pour chaque expérience.	[à 3ᵐ,50] VALEUR moyenne pour chaque charge.	[à 0ᵐ,02 en amont] CHARGE sur le centre de l'orifice, ou valeur de H.	[à 0ᵐ,02] VALEURS du rapport $\frac{H}{h-h'}$, $\circ$	[à 0ᵐ,02] VALEURS de la vitesse due à H, ou de V.	MESURÉE DE L'ORIFICE: DÉPENSE théorique par seconde, ou valeur de D.	MESURÉE: VALEUR du coefficient de D, pour chaque expérience.	MESURÉE: VALEUR moyenne pour chaque charge.	VALEURS DÉFINITIVES des coefficients $\frac{E}{D}$ ... à 3ᵐ,50 en amont de l'orifice.	VALEURS DÉFINITIVES ... à 0ᵐ,02 en amont de l'orifice.	DISTANCE de l'orifice ... ou valeur de S.	VALEUR du rapport $\frac{S}{l}$.	SURFACE de la section de l'eau dans le canal, ou valeur de a.	VITESSE moyenne de l'eau dans la section, ou valeur de $v=\frac{E}{a}$.	RAPPORT $\frac{v}{V}$ à 3ᵐ,50 en amont de l'orifice.	RAPPORT $\frac{v}{V}$ à 0ᵐ,02 en amont de l'orifice.	OBSERVATIONS PARTICULIÈRES.
	gradus. +	gradus. +		mètres.		mètres.	litres.	litres.			mètres.		mètres.	litres.					mètres.		cent. car.	mètres.			
																	DISPOSITIF DE LA FIGURE 21, PLANCHE 2.								
27 octobre 1834..	»	»	1544	1,6551	165,51	5,6981	11,396	7,458	0,6544	0,6540	1,6551	165,51	5,7153	11,431	0,6529	0,6520	»	»	»	»	»	»	»	»	Contraction complète pour les treize premières expériences; nappe d'air entre le fond du canal et la veine, occupant une longueur de 0ᵐ,35 à partir de l'orifice, pour la première charge, et disparaissant entièrement pour les six dernières expériences; contraction latérale peu apparente pour celles-ci. Écoulement insensible dans le réservoir, en amont de l'orifice.
			1545					7,447	0,6535						0,6516		»	»	»	»	»	»	»	»	
	»	»	1546	0,9996	99,96	4,4285	8,857	5,874	0,6633	0,6635	1,0077	100,77	4,4463	8,893	0,6605	0,6608	»	»	»	»	»	»	»	»	
			1547					5,878	0,6637						0,6610		»	»	»	»	»	»	»	»	
26 octobre 1834..	»	»	1548	0,4976	49,76	3,1244	6,249	4,101	0,6707	0,6708	0,5005	50,05	3,1334	6,267	0,6687	0,6688	»	»	»	»	»	»	»	»	
			1549					4,192	0,6700						0,6689		»	»	»	»	»	»	»	»	
	»	»	1550	0,1053	19,53	1,9575	3,915	2,670	0,6844	0,6852	0,1977	19,77	1,9693	3,939	0,6801	0,6810	»	»	»	»	»	»	»	»	
			1551					2,678	0,6841						0,6799		»	»	»	»	»	»	»	»	
			1552					2,690	0,6871						0,6829		»	»	»	»	»	»	»	»	
27 octobre 1834..	»	»	1553	0,0781	7,81	1,2380	2,476	1,724	0,6964	0,6948	0,0765	7,65	1,2250	2,450	0,7037	0,7027	»	»	»	»	»	»	»	»	
			1554					1,736	0,7011						0,7086		»	»	»	»	»	»	»	»	
			1555	0,0777	7,77	1,2345	2,469	1,709	0,6920		0,0761	7,61	1,2210	2,442	0,6998		»	»	»	»	»	»	»	»	
			1556	0,0763	7,63	1,2255	2,451	1,691	0,6898		0,0747	7,47	1,2105	2,421	0,6985		»	»	»	»	»	»	»	»	
29 octobre 1834..	»	»	1557	0,0164	1,64	0,5672	1,134	0,762	0,6716	0,6649	0,0174	1,74	0,5843	1,169	0,6518	0,6450	»	»	»	»	»	»	»	»	
			1558					0,746	0,6577						0,6382		»	»	»	»	»	»	»	»	
			1559					0,750	0,6612						0,6416		»	»	»	»	»	»	»	»	
			1560	0,0160	1,60	0,5605	1,121	0,754	0,6724		0,0170	1,70	0,5775	1,155	0,6528		»	»	»	»	»	»	»	»	
27 octobre 1834..	»	»	1561	0,0159	1,59	0,5585	1,117	0,740	0,6625		0,0169	1,69	0,5758	1,152	0,6424		»	»	»	»	»	»	»	»	
			1562	0,0156	1,56	0,5530	1,106	0,734	0,6637		0,0166	1,66	0,5707	1,141	0,6433		»	»	»	»	»	»	»	»	
																	DISPOSITIF DE LA FIGURE 22, PLANCHE 2.								
31 décembre 1828.	»	»	1563	1,3220	132,20	5,0927	10,185	6,810	0,6586	0,6670	1,3220	132,20	5,0927	10,185	0,6686	0,6670	»	»	»	»	»	»	»	»	La veine suit constamment le fond du canal, et est au contraire détachée de ses parois latérales. Losanges à la surface de ce canal; remous à partir de son extrémité jusqu'à 0ᵐ,50 de l'orifice, pour la dernière charge.
			1564					6,781	0,6658						0,6658		»	»	»	»	»	»	»	»	
			1565					6,784	0,6667						0,6667		»	»	»	»	»	»	»	»	
			1566	0,9929	99,29	4,4136	8,827	5,988	0,6784	0,6773	0,9929	99,29	4,4136	8,827	0,6784	0,6773	»	»	»	»	»	»	»	»	
			1567					5,989	0,6762						0,6762		»	»	»	»	»	»	»	»	
			1568	0,4974	49,74	3,1238	6,248	4,288	0,6863	0,6865	0,4973	49,73	3,1234	6,247	0,6864	0,6866	»	»	»	»	»	»	»	»	
			1569					4,290	0,6866						0,6867		»	»	»	»	»	»	»	»	
			1570	0,0760	7,60	1,2211	2,442	1,704	0,6978	0,6982	0,0746	7,46	1,2097	2,419	0,7044	0,7048	»	»	»	»	»	»	»	»	
			1571					1,706	0,6986						0,7052		»	»	»	»	»	»	»	»	

Orifice de 0^m,01 de hauteur et 0^m,20 de largeur, prolongé au dehors du réservoir par un canal rectangulaire découvert, incliné à $\frac{1}{10}$, et de même largeur que l'orifice.

DATES des EXPÉRIENCES.	TEMP. de L'AIR.	TEMP. de L'EAU.	NUMÉROS des EXPÉRIENCES.	**à 3^m,50 en amont de l'orifice** — CHARGE sur le centre de l'orifice, ou valeur de H. (mètres)	VALEURS du rapport $\frac{H}{h-h'}$, ou valeur de V.	VALEURS de la vitesse due à H, ou valeur de V. (mètres)	DÉPENSE théorique par seconde, ou valeur de D. (litres)	DÉPENSE effective par seconde, ou valeur de E. (litres)	VALEUR du coefficient de D, ou du rapport $\frac{E}{D}$: pour chaque expérience.	moyenne pour chaque charge.	**à 0^m,02 en amont de l'orifice** — CHARGE ou valeur de H.	VALEURS du rapport $\frac{H}{h-h'}$.	VALEURS de la vitesse due à H, ou valeur de V.	**MESURÉE DE L'ORIFICE** — DÉPENSE théorique par seconde, ou valeur de D. (litres)	VALEUR du coefficient de D, ou du rapport $\frac{E}{D}$: pour chaque expérience.	moyenne pour chaque charge.	VALEURS DÉFINITIVES des coefficients $\frac{E}{D}$ corrigés.	DISTANCE de l'orifice.	VALEUR du rapport $\frac{6}{i}$.	SURFACE de la section de l'eau.	VITESSE moyenne.	RAPPORT à 3^m,50 en amont.	RAPPORT à 0^m,02 en amont.	OBSERVATIONS PARTICULIÈRES.
	grades. +	grades. +																						
			**DISPOSITIF DE LA FIGURE 23, PLANCHE 2.**																					
1er novembre 1831.			1572 1573 1574 1575	1,8074	180,74	5,9550	11,910	8,259 8,260 8,228 8,230	0,6935 0,6935 0,6908 0,6910	0,6922	1,8074	180,74	5,9550	11,910	0,6935 0,6935 0,6908 0,6910	0,6922	»	»	»	»	»	»	»	Les apparences générales de l'écoulement sont les mêmes que dans le cas du dispositif de la figure 16, mais la veine se contracte plus fortement, et il y a moins de remous dans le canal. Les deux premières expériences ont été faites en recueillant la dépense dans le cuvier décrit au n° 57 du texte; et, pour les deux suivantes, on s'est servi de la jauge en maçonnerie.
			1576 1577	1,5056	150,56	5,4345	10,869	7,532 7,532	0,6930 0,6930	0,6930	1,5055	150,55	5,4345	10,869	0,6930 0,6930	0,6930	»	»	»	»	»	»	»	
			1578 1579	1,0087	100,87	4,4485	8,897	6,176 6,183	0,6942 0,6950	0,6946	1,0086	100,86	4,4483	8,897	0,6942 0,6950	0,6946	»	»	»	»	»	»	»	
			1580 1581 1582	0,5084	50,84	3,1580	6,316	4,408 4,410 4,413	0,6079 0,6983 0,6987	0,6983	0,5081	50,81	3,1572	6,514	0,6981 0,6985 0,6989	0,6985	»	»	»	»	»	»	»	
			1583 1584	0,1990	19,90	1,9760	3,952	2,768 2,771	0,7004 0,7012	0,7008	0,1975	19,75	1,9684	3,937	0,7038 0,7033	0,7036	»	»	»	»	»	»	»	
			1585 1586	0,0149	1,49	0,5405	1,081	0,726 0,726	0,6716 0,6716	0,6716	0,0119	1,19	0,4832	0,966	0,7516 0,7516	0,7516	»	»	»	»	»	»	»	
			**DISPOSITIF DE LA FIGURE 24, PLANCHE 2.**																					
1er octobre 1831..			1587 1588	1,5759	157,59	5,5600	11,120	7,740 7,729	0,6960 0,6951	0,6956	1,5757	157,57	5,5598	11,120	0,6960 0,6951	0,6956	»	»	»	»	»	»	»	Les apparences de l'écoulement ne diffèrent de celles qui se rapportent au dispositif de la figure 18, qu'en ce que la contraction latérale de la veine est plus prononcée, et qu'il y a moins de remous dans le canal.
			1589 1590	0,7854	78,54	3,9255	7,851	5,490 5,494	0,6903 0,6998	0,6996	0,7848	78,48	3,9238	7,848	0,6995 0,7000	0,6998	»	»	»	»	»	»	»	
30 septembre 1831.			1591 1592	0,2021	20,21	1,9910	3,982	2,787 2,788	0,7000 0,7002	0,7001	0,2006	20,06	1,9838	3,908	0,7024 0,7026	0,7025	»	»	»	»	»	»	»	
			1593 1594	0,0234 0,0229	2,34 2,29	0,6775 0,6705	1,355 1,341	0,913 0,902	0,6738 0,6726	0,6732	0,0206 0,0201	2,06 2,01	0,6358 0,6281	1,272 1,256	0,7178 0,7182	0,7180	»	»	»	»	»	»	»	

Orifice de $0^m,01$ de hauteur et $0^m,20$ de largeur, prolongé au dehors du réservoir par un canal rectangulaire découvert, incliné à $\frac{1}{10}$, et de même largeur que l'orifice.

Identification et hauteurs du niveau de l'eau dans le réservoir

DATES des EXPÉRIENCES.	TEMP. de L'AIR (grades +)	TEMP. de L'EAU (grades +)	NUMÉROS des EXPÉRIENCES.	à 3m,50 — CHARGE sur le centre de l'orifice, ou valeur de H (mètres)	à 3m,50 — VALEURS du rapport $\frac{H}{h-h'}=\frac{H}{a}$	à 3m,50 — VALEURS de la vitesse due à H, ou de V (mètres)	à 3m,50 — DÉPENSE théorique par seconde, ou valeur de D (litres)	à 3m,50 — DÉPENSE effective par seconde, ou valeur de E (litres)	à 3m,50 — VALEUR du coefficient de D, ou du rapport $\frac{E}{D}$, pour chaque expérience	à 3m,50 — moyenne pour chaque charge	à 0m,02 — CHARGE sur le centre de l'orifice, ou valeur de H (mètres)	à 0m,02 — VALEURS du rapport $\frac{H}{h-h'}=\frac{H}{a}$	à 0m,02 — VALEURS de la vitesse due à H, ou de V (mètres)	MESURÉE DE L'ORIFICE — DÉPENSE théorique par seconde, ou valeur de D (litres)	MESURÉE — VALEUR du coefficient de D, ou du rapport $\frac{E}{D}$, pour chaque expérience	MESURÉE — moyenne pour chaque charge

DISPOSITIF DE LA FIGURE 25, PLANCHE 2.

DATES	AIR	EAU	N°	CHARGE H (3,50)	rapport (3,50)	V (3,50)	D théor. (3,50)	E effect. (3,50)	coef E/D exp. (3,50)	coef moyen (3,50)	CHARGE H (0,02)	rapport (0,02)	V (0,02)	D théor. mes.	coef E/D exp. mes.	coef moyen mes.
28 septembre 1831.	+	+	1595	1,8259	182,59	5,9850	11,970	8,355	0,6980	0,6981	1,8250	182,50	5,9834	11,967	0,6982	0,6983
			1596	1,8244	182,44	5,9825	11,965	8,353	0,6981		1,8235	182,35	5,9810	11,962	-0,6983	
			1597	1,4974	149,74	5,4200	10,840	7,572	0,6985	0,6986	1,4965	149,65	5,4182	10,836	0,6988	0,6989
			1598					7,573	0,6986						0,6989	
			1599	0,6154	61,54	3,4745	6,949	4,853	0,6984	0,6985	0,6145	61,45	3,4720	6,944	0,6989	0,6990
			1600					4,852	0,6982						0,6987	
			1601					4,857	0,6989						0,6994	
			1602	0,2314	23,14	2,1305	4,261	2,976	0,6984	0,6983	0,2290	22,90	2,1195	4,239	0,7021	0,7020
			1603					2,975	0,6982						0,7019	
			1604					2,976	0,6984						0,7021	
			1605	0,0444	4,44	0,9337	1,867	1,283	0,6872	0,6883	0,0425	4,25	0,9131	1,826	0,7026	0,7037
			1606					1,285	0,6883						0,7037	
			1607					1,287	0,6893						0,7048	
			1608	0,0180	1,80	0,5942	1,188	0,780	0,6566	0,6568	0,0158	1,58	0,5567	1,113	0,7008	0,7011
			1609					0,782	0,6582						0,7026	
			1610					0,779	0,6557						0,6999	

DISPOSITIF DE LA FIGURE 26, PLANCHE 2.

DATES	AIR	EAU	N°	CHARGE H (3,50)	rapport (3,50)	V (3,50)	D théor. (3,50)	E effect. (3,50)	coef E/D exp. (3,50)	coef moyen (3,50)	CHARGE H (0,02)	rapport (0,02)	V (0,02)	D théor. mes.	coef E/D exp. mes.	coef moyen mes.
31 octobre 1834...			1611	0,1441	14,41	1,6813	3,363	2,320	0,6901	0,6917	0,1455	14,55	1,6895	3,379	0,6867	0,6884
			1612					2,331	0,6933						0,6900	
			1613	0,0556	5,56	1,0444	2,089	1,468	0,7027	0,7051	0,0560	5,60	1,0481	2,096	0,7004	0,7026
			1614					1,478	0,7075						0,7051	
			1615	0,0151	1,51	0,5443	1,089	0,704	0,6465	0,6442	0,0150	1,50	0,5425	1,085	0,6492	0,6465
			1616					0,699	0,6419						0,6438	

Valeurs définitives, résultats relatifs à la vitesse de l'eau dans le canal, et observations

NUMÉROS	VALEURS DÉFINITIVES des coefficients $\frac{E}{D}$, corrigés d'après la température — à 3m,50 en amont de l'orifice	à 0m,02 en amont de l'orifice	DISTANCE de l'orifice au point où l'on a pris la section dans le canal, ou valeur de S (mètres)	VALEUR du rapport $\frac{S}{l}$	SURFACE de la section de l'eau dans le canal, ou valeur de S (cent. car.)	VITESSE moyenne de l'eau dans la section, ou valeur de... (mètres)	RAPPORT de la vitesse moyenne dans la section du canal à la vitesse théorique dans l'orifice, ou valeur de $\frac{v}{V}$ — à 3m,50 en amont de l'orifice	à 0m,02 en amont de l'orifice	OBSERVATIONS PARTICULIÈRES.
1595–1596	"	"	"	"	"	"	"	"	La veine, à sa sortie de l'orifice, se détache des parois latérales du canal pour toutes les charges, excepté la dernière; et, pour les quatre premières expériences, il y a, entre le fond de ce canal et la veine, une petite nappe d'air qui disparaît pour les expériences suivantes. Les autres apparences de l'écoulement sont les mêmes que dans le cas du dispositif de la figure 19.
1597–1598	"	"	"	"	"	"	"	"	
1599–1601	"	"	"	"	"	"	"	"	
1602–1604	"	"	"	"	"	"	"	"	
1605–1607	"	"	"	"	"	"	"	"	
1608–1610	"	"	"	"	"	"	"	"	
1611–1612	"	"	"	"	"	"	"	"	Les apparences de l'écoulement sont les mêmes que dans le cas du dispositif de la figure 21, sauf que la veine se contracte plus fortement, sans que cependant elle soit détachée du fond du canal pour la dernière charge.
1613–1614	"	"	"	"	"	"	"	"	
1615–1616	"	"	"	"	"	"	"	"	

Orifice de 0m,05 de hauteur et 0m,20 de largeur, prolongé au dehors du réservoir par un canal rectangulaire découvert et horizontal, de même largeur que l'orifice, et barré à son extrémité sur toute sa largeur et sur diverses hauteurs.

La charge H de fluide est prise, dans le réservoir, à 3m,50 en amont de l'orifice.

DONNÉES FOURNIES PAR L'EXPÉRIENCE ET L'OBSERVATION. — DISPOSITIFS DES PLANCHES 23 ET 24.

DATES des expériences	TEMP. de l'eau (grades +)	TEMP. de l'air (grades +)	AIRE de l'orifice, d'après la température, ou valeur de ω (mèt. car.)	NUMÉROS des expériences	CHARGE sur le centre de l'orifice, ou valeur de H (mètres)	COEFFICIENT de D', lorsque l'orifice est en mince paroi, ou valeur de m	COEFFICIENT de D, lorsque l'orifice est prolongé par un canal non barré à son extrémité	HAUTEUR du barrage, ou valeur de p (mètres)	CHARGE sur le sommet de l'orifice, dans le réservoir à 3m,50 en amont de l'orifice, ou valeur de C (mètres)	... au point le plus haut des remous, ou valeur de c (mètres)	... immédiatement contre l'orifice, ou valeur de c' (mètres)	AIRE de la section de l'eau dans le canal, au point le plus haut des remous, ou valeur de A (mèt. car.)	... immédiatement contre l'orifice, ou valeur de A' (mèt. car.)	DÉPENSE effective par seconde, pour chaque expérience (litres)	DÉPENSE moyenne pour chaque hauteur du barrage (litres)
4 octobre 1828	14,5	15,5	0,01002	1617 / 1618	0,4770	0,6281	0,6257	0,1750	0,4520	0,2640	0,2000	0,06280	0,05000	15,338 / 15,224	15,291
				1619 / 1620 / 1621				0,045		0,0685	0,0000	0,02770	0,01004	12,904 / 12,879 / 12,933	12,905
				1622 / 1623 / 1624				0,048		0,0035	0,0000	0,02870	0,01004	12,538 / 12,575 / 12,571	12,561
12 octobre 1828	12,0	11,1	0,01004	1625 / 1626 / 1627	0,2125	0,6309	0,6306	0,070	0,1875	0,1080	0,0620	0,03160	0,02240	10,554 / 10,501 / 10,541	10,532
				1628 / 1629 / 1630				0,100		0,1305	0,1060	0,03610	0,03120	8,648 / 8,594 / 8,673	8,638
				1631 / 1632 / 1633				0,130		0,1505	0,1385	0,04010	0,03770	6,854 / 6,868 / 6,869	6,864
5 octobre 1828	14,0	16,8	0,01002	1634 / 1635 / 1636	0,1058	0,6297	0,6143	0,021	0,0808	0,0326	0,0000	0,01652	0,01002	8,910 / 8,893 / 8,874	8,892
4 octobre 1828	14,5	15,5	0,01002	1637 / 1638 / 1639 / 1640				0,022		0,0363	0,0000	0,01626	0,01002	8,518 / 8,598 / 8,590 / 8,614	8,580

RÉSULTATS en établissant les calculs comme si l'orifice n'était pas noyé. — RÉSULTATS en tenant compte des remous ou de la charge en aval de l'orifice.

DATES	NUMÉROS	VALEUR de la vitesse due à H, ou de V (mètres)	DÉPENSE théorique par seconde, ou valeur de D (litres)	VALEUR du coefficient de D, ou du rapport E/D	VITESSE due à C−c, ou valeur de √2g(C−c) (mètres)	due à C−c', ou valeur de √2g(C−c') (mètres)	DÉPENSE théorique, ou valeur de T (litres)	ou valeur de T' (litres)	ou valeur de t (litres)	ou valeur de t' (litres)	de T, ou rapport E/T	de T', ou rapport E/T'	de t, ou rapport E/t	de t', ou rapport E/t'	OBSERVATIONS PARTICULIÈRES
4 octobre 1828	1617 / 1618	3,0590	30,651	0,4990	1,9205	2,2235	19,243	22,279	13,451	15,82	0,7946	0,6863	1,1308	0,9050	On n'a pas pu opérer sur des charges plus fortes que 0m,4770, parce que les remous s'élevaient au-dessus des bords du canal, sans recouvrir la veine. Pour les expériences 1619, 1620 et 1621, les remous ne recouvrent pas la veine à sa sortie de l'orifice. Ils ne s'avancent que jusqu'à 0m,25 de celui-ci au centre, et jusqu'à 0m,17 aux angles. Pour les expériences 1622, 1623 et 1624, la veine n'est qu'en partie couverte par les remous qui sont éloignés de l'orifice de 0m,06 au centre, et le touchent aux angles, qu'ils remplissent tantôt entièrement, tantôt en partie seulement.
	1619 / 1620 / 1621			0,6295	1,3936	1,9184	13,992	19,261	10,965	16,61	0,9223	0,6700	1,1770	0,7766	
	1622 / 1623 / 1624			0,6128	1,3580	1,9184	13,634	19,261	10,612	16,64	0,9212	0,6535	1,1837	0,7558	
12 octobre 1828	1625 / 1626 / 1627	2,0417	20,499	0,5138	1,2488	1,5691	12,538	15,754	9,500	12,88	0,8400	0,6685	1,0983	0,8176	
	1628 / 1629 / 1630			0,4214	1,0574	1,2644	10,616	12,695	7,940	9,732	0,8137	0,6504	1,0879	0,8876	
	1631 / 1632 / 1633			0,3348	0,8520	0,9804	8,554	9,824	6,294	7,311	0,8024	0,6987	1,0905	1,9388	
5 octobre 1828	1634 / 1635 / 1636	1,4407	14,436	0,6160	0,9724	1,2592	9,743	12,617	8,456	10,885	0,9126	0,7047	1,0516	1,8168	Pour les expériences 1634, 1635 et 1636, les remous ne recouvrent pas la veine à sa sortie de l'orifice; ils ne s'avancent que jusqu'à 0m,40 de celui-ci. Ils la recouvrent en partie pour les expériences 1637, 1638, 1639 et 1640; ils ne sont alors éloignés de l'orifice que de 0m,13 au centre, et le touchent aux angles, qui sont tantôt pleins et tantôt vides. Pour les expériences 1634, 1635 et 1636, la section de la lame d'eau qui coule dans le canal, prise dans la partie que n'atteignent pas les remous, à 0m,075 en aval de l'orifice, est de 78,257 centimètres carrés, en sorte que, en nommant v la vitesse moyenne dans cette section, on a v = 1m,1363 = 0,7887 V.
4 octobre 1828	1637 / 1638 / 1639 / 1640			0,5943	0,9343	1,2592	9,362	12,617	8,002	10,885	0,9104	0,6800	1,0643	0,7882	

Orifice de $0^m,05$ de hauteur et $0^m,20$ de largeur, prolongé au dehors du réservoir par un canal rectangulaire découvert et horizontal, de même largeur que l'orifice, et barré à son extrémité sur toute sa largeur et sur diverses hauteurs.

La charge H de fluide est prise, dans le réservoir, à $3^m,50$ en amont de l'orifice.

Suite des DISPOSITIFS DES PLANCHES 23 ET 24.

DONNÉES FOURNIES PAR L'EXPÉRIENCE ET L'OBSERVATION.

DATES des EXPÉRIENCES	TEMPÉRATURE de L'EAU	TEMPÉRATURE de L'AIR	AIRE de l'orifice, d'après la température, ou valeur de i_0	NUMÉROS des expériences	CHARGE sur le centre de l'orifice, ou valeur de H	COEFFICIENT de D', lorsque l'orifice est en mince paroi, ou valeur de m	COEFFICIENT de D, lorsque l'orifice est prolongé par un canal non barré à son extrémité	HAUTEUR du barrage, ou valeur de p	CHARGE dans le réservoir à $3^m,50$ en amont, ou valeur de G	CHARGE au point le plus haut des remous, ou valeur de c	CHARGE immédiatement contre l'orifice, ou valeur de c'	AIRE au point le plus haut des remous, ou valeur de A	AIRE immédiatement contre l'orifice, ou valeur de A'	DÉPENSE effective pour chaque expérience	DÉPENSE moyenne pour chaque hauteur du barrage
	grades +	grades +	mét. car.		métres			métres	métres	métres	métres	mét. car.	mét. car.	litres	litres
5 octobre 1828	14,0	16,8	0,01002	1641	0,1058	0,6297	0,6143	0,026	0,0808	0,0434	0,0000	0,01868	0,01002	8,044	8,035
				1642										8,010	
				1643										8,073	
				1644										8,013	
				1645				0,034		0,0440	0,0100	0,01880	0,01200	7,523	7,536
				1646										7,562	
				1647										7,523	
				1648				0,056		0,0580	0,0480	0,02160	0,01960	5,590	5,583
				1649										5,562	
				1650										5,597	
				1651				0,085		0,0719	0,0690	0,02438	0,02380	3,299	3,321
				1652										3,310	
				1653										3,341	
				1654										3,334	
11 octobre 1828	12,5	13,7	0,01003	1655	0,0466	0,6247	0,4949	0,0200	0,0216	0,0132	0,0054	0,01264	0,01108	3,469	3,486
				1656										3,493	
				1657										3,497	
				1658				0,0300		0,0178	0,0117	0,01356	0,01234	2,444	2,440
				1659										2,446	
				1660										2,424	
				1661										2,445	
10 octobre 1828	13,5	12,5	0,01003	1662				0,0500		0,0228	0,0170	0,01456	0,01340	0,847	0,843
				1663										0,839	
				1664										0,838	
				1665										0,848	

RÉSULTATS

Colonnes « en établissant les calculs comme si l'orifice n'était pas noyé » : VALEUR de la vitesse due à H, ou de V ; DÉPENSE théorique par seconde, ou valeur de D. — Colonnes « en tenant compte des remous ou de la charge en aval de l'orifice ».

NUMÉROS	VALEUR de V (due à H)	DÉPENSE théorique de D	VALEUR du coefficient de D, ou du rapport $\frac{E}{D}$	VITESSE due à G−c, ou $\sqrt{2g(G-c)}$	VITESSE due à G−c', ou $\sqrt{2g(G-c')}$	DÉPENSE ou valeur de T	DÉPENSE ou valeur de T'	DÉPENSE ou valeur de t	DÉPENSE ou valeur de t'	COEFF. de T, ou $\frac{E}{T}$	COEFF. de T', ou $\frac{E}{T'}$	COEFF. de t, ou $\frac{E}{t}$	COEFF. de t', ou $\frac{E}{t'}$
	métres	litres		métres	métres	litres	litres	litres	litres				
1641–1644	1,4407	14,436	0,5566	0,8566	1,2592	8,583	12,617	7,244	10,886	0,9362	0,6368	1,1092	0,7381
1645–1647			0,5220	0,8497	1,1785	8,514	11,809	7,212	10,513	0,8851	0,6382	1,0449	0,7168
1648–1650			0,3867	0,6688	0,8022	6,701	8,038	5,518	6,752	0,8332	0,6946	1,0118	0,8269
1651–1654			0,2300	0,4179	0,4811	4,187	4,821	3,363	3,801	0,7932	0,6889	0,9876	0,8535
1655–1657	0,9561	9,590	0,3635	0,4060	0,5637	4,072	5,654	3,598	4,954	0,8561	0,6166	0,9689	0,7036
1658–1661			0,2544	0,2730	0,4407	2,738	4,420	2,413	3,906	0,8912	0,5520	1,0111	0,6247
1662–1665			0,0879	imagin^re	0,3004	imagin^re	3,013	imagin^re	2,657	"	0,2798	"	0,3172

OBSERVATIONS PARTICULIÈRES.

Pour les expériences 1641, 1642, 1643 et 1644, les remous remplissaient constamment les angles inférieurs de l'orifice, et le touchaient alternativement ou son centre, on s'en éloignoit d'environ $0^m,01$.

Pour les quatre dernières expériences, les remous, mesurés au point le plus haut, s'élèvent dans le canal de $0^m,0012$ au-dessus du niveau général de l'eau dans le réservoir, en sorte que G—c est négatif, et par suite $\sqrt{2g(G-c)}$, T et t sont imaginaires.

TABLEAU N° XIX.

Déversoir de 0ᵐ,20 de largeur, débouchant librement dans l'air.

La charge totale ou complète de fluide est prise, dans le réservoir, à 3ᵐ,5o en amont du déversoir.

DONNÉES fournies par l'expérience et l'observation. — RÉSULTATS CONCERNANT LA FORMULE ordinairement en usage.

DATES des expériences.	NUMÉROS des expériences.	CHARGE totale de fluide, ou valeur de h.	CHARGE moyenne dans le plan du déversoir, ou valeur de $o = h - h'$.	VALEUR du rapport $\frac{o}{h} = \frac{h-h'}{h}$.	DÉPENSE effective par seconde, ou valeur de E.	VITESSE due à la charge totale h.	DÉPENSE théorique calculée par la formule d.	VALEUR du coefficient de d, ou du rapport $\frac{E}{d}$ pour chaque expérience.	VALEUR du coefficient de d moyenne pour chaque charge.
		mètres.	mètres.		litres.	mètres.	litres.		
15 novembre 1834.	1666				26,968			0,3936	
	1667	0,1815	0,1658	0,9135	26,831	1,8874	68,513	0,3915	0,3933
	1668				27,034			0,3945	
	1669				12,860			0,3952	
	1670	0,1105	0,0985	0,8914	12,991	1,4724	32,540	0,3992	0,3972
	1671				12,924			0,3971	
	1672				12,931			0,3973	
16 novembre 1834.	1673				4,563			0,4048	
	1674	0,0545	0,0460	0,8440	4,522	1,0310	11,271	0,4013	0,4066
	1675				4,612			0,4092	
	1676				4,634			0,4111	
	1677				1,857			0,4201	
	1678	0,0292	0,0230	0,7877	1,832	0,7569	4,420	0,4190	0,4184
	1679				1,839			0,4161	
11 novembre 1834.	1680				13,450			0,3970	
	1681	0,1135	0,1014	0,8933	13,565	1,4925	33,880	0,4004	0,3973
	1682				13,362			0,3944	
	1683				2,192			0,4204	
	1684	0,0326	0,0257	0,7883	2,199	0,7997	5,214	0,4217	0,4202
	1685				2,173			0,4167	
	1686				2,201			0,4221	
7 octobre 1831.	1687				33,540			0,4073	
	1688	0,2052	0,1875	0,9137	33,275	2,0065	82,347	0,4041	0,4050
	1689				33,228			0,4035	
	1690				15,014			0,4062	
	1691	0,1199	0,1031	0,8599	15,021	1,5337	36,778	0,4064	0,4083
	1692				15,021			0,4064	

RÉSULTATS CONCERNANT LA FORMULE où l'on assimile les déversoirs à des orifices fermés à la partie supérieure.

NUMÉROS des expériences.	CHARGE sur le centre de l'orifice, ou valeur de H.	VALEURS du rapport $\frac{H}{h-h'} = \frac{H}{o}$.	VALEURS de la vitesse due à H.	DÉPENSE théorique par seconde, ou valeur de D.	VALEUR du coefficient de D, ou du rapport $\frac{E}{D}$ pour chaque expérience.	VALEUR du coefficient de D moyenne pour chaque charge.	OBSERVATIONS PARTICULIÈRES.
	mètres.		mètres.	litres.			
							DISPOSITIF DE LA FIGURE 2, PLANCHE 1.
1666					0,5847		
1667	0,0986	0,59	1,3908	46,119	0,5818	0,5842	La veine, à sa sortie du déversoir, converge un peu, pour les fortes charges, vers la direction prolongée de la face du réservoir la plus rapprochée de ce déversoir.
1668					0,5862		
1669					0,5951		
1670	0,0513	0,62	1,0967	21,605	0,6013	0,5983	
1671					0,5982		
1672					0,5985		
1673					0,6310		
1674	0,0315	0,68	0,7861	7,232	0,6253	0,6337	
1675					0,6377		
1676					0,6408		
1677					0,6850		
1678	0,0177	0,77	0,5893	2,711	0,6831	0,6822	
1679					0,6784		
							DISPOSITIF DE LA FIGURE 3, PLANCHE 1.
1680					0,5975		
1681	0,0613	0,60	1,1100	22,511	0,6026	0,5979	Les apparences de l'écoulement sont les mêmes que dans le cas des minces parois.
1682					0,5936		
1683					0,6844		
1684	0,0198	0,77	0,6232	3,203	0,6865	0,6841	
1685					0,6784		
1686					0,6872		
							DISPOSITIF DE LA FIGURE 4, PLANCHE 1.
1687					0,6050		
1688	0,1114	0,59	1,4784	55,440	0,6002	0,6015	
1689					0,5994		
1690					0,6286		
1691	0,0684	0,66	1,1584	23,886	0,6289	0,6288	
1692					0,6289		

Déversoir de $0^m,20$ de largeur, débouchant librement dans l'air.
La charge totale ou complète de fluide est prise, dans le réservoir, à $3^m,50$ en amont du déversoir.

DATES des EXPÉRIENCES.	NUMÉROS des EXPÉRIENCES.	DONNÉES — charge totale de fluide, ou valeur de h.	DONNÉES — charge moyenne dans le plan du déversoir, ou valeur du ∿ ou $m\,h-h'$.	DONNÉES — VALEUR du rapport $\rho=\frac{h-h'}{h}$.	DONNÉES — DÉPENSE effective par seconde, ou valeur de E.	FORMULE ORDINAIRE — VITESSE due à la charge totale h.	FORMULE ORDINAIRE — DÉPENSE théorique calculée par la formule d.	coefficient de d, ou du rapport $\frac{E}{d}$ — pour chaque expérience.	coefficient de d — moyenne pour chaque charge.	FORMULE ORIFICES — CHARGE sur le centre de l'orifice, ou valeur de H.	VALEURS — du rapport $\frac{H}{h-h'}=\frac{H}{\rho}$.	VALEURS — de la vitesse due à H.	DÉPENSE théorique par seconde, ou valeur de D.	coefficient de D, ou du rapport $\frac{E}{D}$ — pour chaque expérience.	coefficient de D — moyenne pour chaque charge.	OBSERVATIONS PARTICULIÈRES.
		mètres.	mètres.		litres.	mètres.	litres.			mètres.		mètres.	litres.			
							Suite du DISPOSITIF DE LA FIGURE 4, PLANCHE 1.									
9 octobre 1831....	1693	0,0670	0,0520	0,7761	6,287	1,1465	15,363	0,4092	0,4092	0,0410	0,79	0,8968	9,327	0,6741	0,5741	
	1694				6,287			0,4092						0,6741		
16 octobre 1831...	1695	0,0309	0,0201	0,6505	1,975	0,7786	4,812	0,4105	0,4102	0,0209	1,04	0,6403	2,574	0,7673	0,7669	Pour les deux dernières expériences, la partie inférieure de la veine s'élève fort peu au-dessus du chanfrein incliné à 45° de la base du déversoir, dont l'épaisseur n'est cependant que de $0^m,004$. Pour les charges au-dessous de $0^m,015$, la veine s'attache à ce chanfrein, et l'écoulement ne présente pour ainsi dire plus qu'une bavure.
	1696				1,971			0,4096						0,7657		
	1697				1,976			0,4106						0,7677		
	1698	0,0161	0,0093	0,5776	0,718	0,5620	1,810	0,3967	0,3964	0,0115	1,24	0,4750	0,884	0,8122	0,3117	
	1699				0,717			0,3961						0,8111		
							DISPOSITIF DE LA FIGURE 5, PLANCHE 1.									
26 septembre 1831.	1700	0,2087	0,1424	0,8740	34,364	2,0235	84,461	0,4069	0,4076	0,1175	0,64	1,5183	55,388	0,6204	0,6216	La surface de l'eau, dans le réservoir, s'élève plus haut du côté de la face la plus rapprochée du déversoir que du côté opposé, et la veine, à sa sortie, converge plus ou moins vers la direction prolongée de cette face, selon que la charge est plus ou moins forte. Pour celle de $0^m,0214$, la partie inférieure de cette veine s'attache un peu, du côté de la face du réservoir la plus éloignée, au chanfrein à 45° de la base du déversoir.
	1701				34,488			0,4083						0,6227		
	1702	0,1087	0,0480	0,8096	12,869	1,4607	31,756	0,4053	0,4055	0,0647	0,74	1,1267	19,830	0,6490	0,3494	
	1703				12,883			0,4057						0,6497		
24 septembre 1831.	1704	0,0214	0,0132	0,6168	1,057	0,6479	2,773	0,3812	0,3804	0,0148	1,12	0,5388	1,432	0,7433	0,7419	
	1705				1,055			0,3804						0,7419		
	1706				1,053			0,3797						0,7405		
							DISPOSITIF DE LA FIGURE 6, PLANCHE 1.									
17 août 1831.....	1707	0,2550	0,1535	0,6020	43,281	2,2368	114,077	0,3794	0,3803	0,1783	1,16	1,8703	57,418	0,7538	0,7556	Pour les trois premières charges, il y a, à la sortie du déversoir, de forts bouillonnements produits par le choc de l'eau contre l'intervalle de $0^m,02$, qui sépare de chaque côté les bords verticaux de cet orifice des faces du réservoir.
	1708				43,434			0,3807						0,7565		
	1709				43,430			0,3807						0,7564		
	1710	0,2542	0,1530	0,6020	43,270	2,2332	113,536	0,3811	0,3805	0,1777	1,15	1,8674	57,142	0,7572	0,7560	
	1711				43,153			0,3801						0,7551		
	1712				43,190			0,3804						0,7558		
	1713	0,1969	0,1209	0,6140	29,605	1,9655	77,401	0,3825	0,3828	0,1365	1,13	1,6362	39,563	0,7483	0,7488	
	1714				29,641			0,3830						0,7492		
	1715	0,1536	0,0963	0,6270	20,434	1,7361	53,333	0,3831	0,3835	0,1055	1,10	1,4383	27,702	0,7376	0,7383	
	1716				20,470			0,3838						0,7389		

Déversoir de 0^m,20 de largeur, débouchant librement dans l'air.
La charge totale ou complète de fluide est prise, dans le réservoir, à 3^m,5o en amont du déversoir.

DATES des EXPÉRIENCES.	NUMÉROS des EXPÉRIENCES.	CHARGE totale de fluide, ou valeur de h.	CHARGE moyenne dans le plan du déversoir, ou valeur de $\sigma = h - h'$.	VALEUR du rapport $\dfrac{\sigma}{h} = \dfrac{h-h'}{h}$	DÉPENSE effective par seconde, ou valeur de N.	VITESSE due à la charge totale h.	DÉPENSE théorique calculée par la formule d.	VALEUR du coefficient de d, ou du rapport $\frac{N}{d}$ pour chaque expérience.	moyenne pour chaque charge.	CHARGE sur le centre de l'orifice, ou valeur de H.	VALEUR du rapport $\frac{H}{h-h'} = \frac{H}{\sigma}$	VALEUR de la vitesse due à H.	DÉPENSE théorique par seconde, au valeur de D.	VALEUR du coefficient de D, ou du rapport $\frac{N}{D}$ pour chaque expérience.	moyenne pour chaque charge.	OBSERVATIONS PARTICULIÈRES.
		mètres.	mètres.		litres.	mètres.	litres.			mètres.		mètres.	litres.			
Suite du DISPOSITIF DE LA FIGURE 6, PLANCHE 1.																
17 août 1831.....	1717	0,1034	0,0663	0,6412	11,262	1,4243	29,455	0,3823	0,3819	0,0703	1,06	1,1739	15,566	0,7235	0,7227	La durée de l'écoulement ayant été mal évaluée pour l'expérience 1718, on n'a pas tenu compte du résultat qui le concerne.
	1718				11,176			0,3794						0,7173		
	1719				11,215			0,3808						0,7205		
	1720				11,271			0,3827						0,7241		
18 septembre 1831.	1721	0,0614	0,0368	0,5993	4,997	1,0976	13,478	0,3706	0,3712	0,0430	1,17	0,9185	6,760	0,7392	0,7400	
	1722				5,011			0,3718						0,7413		
	1723				4,999			0,3700						0,7395		
17 septembre 1831.	1724	0,0404	0,0226	0,5504	2,529	0,8903	7,193	0,3516	0,3521	0,0291	1,29	0,7556	3,415	0,7406	0,7416	
	1725				2,537			0,3527						0,7429		
	1726				2,532			0,3520						0,7414		
18 septembre 1831.	1727	0,0214	0,0111	0,5186	0,890	0,6479	2,773	0,3210	0,3207	0,0159	1,43	0,5576	1,238	0,7189	0,7184	
	1728				0,889			0,3206						0,7181		
	1729				0,889			0,3206						0,7181		
DISPOSITIF DE LA FIGURE 8, PLANCHE 1.																
2 novembre 1834..	1730	0,2037	0,1828	0,8974	32,717	1,9990	81,439	0,4014	0,4015	0,1123	0,61	1,4843	54,266	0,6029	0,6027	La surface de l'eau, dans le réservoir, s'élève plus haut du côté de la face la plus rapprochée du déversoir que du côté opposé, et la veine, à sa sortie, converge plus ou moins vers la direction prolongée de cette face, selon que la charge est plus ou moins forte.
	1731				32,694			0,4015						0,6025		
	1732				32,708			0,4016						0,6027		
	1733	0,1489	0,1320	0,8865	20,652	1,7094	50,906	0,4057	0,4066	0,0829	0,63	1,2753	33,668	0,6134	0,6147	
	1734				20,738			0,4074						0,6160		
	1735				20,700			0,4066						0,6148		
	1736	0,0956	0,0833	0,8713	10,685	1,3694	26,183	0,4081	0,4101	0,0540	0,65	1,0294	17,150	0,6230	0,6259	
	1737				10,788			0,4120						0,6290		
	1738				10,732			0,4103						0,6258		
3 novembre 1834..	1739	0,0508	0,0440	0,8661	4,284	0,9983	10,143	0,4224	0,4246	0,0288	0,65	0,7517	6,615	0,6476	0,6530	
	1740				4,322			0,4261						0,6534		
	1741				4,313			0,4252						0,6520		
	1742	0,0201	0,0180	0,8955	1,128	0,6280	2,525	0,4467	0,4454	0,0111	0,62	0,4606	1,680	0,6714	0,6694	
	1743				1,121			0,4440						0,6673		
	1744				1,125			0,4455						0,6696		

Déversoir de 0m,20 de largeur, débouchant librement dans l'air.
La charge totale ou complète de fluide est prise, dans le réservoir, à 3m,50 en amont du déversoir.

Groupes d'en-tête : **DONNÉES FOURNIES PAR L'EXPÉRIENCE ET L'OBSERVATION.** — **RÉSULTATS CONCERNANT LA FORMULE ORDINAIREMENT EN USAGE.** — **RÉSULTATS CONCERNANT LA FORMULE OÙ L'ON ASSIMILE LES DÉVERSOIRS À DES ORIFICES FERMÉS À LA PARTIE SUPÉRIEURE.**

DATES des expériences.	NUMÉROS des expériences.	CHARGE totale de fluide, ou valeur de h.	CHARGE moyenne dans le plan du déversoir, ou valeur de $\sigma = h - h'$.	VALEUR du rapport $\frac{\sigma}{h} = \frac{h-h'}{h}$.	DÉPENSE effective par seconde, ou valeur de E.	VITESSE due à la charge totale h.	DÉPENSE théorique calculée par la formule d.	VALEUR du coefficient de d, pour chaque expérience.	VALEUR du coefficient de d, moyenne pour chaque charge.	CHARGE sur le centre de l'orifice, ou valeur de H.	VALEUR du rapport $\frac{H}{h-h'} = \frac{H}{\sigma}$.	VALEUR de la vitesse due à H.	DÉPENSE théorique par seconde, en valeur de D.	VALEUR du coefficient de D, pour chaque expérience.	VALEUR du coefficient de D, moyenne pour chaque charge.	OBSERVATIONS PARTICULIÈRES.
		mètres.	mètres.		litres.	mètres.	litres.			mètres.		mètres.	litres.			
DISPOSITIF DE LA FIGURE 9, PLANCHE I.																
15 novembre 1831.	1745	0,2174	„	„	38,239	2,0652	89,860	0,4255	0,4255	„	„	„	„	„	„	Pour la première expérience, le niveau de l'eau couvre partout le bord supérieur de l'orifice fixe, excepté sur une longueur de 0m,06 en son centre. Cette expérience ne se rapporte donc exactement, ni aux déversoirs, ni aux orifices fermés par le haut; elle concerne, en quelque sorte, le point de transition entre ces deux espèces d'orifices.
26 novembre 1831.	1746	0,2090	0,1833	0,8770	35,858	2,0249	84,641	0,4236	0,4230	0,1173	0,64	1,5170	55,613	0,6448	0,6452	
	1747				35,899			0,4241						0,6455		
27 novembre 1831.	1748	0,1550	0,1355	0,8742	22,983	1,7438	54,056	0,4252	0,4233	0,0872	0,64	1,5079	35,444	0,6484	0,6455	
	1749				22,780			0,4214						0,6427		
	1750				22,878			0,4232						0,6455		
26 novembre 1831.	1751	0,1169	0,1030	0,8811	14,933	1,5143	35,404	0,4218	0,4203	0,0654	0,63	1,1327	23,334	0,6400	0,6377	
	1752				14,822			0,4187						0,6352		
	1753				14,882			0,4203						0,6378		
25 octobre 1834..	1754	0,1003	0,0884	0,8814	11,826	1,4027	28,138	0,4203	0,4206	0,0561	0,63	1,0491	18,548	0,6376	0,6380	
	1755				11,824			0,4202						0,6375		
	1756				11,873			0,4220						0,6401		
	1757				11,811			0,4198						0,6368		
26 novembre 1831.	1758	0,0516	0,0450	0,8721	4,421	1,0061	10,383	0,4258	0,4255	0,0291	0,65	0,7556	6,800	0,6502	0,6497	
	1759				4,436			0,4272						0,6524		
	1760				4,396			0,4234						0,6465		
18 novembre 1831.	1761	0,0209	0,0165	0,7943	1,181	0,6405	2,677	0,4412	0,4428	0,0126	0,76	0,4972	1,6507	0,7155	0,7181	
	1762				1,189			0,4442						0,7203		
	1763				1,186			0,4430						0,7185		
DISPOSITIF DE LA FIGURE 10, PLANCHE I.																
7 novembre 1834..	1764	0,2441	0,1096	0,8177	45,868	2,1883	106,833	0,4293	0,4283	0,1443	0,72	1,6825	67,165	0,6829	0,6842	La veine va constamment en s'élargissant dans le sens horizontal, après sa sortie de l'orifice, pour les onze premières expériences, tandis qu'elle se rétrécit au contraire pour les trois dernières.
	1765				45,700			0,4278						0,6804		
	1766				45,689			0,4277						0,6803		
	1767	0,1558	0,1302	0,8357	23,676	1,7483	54,477	0,4346	0,4329	0,0907	0,70	1,3343	34,745	0,6814	0,6794	
	1768	0,1551	0,1297	0,8362	23,306	1,7443	54,108	0,4307		0,0903	0,70	1,3314	34,537	0,6748		
	1769				23,447			0,4333						0,6789		
8 novembre 1834..	1770	0,1021	0,0860	0,8423	12,523	1,4215	28,900	0,4333	0,4335	0,0591	0,69	1,0768	18,521	0,6762	0,6754	
	1771				12,532			0,4336						0,6766		
	1772	0,0566	0,0470	0,8304	5,253	1,0538	11,928	0,4404	0,4382	0,0331	0,70	0,8058	7,575	0,6935	0,6900	
	1773				5,221			0,4377						0,6892		
	1774				5,206			0,4365						0,6873		

Déversoir de 0ᵐ,20 de largeur, débouchant librement dans l'air.

La charge totale ou complète de fluide est prise, dans le réservoir, à 3ᵐ,50 en amont du déversoir.

Partie I — DONNÉES et RÉSULTATS CONCERNANT LA FORMULE ordinairement en usage.

DATES des expériences.	NUMÉROS des expériences.	CHARGE totale de fluide, ou valeur de h. (mètres)	CHARGE moyenne dans le plan du déversoir, ou valeur de $e = h - h'$. (mètres)	VALEUR du rapport $\frac{e}{h} = \frac{h-h'}{h}$.	DÉPENSE effective par seconde, ou valeur de E. (litres)	VITESSE due à la charge totale h. (mètres)	DÉPENSE théorique calculée par la formule d. (litres)	VALEUR du coefficient de d, ou du rapport $\frac{E}{d}$ — pour chaque expérience.	VALEUR du coefficient de d — moyenne pour chaque charge.
					Suite du DISPOSITIF DE LA FIGURE 10, PLANCHE 1.				
8 novembre 1834..	1775	0,0191	0,0144	0,7539	1,110	0,6121	2,338	0,4748	0,4743
	1776				1,113			0,4760	
	1777				1,104			0,4722	
					DISPOSITIF DE LA FIGURE 12, PLANCHE 1.				
10 novembre 1834.	1778	0,1905	0,1790	0,8972	31,794	1,9783	78,934	0,4028	0,4034
	1779				31,892			0,4040	
	1780	0,1443	0,1280	0,8870	19,539	1,6825	48,557	0,4024	0,4027
	1781				19,646			0,4046	
	1782				19,474			0,4011	
	1783	0,0881	0,0764	0,8672	9,410	1,3147	23,165	0,4062	0,4075
	1784				9,377			0,4048	
	1785				9,367			0,4044	
	1786				9,428			0,4070	
9 novembre 1834..	1787	0,0210	0,0181	0,8619	1,181	0,6418	2,696	0,4381	0,4358
	1788				1,166			0,4325	
	1789				1,158			0,4295	
	1790				1,174			0,4355	
	1791				1,196			0,4436	
	1792				1,174			0,4355	
					DISPOSITIF DE LA FIGURE 13, PLANCHE 1.				
23 novembre 1834.	1793	0,3230	0,1460	0,4520	57,597	2,5173	162,611	0,3542	0,3540
	1794				57,535			0,3538	
	1795	0,2258	0,0855	0,3787	32,321	2,1047	95,048	0,3401	0,3411
	1796				32,479			0,3417	
	1797				32,455			0,3415	
22 novembre 1834.	1798	0,1295	0,0438	0,3382	13,753	1,5939	41,282	0,3331	0,3329
	1799				13,734			0,3327	
	1800				13,687			0,3315	0,3314
	1801				13,677			0,3313	

Partie II — RÉSULTATS CONCERNANT LA FORMULE où l'on assimile les déversoirs à des orifices fermés à la partie supérieure.

NUMÉROS des expériences.	CHARGE sur le centre de l'orifice, en valeur de H. (mètres)	VALEURS du rapport $\frac{H}{h-h'} = \frac{H}{e}$.	VALEURS de la vitesse due à H. (mètres)	DÉPENSE théorique par seconde, ou valeur de D. (litres)	VALEUR du coefficient de E, ou du rapport $\frac{E}{D}$ — pour chaque expérience.	VALEUR du coefficient de E — moyenne pour chaque charge.	OBSERVATIONS PARTICULIÈRES.
1775	0,0119	0,83	0,4832	1,392	0,7974	0,7967	
1776					0,7996		
1777					0,7931		
1778	0,1160	0,61	1,4690	52,590	0,6045	0,6055	Pour les deux premières charges, les apparences de l'écoulement sont les mêmes que dans le cas des minces parois.
1779					0,6064		Pour la troisième charge, la largeur horizontale de la veine
1780	0,0803	0,63	1,2551	32,131	0,6081	0,6085	est de 0ᵐ,18 à sa sortie de l'orifice, de 0ᵐ,22 à 0ᵐ,05 en aval;
1781					0,6114		et, à partir de ce point, elle va constamment en se rétrécis-
1782					0,6061		sant. Le même phénomène se reproduit pour la quatrième
1783	0,0499	0,65	0,9894	15,118	0,6224	0,6215	charge.
1784					0,6203		
1785					0,6196		
1786					0,6236		
1787	0,0120	0,66	0,4852	1,756	0,6726	0,6685	Un morceau de bois s'était attaché à la paroi de droite du
1788					0,6640		réservoir, près du déversoir, pour la 1789ᵉ expérience, et la
1789					0,6595		charge a varié pendant la 1791ᵉ; c'est pourquoi on les a con-
1790					0,6686		sidérées comme non avenues.
1791					0,6811		
1792					0,6686		
1793	0,2500	1,71	2,2146	64,666	0,8907	0,3982	Le barrage en amont du réservoir, décrit au n° 41 du texte,
1794					0,8897		subsistait pour les expériences numérotées de 1793 à 1805,
1795	0,1831	2,14	1,8953	32,410	0,9973	1,0003	tandis qu'il était entièrement supprimé pour toutes celles qui les
1796					1,0021		suivent et qui en sont séparées par un trait horizontal.
1797					1,0014		Pour les expériences 1798, 1799, 1802, 1803 et 1810, les
1798	0,1076	2,46	1,4529	12,727	1,0806	1,0799	feuillures de 0ᵐ,005 de largeur, dans lesquelles glisse la vanne
1799					1,0791		des orifices fermés par le haut, étaient ouvertes, tandis
1800					1,0754	1,0750	qu'elles étaient bouchées pour toutes les autres expériences.
1801					1,0745		A l'entrée du petit réservoir qui précède immédiatement le déversoir, il y a une chute plus ou moins prononcée, selon la charge; la veine s'y contracte et se détache des parois latérales sur une certaine longueur. Au point où, en se dilatant après s'être contractée, elle rencontre ces parois, il se forme, pour

Déversoir de $0^m,20$ de largeur, débouchant librement dans l'air.

La charge totale ou complète de fluide est prise, dans le réservoir, à $3^m,50$ en amont du déversoir.

DATES des EXPÉRIENCES	NUMÉROS des EXPÉRIENCES	CHARGE totale de fluide, ou valeur de h	CHARGE moyenne dans le plan du déversoir, ou valeur de $o = h - h'$	VALEUR du rapport $\frac{o}{h} = \frac{h-h'}{h}$	DÉPENSE effective par seconde, ou valeur de E	VITESSE due à la charge totale, h	DÉPENSE théorique calculée par la formule, d	VALEUR du coefficient de d, ou du rapport $\frac{E}{d}$, pour chaque expérience	moyenne pour chaque charge	CHARGE sur le centre de l'orifice, en valeur de H	rapport $\frac{H}{h-h'}$	vitesse due à H	DÉPENSE théorique par seconde, ou valeur de D	VALEUR du coefficient de D, ou du rapport $\frac{E}{D}$, pour chaque expérience	moyenne pour chaque charge	OBSERVATIONS PARTICULIÈRES
		mètres.	mètres.		litres.	mètres.	litres.			mètres.		mètres.	litres.			
Suite du DISPOSITIF DE LA FIGURE 13, PLANCHE 1.																
21 novembre 1834.	1802	0,0558	0,0288	0,5353	3,770	1,0274	11,054	0,3411	0,3420	0,0304	1,37	0,8791	5,064	0,7444	0,7464	les fortes charges, un jet d'eau qui retombe sous forme de pluie, après s'être élevé d'environ $0^m,10$. Pour ces mêmes charges, la section de la veine par le plan du déversoir, donne une courbe presque fermée par le haut et dont la flèche est de $0^m,054$. Cette courbe s'ouvre de plus en plus et la veine va constamment en s'épanouissant dans le sens horizontal, à mesure qu'on s'éloigne du déversoir. A $0^m,10$ en aval de celui-ci elle a déjà $0^m,22$ de largeur pour la charge de $0^m,1295$. L'effet inverse a lieu, c'est-à-dire que la veine va toujours en se rétrécissant après sa sortie du déversoir, lorsque les feuillures de la vanne des orifices limités par le haut sont ouvertes. Il se forme alors dans l'intérieur du réservoir, près du déversoir, un remous qui donne sans doute lieu à l'augmentation de dépense qu'on remarque dans ce cas. On n'a pas opéré sur des charges au-dessous de $0^m,054$, parce qu'alors l'écoulement ne présente plus qu'une bavure qui s'attache à l'évasement inférieur de l'embrasure dans laquelle le déversoir est encastré.
	1803				3,790			0,3429						0,7484		
	1804				3,697			0,3344	0,3348					0,7301	0,7308	
	1805				3,704			0,3351						0,7314		
26 novembre 1834.	1806	0,3165	0,1520	0,4802	55,707	2,4918	157,731	0,3535	0,3530	0,2405	1,58	2,1723	66,038	0,8445	0,8431	
	1807				55,578			0,3524						0,8416		
	1808	0,1300	0,0610	0,4692	13,912	1,5970	41,522	0,3351	0,3347	0,0995	1,63	1,3972	17,046	0,8161	0,8161	
	1809				13,877			0,3342						0,8141		
25 novembre 1834.	1810	0,1295	0,0609	0,4703	13,894	1,5938	41,282	0,3366	0,3366	0,0990	1,63	1,5936	16,974	0,8186	0,8186	
	1811				13,786			0,3330						0,8122		
	1812				13,742			0,3328	0,3334					0,8006	0,8109	
26 novembre 1834.	1813	0,0540	0,0240	0,4444	3,800	1,0294	11,116	0,3418		0,0420	1,75	0,9078	4,357	0,8721		
	1814				3,740			0,3305						0,8584		
	1815				3,800			0,3418						0,8721		
	1816				3,779			0,3400	0,3400					0,8673	0,8675	
DISPOSITIF DE LA FIGURE 14, PLANCHE 1.																
27 novembre 1834.	1817	0,3165	0,1604	0,5068	66,112	2,4919	157,737	0,4191	0,4180	0,2363	1,47	2,1535	69,075	0,9571	0,9546	La veine n'éprouve aucune contraction apparente à l'entrée du petit réservoir qui précède immédiatement le déversoir ; la section de la surface de l'eau dans le plan de ce déversoir, donne des courbes plus ouvertes par le haut, et qui ont moins de flèche que dans le cas du dispositif de la figure 13. Enfin, la veine va constamment en s'épanouissant dans le sens horizontal, pour les trois premières charges ; mais, pour la dernière, sa largeur, qui était de $0^m,21$ à $0^m,05$ en aval du déversoir, n'est plus que de $0^m,20$ à $0^m,10$ de cet orifice et, à partir de ce point, elle ne varie plus. Les feuillures de la vanne des orifices limités par le haut, étaient ouvertes pour les deux premières expériences et fermées pour toutes les autres.
	1818				65,756			0,4160						0,9520		
	1819				66,218			0,4198	0,4202					0,9586	0,9594	
	1820				66,326			0,4205						0,9602		
	1821	0,2250	0,1135	0,5044	38,351	2,1099	94,541	0,4057	0,4058	0,1683	1,48	1,8170	41,246	0,9298	0,9300	
	1822				38,564			0,4058						0,9301		
	1823	0,1300	0,0652	0,5015	16,446	1,5970	41,522	0,3961	0,3956	0,0974	1,49	1,3829	18,033	0,9120	0,9109	
	1824				16,406			0,3951						0,9097		
	1825	0,0542	0,0265	0,4889	4,238	1,0312	11,178	0,3792		0,0410	1,55	0,8969	4,754	0,8915		
	1826				4,309			0,3855						0,9064		
	1827				4,265			0,3816						0,8971		
	1828				4,275			0,3825	0,3832					0,8992	0,8986	

Déversoir de 0m,02 de largeur, en mince paroi plane et débouchant librement dans l'air, dans le cas du dispositif de la figure 1, planche 1.

La charge totale ou complète de fluide est prise, dans le réservoir, à 3m,50 en amont du déversoir.

DONNÉES fournies par l'expérience et l'observation — RÉSULTATS concernant la formule ordinairement en usage.

DATES des expériences	NUMÉROS des expériences	CHARGE totale de fluide, ou valeur de h (mètres)	CHARGE moyenne dans le plan du déversoir, ou valeur de $o = h - h'$ (mètres)	VALEUR du rapport $\frac{o}{h} = \frac{h-h'}{h}$	DÉPENSE effective par seconde, ou valeur de E (litres)	VITESSE due à la charge totale h (mètres)	DÉPENSE théorique calculée par la formule d (litres)	VALEUR du coefficient de d, ou du rapport $\frac{E}{d}$ — pour chaque expérience	moyenne pour chaque charge
3 décembre 1834..	1829 1830	0,5035	0,5910	0,9958	17,249 17,242	3,4123	40,504	0,4259 0,4257	0,4258
	1831 1832 1833	0,3015	0,3002	0,9957	6,346 6,366 6,353	2,4321	16,666	0,4327 0,4341 0,4332	0,4333
1er décembre 1834..	1834 1835 1836	0,1625	0,1617	0,9951	2,518 2,520 2,523	1,7656	5,803	0,4339 0,4343 0,4343	0,4343
	1837 1838 1839	0,0815	0,0810	0,9959	0,898- 0,895 0,898	1,2646	2,061	0,4347 0,4343 0,4357	0,4349

RÉSULTATS concernant la formule où l'on assimile les déversoirs à des orifices fermés à la partie supérieure.

CHARGE sur le centre de l'orifice, ou valeur de H (mètres)	VALEURS du rapport $\frac{H}{h-h'} = \frac{H}{o}$	VALEURS de la vitesse due à H (mètres)	DÉPENSE théorique par seconde, ou valeur de D (litres)	VALEUR du coefficient de D, ou du rapport $\frac{E}{D}$ — pour chaque expérience	moyenne pour chaque charge	OBSERVATIONS PARTICULIÈRES.
0,2980	0,5042	2,4178	28,578	0,6036 0,6033	0,6035	La section de la veine, à sa sortie du déversoir, ressemble à une espèce de champignon dont la tête est formée par la nappe supérieure, qui est très-mince et déborde de beaucoup la partie inférieure.
0,1514	0,5010	1,7234	10,347	0,6133 0,6153 0,6140	0,6142	
0,0816	0,5040	1,2652	4,092	0,6153 0,6158 0,6166	0,6159	
0,0410	0,5062	0,8968	1,453	0,6167 0,6160 0,6180	0,6169	

TABLEAU N° XXI.

Déversoir de 0m,60 de largeur, pratiqué dans une paroi plane de 0m,05 d'épaisseur et débouchant librement dans l'air, dans le cas du dispositif de la figure A, planche 3.

La charge totale ou complète de fluide est prise, dans le réservoir, à 3m,50 en amont du déversoir.

DONNÉES fournies par l'expérience et l'observation — RÉSULTATS concernant la formule ordinairement en usage.

DATES des expériences	NUMÉROS des expériences	CHARGE totale de fluide, ou valeur de h (mètres)	CHARGE moyenne dans le plan du déversoir, ou valeur de $o = h - h'$ (mètres)	VALEUR du rapport $\frac{o}{h} = \frac{h-h'}{h}$	DÉPENSE effective par seconde, ou valeur de E (litres)	VITESSE due à la charge totale h (mètres)	DÉPENSE théorique calculée par la formule d (litres)	VALEUR du coefficient de d, ou du rapport $\frac{E}{d}$ — pour chaque expérience	moyenne pour chaque charge
7 décembre 1834..	1840 1841	0,4208 0,4205	0,3825 0,3822	0,9090 0,9089	284,047 282,695	2,8733 2,8723	725,451 724,681	0,3915 0,3901	0,3908
	1842 1843	0,2655	0,2353	0,8863	142,394 142,525	2,2825	363,602	0,3916 0,3920	0,3918
6 décembre 1834..	1844 1845	0,1065	0,0877	0,8235	37,395 37,318	1,4455	92,367	0,4049 0,4040	0,4045

RÉSULTATS concernant la formule où l'on assimile les déversoirs à des orifices fermés à la partie supérieure.

CHARGE sur le centre de l'orifice, ou valeur de H (mètres)	VALEURS du rapport $\frac{H}{h-h'} = \frac{H}{o}$	VALEURS de la vitesse due à H (mètres)	DÉPENSE théorique par seconde, ou valeur de D (litres)	VALEUR du coefficient de D, ou du rapport $\frac{E}{D}$ — pour chaque expérience	moyenne pour chaque charge	OBSERVATIONS PARTICULIÈRES.
0,2296 0,2204	0,6003 0,6002	2,1223 2,1214	487,068 486,479	0,5832 0,5811	0,5821	La veine est constamment détachée des joues verticales du déversoir, mais elle s'attache de plus en plus à sa base, à mesure que la charge diminue.
0,1479	0,6286	1,7035	240,500	0,5921 0,5926	0,5923	
0,0627	0,7149	1,1091	58,361	0,6408 0,6304	0,6404	

Déversoir de 0m,20 de largeur, prolongé au dehors du réservoir par un canal rectangulaire découvert et horizontal, de même largeur que le déversoir.

La charge totale ou complète de fluide est prise, dans le réservoir, à 3m,50 en amont du déversoir.

DATES des expériences.	NUMÉROS des expériences.	DONNÉES — CHARGE totale de fluide, ou valeur de h.	DONNÉES — CHARGE moyenne dans le plan du déversoir, ou valeur de $a = h - h'$.	DONNÉES — VALEUR du rapport $\frac{a}{h} = \frac{h-h'}{h}$.	DONNÉES — DÉPENSE effective par seconde, ou valeur de E.	RÉSULTATS (formule ordinaire) — VITESSE due à la charge totale h.	DÉPENSE théorique calculée par la formule, d.	VALEUR du coefficient de d, ou du rapport $\frac{E}{d}$ — pour chaque expérience.	— moyenne pour chaque charge.	RÉSUL-TATS (orifices fermés) — CHARGE sur le centre de l'orifice, ou valeur de H.	VALEUR du rapport $\frac{H}{h-h'} = \frac{H}{a}$.	VALEUR de la vitesse due à H.	DÉPENSE théorique par seconde, ou valeur de D.	VALEUR du coefficient de D, ou du rapport $\frac{E}{D}$ — pour chaque expérience.	— moyenne pour chaque charge.	RÉSULTATS (vitesse dans le canal) — DISTANCE de l'orifice au point où l'on a pris la section, ou valeur de S.	VALEUR du rapport $\frac{S}{l}$.	SURFACE de la section dans le canal, ou valeur de a.	VITESSE moyenne de l'eau dans la section, $v = \frac{E}{a}$.	RAPPORT ... totale à sur la base du déversoir.	RAPPORT ... H sur le centre de l'orifice.	OBSERVATIONS PARTICULIÈRES.
		métres.	métres.		litres.	métres.	litres.			métres.		métres.	litres.			métres.		cent. car.	métres.			
										DISPOSITIF DE LA FIGURE 15, PLANCHE 2.												
14 octobre 1828	1846	0,2064	0,1938	0,9390	26,447	2,0122	83,064	0,3184	0,3190	0,1095	0,57	1,4657	56,811	0,4655	0,4664	0,000	0,00	387,600	0,6835	0,3397	0,4664	La veine, à sa sortie du déversoir, suit toujours le fond du canal, et ne se détache de ses parois latérales que pour les dix premières expériences. Les remous, qui s'arrêtaient d'abord à 0m,41 du déversoir, arrivent jusqu'à sa base pour la charge de 0m,0600. Ils recouvrent de plus en plus la veine pour les charges suivantes, et, pour la dernière, on ne distingue l'eau d'arrivée qu'à des stries qui se forment à 0m,04 en aval du déversoir. Pour les quatre dernières charges, le lever des sections de la veine par le plan même du déversoir présente quelque incertitude, à cause des oscillations incessantes de l'eau en ce point. On l'a fait deux fois à des époques différentes, et les nombres consignés sur ce tableau donnent, pour chaque charge, la moyenne résultant des surfaces des deux sections obtenues; mais on n'a dessiné qu'une seule de ces sections sur les planches 29 et 30, afin d'éviter un double emploi. Les moyennes ne s'écartent d'ailleurs que de $\frac{1}{91}$ à $\frac{1}{103}$ des résultats fournis par ces deux opérations.
	1847				26,609			0,3203						0,4084		0,065	0,33	306,253	0,8652	0,4300	0,5903	
	1848				26,379			0,3176						0,4643		1,800	9,00	303,780	0,8723	0,4335	0,5950	
	1849				26,556			0,3197						0,4674		3,000	15,00	175,635	1,5087	0,7498	1,8293	
	1850	0,1450	0,1353	0,9329	15,358	1,6866	48,911	0,3140	0,3139	0,0774	0,57	1,2322	33,336	0,4607	0,4606	0,000	0,00	270,540	0,5676	0,3365	0,4606	
	1851				15,333			0,3135						0,4600		0,043	0,24	219,483	0,6988	0,4143	0,5677	
	1852				15,374			0,3143						0,4612		2,390	11,95	191,578	0,8015	0,4752	0,6505	
																3,000	15,00	119,087	1,2892	0,7644	1,8404	
	1853	0,1029	0,0956	0,9291	8,907	1,4208	29,240	0,3046	0,3046	0,0551	0,58	1,0397	19,879	0,4481	0,4481	0,000	0,00	191,200	0,4657	0,3278	0,4481	
	1854				8,873			0,3035						0,4464		0,043	0,24	151,850	0,5865	0,4128	0,5642	
	1855				8,942			0,3058						0,4498		2,400	12,00	138,539	0,6429	0,4525	0,6184	
																3,000	15,00	79,973	1,1136	0,7838	1,6713	
13 octobre 1828	1856	0,0600	0,0550	0,9167	3,733	1,0845	13,014	0,2868	0,2867	0,0325	0,58	0,7985	8,943	0,4174	0,4173	0,000	0,00	110,000	0,3394	0,3129	0,5250	
	1857				3,710			0,2851						0,4148		0,093	0,47	92,310	0,4043	0,3728	0,5563	
	1858				3,760			0,2889						0,4204		2,300	11,50	84,458	0,4419	0,4075	0,5534	
	1859				3,724			0,2861						0,4164		3,000	15,00	44,894	0,8312	0,7664	1,5411	
	1860	0,0446	0,0416	0,9327	2,257	0,9354	8,344	0,2704	0,2715	0,0238	0,57	0,6833	5,685	0,3970	0,3984	0,000	0,00	83,900	0,2720	0,2910	0,3984	
	1861				2,269			0,2719						0,3991		0,094	0,47	77,993	0,2904	0,3105	0,4250	
	1862				2,270			0,2721						0,3992		2,575	12,88	59,807	0,3787	0,4049	0,5542	
																3,000	15,00	31,447	0,7204	0,7701	1,6541	
3 octobre 1828	1863	0,0279	0,0268	0,9606	0,938	0,7398	4,128	0,2272	0,2266	0,0145	0,54	0,5334	2,859	0,3281	0,3271	0,000	0,00	53,600	0,1745	0,2359	0,2271	
	1864				0,933			0,2260						0,3263		0,078	0,39	51,642	0,1811	0,2448	0,3395	
	1865				0,935			0,2265						0,3270		2,650	13,25	36,958	0,2531	0,3421	0,4744	
																2,820	14,10	33,011	0,2833	0,3830	0,5311	
																3,000	15,00	18,359	0,5005	0,6887	0,0550	
										DISPOSITIF DE LA FIGURE 16, PLANCHE 2.												
18 novembre 1828	1866	0,2064	0,1908	0,9245	26,901	2,0122	83,064	0,3239	0,3235	0,1110	0,58	1,4757	56,316	0,4777	0,4771	0,000	0,00	381,617	0,7041	0,3499	0,4771	Toutes les apparences de l'écoulement sont les mêmes que dans le cas du dispositif de la figure 15.
	1867				26,916			0,3240						0,4779		0,065	0,32	288,447	0,9316	0,4630	0,5312	
	1868				26,775			0,3223						0,4754		2,500	12,50	253,890	1,0582	0,5259	0,7171	
	1869				26,877			0,3236						0,4773		3,000	15,00	174,932	1,5361	0,7634	1,8408	

Déversoir de 0^m,20 de largeur, prolongé au dehors du réservoir par un canal rectangulaire découvert et horizontal, de même largeur que le déversoir.
La charge totale ou complète de fluide est prise, dans le réservoir, à 3^m,50 en amont du déversoir.

Suite du DISPOSITIF DE LA FIGURE 16, PLANCHE 2. — **DISPOSITIF DE LA FIGURE 18, PLANCHE 2.**

DATES DES EXPÉRIENCES	NUMÉROS des EXPÉRIENCES	CHARGE totale de fluide, ou valeur de h'	CHARGE moyenne dans le plan du déversoir	VALEUR du rapport	DÉPENSE effective par seconde, ou valeur de E	VITESSE due à la charge totale h	DÉPENSE théorique calculée par la formule d	COEFFICIENT de d (pour chaque expérience)	COEFFICIENT de d (moyenne pour chaque charge)	CHARGE sur le centre de l'orifice, ou valeur de H	VALEURS au rapport	VALEURS de la vitesse due à H	DÉPENSE théorique par seconde, ou valeur de D	COEFFICIENT de D (pour chaque expérience)	COEFFICIENT de D (moyenne pour chaque charge)
		mètres.	mètres.		litres.	mètres.	litres.			mètres.		mètres.	litres.		
17 novembre 1828	1870	0,1450	0,1333	0,9192	15,307	1,6866	48,911	0,3130	0,3130	0,0784	0,59	1,2398	33,051	0,4631	0,4632
	1871				15,311			0,3130						0,4633	
	1872				15,312			0,3131						0,4633	
16 novembre 1828	1873	0,1029	0,0925	0,8990	8,884	1,4208	29,240	0,3038	0,3030	0,0567	0,61	1,0542	19,505	0,4555	0,4543
	1874				8,873			0,3035						0,4549	
	1875				8,843			0,3024						0,4534	
	1876				8,843			0,3024						0,4534	
15 novembre 1828	1877	0,0605	0,0530	0,8757	3,706	1,0894	13,182	0,2811	0,2813	0,0340	0,64	0,8168	8,655	0,4282	0,4284
	1878				3,721			0,2823						0,4299	
	1879				3,684			0,2795						0,4256	
	1880				3,719			0,2821						0,4297	
14 novembre 1828	1881	0,0446	0,0399	0,8939	2,158	0,9354	8,344	0,2586	0,2588	0,0247	0,62	0,5957	5,548	0,3890	0,3893
	1882				2,158			0,2586						0,3890	
	1883				2,163			0,2592						0,3899	
19 novembre 1828	1884	0,0279	0,0266	0,9536	0,940	0,7398	4,128	0,2277	0,2273	0,0146	0,55	0,5352	2,848	0,3301	0,3295
	1885				0,934			0,2263						0,3279	
	1886				0,941			0,2279						0,3304	
11 décembre 1828	1887	0,2064	0,1842	0,8924	26,787	2,0122	83,064	0,3225	0,3224	0,1143	0,62	1,4975	55,168	0,4856	0,4855
	1888				26,773			0,3223						0,4853	
	1889	0,1450	0,1288	0,8884	15,354	1,6866	48,911	0,3139	0,3142	0,0806	0,63	1,2574	32,896	0,4739	0,4743
	1890				15,397			0,3148						0,4753	
	1891				15,348			0,3138						0,4737	
12 décembre 1828	1892	0,0605	0,0527	0,8711	3,602	1,0894	13,182	0,2801	0,2802	0,0342	0,65	0,8185	8,627	0,4280	0,4281
	1893				3,694			0,2802						0,4282	

RÉSULTATS RELATIFS À LA VITESSE DE L'EAU DANS LE CANAL (Suite du DISPOSITIF DE LA FIGURE 16, PLANCHE 2) :

DÉPENSE D (litres)	DISTANCE de l'orifice, valeur de S (mètres)	VALEUR du rapport S/I	SURFACE de la section, valeur de s (cent. car.)	VITESSE moyenne $v=\frac{E}{s}$ (mètres)	RAPPORT à la vitesse théorique due à la charge totale à la base du déversoir	RAPPORT à la vitesse théorique due au centre de l'orifice
33,051	0,000	0,00	266,570	0,5743	0,3405	0,4[?]32
	0,066	0,33	198,780	0,7667	0,4566	0,4[?]12
	0,490	2,45	227,800	0,6719	0,3984	0,5[?]20
	2,500	12,50	192,231	0,7964	0,4722	0,5[?]23
	3,000	15,00	117,362	1,3044	0,7734	1,0[?]21
19,505	0,000	0,00	185,025	0,4788	0,3370	0,4[?]43
	2,500	12,50	137,423	0,6448	0,4538	0,6[?]17
	3,000	15,00	85,648	1,0345	0,7281	0,9[?]4
8,655	0,000	0,00	105,067	0,3499	0,3212	0,4[?]4
	2,500	12,50	83,623	0,4434	0,4070	0,5[?]9
	3,000	15,00	47,066	0,7879	0,7232	0,9[?]5
5,548	0,000	0,00	79,732	0,2708	0,2895	0,3[?]3
	2,500	12,50	60,047	0,3596	0,3844	0,5[?]9
	3,000	15,00	31,916	0,6766	0,7233	0,9[?]5
2,848	0,000	0,00	53,212	0,1764	0,2384	0,3[?]5
	0,047	0,24	46,200	0,2031	0,2745	0,3[?]5
	1,000	5,00	54,000	0,1738	0,2349	0,3[?]7
	2,500	12,50	38,285	0,2451	0,3313	0,4[?]9
	2,964	14,82	25,755	0,3644	0,4925	0,6[?]8
	3,000	15,00	16,564	0,5665	0,7657	1,05[?]5

OBSERVATIONS PARTICULIÈRES (DISPOSITIF DE LA FIGURE 18, PLANCHE 2) :

Pour les deux premières charges, la veine, à sa sortie du déversoir, suit le fond du canal ainsi que la paroi correspondant à la face du réservoir la plus rapprochée de l'orifice, tandis qu'elle se détache au contraire entièrement de la paroi opposée. Pour les mêmes charges, la surface de l'eau dans le réservoir se relève vers la face la plus voisine du déversoir, et s'abaisse vers l'autre.

Pour les deux dernières charges, les apparences de l'écoulement sont les mêmes que dans le cas du dispositif de la figure 15.

Déversoir de 0^m,20 de largeur, prolongé au dehors du réservoir par un canal rectangulaire découvert et horizontal, de même largeur que le déversoir. La charge totale ou complète de fluide est prise, dans le réservoir, à 3^m,5o en amont du déversoir.

Column groups: **DONNÉES FOURNIES PAR L'EXPÉRIENCE ET L'OBSERVATION** — CHARGE totale de fluide, ou valeur de h (mètres); CHARGE moyenne dans le plan du déversoir, ou valeur de $e = h-h'$ (mètres); VALEUR du rapport $\frac{e}{h} = \frac{h-h'}{h}$; DÉPENSE effective par seconde, ou valeur de E (litres). **RÉSULTATS CONCERNANT LA FORMULE ORDINAIREMENT EN USAGE** — VITESSE due à la charge totale h (mètres); DÉPENSE théorique calculée par la formule d (litres); VALEUR du coefficient de d, ou du rapport $\frac{E}{d}$ (pour chaque expérience / moyenne pour chaque charge). **RÉSULTATS CONCERNANT LA FORMULE OÙ À DES ORIFICES FERMÉS** — CHARGE sur le centre de l'orifice, ou valeur de H (mètres); VALEURS du rapport $\frac{H}{h-h'} = \frac{H}{e}$; VALEURS de la vitesse due à H (mètres). **RÉSULTATS L'ON ASSIMILE LES DÉVERSOIRS À LA PARTIE SUPÉRIEURE** — DÉPENSE théorique par seconde, ou valeur de D (litres); VALEUR du coefficient de D, ou du rapport $\frac{E}{D}$ (pour chaque expérience / moyenne pour chaque charge). **RÉSULTATS RELATIFS À LA VITESSE DE L'EAU DANS LE CANAL** — DISTANCE de l'orifice au point où l'on a pris la section dans le canal, ou valeur de S (mètres); VALEUR du rapport $\frac{S}{l}$; SURFACE de la section dans le canal, ou valeur de a (cent. car.); VITESSE moyenne de l'eau dans la section, ou valeur de $v = \frac{E}{a}$ (mètres); RAPPORT de la vitesse moyenne dans la section du canal à la vitesse théorique due à la charge (totale, sur la base du déversoir / H, sur le centre de l'orifice).

DATES DES EXPÉRIENCES	NUMÉROS des EXPÉRIENCES	h (m)	$e=h-h'$ (m)	$\frac{e}{h}$	E (l)	vitesse due à h (m)	d (l)	coeff. d chaque exp.	coeff. d moyenne	H (m)	$\frac{H}{e}$	vit. due à H (m)	D (l)	coeff. D chaque exp.	coeff. D moyenne	Dist. S (m)	$\frac{S}{l}$	Surface a (cm²)	$v=\frac{E}{a}$ (m)	Rapport totale	Rapport H	OBSERVATIONS PARTICULIÈRES
— Suite du DISPOSITIF DE LA FIGURE 18, PLANCHE 2.																						
12 décembre 1828	1894 1895 1896 1897	0,0446	0,0391	0,8769	2,147 2,164 2,166 2,144	0,9354	8,344	0,2573 0,2593 0,2596 0,2570	0,2583	0,0251	0,64	0,7010	5,483	0,3916 0,3947 0,3950 0,3910	0,3941	»	»	»	»	»	»	
— DISPOSITIF DE LA FIGURE 19, PLANCHE 2.																						
27 décembre 1828	1898 1899 1900	0,2064	0,1686	0,8166	27,106 26,920 26,783	2,0122	83,064	0,3263 0,3241 0,3224	0,3233	0,1221	0,72	1,5477	52,173	0,5196 0,5160 0,5133	0,5163	»	»	»	»	»	»	La veine, à sa sortie du déversoir, suit constamment le fond et les parois latérales du canal. Les remous dans ce canal, et la chute à l'entrée de l'étroit réservoir qui précède immédiatement le déversoir, deviennent de moins en moins sensibles à mesure que la charge diminue.
	1901 1902	0,1029	0,0852	0,8280	8,791 8,772	1,4208	29,240	0,3006 0,3000	0,3003	0,0503	0,71	1,0876	18,533	0,4743 0,4733	0,4738	»	»	»	»	»	»	
	1903 1904 1905	0,0605	0,0502	0,8298	3,650 3,648 3,645	1,0894	13,182	0,2769 0,2767 0,2765	0,2767	0,0354	0,71	0,8333	8,356	0,4363 0,4361 0,4357	0,4360	»	»	»	»	»	»	
	1906 1907 1908	0,0446	0,0374	0,8386	2,039 2,058 2,056	0,9354	8,344	0,2444 0,2466 0,2464	0,2458	0,0259	0,69	0,7128	5,332	0,3824 0,3860 0,3856	0,3847	»	»	»	»	»	»	
— DISPOSITIF DE LA FIGURE 20, PLANCHE 2.																						
4 novembre 1834	1909 1910	0,2031	0,1895	0,9331	26,792 26,923	1,9962	81,082	0,3304 0,3320	0,3312	0,1064	0,57	1,4583	55,270	0,4847 0,4871	0,4859	»	»	»	»	»	»	La veine, à sa sortie du déversoir, suit toujours le fond du canal. Elle est très-peu détachée de la paroi de ce canal correspondant à la face du réservoir la plus rapprochée de l'orifice, tandis qu'elle l'est entièrement de la paroi opposée, pour les deux premières charges, et, pour les deux dernières, elle s'attache à ces deux parois. La surface de l'eau dans le réservoir s'élève plus haut, pour les fortes charges, vers la face la plus voisine du déversoir que vers l'autre.
	1911 1912	0,1011	0,0928	0,9179	9,672 9,672	1,4083	28,476	0,3397 0,3397	0,3397	0,0547	0,59	1,0359	19,226	0,5031 0,5031	0,5031	»	»	»	»	»	»	
	1913 1914	0,0501	0,0450	0,8982	3,429 3,447	0,9914	9,934	0,3452 0,3470	0,3461	0,0276	0,61	0,7358	6,622	0,5178 0,5205	0,5192	»	»	»	»	»	»	
4 novembre 1834	1915 1916 1917 1918	0,0191	0,0171	0,8953	0,859 0,877 0,850 0,856	0,6121	2,338	0,3674 0,3751 0,3674 0,3661	0,3696	0,0106	0,62	0,4560	1,560	0,5506 0,5622 0,5506 0,5487	0,5530	»	»	»	»	»	»	

Déversoir de 0ᵐ,20 de largeur, prolongé au dehors du réservoir par un canal rectangulaire découvert et horizontal, de même largeur que le déversoir.
La charge totale ou complète de fluide est prise, dans le réservoir, à 3ᵐ,50 en amont du déversoir.

DATES DES EXPÉRIENCES.	NUMÉROS des EXPÉRIENCES.	CHARGE totale de fluide, ou valeur de h.	CHARGE moyenne dans le plan du déversoir, ou valeur de $o = h - h'$.	VALEUR du rapport $\frac{o}{h} = \frac{h-h'}{h}$	DÉPENSE effective par seconde, ou valeur de E.	VITESSE due à la charge totale h.	DÉPENSE théorique calculée par la formule d.	VALEUR du coefficient de d, ou du rapport $\frac{E}{d}$ — pour chaque expérience.	— moyenne pour chaque charge.	CHARGE sur le centre de l'orifice, ou valeur de H.	VALEURS du rapport $\frac{H}{h-h'}$ R	VALEURS de la vitesse due à H.	DÉPENSE théorique par seconde, ou valeur de D.	VALEUR du coefficient de D, ou du rapport $\frac{E}{D}$ — pour chaque expérience.	— moyenne pour chaque charge.	DISTANCE de l'orifice au point où l'on a pris la section dans le canal, ou valeur de S.	VALEUR du rapport $\frac{S}{\tau}$	SURFACE de la section dans le canal, ou valeur de σ.	VITESSE moyenne de l'eau dans la section, ou valeur de $v = \frac{E}{\sigma}$.	RAPPORT de la vitesse moyenne dans la section du canal, à la vitesse théorique due à la charge : totale à la base du déversoir.	RAPPORT : H sur le centre de l'orifice.	OBSERVATIONS PARTICULIÈRES.
		mètres.	mètres.		litres.	mètres.	litres.			mètres.		mètres.	litres.			mètres.		cent. car.	mètres.			
										DISPOSITIF DE LA FIGURE 21, PLANCHE 2.												
29 octobre 1834........	1919	0,2016	0,1874	0,9296	27,120	1,9887	80,184	0,3382	0,3379	0,1079	0,58	1,4549	54,530	0,4973	0,4969	"	"	"	"	"	"	La veine, à sa sortie du déversoir, suit toujours le fond du canal et ne se détache que très-peu de ses parois latérales, même pour la plus forte charge.
	1920				27,073			0,3376						0,4964								
25 octobre 1834.........	1921	0,1298	0,1204	0,9276	14,159	1,5958	41,427	0,3418	0,3415	0,0696	0,58	1,1685	28,137	0,5032	0,5027	"	"	"	"	"	"	
	1922				14,156			0,3417						0,5031								
	1923				14,122			0,3409						0,5019								
	1924	0,0534	0,0491	0,9195	3,915	1,0235	10,931	0,3582	0,3579	0,0289	0,59	0,7530	7,394	0,5295	0,5291	"	"	"	"	"	"	
	1925				3,969			0,3576						0,5287								
	1926				3,913			0,3580						0,5292								
27 octobre 1834........	1927	0,0202	0,0181	0,8960	0,981	0,6295	2,543	0,3858	0,3827	0,0111	0,61	0,4666	1,689	0,5808	0,5763	"	"	"	"	"	"	
	1928				0,967			0,3803						0,5725								
	1929				0,972			0,3822						0,5755								
	1930				0,980			0,3854						0,5808								
	1931				0,966			0,3799						0,5719								
										DISPOSITIF DE LA FIGURE 22, PLANCHE 2.												
3 janvier 1829..........	1932	0,2064	0,1892	0,9167	27,879	2,0122	83,064	0,3356	0,3363	0,1118	0,59	1,4810	56,041	0,4975	0,4985	"	"	"	"	"	"	La veine, à sa sortie du déversoir, suit toujours le fond du canal. Elle est entièrement détachée de ses parois latérales pour la première charge, l'est très-peu pour la troisième, et ne l'est pas du tout pour la dernière.
	1933				28,106			0,3384						0,5015								Les remous dans le canal ne s'avancent d'abord que jusqu'à 0ᵐ,32 du déversoir, mais ils s'en rapprochent à mesure que les charges diminuent, et l'atteignent pour la dernière.
	1934				27,900			0,3359						0,4978								L'écoulement dans le réservoir, en amont du déversoir, est très-sensible pour les fortes charges, mais il se ralentit à mesure que ces charges diminuent, et il devient presque insensible pour la dernière.
	1935				27,862			0,3354						0,4972								
	1936	0,1029	0,0936	0,9096	9,230	1,4208	29,240	0,3157	0,3145	0,0561	0,60	1,0491	19,639	0,4700	0,4682	"	"	"	"	"	"	
	1937				9,155			0,3131						0,4661								
	1938				9,203			0,3147						0,4686								
	1939	0,0605	0,0543	0,8976	3,789	1,0894	13,182	0,2874	0,2865	0,0334	0,61	0,8089	8,785	0,4313	0,4299	"	"	"	"	"	"	
	1940				3,765			0,2856						0,4286								
	1941				3,776			0,2865						0,4298								
	1942	0,0446	0,0401	0,8991	2,171	0,9354	8,344	0,2602	0,2603	0,0246	0,61	0,6940	5,566	0,3900	0,3903	"	"	"	"	"	"	
	1943				2,169			0,2599						0,3897								
	1944				2,177			0,2609						0,3911								

Déversoir de 0m,20 de largeur, prolongé au hehors du réservoir par un canal rectangulaire découvert, incliné à $\frac{1}{10}$, et de même largeur que le déversoir. La charge totale ou complète de fluide est prise, dans le réservoir, à 3m,50 en amont du déversoir.

FIGURE 26, PLANCHE 2.

DATES des expériences.	NUMÉROS des expériences.	DONNÉES fournies par l'expérience et l'observation. CHARGE totale de fluide, ou valeur de h. (mètres)	moyenne dans le plan du déversoir, ou valeur de $\sigma = h - h'$. (mètres)	VALEUR du rapport $\frac{\sigma}{h} = \frac{h-h'}{h}$	DÉPENSE effective par seconde, ou valeur de E. (litres)	RÉSULTATS concernant la formule ordinairement en usage. VITESSE due à la charge totale h. (mètres)	DÉPENSE théorique calculée par la formule d. (litres)	VALEUR du coefficient de d, ou du rapport $\frac{E}{d}$ pour chaque expérience.	moyenne pour chaque charge.	RÉSUL. concernant la formule où à des orifices fermés. CHARGE sur le centre de l'orifice, ou valeur de H. (mètres)	VALEURS du rapport $\frac{H}{h-h'} = \frac{H}{\sigma}$	de la vitesse due à H. (mètres)	TATS l'on assimile les déversoirs à la partie supérieure. DÉPENSE théorique par seconde, ou valeur de D. (litres)	VALEUR du coefficient de D, ou du rapport $\frac{E}{D}$ pour chaque expérience.	moyenne pour chaque charge.	RÉSULTATS relatifs à la vitesse de l'eau dans le canal. DISTANCE de l'orifice au point où l'on a pris la section dans le canal, ou valeur de S. (mètres)	VALEUR du rapport $\frac{S}{l}$	SURFACE de la section dans le canal, ou valeur de a. (cent. car.)	VITESSE moyenne de l'eau dans la section, ou valeur de $v = \frac{E}{a}$. (mètres)	RAPPORT de la vitesse moyenne dans la section du canal, à la vitesse théorique due à la charge totale h sur la base du déversoir.	H sur le centre de l'orifice.	OBSERVATIONS PARTICULIÈRES.
octobre 1834	1945 1946	0,2011	0,1215	0,9025	29,232 29,252	1,9862	79,885	0,3659 0,3662	0,3661	0,1103	0,55	1,4710	53,397	0,5474 0,5478	0,5476	»	»	»	»	»	»	La veine, à sa sortie du déversoir, suit toujours le fond du canal et ne se détache que très-peu de ses parois latérales, même pour les plus fortes charges.
novembre 1834	1947 1948 1949 1950	0,0595	0,0530	0,8893	4,765 4,730 4,849 4,846	1,0813	12,889	0,3697 0,3670 0,3762 0,3755	0,3721	0,0331	0,62	0,8058	8,541	0,5579 0,5538 0,5677 0,5667	0,5615	»	»	»	»	»	»	
	1951	0,0196	0,0173	0,8827	0,963	0,6201	2,431	0,3950	0,3950	0,0110	0,64	0,4645	1,607	0,5993	0,5993	»	»	»	»	»	»	

Déversoir de 0^m,202 de largeur, formé à l'extrémité d'un canal rectangulaire découvert et horizontal, barré sur toute sa largeur et sur diverses hauteurs.

Le réservoir est alimenté par l'orifice fermé à la partie supérieure de 0^m,05 de hauteur et 0^m,20 de largeur, qui a fourni les résultats consignés sur le tableau n° XVIII.

La charge totale h est mesurée dans le canal, au point où la surface du liquide commence à s'infléchir vers le déversoir.

DISPOSITIFS DES PLANCHES 23 ET 24.

(Voyez les n°s 21, 272 et 285 du texte du Mémoire.)

DATES des expériences	NUMÉROS des expériences	CHARGE sur le centre de l'orifice / valeur de p [h] (mètres)	HAUTEUR de la base du déversoir au-dessus du fond / valeur de p (mètres)	CHARGE DE FLUIDE — totale sur la base / valeur de h (mètres)	CHARGE DE FLUIDE — moyenne dans le plan / valeur de $h-h'$ (mètres)	VALEUR DU RAPPORT — $\frac{h}{p}$	VALEUR DU RAPPORT — $\frac{h-h'}{h}$	DÉPENSE EFFECTIVE — pour chaque expérience / E (litres)	DÉPENSE EFFECTIVE — moyenne pour chaque valeur de p / E (litres)	VITESSE DE L'EAU — Moyenne / $u=\frac{E}{l(h+p)}$ (mètres)	VITESSE DE L'EAU — A la surface / $v'=1{,}24u$ (mètres)	HAUTEUR due à la vitesse — v, ou $\frac{u^2}{2g}$ (mètres)	HAUTEUR due à la vitesse — v', ou $\frac{v'^2}{2g}$ (mètres)	VITESSE due à la hauteur — $h_1=h+\frac{u^2}{2g}$ (mètres)	VITESSE due à la hauteur — $h'_1=h+\frac{v'^2}{2g}$ (mètres)	DÉPENSE THÉORIQUE — $d_1=lh_1\sqrt{2gh_1}$ (litres)	DÉPENSE THÉORIQUE — $d'_1=lh'_1\sqrt{2gh'_1}$ (litres)	COEFFICIENT — de d_1, $\frac{E}{d_1}$	COEFFICIENT — de d'_1, $\frac{E}{d'_1}$	OBSERVATIONS particulières
12 octobre 1828	1952	0,2125	0,043	0,0955	0,0795	2,221	0,632	12,904	12,905	0,4659	0,5824	0,0111	0,0173	1,4460	1,4880	31,137	33,906	0,4144	0,3806	Ces expériences sont la conséquence de celles qui sont consignées sur le tableau n° XVIII. On n'y a pas compris les résultats obtenus les 4 et 5 octobre, parce qu'à cette époque la planche qui barrait l'extrémité du canal pour former le déversoir, laissait échapper entre elle et les parois de ce canal une certaine quantité d'eau qui, se réunissant dans la jauge à celle qui passait par le déversoir, augmentait la dépense effective de celui-ci. Mais cet inconvénient, qu'on n'avait pas cherché à éviter dès le début, parce qu'on n'avait en vue que d'étudier l'effet des remous sur les produits de l'orifice qui alimentait le déversoir, avait cessé les 10, 11 et 12 octobre, attendu que la planche, exposée pendant huit jours consécutifs à l'humidité, s'était gonflée et fermait hermétiquement le canal.
	1953							12,879												
	1954							12,933												
	1955		0,048	0,0955	0,0790	1,990	0,827	12,538	12,561	0,4377	0,5471	0,0098	0,0153	1,4373	1,4747	30,572	33,805	0,4109	0,3806	
	1956							12,575												
	1957							12,571												
	1958		0,070	0,0880	0,0715	1,257	0,813	10,554	10,532	0,3333	0,4166	0,0057	0,0089	1,3557	1,3792	25,650	26,925	0,4105	0,3901	
	1959							10,501												
	1960							10,541												
	1961		0,100	0,0805	0,0636	0,805	0,790	8,648	8,638	0,2393	0,2901	0,0029	0,0046	1,2792	1,2923	21,550	22,215	0,4008	0,3888	
	1962							8,504												
	1963							8,673												
	1964		0,130	0,0705	0,0531	0,542	0,824	6,854	6,864	0,1712	0,2140	0,0015	0,0023	1,1885	1,1950	17,285	17,523	0,3971	0,3906	
	1965							6,868												
	1966							6,869												
	1967		0,020	0,0432	0,0350	2,160	0,810	3,469	3,486	0,2758	0,3448	0,0039	0,0061	0,9613	0,9830	9,145	9,720	0,3811	0,3561	
	1968							3,493												
	1969							3,497												
11 octobre 1828	1970	0,0466	0,030	0,0378	0,0296	1,260	0,783	2,444	2,440	0,1799	0,2249	0,0016	0,0026	0,8792	0,8900	6,697	7,224	0,3487	0,3350	
	1971							2,446												
	1972							2,424												
	1973							2,445												
10 octobre 1828	1974		0,050	0,0228	0,0160	0,456	0,702	0,847	0,843	0,0579	0,0724	0,0002	0,0003	0,6717	0,6732	3,121	3,142	0,2701	0,2684	
	1975							0,839												
	1976							0,838												
	1977							0,848												

Déversoirs incomplets ou en partie noyés, entièrement isolés des faces latérales du réservoir et prolongés au dehors par des canaux rectangulaires découverts et horizontaux, de mêmes largeurs que les déversoirs.

La charge totale ou complète de fluide est prise loin des déversoirs, en un point où le liquide est parfaitement stagnant.

DATES DES EXPÉRIENCES.	NUMÉROS des EXPÉRIENCES.	CHARGE TOTALE de fluide, ou valeur de h.	HAUTEUR TOTALE de LA PORTION DE LA VEINE qui est noyée, ou valeur de n.	qui n'est pas noyée, ou valeur de $h-n$.	RAPPORT de la hauteur de la partie de la veine qui n'est pas noyée à la charge totale, ou valeur de $\frac{h-n}{h}$	PRODUIT de LA LARGEUR du déversoir par la charge totale, ou valeur de lh.	VITESSE DUE à la hauteur $h-n$, ou valeur de V_1.	DÉPENSE THÉORIQUE par seconde, ou valeur de D_1.	DÉPENSE EFFECTIVE par seconde, ou valeur de E.	VALEUR du COEFFICIENT de D_1, ou du rapport $\frac{E}{D_1}$.	ORIFICES DE 0ᵐ,30 DE LARGEUR alimentés par les déversoirs incomplets. — Hauteurs des orifices.	Dispositifs.	OBSERVATIONS PARTICULIÈRES.
		mètres.	mètres.	mètres.		centim. carrés.	mètres.	litres.	litres.		mètres.		
				DÉVERSOIR DE 0ᵐ,24 DE LARGEUR, DONT LA BASE EST ÉLEVÉE DE 0ᵐ,54 AU-DESSUS DU FOND DU RÉSERVOIR.									
19 juillet 1831	1978	1,6644	1,6601	0,0043	0,0026	3994,56	0,2904	116,002	38,393	0,3309	0,05		Les orifices alimentés par les déversoirs incomplets étaient, les uns fermés et les autres découverts à la partie supérieure; ces derniers sont désignés par le mot *déversoir* écrit dans la colonne qui a pour titre : *Hauteur des orifices.*
16 juillet 1831	1979	1,6638	1,6564	0,0074	0,0050	3993,12	0,3810	152,138	75,510	0,4963	0,10	Fig. 6.	
19 juillet 1831	1980	0,8098	0,8048	0,0050	0,0062	1943,52	0,3132	60,871	26,721	0,4389	0,05		L'expérience 1980 forme évidemment anomalie; l'épaisseur n de la portion de la veine qui est noyée a probablement été mal mesurée.
25 décembre 1828	1981	0,5020	0,4983	0,0037	0,0074	1204,80	0,2694	32,457	19,778	0,6094	0,05	Fig. 19.	
16 juillet 1831	1982	1,0127	1,0047	0,0080	0,0079	2430,48	0,3962	96,296	58,668	0,6092	0,10		
19 juillet 1831	1983	0,5193	0,5152	0,0041	0,0079	1246,32	0,2836	35,346	21,269	0,6017	0,05	Fig. 6.	
17 décembre 1828	1984	1,6035	1,5847	0,0188	0,0117	3848,40	0,6073	233,713	137,510	0,5883	0,20	Fig. 19.	
10 juillet 1831	1985	1,5287	1,5065	0,0222	0,0145	3668,88	0,6599	242,109	140,400	0,5799	0,20		
18 juillet 1831	1986	1,1593	1,1273	0,0320	0,0276	2782,32	0,7923	220,443	121,079	0,5493	0,20	Fig. 6.	
16 juillet 1831	1987	0,5616	0,5441	0,0175	0,0312	1347,84	0,5859	78,970	43,023	0,5448	0,10		
17 décembre 1828	1988	1,0105	0,9763	0,0342	0,0338	2425,20	0,8191	198,648	106,264	0,5349	0,20	Fig. 19.	
21 juillet 1831	1989	0,1605	0,1543	0,0060	0,0374	384,72	0,3431	13,200	7,040	0,5333	0,03	Fig. 6.	
25 décembre 1828	1990	0,2375	0,2282	0,0093	0,0392	570,00	0,4271	24,345	12,083	0,5333	0,05	Fig. 19.	
10 juillet 1831	1991	0,8753	0,8294	0,0459	0,0524	2100,72	0,9490	199,358	103,896	0,5212	0,20		
19 juillet 1831	1992	0,2145	0,2020	0,0125	0,0582	514,80	0,4952	25,493	13,249	0,5197	0,05	Fig. 6.	
16 juillet 1831	1993	0,3593	0,3306	0,0287	0,0799	862,32	0,7504	64,708	33,500	0,5177	0,10		
23 décembre 1828	1994	0,1308	0,1157	0,0151	0,1154	313,92	0,5443	17,087	8,807	0,5154	0,05	Fig. 19.	
10 juillet 1831	1995	0,5711	0,5029	0,0682	0,1194	1370,64	1,1567	158,542	81,594	0,5147	0,20	Fig. 6.	
16 décembre 1828	1996	0,5005	0,4392	0,0613	0,1225	1201,20	1,0064	131,700	67,622	0,5135	0,20		
27 décembre 1828	1997	0,0446	0,0374	0,0072	0,1614	107,04	0,3758	4,023	2,051	0,5008	Déversoir.	Fig. 19.	
19 juillet 1831	1998	0,1165	0,0951	0,0214	0,1837	279,60	0,6479	18,115	9,233	0,5095	0,05	Fig. 6.	

Déversoirs incomplets ou en partie noyés, entièrement isolés des faces latérales du réservoir et prolongés au dehors par des canaux rectangulaires découverts et horizontaux, de mêmes largeurs que les déversoirs.

La charge totale ou complète de fluide est prise loin des déversoirs, en un point où le liquide est parfaitement stagnant.

DATES DES EXPÉRIENCES.	NUMÉROS des EXPÉRIENCES.	CHARGE TOTALE du fluide, ou valeur de h.	HAUTEUR TOTALE de LA PORTION DE LA VEINE qui est noyée, ou valeur de n.	qui n'est pas noyée, ou valeur de $h-n$.	RAPPORT de LA HAUTEUR de la partie de la veine qui n'est pas noyé à la charge totale, ou valeur de $\frac{h-n}{h}$.	PRODUIT de LA LARGEUR du déversoir par la charge totale, ou valeur de lh.	VITESSE DUE à la hauteur $h-n$, ou valeur de V_r.	DÉPENSE THÉORIQUE par seconde, ou valeur de D_1.	DÉPENSE EFFECTIVE par seconde, ou valeur de E.	VALEUR du COEFFICIENT de D_1, ou du rapport $\frac{E}{D_1}$.	ORIFICES DE 0m,20 DE LARGEUR alimentés par les déversoirs incomplets — Hauteurs des orifices.	Dispositifs.	OBSERVATIONS PARTICULIÈRES.
		mètres.	mètres.	mètres.		centim. carrés.	mètres.	litres.	litres.		mètres.		
Suite du DÉVERSOIR DE 0m,24 DE LARGEUR, DONT LA BASE EST ÉLEVÉE DE 0m,54 AU-DESSUS DU FOND DU RÉSERVOIR.													
27 décembre 1828	1999	0,0605	0,0480	0,0125	0,2066	145,20	0,4952	7,190	3,648	0,5074	Déversoir.	Fig. 20	Les orifices alimentés par les déversoirs incomplets étaient, les uns fermés et les autres découverts à la partie supérieure ; ces derniers sont désignés par le mot *déversoir* écrit dans la colonne qui a pour titre : *Hauteurs des orifices.*
16 décembre 1828	2000	0,3420	0,2672	0,0748	0,2187	820,80	1,2117	99,456	50,177	0,5045	0,20		
26 juin 1831	2001	0,0114	0,0087	0,0027	0,2368	27,36	0,2302	0,630	0,317	0,5032	Déversoir.	Fig. 4	
23 décembre 1828	2002	0,0656	0,0496	0,0160	0,2439	157,44	0,5603	8,821	4,416	0,5006	0,05		
27 décembre 1828	2003	0,1029	0,0774	0,0255	0,2478	246,96	0,7073	17,467	8,782	0,5028	Déversoir.	Fig. 13	
16 juillet 1831	2004	0,1958	0,1468	0,0490	0,2503	469,92	0,9800	46,052	23,000	0,4994	0,10		
10 juillet 1831	2005	0,3730	0,2790	0,0940	0,2520	895,20	1,3579	121,559	60,764	0,4999	0,20		
26 juin 1831	2006	0,0218	0,0156	0,0062	0,2844	52,32	0,3488	1,825	0,912	0,4997	Déversoir.	Fig. C	
21 juillet 1831	2007	0,0561	0,0396	0,0165	0,2941	134,64	0,5689	7,660	3,814	0,4979	0,03		
27 décembre 1828	2008	0,2064	0,1454	0,0610	0,2955	495,36	1,0936	54,173	26,936	0,4972	Déversoir.	Fig. 19	
26 juin 1831	2009	0,0307	0,0208	0,0099	0,3225	73,68	0,4407	3,247	1,606	0,4946	Déversoir.		
19 juillet 1831	2010	0,0856	0,0570	0,0286	0,3341	205,44	0,7490	15,387	7,597	0,4937	0,05		
10 juillet 1831	2011	0,3289	0,2140	0,1140	0,3466	789,36	1,4956	118,057	58,063	0,4918	0,20		
26 juin 1831	2012	0,0592	0,0355	0,0237	0,4003	142,08	0,6819	9,688	4,719	0,4871	Déversoir.	Fig. 6	
19 juillet 1831	2013	0,1528	0,0896	0,0632	0,4136	366,72	1,1136	40,838	19,823	0,4854	0,10		
26 juin 1831	2014	0,1060	0,0603	0,0457	0,4311	254,40	0,9470	24,092	11,678	0,4847	Déversoir.		
26 juin 1831	2015	0,1417	0,0797	0,0620	0,4376	340,08	1,1027	37,500	18,095	0,4825	Déversoir.		
10 juillet 1831	2016	0,3041	0,1691	0,1350	0,4439	729,84	1,6281	118,825	57,149	0,4809	0,20		
DÉVERSOIR DE 0m,204 DE LARGEUR, DONT LA BASE EST AU NIVEAU DU FOND DU RÉSERVOIR.													
7 novembre 1834	2017	0,6951	0,6919	0,0032	0,0046	1418,00	0,2506	35,535	23,377	0,6579	Déversoir.	Fig. 10	
8 novembre 1834	2018	0,8841	0,8696	0,0145	0,0164	1803,56	0,5334	96,202	56,247	0,5847	0,20		

TABLE GÉNÉRALE

DES COEFFICIENTS DES FORMULES DE LA DÉPENSE

DÉDUITS, PAR INTERPOLATION,

DES RÉSULTATS DES DIVERSES EXPÉRIENCES

FAITES SUR LES ORIFICES RECTANGULAIRES VERTICAUX.

La signification des formules et des dispositifs mentionnés dans cette table est indiquée dans la légende qui précède les tableaux détaillés des résultats des expériences sur la dépense des orifices.

Orifice de 0ᵐ,20 de hauteur et 0ᵐ,20 de largeur, débouchant librement dans l'air.

COEFFICIENTS DE LA FORMULE D, la hauteur du niveau de l'eau dans le réservoir étant mesurée, loin de l'orifice, en un point où le liquide est parfaitement stagnant, dans le cas des dispositifs de la planche 1,

CHARGES sur le sommet de l'orifice.	figure 1.	figure 2.	figure 3.	figure 4.	figure 5.	figure 6.	figure 7.	figure 8.	figure 9.	figure 10.	figure 11.	figure 12.	figure 13[1].	figure 13.	figure 14.
mètres.															
0,000	»	»	»	»	»	»	»	»	»	»	»	»	»	»	»
0,005	»	»	»	»	»	»	»	»	»	»	»	»	»	»	»
0,010	»	»	»	»	»	»	»	»	»	»	»	»	»	»	»
0,015	»	0,569	0,569	»	»	»	»	»	»	»	»	0,588	»	»	»
0,020	0,572	0,572	0,572	0,599	»	»	»	0,587	»	»	»	0,589	»	»	»
0,025	0,575	0,575	0,575	0,601	»	»	»	0,589	0,630	»	»	0,591	»	»	»
0,030	0,578	0,578	0,578	0,603	»	»	»	0,590	0,631	»	0,634	0,591	»	»	»
0,035	0,580	0,580	0,580	0,604	»	»	»	0,591	0,631	0,650	0,635	0,592	»	»	»
0,040	0,582	0,582	0,582	0,605	0,621	»	»	0,592	0,631	0,649	0,035	0,593	»	»	»
0,045	0,584	0,584	0,584	0,607	0,622	»	»	0,593	0,631	0,649	0,636	0,594	»	»	»
0,050	0,585	0,585	0,585	0,608	0,622	»	»	0,593	0,631	0,648	0,636	0,595	0,657	»	»
0,055	0,586	0,586	0,586	0,609	0,623	»	»	0,594	0,631	0,648	0,637	0,596	0,656	»	»
0,060	0,587	0,587	0,587	0,610	0,624	»	»	0,595	0,631	0,647	0,637	0,596	0,656	»	»
0,065	0,587	0,587	0,587	0,610	0,624	»	»	0,596	0,631	0,647	0,637	0,597	0,655	»	»
0,070	0,588	0,588	0,588	0,611	0,625	»	»	0,596	0,631	0,647	0,638	0,598	0,654	»	»
0,080	0,589	0,589	0,589	0,613	0,626	»	»	0,598	0,631	0,646	0,638	0,599	0,653	»	»
0,090	0,591	0,591	0,591	0,614	0,627	»	»	0,599	0,631	0,645	0,639	0,600	0,652	»	»
0,100	0,592	0,592	0,592	0,615	0,628	0,722	»	0,600	0,631	0,645	0,639	0,601	0,652	»	»
0,110	0,593	0,593	0,593	0,616	0,628	0,703	»	0,600	0,631	0,644	0,640	0,602	0,651	»	»
0,120	0,593	0,593	0,593	0,617	0,629	0,689	»	0,601	0,632	0,644	0,640	0,602	0,650	»	»
0,130	0,594	0,594	0,594	0,617	0,630	0,684	»	0,602	0,632	0,643	0,641	0,603	0,650	»	»
0,140	0,595	0,595	0,595	0,618	0,630	0,682	»	0,603	0,632	0,643	0,641	0,604	0,649	»	»
0,150	0,595	0,595	0,595	0,619	0,631	0,680	»	0,604	0,632	0,642	0,641	0,605	0,649	»	»
0,160	0,596	0,596	0,596	0,620	0,631	0,679	»	0,604	0,632	0,642	0,642	0,605	0,648	0,760	0,738
0,170	0,596	0,596	0,596	0,620	0,632	0,678	»	0,605	0,632	0,642	0,642	0,606	0,648	0,745	0,729
0,180	0,597	0,597	0,597	0,621	0,633	0,677	0,727	0,605	0,632	0,641	0,642	0,606	0,647	0,732	0,722
0,190	0,597	0,597	0,597	0,621	0,633	0,676	0,715	0,606	0,632	0,641	0,643	0,607	0,647	0,722	0,717
0,200	0,598	0,598	0,598	0,621	0,633	0,676	0,708	0,606	0,632	0,641	0,643	0,607	0,647	0,713	0,713

COEFFICIENTS DE LA FORMULE D, la hauteur du niveau de l'eau dans le réservoir étant mesuré immédiatement au-dessus de l'orifice, dans le cas des dispositifs de la planche 1,

CHARGES	figure 1.	figure 2.	figure 3.	figure 4.	figure 5.	figure 6.	figure 7.	figure 8.	figure 9.	figure 10.	figure 11.	figure 12.	figure 13[1].	figure 13.	figure 14.
0,000	0,615	0,610	0,610	0,652	0,726	1,053	1,162	0,636	0,696	0,753	0,710	0,625	0,808	1,226	1,189
0,005	0,605	0,593	0,593	0,634	0,709	1,028	1,139	0,625	0,683	0,735	0,697	0,614	0,790	1,209	1,172
0,010	0,600	0,587	0,587	0,627	0,695	1,005	1,117	0,617	0,673	0,720	0,686	0,608	0,774	1,192	1,155
0,015	0,596	0,585	0,585	0,623	0,683	0,984	1,095	0,612	0,664	0,706	0,676	0,604	0,759	1,175	1,138
0,020	0,594	0,584	0,584	0,621	0,674	0,963	1,073	0,608	0,657	0,696	0,668	0,602	0,746	1,158	1,121
0,025	0,594	0,585	0,584	0,619	0,666	0,943	1,052	0,605	0,651	0,688	0,661	0,600	0,735	1,141	1,104
0,030	0,593	0,585	0,584	0,618	0,660	0,923	1,031	0,603	0,648	0,681	0,656	0,600	0,725	1,124	1,087
0,035	0,593	0,586	0,585	0,617	0,655	0,903	1,010	0,602	0,645	0,676	0,652	0,599	0,716	1,107	1,070
0,040	0,593	0,586	0,585	0,617	0,651	0,884	0,989	0,601	0,643	0,672	0,649	0,599	0,709	1,090	1,053
0,045	0,593	0,587	0,586	0,617	0,648	0,865	0,969	0,601	0,642	0,668	0,647	0,599	0,702	1,073	1,036
0,050	0,593	0,588	0,586	0,616	0,646	0,848	0,950	0,600	0,641	0,665	0,646	0,599	0,696	1,056	1,020
0,055	0,593	0,589	0,587	0,616	0,643	0,829	0,931	0,600	0,640	0,663	0,645	0,599	0,692	1,040	1,003
0,060	0,594	0,590	0,587	0,616	0,642	0,813	0,913	0,600	0,640	0,661	0,644	0,599	0,688	1,024	0,986
0,065	0,594	0,590	0,588	0,616	0,641	0,798	0,895	0,600	0,639	0,660	0,644	0,600	0,684	1,008	0,970
0,070	0,594	0,591	0,588	0,616	0,639	0,784	0,878	0,600	0,639	0,658	0,643	0,600	0,681	0,992	0,954
0,080	0,594	0,592	0,589	0,617	0,638	0,762	0,844	0,600	0,639	0,656	0,643	0,600	0,675	0,961	0,922
0,090	0,594	0,593	0,590	0,617	0,637	0,743	0,816	0,600	0,639	0,654	0,643	0,601	0,671	0,931	0,892
0,100	0,595	0,594	0,591	0,618	0,637	0,730	0,790	0,601	0,639	0,652	0,643	0,601	0,668	0,903	0,863
0,110	0,596	0,595	0,591	0,619	0,637	0,719	0,769	0,601	0,639	0,650	0,644	0,602	0,665	0,874	0,836
0,120	0,596	0,596	0,592	0,619	0,637	0,711	0,753	0,602	0,639	0,649	0,644	0,603	0,663	0,849	0,812
0,130	0,597	0,596	0,593	0,620	0,637	0,705	0,741	0,602	0,640	0,648	0,644	0,603	0,661	0,826	0,790
0,140	0,597	0,597	0,594	0,620	0,637	0,700	0,732	0,602	0,640	0,647	0,645	0,604	0,659	0,804	0,771
0,150	0,597	0,597	0,594	0,621	0,637	0,697	0,725	0,603	0,640	0,647	0,645	0,604	0,657	0,785	0,756
0,160	0,598	0,598	0,595	0,621	0,637	0,695	0,721	0,603	0,640	0,646	0,645	0,605	0,656	0,767	0,743
0,170	0,598	0,598	0,596	0,622	0,637	0,693	0,717	0,604	0,640	0,645	0,646	0,605	0,655	0,752	0,734
0,180	0,598	0,598	0,596	0,622	0,637	0,692	0,714	0,604	0,640	0,645	0,646	0,606	0,654	0,739	0,727
0,190	0,598	0,598	0,596	0,622	0,637	0,691	0,712	0,605	0,640	0,645	0,646	0,606	0,653	0,728	0,722
0,200	0,599	0,599	0,597	0,622	0,637	0,690	0,710	0,605	0,640	0,645	0,647	0,607	0,653	0,720	0,719

OBSERVATIONS.

Les deux traits horizontaux placés dans chaque colonne des coefficients indiquent les limites entre lesquelles sont comprises les expériences qui ont servi de base à la formation de ce tableau.

Le premier coefficient inscrit dans chacune des quinze premières colonnes se rapporte à une charge en général plus forte de 0ᵐ,005 seulement que celle qui correspond à l'instant de la formation du déversoir. On aurait par trop allongé le tableau et on l'aurait embrouillé, en y insérant cette dernière charge, qui varie avec le dispositif, et comprend souvent des fractions de millimètre.

Orifice de 0^m,20 de hauteur et 0^m,20 de largeur, débouchant librement dans l'air.

Left block header — **COEFFICIENTS DE LA FORMULE D,** la hauteur du niveau de l'eau dans le réservoir étant mesurée, loin de l'orifice, en un point où le liquide est parfaitement stagnant, dans le cas des dispositifs de la planche 1,

Right block header — **COEFFICIENTS DE LA FORMULE D,** la hauteur du niveau de l'eau dans le réservoir étant mesurée immédiatement au-dessus de l'orifice, dans le cas des dispositifs de la planche 1,

CHARGES sur le sommet de l'orifice.	fig. 1.	fig. 2.	fig. 3.	fig. 4.	fig. 5.	fig. 6.	fig. 7.	fig. 8.	fig. 9.	fig. 10.	fig. 11.	fig. 12.	fig. 13¹.	fig. 13.	fig. 14.	fig. 1.	fig. 2.	fig. 3.	fig. 4.	fig. 5.	fig. 6.	fig. 7.	fig. 8.	fig. 9.	fig. 10.	fig. 11.	fig. 12.	fig. 13¹.	fig. 13.	fig. 14.	OBSERVATIONS.
mètres.																															
0,21	0,598	0,599	0,599	0,622	0,633	0,675	0,703	0,606	0,632	0,641	0,643	0,607	0,646	0,706	0,711	0,599	0,599	0,598	0,622	0,637	0,689	0,708	0,605	0,640	0,644	0,647	0,607	0,652	0,713	0,717	
0,22	0,598	0,599	0,599	0,622	0,634	0,675	0,699	0,607	0,632	0,640	0,643	0,608	0,646	0,701	0,709	0,599	0,599	0,598	0,623	0,637	0,688	0,706	0,606	0,639	0,644	0,647	0,608	0,651	0,707	0,716	
0,23	0,599	0,600	0,600	0,622	0,634	0,675	0,696	0,607	0,632	0,640	0,644	0,608	0,646	0,698	0,708	0,600	0,600	0,598	0,623	0,637	0,687	0,705	0,606	0,639	0,644	0,647	0,608	0,651	0,702	0,715	
0,24	0,599	0,600	0,600	0,622	0,634	0,674	0,694	0,607	0,632	0,640	0,644	0,608	0,645	0,695	0,707	0,600	0,600	0,599	0,623	0,637	0,687	0,703	0,607	0,639	0,644	0,648	0,608	0,650	0,698	0,714	
0,26	0,599	0,600	0,601	0,622	0,634	0,673	0,691	0,608	0,632	0,640	0,644	0,609	0,645	0,692	0,706	0,600	0,600	0,600	0,623	0,637	0,685	0,701	0,607	0,638	0,643	0,648	0,609	0,649	0,694	0,712	
0,28	0,600	0,601	0,601	0,622	0,635	0,673	0,689	0,608	0,632	0,639	0,644	0,609	0,645	0,690	0,706	0,601	0,601	0,600	0,623	0,637	0,684	0,699	0,608	0,637	0,643	0,648	0,609	0,648	0,691	0,711	
0,30	0,600	0,601	0,602	0,622	0,635	0,672	0,687	0,608	0,632	0,639	0,644	0,609	0,644	0,688	0,705	0,601	0,601	0,601	0,623	0,637	0,683	0,697	0,608	0,637	0,643	0,648	0,609	0,648	0,689	0,710	
0,35	0,601	0,602	0,603	0,623	0,635	0,671	0,684	0,609	0,631	0,639	0,644	0,610	0,644	0,685	0,704	0,601	0,601	0,603	0,623	0,637	0,681	0,693	0,609	0,636	0,642	0,647	0,610	0,647	0,686	0,708	
0,40	0,602	0,603	0,604	0,623	0,636	0,670	0,682	0,609	0,631	0,639	0,644	0,610	0,643	0,684	0,703	0,602	0,602	0,604	0,623	0,637	0,678	0,690	0,609	0,635	0,641	0,647	0,610	0,646	0,684	0,707	
0,45	0,602	0,603	0,604	0,623	0,636	0,669	0,681	0,610	0,631	0,639	0,644	0,611	0,643	0,683	0,703	0,602	0,602	0,605	0,624	0,637	0,677	0,688	0,610	0,634	0,641	0,647	0,610	0,646	0,683	0,705	
0,50	0,603	0,604	0,605	0,623	0,636	0,668	0,680	0,610	0,631	0,639	0,644	0,611	0,643	0,682	0,702	0,603	0,603	0,605	0,624	0,637	0,675	0,687	0,610	0,633	0,640	0,646	0,611	0,645	0,682	0,704	
0,60	0,604	0,604	0,606	0,624	0,636	0,667	0,679	0,610	0,630	0,638	0,644	0,611	0,642	0,682	0,701	0,604	0,604	0,606	0,624	0,637	0,673	0,685	0,610	0,632	0,640	0,646	0,611	0,644	0,682	0,703	
0,70	0,604	0,605	0,606	0,624	0,636	0,666	0,678	0,611	0,629	0,638	0,644	0,612	0,642	0,681	0,701	0,604	0,604	0,607	0,624	0,637	0,671	0,683	0,610	0,631	0,639	0,645	0,611	0,644	0,682	0,702	
0,80	0,605	0,605	0,606	0,624	0,637	0,665	0,677	0,611	0,629	0,638	0,643	0,612	0,641	0,681	0,700	0,605	0,605	0,607	0,624	0,637	0,670	0,681	0,611	0,631	0,639	0,644	0,611	0,643	0,682	0,701	
0,90	0,605	0,605	0,606	0,624	0,637	0,665	0,677	0,611	0,628	0,638	0,643	0,612	0,641	0,681	0,700	0,605	0,605	0,607	0,624	0,637	0,669	0,681	0,611	0,630	0,638	0,644	0,611	0,643	0,682	0,700	
1,00	0,605	0,605	0,606	0,624	0,637	0,664	0,676	0,611	0,628	0,638	0,642	0,612	0,641	0,680	0,700	0,605	0,605	0,606	0,624	0,637	0,668	0,680	0,611	0,630	0,638	0,643	0,611	0,643	0,682	0,700	
1,10	0,604	0,605	0,606	0,624	0,637	0,664	0,676	0,611	0,628	0,638	0,642	0,612	0,641	0,680	0,699	0,604	0,605	0,606	0,624	0,637	0,666	0,679	0,611	0,630	0,638	0,643	0,611	0,643	0,681	0,700	
1,20	0,604	0,605	0,606	0,625	0,637	0,663	0,675	0,611	0,628	0,638	0,642	0,612	0,641	0,680	0,699	0,604	0,604	0,606	0,625	0,637	0,666	0,678	0,610	0,629	0,638	0,643	0,611	0,643	0,681	0,699	
1,30	0,603	0,604	0,605	0,625	0,637	0,663	0,674	0,611	0,628	0,638	0,641	0,611	0,641	0,680	0,699	0,603	0,604	0,605	0,625	0,637	0,665	0,676	0,610	0,629	0,638	0,642	0,611	0,642	0,681	0,699	
1,40	0,603	0,604	0,605	0,625	0,637	0,662	0,673	0,611	0,628	0,637	0,641	0,611	0,641	0,679	0,699	0,603	0,604	0,604	0,625	0,637	0,664	0,674	0,610	0,629	0,638	0,642	0,611	0,642	0,681	0,699	
1,50	0,602	0,603	0,604	0,624	0,637	0,661	0,672	0,611	0,627	0,637	0,641	0,611	0,641	0,679	0,699	0,602	0,603	0,604	0,624	0,637	0,663	0,672	0,610	0,628	0,638	0,642	0,611	0,642	0,681	0,699	
1,60	0,602	0,603	0,603	0,623	0,637	0,661	0,671	0,611	0,627	0,637	0,641	0,611	0,641	0,679	0,698	0,602	0,603	0,603	0,623	0,637	0,662	0,671	0,610	0,628	0,637	0,641	0,611	0,642	0,680	0,698	
1,70	0,602	0,602	0,602	0,622	0,637	0,660	0,670	0,611	0,627	0,637	0,641	0,611	0,641	0,679	0,698	0,602	0,603	0,603	0,621	0,637	0,662	0,670	0,610	0,627	0,637	0,641	0,611	0,642	0,680	0,698	
1,80	0,601	0,602	0,602	0,621	0,637	0,660	0,669	0,610	0,627	0,637	0,640	0,611	0,641	0,679	0,698	0,601	0,603	0,602	0,620	0,637	0,662	0,670	0,610	0,627	0,637	0,641	0,610	0,642	0,680	0,697	
1,90	0,601	0,602	0,602	0,620	0,636	0,659	0,669	0,610	0,626	0,636	0,640	0,611	0,641	0,678	0,698	0,601	0,602	0,602	0,619	0,636	0,661	0,669	0,609	0,627	0,636	0,640	0,610	0,642	0,680	0,697	
2,00	0,601	0,601	0,601	0,619	0,636	0,659	0,668	0,610	0,626	0,636	0,640	0,611	0,641	0,678	0,698	0,601	0,602	0,602	0,619	0,636	0,661	0,669	0,609	0,626	0,636	0,640	0,610	0,642	0,679	0,697	
3,00	0,601	0,601	0,601	0,614	0,634	0,656	0,665	0,609	0,624	0,634	0,638	0,610	0,641	0,676	0,696	0,601	0,600	0,602	0,615	0,633	0,658	0,666	0,607	0,623	0,633	0,637	0,608	0,640	0,677	0,695	

Orifice de 0ᵐ,10 de hauteur et 0ᵐ,20 de largeur, débouchant librement dans l'air.

CHARGES sur le sommet de l'orifice.	COEFFICIENTS DE LA FORMULE D, la hauteur du niveau de l'eau dans le réservoir étant mesurée, loin de l'orifice, en un point où le liquide est parfaitement stagnant, dans le cas des dispositifs de la planche 1,					COEFFICIENTS DE LA FORMULE D, la hauteur du niveau de l'eau dans le réservoir étant mesurée immédiatement au-dessus de l'orifice, dans le cas des dispositifs de la planche 1,					OBSERVATIONS.
	figure 1.	figure 4.	figure 5.	figure 6.	figure 9.	figure 1.	figure 4.	figure 5.	figure 6.	figure 9.	
mètres.											
0,000	.	.	.	.	.	0,660	0,719	0,753	0,996	0,706	Les deux traits horizontaux placés dans chaque colonne des coefficients indiquent les limites entre lesquelles sont comprises les expériences qui ont servi de base à la formation de ce tableau.
0,005	.	.	.	.	.	0,635	0,693	0,722	0,950	0,691	
0,010	.	.	.	.	.	0,625	0,671	0,701	0,910	0,678	En ce qui concerne le premier coefficient inscrit dans chacune des cinq premières colonnes, voyez la note insérée dans la colonne d'observations du tableau n° XXV.
0,015	0,595	.	.	.	0,628	0,620	0,659	0,687	0,871	0,669	
0,020	0,596	0,624	.	.	0,630	0,618	0,653	0,678	0,839	0,663	
0,025	0,598	0,627	0,632	.	0,631	0,616	0,650	0,674	0,813	0,659	
0,030	0,600	0,629	0,635	.	0,632	0,615	0,649	0,671	0,701	0,657	
0,035	0,602	0,631	0,638	.	0,633	0,615	0,647	0,668	0,775	0,655	
0,040	0,603	0,633	0,640	.	0,633	0,614	0,647	0,667	0,762	0,654	
0,045	0,604	0,634	0,642	.	0,634	0,614	0,646	0,666	0,751	0,653	
0,050	0,605	0,635	0,644	0,704	0,634	0,613	0,646	0,665	0,743	0,652	
0,055	0,606	0,636	0,646	0,693	0,634	0,613	0,646	0,664	0,736	0,651	
0,060	0,607	0,637	0,647	0,685	0,634	0,612	0,646	0,664	0,730	0,651	
0,065	0,608	0,638	0,648	0,682	0,635	0,612	0,646	0,663	0,725	0,650	
0,070	0,609	0,639	0,650	0,681	0,635	0,613	0,646	0,663	0,721	0,650	
0,080	0,610	0,641	0,651	0,680	0,635	0,614	0,647	0,662	0,715	0,649	
0,090	0,610	0,642	0,653	0,680	0,635	0,614	0,647	0,662	0,711	0,648	
0,100	0,611	0,643	0,654	0,680	0,635	0,614	0,648	0,661	0,707	0,647	
0,110	0,612	0,644	0,655	0,680	0,635	0,614	0,648	0,661	0,704	0,646	
0,120	0,612	0,645	0,655	0,680	0,635	0,614	0,648	0,661	0,701	0,645	
0,130	0,613	0,646	0,656	0,680	0,635	0,615	0,648	0,661	0,699	0,645	
0,140	0,613	0,646	0,656	0,680	0,635	0,615	0,649	0,660	0,698	0,644	
0,150	0,613	0,647	0,656	0,680	0,635	0,615	0,649	0,660	0,696	0,644	
0,160	0,614	0,647	0,657	0,680	0,635	0,615	0,649	0,660	0,695	0,643	
0,170	0,614	0,648	0,657	0,680	0,635	0,615	0,649	0,660	0,694	0,643	
0,180	0,615	0,648	0,657	0,680	0,635	0,616	0,649	0,660	0,693	0,642	
0,190	0,615	0,648	0,657	0,680	0,635	0,616	0,649	0,660	0,692	0,641	
0,200	0,615	0,648	0,657	0,680	0,635	0,616	0,649	0,659	0,691	0,641	

CHARGES sur le sommet de l'orifice.	COEFFICIENTS DE LA FORMULE D, la hauteur du niveau de l'eau dans le réservoir étant mesurée, loin de l'orifice, en un point où le liquide est parfaitement stagnant, dans le cas des dispositifs de la planche 1,					COEFFICIENTS DE LA FORMULE D, la hauteur du niveau de l'eau dans le réservoir étant mesurée immédiatement au-dessus de l'orifice, dans le cas des dispositifs de la planche 1,					OBSERVATIONS.
	figure 1.	figure 4.	figure 5.	figure 6.	figure 9.	figure 1.	figure 4.	figure 5.	figure 6.	figure 9.	
mètres.											
0,21	0,615	0,648	0,657	0,680	0,634	0,616	0,649	0,659	0,691	0,640	
0,22	0,615	0,648	0,657	0,680	0,634	0,616	0,649	0,659	0,690	0,640	
0,23	0,615	0,648	0,657	0,680	0,634	0,617	0,649	0,659	0,690	0,639	
0,24	0,616	0,648	0,657	0,680	0,634	0,617	0,649	0,659	0,680	0,639	
0,26	0,616	0,648	0,657	0,680	0,634	0,617	0,649	0,659	0,688	0,638	
0,28	0,616	0,648	0,657	0,680	0,634	0,617	0,649	0,659	0,688	0,638	
0,30	0,616	0,648	0,657	0,680	0,634	0,617	0,649	0,658	0,687	0,637	
0,35	0,617	0,648	0,657	0,679	0,633	0,617	0,648	0,658	0,685	0,636	
0,40	0,617	0,648	0,657	0,679	0,633	0,617	0,648	0,658	0,684	0,635	
0,45	0,617	0,648	0,657	0,679	0,632	0,617	0,648	0,657	0,683	0,634	
0,50	0,617	0,648	0,657	0,678	0,632	0,617	0,648	0,657	0,682	0,633	
0,60	0,617	0,648	0,656	0,677	0,631	0,617	0,648	0,657	0,681	0,632	
0,70	0,616	0,648	0,656	0,676	0,631	0,616	0,648	0,656	0,679	0,632	
0,80	0,616	0,648	0,656	0,676	0,630	0,616	0,648	0,656	0,678	0,631	
0,90	0,615	0,647	0,655	0,675	0,630	0,615	0,647	0,656	0,676	0,631	
1,00	0,615	0,647	0,655	0,674	0,630	0,615	0,647	0,656	0,675	0,631	
1,10	0,614	0,646	0,655	0,674	0,630	0,614	0,647	0,655	0,675	0,630	
1,20	0,614	0,646	0,655	0,673	0,629	0,614	0,646	0,655	0,674	0,630	
1,30	0,613	0,645	0,654	0,672	0,629	0,613	0,645	0,655	0,673	0,630	
1,40	0,612	0,644	0,654	0,672	0,629	0,612	0,644	0,655	0,673	0,630	
1,50	0,611	0,644	0,654	0,671	0,629	0,611	0,644	0,654	0,672	0,630	
1,60	0,611	0,643	0,654	0,671	0,629	0,611	0,643	0,654	0,671	0,630	
1,70	0,610	0,643	0,654	0,670	0,620	0,610	0,643	0,654	0,671	0,630	
1,80	0,609	0,642	0,653	0,670	0,620	0,609	0,642	0,653	0,670	0,630	
1,90	0,608	0,642	0,653	0,669	0,629	0,608	0,641	0,653	0,669	0,630	
2,00	0,607	0,641	0,653	0,669	0,629	0,607	0,641	0,652	0,669	0,629	
3,00	0,603	0,639	0,650	0,664	0,628	0,603	0,636	0,648	0,664	0,625	

Orifice de 0^m,05 de hauteur et 0^m,20 de largeur, débouchant librement dans l'air.

COEFFICIENTS DE LA FORMULE D, la hauteur du niveau de l'eau dans le réservoir étant mesurée, loin de l'orifice, en un point où le liquide est parfaitement stagnant, dans le cas des dispositifs de la planche 1,

CHARGE sur sommet de l'orifice. (mètres)	figure 1.	figure 2.	figure 3.	figure 4.	figure 5.	figure 6.	figure 7.	figure 8.	figure 9.	figure 10.	figure 11.	figure 12.	figure 13.	figure 14.
0,000														
0,005														
0,010	0,607	0,615	0,615					0,625	0,648	0,659		0,630		
0,015	0,612	0,617	0,617	0,663				0,626	0,648	0,657		0,631		
0,020	0,616	0,618	0,618	0,664	0,663			0,627	0,647	0,655	0,678	0,631		
0,025	0,618	0,620	0,620	0,665	0,665			0,628	0,647	0,654	0,678	0,631		
0,030	0,620	0,621	0,621	0,665	0,666	0,701		0,628	0,647	0,653	0,678	0,631		
0,035	0,622	0,622	0,622	0,666	0,667	0,697		0,629	0,647	0,651	0,677	0,632		
0,040	0,623	0,623	0,623	0,666	0,668	0,694		0,629	0,647	0,650	0,677	0,632		
0,045	0,624	0,624	0,624	0,666	0,668	0,691		0,630	0,646	0,650	0,677	0,632		
0,050	0,625	0,625	0,625	0,667	0,669	0,690		0,630	0,646	0,649	0,677	0,632	0,719	0,717
0,055	0,625	0,625	0,625	0,667	0,670	0,689	0,699	0,630	0,646	0,649	0,677	0,632	0,717	0,716
0,060	0,626	0,626	0,626	0,667	0,670	0,689	0,699	0,631	0,646	0,648	0,677	0,632	0,716	0,715
0,065	0,626	0,627	0,627	0,668	0,671	0,689	0,698	0,631	0,646	0,648	0,677	0,632	0,715	0,714
0,070	0,627	0,627	0,627	0,668	0,671	0,689	0,698	0,632	0,646	0,647	0,677	0,632	0,714	0,713
0,080	0,628	0,629	0,629	0,668	0,672	0,689	0,697	0,632	0,645	0,646	0,677	0,632	0,712	0,711
0,090	0,629	0,629	0,629	0,668	0,673	0,688	0,696	0,633	0,645	0,646	0,677	0,632	0,710	0,710
0,100	0,630	0,630	0,630	0,669	0,674	0,688	0,696	0,633	0,645	0,645	0,677	0,633	0,709	0,709
0,110	0,631	0,631	0,631	0,669	0,674	0,688	0,696	0,634	0,645	0,645	0,676	0,633	0,707	0,707
0,120	0,631	0,632	0,632	0,669	0,675	0,688	0,695	0,634	0,644	0,644	0,676	0,633	0,706	0,706
0,130	0,631	0,632	0,633	0,669	0,675	0,688	0,695	0,634	0,644	0,644	0,676	0,633	0,704	0,705
0,140	0,631	0,633	0,633	0,670	0,675	0,687	0,695	0,635	0,644	0,644	0,676	0,633	0,703	0,704
0,150	0,631	0,633	0,634	0,670	0,675	0,687	0,694	0,635	0,644	0,643	0,676	0,633	0,702	0,703
0,160	0,631	0,633	0,634	0,670	0,676	0,687	0,694	0,635	0,643	0,543	0,676	0,633	0,700	0,703
0,170	0,631	0,633	0,635	0,670	0,676	0,687	0,694	0,635	0,643	0,643	0,675	0,633	0,699	0,702
0,180	0,631	0,633	0,635	0,670	0,676	0,687	0,694	0,635	0,643	0,643	0,675	0,633	0,698	0,701
0,190	0,631	0,634	0,635	0,670	0,676	0,687	0,693	0,635	0,643	0,642	0,675	0,633	0,697	0,701
0,200	0,631	0,634	0,635	0,670	0,676	0,687	0,693	0,635	0,542	0,642	0,675	0,633	0,696	0,700

COEFFICIENTS DE LA FORMULE D, la hauteur du niveau de l'eau dans le réservoir étant mesurée immédiatement au-dessus de l'orifice, dans le cas des dispositifs de la planche 1,

CHARGE (mètres)	figure 1.	figure 2.	figure 3.	figure 4.	figure 5.	figure 6.	figure 7.	figure 8.	figure 9.	figure 10.	figure 11.	figure 12.	figure 13.	figure 14.
0,000	0,708	0,701	0,701	0,841	0,854	1,037	1,140	0,719	0,733	0,779	0,862	0,718	1,229	1,225
0,005	0,665	0,658	0,658	0,772	0,799	0,940	0,975	0,667	0,700	0,725	0,809	0,664	1,135	1,125
0,010	0,641	0,639	0,639	0,729	0,762	0,884	0,908	0,658	0,688	0,697	0,772	0,653	1,050	1,045
0,015	0,637	0,635	0,635	0,710	0,735	0,823	0,843	0,654	0,681	0,684	0,745	0,648	0,976	0,980
0,020	0,638	0,634	0,634	0,700	0,717	0,786	0,805	0,651	0,676	0,676	0,729	0,645	0,920	0,925
0,025	0,638	0,634	0,634	0,694	0,705	0,769	0,783	0,649	0,672	0,671	0,717	0,643	0,877	0,881
0,030	0,637	0,633	0,633	0,689	0,698	0,757	0,769	0,648	0,669	0,667	0,710	0,641	0,839	0,845
0,035	0,637	0,633	0,633	0,685	0,694	0,747	0,759	0,646	0,667	0,663	0,704	0,640	0,807	0,816
0,040	0,636	0,634	0,633	0,683	0,690	0,740	0,751	0,645	0,665	0,661	0,700	0,639	0,784	0,795
0,045	0,636	0,634	0,633	0,681	0,688	0,734	0,745	0,644	0,664	0,658	0,697	0,638	0,764	0,778
0,050	0,636	0,634	0,633	0,679	0,686	0,729	0,739	0,643	0,662	0,656	0,695	0,637	0,751	0,766
0,055	0,636	0,634	0,633	0,678	0,685	0,725	0,735	0,643	0,661	0,655	0,693	0,637	0,742	0,756
0,060	0,635	0,634	0,633	0,677	0,684	0,721	0,731	0,642	0,660	0,654	0,692	0,636	0,736	0,750
0,065	0,635	0,634	0,633	0,676	0,683	0,718	0,727	0,641	0,659	0,653	0,690	0,636	0,731	0,744
0,070	0,635	0,633	0,632	0,674	0,682	0,715	0,724	0,640	0,658	0,651	0,689	0,635	0,727	0,740
0,080	0,634	0,633	0,632	0,674	0,681	0,711	0,720	0,639	0,657	0,650	0,687	0,634	0,721	0,734
0,090	0,634	0,633	0,632	0,674	0,680	0,708	0,716	0,638	0,655	0,648	0,686	0,634	0,717	0,729
0,100	0,634	0,633	0,631	0,673	0,680	0,705	0,713	0,638	0,654	0,647	0,685	0,633	0,714	0,725
0,110	0,634	0,633	0,631	0,673	0,679	0,703	0,710	0,638	0,654	0,646	0,684	0,633	0,712	0,721
0,120	0,634	0,633	0,631	0,673	0,679	0,701	0,708	0,637	0,653	0,645	0,683	0,632	0,710	0,719
0,130	0,633	0,633	0,630	0,672	0,678	0,700	0,706	0,637	0,652	0,644	0,682	0,632	0,708	0,716
0,140	0,633	0,633	0,630	0,672	0,678	0,699	0,704	0,636	0,651	0,644	0,682	0,632	0,706	0,714
0,150	0,632	0,633	0,630	0,672	0,678	0,698	0,703	0,636	0,650	0,643	0,681	0,632	0,704	0,713
0,160	0,632	0,633	0,630	0,672	0,678	0,697	0,702	0,636	0,650	0,643	0,681	0,632	0,703	0,711
0,170	0,632	0,633	0,629	0,672	0,677	0,696	0,701	0,635	0,649	0,643	0,680	0,632	0,701	0,710
0,180	0,631	0,633	0,629	0,672	0,677	0,695	0,700	0,635	0,648	0,642	0,680	0,631	0,700	0,708
0,190	0,631	0,633	0,629	0,672	0,677	0,694	0,699	0,635	0,648	0,642	0,679	0,631	0,699	0,707
0,200	0,631	0,633	0,629	0,672	0,677	0,694	0,698	0,634	0,648	0,642	0,679	0,631	0,698	0,706

OBSERVATIONS.

Les deux traits horizontaux placés dans chaque colonne des coefficients indiquent les limites entre lesquelles sont comprises les expériences qui ont servi de base à la formation de ce tableau.

En ce qui concerne le premier coefficient inscrit dans chacune des quatre premières colonnes, voyez la note insérée dans la colonne d'observations du tableau n° XXV.

Orifice de 0m,05 de hauteur et 0m,20 de largeur, débouchant librement dans l'air.

COEFFICIENTS DE LA FORMULE D, la hauteur du niveau de l'eau dans le réservoir étant mesurée, loin de l'orifice, en un point où le liquide est parfaitement stagnant, dans le cas des dispositifs de la planche 1,

CHARGES sur le sommet de l'orifice.	figure 1.	figure 2.	figure 3.	figure 4.	figure 5.	figure 6.	figure 7.	figure 8.	figure 9.	figure 10.	figure 11.	figure 12.	figure 13.	figure 14.
mètres.														
0,21	0,631	0,634	0,635	0,670	0,676	0,686	0,693	0,635	0,642	0,642	0,675	0,633	0,695	0,699
0,22	0,630	0,633	0,635	0,670	0,676	0,686	0,693	0,635	0,642	0,642	0,675	0,633	0,694	0,699
0,23	0,630	0,633	0,634	0,670	0,676	0,686	0,693	0,635	0,642	0,642	0,675	0,635	0,694	0,698
0,24	0,630	0,633	0,634	0,670	0,676	0,686	0,692	0,635	0,641	0,642	0,674	0,633	0,693	0,698
0,26	0,630	0,635	0,634	0,670	0,676	0,686	0,692	0,635	0,641	0,642	0,674	0,633	0,692	0,697
0,28	0,630	0,632	0,634	0,670	0,676	0,685	0,692	0,635	0,640	0,642	0,674	0,633	0,690	0,697
0,30	0,630	0,632	0,634	0,670	0,676	0,685	0,691	0,635	0,640	0,642	0,673	0,633	0,689	0,697
0,35	0,629	0,631	0,633	0,669	0,676	0,684	0,691	0,635	0,639	0,641	0,673	0,633	0,687	0,696
0,40	0,629	0,631	0,633	0,669	0,676	0,684	0,690	0,634	0,638	0,641	0,672	0,633	0,685	0,695
0,45	0,628	0,630	0,632	0,668	0,676	0,683	0,689	0,634	0,637	0,641	0,671	0,633	0,683	0,695
0,50	0,628	0,630	0,632	0,668	0,676	0,682	0,689	0,634	0,637	0,640	0,671	0,632	0,682	0,695
0,60	0,627	0,629	0,631	0,668	0,675	0,682	0,688	0,633	0,636	0,639	0,670	0,631	0,681	0,694
0,70	0,627	0,628	0,630	0,667	0,674	0,681	0,687	0,632	0,636	0,638	0,670	0,631	0,680	0,694
0,80	0,626	0,627	0,628	0,667	0,674	0,681	0,686	0,630	0,635	0,637	0,670	0,630	0,680	0,693
0,90	0,625	0,627	0,627	0,667	0,673	0,680	0,685	0,629	0,635	0,635	0,670	0,628	0,679	0,693
1,00	0,625	0,626	0,626	0,666	0,672	0,680	0,685	0,628	0,635	0,634	0,670	0,627	0,679	0,692
1,10	0,624	0,625	0,625	0,666	0,672	0,680	0,684	0,627	0,635	0,633	0,670	0,626	0,678	0,691
1,20	0,623	0,624	0,624	0,666	0,671	0,679	0,683	0,625	0,635	0,631	0,670	0,625	0,678	0,690
1,30	0,622	0,622	0,622	0,666	0,671	0,679	0,682	0,624	0,635	0,630	0,670	0,624	0,678	0,690
1,40	0,621	0,621	0,621	0,665	0,670	0,678	0,681	0,623	0,634	0,628	0,670	0,622	0,677	0,689
1,50	0,619	0,619	0,619	0,665	0,670	0,678	0,681	0,622	0,634	0,627	0,670	0,621	0,677	0,688
1,60	0,618	0,618	0,618	0,665	0,670	0,677	0,681	0,620	0,634	0,626	0,669	0,620	0,677	0,687
1,70	0,616	0,617	0,617	0,665	0,670	0,676	0,681	0,619	0,634	0,625	0,669	0,618	0,676	0,686
1,80	0,615	0,616	0,616	0,664	0,670	0,676	0,681	0,618	0,634	0,623	0,669	0,617	0,676	0,685
1,90	0,614	0,615	0,615	0,664	0,670	0,675	0,681	0,617	0,634	0,622	0,669	0,616	0,675	0,685
2,00	0,613	0,614	0,614	0,664	0,670	0,674	0,680	0,616	0,634	0,621	0,669	0,615	0,675	0,684
3,00	0,606	0,606	0,606	0,662	0,669	0,673	0,678	0,609	0,632	0,614	0,668	0,608	0,672	0,680

COEFFICIENTS DE LA FORMULE D, la hauteur du niveau de l'eau dans le réservoir étant mesurée immédiatement au-dessus de l'orifice, dans le cas des dispositifs de la planche 1,

CHARGES sur le sommet de l'orifice.	figure 1.	figure 2.	figure 3.	figure 4.	figure 5.	figure 6.	figure 7.	figure 8.	figure 9.	figure 10.	figure 11.	figure 12.	figure 13.	figure 14.	OBSERVATIONS.
0,21	0,631	0,633	0,629	0,671	0,677	0,693	0,698	0,634	0,647	0,642	0,678	0,631	0,697	0,705	
0,22	0,631	0,633	0,629	0,671	0,677	0,693	0,697	0,634	0,647	0,642	0,678	0,631	0,696	0,704	
0,23	0,630	0,633	0,629	0,671	0,677	0,692	0,697	0,634	0,646	0,642	0,677	0,631	0,695	0,703	
0,24	0,630	0,633	0,629	0,671	0,677	0,692	0,696	0,634	0,645	0,642	0,677	0,631	0,694	0,703	
0,26	0,630	0,635	0,629	0,671	0,676	0,691	0,695	0,633	0,645	0,642	0,677	0,631	0,693	0,701	
0,28	0,630	0,633	0,629	0,671	0,676	0,690	0,694	0,633	0,644	0,643	0,676	0,631	0,691	0,700	
0,30	0,630	0,632	0,629	0,670	0,676	0,689	0,694	0,633	0,643	0,643	0,675	0,630	0,690	0,699	
0,35	0,630	0,631	0,629	0,670	0,676	0,688	0,692	0,633	0,641	0,643	0,674	0,630	0,687	0,697	
0,40	0,629	0,630	0,630	0,669	0,676	0,686	0,691	0,633	0,640	0,642	0,673	0,630	0,685	0,696	
0,45	0,629	0,623	0,630	0,669	0,676	0,685	0,690	0,633	0,639	0,641	0,672	0,630	0,684	0,695	
0,50	0,628	0,627	0,630	0,669	0,676	0,685	0,689	0,633	0,638	0,640	0,672	0,630	0,683	0,695	
0,60	0,627	0,626	0,629	0,668	0,676	0,684	0,688	0,632	0,637	0,638	0,671	0,630	0,682	0,694	
0,70	0,627	0,625	0,629	0,668	0,675	0,683	0,687	0,632	0,636	0,636	0,671	0,629	0,681	0,694	
0,80	0,626	0,624	0,628	0,667	0,674	0,682	0,687	0,631	0,636	0,633	0,671	0,629	0,681	0,694	
0,90	0,625	0,623	0,627	0,667	0,673	0,681	0,686	0,629	0,635	0,631	0,670	0,625	0,680	0,694	
1,00	0,625	0,622	0,626	0,667	0,672	0,681	0,685	0,628	0,635	0,629	0,670	0,627	0,680	0,693	
1,10	0,624	0,622	0,625	0,667	0,672	0,680	0,684	0,626	0,635	0,628	0,670	0,626	0,679	0,693	
1,20	0,623	0,621	0,623	0,666	0,671	0,680	0,683	0,625	0,635	0,627	0,670	0,624	0,679	0,692	
1,30	0,622	0,620	0,622	0,666	0,671	0,679	0,683	0,624	0,635	0,626	0,670	0,623	0,679	0,691	
1,40	0,621	0,619	0,621	0,666	0,671	0,679	0,682	0,622	0,635	0,625	0,670	0,622	0,678	0,690	
1,50	0,619	0,618	0,619	0,665	0,671	0,678	0,682	0,621	0,635	0,624	0,670	0,620	0,678	0,689	
1,60	0,618	0,618	0,618	0,665	0,671	0,677	0,681	0,620	0,634	0,623	0,670	0,619	0,677	0,688	
1,70	0,616	0,617	0,617	0,665	0,670	0,677	0,681	0,619	0,634	0,623	0,670	0,619	0,677	0,687	
1,80	0,615	0,616	0,616	0,664	0,670	0,676	0,681	0,618	0,634	0,622	0,670	0,618	0,676	0,686	
1,90	0,614	0,615	0,615	0,664	0,670	0,676	0,681	0,618	0,634	0,622	0,669	0,617	0,676	0,685	
2,00	0,613	0,615	0,615	0,664	0,670	0,675	0,681	0,617	0,634	0,621	0,669	0,616	0,675	0,685	
3,00	0,606	0,609	0,609	0,662	0,670	0,673	0,679	0,611	0,631	0,616	0,669	0,610	0,673	0,682	

EXPÉRIENCES HYDRAULIQUES TABLEAU N° XXVIII. SUR LES LOIS DE L'ÉCOULEMENT DE L'EAU.

Orifice de 0^m,03 de hauteur et 0^m,20 de largeur, débouchant librement dans l'air.

CHARGES sur le sommet de l'orifice.	COEFFICIENTS DE LA FORMULE D, la hauteur du niveau de l'eau dans le réservoir étant mesurée, loin de l'orifice, en un point où le liquide est parfaitement stagnant, dans le cas des dispositifs de la planche 1,					COEFFICIENTS DE LA FORMULE D, la hauteur du niveau de l'eau dans le réservoir étant mesurée immédiatement au-dessus de l'orifice, dans le cas des dispositifs de la planche 1,					OBSERVATIONS.
	figure 1.	figure 4.	figure 5.	figure 6.	figure 9.	figure 1.	figure 4.	figure 5.	figure 6.	figure 9.	
mètres.											
0,000						0,769	0,966	0,976	1,122	0,508	Les deux traits horizontaux placés dans chaque colonne des coefficients indiquent les limites entre lesquelles sont comprises les expériences qui ont servi de base à la formation de ce tableau. En ce qui concerne le premier coefficient inscrit dans chacune des cinq premières colonnes, voyez la note insérée dans la colonne d'observations du tableau n° XXV.
0,005						0,709	0,865	0,881	0,978	0,746	
0,010	0,634				0,607	0,683	0,782	0,793	0,886	0,717	
0,015	0,638	0,713	0,706		0,666	0,672	0,734	0,741	0,816	0,703	
0,020	0,639	0,691	0,689		0,665	0,665	0,717	0,723	0,781	0,695	
0,025	0,640	0,688	0,686	0,709	0,665	0,662	0,710	0,714	0,759	0,690	
0,030	0,641	0,687	0,685	0,702	0,664	0,659	0,706	0,708	0,745	0,686	
0,035	0,641	0,687	0,685	0,700	0,664	0,656	0,703	0,704	0,735	0,683	
0,040	0,640	0,686	0,684	0,699	0,664	0,654	0,700	0,701	0,728	0,681	
0,045	0,640	0,686	0,684	0,698	0,663	0,652	0,698	0,699	0,723	0,679	
0,050	0,640	0,686	0,684	0,698	0,663	0,650	0,697	0,697	0,719	0,677	
0,055	0,639	0,686	0,684	0,697	0,663	0,648	0,696	0,696	0,716	0,676	
0,060	0,639	0,686	0,684	0,697	0,662	0,647	0,694	0,695	0,713	0,674	
0,065	0,639	0,685	0,684	0,697	0,662	0,646	0,693	0,694	0,711	0,673	
0,070	0,638	0,685	0,684	0,696	0,662	0,645	0,692	0,693	0,710	0,672	
0,080	0,638	0,685	0,684	0,696	0,661	0,643	0,690	0,691	0,708	0,670	
0,090	0,637	0,684	0,684	0,696	0,661	0,642	0,689	0,690	0,707	0,669	
0,100	0,637	0,684	0,684	0,695	0,661	0,641	0,688	0,689	0,705	0,668	
0,110	0,636	0,683	0,684	0,695	0,660	0,639	0,687	0,689	0,704	0,667	
0,120	0,636	0,683	0,684	0,695	0,660	0,639	0,686	0,688	0,703	0,665	
0,130	0,636	0,683	0,684	0,695	0,659	0,638	0,685	0,688	0,702	0,665	
0,140	0,635	0,682	0,684	0,694	0,659	0,637	0,684	0,687	0,702	0,664	
0,150	0,635	0,682	0,684	0,694	0,659	0,637	0,683	0,687	0,701	0,663	
0,160	0,635	0,682	0,684	0,694	0,658	0,636	0,683	0,686	0,700	0,662	
0,170	0,635	0,682	0,684	0,694	0,658	0,636	0,682	0,686	0,700	0,661	
0,180	0,634	0,682	0,684	0,694	0,657	0,635	0,682	0,686	0,700	0,660	
0,190	0,634	0,682	0,684	0,694	0,657	0,635	0,682	0,685	0,700	0,659	
0,200	0,634	0,681	0,683	0,694	0,657	0,634	0,682	0,685	0,699	0,659	

CHARGES sur le sommet de l'orifice.	COEFFICIENTS DE LA FORMULE D, la hauteur du niveau de l'eau dans le réservoir étant mesurée, loin de l'orifice, en un point où le liquide est parfaitement stagnant, dans le cas des dispositifs de la planche 1,					COEFFICIENTS DE LA FORMULE D, la hauteur du niveau de l'eau dans le réservoir étant mesurée immédiatement au-dessus de l'orifice, dans le cas des dispositifs de la planche 1,					OBSERVATIONS.
	figure 1.	figure 4.	figure 5.	figure 6.	figure 9.	figure 1.	figure 4.	figure 5.	figure 6.	figure 9.	
mètres.											
0,21	0,634	0,681	0,683	0,694	0,656	0,634	0,681	0,635	0,698	0,658	
0,22	0,633	0,681	0,683	0,694	0,656	0,634	0,681	0,635	0,698	0,658	
0,23	0,633	0,681	0,683	0,694	0,656	0,633	0,681	0,634	0,698	0,657	
0,24	0,633	0,681	0,683	0,694	0,655	0,633	0,681	0,634	0,698	0,656	
0,26	0,632	0,681	0,683	0,693	0,655	0,633	0,681	0,634	0,697	0,655	
0,28	0,632	0,681	0,683	0,693	0,654	0,632	0,681	0,634	0,697	0,654	
0,30	0,632	0,681	0,683	0,693	0,653	0,632	0,681	0,633	0,697	0,653	
0,35	0,631	0,681	0,683	0,693	0,652	0,632	0,681	0,633	0,696	0,652	
0,40	0,631	0,681	0,683	0,692	0,650	0,631	0,681	0,633	0,695	0,650	
0,45	0,631	0,680	0,682	0,692	0,649	0,631	0,681	0,633	0,694	0,649	
0,50	0,631	0,680	0,682	0,691	0,647	0,631	0,680	0,633	0,693	0,648	
0,60	0,630	0,679	0,682	0,690	0,645	0,630	0,679	0,683	0,692	0,646	
0,70	0,629	0,678	0,682	0,689	0,643	0,629	0,678	0,683	0,690	0,644	
0,80	0,628	0,677	0,683	0,688	0,642	0,628	0,677	0,683	0,689	0,642	
0,90	0,627	0,676	0,683	0,686	0,641	0,627	0,676	0,683	0,687	0,641	
1,00	0,627	0,676	0,683	0,685	0,640	0,627	0,675	0,683	0,686	0,640	
1,10	0,626	0,675	0,682	0,681	0,639	0,626	0,675	0,685	0,685	0,639	
1,20	0,625	0,675	0,682	0,683	0,638	0,625	0,675	0,681	0,684	0,638	
1,30	0,623	0,675	0,681	0,682	0,638	0,623	0,675	0,681	0,683	0,637	
1,40	0,622	0,675	0,680	0,681	0,637	0,622	0,675	0,680	0,682	0,637	
1,50	0,621	0,675	0,679	0,681	0,637	0,621	0,675	0,679	0,682	0,636	
1,60	0,619	0,675	0,679	0,680	0,636	0,619	0,675	0,679	0,681	0,635	
1,70	0,617	0,675	0,678	0,680	0,635	0,617	0,675	0,678	0,681	0,635	
1,80	0,616	0,675	0,678	0,680	0,635	0,616	0,675	0,677	0,680	0,634	
1,90	0,614	0,675	0,677	0,680	0,634	0,614	0,675	0,677	0,680	0,634	
2,00	0,613	0,675	0,677	0,679	0,634	0,613	0,675	0,676	0,680	0,633	
3,00	0,607	0,675	0,676	0,678	0,632	0,607	0,672	0,674	0,677	0,636	

Orifice de o^m,o2 de hauteur et o^m,2o de largeur, débouchant librement dans l'air.

CHARGES sur le sommet de l'orifice.	COEFFICIENTS DE LA FORMULE D, la hauteur du niveau de l'eau dans le réservoir étant mesurée, loin de l'orifice, en un point où le liquide est parfaitement stagnant, dans le cas des dispositifs de la planche 1,					COEFFICIENTS DE LA FORMULE D, la hauteur du niveau de l'eau dans le réservoir étant mesurée immédiatement au-dessus de l'orifice, dans le cas des dispositifs de la planche 1,					OBSERVATIONS.
	figure 1.	figure 4.	figure 5.	figure 6.	figure 9.	figure 1.	figure 4.	figure 5.	figure 6.	figure 9.	
mètres.											
0,000	»	»	»	»	»	0,839	1,092	1,092	1,220	0,837	Les deux traits horizontaux placés dans chaque colonne des coefficients indiquent les limites entre lesquelles sont comprises les expériences qui ont servi de base à la formation de ce tableau.
0,005	»	»	»	»	0,688	0,753	0,870	0,870	1,060	0,746	En ce qui concerne le premier coefficient inscrit dans chacune des cinq premières colonnes, voyez la note insérée dans la colonne d'observations du tableau n° XXV.
0,010	0,660	»	»	»	0,686	0,716	0,787	0,787	0,906	0,728	
0,015	0,660	0,705	0,705	»	0,684	0,700	0,743	0,751	0,805	0,718	
0,020	0,660	0,703	0,703	0,721	0,683	0,690	0,728	0,737	0,770	0,711	
0,025	0,660	0,702	0,702	0,700	0,681	0,684	0,722	0,729	0,753	0,706	
0,030	0,659	0,702	0,701	0,705	0,680	0,678	0,718	0,724	0,741	0,703	
0,035	0,659	0,701	0,700	0,703	0,679	0,675	0,715	0,720	0,733	0,700	
0,040	0,659	0,701	0,700	0,702	0,678	0,672	0,713	0,718	0,727	0,697	
0,045	0,658	0,700	0,699	0,701	0,677	0,670	0,711	0,715	0,723	0,696	
0,050	0,658	0,700	0,699	0,701	0,676	0,668	0,710	0,714	0,719	0,694	
0,055	0,658	0,699	0,698	0,700	0,676	0,666	0,709	0,712	0,717	0,692	
0,060	0,657	0,699	0,698	0,700	0,675	0,664	0,708	0,711	0,715	0,691	
0,065	0,657	0,699	0,697	0,700	0,674	0,663	0,707	0,709	0,713	0,689	
0,070	0,657	0,699	0,697	0,700	0,674	0,663	0,706	0,708	0,712	0,688	
0,080	0,656	0,698	0,696	0,699	0,673	0,660	0,704	0,706	0,710	0,686	
0,090	0,655	0,698	0,696	0,699	0,672	0,659	0,703	0,704	0,709	0,683	
0,100	0,655	0,698	0,695	0,699	0,671	0,658	0,702	0,702	0,708	0,682	
0,110	0,654	0,698	0,695	0,699	0,670	0,656	0,702	0,701	0,707	0,680	
0,120	0,654	0,697	0,694	0,698	0,670	0,656	0,701	0,700	0,706	0,678	
0,130	0,653	0,697	0,694	0,698	0,669	0,655	0,700	0,698	0,705	0,677	
0,140	0,653	0,697	0,693	0,698	0,668	0,654	0,700	0,698	0,705	0,676	
0,150	0,652	0,697	0,693	0,698	0,668	0,654	0,699	0,697	0,704	0,674	
0,160	0,652	0,697	0,692	0,698	0,667	0,653	0,699	0,696	0,704	0,673	
0,170	0,651	0,697	0,692	0,698	0,666	0,652	0,699	0,695	0,703	0,672	
0,180	0,651	0,697	0,692	0,698	0,666	0,651	0,698	0,695	0,703	0,671	
0,190	0,650	0,697	0,692	0,697	0,665	0,651	0,698	0,694	0,702	0,670	
0,200	0,649	0,696	0,691	0,697	0,665	0,650	0,698	0,694	0,702	0,669	

CHARGES sur le sommet de l'orifice.	COEFFICIENTS DE LA FORMULE D, la hauteur du niveau de l'eau dans le réservoir étant mesurée, loin de l'orifice, en un point où le liquide est parfaitement stagnant, dans le cas des dispositifs de la planche 1,					COEFFICIENTS DE LA FORMULE D, la hauteur du niveau de l'eau dans le réservoir étant mesurée immédiatement au-dessus de l'orifice, dans le cas des dispositifs de la planche 1,					OBSERVATIONS.
	figure 1.	figure 4.	figure 5.	figure 6.	figure 9.	figure 1.	figure 4.	figure 5.	figure 6.	figure 9.	
mètres.											
0,21	0,649	0,696	0,691	0,697	0,664	0,649	0,698	0,694	0,702	0,668	
0,22	0,648	0,696	0,691	0,697	0,664	0,649	0,698	0,693	0,701	0,667	
0,23	0,648	0,696	0,691	0,697	0,663	0,648	0,698	0,693	0,701	0,666	
0,24	0,647	0,696	0,691	0,697	0,662	0,647	0,697	0,693	0,701	0,665	
0,26	0,647	0,696	0,691	0,697	0,662	0,647	0,697	0,693	0,700	0,664	
0,28	0,646	0,695	0,691	0,697	0,661	0,646	0,697	0,692	0,700	0,663	
0,30	0,645	0,695	0,691	0,697	0,660	0,645	0,697	0,692	0,699	0,661	
0,35	0,643	0,695	0,690	0,696	0,658	0,644	0,696	0,692	0,698	0,659	
0,40	0,642	0,695	0,690	0,696	0,656	0,642	0,696	0,692	0,698	0,657	
0,45	0,641	0,694	0,690	0,695	0,655	0,641	0,696	0,691	0,697	0,656	
0,50	0,640	0,694	0,690	0,695	0,653	0,640	0,696	0,691	0,697	0,655	
0,60	0,638	0,693	0,690	0,695	0,653	0,638	0,695	0,691	0,696	0,653	
0,70	0,637	0,693	0,690	0,694	0,652	0,637	0,694	0,691	0,696	0,652	
0,80	0,635	0,693	0,690	0,694	0,651	0,635	0,694	0,691	0,695	0,652	
0,90	0,634	0,692	0,690	0,694	0,651	0,634	0,693	0,691	0,695	0,651	
1,00	0,632	0,692	0,691	0,693	0,650	0,632	0,692	0,691	0,694	0,650	
1,10	0,629	0,691	0,691	0,693	0,650	0,629	0,691	0,691	0,694	0,649	
1,20	0,627	0,690	0,691	0,692	0,649	0,627	0,689	0,691	0,693	0,648	
1,30	0,625	0,689	0,690	0,691	0,648	0,625	0,688	0,690	0,692	0,647	
1,40	0,622	0,688	0,690	0,691	0,647	0,622	0,687	0,690	0,691	0,646	
1,50	0,620	0,687	0,689	0,690	0,645	0,620	0,686	0,689	0,690	0,645	
1,60	0,618	0,686	0,688	0,689	0,644	0,618	0,686	0,688	0,689	0,644	
1,70	0,617	0,685	0,687	0,688	0,643	0,617	0,685	0,687	0,688	0,643	
1,80	0,615	0,684	0,687	0,687	0,642	0,615	0,684	0,687	0,687	0,642	
1,90	0,614	0,684	0,686	0,686	0,640	0,614	0,684	0,686	0,687	0,641	
2,00	0,613	0,683	0,685	0,686	0,640	0,613	0,683	0,685	0,686	0,640	
5,00	0,608	0,680	0,681	0,681	0,635	0,608	0,679	0,681	0,682	0,634	

Orifice de 0m,01 de hauteur et 0m,20 de largeur, débouchant librement dans l'air.

COEFFICIENTS DE LA FORMULE D, la hauteur du niveau de l'eau dans le réservoir étant mesurée, loin de l'orifice, en un point où le liquide est parfaitement stagnant, dans le cas des dispositifs de la planche 1,

CHARGES sur le sommet de l'orifice. (mètres)	figure 1.	figure 2.	figure 3.	figure 4.	figure 5.	figure 6.	figure 8.	figure 9.	figure 10.	figure 11.	figure 12.	figure 13.	figure 14.
0,005	0,705	0,712	0,712	»	»	»	0,707	0,763	0,741	»	0,719	»	»
0,010	0,702	0,707	0,707	0,770	0,758	0,752	0,704	0,752	0,730	0,754	0,713	»	»
0,015	0,698	0,702	0,702	0,762	0,750	0,743	0,700	0,745	0,721	0,745	0,708	0,727	0,747
0,020	0,695	0,698	0,696	0,756	0,743	0,736	0,698	0,739	0,715	0,738	0,704	0,724	0,743
0,025	0,692	0,695	0,695	0,751	0,738	0,731	0,695	0,735	0,710	0,733	0,700	0,721	0,740
0,030	0,680	0,692	0,692	0,747	0,734	0,727	0,693	0,731	0,706	0,729	0,697	0,718	0,738
0,035	0,686	0,689	0,689	0,744	0,731	0,724	0,691	0,728	0,702	0,726	0,694	0,716	0,735
0,040	0,684	0,687	0,687	0,741	0,729	0,722	0,689	0,725	0,699	0,723	0,691	0,714	0,733
0,045	0,682	0,685	0,685	0,738	0,727	0,721	0,687	0,723	0,697	0,721	0,689	0,713	0,731
0,050	0,680	0,683	0,683	0,736	0,725	0,720	0,686	0,720	0,695	0,719	0,687	0,711	0,729
0,055	0,678	0,681	0,681	0,734	0,723	0,719	0,685	0,718	0,693	0,718	0,685	0,710	0,727
0,060	0,677	0,679	0,679	0,732	0,722	0,718	0,683	0,716	0,691	0,716	0,683	0,708	0,726
0,065	0,675	0,678	0,678	0,730	0,720	0,717	0,682	0,714	0,690	0,715	0,681	0,707	0,724
0,070	0,674	0,676	0,676	0,728	0,719	0,716	0,681	0,713	0,689	0,714	0,680	0,706	0,723
0,080	0,671	0,674	0,674	0,726	0,718	0,715	0,679	0,710	0,686	0,712	0,677	0,704	0,721
0,090	0,669	0,672	0,672	0,723	0,716	0,714	0,677	0,707	0,684	0,711	0,675	0,703	0,719
0,100	0,667	0,670	0,670	0,722	0,715	0,713	0,675	0,704	0,683	0,710	0,673	0,701	0,717
0,110	0,665	0,668	0,668	0,720	0,714	0,712	0,673	0,702	0,682	0,709	0,671	0,700	0,715
0,120	0,663	0,667	0,667	0,719	0,713	0,711	0,672	0,700	0,681	0,708	0,670	0,699	0,714
0,130	0,662	0,665	0,666	0,717	0,713	0,711	0,670	0,698	0,680	0,707	0,668	0,698	0,712
0,140	0,661	0,664	0,665	0,716	0,712	0,710	0,669	0,696	0,679	0,707	0,667	0,697	0,711
0,150	0,660	0,663	0,664	0,715	0,711	0,710	0,667	0,694	0,678	0,706	0,666	0,696	0,710
0,160	0,659	0,662	0,663	0,715	0,711	0,709	0,666	0,692	0,678	0,705	0,665	0,695	0,709
0,170	0,658	0,662	0,663	0,714	0,710	0,708	0,665	0,691	0,677	0,705	0,664	0,694	0,707
0,180	0,657	0,661	0,662	0,713	0,710	0,708	0,663	0,689	0,676	0,704	0,663	0,693	0,706
0,190	0,656	0,660	0,661	0,713	0,709	0,708	0,662	0,688	0,676	0,704	0,663	0,693	0,705
0,200	0,655	0,659	0,661	0,712	0,709	0,707	0,661	0,687	0,675	0,703	0,662	0,692	0,704

COEFFICIENTS DE LA FORMULE D, la hauteur du niveau de l'eau dans le réservoir étant mesurée immédiatement au-dessus de l'orifice, dans le cas des dispositifs de la planche 1,

CHARGES sur le sommet de l'orifice. (mètres)	figure 1.	figure 2.	figure 3.	figure 4.	figure 5.	figure 6.	figure 8.	figure 9.	figure 10.	figure 11.	figure 12.	figure 13.	figure 14.
0,005	0,841	0,762	0,762	0,915	0,900	1,001	0,731	0,839	0,869	0,924	0,762	2,982	0,982
0,010	0,764	0,718	0,718	0,824	0,806	0,902	0,718	0,781	0,791	0,847	0,726	1,875	0,875
0,015	0,735	0,706	0,706	0,787	0,776	0,832	0,711	0,765	0,761	0,803	0,714	1,827	0,811
0,020	0,719	0,700	0,700	0,773	0,764	0,792	0,705	0,757	0,745	0,778	0,707	1,801	0,778
0,025	0,711	0,695	0,695	0,765	0,756	0,768	0,701	0,750	0,734	0,762	0,701	1,734	0,760
0,030	0,705	0,692	0,692	0,758	0,750	0,756	0,697	0,745	0,726	0,752	0,697	1,772	0,748
0,035	0,700	0,688	0,688	0,753	0,745	0,748	0,694	0,740	0,720	0,744	0,694	1,763	0,740
0,040	0,695	0,685	0,685	0,749	0,741	0,743	0,691	0,736	0,715	0,738	0,691	1,755	0,734
0,045	0,692	0,682	0,682	0,745	0,738	0,739	0,689	0,732	0,710	0,734	0,688	1,749	0,729
0,050	0,689	0,680	0,680	0,742	0,735	0,735	0,687	0,729	0,706	0,731	0,685	1,744	0,725
0,055	0,686	0,677	0,677	0,739	0,733	0,735	0,685	0,727	0,703	0,728	0,683	1,739	0,723
0,060	0,683	0,675	0,675	0,736	0,731	0,731	0,683	0,724	0,701	0,726	0,681	1,735	0,721
0,065	0,680	0,674	0,674	0,734	0,729	0,729	0,681	0,722	0,698	0,724	0,680	1,731	0,719
0,070	0,678	0,672	0,672	0,732	0,727	0,727	0,680	0,720	0,696	0,722	0,678	1,728	0,718
0,080	0,674	0,669	0,669	0,729	0,725	0,725	0,677	0,716	0,693	0,719	0,675	1,722	0,715
0,090	0,671	0,666	0,666	0,726	0,723	0,723	0,675	0,713	0,690	0,717	0,673	1,717	0,713
0,100	0,669	0,664	0,664	0,724	0,721	0,721	0,673	0,710	0,688	0,715	0,671	1,712	0,711
0,110	0,665	0,663	0,663	0,722	0,719	0,719	0,671	0,707	0,686	0,713	0,670	1,708	0,710
0,120	0,664	0,662	0,662	0,720	0,718	0,718	0,670	0,704	0,685	0,712	0,668	1,706	0,709
0,130	0,663	0,661	0,661	0,719	0,717	0,717	0,669	0,702	0,684	0,711	0,667	1,705	0,708
0,140	0,662	0,660	0,660	0,718	0,716	0,716	0,667	0,700	0,683	0,710	0,666	1,703	0,707
0,150	0,661	0,660	0,660	0,717	0,715	0,715	0,666	0,697	0,682	0,709	0,665	1,693	0,706
0,160	0,660	0,659	0,659	0,716	0,714	0,714	0,665	0,695	0,681	0,708	0,664	1,697	0,705
0,170	0,659	0,658	0,659	0,715	0,713	0,713	0,664	0,694	0,680	0,708	0,663	1,595	0,705
0,180	0,658	0,658	0,659	0,714	0,712	0,712	0,663	0,692	0,679	0,707	0,662	1,394	0,704
0,190	0,657	0,658	0,658	0,714	0,712	0,712	0,662	0,691	0,679	0,707	0,662	1,393	0,703
0,200	0,656	0,657	0,658	0,713	0,711	0,711	0,661	0,689	0,678	0,706	0,661	1,292	0,703

OBSERVATIONS.

Les deux traits horizontaux placés dans chaque colonne des coefficients indiquent les limites entre lesquelles sont comprises les expériences qui ont servi de base à la formation de ce tableau.

En ce qui concerne le premier coefficient inscrit dans chacune des treize premières colonnes, voyez la note insérée dans la colonne d'observations du tableau n° XXV.

On n'a pas porté, dans les treize dernières colonnes, les coefficients correspondant à la charge zéro mesurée immédiatement au-dessus de l'orifice, parce que, pour en déterminer la valeur, il faudrait prolonger des courbes dont la direction est incertaine.

Orifice de 0^m,01 de hauteur et 0^m,20 de largeur, débouchant librement dans l'air.

COEFFICIENTS DE LA FORMULE D, la hauteur du niveau de l'eau dans le réservoir étant mesurée, loin de l'orifice, en un point où le liquide est parfaitement stagnant, dans le cas des dispositifs de la planche 1,

CHARGES sur le sommet de l'orifice.	figure 1.	figure 2.	figure 3.	figure 4.	figure 5.	figure 6.	figure 8.	figure 9.	figure 10.	figure 11.	figure 12.	figure 13.	figure 14.
mètres.													
0,21	0,654	0,659	0,660	0,712	0,709	0,707	0,661	0,685	0,675	0,703	0,662	0,692	0,703
0,22	0,653	0,658	0,660	0,711	0,708	0,707	0,660	0,684	0,674	0,703	0,661	0,691	0,703
0,23	0,652	0,658	0,660	0,711	0,708	0,706	0,659	0,683	0,674	0,703	0,660	0,691	0,702
0,24	0,652	0,657	0,659	0,710	0,708	0,706	0,659	0,682	0,674	0,702	0,660	0,690	0,701
0,26	0,651	0,656	0,658	0,710	0,707	0,705	0,658	0,681	0,673	0,702	0,659	0,689	0,700
0,28	0,651	0,655	0,658	0,709	0,706	0,705	0,657	0,679	0,672	0,701	0,658	0,688	0,698
0,30	0,650	0,654	0,657	0,709	0,705	0,704	0,656	0,678	0,671	0,700	0,658	0,687	0,697
0,35	0,648	0,651	0,655	0,707	0,704	0,703	0,654	0,675	0,670	0,699	0,656	0,685	0,695
0,40	0,646	0,649	0,654	0,706	0,703	0,702	0,652	0,672	0,668	0,698	0,655	0,683	0,694
0,45	0,644	0,648	0,653	0,705	0,702	0,701	0,651	0,670	0,667	0,698	0,653	0,682	0,693
0,50	0,643	0,646	0,650	0,704	0,701	0,701	0,650	0,669	0,666	0,697	0,652	0,681	0,693
0,60	0,641	0,643	0,646	0,703	0,701	0,700	0,647	0,667	0,665	0,697	0,650	0,680	0,693
0,70	0,638	0,641	0,642	0,702	0,701	0,700	0,644	0,666	0,663	0,696	0,647	0,680	0,693
0,80	0,635	0,638	0,638	0,701	0,701	0,700	0,640	0,665	0,662	0,696	0,645	0,680	0,694
0,90	0,632	0,635	0,633	0,701	0,701	0,701	0,637	0,664	0,660	0,696	0,642	0,680	0,695
1,00	0,629	0,632	0,630	0,701	0,701	0,701	0,634	0,662	0,658	0,696	0,639	0,680	0,695
1,10	0,626	0,629	0,627	0,700	0,701	0,701	0,632	0,661	0,656	0,695	0,637	0,679	0,695
1,20	0,623	0,626	0,624	0,700	0,700	0,701	0,630	0,659	0,655	0,695	0,634	0,679	0,694
1,30	0,621	0,623	0,622	0,699	0,700	0,701	0,628	0,658	0,653	0,695	0,631	0,678	0,693
1,40	0,619	0,621	0,620	0,698	0,699	0,700	0,627	0,657	0,652	0,695	0,629	0,677	0,693
1,50	0,617	0,619	0,618	0,697	0,698	0,700	0,625	0,655	0,651	0,694	0,627	0,677	0,692
1,60	0,616	0,617	0,617	0,696	0,697	0,700	0,624	0,654	0,650	0,694	0,624	0,676	0,690
1,70	0,615	0,616	0,616	0,695	0,696	0,699	0,623	0,653	0,649	0,694	0,623	0,675	0,690
1,80	0,614	0,615	0,615	0,694	0,695	0,699	0,622	0,653	0,648	0,693	0,621	0,674	0,689
1,90	0,613	0,613	0,613	0,691	0,694	0,698	0,621	0,652	0,647	0,693	0,620	0,674	0,688
2,00	0,613	0,613	0,613	0,693	0,693	0,697	0,620	0,651	0,647	0,692	0,619	0,673	0,688
3,00	0,609	0,609	0,609	0,689	0,690	0,695	0,615	0,648	0,644	0,680	0,613	0,670	0,684

COEFFICIENTS DE LA FORMULE D, la hauteur du niveau de l'eau dans le réservoir étant mesurée immédiatement au-dessus de l'orifice, dans le cas des dispositifs de la planche 1,

CHARGES sur le sommet de l'orifice.	figure 1.	figure 2.	figure 3.	figure 4.	figure 5.	figure 6.	figure 8.	figure 9.	figure 10.	figure 11.	figure 12.	figure 13.	figure 14.	OBSERVATIONS.
0,21	0,655	0,657	0,658	0,713	0,711	0,711	0,660	0,688	0,678	0,706	0,660	0,691	0,702	
0,22	0,654	0,657	0,658	0,712	0,710	0,710	0,659	0,687	0,677	0,705	0,659	0,690	0,702	
0,23	0,653	0,657	0,657	0,712	0,710	0,710	0,659	0,686	0,676	0,705	0,659	0,690	0,701	
0,24	0,652	0,656	0,657	0,711	0,709	0,709	0,658	0,685	0,676	0,704	0,659	0,689	0,701	
0,26	0,651	0,655	0,657	0,710	0,708	0,708	0,657	0,683	0,675	0,703	0,658	0,689	0,700	
0,28	0,650	0,654	0,656	0,710	0,707	0,707	0,656	0,681	0,674	0,703	0,657	0,688	0,699	
0,30	0,650	0,653	0,656	0,709	0,707	0,707	0,655	0,679	0,673	0,702	0,656	0,688	0,698	
0,35	0,648	0,651	0,655	0,708	0,705	0,705	0,654	0,676	0,671	0,701	0,655	0,687	0,696	
0,40	0,646	0,649	0,654	0,706	0,705	0,704	0,652	0,674	0,669	0,700	0,653	0,687	0,695	
0,45	0,644	0,647	0,653	0,706	0,704	0,703	0,650	0,672	0,668	0,699	0,652	0,687	0,694	
0,50	0,643	0,645	0,651	0,705	0,704	0,702	0,649	0,670	0,667	0,698	0,651	0,687	0,694	
0,60	0,641	0,642	0,647	0,703	0,703	0,702	0,645	0,668	0,665	0,697	0,649	0,686	0,694	
0,70	0,638	0,640	0,642	0,702	0,703	0,702	0,642	0,666	0,663	0,697	0,647	0,685	0,694	
0,80	0,635	0,637	0,638	0,701	0,703	0,701	0,638	0,665	0,661	0,697	0,644	0,683	0,695	
0,90	0,632	0,635	0,633	0,701	0,702	0,701	0,634	0,664	0,660	0,696	0,642	0,682	0,695	
1,00	0,629	0,633	0,630	0,701	0,702	0,701	0,631	0,663	0,658	0,696	0,639	0,680	0,695	
1,10	0,626	0,630	0,627	0,700	0,701	0,701	0,629	0,661	0,657	0,696	0,636	0,680	0,695	
1,20	0,623	0,627	0,625	0,700	0,700	0,701	0,627	0,660	0,655	0,696	0,634	0,679	0,694	
1,30	0,621	0,625	0,623	0,699	0,699	0,701	0,626	0,659	0,654	0,696	0,631	0,678	0,695	
1,40	0,619	0,622	0,622	0,699	0,698	0,701	0,624	0,658	0,652	0,696	0,629	0,677	0,692	
1,50	0,617	0,620	0,620	0,698	0,697	0,702	0,623	0,657	0,651	0,695	0,626	0,676	0,691	
1,60	0,616	0,618	0,619	0,697	0,696	0,702	0,622	0,655	0,650	0,695	0,624	0,676	0,690	
1,70	0,615	0,616	0,618	0,695	0,696	0,703	0,621	0,654	0,649	0,694	0,623	0,675	0,689	
1,80	0,614	0,614	0,616	0,694	0,695	0,703	0,620	0,653	0,648	0,694	0,621	0,674	0,689	
1,90	0,613	0,613	0,615	0,693	0,695	0,704	0,619	0,652	0,647	0,693	0,620	0,674	0,688	
2,00	0,613	0,611	0,614	0,693	0,694	0,704	0,618	0,651	0,647	0,693	0,619	0,673	0,688	
3,00	0,609	0,604	0,606	0,688	0,690	0,702	0,613	0,647	0,642	0,689	0,611	0,669	0,683	

Orifice de 0^m,005 de hauteur et 0^m,20 de largeur, débouchant librement dans l'air.

CHARGES sur le sommet de l'orifice.	COEFFICIENTS DE LA FORMULE D, la hauteur du niveau de l'eau dans le réservoir étant mesurée, loin de l'orifice, ou en un point où le liquide est parfaitement stagnant, dans le cas des dispositifs de la planche 1,				COEFFICIENTS DE LA FORMULE D, la hauteur du niveau de l'eau dans le réservoir étant mesurée immédiatement au-dessus de l'orifice, dans le cas des dispositifs de la planche 1,				OBSERVATIONS.
	figure 4.	figure 5.	figure 6.	figure 9.	figure 4.	figure 5.	figure 6.	figure 9.	
mètres.									
0,005	0,885	0,797	0,789	0,883	1,000	0,900	0,980	0,960	Les deux traits horizontaux placés dans chaque colonne des coefficients indiquent les limites entre lesquelles sont comprises les expériences qui ont servi de base à la formation de ce tableau.
0,010	0,851	0,789	0,784	0,853	0,931	0,853	0,917	0,912	
0,015	0,824	0,783	0,780	0,828	0,865	0,827	0,861	0,858	
0,020	0,802	0,779	0,777	0,808	0,829	0,812	0,835	0,838	
0,025	0,790	0,775	0,775	0,798	0,808	0,802	0,818	0,825	
0,030	0,783	0,772	0,772	0,791	0,797	0,794	0,807	0,816	
0,035	0,777	0,769	0,770	0,787	0,789	0,788	0,799	0,809	
0,040	0,773	0,767	0,769	0,783	0,784	0,783	0,792	0,803	
0,045	0,771	0,764	0,767	0,780	0,779	0,779	0,787	0,798	
0,050	0,768	0,762	0,765	0,777	0,776	0,775	0,783	0,794	
0,055	0,766	0,761	0,764	0,775	0,773	0,772	0,779	0,790	
0,060	0,764	0,759	0,762	0,772	0,770	0,770	0,775	0,786	
0,065	0,763	0,758	0,760	0,770	0,768	0,767	0,773	0,782	
0,070	0,761	0,756	0,759	0,768	0,766	0,765	0,770	0,779	
0,080	0,759	0,754	0,756	0,764	0,763	0,762	0,765	0,773	
0,090	0,757	0,752	0,754	0,760	0,761	0,759	0,762	0,767	
0,100	0,755	0,750	0,751	0,757	0,758	0,756	0,758	0,762	
0,110	0,753	0,748	0,749	0,754	0,756	0,753	0,755	0,759	
0,120	0,752	0,746	0,747	0,750	0,755	0,751	0,753	0,755	
0,130	0,751	0,745	0,744	0,747	0,753	0,748	0,750	0,752	
0,140	0,750	0,744	0,743	0,744	0,752	0,746	0,748	0,749	
0,150	0,749	0,743	0,741	0,742	0,750	0,745	0,746	0,746	
0,160	0,748	0,741	0,738	0,739	0,749	0,743	0,744	0,743	
0,170	0,747	0,740	0,738	0,737	0,748	0,742	0,742	0,741	
0,180	0,746	0,739	0,737	0,735	0,747	0,741	0,741	0,739	
0,190	0,745	0,738	0,735	0,734	0,746	0,740	0,739	0,737	
0,200	0,744	0,737	0,734	0,732	0,745	0,739	0,738	0,735	
0,21	0,744	0,736	0,733	0,730	0,745	0,738	0,737	0,733	
0,22	0,743	0,736	0,732	0,729	0,744	0,737	0,736	0,732	
0,23	0,742	0,735	0,731	0,728	0,743	0,736	0,735	0,732	
0,24	0,742	0,734	0,730	0,727	0,742	0,736	0,734	0,731	
0,26	0,741	0,733	0,729	0,726	0,741	0,734	0,732	0,729	
0,28	0,740	0,732	0,727	0,725	0,740	0,733	0,730	0,728	
0,30	0,739	0,731	0,726	0,724	0,739	0,732	0,729	0,727	
0,35	0,737	0,729	0,724	0,722	0,737	0,731	0,726	0,724	
0,40	0,736	0,728	0,723	0,720	0,736	0,729	0,725	0,722	
0,45	0,735	0,727	0,722	0,718	0,735	0,728	0,723	0,719	
0,50	0,734	0,726	0,721	0,717	0,734	0,727	0,723	0,717	
0,60	0,733	0,725	0,721	0,713	0,734	0,726	0,723	0,713	
0,70	0,733	0,725	0,721	0,710	0,733	0,725	0,723	0,709	
0,80	0,733	0,724	0,721	0,706	0,733	0,724	0,722	0,706	
0,90	0,732	0,724	0,721	0,703	0,733	0,724	0,722	0,703	
1,00	0,732	0,723	0,720	0,700	0,732	0,723	0,721	0,700	
1,10	0,731	0,723	0,720	0,698	0,731	0,723	0,720	0,698	
1,20	0,730	0,722	0,719	0,696	0,730	0,722	0,719	0,697	
1,30	0,730	0,722	0,718	0,695	0,729	0,722	0,719	0,696	
1,40	0,728	0,722	0,718	0,694	0,728	0,722	0,718	0,695	
1,50	0,727	0,722	0,718	0,693	0,727	0,721	0,718	0,694	
1,60	0,727	0,721	0,717	0,693	0,726	0,721	0,717	0,693	
1,70	0,726	0,721	0,717	0,692	0,726	0,721	0,717	0,692	
1,80	0,725	0,720	0,717	0,692	0,725	0,721	0,717	0,692	
1,90	0,725	0,720	0,717	0,691	0,725	0,721	0,717	0,691	
2,00	0,724	0,719	0,716	0,691	0,724	0,720	0,717	0,691	
3,00	0,721	0,717	0,715	0,687	0,722	0,719	0,716	0,688	

Orifices en mince paroi plane de diverses hauteurs et largeurs, débouchant librement dans l'air, dans le cas des dispositifs de la figure 1, planche 1. La charge est mesurée, loin des orifices, en un point où le liquide est parfaitement stagnant.

CHARGES sur le sommet des orifices	COEFFICIENTS DE LA FORMULE D pour les orifices					COEFFICIENTS DE LA FORMULE D' pour les orifices					OBSERVATIONS
	de 0m,60 de largeur et 0m,02 de hauteur	de 0m,02 de largeur, la hauteur étant de 0m,60	de 0m,20	de 0m,05	de 0m,02	de 0m,60 de largeur et 0m,02 de hauteur	de 0m,02 de largeur, la hauteur étant de 0m,60	de 0m,20	de 0m,05	de 0m,02	
mètres.											
0,010	0,644	»	»	0,653	0,630	0,651	»	»	0,667	0,667	Les deux traits horizontaux placés dans chaque colonne des coefficients indiquent les limites entre lesquelles sont comprises les expériences qui ont servi de base à la formation de ce tableau. En ce qui concerne le premier coefficient inscrit dans chaque colonne, voyez la note insérée dans la colonne d'observations du tableau n° XXV.
0,015	0,644	»	0,638	0,652	0,658	0,649	»	0,663	0,664	0,664	
0,020	0,643	0,608	0,638	0,652	0,658	0,646	0,638	0,661	0,661	0,662	
0,025	0,643	0,609	0,639	0,652	0,657	0,645	0,638	0,660	0,660	0,661	
0,030	0,642	0,611	0,640	0,651	0,657	0,644	0,638	0,659	0,660	0,660	
0,035	0,642	0,612	0,640	0,651	0,657	0,643	0,638	0,658	0,659	0,659	
0,040	0,642	0,614	0,641	0,651	0,656	0,643	0,638	0,658	0,659	0,659	
0,045	0,641	0,615	0,642	0,651	0,656	0,642	0,638	0,657	0,658	0,658	
0,050	0,641	0,616	0,643	0,651	0,656	0,642	0,638	0,657	0,657	0,658	
0,055	0,641	0,617	0,644	0,651	0,656	0,642	0,638	0,657	0,657	0,658	
0,060	0,641	0,617	0,644	0,651	0,655	0,642	0,638	0,656	0,656	0,657	
0,065	0,640	0,618	0,645	0,651	0,655	0,641	0,638	0,656	0,656	0,657	
0,070	0,640	0,619	0,645	0,651	0,655	0,641	0,637	0,656	0,656	0,657	
0,080	0,640	0,620	0,645	0,651	0,655	0,640	0,637	0,655	0,655	0,656	
0,090	0,639	0,621	0,645	0,650	0,654	0,639	0,637	0,653	0,653	0,654	
0,100	0,639	0,622	0,645	0,650	0,653	0,639	0,637	0,652	0,653	0,653	
0,110	0,638	0,623	0,646	0,650	0,653	0,638	0,637	0,652	0,653	0,653	
0,120	0,638	0,624	0,646	0,650	0,652	0,638	0,637	0,651	0,651	0,652	
0,130	0,638	0,624	0,646	0,650	0,652	0,638	0,637	0,651	0,651	0,652	
0,140	0,637	0,625	0,646	0,649	0,651	0,637	0,636	0,651	0,650	0,651	
0,150	0,637	0,625	0,646	0,649	0,651	0,637	0,636	0,650	0,649	0,651	
0,160	0,636	0,625	0,645	0,648	0,650	0,636	0,636	0,649	0,649	0,650	
0,170	0,636	0,626	0,645	0,648	0,650	0,636	0,636	0,649	0,649	0,650	
0,180	0,636	0,627	0,645	0,647	0,649	0,636	0,636	0,648	0,648	0,649	
0,190	0,636	0,627	0,644	0,647	0,648	0,636	0,636	0,647	0,647	0,648	
0,200	0,635	0,627	0,644	0,647	0,648	0,635	0,636	0,647	0,647	0,648	

CHARGES sur le sommet des orifices	COEFFICIENTS DE LA FORMULE D pour les orifices					COEFFICIENTS DE LA FORMULE D' pour les orifices					OBSERVATIONS
	de 0m,60 de largeur et 0m,02 de hauteur	de 0m,02 de largeur, la hauteur étant de 0m,60	de 0m,20	de 0m,05	de 0m,02	de 0m,60 de largeur et 0m,02 de hauteur	de 0m,02 de largeur, la hauteur étant de 0m,60	de 0m,20	de 0m,05	de 0m,02	
mètres.											
0,21	0,635	0,627	0,644	0,647	0,648	0,635	0,636	0,647	0,647	0,648	
0,22	0,635	0,628	0,644	0,646	0,647	0,635	0,636	0,646	0,646	0,647	
0,23	0,634	0,628	0,644	0,646	0,647	0,634	0,636	0,646	0,646	0,647	
0,24	0,634	0,628	0,643	0,646	0,646	0,634	0,635	0,645	0,646	0,646	
0,26	0,634	0,628	0,642	0,645	0,645	0,634	0,635	0,644	0,645	0,645	
0,28	0,633	0,629	0,641	0,644	0,645	0,633	0,635	0,643	0,644	0,645	
0,30	0,633	0,629	0,641	0,643	0,644	0,633	0,635	0,643	0,643	0,644	
0,35	0,632	0,629	0,640	0,640	0,642	0,632	0,634	0,641	0,640	0,642	
0,40	0,631	0,629	0,639	0,639	0,640	0,631	0,634	0,640	0,639	0,640	
0,45	0,631	0,629	0,638	0,638	0,639	0,631	0,633	0,638	0,638	0,639	
0,50	0,630	0,629	0,638	0,638	0,639	0,630	0,633	0,638	0,638	0,639	
0,60	0,629	0,628	0,637	0,636	0,637	0,629	0,632	0,637	0,636	0,637	
0,70	0,628	0,628	0,635	0,635	0,635	0,628	0,631	0,635	0,635	0,635	
0,80	0,628	0,628	0,634	0,635	0,634	0,628	0,630	0,634	0,635	0,634	
0,90	0,627	0,627	0,633	0,633	0,633	0,627	0,629	0,633	0,633	0,633	
1,00	0,626	0,627	0,632	0,632	0,632	0,626	0,628	0,632	0,632	0,632	
1,10	0,626	0,626	0,631	0,631	0,630	0,626	0,627	0,631	0,631	0,630	
1,20	0,625	0,625	0,629	0,629	0,628	0,625	0,627	0,629	0,629	0,628	
1,30	0,624	0,625	0,626	0,626	0,625	0,624	0,626	0,626	0,626	0,625	
1,40	0,624	0,624	0,624	0,623	0,623	0,624	0,625	0,624	0,624	0,623	
1,50	0,623	0,624	0,621	0,621	0,621	0,623	0,624	0,621	0,621	0,621	
1,60	0,623	0,624	0,619	0,619	0,619	0,623	0,624	0,619	0,619	0,619	
1,70	0,622	0,623	0,618	0,617	0,617	0,622	0,623	0,618	0,617	0,617	
1,80	0,621	0,623	0,616	0,616	0,616	0,621	0,623	0,616	0,616	0,616	
1,90	0,621	0,622	0,615	0,615	0,615	0,621	0,622	0,615	0,615	0,615	
2,00	0,620	0,621	0,613	0,613	0,613	0,620	0,621	0,613	0,613	0,613	
3,00	0,615	0,616	0,608	0,608	0,608	0,615	0,616	0,608	0,608	0,608	

Orifices de 0^m,60 de largeur et de diverses hauteurs, pratiqués dans une paroi de 0^m,05 d'épaisseur et débouchant librement dans l'air.

CHARGES sur le sommet des orifices	COEFFICIENTS DE LA FORMULE D, la hauteur du niveau de l'eau dans le réservoir étant mesurée loin de l'orifice, en un point où le liquide est parfaitement stagnant, pour des hauteurs d'orifice														COEFFICIENTS DE LA FORMULE D, la hauteur du niveau de l'eau dans le réservoir étant mesurée immédiatement au-dessus de l'orifice, pour des hauteurs d'orifice														OBSERVATIONS.
mètres.	de 0^m,40			de 0^m,20				de 0^m,05			de 0^m,03				de 0^m,40			de 0^m,20				de 0^m,05			de 0^m,03				
	figure B.	figure C.	figure D.	figure A.	figure B.	figure C.	figure D.	figure B.	figure C.	figure D.	figure B.	figure C.	figure C.	figure D.	figure B.	figure C.	figure D.	figure A.	figure B.	figure C.	figure D.	figure B.	figure C.	figure D.	figure B.	figure C.	figure C.	figure D.	
0,000	»	»	»	»	»	»	»	»	»	»	»	»	0,706	»	0,572	0,620	0,623	0,586	0,613	0,643	0,646	0,713	0,616	0,619	0,745	0,665	0,719	0,668	Les deux traits horizontaux placés dans chaque colonne des coefficients indiquent les limites entre lesquelles sont comprises les expériences qui ont servi de base à la formation de ce tableau. En ce qui concerne le premier coefficient inscrit dans chacune des quatorze premières colonnes, voyez la note insérée dans la colonne d'observations du tableau n° XXV. A l'orifice de 0^m,03 de hauteur, pour les charges au-dessous de 0^m,50, le dispositif de la figure C comprend deux colonnes de coefficients différents, selon que la veine fluide, en sortant de l'orifice, est entièrement détachée de la face inférieure de la vanne qui limite la hauteur de l'ouverture, ou selon qu'elle est attachée à cette face. Les coefficients de la première colonne sont applicables au premier cas, et ceux de la deuxième le sont au second (voyez le n° 247 du texte).
0,005	»	»	»	»	»	»	»	»	»	»	»	»	0,711	»	0,574	0,622	0,625	0,587	0,615	0,645	0,648	0,711	0,620	0,623	0,742	0,668	0,724	0,671	
0,010	»	»	»	»	»	»	»	0,707	0,624	0,627	0,718	0,655	0,716	0,657	0,576	0,624	0,627	0,589	0,616	0,646	0,649	0,709	0,623	0,626	0,739	0,670	0,729	0,673	
0,015	»	»	»	»	»	»	»	0,706	0,628	0,630	0,717	0,659	0,720	0,661	0,578	0,626	0,629	0,590	0,618	0,648	0,651	0,707	0,627	0,630	0,737	0,672	0,733	0,675	
0,020	»	»	»	»	»	»	»	0,705	0,631	0,634	0,715	0,663	0,725	0,664	0,580	0,627	0,630	0,591	0,619	0,650	0,653	0,705	0,630	0,633	0,734	0,675	0,737	0,677	
0,025	»	»	»	0,592	»	»	»	0,704	0,634	0,637	0,714	0,666	0,728	0,667	0,582	0,629	0,632	0,592	0,621	0,651	0,654	0,703	0,633	0,636	0,733	0,676	0,740	0,679	
0,030	»	»	»	0,593	0,604	0,636	0,636	0,703	0,637	0,640	0,713	0,669	0,731	0,670	0,583	0,630	0,633	0,592	0,622	0,652	0,655	0,702	0,636	0,638	0,730	0,678	0,744	0,681	
0,035	»	»	»	0,594	0,605	0,638	0,639	0,702	0,640	0,643	0,712	0,671	0,734	0,673	0,585	0,631	0,635	0,593	0,623	0,654	0,657	0,701	0,638	0,641	0,728	0,680	0,747	0,682	
0,040	»	»	»	0,595	0,607	0,640	0,641	0,701	0,643	0,646	0,712	0,674	0,737	0,675	0,586	0,633	0,636	0,594	0,624	0,655	0,658	0,700	0,641	0,643	0,726	0,681	0,750	0,683	
0,045	0,577	0,620	0,623	0,596	0,609	0,643	0,643	0,701	0,645	0,649	0,711	0,676	0,740	0,678	0,587	0,634	0,637	0,595	0,625	0,656	0,659	0,699	0,643	0,646	0,725	0,683	0,753	0,685	
0,050	0,578	0,622	0,624	0,597	0,610	0,644	0,645	0,700	0,648	0,651	0,710	0,678	0,742	0,680	0,588	0,635	0,638	0,595	0,626	0,657	0,660	0,698	0,645	0,648	0,723	0,684	0,755	0,686	
0,055	0,580	0,623	0,625	0,598	0,611	0,646	0,647	0,699	0,650	0,654	0,709	0,680	0,745	0,682	0,589	0,636	0,639	0,596	0,627	0,658	0,661	0,697	0,647	0,650	0,722	0,685	0,757	0,687	
0,060	0,581	0,624	0,627	0,599	0,613	0,648	0,648	0,699	0,652	0,656	0,709	0,682	0,747	0,684	0,590	0,637	0,641	0,596	0,628	0,659	0,662	0,696	0,649	0,652	0,720	0,686	0,760	0,688	
0,065	0,582	0,625	0,628	0,599	0,614	0,649	0,650	0,698	0,655	0,658	0,708	0,684	0,749	0,686	0,592	0,638	0,642	0,597	0,629	0,660	0,663	0,695	0,651	0,654	0,719	0,687	0,762	0,689	
0,070	0,583	0,627	0,629	0,600	0,615	0,650	0,652	0,697	0,657	0,661	0,708	0,686	0,751	0,687	0,593	0,639	0,643	0,597	0,630	0,661	0,664	0,694	0,654	0,656	0,717	0,689	0,764	0,691	
0,080	0,585	0,629	0,631	0,601	0,617	0,653	0,654	0,696	0,661	0,665	0,706	0,689	0,755	0,690	0,594	0,641	0,644	0,598	0,631	0,662	0,665	0,693	0,657	0,660	0,715	0,691	0,767	0,693	
0,090	0,587	0,631	0,633	0,601	0,619	0,655	0,656	0,695	0,665	0,669	0,705	0,691	0,759	0,693	0,596	0,643	0,646	0,599	0,633	0,664	0,667	0,692	0,661	0,663	0,712	0,692	0,770	0,694	
0,100	0,589	0,633	0,635	0,602	0,621	0,657	0,658	0,694	0,669	0,672	0,704	0,694	0,763	0,695	0,598	0,644	0,648	0,600	0,634	0,665	0,668	0,691	0,664	0,666	0,710	0,694	0,773	0,696	
0,110	0,590	0,634	0,637	0,602	0,622	0,659	0,660	0,693	0,672	0,676	0,703	0,696	0,767	0,697	0,599	0,646	0,649	0,600	0,635	0,666	0,669	0,690	0,667	0,669	0,708	0,695	0,775	0,697	
0,120	0,592	0,636	0,639	0,603	0,624	0,660	0,662	0,692	0,675	0,679	0,703	0,697	0,770	0,699	0,600	0,647	0,650	0,601	0,636	0,667	0,670	0,689	0,670	0,672	0,706	0,696	0,777	0,698	
0,130	0,593	0,637	0,640	0,603	0,625	0,662	0,663	0,691	0,678	0,681	0,702	0,699	0,773	0,701	0,602	0,648	0,651	0,601	0,637	0,668	0,671	0,688	0,673	0,675	0,704	0,698	0,779	0,700	
0,140	0,594	0,639	0,642	0,603	0,626	0,663	0,664	0,690	0,680	0,684	0,701	0,700	0,776	0,702	0,603	0,649	0,652	0,602	0,638	0,669	0,672	0,687	0,676	0,678	0,702	0,699	0,780	0,701	
0,150	0,595	0,640	0,643	0,604	0,628	0,664	0,666	0,689	0,682	0,685	0,700	0,701	0,779	0,703	0,604	0,650	0,653	0,602	0,638	0,670	0,673	0,687	0,678	0,680	0,701	0,700	0,782	0,702	
0,160	0,597	0,641	0,644	0,604	0,629	0,665	0,667	0,688	0,684	0,687	0,699	0,702	0,781	0,704	0,605	0,650	0,654	0,602	0,639	0,670	0,673	0,686	0,680	0,682	0,700	0,701	0,783	0,703	
0,170	0,598	0,642	0,645	0,604	0,630	0,666	0,668	0,688	0,685	0,688	0,699	0,703	0,783	0,705	0,606	0,651	0,655	0,603	0,639	0,671	0,674	0,686	0,682	0,684	0,699	0,702	0,784	0,704	
0,180	0,599	0,643	0,646	0,605	0,631	0,667	0,669	0,687	0,686	0,689	0,698	0,704	0,785	0,706	0,607	0,652	0,656	0,603	0,640	0,671	0,674	0,685	0,684	0,686	0,698	0,702	0,784	0,704	
0,190	0,600	0,643	0,647	0,605	0,631	0,668	0,670	0,686	0,687	0,690	0,697	0,704	0,786	0,707	0,608	0,653	0,656	0,603	0,640	0,672	0,675	0,685	0,685	0,687	0,697	0,703	0,785	0,705	
0,200	0,601	0,644	0,648	0,605	0,632	0,669	0,671	0,686	0,688	0,691	0,697	0,705	0,787	0,707	0,609	0,653	0,657	0,603	0,640	0,672	0,675	0,685	0,687	0,688	0,696	0,704	0,785	0,706	

Orifices de 0m,60 de largeur et de diverses hauteurs, pratiqués dans une paroi de 0m,05 d'épaisseur et débouchant librement dans l'air.

COEFFICIENTS DE LA FORMULE D, la hauteur du niveau de l'eau dans le réservoir étant mesurée loin de l'orifice, en un point où le liquide est parfaitement stagnant, pour des hauteurs d'orifice

CHARGES sur le sommet des orifices	de 0m,40 (planche 3)			de 0m,20 (planche 3)				de 0m,05 (planche 3)			de 0m,03 (planche 3)				de 0m,40 (planche 3)		
mètres	fig. B	fig. C	fig. D	fig. A	fig. B	fig. C	fig. D	fig. B	fig. C	fig. D	fig. B	fig. C	fig. C	fig. D	fig. B	fig. C	fig. D
0,21	0,602	0,645	0,649	0,605	0,633	0,670	0,671	0,685	0,689	0,692	0,696	0,705	0,787	0,708	0,610	0,654	0,657
0,22	0,603	0,646	0,650	0,605	0,634	0,671	0,672	0,685	0,690	0,693	0,695	0,706	0,787	0,708	0,611	0,654	0,658
0,23	0,604	0,646	0,651	0,605	0,634	0,671	0,673	0,684	0,690	0,693	0,695	0,707	0,787	0,709	0,611	0,655	0,658
0,24	0,604	0,647	0,651	0,606	0,635	0,672	0,674	0,683	0,691	0,693	0,694	0,707	0,786	0,709	0,612	0,655	0,659
0,26	0,606	0,648	0,652	0,606	0,636	0,673	0,675	0,683	0,691	0,694	0,693	0,707	0,784	0,710	0,614	0,656	0,659
0,28	0,607	0,648	0,653	0,606	0,636	0,674	0,676	0,682	0,692	0,695	0,693	0,708	0,779	0,710	0,615	0,656	0,660
0,30	0,609	0,649	0,654	0,607	0,637	0,675	0,677	0,681	0,692	0,695	0,692	0,708	0,772	0,710	0,616	0,656	0,660
0,35	0,611	0,649	0,654	0,607	0,638	0,676	0,678	0,679	0,692	0,696	0,690	0,709	0,725	0,711	0,618	0,656	0,660
0,40	0,613	0,649	0,654	0,607	0,638	0,677	0,679	0,678	0,693	0,696	0,689	0,709	0,714	0,711	0,619	0,656	0,660
0,45	0,615	0,649	0,654	0,607	0,638	0,676	0,679	0,677	0,693	0,696	0,688	0,709	0,711	0,711	0,619	0,653	0,659
0,50	0,616	0,648	0,653	0,607	0,638	0,676	0,678	0,677	0,693	0,696	0,687	0,709		0,711	0,619	0,653	0,657
0,60	0,617	0,645	0,650	0,607	0,638	0,675	0,677	0,676	0,692	0,696	0,685	0,708		0,710	0,618	0,649	0,653
0,70	0,616	0,642	0,646	0,607	0,637	0,675	0,677	0,676	0,692	0,690	0,684	0,707		0,709	0,616	0,644	0,648
0,80	0,614	0,639	0,643	0,606	0,637	0,674	0,676	0,675	0,692	0,695	0,683	0,707		0,708	0,614	0,640	0,643
0,90	0,611	0,636	0,639	0,606	0,637	0,674	0,676	0,675	0,692	0,695	0,682	0,706		0,707	0,611	0,636	0,638
1,00	0,609	0,633	0,636	0,605	0,637	0,674	0,676	0,675	0,692	0,695	0,681	0,705		0,706	0,608	0,632	0,634
1,10	0,607	0,630	0,633	0,604	0,637	0,674	0,676	0,675	0,691	0,695	0,680	0,704		0,704	0,606	0,629	0,631
1,20	0,605	0,627	0,630	0,604	0,636	0,673	0,675	0,674	0,691	0,695	0,680	0,703		0,703	0,604	0,626	0,628
1,30	0,603	0,625	0,628	0,603	0,636	0,673	0,675	0,674	0,691	0,695	0,679	0,702		0,702	0,602	0,624	0,626
1,40	0,601	0,623	0,626	0,603	0,636	0,673	0,675	0,674	0,691	0,694	0,678	0,701		0,701	0,600	0,622	0,624
1,50	0,600	0,622	0,624	0,602	0,636	0,673	0,675	0,674	0,691	0,694	0,678	0,700		0,700	0,598	0,620	0,622
1,60	0,599	0,620	0,622	0,602	0,636	0,673	0,675	0,673	0,691	0,694	0,677	0,699		0,699	0,597	0,619	0,621
1,70	0,598	0,619	0,621	0,602	0,636	0,673	0,675	0,673	0,691	0,694	0,677	0,699		0,699	0,596	0,618	0,620
1,80	0,597	0,617	0,620	0,602	0,636	0,672	0,674	0,673	0,690	0,694	0,676	0,698		0,698	0,596	0,617	0,619
1,90	0,596	0,616	0,618	0,602	0,636	0,672	0,674	0,672	0,690	0,694	0,676	0,697		0,697	0,595	0,616	0,618
2,00	0,595	0,615	0,617	0,602	0,636	0,672	0,674	0,672	0,690	0,694	0,675	0,697		0,697	0,595	0,615	0,617
3,00	0,590	0,606	0,607	0,601	0,636	0,671	0,673	0,670	0,689	0,692	0,671	0,693		0,693	0,592	0,611	0,612

COEFFICIENTS DE LA FORMULE D, la hauteur du niveau de l'eau dans le réservoir étant mesurée immédiatement au-dessus de l'orifice, pour des hauteurs d'orifice

CHARGES	de 0m,20 (planche 3)				de 0m,05 (planche 3)			de 0m,03 (planche 3)				OBSERVATIONS
mètres	fig. A	fig. B	fig. C	fig. D	fig. B	fig. C	fig. D	fig. B	fig. C	fig. C	fig. D	
0,21	0,604	0,640	0,673	0,676	0,684	0,688	0,689	0,695	0,704	0,785	0,706	
0,22	0,604	0,641	0,673	0,676	0,684	0,689	0,690	0,695	0,705	0,786	0,707	
0,23	0,604	0,641	0,673	0,677	0,684	0,690	0,691	0,694	0,706	0,786	0,708	
0,24	0,604	0,641	0,674	0,677	0,684	0,690	0,692	0,694	0,706	0,786	0,708	
0,26	0,604	0,641	0,674	0,677	0,683	0,691	0,693	0,693	0,707	0,785	0,709	
0,28	0,605	0,641	0,675	0,678	0,683	0,692	0,694	0,693	0,708	0,782	0,710	
0,30	0,605	0,641	0,675	0,678	0,683	0,693	0,695	0,692	0,709	0,779	0,711	
0,35	0,606	0,641	0,676	0,679	0,682	0,694	0,696	0,692	0,710	0,752	0,713	
0,40	0,606	0,641	0,676	0,679	0,681	0,695	0,697	0,691	0,711	0,722	0,713	
0,45	0,607	0,641	0,676	0,679	0,680	0,695	0,697	0,691	0,711	0,715	0,714	
0,50	0,607	0,640	0,676	0,679	0,679	0,695	0,697	0,690	0,712		0,713	
0,60	0,607	0,640	0,676	0,679	0,678	0,695	0,697	0,688	0,710		0,712	
0,70	0,607	0,639	0,675	0,678	0,676	0,695	0,696	0,686	0,709		0,710	
0,80	0,607	0,638	0,675	0,677	0,674	0,694	0,696	0,683	0,707		0,708	
0,90	0,607	0,638	0,675	0,677	0,673	0,694	0,695	0,681	0,705		0,707	
1,00	0,606	0,638	0,674	0,676	0,673	0,694	0,695	0,680	0,704		0,705	
1,10	0,606	0,638	0,674	0,676	0,673	0,693	0,694	0,679	0,703		0,704	
1,20	0,605	0,638	0,673	0,675	0,673	0,693	0,694	0,678	0,702		0,703	
1,30	0,604	0,637	0,673	0,675	0,672	0,693	0,694	0,678	0,701		0,702	
1,40	0,603	0,637	0,673	0,674	0,672	0,693	0,694	0,677	0,700		0,700	
1,50	0,603	0,637	0,673	0,674	0,672	0,692	0,693	0,676	0,699		0,699	
1,60	0,602	0,637	0,672	0,674	0,672	0,692	0,693	0,676	0,699		0,699	
1,70	0,602	0,637	0,672	0,673	0,672	0,692	0,693	0,676	0,698		0,698	
1,80	0,602	0,636	0,672	0,673	0,671	0,691	0,692	0,675	0,697		0,697	
1,90	0,602	0,636	0,671	0,672	0,671	0,691	0,692	0,675	0,696		0,697	
2,00	0,602	0,636	0,671	0,672	0,671	0,691	0,692	0,675	0,696		0,696	
3,00	0,601	0,634	0,669	0,670	0,669	0,689	0,690	0,672	0,693		0,693	

Orifice de 0^m,20 de hauteur et 0^m,20 de largeur, prolongé au dehors du réservoir par un canal rectangulaire découvert, de même largeur que l'orifice.

COEFFICIENTS DE LA FORMULE D, la hauteur du niveau de l'eau dans le réservoir étant mesurée, loin de l'orifice, en un point où le liquide est parfaitement stagnant, dans le cas des dispositifs de la planche 2.

CHARGES sur le sommet de l'orifice.	figure 15.	figure 16.	figure 17.	figure 18.	figure 19.	figure 20.	figure 21.	figure 22.	figure 23.	figure 24.	figure 25.	figure 26.
mètres.												
0,000												
0,005												
0,010							0,477					0,522
0,015	0,471					0,482	0,487		0,519			0,530
0,020	0,480	0,480	0,480			0,489	0,496	0,488	0,527			0,537
0,025	0,487	0,487	0,487	0,488		0,495	0,503	0,495	0,533			0,542
0,030	0,493	0,493	0,493	0,493		0,500	0,510	0,501	0,538	0,530		0,547
0,035	0,498	0,498	0,498	0,498	0,513	0,505	0,516	0,506	0,542	0,534		0,552
0,040	0,503	0,502	0,503	0,502	0,518	0,509	0,522	0,511	0,546	0,539		0,556
0,045	0,507	0,506	0,507	0,505	0,523	0,513	0,527	0,515	0,550	0,543		0,560
0,050	0,511	0,510	0,511	0,509	0,528	0,517	0,531	0,520	0,553	0,546		0,563
0,055	0,515	0,514	0,514	0,512	0,532	0,520	0,535	0,524	0,556	0,549		0,566
0,060	0,518	0,517	0,518	0,515	0,536	0,523	0,539	0,528	0,559	0,552		0,569
0,065	0,522	0,520	0,521	0,517	0,539	0,526	0,543	0,532	0,561	0,555		0,572
0,070	0,525	0,523	0,524	0,520	0,543	0,530	0,546	0,535	0,564	0,558		0,575
0,080	0,531	0,528	0,530	0,525	0,549	0,535	0,553	0,541	0,568	0,562		0,580
0,090	0,537	0,533	0,535	0,530	0,555	0,541	0,558	0,547	0,571	0,566	0,589	0,584
0,100	0,542	0,538	0,539	0,534	0,560	0,545	0,563	0,552	0,574	0,560	0,593	0,588
0,110	0,547	0,542	0,543	0,538	0,564	0,549	0,567	0,556	0,577	0,572	0,596	0,591
0,120	0,551	0,545	0,547	0,541	0,568	0,553	0,571	0,560	0,579	0,575	0,600	0,594
0,130	0,555	0,549	0,550	0,545	0,572	0,557	0,574	0,564	0,582	0,577	0,602	0,597
0,140	0,558	0,551	0,553	0,548	0,575	0,561	0,577	0,568	0,583	0,580	0,605	0,599
0,150	0,561	0,554	0,556	0,550	0,578	0,564	0,580	0,570	0,585	0,581	0,608	0,601
0,160	0,564	0,557	0,559	0,553	0,580	0,567	0,583	0,573	0,587	0,583	0,610	0,603
0,170	0,567	0,559	0,561	0,555	0,583	0,569	0,585	0,576	0,588	0,585	0,612	0,605
0,180	0,570	0,562	0,564	0,558	0,585	0,572	0,587	0,578	0,590	0,586	0,614	0,607
0,190	0,572	0,564	0,566	0,560	0,587	0,574	0,589	0,580	0,591	0,588	0,615	0,608
0,200	0,574	0,566	0,568	0,562	0,589	0,576	0,591	0,582	0,592	0,589	0,617	0,610

COEFFICIENTS DE LA FORMULE D, la hauteur du niveau de l'eau dans le réservoir étant mesurée immédiatement au-dessus de l'orifice, dans le cas des dispositifs de la planche 2,

CHARGES sur le sommet de l'orifice.	figure 15.	figure 16.	figure 17.	figure 18.	figure 19.	figure 20.	figure 21.	figure 22.	figure 23.	figure 24.	figure 25.	figure 26.
0,000	0,506	0,505	0,506	0,539	0,581	0,510	0,517	0,524	0,558	0,589	[illegible]	0,567
0,005	0,502	0,501	0,502	0,534	0,581	0,506	0,513	0,520	0,555	0,584	[illegible]	0,563
0,010	0,500	0,499	0,500	0,530	0,581	0,503	0,511	0,517	0,553	0,580	[illegible]	0,560
0,015	0,500	0,499	0,500	0,528	0,581	0,502	0,510	0,516	0,552	0,577	[illegible]	0,559
0,020	0,502	0,501	0,502	0,527	0,581	0,503	0,512	0,517	0,552	0,575	[illegible]	0,560
0,025	0,505	0,503	0,505	0,528	0,582	0,504	0,515	0,520	0,553	0,574	[illegible]	0,563
0,030	0,508	0,506	0,508	0,529	0,583	0,507	0,519	0,524	0,554	0,573	[illegible]	0,565
0,035	0,511	0,509	0,511	0,531	0,584	0,509	0,524	0,528	0,556	0,573	[illegible]	0,568
0,040	0,515	0,512	0,514	0,533	0,585	0,512	0,528	0,532	0,557	0,573	[illegible]	0,572
0,045	0,518	0,515	0,516	0,535	0,587	0,514	0,533	0,537	0,559	0,573	[illegible]	0,575
0,050	0,520	0,518	0,519	0,537	0,588	0,517	0,538	0,541	0,560	0,574	[illegible]	0,578
0,055	0,523	0,520	0,522	0,539	0,590	0,519	0,542	0,545	0,562	0,574	[illegible]	0,581
0,060	0,525	0,523	0,525	0,541	0,592	0,522	0,547	0,549	0,563	0,575	[illegible]	0,584
0,065	0,529	0,526	0,527	0,543	0,594	0,524	0,551	0,553	0,565	0,576	[illegible]	0,586
0,070	0,531	0,528	0,530	0,545	0,595	0,527	0,555	0,556	0,567	0,577	[illegible]	0,589
0,080	0,536	0,533	0,535	0,549	0,597	0,531	0,562	0,562	0,570	0,579	[illegible]	0,594
0,090	0,541	0,537	0,539	0,553	0,600	0,535	0,568	0,568	0,573	0,581	[illegible]	0,598
0,100	0,545	0,541	0,543	0,557	0,602	0,539	0,574	0,573	0,575	0,583	[illegible]	0,602
0,110	0,549	0,545	0,547	0,560	0,603	0,543	0,578	0,577	0,578	0,584	[illegible]	0,605
0,120	0,553	0,548	0,550	0,563	0,605	0,546	0,583	0,580	0,580	0,586	[illegible]	0,608
0,130	0,557	0,551	0,554	0,565	0,607	0,549	0,585	0,583	0,583	0,589	[illegible]	0,610
0,140	0,560	0,554	0,556	0,567	0,608	0,552	0,588	0,585	0,585	0,590	[illegible]	0,611
0,150	0,563	0,556	0,559	0,569	0,609	0,555	0,591	0,588	0,586	0,592	[illegible]	0,613
0,160	0,565	0,558	0,561	0,571	0,610	0,558	0,593	0,590	0,588	0,592	[illegible]	0,614
0,170	0,568	0,561	0,563	0,573	0,611	0,560	0,594	0,591	0,590	0,592	[illegible]	0,615
0,180	0,571	0,563	0,565	0,575	0,612	0,562	0,596	0,593	0,591	0,594	[illegible]	0,615
0,190	0,573	0,565	0,567	0,577	0,613	0,565	0,598	0,594	0,592	0,595	[illegible]	0,616
0,200	0,575	0,566	0,569	0,577	0,614	0,567	0,599	0,596	0,593	0,596	[illegible]	0,617

OBSERVATIONS.

Les deux traits horizontaux placés dans chaque colonne des coefficients indiquent les limites entre lesquelles sont comprises les expériences qui ont servi de base à la formation de ce tableau. En ce qui concerne le premier coefficient inscrit dans chacune des douze premières colonnes, voyez la note insérée dans la colonne d'observations du tableau n° XXV.

Orifice de 0ᵐ,20 de hauteur et 0ᵐ,20 de largeur, prolongé au dehors du réservoir par un canal rectangulaire découvert, de même largeur que l'orifice.

Colonnes de gauche (figures 15 à 26) : **COEFFICIENTS DE LA FORMULE D**, la hauteur du niveau de l'eau dans le réservoir étant mesurée, loin de l'orifice, en un point où le liquide est parfaitement stagnant, dans le cas des dispositifs de la planche 2.

Colonnes de droite (figures 15 à 26) : **COEFFICIENTS DE LA FORMULE D**, la hauteur du niveau de l'eau dans le réservoir étant mesurée immédiatement au-dessus de l'orifice, dans le cas des dispositifs de la planche 2.

CHARGES sur le sommet de l'orifice.	fig. 15	fig. 16	fig. 17	fig. 18	fig. 19	fig. 20	fig. 21	fig. 22	fig. 23	fig. 24	fig. 25	fig. 26	fig. 15	fig. 16	fig. 17	fig. 18	fig. 19	fig. 20	fig. 21	fig. 22	fig. 23	fig. 24	fig. 25	fig. 26	OBSERVATIONS.
mètres.																									
0,21	0,577	0,568	0,570	0,564	0,590	0,578	0,593	0,584	0,594	0,590	0,618	0,611	0,577	0,568	0,570	0,578	0,615	0,569	0,600	0,597	0,594	0,597	0,639	0,618	
0,22	0,579	0,569	0,572	0,566	0,592	0,580	0,595	0,586	0,595	0,592	0,619	0,612	0,579	0,570	0,572	0,580	0,616	0,571	0,601	0,598	0,595	0,598	0,639	0,618	
0,23	0,581	0,571	0,574	0,567	0,594	0,581	0,596	0,588	0,596	0,593	0,620	0,614	0,581	0,572	0,574	0,581	0,617	0,573	0,602	0,599	0,596	0,598	0,640	0,619	
0,24	0,583	0,573	0,575	0,569	0,595	0,583	0,598	0,589	0,597	0,594	0,621	0,615	0,582	0,573	0,575	0,582	0,618	0,575	0,603	0,601	0,597	0,599	0,640	0,619	
0,26	0,586	0,575	0,578	0,572	0,598	0,585	0,601	0,592	0,598	0,596	0,623	0,617	0,586	0,575	0,578	0,584	0,619	0,579	0,605	0,603	0,599	0,601	0,640	0,620	
0,28	0,589	0,578	0,580	0,575	0,601	0,588	0,604	0,595	0,600	0,598	0,625	0,619	0,589	0,578	0,580	0,586	0,620	0,583	0,607	0,604	0,600	0,602	0,641	0,621	
0,30	0,591	0,580	0,582	0,577	0,603	0,590	0,607	0,597	0,601	0,599	0,626	0,621	0,592	0,580	0,583	0,587	0,622	0,587	0,609	0,606	0,601	0,603	0,641	0,622	
0,35	0,595	0,584	0,586	0,582	0,608	0,594	0,612	0,603	0,603	0,602	0,629	0,623	0,596	0,584	0,587	0,590	0,625	0,592	0,613	0,610	0,603	0,605	0,640	0,624	
0,40	0,597	0,587	0,590	0,586	0,613	0,597	0,615	0,607	0,605	0,605	0,630	0,625	0,598	0,587	0,590	0,593	0,627	0,597	0,616	0,613	0,605	0,607	0,640	0,625	
0,45	0,598	0,590	0,592	0,589	0,616	0,600	0,618	0,610	0,606	0,606	0,631	0,626	0,600	0,590	0,592	0,595	0,630	0,599	0,618	0,616	0,606	0,608	0,640	0,626	
0,50	0,599	0,592	0,594	0,591	0,619	0,602	0,621	0,613	0,607	0,608	0,632	0,627	0,600	0,591	0,594	0,597	0,631	0,601	0,620	0,618	0,607	0,610	0,640	0,626	
0,60	0,600	0,595	0,597	0,595	0,623	0,604	0,625	0,617	0,608	0,610	0,634	0,628	0,601	0,595	0,597	0,599	0,633	0,604	0,624	0,622	0,609	0,612	0,640	0,627	
0,70	0,601	0,597	0,599	0,598	0,626	0,606	0,627	0,620	0,609	0,611	0,635	0,628	0,601	0,597	0,599	0,601	0,634	0,605	0,626	0,624	0,610	0,613	0,640	0,628	
0,80	0,601	0,599	0,601	0,599	0,628	0,608	0,628	0,622	0,610	0,613	0,636	0,628	0,602	0,599	0,600	0,602	0,635	0,607	0,628	0,626	0,610	0,615	0,640	0,628	
0,90	0,601	0,600	0,602	0,600	0,629	0,609	0,628	0,623	0,610	0,614	0,637	0,628	0,602	0,600	0,601	0,603	0,635	0,608	0,629	0,627	0,611	0,616	0,641	0,629	
1,00	0,601	0,600	0,602	0,601	0,630	0,609	0,628	0,623	0,610	0,615	0,638	0,628	0,602	0,601	0,602	0,604	0,635	0,608	0,629	0,627	0,611	0,617	0,641	0,629	
1,10	0,601	0,601	0,603	0,602	0,631	0,610	0,628	0,624	0,610	0,615	0,638	0,628	0,602	0,601	0,603	0,604	0,635	0,609	0,629	0,627	0,611	0,617	0,642	0,629	
1,20	0,601	0,602	0,603	0,603	0,632	0,610	0,628	0,624	0,610	0,616	0,639	0,628	0,602	0,602	0,603	0,604	0,635	0,609	0,629	0,627	0,611	0,618	0,642	0,629	
1,30	0,601	0,602	0,603	0,603	0,632	0,610	0,628	0,624	0,610	0,617	0,640	0,628	0,601	0,602	0,604	0,601	0,635	0,609	0,629	0,627	0,611	0,618	0,642	0,629	
1,40	0,601	0,602	0,604	0,604	0,633	0,610	0,628	0,624	0,610	0,617	0,640	0,628	0,601	0,602	0,604	0,605	0,635	0,610	0,628	0,627	0,611	0,618	0,643	0,628	
1,50	0,601	0,602	0,604	0,604	0,633	0,610	0,627	0,624	0,610	0,617	0,641	0,627	0,601	0,602	0,604	0,605	0,635	0,610	0,628	0,626	0,611	0,617	0,643	0,628	
1,60	0,601	0,602	0,604	0,604	0,633	0,610	0,627	0,625	0,610	0,617	0,641	0,627	0,601	0,602	0,604	0,605	0,635	0,610	0,628	0,626	0,610	0,617	0,643	0,628	
1,70	0,601	0,602	0,604	0,604	0,633	0,610	0,627	0,625	0,610	0,617	0,641	0,627	0,601	0,602	0,604	0,605	0,635	0,610	0,627	0,626	0,610	0,617	0,643	0,627	
1,80	0,601	0,602	0,604	0,604	0,632	0,610	0,627	0,624	0,610	0,617	0,641	0,627	0,601	0,602	0,604	0,604	0,635	0,610	0,627	0,625	0,610	0,616	0,643	0,627	
1,90	0,601	0,602	0,603	0,604	0,632	0,610	0,626	0,624	0,609	0,617	0,642	0,626	0,601	0,602	0,604	0,604	0,634	0,609	0,627	0,625	0,609	0,616	0,643	0,627	
2,00	0,601	0,602	0,603	0,604	0,632	0,610	0,626	0,624	0,609	0,617	0,642	0,626	0,601	0,602	0,604	0,604	0,634	0,609	0,626	0,625	0,609	0,616	0,643	0,626	
3,00	0,601	0,601	0,602	0,602	0,630	0,609	0,624	0,622	0,606	0,616	0,641	0,624	0,601	0,602	0,603	0,604	0,634	0,607	0,623	0,622	0,607	0,613	0,641	0,623	

Orifice de $0^m,10$ de hauteur et $0^m,20$ de largeur, prolongé au dehors du réservoir par un canal rectangulaire découvert, de même largeur que l'orifice.

CHARGES sur le sommet de l'orifice.	COEFFICIENTS DE LA FORMULE D, dans le cas du dispositif de la figure 15, planche 2, la hauteur du niveau de l'eau dans le réservoir étant mesurée,		OBSERVATIONS.
	loin de l'orifice, en un point où le liquide est parfaitement stagnant.	immédiatement au-dessus de l'orifice.	
mètres.			
0,000	"	0,482	Les deux traits horizontaux placés dans chaque colonne des coefficients indiquent les limites entre lesquelles sont comprises les expériences qui ont servi de base à la formation de ce tableau.
0,005	"	0,508	En ce qui concerne le premier coefficient inscrit dans la première colonne, voyez la note insérée dans la colonne d'observations du tableau n° XXV.
0,010	0,458	0,514	
0,015	0,472	0,518	
0,020	0,484	0,522	
0,025	0,496	0,525	
0,030	0,507	0,528	
0,035	0,517	0,532	
0,040	0,527	0,538	
0,045	0,536	0,544	
0,050	0,544	0,552	
0,055	0,551	0,558	
0,060	0,557	0,564	
0,065	0,563	0,569	
0,070	0,568	0,573	
0,080	0,576	0,580	
0,090	0,582	0,584	
0,100	0,586	0,588	
0,110	0,590	0,592	
0,120	0,593	0,594	
0,130	0,595	0,597	
0,140	0,597	0,599	
0,150	0,599	0,600	
0,160	0,601	0,602	
0,170	0,602	0,603	
0,180	0,604	0,604	
0,190	0,605	0,606	
0,200	0,606	0,607	
0,21	0,607	0,608	
0,22	0,608	0,608	
0,23	0,608	0,609	
0,24	0,609	0,610	
0,26	0,610	0,611	
0,28	0,612	0,612	
0,30	0,612	0,613	
0,35	0,614	0,614	
0,40	0,615	0,615	
0,45	0,615	0,615	
0,50	0,615	0,615	
0,60	0,615	0,615	
0,70	0,615	0,615	
0,80	0,615	0,615	
0,90	0,615	0,615	
1,00	0,615	0,614	
1,10	0,614	0,614	
1,20	0,614	0,614	
1,30	0,614	0,614	
1,40	0,613	0,613	
1,50	0,612	0,612	
1,60	0,611	0,611	
1,70	0,610	0,610	
1,80	0,609	0,609	
1,90	0,608	0,608	
2,00	0,607	0,607	
3,00	0,603	0,603	

Orifice de $0^m,05$ de hauteur et $0^m,20$ de largeur, prolongé au dehors du réservoir par un canal rectangulaire découvert, de même largeur que l'orifice.

COEFFICIENTS DE LA FORMULE D, la hauteur du niveau de l'eau dans le réservoir étant mesurée, loin de l'orifice, en un point où le liquide est parfaitement stagnant, dans le cas des dispositifs de la planche 2.

CHARGES sur le sommet de l'orifice (mètres).	figure 15.	figure 16.	figure 17.	figure 18.	figure 19.	figure 20.	figure 21.	figure 22.	figure 23.	figure 24.	figure 25.	figure 26.
0,000	»	»	»	»	»	»	»	»	»	»	»	»
0,005	0,423	»	»	»	»	0,505	0,505	»	»	»	»	»
0,010	0,447	0,435	0,435	0,432	0,472	0,526	0,526	0,450	»	»	»	0,557
0,015	0,468	0,463	0,463	0,458	0,493	0,542	0,543	0,473	0,572	0,566	»	0,576
0,020	0,488	0,487	0,487	0,483	0,512	0,555	0,557	0,494	0,585	0,579	»	0,587
0,025	0,508	0,508	0,508	0,503	0,527	0,566	0,568	0,513	0,593	0,588	0,608	0,596
0,030	0,525	0,526	0,526	0,522	0,543	0,575	0,577	0,530	0,599	0,595	0,613	0,602
0,035	0,541	0,540	0,540	0,537	0,555	0,582	0,585	0,545	0,604	0,600	0,617	0,607
0,040	0,555	0,552	0,552	0,550	0,566	0,589	0,592	0,557	0,608	0,604	0,620	0,612
0,045	0,567	0,562	0,562	0,561	0,574	0,595	0,598	0,568	0,611	0,608	0,623	0,616
0,050	0,577	0,571	0,571	0,570	0,582	0,600	0,603	0,577	0,614	0,611	0,625	0,619
0,055	0,586	0,578	0,578	0,577	0,589	0,604	0,607	0,584	0,617	0,613	0,627	0,622
0,060	0,594	0,583	0,583	0,584	0,595	0,608	0,611	0,591	0,619	0,616	0,629	0,624
0,065	0,600	0,588	0,588	0,589	0,600	0,611	0,614	0,596	0,621	0,618	0,631	0,626
0,070	0,606	0,592	0,592	0,593	0,604	0,614	0,617	0,600	0,623	0,620	0,633	0,628
0,080	0,614	0,598	0,598	0,601	0,611	0,619	0,621	0,608	0,627	0,623	0,635	0,631
0,090	0,620	0,602	0,602	0,606	0,616	0,622	0,625	0,613	0,629	0,626	0,637	0,634
0,100	0,624	0,605	0,605	0,609	0,621	0,625	0,628	0,616	0,632	0,628	0,639	0,635
0,110	0,626	0,607	0,607	0,611	0,624	0,627	0,630	0,619	0,634	0,631	0,641	0,636
0,120	0,628	0,609	0,609	0,614	0,627	0,629	0,631	0,621	0,636	0,633	0,642	0,637
0,130	0,629	0,610	0,611	0,615	0,629	0,630	0,633	0,622	0,637	0,634	0,643	0,638
0,140	0,629	0,612	0,612	0,617	0,630	0,631	0,634	0,624	0,639	0,636	0,644	0,638
0,150	0,630	0,613	0,613	0,618	0,632	0,631	0,635	0,625	0,640	0,638	0,645	0,639
0,160	0,630	0,614	0,614	0,619	0,633	0,632	0,635	0,626	0,641	0,639	0,646	0,639
0,170	0,631	0,615	0,615	0,620	0,634	0,632	0,636	0,627	0,642	0,640	0,647	0,639
0,180	0,631	0,616	0,616	0,621	0,635	0,633	0,636	0,627	0,643	0,641	0,648	0,639
0,190	0,631	0,616	0,617	0,622	0,636	0,633	0,637	0,628	0,644	0,642	0,649	0,639
0,200	0,631	0,617	0,617	0,623	0,637	0,633	0,637	0,629	0,645	0,643	0,649	0,638

COEFFICIENTS DE LA FORMULE D, la hauteur du niveau de l'eau dans le réservoir étant mesurée immédiatement au-dessus de l'orifice, dans le cas des dispositifs de la planche 2.

CHARGES sur le sommet de l'orifice (mètres).	figure 15.	figure 16.	figure 17.	figure 18.	figure 19.	figure 20.	figure 21.	figure 22.	figure 23.	figure 24.	figure 25.	figure 26.
0,000	0,464	0,463	0,465	0,465	0,558	0,555	0,547	0,473	0,683	0,692	0,841	0,618
0,005	0,471	0,464	0,464	0,481	0,536	0,518	0,534	0,489	0,638	0,666	0,779	0,584
0,010	0,481	0,472	0,472	0,498	0,536	0,506	0,539	0,506	0,625	0,650	0,739	0,584
0,015	0,493	0,488	0,484	0,515	0,553	0,523	0,555	0,522	0,621	0,639	0,705	0,592
0,020	0,508	0,506	0,499	0,530	0,563	0,539	0,568	0,537	0,620	0,634	0,677	0,599
0,025	0,526	0,523	0,515	0,544	0,575	0,553	0,579	0,550	0,620	0,631	0,665	0,606
0,030	0,543	0,535	0,530	0,556	0,585	0,566	0,588	0,562	0,621	0,631	0,660	0,611
0,035	0,558	0,553	0,545	0,566	0,593	0,576	0,595	0,572	0,623	0,632	0,658	0,615
0,040	0,570	0,565	0,557	0,575	0,600	0,585	0,601	0,580	0,625	0,634	0,657	0,619
0,045	0,580	0,574	0,568	0,583	0,606	0,592	0,607	0,588	0,627	0,635	0,656	0,622
0,050	0,589	0,581	0,576	0,589	0,610	0,599	0,611	0,594	0,629	0,637	0,656	0,625
0,055	0,596	0,587	0,583	0,594	0,616	0,604	0,615	0,600	0,631	0,639	0,655	0,628
0,060	0,603	0,592	0,589	0,599	0,619	0,608	0,618	0,604	0,633	0,640	0,655	0,630
0,065	0,608	0,596	0,594	0,603	0,622	0,611	0,620	0,608	0,635	0,641	0,655	0,631
0,070	0,613	0,599	0,597	0,606	0,625	0,614	0,623	0,611	0,636	0,642	0,655	0,633
0,080	0,621	0,604	0,603	0,611	0,629	0,618	0,626	0,610	0,639	0,645	0,654	0,635
0,090	0,625	0,607	0,607	0,614	0,632	0,621	0,629	0,619	0,641	0,646	0,654	0,637
0,100	0,628	0,609	0,609	0,616	0,634	0,623	0,631	0,621	0,643	0,647	0,654	0,638
0,110	0,630	0,610	0,611	0,618	0,636	0,624	0,633	0,622	0,644	0,649	0,654	0,639
0,120	0,631	0,612	0,612	0,619	0,637	0,625	0,633	0,623	0,646	0,650	0,654	0,639
0,130	0,631	0,613	0,614	0,620	0,638	0,626	0,634	0,624	0,647	0,650	0,654	0,639
0,140	0,631	0,614	0,615	0,621	0,639	0,627	0,634	0,625	0,648	0,651	0,654	0,639
0,150	0,631	0,614	0,616	0,622	0,639	0,628	0,635	0,626	0,648	0,652	0,654	0,639
0,160	0,631	0,615	0,616	0,623	0,639	0,628	0,635	0,626	0,649	0,652	0,655	0,639
0,170	0,631	0,616	0,617	0,623	0,640	0,629	0,635	0,627	0,650	0,652	0,655	0,639
0,180	0,631	0,616	0,618	0,624	0,641	0,629	0,635	0,627	0,650	0,652	0,655	0,639
0,190	0,631	0,617	0,618	0,625	0,641	0,630	0,636	0,628	0,650	0,653	0,655	0,639
0,200	0,631	0,617	0,619	0,625	0,642	0,630	0,636	0,629	0,651	0,653	0,655	0,639

OBSERVATIONS.

Les deux traits horizontaux placés dans chaque colonne des coefficients indiquent les limites entre lesquelles sont comprises les expériences qui ont servi de base à la formation de ce tableau.

En ce qui concerne le premier coefficient inscrit dans chacune des douze premières colonnes, voyez la note insérée dans la colonne d'observations du tableau n° XXV.

Suite du TABLEAU Nº XXXVI.

Orifice de $0^m,05$ de hauteur et $0^m,20$ de largeur, prolongé au dehors du réservoir par un canal rectangulaire découvert, de même largeur que l'orifice.

CHARGES sur le sommet de l'orifice.	COEFFICIENTS DE LA FORMULE D, la hauteur du niveau de l'eau dans le réservoir étant mesurée, loin de l'orifice, en un point où le liquide est parfaitement stagnant, dans le cas des dispositifs de la planche 2,											
	figure 15.	figure 16.	figure 17.	figure 18.	figure 19.	figure 20.	figure 21.	figure 22.	figure 23.	figure 24.	figure 25.	figure 26.
mètres.												
0,21	0,630	0,618	0,618	0,623	0,638	0,633	0,637	0,629	0,645	0,643	0,650	0,638
0,22	0,630	0,618	0,619	0,624	0,638	0,633	0,637	0,630	0,646	0,644	0,651	0,638
0,23	0,630	0,619	0,619	0,625	0,639	0,633	0,637	0,630	0,647	0,645	0,651	0,638
0,24	0,630	0,619	0,620	0,625	0,640	0,633	0,637	0,631	0,647	0,645	0,652	0,638
0,26	0,630	0,620	0,621	0,626	0,641	0,633	0,637	0,632	0,648	0,646	0,653	0,638
0,28	0,629	0,621	0,622	0,627	0,642	0,633	0,637	0,632	0,649	0,647	0,653	0,638
0,30	0,629	0,622	0,623	0,627	0,643	0,632	0,636	0,633	0,649	0,647	0,654	0,638
0,35	0,627	0,624	0,624	0,628	0,644	0,632	0,636	0,634	0,651	0,649	0,655	0,637
0,40	0,626	0,625	0,625	0,629	0,646	0,631	0,635	0,634	0,652	0,649	0,655	0,637
0,45	0,626	0,626	0,626	0,630	0,647	0,630	0,635	0,635	0,652	0,650	0,656	0,636
0,50	0,625	0,626	0,627	0,630	0,647	0,630	0,635	0,636	0,652	0,650	0,656	0,636
0,60	0,625	0,627	0,627	0,631	0,648	0,629	0,635	0,637	0,652	0,651	0,656	0,636
0,70	0,624	0,627	0,628	0,632	0,649	0,629	0,635	0,637	0,652	0,651	0,656	0,635
0,80	0,624	0,628	0,628	0,632	0,649	0,628	0,635	0,638	0,652	0,651	0,656	0,635
0,90	0,624	0,628	0,628	0,632	0,649	0,628	0,635	0,638	0,651	0,651	0,656	0,635
1,00	0,624	0,628	0,628	0,633	0,649	0,627	0,635	0,638	0,651	0,651	0,656	0,635
1,10	0,623	0,628	0,628	0,633	0,648	0,626	0,635	0,638	0,651	0,651	0,656	0,635
1,20	0,623	0,628	0,628	0,633	0,648	0,625	0,635	0,638	0,650	0,651	0,656	0,635
1,30	0,622	0,628	0,628	0,633	0,648	0,624	0,634	0,638	0,650	0,651	0,656	0,634
1,40	0,621	0,627	0,627	0,633	0,647	0,623	0,634	0,638	0,650	0,651	0,656	0,634
1,50	0,619	0,627	0,627	0,632	0,647	0,622	0,634	0,637	0,650	0,651	0,656	0,634
1,60	0,618	0,626	0,626	0,632	0,647	0,620	0,634	0,637	0,650	0,651	0,656	0,634
1,70	0,617	0,625	0,625	0,632	0,646	0,619	0,634	0,637	0,650	0,651	0,656	0,634
1,80	0,615	0,625	0,625	0,631	0,646	0,618	0,634	0,636	0,650	0,651	0,656	0,634
1,90	0,614	0,624	0,624	0,631	0,645	0,617	0,634	0,636	0,650	0,651	0,656	0,634
2,00	0,613	0,623	0,623	0,631	0,644	0,616	0,634	0,635	0,650	0,651	0,656	0,634
3,00	0,606	0,618	0,618	0,628	0,639	0,609	0,632	0,632	0,649	0,651	0,656	0,632

CHARGES sur le sommet de l'orifice.	COEFFICIENTS DE LA FORMULE D, la hauteur du niveau de l'eau dans le réservoir étant mesurée immédiatement au-dessus de l'orifice, dans le cas des dispositifs de la planche 2,												OBSERVATIONS.
	figure 15.	figure 16.	figure 17.	figure 18.	figure 19.	figure 20.	figure 21.	figure 22.	figure 23.	figure 24.	figure 25.	figure 26.	
mètres.													
0,21	0,631	0,618	0,620	0,625	0,642	0,630	0,636	0,629	0,651	0,653	0,655	0,639	
0,22	0,631	0,618	0,620	0,626	0,642	0,631	0,636	0,630	0,651	0,653	0,655	0,639	
0,23	0,631	0,619	0,621	0,626	0,643	0,631	0,636	0,630	0,652	0,653	0,655	0,639	
0,24	0,630	0,619	0,621	0,627	0,643	0,631	0,636	0,631	0,652	0,653	0,656	0,639	
0,26	0,630	0,620	0,622	0,628	0,644	0,632	0,636	0,631	0,652	0,653	0,656	0,639	
0,28	0,630	0,621	0,623	0,628	0,645	0,632	0,636	0,632	0,652	0,653	0,656	0,639	
0,30	0,630	0,622	0,624	0,629	0,646	0,632	0,636	0,632	0,652	0,653	0,656	0,639	
0,35	0,628	0,624	0,625	0,630	0,647	0,632	0,636	0,634	0,652	0,653	0,656	0,638	
0,40	0,627	0,625	0,626	0,630	0,648	0,632	0,636	0,635	0,652	0,653	0,656	0,638	
0,45	0,626	0,626	0,626	0,631	0,649	0,632	0,636	0,635	0,652	0,652	0,657	0,638	
0,50	0,625	0,626	0,627	0,631	0,649	0,632	0,636	0,636	0,652	0,652	0,657	0,637	
0,60	0,625	0,627	0,628	0,632	0,649	0,631	0,636	0,637	0,651	0,651	0,657	0,637	
0,70	0,624	0,628	0,628	0,632	0,649	0,630	0,636	0,637	0,651	0,651	0,657	0,636	
0,80	0,624	0,628	0,628	0,633	0,649	0,630	0,635	0,637	0,651	0,651	0,657	0,636	
0,90	0,624	0,628	0,628	0,633	0,649	0,629	0,635	0,638	0,651	0,651	0,657	0,635	
1,00	0,624	0,628	0,628	0,633	0,649	0,627	0,635	0,638	0,651	0,651	0,657	0,635	
1,10	0,623	0,628	0,628	0,633	0,649	0,626	0,635	0,638	0,651	0,651	0,657	0,635	
1,20	0,623	0,628	0,628	0,633	0,648	0,625	0,635	0,638	0,651	0,652	0,657	0,635	
1,30	0,622	0,627	0,627	0,633	0,648	0,624	0,635	0,638	0,651	0,652	0,657	0,635	
1,40	0,621	0,627	0,627	0,633	0,647	0,622	0,635	0,638	0,651	0,652	0,657	0,635	
1,50	0,619	0,627	0,627	0,633	0,647	0,621	0,635	0,637	0,651	0,652	0,657	0,635	
1,60	0,618	0,626	0,626	0,632	0,647	0,620	0,634	0,637	0,651	0,651	0,657	0,634	
1,70	0,617	0,625	0,625	0,632	0,646	0,619	0,634	0,637	0,651	0,651	0,657	0,634	
1,80	0,616	0,624	0,624	0,631	0,645	0,618	0,634	0,636	0,650	0,651	0,657	0,634	
1,90	0,615	0,624	0,624	0,631	0,645	0,618	0,634	0,636	0,650	0,651	0,656	0,634	
2,00	0,614	0,623	0,623	0,630	0,644	0,617	0,633	0,635	0,650	0,651	0,656	0,633	
3,00	0,606	0,618	0,618	0,625	0,639	0,611	0,632	0,632	0,646	0,647	0,653	0,632	

Orifice de $0^m,03$ de hauteur et $0^m,20$ de largeur, prolongé au dehors du réservoir par un canal rectangulaire découvert, de même largeur que l'orifice.

CHARGES sur le sommet de l'orifice.	COEFFICIENTS DE LA FORMULE D, la hauteur du niveau de l'eau dans le réservoir étant mesurée,				OBSERVATIONS.
	loin de l'orifice, en un point où le liquide est parfaitement stagnant, dans le cas des dispositifs de la planche 2,		immédiatement au-dessus de l'orifice, dans le cas des dispositifs de la planche 2,		
	figure 15.	figure 18.	figure 15.	figure 18.	
mètres.					
0,000	"	"	0,477	0,514	Les deux traits horizontaux placés dans chaque colonne des coefficients indiquent les limites entre lesquelles sont comprises les expériences qui ont servi de base à la formation de ce tableau.
0,005	0,378	0,456	0,489	0,520	En ce qui concerne le premier coefficient inscrit dans chacune des deux premières colonnes, voyez la note insérée dans la colonne d'observations du tableau n° XXV.
0,010	0,424	0,486	0,509	0,530	
0,015	0,467	0,516	0,529	0,542	
0,020	0,501	0,539	0,548	0,557	
0,025	0,527	0,557	0,565	0,572	
0,030	0,551	0,573	0,583	0,588	
0,035	0,575	0,586	0,602	0,601	
0,040	0,598	0,595	0,620	0,613	
0,045	0,617	0,603	0,636	0,621	
0,050	0,629	0,609	0,639	0,626	
0,055	0,631	0,613	0,640	0,629	
0,060	0,632	0,617	0,640	0,631	
0,065	0,632	0,619	0,640	0,632	
0,070	0,632	0,621	0,639	0,633	
0,080	0,633	0,624	0,639	0,633	
0,090	0,633	0,625	0,638	0,634	
0,100	0,633	0,627	0,637	0,634	
0,110	0,633	0,629	0,637	0,635	
0,120	0,633	0,630	0,636	0,635	
0,130	0,633	0,631	0,636	0,636	
0,140	0,633	0,632	0,635	0,636	
0,150	0,633	0,633	0,634	0,636	
0,160	0,633	0,633	0,634	0,636	
0,170	0,633	0,634	0,634	0,636	
0,180	0,632	0,634	0,633	0,637	
0,190	0,632	0,635	0,633	0,637	
0,200	0,632	0,635	0,632	0,637	

CHARGES sur le sommet de l'orifice.	COEFFICIENTS DE LA FORMULE D, la hauteur du niveau de l'eau dans le réservoir étant mesurée,				OBSERVATIONS.
	loin de l'orifice, en un point où le liquide est parfaitement stagnant, dans le cas des dispositifs de la planche 2,		immédiatement au-dessus de l'orifice, dans le cas des dispositifs de la planche 2,		
	figure 15.	figure 18.	figure 15.	figure 18.	
mètres.					
0,21	0,632	0,635	0,632	0,637	
0,22	0,632	0,636	0,632	0,637	
0,23	0,632	0,636	0,632	0,637	
0,24	0,632	0,636	0,631	0,637	
0,26	0,631	0,637	0,631	0,637	
0,28	0,631	0,637	0,631	0,638	
0,30	0,631	0,637	0,631	0,638	
0,35	0,631	0,638	0,630	0,638	
0,40	0,630	0,638	0,630	0,638	
0,45	0,629	0,638	0,629	0,638	
0,50	0,629	0,638	0,629	0,639	
0,60	0,628	0,638	0,628	0,639	
0,70	0,627	0,638	0,627	0,639	
0,80	0,626	0,638	0,627	0,639	
0,90	0,626	0,638	0,626	0,639	
1,00	0,625	0,638	0,625	0,638	
1,10	0,624	0,638	0,624	0,638	
1,20	0,623	0,638	0,623	0,638	
1,30	0,622	0,638	0,622	0,638	
1,40	0,621	0,637	0,621	0,637	
1,50	0,620	0,637	0,620	0,637	
1,60	0,619	0,637	0,619	0,636	
1,70	0,617	0,637	0,617	0,636	
1,80	0,616	0,637	0,616	0,635	
1,90	0,614	0,636	0,615	0,635	
2,00	0,613	0,636	0,614	0,634	
3,00	0,607	0,634	0,607	0,631	

Orifice de $0^m,01$ de hauteur et $0^m,20$ de largeur, prolongé au dehors du réservoir par un canal rectangulaire découvert, de même largeur que l'orifice.

COEFFICIENTS DE LA FORMULE D, la hauteur du niveau de l'eau dans le réservoir étant mesurée, loin de l'orifice, en un point où le liquide est parfaitement stagnant, dans le cas des dispositifs de la planche 2.

CHARGES sur le sommet de l'orifice.	figure 15.	figure 16.	figure 17.	figure 18.	figure 19.	figure 20.	figure 21.	figure 22.	figure 23.	figure 24.	figure 25.	figure 26.
mètres.												
0,005	0,548	0,552	0,552	0,550	0,559	0,643	0,653	0,568	0,662	0,643		0,616
0,010	0,566	0,571	0,571	0,569	0,584	0,653	0,663	0,596	0,672	0,659	0,648	0,645
0,015	0,583	0,596	0,596	0,590	0,607	0,661	0,670	0,621	0,677	0,669	0,662	0,663
0,020	0,599	0,616	0,616	0,607	0,625	0,667	0,675	0,639	0,682	0,676	0,671	0,676
0,025	0,614	0,631	0,631	0,622	0,640	0,672	0,679	0,653	0,685	0,681	0,678	0,686
0,030	0,626	0,642	0,642	0,634	0,651	0,676	0,683	0,663	0,688	0,685	0,682	0,693
0,035	0,636	0,652	0,652	0,643	0,660	0,679	0,685	0,671	0,691	0,688	0,686	0,693
0,040	0,645	0,660	0,660	0,651	0,667	0,682	0,688	0,677	0,693	0,690	0,688	0,702
0,045	0,653	0,666	0,666	0,657	0,674	0,683	0,690	0,682	0,694	0,691	0,690	0,704
0,050	0,658	0,670	0,671	0,662	0,679	0,684	0,691	0,687	0,695	0,692	0,691	0,705
0,055	0,663	0,673	0,675	0,667	0,683	0,684	0,692	0,691	0,696	0,693	0,692	0,705
0,060	0,667	0,676	0,678	0,670	0,686	0,684	0,693	0,694	0,696	0,694	0,693	0,705
0,065	0,669	0,678	0,680	0,673	0,689	0,684	0,694	0,696	0,697	0,695	0,693	0,705
0,070	0,671	0,680	0,681	0,676	0,692	0,683	0,695	0,698	0,697	0,695	0,694	0,704
0,080	0,672	0,682	0,683	0,680	0,694	0,682	0,695	0,700	0,698	0,696	0,695	0,703
0,090	0,672	0,683	0,684	0,682	0,696	0,680	0,695	0,701	0,699	0,697	0,696	0,701
0,100	0,671	0,682	0,684	0,685	0,697	0,679	0,694	0,701	0,699	0,698	0,696	0,699
0,110	0,670	0,682	0,684	0,686	0,698	0,677	0,694	0,701	0,700	0,698	0,696	0,697
0,120	0,669	0,681	0,684	0,687	0,698	0,676	0,693	0,700	0,700	0,698	0,697	0,695
0,130	0,668	0,681	0,683	0,688	0,698	0,674	0,692	0,700	0,700	0,699	0,697	0,693
0,140	0,668	0,681	0,683	0,688	0,698	0,673	0,690	0,699	0,700	0,699	0,697	0,692
0,150	0,667	0,680	0,682	0,689	0,698	0,672	0,689	0,698	0,700	0,699	0,697	0,690
0,160	0,666	0,680	0,682	0,689	0,698	0,670	0,688	0,698	0,701	0,700	0,698	0,689
0,170	0,666	0,680	0,682	0,689	0,698	0,669	0,687	0,697	0,701	0,700	0,698	0,688
0,180	0,665	0,680	0,682	0,689	0,698	0,668	0,686	0,697	0,701	0,700	0,698	0,687
0,190	0,665	0,679	0,681	0,688	0,698	0,667	0,685	0,696	0,701	0,700	0,698	0,686
0,200	0,664	0,679	0,681	0,688	0,698	0,666	0,684	0,696	0,701	0,700	0,698	0,685

COEFFICIENTS DE LA FORMULE D, la hauteur du niveau de l'eau dans le réservoir étant mesurée immédiatement au-dessus de l'orifice, dans le cas des dispositifs de la planche 2,

CHARGES sur le sommet de l'orifice.	figure 15.	figure 16.	figure 17.	figure 18.	figure 19.	figure 20.	figure 21.	figure 22.	figure 23.	figure 24.	figure 25.	figure 26.
mètres.												
0,005	0,558	0,565	0,565	0,559	0,589	0,562	0,619	0,592	0,756	0,733	0,706	0,627
0,010	0,578	0,589	0,589	0,581	0,618	0,584	0,639	0,622	0,745	0,725	0,702	0,644
0,015	0,597	0,611	0,611	0,602	0,639	0,606	0,652	0,643	0,737	0,721	0,701	0,657
0,020	0,614	0,630	0,630	0,619	0,654	0,625	0,663	0,659	0,732	0,718	0,701	0,668
0,025	0,628	0,644	0,644	0,632	0,665	0,639	0,672	0,669	0,729	0,716	0,702	0,677
0,030	0,640	0,655	0,655	0,644	0,672	0,650	0,680	0,677	0,726	0,715	0,705	0,685
0,035	0,650	0,663	0,663	0,653	0,679	0,659	0,686	0,684	0,723	0,714	0,704	0,691
0,040	0,659	0,670	0,670	0,660	0,674	0,665	0,691	0,689	0,721	0,713	0,704	0,696
0,045	0,664	0,674	0,675	0,666	0,689	0,670	0,695	0,694	0,719	0,713	0,705	0,699
0,050	0,668	0,678	0,679	0,671	0,693	0,673	0,698	0,697	0,718	0,712	0,706	0,702
0,055	0,671	0,680	0,681	0,675	0,695	0,675	0,701	0,700	0,717	0,712	0,706	0,704
0,060	0,673	0,682	0,683	0,678	0,698	0,677	0,702	0,702	0,715	0,711	0,707	0,705
0,065	0,675	0,683	0,684	0,681	0,700	0,678	0,702	0,704	0,714	0,711	0,707	0,705
0,070	0,675	0,684	0,685	0,683	0,701	0,678	0,703	0,705	0,713	0,710	0,707	0,705
0,080	0,675	0,684	0,685	0,685	0,702	0,679	0,702	0,705	0,712	0,709	0,707	0,704
0,090	0,674	0,684	0,685	0,686	0,703	0,678	0,700	0,705	0,710	0,708	0,707	0,702
0,100	0,673	0,683	0,685	0,687	0,703	0,677	0,698	0,705	0,709	0,708	0,707	0,700
0,110	0,672	0,683	0,685	0,686	0,702	0,675	0,695	0,705	0,708	0,707	0,706	0,696
0,120	0,671	0,683	0,684	0,686	0,702	0,674	0,692	0,704	0,707	0,706	0,705	0,693
0,130	0,670	0,682	0,684	0,685	0,701	0,673	0,689	0,704	0,707	0,705	0,705	0,691
0,140	0,669	0,682	0,684	0,685	0,701	0,671	0,688	0,703	0,706	0,705	0,704	0,689
0,150	0,668	0,681	0,683	0,685	0,701	0,670	0,686	0,702	0,705	0,704	0,704	0,687
0,160	0,667	0,681	0,683	0,684	0,700	0,669	0,685	0,701	0,705	0,704	0,703	0,685
0,170	0,667	0,680	0,682	0,684	0,700	0,668	0,683	0,701	0,704	0,703	0,703	0,684
0,180	0,666	0,680	0,582	0,683	0,699	0,667	0,682	0,700	0,704	0,703	0,703	0,683
0,190	0,665	0,679	0,681	0,683	0,699	0,667	0,682	0,700	0,703	0,703	0,702	0,682
0,200	0,665	0,679	0,681	0,683	0,699	0,666	0,680	0,699	0,703	0,702	0,702	0,681

OBSERVATIONS.

Les deux traits horizontaux placés dans chaque colonne des coefficients indiquent les limites entre lesquelles sont comprises les expériences qui ont servi de base à la formation de ce tableau.

En ce qui concerne le premier coefficient inscrit dans chacune des 12 premières colonnes, voyez la note insérée dans la colonne d'observations du tableau n° XXV.

On n'a pas porté, dans les 12 dernières colonnes, les coefficients correspondant à la charge zéro, mesurée immédiatement au-dessus de l'orifice, parce que, pour en déterminer la valeur, il faudrait prolonger des courbes dont la direction est incertaine.

Orifice de 0^m,01 de hauteur et 0^m,20 de largeur, prolongé au dehors du réservoir par un canal rectangulaire découvert, de même largeur que l'orifice.

COEFFICIENTS DE LA FORMULE D, la hauteur du niveau de l'eau dans le réservoir étant mesurée, loin de l'orifice, en un point où le liquide est parfaitement stagnant, dans le cas des dispositifs de la planche 2,

charges sur sommet de orifice.	figure 15.	figure 16.	figure 17.	figure 18.	figure 19.	figure 20.	figure 21.	figure 22.	figure 23.	figure 24.	figure 25.	figure 26.
mètres.												
0,21	0,663	0,679	0,681	0,688	0,697	0,665	0,683	0,695	0,701	0,700	0,698	0,684
0,22	0,663	0,679	0,681	0,687	0,697	0,665	0,682	0,695	0,701	0,700	0,698	0,683
0,23	0,662	0,678	0,680	0,687	0,697	0,664	0,682	0,694	0,701	0,700	0,698	0,682
0,24	0,662	0,678	0,680	0,686	0,697	0,663	0,681	0,694	0,701	0,701	0,698	0,682
0,26	0,660	0,677	0,679	0,685	0,696	0,662	0,679	0,693	0,701	0,701	0,699	0,680
0,28	0,659	0,677	0,678	0,685	0,696	0,660	0,678	0,692	0,701	0,701	0,699	0,679
0,30	0,658	0,676	0,678	0,684	0,696	0,659	0,677	0,692	0,701	0,701	0,699	0,678
0,35	0,655	0,675	0,676	0,682	0,695	0,657	0,675	0,690	0,700	0,701	0,699	0,675
0,40	0,652	0,673	0,675	0,681	0,694	0,654	0,673	0,689	0,700	0,701	0,699	0,673
0,45	0,650	0,672	0,673	0,679	0,692	0,653	0,672	0,687	0,699	0,701	0,699	0,672
0,50	0,648	0,671	0,672	0,678	0,691	0,651	0,671	0,686	0,698	0,701	0,699	0,671
0,60	0,644	0,670	0,671	0,676	0,690	0,648	0,669	0,684	0,697	0,700	0,699	0,669
0,70	0,641	0,669	0,669	0,675	0,688	0,644	0,668	0,683	0,696	0,700	0,699	0,668
0,80	0,638	0,668	0,668	0,674	0,687	0,641	0,666	0,681	0,696	0,699	0,699	0,666
0,90	0,634	0,666	0,667	0,673	0,686	0,637	0,665	0,679	0,695	0,699	0,699	0,665
1,00	0,631	0,665	0,665	0,671	0,685	0,634	0,663	0,677	0,695	0,698	0,699	0,663
1,10	0,627	0,663	0,664	0,670	0,684	0,632	0,662	0,674	0,694	0,698	0,699	0,662
1,20	0,621	0,661	0,662	0,668	0,683	0,630	0,660	0,670	0,694	0,697	0,699	0,660
1,30	0,622	0,660	0,660	0,666	0,682	0,628	0,659	0,668	0,693	0,697	0,699	0,659
1,40	0,620	0,659	0,658	0,664	0,681	0,627	0,657	0,666	0,693	0,696	0,699	0,657
1,50	0,618	0,657	0,657	0,663	0,679	0,625	0,656	0,665	0,693	0,696	0,699	0,656
1,60	0,617	0,657	0,657	0,662	0,678	0,624	0,655	0,663	0,693	0,695	0,699	0,655
1,70	0,615	0,656	0,656	0,661	0,676	0,623	0,654	0,662	0,693	0,695	0,698	0,654
1,80	0,614	0,655	0,655	0,661	0,675	0,622	0,653	0,662	0,693	0,694	0,698	0,653
1,90	0,613	0,654	0,654	0,660	0,674	0,621	0,652	0,661	0,692	0,694	0,698	0,652
2,00	0,613	0,654	0,654	0,659	0,674	0,620	0,651	0,660	0,692	0,694	0,698	0,651
3,00	0,609	0,652	0,652	0,656	0,670	0,615	0,648	0,657	0,690	0,691	0,697	0,648

COEFFICIENTS DE LA FORMULE D, la hauteur du niveau de l'eau dans le réservoir étant mesurée immédiatement au-dessus de l'orifice, dans le cas des dispositifs de la planche 2,

charges sur sommet de orifice.	figure 15.	figure 16.	figure 17.	figure 18.	figure 19.	figure 20.	figure 21.	figure 22.	figure 23.	figure 24.	figure 25.	figure 26.	OBSERVATIONS.
0,21	0,664	0,678	0,680	0,682	0,698	0,665	0,680	0,698	0,703	0,702	0,702	0,680	
0,22	0,663	0,678	0,680	0,682	0,698	0,664	0,679	0,697	0,703	0,702	0,702	0,679	
0,23	0,663	0,678	0,679	0,682	0,698	0,663	0,678	0,697	0,703	0,702	0,702	0,678	
0,24	0,662	0,677	0,679	0,681	0,698	0,663	0,678	0,696	0,702	0,702	0,702	0,678	
0,26	0,660	0,677	0,679	0,681	0,697	0,661	0,677	0,695	0,702	0,702	0,701	0,677	
0,28	0,659	0,676	0,678	0,681	0,697	0,660	0,676	0,694	0,702	0,702	0,701	0,675	
0,30	0,658	0,676	0,678	0,680	0,696	0,659	0,675	0,693	0,702	0,701	0,701	0,675	
0,35	0,655	0,674	0,676	0,680	0,695	0,656	0,673	0,691	0,701	0,701	0,700	0,673	
0,40	0,653	0,673	0,675	0,679	0,694	0,654	0,671	0,689	0,700	0,701	0,700	0,671	
0,45	0,650	0,672	0,674	0,679	0,693	0,652	0,670	0,688	0,699	0,701	0,700	0,670	
0,50	0,648	0,671	0,673	0,678	0,692	0,650	0,660	0,686	0,699	0,700	0,699	0,669	
0,60	0,644	0,670	0,671	0,677	0,690	0,646	0,667	0,684	0,698	0,700	0,699	0,667	
0,70	0,641	0,669	0,670	0,677	0,689	0,642	0,665	0,682	0,697	0,700	0,699	0,665	
0,80	0,637	0,668	0,668	0,675	0,687	0,639	0,663	0,681	0,695	0,700	0,699	0,663	
0,90	0,633	0,666	0,667	0,673	0,686	0,635	0,662	0,679	0,695	0,699	0,699	0,662	
1,00	0,630	0,665	0,666	0,671	0,685	0,632	0,661	0,677	0,694	0,699	0,699	0,661	
1,10	0,627	0,664	0,664	0,670	0,684	0,630	0,659	0,674	0,694	0,698	0,699	0,659	
1,20	0,625	0,662	0,662	0,668	0,683	0,628	0,658	0,670	0,693	0,697	0,699	0,658	
1,30	0,622	0,660	0,660	0,666	0,682	0,626	0,655	0,668	0,693	0,697	0,699	0,656	
1,40	0,618	0,659	0,657	0,664	0,681	0,624	0,655	0,666	0,693	0,696	0,699	0,655	
1,50	0,618	0,657	0,657	0,663	0,679	0,623	0,653	0,664	0,693	0,696	0,699	0,653	
1,60	0,617	0,656	0,656	0,662	0,677	0,622	0,652	0,663	0,693	0,695	0,699	0,652	
1,70	0,615	0,656	0,656	0,661	0,676	0,621	0,651	0,662	0,693	0,695	0,698	0,651	
1,80	0,614	0,655	0,655	0,660	0,675	0,620	0,651	0,662	0,693	0,694	0,698	0,651	
1,90	0,614	0,654	0,654	0,660	0,673	0,619	0,650	0,661	0,692	0,694	0,698	0,650	
2,00	0,613	0,654	0,654	0,659	0,672	0,618	0,650	0,660	0,692	0,694	0,698	0,650	
3,00	0,609	0,651	0,651	0,657	0,666	0,613	0,647	0,657	0,690	0,691	0,697	0,647	

Déversoir de 0^m,20 de largeur, débouchant librement dans l'air.

La charge totale ou complète est mesurée loin du déversoir, en un point où le liquide est parfaitement stagnant.

COEFFICIENTS DE LA FORMULE d, ordinairement en usage, dans le cas des dispositifs de la planche 1.

charges totales sur la base du déversoir.	figure 1.	figure 2.	figure 3.	figure 4.	figure 5.	figure 6.	figure 8.	figure 9.	figure 10.	figure 12.	figure 13.	figure 14.
mètres.												
0,010	0,424	0,431	0,436	0,384	0,362	0,292	0,457	0,457	0,492	0,446	»	»
0,015	0,421	0,427	0,432	0,394	0,371	0,305	0,450	0,450	0,481	0,441	»	»
0,020	0,417	0,424	0,428	0,402	0,379	0,318	0,446	0,444	0,473	0,437	»	»
0,025	0,414	0,421	0,425	0,407	0,384	0,328	0,441	0,439	0,466	0,433	»	»
0,030	0,412	0,418	0,422	0,410	0,388	0,337	0,437	0,435	0,459	0,430	»	»
0,035	0,409	0,415	0,419	0,411	0,392	0,345	0,434	0,432	0,454	0,427	»	»
0,040	0,407	0,413	0,416	0,411	0,394	0,352	0,430	0,429	0,449	0,424	0,334	0,373
0,045	0,405	0,410	0,414	0,411	0,396	0,357	0,428	0,428	0,445	0,422	0,337	0,377
0,050	0,404	0,408	0,411	0,411	0,398	0,362	0,425	0,426	0,442	0,419	0,339	0,380
0,055	0,402	0,406	0,409	0,410	0,390	0,367	0,422	0,425	0,439	0,417	0,340	0,383
0,060	0,401	0,405	0,407	0,410	0,400	0,370	0,420	0,424	0,437	0,416	0,340	0,384
0,065	0,399	0,404	0,406	0,409	0,401	0,373	0,418	0,423	0,436	0,414	0,340	0,386
0,070	0,398	0,403	0,405	0,409	0,402	0,375	0,416	0,422	0,435	0,412	0,340	0,387
0,080	0,397	0,401	0,402	0,409	0,403	0,379	0,413	0,421	0,434	0,409	0,339	0,389
0,090	0,396	0,399	0,400	0,409	0,404	0,380	0,411	0,421	0,434	0,407	0,338	0,391
0,100	0,395	0,398	0,399	0,408	0,405	0,382	0,409	0,420	0,434	0,405	0,337	0,392
0,110	0,394	0,397	0,397	0,408	0,406	0,382	0,408	0,420	0,434	0,404	0,336	0,394
0,120	0,394	0,396	0,396	0,408	0,406	0,383	0,407	0,420	0,434	0,403	0,335	0,394
0,130	0,394	0,396	0,396	0,408	0,407	0,383	0,407	0,421	0,434	0,403	0,334	0,396
0,140	0,393	0,395	0,395	0,408	0,407	0,383	0,407	0,422	0,434	0,403	0,334	0,396
0,160	0,393	0,394	0,394	0,407	0,407	0,384	0,405	0,424	0,433	0,403	0,335	0,398
0,180	0,392	0,393	0,393	0,406	0,408	0,383	0,404	0,424	0,432	0,403	0,337	0,400
0,200	0,390	0,391	0,391	0,405	0,408	0,383	0,402	0,424	0,432	0,403	0,340	0,403
0,220	0,386	0,389	0,389	0,405	0,408	0,382	0,400	0,424	0,430	0,403	0,342	0,405
0,250	0,379	0,383	0,383	0,404	0,407	0,381	0,396	0,422	0,428	0,401	0,347	0,411
0,300	0,371	0,375	0,375	0,403	0,406	0,378	0,390	0,418	0,424	0,398	0,352	0,419

COEFFICIENTS DE LA FORMULE D, en assimilant les déversoirs à des orifices fermés à la partie supérieure, dans le cas des dispositifs de la planche 1.

charges totales sur la base du déversoir.	figure 1.	figure 2.	figure 3.	figure 4.	figure 5.	figure 6.	figure 8.	figure 9.	figure 10.	figure 12.	figure 13.	figure 14.
mètres.												
0,010	0,831	0,880	0,880	0,830	0,789	0,690	0,700	0,776	0,842	0,721	»	»
0,015	0,756	0,780	0,780	0,814	0,767	0,704	0,680	0,748	0,816	0,692	»	»
0,020	0,717	0,726	0,739	0,800	0,748	0,715	0,670	0,723	0,791	0,673	»	»
0,025	0,694	0,695	0,714	0,785	0,731	0,725	0,664	0,700	0,768	0,660	»	»
0,030	0,675	0,679	0,694	0,770	0,718	0,733	0,660	0,684	0,748	0,652	»	»
0,035	0,663	0,667	0,678	0,756	0,708	0,738	0,658	0,672	0,730	0,646	»	»
0,040	0,651	0,656	0,665	0,742	0,699	0,741	0,655	0,662	0,715	0,641	0,884	0,897
0,045	0,643	0,648	0,656	0,728	0,692	0,743	0,654	0,656	0,705	0,638	0,878	0,897
0,050	0,635	0,640	0,647	0,715	0,686	0,743	0,651	0,651	0,697	0,635	0,872	0,898
0,055	0,628	0,633	0,639	0,702	0,681	0,742	0,649	0,640	0,691	0,632	0,867	0,898
0,060	0,622	0,628	0,634	0,690	0,676	0,741	0,646	0,645	0,687	0,630	0,861	0,899
0,065	0,617	0,622	0,628	0,678	0,672	0,738	0,643	0,644	0,684	0,628	0,856	0,900
0,070	0,613	0,618	0,623	0,669	0,669	0,736	0,640	0,642	0,682	0,626	0,851	0,901
0,080	0,607	0,611	0,614	0,656	0,663	0,731	0,634	0,640	0,678	0,624	0,842	0,903
0,090	0,603	0,606	0,608	0,647	0,658	0,726	0,628	0,639	0,677	0,621	0,833	0,904
0,100	0,598	0,601	0,603	0,640	0,653	0,723	0,625	0,638	0,677	0,617	0,828	0,906
0,110	0,595	0,598	0,599	0,634	0,649	0,723	0,622	0,638	0,677	0,615	0,825	0,908
0,120	0,593	0,596	0,596	0,629	0,645	0,725	0,620	0,639	0,677	0,612	0,818	0,909
0,130	0,591	0,594	0,594	0,624	0,641	0,729	0,619	0,640	0,678	0,610	0,814	0,911
0,140	0,589	0,592	0,592	0,620	0,638	0,733	0,617	0,643	0,678	0,609	0,813	0,913
0,160	0,580	0,589	0,589	0,613	0,632	0,740	0,612	0,646	0,679	0,608	0,813	0,910
0,180	0,582	0,585	0,585	0,607	0,627	0,745	0,608	0,647	0,679	0,607	0,814	0,920
0,200	0,577	0,580	0,580	0,602	0,622	0,749	0,604	0,646	0,680	0,606	0,817	0,925
0,220	0,571	0,575	0,575	0,600	0,620	0,752	0,600	0,644	0,681	0,604	0,820	0,929
0,250	0,564	0,569	0,569	0,597	0,616	0,755	0,593	0,643	0,681	0,603	0,826	0,937
0,300	0,557	0,562	0,562	0,594	0,610	0,757	0,584	0,640	0,681	0,600	0,838	0,952

OBSERVATIONS.

Les deux traits horizontaux placés dans chaque colonne des coefficients indiquent les limites entre lesquelles sont comprises les expériences qui ont servi de base à la formation de ce tableau.

On n'a pas indiqué les coefficients correspondant à des charges au-dessous de 0^m,01, pour les dispositifs des figures de 1 à 12, et au-dessous de 0^m,04 pour ceux des figures 13 et 14, parce que pour la plupart d'entre eux, et notamment pour ces deux derniers, l'écoulement ne présente plus alors qu'une bavure qui s'attache à la face d'aval du réservoir dans laquelle le déversoir est pratiqué.

TABLEAU N° XL.

Déversoir de o^m,o2 de largeur, en mince paroi plane et débouchant librement dans l'air,
dans le cas du dispositif de la figure 1, planche 1.

La charge totale ou complète est mesurée loin du déversoir, en un point où le liquide
est parfaitement stagnant.

CHARGES TOTALES sur la base du déversoir.	COEFFICIENTS de LA FORMULE d, ordinairement en usage.	COEFFICIENTS de LA FORMULE D, en assimilant les déversoirs à des orifices fermés à la partie supérieure.	OBSERVATIONS.
mètres.			Les deux traits horizontaux placés dans chaque colonne des coefficients indiquent les limites entre lesquelles sont comprises les expériences qui ont servi de base à la formation de ce tableau.
0,01	0,436	0,621	
0,02	0,436	0,620	
0,03	0,436	0,619	
0,04	0,435	0,619	
0,05	0,435	0,618	
0,06	0,435	0,618	
0,07	0,435	0,617	
0,08	0,435	0,617	
0,09	0,435	0,617	
0,10	0,435	0,616	
0,12	0,435	0,616	
0,14	0,434	0,615	
0,16	0,434	0,615	
0,18	0,434	0,615	
0,20	0,434	0,615	
0,25	0,434	0,614	
0,30	0,433	0,614	
0,35	0,432	0,614	
0,40	0,431	0,612	
0,45	0,430	0,611	
0,50	0,428	0,609	
0,60	0,425	0,603	
0,70	0,423	0,597	
0,80	0,421	0,591	
0,90	0,420	0,584	
1,00	0,419	0,577	

TABLEAU N° XLI.

Déversoir de o^m,6o de largeur, pratiqué dans une paroi plane de o^m,o5 d'épaisseur
et débouchant librement dans l'air, dans le cas du dispositif de la figure A, planche 3.

La charge totale ou complète est mesurée loin du déversoir, en un point où le liquide
est parfaitement stagnant.

CHARGES TOTALES sur la base du déversoir.	COEFFICIENTS de LA FORMULE d, ordinairement en usage.	COEFFICIENTS de LA FORMULE D, en assimilant les déversoirs à des orifices fermés à la partie supérieure.	OBSERVATIONS.
mètres.			Les deux traits horizontaux placés dans chaque colonne des coefficients indiquent les limites entre lesquelles sont comprises les expériences qui ont servi de base à la formation de ce tableau.
0,01	0,424	0,743	
0,02	0,421	0,729	
0,03	0,418	0,712	
0,04	0,416	0,698	
0,05	0,414	0,683	
0,06	0,412	0,677	
0,07	0,410	0,667	
0,08	0,409	0,658	
0,09	0,407	0,650	
0,10	0,406	0,644	
0,12	0,403	0,635	
0,14	0,401	0,624	
0,16	0,399	0,616	
0,18	0,397	0,609	
0,20	0,395	0,603	
0,25	0,392	0,594	
0,30	0,391	0,589	
0,35	0,391	0,585	
0,40	0,391	0,583	
0,45	0,391	0,581	
0,50	0,391	0,579	
0,60	0,390	0,574	
0,70	0,390	0,568	
0,80	0,390	0,562	
0,90	0,389	0,555	
1,00	0,389	0,549	

Déversoir de 0^m,20 de largeur, prolongé au dehors du réservoir par un canal rectangulaire découvert, de même largeur que le déversoir.

La charge totale ou complète est mesurée, loin du déversoir, en un point où le liquide est parfaitement stagnant.

COEFFICIENTS DE LA FORMULE d, ordinairement en usage, dans le cas des dispositifs de la planche 2,

CHARGES TOTALES sur la base du déversoir	figure 15.	figure 16.	figure 18.	figure 19.	figure 20.	figure 21.	figure 22.	figure 26.
mètres.								
0,010	"	"	"	"	0,382	0,395	"	0,406
0,015	"	"	"	"	0,375	0,388	"	0,400
0,020	0,196	0,208	0,201	0,175	0,368	0,383	0,190	0,395
0,025	0,214	0,221	0,215	0,191	0,363	0,377	0,207	0,390
0,030	0,234	0,232	0,228	0,205	0,358	0,373	0,222	0,385
0,035	0,250	0,242	0,240	0,220	0,354	0,369	0,237	0,382
0,040	0,263	0,251	0,250	0,234	0,351	0,365	0,250	0,379
0,045	0,272	0,260	0,259	0,247	0,348	0,362	0,261	0,377
0,050	0,278	0,268	0,267	0,260	0,346	0,360	0,272	0,375
0,055	0,283	0,275	0,274	0,269	0,345	0,357	0,279	0,373
0,060	0,286	0,281	0,280	0,276	0,344	0,355	0,286	0,372
0,065	0,289	0,285	0,284	0,281	0,343	0,353	0,292	0,372
0,070	0,292	0,288	0,289	0,285	0,343	0,352	0,296	0,371
0,080	0,297	0,294	0,295	0,291	0,341	0,349	0,304	0,371
0,090	0,301	0,298	0,300	0,295	0,340	0,347	0,309	0,370
0,100	0,304	0,302	0,304	0,299	0,340	0,345	0,313	0,369
0,110	0,306	0,305	0,307	0,303	0,339	0,344	0,317	0,369
0,120	0,309	0,308	0,310	0,306	0,338	0,343	0,320	0,369
0,130	0,311	0,310	0,312	0,308	0,337	0,342	0,323	0,368
0,140	0,313	0,312	0,314	0,311	0,336	0,341	0,325	0,368
0,160	0,316	0,316	0,317	0,315	0,334	0,340	0,329	0,367
0,180	0,317	0,319	0,319	0,319	0,333	0,339	0,333	0,367
0,200	0,319	0,323	0,322	0,322	0,331	0,338	0,335	0,366
0,220	0,320	0,325	0,324	0,325	0,330	0,337	0,338	0,365
0,250	0,321	0,329	0,326	0,329	0,328	0,336	0,341	0,364
0,300	0,324	0,332	0,329	0,332	0,326	0,334	0,345	0,361

COEFFICIENTS DE LA FORMULE D, en assimilant les déversoirs à des orifices formés à la partie supérieure, dans le cas des dispositifs de la planche 2,

CHARGES TOTALES sur la base du déversoir	figure 15.	figure 16.	figure 18.	figure 19.	figure 20.	figure 21.	figure 22.	figure 26.
0,010	"	"	"	"	0,590	0,633	"	0,647
0,015	"	"	"	"	0,556	0,600	"	0,617
0,020	0,283	0,293	0,299	0,270	0,551	0,576	[illegible]	0,597
0,025	0,310	0,316	0,322	0,295	0,541	0,563	[illegible]	0,587
0,030	0,340	0,339	0,344	0,321	0,535	0,553	[illegible]	0,581
0,035	0,356	0,358	0,363	0,344	0,530	0,545	[illegible]	0,576
0,040	0,387	0,375	0,381	0,367	0,526	0,539	[illegible]	0,572
0,045	0,399	0,390	0,395	0,387	0,522	0,534	[illegible]	0,569
0,050	0,406	0,405	0,408	0,405	0,519	0,531	[illegible]	0,566
0,055	0,411	0,418	0,418	0,421	0,517	0,528	[illegible]	0,564
0,060	0,416	0,427	0,427	0,434	0,515	0,526	[illegible]	0,562
0,065	0,421	0,434	0,435	0,443	0,513	0,524	[illegible]	0,560
0,070	0,425	0,439	0,440	0,450	0,511	0,522	[illegible]	0,558
0,080	0,433	0,446	0,449	0,459	0,508	0,519	[illegible]	0,556
0,090	0,440	0,450	0,455	0,466	0,505	0,516	[illegible]	0,554
0,100	0,446	0,453	0,460	0,472	0,503	0,513	[illegible]	0,553
0,110	0,451	0,456	0,464	0,477	0,502	0,510	[illegible]	0,553
0,120	0,455	0,458	0,467	0,482	0,500	0,506	[illegible]	0,552
0,130	0,457	0,460	0,470	0,487	0,498	0,503	[illegible]	0,551
0,140	0,459	0,462	0,473	0,492	0,497	0,502	[illegible]	0,551
0,160	0,462	0,467	0,477	0,500	0,493	0,501	[illegible]	0,550
0,180	0,465	0,471	0,481	0,508	0,490	0,499	[illegible]	0,548
0,200	0,466	0,476	0,485	0,514	0,486	0,497	[illegible]	0,548
0,220	0,467	0,480	0,487	0,520	0,483	0,496	[illegible]	0,546
0,250	0,467	0,484	0,491	0,527	0,479	0,493	[illegible]	0,545
0,300	0,468	0,488	0,494	0,533	0,473	0,490	[illegible]	0,542

OBSERVATIONS.

Les deux traits horizontaux placés dans chaque colonne des coefficients indiquent les limites entre lesquelles sont comprises les expériences qui ont servi de base à la formation de ce tableau.

On n'a pas indiqué les coefficients correspondant à des charges au-dessous de 0^m,02, pour les dispositifs des figures numérotées de 15 à 19 et pour celui de la figure 22, parce que, pour en déterminer la valeur, il faudrait prolonger des courbes dont la direction est incertaine.

TABLEAU N° XLIII.

Déversoir incomplet ou en partie noyé de $0^m,24$ de largeur,
prolongé au dehors du réservoir par un canal rectangulaire découvert et horizontal,
de même largeur que le déversoir.

La charge totale ou complète de fluide h est mesurée loin du déversoir, en un point où le liquide est parfaitement stagnant.

La hauteur $h - n$ de la portion de la veine qui n'est pas noyée, est la distance verticale comprise entre le niveau général de l'eau dans le réservoir et le point le plus bas de la chute dans le canal, immédiatement en aval du déversoir.

RAPPORT DE LA HAUTEUR de la portion de la veine qui n'est pas noyée à la charge totale, ou valeur de $\frac{h-n}{h}$.	COEFFICIENT de LA FORMULE $D_1 = lh\sqrt{2g(h-n)}$.	RAPPORT DE LA HAUTEUR de la portion de la veine qui n'est pas noyée à la charge totale, ou valeur de $\frac{h-n}{h}$.	COEFFICIENT de LA FORMULE $D_1 = lh\sqrt{2g(h-n)}$.	OBSERVATIONS.
0,001	0,227	0,06	0,519	Les deux traits horizontaux placés dans la colonne des coefficients indiquent les limites entre lesquelles sont comprises les expériences qui ont servi de base à la formation de ce tableau.
0,002	0,295	0,08	0,517	
0,003	0,363	0,10	0,516	
0,004	0,430	0,15	0,512	
0,005	0,496	0,20	0,507	
0,006	0,556	0,25	0,502	
0,007	0,597	0,30	0,497	
0,008	0,605	0,35	0,492	
0,009	0,600	0,40	0,487	
0,010	0,596	0,45	0,480	
0,015	0,580	0,50	0,474	
0,020	0,570	0,55	0,466	
0,025	0,557	0,60	0,459	
0,030	0,546	0,70	0,444	
0,035	0,537	0,80	0,427	
0,040	0,531	0,90	0,409	
0,045	0,526	1,00	0,390	
0,050	0,522			

NOTE SUPPLÉMENTAIRE.

Lors de la présentation de notre mémoire à l'Académie des sciences, les membres de la commission chargés de l'examiner, nous ont exprimé le désir que le parallèle que nous avions établi entre nos résultats et ceux qui sont dus à Dubuat, Eytelwein, Bidone, d'Aubuisson, Castel, etc. etc. fût continué pour les expériences que M. le capitaine d'artillerie P. Boileau, professeur de mécanique à l'école d'application de l'artillerie et du génie, venait de publier dans le Journal de l'École polytechnique (33ᵉ cahier, tome XIX, année 1850), et pour celles que M. G. A. Hirn, ingénieur civil, a fait insérer dans le Bulletin de la société industrielle de Mulhouse (n° 94, année 1846). Nous nous sommes empressé, pour nous conformer au vœu de la commission, de rédiger la note suivante.

S A. — EXPÉRIENCES DE M. BOILEAU.

DÉVERSOIRS.

M. Boileau a considéré exclusivement des déversoirs verticaux sans contraction latérale, dont la base taillée en glacis incliné à 45° vers l'aval, est exhaussée d'une quantité notable au-dessus du fond du réservoir.

Il a distingué trois périodes dans le phénomène de l'écoulement : celle des *nappes adhérentes* à la face d'aval du barrage ; celle des *nappes noyées en dessous* ; enfin, celle des *nappes libres* ou détachées du barrage.

Le cas des nappes adhérentes ne saurait se présenter que très-rarement dans la pratique. En effet, dans l'appareil de M. Boileau, on ne pouvait produire le phénomène avec toutes ses circonstances, sous des charges supérieures à 0ᵐ,01, que lorsque, le liquide affleurant la base du déversoir, on faisait brusquement élever son niveau de quelques centimètres. Les nappes adhéraient alors au barrage jusqu'à ce que la charge sur le seuil du déversoir atteignît environ 0ᵐ,135 ; mais il suffisait, pour les en détacher, de placer dans le plan d'amont ou d'aval de ce barrage un corps solide, tel qu'une tige

62.

métallique, une règle, etc. et dès lors elles se maintenaient dans cet état d'isolement (p. 144, 145 et 149).

Ce singulier phénomène ne nous a point échappé dès le début de nos opérations; mais comme il est purement accidentel, et que d'ailleurs nous voulions étendre nos expériences jusqu'à la limite inférieure des charges, nous avons cherché à éviter autant que possible sa reproduction, et dans ce but nous avons ménagé un ressaut vertical d'environ $0^m,015$ entre la ligne horizontale qui limitait en aval le glacis à 45° formant la base de nos déversoirs, pratiqués dans une plaque de cuivre de $0^m,004$ d'épaisseur seulement, et celle où prenait naissance le glacis également à 45° du madrier de $0^m,05$ d'épaisseur dans lequel cette plaque était encastrée.

Par suite de cette disposition, nous n'avons eu à constater aucun cas d'adhérence dans tout le cours de nos expériences sur des déversoirs à base *exhaussée* au-dessus du fond du réservoir, bien que nous ayons opéré sur des charges inférieures à $0^m,02$, et que ces charges aient été réglées, soit en faisant monter, soit en faisant descendre le niveau de l'eau dans le réservoir, tantôt brusquement et tantôt lentement. Il n'en a pas été tout à fait ainsi pour les déversoirs dont *la base est dans le prolongement du fond du réservoir,* que M. Boileau n'a pas soumis à l'épreuve. La nappe inférieure de la veine s'attachait alors au glacis qui formait la base de l'orifice, mais seulement pour les très-faibles charges de liquide et lorsque l'écoulement ne présentait plus qu'une simple bavure (art. 128 et tabl. n° XIX).

Nous n'avons pas eu à considérer non plus, dans nos recherches, le cas des nappes noyées en dessous. Nous avons au contraire pris toutes les précautions nécessaires pour que jamais il ne pût se présenter, en faisant le canal de fuite beaucoup plus large que les déversoirs, et le disposant à une grande distance au-dessous de leurs bases. Ce cas doit d'ailleurs être très-peu fréquent dans la pratique, car il semble résulter de la définition qu'en donne. M. Boileau (p. 147, 148 et 149) que, pour le réaliser, le liquide, refoulé vers l'amont par la pression de la lame jaillissante, doit atteindre précisément le niveau de la base de l'orifice, sans rester au-dessous ni s'élever au-dessus, sans quoi l'on serait dans les circonstances des *nappes,* soit *libres,* soit *adhérentes* ou dans celles des déversoirs *noyés* par des remous.

L'appareil dont s'est servi M. Boileau pour faire ses expériences sur les déversoirs sans contraction latérale, à section rectangulaire et nappes libres, est entièrement analogue à notre dispositif de la figure 10, planche I. Les résultats de ces expériences, qui sont au nombre de 14 et forment l'objet du tableau n° IX de son mémoire, peuvent donc être comparés à ceux que nous avons obtenus nous-même (tabl. n° XIX, expériences numérotées de 1764 à 1777 et table d'interpolation n° XXXIX). Mais, pour bien faire apprécier les causes des différences qu'il peut y avoir entre ces résultats, il est indispensable d'indiquer la manière dont M. Boileau a opéré.

Il a mesuré les charges de fluide au moyen d'un tube ouvert à ses deux extrémités, appliqué verticalement contre la face d'amont du barrage par-dessus lequel se faisait l'écoulement. La colonne de liquide contenue dans ce tube, diminuée du ménisque, lui donnait la charge cherchée. Il avait pour but de déterminer, par ce moyen, la hauteur du niveau de l'eau au point où la surface du courant commence à s'infléchir vers le déversoir, quantité dont il a fait l'élément essentiel d'une formule de la dépense, qu'il a établie en se basant sur le principe des forces vives et dont nous parlerons plus loin. Mais il a constaté lui-même (tabl. n°s II et V) que les hauteurs accusées par le tube étaient toujours plus grandes que les charges au point dont il s'agit, et plus petites que les charges *génératrices* ou *totales*.

La présence de ce tube contre le barrage pendant la durée des expériences, faisait nécessairement diminuer la dépense, tant à cause de la place qu'il occupait dans la section d'écoulement que par le trouble qu'il y occasionnait. La quantité à retrancher de la largeur effective des orifices, pour tenir compte de cette circonstance, a été déterminée au moyen de 8 observations faites sur un déversoir de 0^m,896 de largeur, sous des charges comprises entre 0^m,079 et 0^m,1650. Cette quantité a varié entre 0^m,031 et 0^m,011, et M. Boileau a adopté la moyenne générale 0^m,021, qu'il a défalquée de la largeur réelle de tous ses déversoirs, bien qu'elle diffère de 0^m,010 des deux valeurs extrêmes (tabl. VIII). Or, parmi les 14 expériences consignées sur le tableau n° IX qui nous occupe, dix se rapportent à des déversoirs de 0^m,895 et de 0^m,898 de largeur. En diminuant ces largeurs de 0^m,021, on a donc pu commettre, dans leur évaluation et par suite dans celle de la dépense théorique qui concerne ces 10 expériences, des erreurs en plus ou en moins s'élevant jusqu'à $\frac{0,010}{0,895}$ ou $\frac{0,010}{0,898}$, c'est-à-dire jusqu'à environ $\frac{1}{90}$.

Enfin, M. Boileau fait remarquer à la suite du tableau n° IX dont il s'agit, au sujet des irrégularités des coefficients de la formule de la dépense qu'il a obtenus : « Qu'elles doivent être attribuées à de légères inexactitudes dans l'observation, soit des charges, soit des hauteurs du liquide recueilli dans la jauge, erreurs qu'il était bien difficile d'éviter entièrement, l'atmosphère ayant été rarement très-calme. » Ce professeur exprime la dépense effective D des déversoirs à section rectangulaire, sans contraction latérale, par la formule

$$D = \sqrt{1-K}\,.\,LH\sqrt{2g\,\frac{H}{1-\left(\dfrac{1}{1+\dfrac{S}{H}}\right)^2}} = \sqrt{1-K}\,.\,N,$$

dans laquelle il représente par : L la largeur du déversoir; H la charge sur la base, mesurée au point où la surface du courant commence à s'infléchir vers le déversoir; S la hauteur de la base au-dessus du fond du réservoir; $K = \frac{e}{H}$ le rapport de l'épaisseur effective de la nappe de liquide qui passe sur le seuil du déversoir à la charge H; N la dépense théorique; $\sqrt{1-K} = \frac{D}{N}$ le coefficient par lequel il faut multiplier cette dépense pour obtenir la dépense effective D.

Nous avons reproduit dans la table suivante les principales données du tableau n° IX de M. Boileau, relatif au cas de nappes libres. Nous y avons ajouté les coefficients à appliquer, d'après ces données, à la formule ordinaire $LH\sqrt{2gH}$ établie par Dubuat, ainsi que ceux qui, pour les mêmes charges de liquide, se déduisent de nos propres expériences (tabl. XXXIX, dispositif de la figure 10). La première colonne indique les largeurs effectives des déversoirs, et la deuxième ces mêmes largeurs diminuées de $0^m,021$, pour tenir compte de la place occupée par le tube qui a servi à mesurer les charges. Cette seconde colonne donne les valeurs de L à introduire, pour le calcul de la dépense, tant dans la formule de M. Boileau que dans celle de Dubuat.

LARGEUR DU DÉVERSOIR		S.	H.	D.	COEFFICIENTS de la formule de M. Boileau, ou valeurs de $\frac{D}{N}=\sqrt{1-K}.$	COEFFICIENTS de la formule de Dubuat $LH\sqrt{2gH}$, déduits des expériences	
effective.	réduite, ou valeur de L.					de M. Boileau.	de M. Lesbros.
1	2	3	4	5	6	7	8
mètres.	mètres.	mètres.	mètres.	litres.			
0,895	0,874	0,340	0,0577	22,603	0,417	0,421	0,438
			0,0657	28,091	0,425	0,431	0,436
0,898	0,877	0,490	0,0752	33,716	0,417	0,421	0,434
			0,0797	66,259	0,416	0,417	0,434
1,616	1,595	0,468	0,0887	80,784	0,426	0,433	0,434
			0,0937	86,143	0,419	0,419	0,434
0,895	0,874	0,340	0,0967	49,356	0,414	0,424	0,434
1,616	1,595	0,468	0,1100	108,462	0,413	0,421	0,434
0,898	0,877	0,490	0,1210	68,308	0,409	0,418	0,434
0,895	0,874	0,340	0,1340	82,379	0,416	0,434	0,434
0,898	0,877	0,490	0,1480	96,679	0,425	0,437	0,434
			0,1550	105,323	0,423	0,446	0,433
0,895	0,874	0,340	0,1880	139,386	0,414	0,442	0,432
			0,2190	177,020	0,411	0,446	0,430
MOYENNE					0,417	0,429	0,434

On voit par les colonnes 7 et 8 de cette table que, malgré les inexactitudes dont peuvent être entachées les opérations de M. Boileau, tant par les causes qu'il a énoncées lui-même que par celles que nous avons signalées, la moyenne générale des coefficients de la formule de Dubuat tirés de ses expériences, est la même à $\frac{1}{87}$ près que celle qui se déduit des nôtres. On est en droit de conclure de ce rapprochement, que M. Boileau serait arrivé exactement aux mêmes résultats que nous, si la correction relative au tube immergé était exempte de toute incertitude, et si les hauteurs indiquées par ce tube eussent exprimé les charges effectives ou génératrices de la vitesse d'écoulement[1]. Les expériences de M. Boileau sont donc très-précieuses en ce qu'elles confirment, pour des déversoirs beaucoup plus grands que ceux qui sont mentionnés dans notre mémoire, ce fait que nous avons déduit (art. 290 et suivants) de la comparaison de nos résultats avec ceux qu'ont obtenus Dubuat, Bidone, Castel, etc. à savoir : que les coefficients de la formule ordinaire de la dépense sont indépendants de la largeur absolue du déversoir, pourvu que celle-ci excède $\frac{1}{10}$ de la largeur propre du réservoir.

M. Boileau, ainsi que nous l'avons déjà dit, attribue à de légères inexactitudes dans les observations les différences que présentent entre eux les coefficients de sa formule pour les 14 expériences de la table précédente. Il est persuadé que, sans ces erreurs, il aurait obtenu le même résultat pour toutes ces expériences; et, comme la moyenne générale 0,417 des coefficients ne diffère que d'environ $\frac{1}{45}$ en plus ou en moins des valeurs qui s'en écartent le plus, il adopte ce nombre, et il représente la dépense effective, dans le cas des nappes libres, pour toutes les charges et pour tous les déversoirs sans contraction latérale, par:

$$D = 0{,}417\,LH\sqrt{2g\cfrac{H}{1-\left(\cfrac{1}{1+\cfrac{S}{H}}\right)^2}}.$$

Il propose d'adopter définitivement cette formule à l'exclusion de celle de Dubuat, quoiqu'elle soit généralement employée, parce qu'il lui reproche d'exiger des coefficients de correction très-variables.

Cependant la colonne 8 de la table précédente montre que, pour les charges

---

[1] En déterminant par interpolation, d'après les quatre données comprises sur le tableau n° V de M. Boileau, les quantités dont le niveau dans le tube s'élevait au-dessus du point où commençait l'inflexion de la surface du courant, pour les charges de $0^m.1550$, $0^m.1880$ et $0^m.2190$, on trouve que cet excès était respectivement de $0^m.0014$, $0^m.0030$ et $0^m.0037$, ce qui réduit les charges à la naissance de la nappe à $0^m.1536$, $0^m.1850$ et $0^m.2153$. En ajoutant à ces quantités les hauteurs dues à la vitesse moyenne du liquide en ce point, et qui s'obtient en divisant la dépense effective par la section du courant, on trouve les charges totales $0^m.1565$, $0^m.1895$ et $0^m.2218$. Les coefficients de la formule de Dubuat

comprises entre $0^m,0577$ et $0^m,2190$, la moyenne générale $0,434$ de ces coefficients, déduits de nos expériences, ne diffère que de $\frac{1}{108}$ des valeurs qui s'en écartent le plus ; tandis que, entre les mêmes limites, la moyenne $0,417$ des coefficients de la formule de M. Boileau, diffère de $\frac{1}{45}$ de leurs valeurs extrêmes. Au surplus, ces formules ne peuvent, ni l'une ni l'autre, en les affectant d'un coefficient constant, donner un degré d'approximation suffisant pour tous les besoins de la pratique, surtout lorsqu'il s'agit de très-faibles ou de très-fortes charges de liquide. Toutefois, la formule de Dubuat avec le coefficient $0,434$, reproduit les résultats non-seulement de nos expériences, mais encore de celles des autres observateurs, avec beaucoup plus d'exactitude que la formule de M. Boileau. Elle devrait donc, par ce seul motif, être préférée à cette dernière, si elle n'avait d'ailleurs l'avantage d'être plus simple et surtout d'être *toujours applicable,* quels que soient le déversoir et les circonstances qui accompagnent le phénomène de l'écoulement.

Quant à l'influence des remous sur la dépense des déversoirs, il est regrettable que M. Boileau n'ait pas rapporté, dans son mémoire, les éléments qui nous eussent permis de comparer ses résultats aux nôtres, et de compléter ces derniers pour un cas différent de celui que nous avons étudié dans nos recherches. Dans son tableau n° XV, qui comprend ses 8 expériences sur les barrages noyés, il n'a pas indiqué la hauteur des remous en aval du déversoir, et il s'est borné à mettre, en regard des coefficients de sa formule, ceux de la formule de Dubuat relative au cas où l'écoulement est *libre* et qui, par conséquent, *ne tient pas compte de l'influence de ces remous.*

ORIFICES FERMÉS À LA PARTIE SUPÉRIEURE.

Parmi les 37 expériences que M. Boileau a faites sur les orifices fermés à la partie supérieure, 18 dont les résultats sont consignés sur son tableau n° XXIII, se rapportent à des orifices avec contraction sur le sommet seulement, prolongés au dehors du réservoir par un canal rectangulaire découvert de $11^m,50$ de longeur, pour les douze premières, et de $0^m,17$ seulement pour les six autres. Ce dispositif ne diffère de celui de la figure 19, sur lequel nous avons opéré,

correspondant à ces charges sont de 0.439, 0.436 et 0.438, et, par conséquent, d'environ les 0.014 de leurs valeurs plus forts que ceux qui résultent de nos expériences. Mais nous avons démontré aux articles 126 et 127 de notre mémoire, que la charge relevée au point où commence l'inflexion de la nappe, augmentée de la hauteur due à la vitesse moyenne du fluide en ce point, était toujours sensiblement plus faible que la charge *totale* mesurée directement en un point où le liquide est parfaitement stagnant. Or, en admettant que la différence entre ces charges soit de $\frac{1}{100}$, les coefficients dont il s'agit deviennent 0.433, 0.430 et 0.432, c'est-à-dire presque rigoureusement égaux à ceux que nous avons obtenus.

que par la longueur du canal et par la vanne qui était épaisse dans l'appareil de M. Boileau, tandis que dans le nôtre elle était réduite à une simple arête vive à son extrémité inférieure.

Le raisonnement indique que notre canal de trois mètres de longueur devait avoir sur la dépense moins d'influence que celui de $11^m,5o$ de M. Boileau, et plus que celui de $o^m,17$. Cette prévision se trouve confirmée en ce qui concerne les 12 premières des 18 expériences en question, pour lesquelles la largeur des orifices a varié de $o^m,8g8$ à o^m,goo, la hauteur de $o^m,o485$ à $o^m,12oo$ et la charge sur le centre de $o^m,11$ à $o^m,58$, puisque les coefficients de la formule ordinaire de la dépense obtenus par M. Boileau, sont tous plus faibles que ceux qui se déduisent de nos observations [1]. Il n'en est pas de même pour les 6 autres, car le canal adapté aux orifices n'ayant alors que $o^m,17$ de longueur, les coefficients correspondants devraient tous être plus forts que dans le cas où ces orifices sont prolongés par notre canal de 3 mètres et plus faibles que dans celui où ils débouchent librement dans l'air, tandis que leur rapport avec les premiers est de 0,948 à 1,007 et avec les seconds de 0,920 à 0,961. Mais, pour ces 6 expériences, la largeur $1^m,6o6$ des orifices était de 30,88 à 79,50 fois leur hauteur qui a varié de $o^m,o2o2$ à $o^m,o52o$; or nous avons vu (237) que, toutes choses égales d'ailleurs, les coefficients de la dépense diminuaient lorsque l'une des dimensions de l'ouverture surpassait environ 20 fois la seconde, et c'est évidemment à cette circonstance que doit être attribuée la faiblesse relative des résultats pour ces 6 observations.

M. Boileau exprime la dépense effective des orifices qui nous occupent (tabl. n° XXIII) par la formule

$$Q = Le\sqrt{2g\frac{H-e}{1-\left(\frac{e}{H'}\right)^2}} \quad \ldots\ldots \quad (A),$$

qu'il déduit de la considération du principe des forces vives, et dans laquelle

---

[1] Nous n'avons pas rapporté ici les résultats détaillés, afin d'éviter d'allonger cette note. Les calculs pour y arriver sont d'ailleurs pénibles, parce que M. Boileau s'est borné à donner la charge à la naissance du remous, sans la mesurer, soit en un point où le liquide était stagnant, soit immédiatement au-dessus de l'orifice, en sorte que nous avons été obligé de déterminer la vitesse moyenne du courant à la naissance du remous, pour ajouter la hauteur due à cette vitesse à la charge indiquée par M. Boileau. Le rapport des coefficients de la formule de la dépense pour le canal de $11^m,5o$ de longueur et pour celui de $3^m,oo$, varie de 0,995 à 0,921, suivant une loi qui ne se manifeste pas clairement, parce que les expériences ne comprennent qu'un très-petit nombre de charges pour chaque orifice. Cependant ce rapport paraît se rapprocher de l'unité à mesure que la charge de liquide diminue, ce qui semble parfaitement rationnel.

il représente par : L la largeur de l'orifice ; H' la hauteur de la section transversale du réservoir, prise en amont de l'orifice, à la naissance des remous ; H la charge sur le seuil de l'orifice, c'est-à-dire H' augmentée de la pente du fond du réservoir depuis la naissance des remous jusqu'à cet orifice ; e la hauteur de la section contractée.

Au moyen de cette formule, il reproduit les dépenses effectives, pour les 18 expériences en question, avec des différences en plus ou en moins qui varient de $\frac{1}{1000}$ à $\frac{1}{50}$. Nous l'avons appliquée à 7 de nos expériences sur le dispositif de la figure 19, pour lesquelles nous avons relevé des sections de la surface du liquide dans le réservoir et dans le canal de fuite. (Tabl. n° XIII, expériences numérotées de 1145 à 1151 et planches 20 et 21.) Elles se rapportent à un orifice carré de $0^m,20$ de côté sous trois charges de fluide différentes, en sorte qu'on a $L = 0^m,20$, et comme le fond du réservoir était horizontal, $H = H'$. Les résultats sont consignés dans le tableau suivant, où E exprime la dépense effective fournie par l'expérience, et Q la même dépense calculée par la formule de M. Boileau.

H.	e.	E.	Q.	$\frac{E}{Q}$
mètres.	mètres.	litres.	litres.	
0,9885	0,1331	106,264	110,047	0,966
0,4645	0,1300	67,022	69,371	0,975
0,2974	0,1294	50,177	52,179	0,062

On voit, par la dernière colonne, que les dépenses réelles sont de $\frac{1}{38}$ à $\frac{1}{25}$ de leurs valeurs plus faibles que celles qu'on déduit de la formule (A). Il est vrai que, dans notre dispositif de la figure 19, il y avait, entre les bords verticaux de l'orifice et les parois latérales du réservoir, un intervalle de 2 centimètres destiné à soutenir la vanne, ce qui a pu altérer le produit de l'écoulement. On peut donc admettre que, sans cette circonstance, nous aurions obtenu, comme M. Boileau, une approximation de $\frac{1}{50}$. Mais, en serait-il de même pour des charges de liquide beaucoup plus grandes ou beaucoup plus petites que celles qui ont été soumises à l'expérience, soit par lui, soit par nous? D'ailleurs, si la formule qui nous occupe exprime la véritable loi du phénomène, les différences dont il s'agit ne peuvent être attribuées qu'à des inexactitudes dans l'appréciation des données du calcul. Or, si M. Boileau et si nous même, malgré tous nos soins et la perfection des procédés dont nous avons fait usage dans nos observations, nous n'avons réussi à obtenir des résultats exacts qu'à environ $\frac{1}{30}$ près, ne doit-on pas craindre que les praticiens ne commettent des erreurs beaucoup plus graves? En effet, les points où l'on doit mesurer H' et e varient à la fois avec les dimensions de l'orifice et avec les charges de liquide. Pour trouver le premier de ces deux points, il faut exécuter un nivellement très-exact; et, pour avoir le second, il est indispensable de déterminer la section contractée, qu'on ne peut reconnaître à la vue simple, et par conséquent de relever, comme nous l'avons toujours fait, plusieurs sections transversales du courant en aval de l'orifice, et de choisir parmi elles celle qui a la plus petite surface.

M. Boileau a exécuté, pour étudier l'influence des remous sur la dépense des orifices fermés à la partie supérieure, 10 expériences dont les résultats sont consignés sur son tableau n° XXIV. Pour les 5 premières, les remous ne remplissaient pas les vides entre la veine et les parois latérales du canal, aussi ne faisaient-ils pas diminuer le produit de l'écoulement, ainsi que nous l'avons nous-même constaté en pareil cas (278); car le coefficient de la formule ordinaire de la dépense, qui était de 0,602 pour la première de ces expériences, se trouve un peu plus fort (0,606) pour la 5°, quoique les remous fussent plus rapprochés de l'orifice pour celle-ci que pour l'autre. Ces remous recouvraient au contraire entièrement la veine et affleuraient le sommet de l'orifice, sans le dépasser, pour les 6° et 7° expériences. Nous avons conclu de nos opérations (278 et 280) que le coefficient de la dépense était alors, à très-peu de chose près, les 0,970 de celui qui correspond au cas où l'écoulement se fait librement. D'après cela, il devrait être ici à peu près égal à $0,970 \times 0,602 = 0,584$. Or, en le déterminant d'après les données de l'observation (tabl. n° XXIV), on trouve qu'il est de 0,578 pour l'expérience 6 et de 0,576 pour l'expérience 7, en sorte qu'il diffère à peine de $\frac{1}{82}$ de la valeur 0,584 que lui assigne la règle que nous avons posée, ce qui établit un accord aussi satisfaisant que possible entre les résultats de M. Boileau et les nôtres.

Les remous débordent le sommet de l'orifice pour les expériences 8, 9 et 10; mais, malheureusement, on n'a point indiqué de combien leur point le plus élevé, dans le canal de fuite, dépasse ce sommet. Il s'ensuit qu'il nous est impossible de vérifier si la table de l'article 280 de notre mémoire peut s'appliquer à ces expériences, qui se rapportent à un cas différent de celui qui nous a fourni les données d'après lesquelles nous avons dressé cette table.

Enfin, le tableau n° XXV de M. Boileau contient le détail de neuf observations sur un orifice avec contraction sur la base et sur le sommet, de $0^m,897$ de largeur et $0^m,06$ de hauteur, garni d'une vanne épaisse. Cet orifice se trouve ainsi dans les conditions de notre dispositif de la figure 10, sauf en ce qui concerne la vanne, laquelle est mince pour ce dispositif, et

500 EXPÉRIENCES HYDRAULIQUES

ne présente à son extrémité inférieure qu'une simple arête formant le bord supérieur de l'ouverture.

Nous n'avons pas à nous occuper des cinq dernières de ces expériences, parce qu'elles concernent un cas que nous n'avons pas soumis à l'épreuve, celui où l'orifice, sans être noyé, débouche dans un gonflement de l'eau d'aval. L'écoulement se faisait au contraire librement pour les quatre premières; par conséquent, les coefficients de la formule ordinaire de la dépense qui leur correspondent devraient être les mêmes que ceux qui se déduisent de nos tables d'interpolation (tabl. n°s XXV et suivants). Cependant, les premiers sont respectivement plus forts que les seconds de $\frac{1}{32}$, $\frac{1}{58}$, $\frac{1}{71}$ et $\frac{2}{80}$. Mais nous avons vu (art. 244 et suivants, et tabl. n° XXXIII, dispositifs des figures A et B) qu'un orifice avec une vanne épaisse fournit un plus grand produit que le même orifice avec une vanne mince, ce qui justifie parfaitement les différences que présentent, dans ce cas, les résultats de M. Boileau et les nôtres.

S B. — EXPÉRIENCES DE M. HIRN.

M. Hirn s'est occupé exclusivement, dans ses expériences, de la dépense des déversoirs. La notice insérée dans le Bulletin n° 94 de la Société industrielle de Mulhouse, année 1846, ne contenant pas tous les renseignements nécessaires pour bien faire apprécier les circonstances dans lesquelles il a opéré, il s'est empressé de les compléter, sur notre demande, et c'est à son obligeance que nous devons la connaissance des détails suivants.

Cet ingénieur s'est servi, pour alimenter ses déversoirs et jauger leur produit, d'un large canal rectiligne avec pente à $\frac{1}{5000}$, dont le profil était un pentagone irrégulier, et dans lequel il maintenait, au moyen d'écluses, une section d'eau uniforme qui lui était exactement connue, en sorte qu'il suffisait, pour avoir le volume de liquide qui y coulait, de déterminer la vitesse moyenne du courant. Il a fait usage, pour cela, d'un flotteur-écran de forme pentagonale, organisé de façon à ne laisser qu'un vide de 0^{m},05 entre son contour extérieur et les parois correspondantes du canal. Pour chaque expérience, il a fait parcourir au flotteur, dans le canal, une distance de 85 mètres en amont et de 85 mètres en aval d'une écluse alimentant une dérivation sur laquelle ses déversoirs étaient établis. Il est clair que la différence des temps employés par le flotteur à franchir ces deux distances égales, donnait le moyen d'évaluer la différence des vitesses moyennes en amont et en aval de l'écluse, et, par suite, des volumes de liquide écoulés, différence qui constituait précisément le débit de l'orifice soumis à l'épreuve.

Parmi les trois déversoirs sur lesquels M. Hirn a opéré, deux se trouvaient dans des cas particuliers, qui n'avaient encore été l'objet d'aucune expérience.

Pour l'un, celui de $7^m,89$ de largeur, le canal de dérivation était évasé de l'amont vers l'aval, sur une longueur de 40 mètres, pour passer de sa largeur primitive, qui était de 5 mètres, à celle de 9 mètres, qu'il avait au point où était placé le déversoir; ses parois latérales, en terre, et son fond étaient raccordés entre eux par une courbe ayant la forme d'une demi-ellipse dont le petit axe était vertical; en outre, il y avait contre le barrage, qui était formé de planches de $0^m,03$ d'épaisseur, un massif de terre et de cailloux terminé à sa surface par une courbe présentant sa concavité au choc du courant, et qui, prenant naissance à environ $0^m,25$ au-dessous de la base de l'orifice, se raccordait à environ $1^m,50$ en amont de celui-ci avec le fond du canal. Un tel déversoir devait évidemment, toutes choses égales d'ailleurs, donner un plus grand produit que ceux sur lesquels ont porté nos expériences. Aussi M. Hirn a-t-il trouvé 0,47 pour le coefficient de correction de la formule de Dubuat, correspondant à la charge $0^m,305$ qu'il a soumise à l'épreuve; tandis que le même coefficient, déterminé par interpolation à l'aide de nos tables, en ayant égard au rapport de la largeur de l'ouverture à celle du réservoir, qui est ici de $\frac{7,89}{9,00}=0,877$, et en tenant compte de l'augmentation due à l'épaisseur de la base et des joues de l'orifice (tableaux n°s XXXIX et XLI), n'est que de 0,435.

Le second déversoir était situé à 30 mètres en aval du premier. A en juger par le croquis que M. Hirn a bien voulu nous transmettre, le canal de dérivation avait en ce point une largeur de $9^m,00$, son profil était tel que nous l'avons déjà décrit, ses parois étaient sensiblement parallèles à la direction du courant, et il n'y avait aucun obstacle au pied du barrage. Ce second déversoir, qui avait 3 mètres de largeur, et dont la base était élevée de $0^m,80$ au-dessus du fond du canal, s'écartait par conséquent moins que le premier des conditions ordinaires. Cependant, il a donné le coefficient 0,45 pour une charge de $0^m,59$, la seule sur laquelle on ait opéré, tandis qu'en procédant par interpolation comme nous l'avons indiqué plus haut, on ne trouve que 0,405 pour ce même coefficient.

Enfin, le troisième déversoir, qui avait 3 mètres de largeur comme le précédent, et dont la base était exhaussée de un mètre au-dessus du fond du réservoir, se trouvait dans l'un des cas auxquels nos expériences se rapportent. Il était situé à environ 30 mètres en aval de l'écluse de prise d'eau du canal de dérivation; ce canal avait en ce point 5 mètres de largeur, ses parois étaient parallèles entre elles et à l'axe d'écoulement, son profil était rectangulaire, et son fond était horizontal et garni de madriers sur une longueur de 3 mètres en amont du barrage. M. Hirn a fait sur ce déversoir, sous des charges comprises entre $0^m,168$ et $0^m,260$, cinq expériences, dont deux lui ont donné $0,42$ et les trois autres $0,43$, soit en moyenne $0,426$ pour le coefficient de correction de la formule de Dubuat. Ce même coefficient, déterminé par interpolation à l'aide de nos tables en ayant égard au rapport de la largeur de l'orifice à celle du réservoir, qui est de $\frac{3}{5} = 0,6$, et en tenant compte de l'augmentation due à l'épaisseur des parois, varie de $0,417$ à $0,421$, en sorte que sa valeur moyenne $0,419$ ne diffère que de $\frac{1}{61}$ de celle qui résulte de l'observation. Un tel accord entre nos résultats et ceux d'expériences exécutées sur une aussi grande échelle, et sans moyens de précision pour mesurer, soit les charges, soit les volumes de liquide, est assurément très-satisfaisant.

M. Hirn, se conformant à l'usage généralement répandu, a toujours pris la hauteur du niveau de l'eau à $1^m,00$ ou $1^m,50$ au plus en amont de ses orifices. Ce mode de relever les charges n'a eu ici aucune influence sensible sur les résultats; mais, ainsi que nous l'avons déjà dit, il conduirait à des erreurs très-graves dans beaucoup de cas. C'est pourquoi nous avons donné (200) des formules d'interpolation d'après lesquelles, connaissant l'épaisseur *moyenne h* de la lame de liquide qui passe sur le seuil des déversoirs, on détermine la charge *totale* H à introduire dans la formule de Dubuat. En outre, depuis la présentation de notre travail à l'académie des sciences, nous avons remplacé dans cette formule H par h, et nous avons dressé une table des coefficients qu'il convient de lui appliquer pour obtenir la dépense effective. De cette manière, on sera dispensé de s'occuper de la charge *totale* pour résoudre les questions relatives au produit des déversoirs, et il suffira de déterminer la charge *moyenne* dans leur plan, opération qui se réduira souvent (201) à mesurer l'ordonnée du centre des sections de la nappe de liquide par ce plan. Cette table ne pouvant trouver place dans la présente note, nous nous réservons de la publier plus tard.

FIN.

TABLE ANALYTIQUE DES MATIÈRES.

CHAPITRE II.

RÉSULTATS IMMÉDIATS DES EXPÉRIENCES OU OBSERVATIONS.

Iʳᵉ SECTION.

LEVERS DE VEINES FLUIDES; CIRCONSTANCES QUI ACCOMPAGNENT LE PHÉNOMÈNE DE L'ÉCOULEMENT DU LIQUIDE, ET DÉPRESSIONS ÉPROUVÉES, DANS LE RÉSERVOIR, PAR SA SURFACE SUPÉRIEURE.

rection de la formule D' de la dépense, qui tient compte de l'influence de la hauteur de l'ouverture, sont les mêmes, à égalité de charge sur le sommet, quelle que soit celle des deux dimensions de l'orifice qui est disposée horizontalement, 180. — Ces coefficients ne dépendent que de la plus petite dimension de l'orifice, et restent les mêmes, à égalité de cette dimension, quelle que soit l'autre, tant qu'elle n'excède pas environ vingt fois la première, 181. — 3° Orifices de 0^m,60 de base sur diverses hauteurs, pratiqués dans une paroi de 0^m,05 d'épaisseur. Les coefficients sont les mêmes pour ces orifices que pour ceux en mince paroi, lorsque la veine se détache de tout leur pourtour, et que leurs quatre côtés sont dans un même plan vertical, ce qui suppose que, s'ils sont garnis d'une vanne, elle est réduite à une simple arête à son extrémité inférieure, 185. — Les coefficients augmentent de plus en plus lorsqu'on adapte successivement aux orifices une vanne épaisse, des feuillures et un seuil, 187. — Cas où la veine s'attache à la face inférieure de la vanne et s'en détache par un mouvement alternatif, pour les petites ouvertures sous de faibles charges, 188. — Comparaison des résultats obtenus pour les orifices à parois épaisses, avec ceux qui concernent les portes d'écluse du canal de Languedoc et du vieux bassin du Havre, 190. — 4° Résumé des conséquences qui se déduisent des expériences, et usage des tables d'interpolation des coefficients des formules ordinaires de la dépense, 191. — 5° Application à quelques expériences d'une formule théorique basée sur le principe des forces vives, 194.

Sommaire. Comparaison des coefficients de la dépense avec ceux qui concernent les orifices débouchant librement dans l'air; table de leurs différences proportionnelles maxima et minima, 196. — Les canaux qui prolongent les orifices font, en général, diminuer sensiblement la dépense; exception particulière en ce qui concerne l'orifice de 0^m,01 de hauteur, 198. La suppression de la contraction sur les bords de l'ouverture fait généralement moins augmenter la dépense des orifices avec canaux que de ceux qui débouchent librement dans l'air, 199. — Un canal horizontal, abaissé de 0^m,05 seulement au-dessous de la base de l'orifice, perd une très-grande partie de l'influence qu'il avait sur la dépense lorsqu'il était établi au niveau de cette base, 201. — Le rapport de la vitesse de l'eau dans un canal horizontal à celle qui est due à la charge de liquide sur le centre de l'orifice varie : d'un point à l'autre du canal pour une même charge, 202; avec la charge pour un même point du canal, 204; avec le dispositif de l'orifice pour une même charge et un même point du canal, 204; enfin, toutes choses égales d'ailleurs, avec la hauteur de l'orifice, 205. — Le même rapport varie dans le cas des canaux inclinés comme dans celui des canaux horizontaux, 206. — Comparaison de la vitesse moyenne de l'eau dans la section contractée à celle qui est due à la charge de fluide au-dessus de cette section ou du remous, dans le cas où la veine suit le fond du canal, 208.

FIN DE LA TABLE DES MATIÈRES.

MÉMOIRE

SUR UNE NOUVELLE MÉTHODE

POUR OBTENIR DES COMBINAISONS CRISTALLISÉES

PAR LA VOIE SÈCHE,

ET SUR SES APPLICATIONS À LA REPRODUCTION

DE PLUSIEURS ESPÈCES MINÉRALES,

PAR M. EBELMEN.

Lu à l'Académie des sciences, le 8 novembre 1847.

Deux méthodes différentes ont été seules employées jusqu'à présent pour obtenir, par la voie sèche, des combinaisons cristallisées et définies. L'une consiste à soumettre à la fusion ignée les corps simples ou composés, seuls ou mélangés les uns avec les autres en certaines proportions propres à constituer des combinaisons définies. Il arrive souvent, dans ce cas, que des cristaux se forment et s'isolent au milieu de la masse fondue pendant son refroidissement. C'est ainsi qu'on a reconnu, soit dans les produits des verreries, soit dans les scories provenant des foyers métallurgiques, diverses combinaisons qu'on a pu isoler, et dont on a pu constater, dans certains cas, la parfaite ressemblance avec des produits du règne minéral. C'est par cette même méthode que M. Berthier a pu préparer un certain nombre de combinaisons cristallisées parmi les borates et les silicates. Elle n'est appplicable évidemment qu'aux combinaisons fusibles à la température des foyers auxquels le mélange des matières est exposé.

La seconde méthode ne peut s'employer que pour des combinaisons distillables ou volatiles. Elle est connue depuis longtemps des chimistes sous le nom de sublimation.

Les produits que je vais avoir l'honneur de présenter à l'Académie ont été obtenus par une méthode nouvelle, tout à fait différente des deux précédentes; le principe en est des plus simples à exposer.

Il s'agissait de trouver une substance qui pût, à une haute température, jouer le rôle que joue l'eau à la température ordinaire, ou à des températures peu élevées, à l'égard des corps qu'elle tient en dissolution. On sait que l'évaporation de cette eau permet d'obtenir, la plupart du temps, des combinaisons cristallisées. Or nous connaissons des corps qui se volatilisent à de très-hautes températures, et qui cependant, à un certain degré de chaleur, lorsqu'ils sont en fusion, sont des dissolvants énergiques pour la plupart des oxydes métalliques. Je citerai l'acide borique, le borate de soude, l'acide phosphorique, les phosphates alcalins. Il était permis de penser qu'en employant l'un de ces corps avec des proportions calculées d'avance de certains oxydes, et exposant le mélange à l'action d'une haute température, dans des vases ouverts, on parviendrait, par l'évaporation lente du dissolvant, à produire des combinaisons cristallisées. L'expérience a complétement confirmé cette prévision.

Je commencerai l'exposé des faits contenus dans ce mémoire, par ceux qui sont relatifs à la reproduction de divers minéraux, qu'on peut considérer comme formés par une combinaison d'un équivalent d'oxyde à 2 atomes de métal pour 3 atomes d'oxygène, avec un équivalent d'oxyde à 1 atome d'oxygène pour 1 de métal. Ces minéraux, pour la plupart très-durs, et dont plusieurs appartiennent à la catégorie des pierres fines, constituent une famille naturelle qui compte un grand nombre d'espèces, les spinelles, la cymophane, le fer chromé, le fer oxydulé, etc. Tous ces minéraux, à l'exception de la cymophane, sont isomorphes entre eux, et cristallisent généralement en octaèdres réguliers.

J'ai essayé de reproduire quelques-uns de ces minéraux par la méthode dont j'ai indiqué tout à l'heure le principe. Je vais exposer ici les détails de chaque expérience et les résultats obtenus.

SPINELLE.

Le spinelle est, comme on sait, un aluminate de magnésie de la formule

$$Al^2O^3 . MgO.$$

La nature nous le présente sous différentes couleurs. Le spinelle rouge, le plus estimé des lapidaires, doit sa couleur à un centième environ d'oxyde de chrome. Quand la magnésie est remplacée en partie par du protoxyde de fer, on a des variétés plus ou moins colorées, plus ou moins opaques. Toutes cristallisent en octaèdres réguliers peu ou point modifiés, à l'exception de la variété connue sous le nom de *pleonaste*, qui cristallise en dodécaèdres rhomboïdaux.

La dureté du spinelle est de 8; il raye fortement le quartz. Sa densité varie de 3,523 à 3,585.

Au chalumeau, toutes les variétés sont infusibles. Les variétés rouges noircissent et deviennent opaques; en les laissant refroidir, elles prennent par transmission une teinte verte, puis leur couleur primitive reparaît.

J'ai cru devoir exposer ici les propriétés du spinelle naturel, afin de pouvoir les comparer immédiatement à celles des cristaux artificiels.

Toutes les combinaisons dont j'aurai à parler ont été obtenues de la manière suivante : après avoir pesé séparément chacune des matières fixes qui doivent entrer dans la combinaison, et l'acide borique fondu réduit en poudre, et avoir mêlé le tout avec soin, on plaçait la poudre sur une feuille de platine, dans un godet en biscuit de porcelaine à fond plat et d'une faible profondeur, par rapport à son diamètre. Celui-ci était disposé dans une cazette en terre réfractaire, semblable à celles dont on se sert pour cuire la porcelaine, mais d'un petit diamètre. Ces cazettes étaient largement échancrées d'un côté, afin d'établir une communication facile entre l'atmosphère du four et l'intérieur de l'étui, et d'aider ainsi, par un renouvellement continuel de l'air, au dégagement des vapeurs d'acide borique. Elles étaient exposées devant les alandiers des fours à porcelaine de Sèvres, et y restaient pendant toute la durée de la cuisson. Les produits de l'expérience n'étaient retirés qu'après le complet refroidissement du four.

Spinelle rose. — J'ai préparé cette variété un assez grand nombre de fois. Les proportions que j'ai employées dans le plus grand nombre des expériences sont les suivantes :

Alumine	6^{gr} [1]
Magnésie	3
Acide borique fondu	6
Oxyde de chrome vert	0,10 à 0,15

Après la cuisson, la matière forme généralement une couche rose, présentant un bourrelet sur les bords. On distingue des facettes triangulaires équilatérales sur toute la surface de ce gâteau; mais si l'on détache le produit de la feuille de platine à laquelle il adhère, on trouve dans les géodes des cristaux roses très-nets et très-brillants, dont on reconnaît aisément la forme avec la loupe. Ce sont des octaèdres réguliers, tronqués sur les 12 arêtes, l'octaèdre émarginé de Haüy. La masse raye le quartz avec une grande facilité.

La forme et la dureté des cristaux pouvaient suffire pour établir leur identité avec le spinelle, mais j'ai voulu y joindre les autres caractères spécifiques de densité et de composition.

---

[1] L'alumine avait été préparée au moyen de l'alun ammoniacal précipité par l'ammoniaque, lavée avec soin et calcinée. La magnésie avait été obtenue par la calcination du nitrate.

L'action de l'acide chlorhydrique concentré permet d'isoler avec facilité les cristaux de spinelle. On concasse la matière en petits fragments et on la traite à chaud par l'acide chlorhydrique plusieurs fois de suite, jusqu'à ce que la liqueur acide n'entraîne plus rien. On enlève ainsi une certaine quantité de magnésie et un peu d'alumine.

La densité de la matière inattaquée par l'acide chlorhydrique, prise sur $0^{gr},846$ de cristaux, a été trouvée de 3,548 à 22°. On a vu plus haut que la densité du spinelle naturel est comprise entre 3,523 et 3,585.

Analyse.—Une certaine quantité de la même matière a été porphyrisée dans un mortier d'acier. La poudre obtenue par décantation a été traitée par l'acide chlorhydrique pour dissoudre le fer provenant du mortier.

L'analyse a été faite sur $0^{gr},603$ de cette poudre purifiée et desséchée, en la fondant dans un creuset de platine avec 3^{gr} de sulfate de potasse cristallisé[1], auquel on a ajouté quelques gouttes d'acide sulfurique pur. Le creuset est resté chauffé au rouge pendant une heure et demie. On y ajoutait de temps en temps quelques gouttes d'acide sulfurique pur ; en reprenant par l'eau, tout s'est dissous. On a ajouté de l'acide chlorhydrique en assez grand excès, puis de l'ammoniaque. L'alumine et l'oxyde de chrome se sont précipités, entraînant une proportion notable de magnésie, malgré la grande quantité de sels ammoniacaux qui existaient dans la dissolution. La liqueur ammoniacale a été mise de côté. Quant au précipité d'alumine, il a été dissous sur le filtre même par de l'acide chlorhydrique étendu et chaud, puis la liqueur acide a été traitée par un excès de potasse qui a redissous la majeure partie de l'alumine, mais il en est resté dans le précipité formé de magnésie et d'une petite quantité d'oxyde de chrome. La liqueur potassique a été mise de côté. Le précipité a été redissous dans l'acide chlorhydrique et la liqueur traitée de nouveau par l'ammoniaque. Le pré-

---

[1] Le bisulfate de potasse du commerce contient généralement de l'alumine et du fer.

cipité qui s'est produit a été redissous dans l'acide chlorhydrique,
et la liqueur traitée par la potasse a donné encore un peu de magnésie. J'ai répété ces opérations jusqu'à trois fois, et j'ai fini par
obtenir toute la magnésie dans les dissolutions ammoniacales, et
toute l'alumine dans la liqueur potassique. On a obtenu l'alumine
en traitant la dissolution de potasse par l'acide chlorhydrique et
l'ammoniaque. La magnésie a été séparée par le phosphate d'ammoniaque dans une liqueur ammoniacale. Quant à l'oxyde de chrome,
il avait été entraîné en grande partie par l'alumine, de sorte que
celle-ci était verdâtre. Une attaque au nitre de l'alumine calcinée
et pesée a permis de doser l'oxyde de chrome. Voici les résultats
de l'analyse.

		OXYGÈNE.	RAPPORTS.
Alumine.....................	71 ,9	33 ,5 } 33 ,8	3
Oxyde de chrome..............	1 ,2	0 ,3 }	
Magnésie....................	27 ,3	10 ,9	1
	100 ,4		

Ces résultats conduisent à la formule

$$Al^2O^3. MgO$$

Ils établissent définitivement l'identité entre le rubis spinelle de
la nature et les cristaux artificiels. J'ajouterai encore l'observation
suivante à l'appui de cette identité. Les cristaux roses que j'ai pré-
parés, soumis à la flamme du chalumeau, donnent lieu exactement
aux mêmes apparences que le spinelle naturel. Ils perdent leur
couleur rose, passent au vert en se refroidissant, et finissent par
redevenir roses quand le refroidissement est complet.

Dans la préparation décrite plus haut, on trouve ordinairement au centre du gâteau, et au-dessous de la croûte cristalline
rose qui en forme la surface extérieure, une certaine épaisseur
d'une matière d'un gris verdâtre, un peu bulleuse et sans trace de
cristaux. Cette matière est entourée de tous côtés par une enve-

loppe cristalline rose. Elle se dissout en entier dans les acides.
C'est du borate d'alumine et de magnésie dont l'acide borique
n'a pu être séparé en raison de la faible durée de l'évaporation,
qui est limitée par le temps de la cuisson de la porcelaine. Si l'on
repasse la matière une seconde fois au feu, on ne trouve plus
d'ordinaire de matière grise au centre du gâteau; tout est changé
en une matière rose, avec géodes tapissées de cristaux.

Les proportions d'alumine et de magnésie que j'ai indiquées
plus haut comme étant celles dont je me suis servi le plus habi-
tuellement dans mes expériences ne correspondent pas exactement à la formule

$$Al^2O^3. MgO$$

la magnésie s'y trouve très-notablement en excès. J'ai cru remarquer que cette circonstance facilitait le développement de la cristallisation. Le borate de magnésie, étant fusible et indécomposable
à la chaleur du four à porcelaine, reste disséminé entre les cristaux.
La digestion avec l'accide chlorydrique étendu les en débarrasse
complétement.

Spinelle bleu. — En substituant à l'oxyde de chrome dans la
préparation précédente, une très-petite quantité d'oxyde de cobalt, on obtient des cristaux colorés en bleu. Voici les proportions qui ont été employées dans trois expériences.

	N° 1.	N° 2.	N° 3.
Alumine	5 ,00	6 ,50	6 ,00
Magnésie	2 ,40	2 ,50	3 ,00
Oxyde de cobalt	0 ,20	0 ,10	0 ,04
Acide borique fondu	4 ,70	5 ,00	6 ,00

Le n° 1 s'est étendu sur la feuille de platine en laissant, au
milieu du bourrelet qui forme le bord extérieur du gâteau, un sil-
lon dans lequel des cristaux d'un bleu foncé se sont développés.
Ces cristaux sont assez gros et assez nets pour qu'on puisse recon-

naître leur forme à la vue simple. Ce sont des octaèdres réguliers légèrement tronqués sur les arêtes. Ils rayent facilement le
quartz.

Le centre du morceau est entièrement formé par une pâte
rosée au milieu de laquelle on distingue un grand nombre de
cristaux en voie de formation. Quelques-uns de ces cristaux ont
plus d'un millimètre de côté. La manière dont ils se forment au
milieu de la pâte rosée qui les entoure est clairement indiquée
par leur aspect. Ils se présentent sous forme de tétraèdres creux
dont la pointe s'enfonce dans le liquide et dont la coupe inté-
rieure offre une suite de gradins, disposition qui a de l'analogie
avec celle des trémies qui se forment à la surface des chaudières
de salinage. La matière rose est évidemment *l'eau mère* dans laquelle nageaient les cristaux à la fin de l'opération.

Le mélange n° 2, dans lequel l'alumine et la magnésie sont
associées équivalent à équivalent, a donné une masse bleue cristalline sur toute sa surface et présentant des cristaux très-nets
dans les cavités qui se trouvent près des bords. Au centre du
morceau, la couche bleue était très-mince; elle recouvrait une
tière rose non cristallisée, formée par du borate d'alumine, de
magnésie et de cobalt.

Le n° 3 a donné des résultats à peu près semblables à celui du
n° 1, à cela près que les cristaux sont d'un bleu beaucoup moins
foncé. Ce sont aussi des octaèdres émarginés, dont plusieurs se
détachent très-nettement de la surface des géodes qui les contiennent. Ils rayent fortement le quartz.

On peut isoler les cristaux de la pâte par le procédé que j'ai
indiqué en parlant du spinelle rose, l'action de l'acide chlorhydrique. J'ai fait cette opération pour le produit n° 1. La densité des
cristaux a été trouvée à 19° de 3,542. Elle est presque identique
à celle du spinelle rose donnée plus haut.

Analyse. — J'ai fait une analyse de ces cristaux bleus sur 0^{gr}381
de poudre obtenue par le broyage dans un mortier d'acier, et la
lévigation suivie d'un traitement par l'acide chlorhydrique pour

dissoudre le fer détaché du mortier. L'attaque a été faite par 2^{gr} de sulfate de potasse cristallisé additionné de quelques gouttes d'acide sulfurique concentré. Après une heure de fusion dans le creuset, on a repris par l'eau; tout s'est dissous. La séparation de l'alumine et de la magnésie s'est effectuée comme dans l'analyse du spinelle rose. Il a fallu faire trois traitements successifs par l'ammoniaque, l'acide chlorhydrique et la potasse, pour séparer complétement les deux corps. L'oxyde de cobalt se trouvait à peu près en totalité dans les liqueurs ammoniacales qui renfermaient la magnésie. On l'a séparé par le sulfhydrate d'ammoniaque, puis dosé à l'état d'oxyde. La magnésie a été précipitée ensuite par le phosphate d'ammoniaque; l'alumine a été séparée de sa dissolution dans la potasse à la manière ordinaire. Après la calcination, elle a présenté une teinte bleue très-pâle, ce qui prouve qu'elle avait entraîné une trace de cobalt.

Les résultats de l'analyse sont les suivants :

		OXYGÈNE.	RAPPORTS.
Alumine	73 ,2	34 ,2	3
Magnésie	26 ,0	10 ,4	
Oxyde de cobalt	1 ,7	0 ,4 } 10 ,8	1
	100 ,9		

Cette composition conduit à la formule du spinelle.

$$Al^2O^3 (MgO. CoO).$$

Je n'ai point analysé les cristaux obtenus dans les expériences n° 2 et n° 3, mais il ne peut y avoir aucun doute sur leur véritable nature. L'oxyde de cobalt, dans ces combinaisons, est excessivement colorant, puisque les cristaux obtenus dans l'expérience n° 3, qui sont encore fortement colorés ne contiennent pas plus de 4 millièmes d'oxyde. Cette faible proportion d'oxyde de cobalt paraît avoir facilité le développement de la cristallisation. Les cristaux de spinelle bleu obtenus dans les trois expériences qui précèdent sont généralement reconnaissables à l'œil nu. Les cristaux roses, quoique également nets, sont presque tous d'un volume trop faible pour qu'on puisse en reconnaître la forme autrement qu'avec la loupe.

Spinelle noir. — On sait que dans le spinelle noir une partie de la magnésie est remplacée par une proportion équivalente de protoxyde de fer. J'ai essayé de reproduire une combinaison analogue en mêlant ensemble

Alumine	4 ,45
Magnésie	1 ,60
Peroxyde de fer	0 ,64
Acide borique fondu	4 ,00

Après le passage au four, j'ai obtenu une masse noire, à surface cristalline qui présentait sur les bords, dans les cavités, des cristaux octaédriques réguliers, dont on reconnaît la forme avec la loupe. Au-dessous de la couche cristalline, on trouve, comme dans les expériences précédentes, une substance d'apparence pierreuse un peu bulleuse, mais sans cristaux : c'est du borate d'alumine de magnésie et de fer dont l'acide n'est pas volatilisé.

Les cristaux noirs rayent fortement le quartz ; je n'ai pas essayé de les isoler du reste de la matière, mais on y arriverait facilement sans doute par les procédés chimiques qui ont servi pour le spinelle rose ou le spinelle bleu.

Spinelle incolore. — J'ai mélangé dans cette expérience,

Alumine	6 ,00
Magnésie	2 ,50
Carbonate de chaux	1 ,00
Acide borique fondu	6 ,00

Le mélange, passé au four à porcelaine, a donné une masse blanche, d'aspect pierreux au centre, mais présentant sur les bords plusieurs cavités géodiques dans lesquelles on distingue, même à l'œil nu, des cristaux octaédriques réguliers, parfaitement diaphanes et incolores. Ces cristaux rayent facilement le quartz. Ils ressemblent tout à fait, à-la couleur près, aux produits des expériences précédentes.

CYMOPHANE.

La cymophane, d'après les analyses de M. Awdejew et de M. Damour, est un aluminate de glucine dont la formule

$$Al^2O^3 . GlO$$

est semblable à celle du spinelle. Mais les minéraux ne sont pas isomorphes, puisque la cymophane cristallise dans le système du prisme rhomboïdal droit. La dureté de la cymophane est représentée par le nombre 8, 5 : elle raye la topaze. La densité des cristaux du Brésil a été trouvée par M. Awdejew de 3,733.

Les proportions que j'ai employées pour reproduire cette espèce sont les suivantes.

```
Alumine un peu ferrugineuse........................  6 ,00
Glucine ...........................................  1 ,62
Acide borique fondu...............................  5 ,00
```

Le mélange a été passé au four à porcelaine. La perte en poids s'est élevée à 4^{gr}53. Il ne restait donc dans la matière que o^{gr}47 d'acide borique, si toutefois il n'y a eu ni alumine ni glucine entraînées, ce qui paraît du reste très-problable,

Toute la surface de la matière, après la cuisson, est rude au toucher. Elle est couverte d'aspérités cristallines. En la détachant de la feuille de platine sur laquelle elle repose, on trouve dans la masse beaucoup de cavités tapissées de cristaux. Le centre du gâteau avait seul gardé l'aspect pierreux.

La matière possède la dureté de la cymophane; elle raye fortement le quartz et très-nettement la topaze. Elle est tout à fait infusible au chalumeau. J'ai isolé les cristaux en concassant la partie cristalline qui forme plus des trois quarts de la matière, et la traitant par l'acide sulfurique concentré à chaud à plusieurs reprises, jusqu'à ce que l'acide n'enlevât plus d'alumine ni de glucine. Ce qui reste après cette opération est une poudre cristalline d'un grand éclat, qui, examinée au microscope, sous un grossissement de 40 à 45 diamètres, présente des cristaux bien diaphanes et d'une grande netteté.

Ces cristaux paraissent avoir exactement la même forme que certains cristaux du Brésil.

La figure ci-jointe extraite du mémoire de M. Descloizeaux[1] sur la cristallisation de la cymophane donne une idée exacte de la forme des cristaux artificiels que j'ai obtenus.

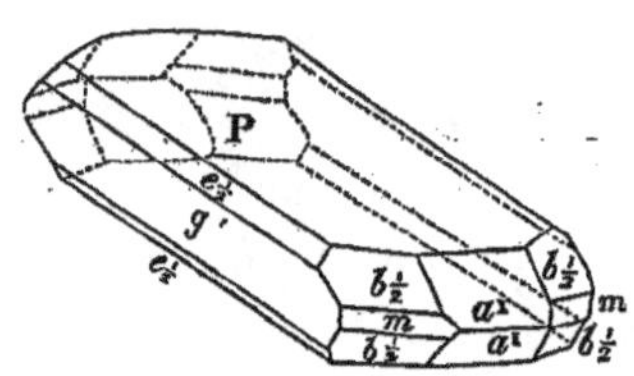

On reconnaît très-nettement au microscope la base P du prisme et les modifications a^1, $b\frac{1}{2}$, $e\frac{1}{2}$, qui forment une bordure à huit faces autour de la base P. Je n'ai pu réussir à apercevoir les faces du prisme $m\ m$, mais elles n'ont sur les cristaux naturels qu'un très-faible développement. J'ai observé les faces verticales g^1 sur quelques cristaux, mais les prismes sont en général fort aplatis.

On reconnaît distinctement sur les cristaux les traces d'un clivage parallèle à la base, clivage qui existe sur les cristaux naturels.

On voit que, sous le rapport de la forme, les cristaux artificiels de cymophane paraissent identiques aux cristaux naturels les plus nets. La densité les en rapproche également. En opérant à trois reprises différentes sur $0^{gr},960$ de cristaux purifiés par l'acide sulfurique, j'ai obtenu pour la densité les nombres 3,720, 3,736, 3,727. J'ai dit plus haut que M. Awdejew avait trouvé 3,733 pour

---

[1] *Annales de chimie*, t. XIII, p. 329.

la densité de la cymophane du Brésil : les deux déterminations sont donc identiques.

Pour établir d'une manière plus complète encore l'identité de mes cristaux avec les cristaux naturels, j'en ai fait une analyse sur $0^{gr},704$ de poudre broyée dans un mortier d'acier et purifiée par l'acide chlorhydrique. Elle a été chauffée pendant deux heures au rouge naissant, dans un creuset de platine, avec 5 grammes de sulfate de potasse additionnés d'acide sulfurique pur. Après l'attaque, la matière s'est dissoute complétement dans l'eau. La liqueur a été précipitée par l'ammoniaque : on a obtenu un précipité volumineux, qui a été redissous sur le filtre même dans l'acide chlorhydrique. La liqueur chlorhydrique à été traitée par la potasse en excès, qui a tout redissous, sauf quelques flocons d'oxyde de fer. On a filtré : la liqueur alcaline a été étendue d'eau et soumise à une ébullition prolongée pour en séparer la glucine par le procédé de Gmelin. La glucine obtenue a été filtrée et lavée ; après l'avoir calcinée et pesée, je l'ai redissoute dans un acide, et j'ai constaté qu'elle se redissolvait complétement dans le carbonate d'ammoniaque.

L'alumine a été séparée de la liqueur alcaline au moyen de l'acide chlorhydrique et du sulfhydrate d'ammoniaque.

En résumé, les $0^{gr},704$ de matière cristalline ont donné, sur 100 :

Alumine	80 ,25
Glucine	20 ,03
Oxyde de fer	0 ,14
	100 ,42

Ces proportions concordent exactement avec celles qui correspondent à la formule :

$$Al^2O^3.\ Gl O$$

qui donne :

Alumine. 642   80 ,25
Glucine. 158   19 ,75

                                             100 ,00

Enfin, d'après les bienveillantes indications de M. Biot, j'ai cherché à constater si les cristaux artificiels de cymophane agissaient sur la lumière polarisée à la manière des cristaux parfaits. Quelques cristaux ont été mis dans une mince couche d'eau contenue entre deux verres et placés sous l'objectif d'un microscope polarisant, entre deux prismes de Nicol. Les sections principales des deux prismes de Nicol étant perpendiculaires entre elles, le champ du microscope était obscur, mais les cristaux de cymophane se détachaient en clair sur le fond noir, ce qui montrait déjà qu'ils agissaient sur le plan de polarisation des rayons lumineux. L'interposition d'une lame sensible de chaux sulfatée a fait paraître le champ de la vision d'un violet bleuâtre sur lequel les cristaux se détachaient en vert ou en rouge, suivant les positions angulaires données à leurs axes, ce qui établissait leur constitution cristalline plus précisément encore que par leur action directe sur un faisceau blanc.

J'ai préparé plusieurs autres aluminates par le procédé qui a servi à obtenir les combinaisons précédentes.

Aluminate de manganèse. — Pour obtenir cette combinaison, on a mêlé :

Alumine. . . . . 3 ,30
Peroxyde de manganèse. . . . . 2 ,27
Acide borique fondu. . . . . 2 ,25

L'alumine et le protoxyde de manganèse sont entre eux dans le rapport indiqué par la formule :

$$Al^2O^3.\ MnO.$$

On a obtenu après la cuisson une matière d'un brun noir, bulleuse, et présentant dans les cavités de larges lames, qui sont brunes et transparentes quand elles sont très-minces, mais qui paraissent complétement noires quand elles ont une certaine épaisseur. Ces lames cristallisées paraissent appartenir au système régulier, car on y distingue en plusieurs points des triangles équilatéraux, et toutes les stries qu'on observe sur les lames se croisent sur l'angle de 60 ou de 120°; la partie lamelleuse raye fortement le quartz : il est probable qu'elle constitue le spinelle manganésien Al^2O^3. MnO. qui n'a pas été rencontré jusqu'à présent dans le règne minéral.

Aluminate de fer. — J'ai obtenu cette combinaison en mêlant ensemble :

Alumine.. 3 ,30
Peroxyde de fer.. 2 ,57
Acide borique fondu....................................... 2 ,50

La surface de la matière était à peu près entièrement recouverte de lames entre-croisées d'un brun clair, transparentes, ou du moins fortement translucides, qui présentent aussi des indications nettes de triangles équilatéraux. Ces lames ressemblent beaucoup à celles obtenues dans la préparation précédente; elles rayent fortement le quartz; elles recouvrent une masse brunâtre, d'aspect résinoïde, peu dure, qui est le borate d'alumine et de protoxyde de fer.

L'aluminate de fer Al^2O^3. FeO a été récemment trouvé dans la nature par M. Zippe, et signalé aux minéralogistes sous le nom de *hercinite*.

On connaît sous le nom de *dysluite* un minéral venant de Sterling, dans la Nouvelle-Jersey, qui est cristallisé en octaèdres réguliers, et que l'on représente comme un aluminate de protoxydes de fer, de manganèse et de zinc. Sa dureté est beaucoup moins grande que celle du spinelle; elle varie de 4,5 à 5, tandis que la dureté des aluminates de fer et de manganèse isolés est de 8. Cette singulière anomalie fait désirer d'examiner de plus près la composition de la dysluite, pour fixer sa place dans la classification.

Aluminate de cobalt. — On a mêlé :

Alumine	3 ,30
Oxyde de cobalt	2 ,40
Acide borique fondu	2 ,25

Le mélange a été placé sur du platine, dans un godet en biscuit, et chauffé au four à porcelaine. Après la cuisson, la feuille de platine était recouverte de cristaux d'un bleu tellement foncé qu'ils paraissent noirs. Ces cristaux sont des octaèdres réguliers sans modifications. Leur dureté ne doit pas différer beaucoup de celle du quartz : ils le rayent, mais assez difficilement. Ils sont moins durs déjà que les combinaisons précédentes.

L'oxyde de cobalt et l'alumine ayant été mélangés dans les proportions qui constitueraient la combinaison Al²O³. CoO, tout porte à croire que les cristaux octaédriques produits représentent ce composé.

Aluminate de chaux. — Pour obtenir ce produit, j'ai mêlé :

Alumine	5
Carbonate de chaux	5
Acide borique fondu	5

L'alumine et le carbonate de chaux sont à très-peu près dans le rapport de leurs équivalents (642 à 625).

La matière présentait sur les bords, après la cuisson, de larges lames cristallisées, semblables, pour la forme, à celles que j'ai signalées en parlant des aluminates de manganèse et de fer. Elles paraissent appartenir au système régulier. Leur dureté est la même que celle des autres spinelles ; elles rayent le quartz sans difficulté.

Les lames constituent probablement le spinelle à base de chaux. Le temps ne m'a pas permis encore de les isoler pour en prendre la densité et les soumettre à l'analyse.

Aluminate de baryte. — Pour obtenir cette combinaison, on a mêlé :

Alumine	5
Carbonate de baryte	10
Acide borique fondu	5

L'alumine et le carbonate de baryte sont dans la matière à peu près dans les mêmes rapports que leurs équivalents (642 et 1231).

Le produit obtenu, après le passage au four, s'était étendu en couche parfaitement lisse sur le platine; il était transparent, incolore et d'un grand éclat, mais traversé par des plans de fractures qui se croisent dans tous les sens. La surface est bien continue, mais on n'y remarque pas, comme dans le cas des aluminates de chaux, de fer et de manganèse, de stries indiquant par leurs angles de croisement le système cristallin des lames. On peut s'assurer cependant que cette surface est cristallisée. En brisant le morceau, on reconnaît que toute sa surface était recouverte par des lamelles très-minces qui se séparent facilement de la masse vitreuse qui se trouve au-dessous. Ces lamelles sont parfaitement transparentes et d'une très-grande dureté: elles rayent le quartz et même la topaze. La masse vitreuse et éclatante qui se trouve au-dessous ne raye pas le quartz.

Ces lames transparentes et si dures agissent sur la lumière polarisée d'une manière analogue aux cristaux de cymophane, mais avec beaucoup d'énergie. Leur mode d'action montrait qu'elles étaient en masses groupées sur lesquelles on aperçoit quelques prolongements de cristaux définis dont les formes diffèrent du système régulier, ce qui les distingue nettement des autres aluminates.

CHROMITES.

On peut produire, par la méthode décrite plus haut, diverses combinaisons du sesquioxyde de chrome avec les bases. On n'a trouvé jusqu'à présent dans la nature qu'une seule de ces combinaisons, qui constitue le seul minerai de chrome important, le fer chromé.

Les minéralogistes ne sont pas encore parfaitement d'accord sur la véritable constitution du fer chromé. La cristallisation de ce minéral, qu'on trouve, quoique rarement, en octaèdres réguliers, tend à le rapprocher des spinelles. La composition est toujours assez complexe : on y trouve de la magnésie, de l'alumine, avec les oxydes de chrome et de fer, quelquefois même, mais seulement dans les variétés compactes, de la silice. Si l'on réunit l'alumine avec l'oxyde de chrome, la magnésie avec le fer supposé à l'état de protoxyde, les analyses faites par M. Abich conduisent à la formule :

$$(Cr^2O^3,\ Al^2O^3)\ (FeO,\ MgO)$$

qui est analogue à celle du spinelle.

Les expériences dont il va être question confirment complétement cette analogie entre la formule du spinelle et celle du fer chromé; elles lèveront, je l'espère, tous les doutes qui pourraient rester encore sur la véritable composition de cette dernière espèce. J'ai préparé, en effet, du fer chromé ne renfermant ni alumine ni magnésie, et présentant tous les caractères extérieurs des combinaisons dans lesquelles existent les bases réunies ou isolées. Voici les données de ces expériences : on a mélangé :

	N° 1.	N° 2.	N° 3.
Oxyde vert de chrome	7 ,50	5 ,00	5 ,00
Alumine	1 ,60	"	"
Peroxyde de fer	3 ,00	2 ,00	3 ,00
Magnésie	1 ,10	0 ,55	"
Acide borique	8 ,00	6 ,00	8 ,00
Acide tartrique [1]	1 ,50	1 ,00	1 ,00

Ces trois mélanges ont été placés sur des feuilles de platine, et exposés à la plus forte chaleur des fours à porcelaine.

Le n° 1 a donné une masse noire à surface inégale et remplie de cavités. Toute la surface présente une multitude de points brillants qu'on reconnaît aisément au microscope pour des octaèdres réguliers, sans aucune modification. Leur dureté est à

[1] L'acide tartrique est employé comme réductif pour le peroxyde de fer.

peu près la même que celle du quartz. Ils le rayent, mais difficilement. La matière renferme quelques grains attirables au barreau aimanté. L'ébullition avec l'acide chlorhydrique et l'eau régale l'attaque à peine. La liqueur ne contient qu'un peu de fer, d'alumine et de magnésie sans chrome. En traitant à plusieurs reprises par l'acide sulfurique mêlé d'acide fluorhydrique et chauffant pour volatiliser l'excès d'acide, puis reprenant par l'eau bouillante, on dissout à la fois du chrome, du fer, de l'alumine et de la magnésie. Le résidu est noir, cristallin, et ne se distingue pas à l'aspect de la matière non attaquée. Il ne renferme plus de grains attirables au barreau aimanté. Du reste, l'attaque par l'acide sulfurique est extrêmement lente. Le fer chromé naturel, soumis à l'action des acides, se comporte de la même manière.

J'ai pris la densité de la matière purifiée par un traitement fait à trois reprises avec un mélange d'acide fluorhydrique et sulfurique. Ce traitement lui a fait perdre les 40 pour cent environ de son poids, et la matière aurait continué à s'attaquer par d'autres traitements faits de la même manière. La densité a été trouvée égale à 4,79 ; la densité de la matière purifiée par une longue ébullition avec l'eau régale, traitement qui ne lui a fait perdre que 10 pour cent de son poids, a été trouvée égale à 4,64, à 16°.

Analyse. — J'ai fait une analyse sur $0^{gr},636$ de la matière dont la densité a été trouvée de 4,79. Elle a été chauffée pendant deux heures dans le creuset d'argent avec 4 grammes de potasse pure et $1^{gr},50$ de nitre. On a repris par de l'eau rendue alcaline (liq. A). Le résidu insoluble a été repris par l'acide chlorhydrique (liq. B). Il est resté une petite quantité de matière qu'on a lavée à plusieurs reprises avec de l'ammoniaque pour dissoudre le chlorure d'argent. Ce qui reste est d'un brun noir et pèse calciné $0^{gr},014$, c'est du fer chromé qui n'a pas été attaqué. On n'a donc opéré que sur $0^{gr},622$ de substance.

La liqueur A a été saturée par l'acide nitrique et précipitée par l'ammoniaque. L'alumine obtenue a été lavée à plusieurs reprises avec de l'ammoniaque pour enlever l'acide chromique qu'elle aurait pu entraîner. Toutefois, après calcination, elle était un peu verdâtre, ce qui tenait à une petite quantité d'oxyde de chrome. Je me suis assuré, du reste, par une attaque au nitre, que cette quantité de chrome entraînée était très-faible.

La liqueur A, précipitée par l'ammoniaque, a été sursaturée par l'acide chlorhydrique et bouillie avec de l'acide sulfureux pour ramener l'acide chromique à l'état de sesquioxyde. On a précipité ensuite la liqueur par l'ammoniaque.

La liqueur B, contenant du fer et de la magnésie a été précipitée par l'ammoniaque. La magnésie a été précipitée par le phosphate d'ammoniaque dans la liqueur filtrée. Le précipité de peroxyde de fer calciné et pesé a été repris par l'acide chlorhydrique pour y rechercher l'alumine et la magnésie qu'il aurait pu entraîner. On n'y a pas trouvé d'alumine, mais seulement un peu de magnésie.

Les résultats de l'analyse sont :

		OXYGÈNE.	
Sesquioxyde de chrome [1]	62 ,22	19 ,47	23 ,07
Alumine	7 ,71	3 ,60	
Protoxyde de fer	26 ,04	5 ,78	7 ,17
Magnésie	3 ,47	1 ,39	
	99 ,44		

ces résultats sont suffisamment d'accord avec la formule :

$$(Cr^2O^3.\ Al^2O^3).\ (FeO,\ MgO).$$

Mais il est à remarquer que l'alumine et la magnésie se trouvent contenues dans la substance en proportions beaucoup moindres qu'on n'aurait pu le penser d'après la composition du mélange n° 1.

Le mélange n° 2 a donné une matière d'aspect tout à fait semblable à la précédente ; elle paraît entièrement formée de petits cristaux noirs brillants qu'on reconnaît au microscope comme étant

---

[1] L'équivalent du chrome étant de 328, le fer 350, la magnésie 250.

des octaèdres réguliers. L'acide chlorhydrique ne les attaque pas; l'acide sulfurique concentré les attaque, mais très-faiblement. Sa poussière est noire et non attirable à l'aimant, ses réactions au chalumeau sont celles du fer chromé.

Le mélange n° 3, qui ne renferme que de l'oxyde de chrome, de l'oxyde de fer et de l'acide borique, a donné, après la cuisson, une matière noire cristalline, friable, qui pesait 7^{gr},80, ce qui prouve que l'acide borique a été à peu près complétement volatilisé. Cette matière n'est point attirable à l'aimant. L'ébullition avec l'acide chlorhydrique n'enlève que des traces d'oxyde de fer; au microscope, on reconnaît que la substance est entièrement composée de cristaux octaèdres, mais ils sont tellement petits qu'on a peine à distinguer nettement leur forme avec un grossissement de 40 à 45 diamètres.

La densité de la matière soumise à une longue ébullition avec l'acide chlorhydrique a été trouvée de 4^{gr},97.

Une analyse faite sur 0^{gr},858 de matière, en la fondant avec 5 grammes de potasse et 1^{gr},50 de nitre, a donné pour résultat:

Peroxyde de fer.	40 ,1
Oxyde de chrome.	62 ,8
	102 ,9

et en ramenant le fer à l'état de protoxyde.

Protoxyde de fer.	36 ,1	8 ,01
Sesquioxyde de chrome.	62 ,8	19 ,65
	98 ,9	

Cette composition s'éloigne très-notablement de celle qui correspond à la formule:

$$(Cr^2O^3, FeO)$$

qui donnerait:

Oxyde de chrome...........................   956 ,0   68 ,0
Protoxyde de fer ....   450 ,0   32 ,0

                                             1406 ,0   100 ,0

Il est nécessaire d'admettre qu'une portion du fer se trouve à l'état de peroxyde isomorphe avec le sesquioxyde de chrome. En calculant, d'après cette donnée, les résultats de l'analyse, on trouve pour résultat :

Oxyde vert de chrome..............   62 ,8   19 ,65⎱
Peroxyde de fer...................   4 ,6   1 ,35⎰   21 ,00
Protoxyde de fer ....   31 ,6   7 ,00

                                      99 ,0

Le peroxyde de fer se trouve ici en combinaison intime dans les cristaux de fer chromé, et non à l'état de combinaison distincte avec une partie du protoxyde de fer, car la matière est complétement inattaquable par l'acide chlorhydrique concentré, et n'offre d'ailleurs aucune parcelle attirable à l'aimant.

On voit, par ce qui précède, qu'on peut préparer artificiellement diverses combinaisons qui présentent toutes les caractères minéralogiques et chimiques du fer chromé. La densité seule varie en raison de la composition chimique du produit. Elle augmente à mesure qu'il se rapproche davantage de la formule

$$(Cr^2O^3, FeO).$$

Le dernier composé que j'ai préparé, celui dont la formule est :

$$(Cr^2O^3, Fe^2O^3) \ FeO$$

établit la transition entre le fer chromé et le fer oxydulé, tandis que les variétés qui contiennent de l'alumine et de la magnésie montrent le passage entre cette espèce et le spinelle. Ces expériences lèveront, je l'espère tous les doutes qui pourraient rester encore, dans l'esprit des minéralogistes, sur la véritable place du fer chromé dans la classification générale des espèces.

J'ai pu préparer d'autres chromites par le procédé qui m'a servi à obtenir le chromite de fer.

Chromite de magnésie. — On obtient aisément cette combinaison en mêlant ensemble :

> Oxyde de chrome vert... 4 ,00
> Magnésie.. 1 ,20
> Acide borique fondu... 4 ,00

Après le passage au feu de porcelaine, le mélange était formé de petits cristaux d'un vert sombre, très-peu agrégés et faciles à détacher de la feuille de platine. Le poids de ces cristaux dans l'expérience précédente était seulement de $5^{gr},15$, ce qui prouve que l'acide borique a été à peu près complétement volatilisé.

Les cristaux, examinés au microscope, ont la forme d'octaèdres réguliers, parfaitement nets et sans aucune modification.

Ils rayent le verre, mais non le quartz. Quand on traite la matière verte par l'acide chlorhydrique concentré et chaud, on dissout une quantité notable de magnésie, mais point de chrome. Un second traitement par l'acide chlorhydrique n'enlève plus rien, et les cristaux qui restent sont complétement inattaquables, même par l'acide sulfurique concentré et bouillant.

La densité des cristaux purifiés a été trouvée de 4,415 à la température de 16°.

Analyse. — $0^{gr},556$ de cristaux purifiés par l'acide chlorhydrique et réduits en poudre impalpable ont été fondus au creuset d'argent avec 4 grammes de potasse pure et $1^{gr},50$ de nitre. L'analyse a été conduite, du reste, comme dans le cas précédent. En voici les résultats :

> Sesquioxyde de chrome .... 80 ,55
> Magnésie .... 20 ,52
>   —————
>   101 ,07

les résultats de l'analyse sont d'accord avec la formule:

$$(Cr^2 O^3 \, Mg \, O)$$

qui donnerait:

Oxyde vert de chrome	956	79 .3
Magnésie	250	20 ,7
	1200	100 ,0

le chromite de magnésie est un spinelle dont l'alumine est remplacée par le sesquioxyde de chrome. Sa forme et sa composition le rapprochent également du fer chromé, et apportent une preuve de plus à l'appui de la formule que nous avons admise pour cette espèce.

Le chromite de magnésie n'a point encore été rencontré dans le règne minéral; mais il me paraît bien probable qu'on arrivera à en constater l'existence. On sait, en effet, que le fer chromé se trouve presque toujours en veines et en nids dans des roches de serpentine ou de stéatite qui sont très-riches en magnésie. On sait de plus que la serpentine contient une quantité notable d'oxyde de chrome, et il est fort possible que le chrome y existe à l'état de chromite de magnésie. On pourrait confondre, à l'aspect, le chromite de magnésie avec le spinelle vert, mais la dureté de ce dernier minéral est beaucoup plus considérable et sa pesanteur spécifique beaucoup plus faible que celles du chromite de magnésie.

Chromite de manganèse. — En chauffant ensemble:

Oxyde vert de chrome	3 ,00
Protoxyde de manganèse	1 ,60
Acide borique fondu	5 ,00

j'ai obtenu une masse noire, cristalline, ressemblant complétement au fer chromé et dans laquelle on distingue au microscope un amas de petits octaèdres réguliers. Je ne les ai pas encore

examinés de plus près; mais ils sont, très-probablement les analogues du chromite de fer et du chromite de magnésie.

En chauffant ensemble :

Oxyde de chrome 4
Carbonate de chaux. 3
Acide borique fondu 5

on obtient une masse fondue, d'un vert sombre, qui raye fortement le quartz et nettement la topaze. Cette masse, traitée par
l'acide nitrique étendu, se désagrége complétement et donne un
sable cristallin. La liqueur contient de l'acide borique et de la
chaux sans trace de chrome. Les cristaux inattaqués par l'acide
nitrique sont d'un vert sombre. Examinés au microscope, ils ap-
paraissent presque comme des cubes, mais une troncature triangulaire équilatérale A, A, qui n'existe que sur deux angles solides
opposés, montre qu'ils appartiennent au système rhomboédrique.

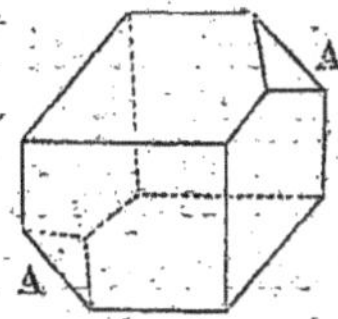

Leur poussière est d'un beau vert, leur densité 5,215 est
identique à celle de l'oxyde de chrome préparé par M. Wöhler,
par la décomposition de l'acide chloro-chromique. Enfin, traités
par le nitre et la potasse au creuset d'argent, ils donnent une
masse jaune, entièrement soluble dans l'eau. Les cristaux sont
donc de l'oxyde de chrome qui se présente sous une des formes
du corindon [1], le rhomboèdre basé. L'oxyde de chrome a cristallisé au milieu de la masse fondue du borate de chaux, sans agir

[1] On sait que l'angle du rhomboèdre du corindon est très-voisin de l'angle droit
(86° 5′).

sur lui, circonstance qui distingue nettement les résultats de l'expérience précédente de ceux donnés par les oxydes de fer, de manganèse et la magnésie.

Les nombreux exemples qui précèdent montrent qu'il est facile d'obtenir, par l'emploi de l'acide borique comme dissolvant, les nombreux minéraux qui appartiennent au groupe des spinelles. On a vu même que cette méthode permettait de compléter, dès à-présent, cette famille naturelle, en y adjoignant divers composés artificiels que leur forme et leurs caractères physiques et chimiques en rapprochent complétement. C'est ainsi que j'ai pu grouper autour du spinelle magnésien les aluminates de fer, de manganèse, de cobalt, de chaux, de baryte, et rapprocher du fer chromé les chromites de magnésie et de manganèse. Il y a tout lieu de penser qu'on trouvera quelque jour dans le règne minéral quelques-uns de ces composés.

D'autres expériences, que je n'ai pu terminer encore, montrent clairement que l'emploi de l'acide borique permettra de préparer plusieurs silicates parmi ceux qui sont infusibles à la température de nos fourneaux. Les seuls résultats un peu nets que j'aie à signaler en ce moment concernent l'émeraude et le péridot.

Cristallisation de l'émeraude. — On a fondu sur une feuille de platine :

1° Émeraude de l'Oural porphyrisée......................	2 ,27
Acide borique fondu.................................	1 ,25
2° Émeraude porphyrisée............,...................	5 ,00
Acide borique fondu.................................	2 ,00
Oxyde de chrome.................,...................	0 ,05

Le premier mélange a donné une masse pierreuse, bien fondue, dont la surface supérieure offrait un très-grand nombre de petits hexagones réguliers ; le centre seul du morceau ne présentait pas à la surface cette texture cristalline.

Le second mélange a fourni un masse d'un beau vert, boursouflée et présentant dans les cavités des apparences de cristaux semblables à celles qu'on observe à la surface de l'essai n° 1; les hexagones réguliers sont bien visibles au microscope et même à l'aide d'une forte loupe.

La perte en poids a été de $1^{gr},040$ dans la cuisson, ce qui montre que près de la moitié de l'acide borique a été volatilisée.

Cristallisation du péridot. — On sait que le péridot est essentiellement formé de silice et de magnésie unies en proportions telles que les deux corps renferment dans la combinaison chacun la la même quantité d'oxygène; mais on ne connaît jusqu'à présent aucun cristal de péridot exempt de fer : il existe dans la composition du minéral comme élément isomorphe de la magnésie.

Quand le péridot ne contient que 8 à 10 p. o/o d'oxyde de fer, il est infusible au chalumeau; mais on trouve souvent dans les scories de forges des cristaux isomorphes avec le péridot et qui sont essentiellement formés de silicate de protoxyde de fer (Si O. Fe O), espèce très-fusible, et qu'il est facile de reproduire en fondant de la silice et de l'oxyde de fer en proportions convenables; mais l'infusibilité du silicate de magnésie ne permet pas d'employer le même procédé pour reproduire la combinaison.

On y parvient au contraire aisément en se servant d'acide borique. Voici les proportions que j'ai employées :

Silice	2 ,06
Magnésie	2 ,50
Peroxyde de fer	0 ,30
Acide borique fondu	4 ,00
Acide tartrique	0 ,30

Le mélange a été passé au four dans les mêmes conditions que tous les précédents. On a trouvé après la cuisson, au centre de la feuille de platine, une masse de cristaux transparents et d'un jaune verdâtre, groupés les uns à côté des autres en un seul faisceau. Les cristaux ont la forme des longs prismes à six faces dont la base est remplacée par un biseau. Ils rayent le verre, mais non le quartz. Leur poussière s'attaque aisément par l'acide chlorhydrique avec dépôt de silice. La dissolution, évaporée à siccité et traitée par l'alcool absolu, n'a pas donné d'acide borique. Ils sont presque complétement infusibles au chalumeau.

Tous ces caractères appartiennent au péridot, ajoutons-y que les proportions respectives de silice, de magnésie et d'oxyde de fer qui ont été introduits dans le mélange, sont très-exactement celles qui constitueraient la combinaison Si O (MgO. FeO), et comme nous n'avons pas trouvé d'acide borique dans les essais chimiques faits sur sur les cristaux, il y a tout lieu de penser qu'ils présentent la composition du péridot. Ils me reste à établir l'identité de forme de ces cristaux avec les cristaux naturels et à en faire l'analyse complète. Le temps m'a manqué jusqu'à présent pour terminer cette recherche.

Quoi qu'il en soit, on voit clairement, par les deux exemples que je viens de citer, que l'emploi de l'acide borique comme dissolvant peut être également appliqué à la production de silicates cristallisés, infusibles à la température de nos fourneaux. Il y aura sans doute quelques études à faire, quelques tâtonnements, avant d'arriver, dans chaque cas, à obtenir des cristaux nets. La proportion la plus convenable pour le dissolvant, l'emploi d'un excès de silice ou d'un excès de l'une ou l'autre des bases qui doivent entrer dans la combinaison, sont autant de conditions à déterminer. On sait que certains sels ne cristallisent pas facilement dans l'eau pure : les uns ne donnent des cristaux qu'en présence d'un excès d'acide, les autres qu'en présence d'un excès de base. Il y a tout lieu de croire que des effets analogues se produiront avec l'acide borique comme dissolvant dans les évaporations faites à des températures très-élevées.

EMPLOI DU BORAX COMME DISSOLVANT.

Le seul résultat dû à l'emploi du borax que je puisse citer en ce moment, est relatif à la cristallisation de l'alumine. On sait que l'alumine cristallisée constitue le corindon, le plus dur de tous les minéraux après le diamant. M. Gaudin a déjà obtenu une ma-

tière analogue au corindon, en faisant fondre l'alumine au jet de
la flamme produite par la combinaison de l'oxygène avec l'hydrogène. La méthode que j'ai employée est essentiellement différente
de celle de M. Gaudin; elle n'exige qu'une température équivalente à celle qu'on développe très-facilement dans les grands appareils métallurgiques.

J'ai essayé d'abord de faire cristalliser l'alumine en employant
de l'acide borique et opérant de la même manière que dans les
expériences précédentes. L'alumine est toujours restée pulvéru-
lente et le poids du résidu prouvait que la totalité de l'acide s'était
volatilisée pendant l'expérience, même quand on employait 3 à
4 parties d'acide borique fondu pour 1 partie d'alumine seulement. L'affinité des deux corps paraît insuffisante pour retenir
l'acide borique jusqu'à la température où l'alumine pourrait cristalliser au sein de la masse fondue.

J'ai employé alors un dissolvant un peu plus fixe que l'acide
borique, le borax. Après quelques essais infructueux où la proportion du borax avait été évidemment trop faible pour faire entrer
la matière en fusion complète, j'ai été conduit à employer 4 parties de borax fondu réduit en poudre pour 1 partie d'alumine;
le mélange, auquel j'ai ajouté $\frac{1}{100}$ du poids de l'alumine en oxyde
de chrome, a été placé sur une feuille de platine dans un vase
ouvert et exposé devant un des alandiers du four à porcelaine.
Le produit de cette opération, que j'ai l'honneur de mettre sous
les yeux de l'Académie, présente un grand nombre de petits cristaux transparents et d'un beau rouge de rubis disséminés au milieu d'une masse vitreuse : cette matière raye nettement la topaze;
sa dureté est donc comparable à celle du corindon. On peut isoler
les cristaux de la matière vitreuse dans laquelle ils sont disséminés, en la laissant en digestion à 70° ou 80° dans de l'acide
chlorhydrique étendu; on dissout ainsi de l'acide borique, de la
soude et de l'alumine, les petits cristaux rouges se séparent. Ils
sont complétement inattaquables par tous les acides; mais les plus
nets sont ceux qui restent adhérents à la feuille de platine. On

aperçoit distinctement leur forme au microscope avec un grossissement de 4o à 45 diamètres. La plupart d'entre eux présentent le rhomboèdre basé qui est, comme on sait, une des formes sous lesquelles on trouve la télésie. On voit distinctement la face de troncature A, qui est un triangle équilatéral, et les faces M du rhomboèdre coupées par moitié et se réduisant à un triangle *c d e* presque rectangle en *e*; mais on reconnaît pourtant que l'angle *c e d* est plus petit qu'un angle droit; dans la télésie, cet angle plan est de 85° 47′ 4o″.

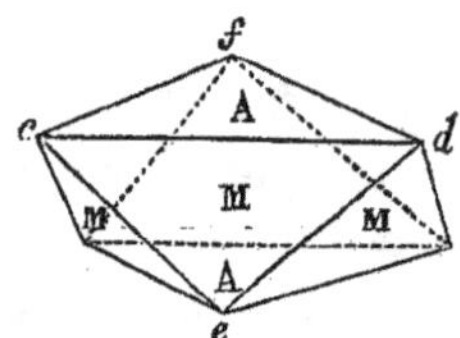

Sur plusieurs des cristaux, on aperçoit sur chacun des angles *c f d* l'indication de deux petites facettes dont le prolongement constituerait un des dodécaèdres à triangles isoscèles de la télésie. La face A présente, dans ce cas, un polygone à neuf côtés, mais les côtés de la face de troncature *c f d* restent toujours plus développés que les six autres.

Ces caractères cristallographiques identifient complétement les cristaux dont il s'agit avec le corindon hyalin des minéralogistes.

Les faits que je viens de signaler dans ce mémoire ont montré l'application, à un grand nombre d'exemples, de la méthode de cristallisation fondée sur l'emploi d'un dissolvant volatil à de hautes températures. Mais le sujet n'est encore qu'effleuré et comporte une longue série de recherches. J'ai l'espoir que cette méthode enrichira la chimie de la voie sèche d'un grand nombre de nouvelles combinaisons. Les expériences déjà exécutées permettent de classer définitivement, au nombre des produits chimiques, une grande quantité de minéraux dont plusieurs sont des pierres rares et précieuses ; elles établissent un lien de plus entre deux sciences, la chimie et la minéralogie, dont les points de de contact sont déjà si nombreux. Elle ne seront pas inutiles, je l'espère du moins, pour éclairer le géologue dans l'appréciation des causes qui ont présidé à la formation de telle ou telle espèce minérale. En montrant, en effet, que ces espèces, complétement infusibles à la température de nos fourneaux, ont pu cristalliser, à la faveur d'un dissolvant, à des températures de beaucoup inférieures à celle de leur fusion, on peut rendre raison de leur présence dans beaucoup de roches où elles sont associées à des espèces d'une fusibilité bien différente. Je ne prétends nullement que l'acide borique ou les borates aient été, dans tous les cas, le véhicule naturel qui a servi à opérer la cristallisation de ces espèces ; mais je ne puis m'empêcher pourtant de faire remarquer qu'il existe des localités où l'acide borique se dégage du sein de la terre entraîné par des courants de gaz et de vapeur d'eau portés à de hautes températures. Chacun connaît les *Lagoni* de la Toscane, qui fournissent annuellement au commerce plus de 5oo,ooo kilogrammes d'acide borique. Ces dégagements d'acide borique sont en liaison évidente avec les phénomènes volcaniques ; l'intérieur du cratère de Vulcano a fourni même de l'acide borique cristallisé. Des lacs contenant du borax en dissolution existent sur la terre en un grand nombre de points, et tout porte à croire que l'acide borique y a été amené par des causes plus ou moins analogues à celles qui donnent naissance aux *Suffioni* de la Toscane. Il ne faut pas beaucoup de hardiesse d'esprit, assurément, pour comparer ces grands phénomènes naturels à ce qui passe dans les expériences que j'ai décrites, et pour arriver à admettre que le dégagement continu de l'acide borique, sous l'influence d'un courant de gaz ou de vapeur d'eau, est accompagné de la formation, dans l'intérieur de la terre, d'espèces minérales cristallisées que des soulèvements du sol amèneront peut-être un jour près de la surface. Je n'insisterai pas davantage sur ce point de

vue qui était, du reste, une conséquence toute naturelle des résultats de mon travail.

Je terminerai ce mémoire en examinant s'il est permis d'espérer qu'on arriverait à reproduire les pierres fines dont je me
suis occupé, comme le spinelle, la cymophane, le corindon, sous
un volume assez notable pour qu'on puisse en tirer parti. Je ferai
remarquer que toutes mes expériences ont été faites dans le four
à porcelaine, appareil dont on élève lentement la température
jusqu'au blanc naissant, en arrêtant le feu au moment précis où
la température a atteint une certaine limite. L'évaporation de l'a-
cide borique ne peut guère avoir lieu que pendant les cinq à six
dernières heures de cuissson; aussi n'ai-je pu opérer, dans toutes
mes expériences, que sur quelque grammes de mélange. Il y a lieu
de penser qu'en employant une masse plus considérable de matières, et en effectuant l'évaporation du dissolvant dans un appareil entretenu pendant longtemps à une haute température,
comme les fours à réchauffer le fer, par exemple, on arriverait
à produire des cristaux plus volumineux. Cette prévision est conforme à toutes les analogies. L'expérience sera facile et fort peu
dispendieuse, mais l'occasion de l'exécuter ne s'est pas présentée
jusqu'à présent pour moi, et les résultats, quels qu'ils soient,
n'ajouteraient rien à l'intérêt théorique qui peut s'attacher à ce
travail.

MÉMOIRE

SUR UNE RELATION IMPORTANTE

QUI SE MANIFESTE, EN CERTAINS CAS,

ENTRE LA COMPOSITION ATOMIQUE

ET LA FORME CRISTALLINE,

ET

SUR UNE NOUVELLE APPLICATION DU ROLE QUE JOUE LA SILICE

DANS LES COMBINAISONS MINÉRALES,

PAR M. G. DELAFOSSE,

PROFESSEUR DE MINÉRALOGIE À LA FACULTÉ DES SCIENCES.

Le mémoire que j'ai l'honneur de soumettre au jugement de l'Académie se compose de deux parties distinctes qui auraient pu être l'objet de communications séparées, mais que j'ai cru devoir réunir, parce que la seconde me semble être le complément et comme la conséquence naturelle de la première. Dans celle-ci, je me propose de mettre en évidence une relation que j'ai observée entre la composition atomique et la forme cristalline d'un certain nombre de combinaisons minérales, relation tellement simple qu'elle s'offre comme d'elle-même à l'esprit, aussitôt qu'on cherche à établir une concordance entre les résultats de la cristallographie et ceux de la chimie atomique, sans porter atteinte aux principes généralement admis dans les deux sciences. Cette relation, toutefois, malgré le caractère de généralité que sa nature même lui assigne, ne peut encore être indiquée d'une manière positive que dans certaines classes de combinaisons, et seulement dans les espèces dont les formes ont un assez haut degré de symétrie, comme celles qui appartiennent aux trois premiers systèmes cristallins. Mais les cas dans lesquels j'ai pu la reconnaître sont déjà assez nombreux et variés pour ne laisser, ce me semble, aucun doute sur la réalité du principe. Dans la première partie de ce mémoire, je cite des exemples assez frappants de cette relation dans des substances dont la composition est parfaitement connue, et que je prends indifféremment parmi les divers genres de la minéralogie, en exceptant toutefois le groupe des silicates anhydres.

Dans la seconde partie de mon mémoire, je cherche à étendre l'application du même principe aux silicates et borates en général, et notamment à cette classe nombreuse de composés que l'on désigne communément sous le nom de silicates alumineux; mais cette application n'est possible qu'à la condition de n'admettre qu'un seul atome d'oxygène dans la silice. Ce changement une fois opéré dans les formules des silicates, on saisit aisément le rapport qui existe entre la forme et la composition dans les grenats, dans l'amphigène, dans l'analcime, dans les idocrases et les wernérites, dans l'émeraude et la néphéline, dans les micas à un axe, les chlorites, etc.

En comparant alors le mode de construction géométrique, auquel les formules de ces corps se prêtent si naturellement, avec celui que j'ai reconnu dans une autre classe de composés, j'entrevois la nécessité d'écrire et d'interpréter ces formules autrement qu'on ne l'a fait jusqu'à ce jour. Je me trouve donc amené par là, comme aussi par d'autres considérations, les unes chimiques, les autres purement minéralogiques, à une appréciation nouvelle du rôle que jouent la silice, l'acide borique et l'alumine dans les produits de la voie sèche, et par suite à une solution également neuve de la question des silicates, cette pierre d'achoppement de toutes les classifications minérales, au dire de M. Berzélius luimême.

Je me bornerai aujourd'hui à donner lecture de la première partie de ce mémoire, qui a, je l'ai fait remarquer, un but tout spécial et parfaitement distinct de celui auquel tend plus particulièrement la seconde : ce but, c'est la constatation d'un fait qui me paraît avoir par lui-même une certaine valeur, et serait loin de perdre toute son importance, au cas où quelques-unes des conséquences que j'ai cru pouvoir en déduire dans la seconde partie du mémoire, viendraient à être infirmées. J'aurai l'honneur de présenter la fin de mon travail à l'Académie dans une de ses prochaines séances.

PREMIÈRE PARTIE.

RELATION DIRECTE ENTRE LA FORME CRISTALLINE ET LA COMPOSITION ATOMIQUE.
ANALOGIE DES TYPES MOLÉCULAIRES
ET DES TYPES CRISTALLINS.
NOUVEAU MOYEN DE CONTRÔLE POUR LES RÉSULTATS D'ANALYSES.
EXEMPLES DE CONSTRUCTION DE DIVERSES FORMULES ATOMIQUES.

Une des plus belles découvertes qui aient eu lieu depuis trente ans dans le domaine de la cristallographie et de la minéralogie proprement dite, est, sans contredit, celle de la loi que M. Mitscherlich nous a révélée sous le nom d'*isomorphisme* : c'est le pas le plus important que l'on ait fait, en dehors du champ de la spéculation pure, pour arriver à la confirmation de cette vue d'Ampère, que dans les substances cristallisées la forme des molécules intégrantes, et par suite celle du cristal lui-même, dépend du nombre et de la disposition respective des atomes dont les molécules sont composées. En faisant voir que l'analogie des compositions atomiques, dans deux substances, entraîne généralement comme conséquence l'analogie des formes cristallines, M. Mitscherlich a mis hors de doute l'existence d'un lien caché entre la composition et la forme. Mais quelle est la nature de cette relation ? Comment telle composition atomique donne-t-elle naissance à telle forme cristalline ? En quels nombres et dans quel ordre les atomes chimiques sont-ils distribués dans ce groupe moléculaire qu'on appelle la molécule physique ou intégrante du cristal, et dont dépend immédiatement la forme cristalline ? C'est ce que la théorie bien connue de l'isomorphisme ne nous apprend en aucune manière, et ce qu'après maintes tentatives faites pour le découvrir, il reste encore à rechercher.

Ampère a essayé le premier de déterminer les proportions atomiques des combinaisons, d'après certaines formes polyédriques qu'il regardait comme les formes représentatives de leurs molécules. Mais, dans la construction de ces polyèdres moléculaires, il s'est appuyé uniquement sur des considérations puisées dans la théorie des volumes et dans ses propres idées sur la constitution des gaz, et n'a eu aucun égard à la forme particulière qu'affecte chaque combinaison quand elle se présente à l'état cristallin. Il commence, en effet, par établir *à priori* les divers genres de formes qui seuls lui paraissent pouvoir servir de types aux combinaisons chimiques, et, dans ce travail préparatoire, il prend pour point de départ les cinq formes de clivage reconnues par les minéralogistes ; puis, les considérant comme les formes représentatives des molécules les plus simples, il obtient celles des molécules composées, en combinant ces premières formes 2 à 2, 3 à 3, 4 à 4, etc. Mais, à part cette donnée générale empruntée tout d'abord à la science cristallographique, on n'aperçoit plus rien, dans les applications de sa théorie, qui ait trait à la considération de la forme cristalline ; bien plus, lorsque dans chaque cas particulier il est parvenu à reconnaître celle des formes représentatives générales qu'il croit pouvoir assigner à la combinaison, il ne cherche pas même à contrôler sa détermination par l'examen de la forme cristalline. Hâtons-nous de le dire, cette vérification importante n'était pas possible dans le plus grand nombre des cas auxquels il a appliqué ses idées ; car la forme des substances lui était inconnue, ces substances étant pour la plupart des gaz ou des liquides.

Quelques tentatives ont été faites pour continuer l'œuvre d'Ampère et étendre ses applications aux corps solides, avec l'intention avouée de tenir compte cette fois de leurs formes cristallines.

M. Gaudin a présenté à l'Académie plusieurs mémoires sur

une nouvelle théorie relative au groupement des atomes dans la molécule et des molécules dans le cristal. Ce n'est rien moins qu'une refonte générale des principes de la cristallographie et le renversement complet du bel édifice élevé par les mains de l'un des fondateurs de cette science. Mais je m'empresse de le dire, à peine entre-t-on dans l'examen de cette théorie nouvelle, qu'on reconnaît bien vite qu'elle a pour base, non pas une hypothèse unique, simple et vraisemblable, mais un enchaînement de suppositions toutes gratuites, toutes plus ou moins en opposition avec les idées généralement reçues ou avec les faits les mieux avérés. L'arbitraire y domine à tel point qu'elle se prête à tout ce qu'on lui demande, mais sans rien expliquer d'une manière satisfaisante, sans résoudre aucune des difficultés qu'elle aborde.

L'auteur suppose d'abord que, dans toutes les combinaisons chimiques, les plus complexes comme les plus simples, il s'opère une dissociation complète des atomes élémentaires des composants, et qu'ensuite tous ces atomes indistinctement, par exemple tous les atomes d'oxygène qui, dans les sels, proviennent de l'eau, des bases et des acides, aussi bien que les atomes des radicaux, se mettent en commun, se réunissent pêle-mêle pour former un tout symétrique. Une telle supposition n'est guère probable : car, quand même on serait porté à admettre avec quelques chimistes la destruction des composés binaires dans les sels, pour tous les cas d'affinité énergique et de complète neutralisation, on éprouvera toujours de la difficulté à étendre cette idée aux combinaisons très-faibles, et il semblera beaucoup plus naturel de penser que dans la combinaison d'un sel avec l'eau, par exemple, les éléments du sel anhydre forment au centre comme un noyau, en dehors duquel se placent les atomes d'eau qu'on parvient quelquefois à lui enlever avec une force peu considérable.

L'auteur groupe ensuite les atomes simples par files inégales, qu'il entremêle et combine à son gré, et il suppose que tous les atomes, quelle que soit leur différence de nature et de poids, se placent toujours à des distances égales les uns des autres ; la seule condition qu'il cherche à remplir, c'est d'employer tous ceux que lui donne la formule atomique, de façon à composer un tout qui ait une certaine harmonie : mais la symétrie qu'il adopte est presque toujours en opposition avec celle de la forme cristalline du composé. Il me semble impossible d'admettre cette infraction à la plus simple des lois qui régissent tous les phénomènes des cristaux. J'ai cherché à montrer, en diverses occasions, que la symétrie du cristal devait dépendre de celle de sa molécule; que c'est la symétrie propre de cette molécule qui se reproduit, d'abord dans la structure interne du cristal, et ensuite dans sa forme extérieure. Je me suis même attaché à prouver que les cas d'hémiédrie sont loin d'être de simples accidents, de ces modifications passagères qu'on puisse mettre uniquement sur le compte des circonstances extérieures, mais qu'ils sont toujours la conséquence nécessaire de la forme et de la constitution de ses molécules intégrantes. Au surplus, la vérité de ce principe résultera clairement, je l'espère, des observations mêmes qui font le sujet de ce mémoire.

La loi de symétrie, telle que l'entendent les cristallographes, n'est pas mieux observée par l'auteur de la nouvelle théorie dans le groupement ultérieur des molécules pour la formation du cristal. Je pourrais dire ici à quel point ce savant s'est fait illusion dans cette partie de son travail, dans quelles conséquences singulières il a été entraîné à son insu, et en quoi me semblent défectueuses les explications qu'il donne des clivages ou de l'obliquité des prismes dans certaines substances. Mais je dois attendre, pour soumettre à une critique approfondie l'ensemble des vues systématiques de M. Gaudin, qu'il ait achevé la publication de ses mémoires, que nous ne connaissons encore que par extraits. Il me suffit pour l'instant d'avoir montré que sa théorie est loin de résoudre d'une manière satisfaisante la question relative aux rapports de la forme et de la composition, et qu'elle laisse par conséquent le champ libre à ceux qui voudront entreprendre de nouvelles recherches sur cet objet important.

Quelques essais encore ont été tentés pour arriver à grouper les atomes en molécules propres à servir d'éléments aux formes cristallines. Dans son introduction à l'étude de la chimie, publiée en 1834, M. Baudrimont, partageant alors l'idée de M. Gaudin, relativement à la désunion complète des atomes dans les combinaisons, a cherché de son côté à construire quelques molécules, mais en observant les lois rigoureuses de la symétrie, et faisant en sorte que la composition atomique absolue fût d'accord avec la forme cristalline. Ainsi, pour quelques substances à cristaux cubiques, il a fait voir qu'on peut construire une molécule de cette forme avec un nombre total d'atomes élémentaires qui soit cubique, en conservant d'ailleurs exactement les proportions relatives indiquées par l'analyse. Depuis lors, dans son Traité de chimie publié en 1844, il paraît avoir renoncé à l'idée de composer directement les molécules avec des atomes simples, et il expose, sur la structure des groupes moléculaires, quelques vues qui ont de l'analogie avec la manière dont j'avais moi-même envisagé la question plusieurs années auparavant, et dont les premières indications se trouvent dans le mémoire présenté par moi à l'Académie en 1840.

Je demande la permission de citer ici le passage de ce mémoire où j'annonçais déjà la première ébauche du travail, objet de la présente communication. Après avoir fait remarquer que, par les seules considérations physiques et cristallographiques, on ne pouvait déterminer que le *genre* du type moléculaire, c'est-à-dire qu'un ensemble de formes de même symétrie, dans lesquelles ce type doit se trouver compris, j'ajoutais :

« Peut-on espérer d'aller plus loin, et d'arriver à connaître, pour certaines combinaisons minérales, le véritable type spécifique de leur molécule? Nous croyons qu'on y parviendra quelque jour ; mais ce ne sera qu'en combinant les données physiques et cristallographiques avec les résultats les plus certains de la théorie des atomes. Nous avons réussi à construire géométriquement certaines formules atomiques, en cherchant à mettre d'accord les indications de la cristallographie et de la chimie, sans faire aucune violence aux idées reçues dans l'une et l'autre science; mais ce n'est point le cas de parler ici de ces tentatives dont l'exposé trouvera plus naturellement sa place dans une autre partie de nos recherches. » (Mémoire sur la cristallisation, t. VIII des Savants étrangers, p. 641.)

J'ai, depuis cette époque, donné plusieurs fois des exemples de la manière de construire les molécules intégrantes d'un cristal, conformément aux doubles indications de la forme et de l'analyse, et cela, soit dans mes leçons à la Sorbonne, soit dans différents ouvrages à la rédaction desquels j'ai participé. Je citerai, entre autres écrits où il en est question, l'article *Cristallisation* de l'Encyclopédie du xixe siècle, dans lequel j'ai figuré la construction de la molécule de la pyrite, d'après sa composition atomique bien connue, et de manière à rendre raison tout à la fois de la forme cubique de cette substance, du dodécaèdre pentagonal, et des autres formes hémiédriques qui caractérisent son système de cristallisation. Mais, jusqu'à présent, ces applications sont restées isolées; je ne les faisais qu'en passant pour ainsi dire, et sans dessein prémédité d'aborder franchement la question, pour l'étudier d'une manière spéciale, comme je vais le faire en ce moment.

Voici les principes qui me guident dans le groupement des atomes en molécules cristallines. J'admets avec Ampère que les atomes de même espèce se placent de manière que leurs centres de gravité occupent toujours des sommets identiques du polyèdre qu'elles figurent dans l'espace, et c'est là la seule idée importante que j'emprunte à son système. En la prenant pour point de départ, et la combinant avec cette autre idée non moins essentielle que j'exprimais tout à l'heure, savoir que la forme de la molécule doit toujours s'accorder avec celle du corps, par conséquent être une des formes mêmes de son système cristallin, je suis dans beaucoup de cas tout naturellement amené à une construction géométrique fort simple de la formule de ce corps, par le rapprochement que je fais de la loi numérique qui règle la répétition des parties extérieures dans les diverses formes du système, avec les nombres d'atomes marqués par cette formule, après qu'on l'a mise sous une forme convenable, en multipliant, si cela est nécessaire, tous ses termes par un même facteur.

Or, en procédant ainsi, on s'aperçoit bientôt que les sommets du polyèdre moléculaire ne sont pas toujours occupés par des atomes simples, comme le voulait Ampère, mais qu'ils le sont aussi par des atomes complexes, et le plus souvent par des atomes de composés binaires, oxydes, sulfures, chlorures, etc. On reconnaît encore, contrairement aux idées du même savant, que l'intérieur des polyèdres moléculaires ne reste pas constamment vide, qu'au contraire leur centre est le plus souvent marqué par un atome qui peut pareillement être simple ou composé. Dans ce cas, le plus important de tous pour l'objet que j'ai en vue dans ce mémoire, la molécule est constituée par un noyau central et par une enveloppe extérieure, et c'est cette enveloppe superficielle qui détermine de la manière la plus immédiate la forme du groupe moléculaire ; c'est elle qui, distinguée et séparée avec soin du noyau dans la formule elle-même, manifeste le plus clairement la relation que j'ai annoncée, par l'accord que l'on remarque entre les nombres d'atomes dont elle se compose et ceux des sommets de l'une des formes simples de la substance : or, dans certaines classes de composés, la distinction de ces deux parties est facile et se présente pour ainsi dire d'elle-même.

S'agit-il, par exemple, d'un sel hydraté, comme l'alun potassique, on sera naturellement conduit à composer le noyau avec les éléments du sel anhydre, et à rejeter vers la périphérie ou dans l'enveloppe tous les atomes d'eau, pourvu toutefois qu'il soit constant que tous, sans exception, jouent le même rôle dans la combinaison. Or les différentes espèces d'alun cristallisent sous les formes du système cubique, et dans ce système la loi de répétition des sommets, faces ou arêtes dans les formes simples, a pour expression l'échelle de nombres

$$6, 8, 12, 24, 48\dots$$

Si notre opinion sur la disposition des parties composantes des aluns est fondée, si les atomes d'eau sont bien réellement des atomes périphériques, il faudra que le nombre de ces atomes soit rigoureusement égal à l'un des nombres de l'échelle précédente; car, étant de même nature et jouant le même rôle dans la combinaison, ils doivent occuper tous des sommets identiques ou bien répondre aux milieux des faces ou des arêtes d'une forme simple : or c'est précisément ce qui a lieu, le nombre des atomes d'eau étant juste de 24 dans les aluns à base de potasse, de soude, de manganèse, de fer et de chrome. L'alun ammoniacal, pour lequel l'analyse a donné 25 atomes d'eau, semble seul faire exception à la règle; mais cette exception n'est qu'apparente, puisqu'on sait qu'un de ces atomes d'eau joue un rôle à part, et qu'il est nécessaire de le joindre à l'ammoniaque, pour rétablir dans la formule particulière de cet alun cette conformité avec les autres qu'exige l'isomorphisme bien connu de tous ces sels.

On remarquera que le nombre 24 se trouve assez éloigné des termes 12 et 48, entre lesquels il est compris dans l'échelle, pour qu'on ne soit pas tenté de regarder comme purement fortuite la coïncidence observée entre le nombre donné par la formule et celui qui lui correspond dans l'échelle du système cubique.

On voit aussi, par l'exemple de l'alun ammoniacal, que l'accord peut ne pas se manifester immédiatement entre la composition et la forme, sans pour cela qu'on soit en droit d'en conclure la non-existence de la relation; car, outre qu'on est obligé d'admettre l'exactitude rigoureuse des analyses qui ont conduit à la formule atomique, il faut encore que l'on ne se soit pas trompé sur la nature du rôle que l'on assigne à certains composants, et surtout à ces corps indifférents qui, comme l'eau, jouent tantôt un rôle, tantôt un autre, et quelquefois deux rôles différents dans la même combinaison. Enfin, il faut que la formule propre à chacun des composés binaires, qui font partie de l'enveloppe, ait été bien déterminée, puisque le nombre des atomes que marquera la formule dépend évidemment de cette détermination : c'est ce que nous démontreront bientôt les formules des silicates.

Le règne minéral offre peu de sels hydratés qui cristallisent, comme l'alun, dans le système cubique. L'arséniate de fer, nommé pharmacosidérite et beudantite, est dans ce cas : or, pour un atome d'arséniate anhydre, ce minéral renferme 6 atomes d'eau, autre nombre de l'échelle cubique.

Nous pourrions citer, parmi les produits de laboratoire, d'autres exemples de la relation dont il s'agit : les bromates de zinc et de magnésie sont des sels à 6 atomes d'eau; les hypophosphates de magnésie, de nickel et de cobalt, sont à 8 atomes.

Les silicates anhydres nous offriront par la suite plusieurs cas remarquables de concordance dans le système cubique. Mais nous allons indiquer en ce moment une classe de composés où le rapport se manifeste de la manière la plus sensible; c'est celle des corps qui, cristallisant en cube, présentent en même temps le genre d'hémiédrie qui mène au tétraèdre régulier. Pour ces substances, et seulement pour celles-là, on peut ajouter, aux nombres de l'échelle cubique, le nombre 4, qui devient ainsi le signe caractéristique de ce groupe : or, il est à remarquer que presque toutes ces substances ont des formules susceptibles d'être ramenées à la forme $A + 4B$, ce qui indique une molécule tétraédrique; on voit en effet que, pour la construire, il suffit de placer l'atome A au centre, et les 4 atomes B dans les sommets d'un tétraèdre régulier.

La panabase (ou Fahlerz) a une formule qui paraît très-compliquée au premier abord, mais qui se simplifie lorsqu'on tient compte des substitutions de corps isomorphes : elle peut être mise alors sous la forme $\overset{\!\!\!\!...}{R}.\dot{r}^4$; il en est de même de la tennantite et de la steinmannite. Le silicate de bismuth (wismuthblende) a très-probablement pour formule $\overset{..}{Bi}.\dot{Si}^4$, la petite quantité de phosphate de fer qu'il renferme pouvant être considérée comme se trouvant à l'état de mélange.

Si l'on applique à la pharmacosidérite que nous citions tout à l'heure, et qui cristallise en cubo-tétraèdres, la remarque faite par M. Naumann au sujet de la vivianite, et d'après laquelle on doit faire une distinction importante entre la composition primitive et la composition actuelle de certains phosphates et arséniates de fer plus ou moins altérés par une suroxydation épigénique, on pourra ramener tout le fer contenu dans ce minéral à l'état de protoxyde, et écrire ainsi sa formule normale :

$$\dot{Fe}^4\ddot{As} + \dot{H}^6.$$

Dans ce cas, le premier terme indiquera une molécule tétraédrique, et les 6 atomes d'eau correspondront au milieu des arètes du tétraèdre.

La woltzite, observée par M. Fournet dans une mine de Pontgibaud, et que M. Kersten a retrouvée cristallisée dans des produits de fourneau, a pour formule $\dot{Zn}^4\dot{Zn}$: or, suivant le docteur Frankenheim, ce minéral présente les clivages en même temps que les formes hémiédriques de la blende; nous verrons plus loin que la boracite a très-probablement aussi une formule analogue aux précédentes. De toutes les espèces tétraédriques dont la composition est connue, la blende seule fait exception à la règle. Si la formule $\dot{Zn}$, qu'on assigne à la blende naturelle, est exacte, il faut en conclure que ce minéral diffère des substances précédentes, en ce que sa molécule est dépourvue d'atome central [1].

Nous venons de citer des composés dans lesquels la molécule a un centre et où la distinction entre les atomes centraux et les atomes périphériques se fait aisément. Lorsque la molécule est dépourvue de centre comme dans la blende, le mode de construction dans ce cas n'est plus indiqué d'une manière aussi positive par la formule atomique : cependant, on peut encore le déterminer avec une grande probabilité pour plusieurs substances, en se lais-

---

[1] Si la formule de la blende naturelle était $\dot{Zn}^4.\dot{Zn}$ dans les variétés pures, comme on le croyait avant le travail de Proust, ou bien $\dot{Zn}^4.\dot{Fe}$ dans les variétés ferrugineuses, cette substance rentrerait alors dans le cas général, et la woltzite n'en serait qu'une modification particulière.

sant guider par certaines particularités de leurs formes ; mais ce n'est plus par un partage convenable des atomes de la formule qu'on la rend susceptible de construction, c'est en multipliant tous ses termes par un même facteur.

La formule Fe S^2 est attribuée à la fois aux deux pyrites, la pyrite cubique et la pyrite prismatique ou sperkise. Sous cette forme simple, elle peut rendre raison de la forme de la seconde espèce ; car on peut placer l'atome du radical au centre, et les deux atomes de soufre aux extrémités d'un axe qui, dans ce système, est toujours seul de son espèce. Mais, pour expliquer les formes de la pyrite cubique, il faut multiplier la formule par le facteur 6. J'ai fait voir, dans l'Encyclopédie du XIXe siècle (art. déjà cité), que l'on pouvait construire la molécule de la pyrite commune avec six atomes de sperkise, en plaçant ceux-ci aux centres des faces d'un cube, et donnant à leurs axes des directions croisées, parfaitement correspondantes à celles des grandes arêtes terminales du dodécaèdre ou des stries de la pyrite triglyphe. Cette construction rend très-bien compte de toutes les particularités du système de la pyrite : elle est donc naturellement indiquée par elles. On voit qu'il est possible de construire la même formule de deux manières différentes, et d'expliquer ainsi le dimorphisme d'une même combinaison chimique.

Examinons maintenant comment les choses se passent dans les systèmes hexagonaux et quadratiques. Dans les cristaux qui ont pour type générateur un prisme à base carrée ou hexagonale, il existe toujours un axe, seul de son espèce, qui, passant par le centre va aboutir à deux sommets principaux, et relativement auquel sont symétriquement ordonnées toutes les parties latérales de ces cristaux. Cette circonstance doit se reproduire dans l'arrangement des atomes qui composent la molécule. Ainsi dans ces substances, indépendamment d'un premier groupe atomique marquant le centre de la molécule, il pourra y avoir deux autres groupes semblables entre eux, et en général différents du premier, qui marqueront les sommets principaux ou les extrémités

70.

de l'axe ; et, ces trois parties une fois reconnues et séparées dans la formule, le reste se composera d'atomes d'une autre espèce encore, et qui devront correspondre, pour le nombre et les positions, aux parties latérales d'une des formes du système : c'est sur ce dernier nombre d'atomes que l'attention devra se porter alors, car c'est cette partie qui, devant remplir la condition imposée par la forme, fournira un moyen de contrôle pour la formule elle-même.

Or, les nombres des parties qui entourent l'axe dans les diverses formes d'un même système, suivent l'échelle 6, 12, 18... dans le système du prisme hexagonal, et l'échelle 4, 8, 16... dans le système du prisme à base carrée : c'est donc sur ces nombres que devra se régler celui des atomes latéraux, que la formule fera connaître lorsqu'on en aura séparé les groupes du centre et des sommets.

Ce moyen d'arriver à la connaissance des atomes périphériques, en défalquant de la formule les atomes relatifs au centre ou à l'axe, suppose qu'il y a un centre ou des sommets réels dans la molécule. Pour qu'il réussisse, il faut que les termes de la formule que nous regardons comme appartenant au centre et aux sommets, ne deviennent pas nuls tous à la fois. L'application du procédé pourra donc encore avoir lieu, soit que la molécule ait un centre et point de sommets réels, soit qu'elle ait des sommets et point de centre. Citons des exemples de ces différents cas.

1° Dans le système hexagonal :

MOLÉCULES CENTRÉES SANS SOMMETS RÉELS.

Chabasie.............	$\ddot{Al}\dot{Ca}\dot{Si}^3 + 6\dot{H}$.
Alunite..............	$\ddot{Al}^3\acute{K}\ddot{S}^4 + 6\dot{H}$.
Chalkophyllite	$\ddot{As}\dot{Cu}^6 + 12\dot{H}$.
Léberkise............	$\ddot{F}e + 6\dot{F}e$.

MOLÉCULES À SOMMETS ET DÉPOURVUES DE CENTRE.

Iridosmine.	$2Ir + 6Os$.

Argyrythrose . . . . $2\overset{\text{\tiny III}}{S}b + 6\overset{.}{A}g$.

Proustite. . . . . $2\overset{\text{\tiny III}}{A}s + 6\overset{.}{A}g$.

Polybasite. . . . . $2\overset{\text{\tiny III}}{S}b + 18\overset{.}{A}g$.

Alunogène . . . . $2\overset{..}{A}l\overset{..}{S}^3 + 18\overset{.}{H}$.

Coquimbite. . . . . $2\overset{...}{F}e\overset{..}{S}^3 + 18\overset{.}{H}$.

Chlorite . . . . $2.\overset{.}{M}g\overset{.}{H}^2 + 6.\overset{..}{A}l\overset{.}{M}g^3\overset{.}{S}i^4$.

Cancrinite. . . . . $2\overset{..}{C}\overset{.}{c}a + 6.\overset{..}{A}l\overset{.}{N}a\overset{.}{S}i^4$.

Apatite. . . . . $2\overset{.}{C}a\overset{.}{C}l + 6.\overset{.}{C}a^4\overset{...}{P}$.

Pyromorphite. . . . . $2\overset{.}{P}b\overset{.}{C}l + 6\overset{.}{P}b^3\overset{...}{P}$.

2° Dans le système quadratique :

MOLÉCULES CENTRÉES SANS SOMMETS.

Faujasite . . . . $\overset{..}{A}l\overset{.}{C}a\overset{.}{S}i^{10} + 8\overset{.}{H}$.

Apophyllite. . . . . $\overset{.}{K}\overset{.}{C}a^3\overset{.}{S}i^{20} + 16\overset{.}{H}$.

Uranite. . . . . $\overset{.}{C}a\overset{.}{U}^2\overset{...}{P} + 8\overset{.}{H}$ $\left.\vphantom{\begin{matrix}a\\a\end{matrix}}\right\}$ dans la théorie de l'uraniie.

Chalkolite. . . . . $\overset{.}{C}u\overset{.}{U}^2\overset{...}{P} + 8\overset{.}{H}$

MOLÉCULES À SOMMETS.

Biarséniates et biphosphates de potasse et d'ammoniaque.

Acétate d'urane et de potasse.

Acétate d'urane et d'argent.

Pour résumer ce qui précède, on voit :

1° Que, dans le système cubique, lorsque la molécule est pourvue d'un centre ou noyau, si l'on désigne par A l'atome simple ou le groupe atomique qui forme le centre ou noyau; par B, C. . . . les différentes sortes d'atomes simples ou composés qui font partie de l'enveloppe, et par x, y. . . les nombres d'atomes périphériques de chaque espèce, la formule atomique du corps devra pouvoir se partager de manière à prendre la forme

$$A + xB + yC + \ldots$$

Les facteurs x, y . . . varieront d'une substance cubique à une autre, mais ne pourront recevoir d'autres valeurs que celles marquées par les nombres de l'échelle

$$6, 8, 12, 24, 48.$$

Tous autres nombres, tels que 5, 7, 9, 11, 13... seront nécessairement exclus. De là, comme on le voit, un moyen de contrôle pour les résultats d'analyses. Dans le plus grand nombre des cas, la formule précédente se réduit à ses deux premiers termes $A + xB$.

Si la substance présente le cas d'hémiédrie qui mène au tétraèdre, la formule $A + xB$ prend ordinairement la forme simple et caractéristique $A + 4B$.

Si A est nul, ou si la molécule est dépourvue de centre ou de noyau, le mode de construction n'est plus aussi clairement indiqué par la formule atomique; cependant, dans certains cas, on parvient encore à la construire, en la multipliant par un facteur convenable, ou bien en la partageant immédiatement en plusieurs termes, qui correspondent à ceux de la formule $xB + yC + \ldots$

2° Que, dans le système hexagonal, si l'on suppose la molécule pourvue d'un centre A et de deux sommets principaux S, la formule atomique se partagera de manière à prendre la forme $A + 2S + xB + yC + \ldots$, les facteurs x, y... ne pouvant recevoir d'autres valeurs que les nombres de l'échelle

$$6, 12, 18\ldots\ldots$$

3° Que, dans le système quadratique, on aura la même formule, avec une autre échelle de nombres,

$$4, 8, 16\ldots\ldots$$

La distinction que nous avons établie entre le noyau central des molécules et les atomes périphériques, et surtout l'emploi que nous avons fait d'atomes composés, fonctionnant comme les atomes simples d'Ampère, nous ont permis d'arriver à des polyèdres d'un petit nombre de sommets, et par conséquent à des molécules extrêmement simples, au lieu de ces polyèdres compliqués auxquels le célèbre physicien a été conduit par le développement de ses idées. Les formules atomiques elles-mêmes gardent leur simplicité ordinaire; il est rare qu'on ait besoin, pour les rendre susceptibles de construction, de multiplier leurs termes par un facteur commun, et quand cela arrive, ce facteur est toujours un nombre très-petit.

Dans les molécules à noyau central, on ne parvient le plus souvent à déterminer que la composition et la forme de l'enveloppe; quant au noyau, on ne connaît que sa composition chimique, et l'on ne sait rien de plus, si ce n'est que, malgré son état plus ou moins complexe, il occupe et marque le centre de la molécule, comme le ferait un atome simple. Du reste, la connaissance de l'enveloppe est ce qu'il y a de plus important dans la question dont il s'agit; car elle suffit pour établir une relation entre la composition et la forme, et, en fournissant une condition à laquelle la formule chimique doit satisfaire, elle fournit en même temps un moyen de contrôle pour juger de son exactitude.

— Il arrive quelquefois cependant qu'on peut aller plus loin, et que le noyau lui-même peut se construire, parce qu'il est formé d'une ou de plusieurs enveloppes polyédriques, concentriques à l'enveloppe extérieure : la chalkophyllite nous en a donné un exemple. On sent bien, en effet, que, dans un système quelconque, le système cubique, je suppose, à une première enveloppe composée de six atomes et représentant un octaèdre, peut s'ajouter une autre enveloppe composée de huit atomes et représentant un cube, une troisième composée de douze atomes, répondant aux faces du dodécaèdre, et ainsi de suite. Cette superposition d'enveloppes atomiques se fait suivant les mêmes lois que la combinaison des formes simples dans le système correspondant; elle confirme l'analogie que nous avons dit exister entre les types moléculaires et les types cristallins.

— La relation que nous venons de reconnaître entre la forme

et la composition des minéraux ne dépend que de la considération des principes immédiats de ces corps; elle est par là même
beaucoup plus simple, et en même temps mieux assurée que
celle qu'on a cherché jusqu'ici à établir, en s'appuyant sur le
nombre total des atomes élémentaires, base incertaine et mobile
que les progrès de la chimie peuvent déplacer à tout instant.
Cette relation nous paraît mise hors de doute par les exemples
suffisamment multipliés que nous en avons donnés; on en verra
d'ailleurs d'autres non moins remarquables dans la seconde partie de ce mémoire. Si nous nous sommes borné à chercher ces
exemples dans les trois premiers systèmes, ce n'est pas que notre
principe de construction moléculaire ne pût également convenir
aux trois autres; mais il s'y appliquerait d'une façon moins con-
cluante, à cause du trop grand nombre de chances ou de combinaisons qui seraient alors possibles. Dans les premiers systèmes,
les termes de l'échelle numérique sont assez peu nombreux et
assez largement espacés pour qu'on ait moins à craindre l'effet du
hasard sur les coïncidences observées.

DEUXIÈME PARTIE.

APPLICATION AUX SILICATES ET AUX BORATES
DE LA MÉTHODE DE CONSTRUCTION DES FORMULES ATOMIQUES.
NOUVELLE APPRÉCIATION
DU RÔLE QUE JOUENT L'ALUMINE, LA SILICE ET L'ACIDE BORIQUE
DANS LES COMBINAISONS MINÉRALES.

Dans la première partie de ce mémoire, j'ai cherché à mettre
en rapport les indications fournies par la forme et la symétrie des
cristaux avec celles qui se tirent de leur composition atomique,
dans les cas où cette composition peut être regardée comme connue et représentée avec une entière exactitude; j'ai montré qu'on
pouvait en déduire la forme et la structure atomique de la molécule cristalline pour les substances des trois premiers systèmes,
qui sont composées de plusieurs espèces différentes d'atomes, binaires ou ternaires, lorsqu'une de ces sortes d'atomes remplit la
condition d'occuper exclusivement, soit le centre du cristal dans
l'un quelconque des trois systèmes, soit les sommets de l'axe
principal dans les systèmes hexagonal et quadratique, ce qui réduit le nombre absolu des atomes de cette espèce dans la molécule, à l'unité pour le cas du système cubique, et à deux seulement pour le cas des autres systèmes. Cette condition n'a pas
toujours lieu, parce qu'il est des substances dont la molécule est
dépourvue de centre ou d'axe réel, et ne se compose que d'atomes
périphériques; nous en donnerons bientôt des exemples. Mais le
cas contraire se présente fréquemment, et c'est alors que se ma-

nifeste, de la manière la moins douteuse et la plus sensible, le rapport entre la forme et la composition.

Dans ce cas, en effet, la formule atomique doit pouvoir se décomposer en deux ou trois parties, de telle sorte qu'elle prenne la forme $A + xB$, pour les substances du premier système, et la forme $A + 2B + xC$, pour celles du second et du troisième. Cette dernière forme est susceptible de simplification, en ce que l'un ou l'autre des deux premiers termes peut devenir nul, sans que pour cela la formule perde sa signification et son importance pour l'objet que nous avons en vue, et qui est d'arriver à la construire d'une manière qui ne laisse dans l'esprit aucune incertitude. Si c'est A qui disparait, la formule se réduit à $2B + xC$; si c'est le second terme qui s'annule, on rentre alors dans la forme $A + xC$, qui appartient déjà au système cubique. Voilà donc trois formules différentes auxquelles peut être ramenée la composition des corps des trois premiers systèmes, savoir : les formules

$$A + xB,$$
$$2B + xC,$$
$$A + 2B + xC.$$

Dans ces formules, le coefficient du dernier terme est seul variable; et, ainsi que nous l'avons établi, il ne peut varier que conformément à une loi connue d'avance, et qu'indique la forme cristalline de la substance. De là, la relation que nous avons annoncée et la possibilité de comparer, dans certains cas, les déterminations chimique et cristallographique, pour les contrôler l'une par l'autre.

Cette méthode de construction des formules chimiques, à l'aide des données fournies par les formes cristallines, nous a conduit à des types moléculaires d'une grande simplicité, et qui doivent ce caractère à ce que nous avons fait dépendre directement leur structure des principes immédiats du composé (oxydes, sulfures, chlorures, sels anhydres), par conséquent, d'atomes complexes, binaires ou ternaires, et non pas des derniers atomes ou atomes

élémentaires, comme on a toujours tenté de le faire jusqu'à pré·
sent.

Dans la première partie de ce mémoire, j'ai dû borner les applications que je faisais de la méthode à des substances choisies
parmi celles dont la composition ne pouvait offrir aucune incertitude; car, on le sent parfaitement, la méthode n'a chance de
réussir qu'autant que l'on peut compter sur la justesse, non-seulement des analyses, mais encore de leur traduction en formules.
Nous allons essayer maintenant de l'appliquer aux groupes des
silicates et des borates, mais auparavant il est nécessaire de discuter la constitution chimique de ces corps, sur laquelle les opi-
nions sont loin d'être fixées.

Le groupe des silicates est assurément l'un des plus importants
de toute la minéralogie ; car le nombre des espèces comprises
dans ce groupe forme à peu près les deux cinquièmes du règne minéral tout entier, et, de tous les éléments immédiats des substances
qui composent l'écorce terrestre, la silice est celui qui a joué le
rôle le plus considérable et le plus universel. Cependant, à en juger d'après la diversité des sentiments parmi les chimistes et les
minéralogistes, on ne saurait, dans l'état actuel des choses, se
prononcer avec quelque certitude ni sur la véritable nature des
silicates, ni sur la véritable constitution de la silice elle-même.

D'après des analogies qui nous semblent assez faibles, M. Berzélius a représenté la silice par le symbole SiO^3, et tous les minéralogistes se sont conformés à son opinion. M. Dumas, se fondant
sur des raisons plus puissantes, a admis la formule SiO; M. Gaudin a proposé le symbole SiO^2, qu'adoptent aussi maintenant
MM. Hermann et Naumann; enfin M. Baudrimont, partant de l'i-
dée que l'alumine peut remplacer la silice, ce qui est loin d'être
prouvé, propose de son côté la formule des sesquioxydes Si^2O^3.

Quant au rôle que joue la silice dans les silicates naturels, on
a généralement admis, avec M. Berzélius, que la silice faisait fonction d'acide à l'égard des bases de toute espèce, tant sesquioxydes
que monoxydes, auxquelles on la suppose unie directement. Ce-

pendant on n'a pu parvenir à fixer la capacité de saturation de cet acide, qui serait singulièrement variable, puisque M. Berzélius admet des silicates dans lesquels l'acide renferme 1, 2, 3, 4, 6, 9 et 12 fois autant d'oxygène que la base, sans qu'on puisse dire réellement qu'une de ces combinaisons soit plus neutre que les autres. Lorsqu'il y a des bases de plusieurs sortes, comme c'est le cas le plus ordinaire, et celui que présentent généralement les silicates alumineux, on opère un partage plus ou moins arbitraire de la silice entre les diverses sortes de bases, ce qui donne autant de silicates simples, que l'on suppose ensuite combinés entre eux, et l'on obtient ainsi des formules à plusieurs termes d'une complication parfois extrême. Ainsi, d'une part, incertitude sur le symbole particulier de la silice, d'une autre part, incertitude plus grande encore sur les formules des silicates, que chaque chimiste ou minéralogiste établit à peu près à sa guise : tel est l'état dans lequel se présente la question des silicates, une de celles dont il importerait le plus d'avoir une solution rigoureuse; car elle intéresse vivement la chimie minérale, la minéralogie et la géologie.

Il n'est besoin, pour se convaincre de l'arbitraire qui a régné jusqu'à présent dans la traduction en formules des analyses de silicates, que de comparer entre eux les différents tableaux de ces formules que nous ont donnés les chimistes et les minéralogistes, et notamment ceux de MM. Berzélius, Beudant, Rammelsberg, Gerhardt, Laurent et Baudrimont. Il est impossible aussi, en faisant cette comparaison, de ne pas être frappé de la complication que ces formules offrent en général, et qui est telle qu'on a peine à croire qu'elles puissent représenter le véritable état des choses, et l'on est tenté de partager tous les doutes que M. A. Laurent a si vivement exprimés dans son dernier travail sur cette classe de composés.

En cherchant à mettre en rapport les anciennes formules de silicates avec les données cristallographiques, je n'ai pu être surpris de voir que ces formules ne se prêtassent en aucune façon aux tentatives que je faisais pour les construire; et, persuadé d'ailleurs par l'expérience antérieurement acquise qu'on ne pouvait avoir confiance dans le mode de répartition de la silice entre les bases, je commençai par renoncer à ce dédoublement des formules dites rationnelles, et par revenir tout simplement aux formules brutes, qui représentent la composition relative d'une manière aussi exacte et beaucoup moins hypothétique.

Ayant ainsi ramené toutes les formules des silicates alumineux anhydres à la forme générale $\ddot{A}l^m \dot{r}^n \ddot{S}i^p$, et celle des silicates hydratés à la forme $\ddot{A}l^m \dot{r}^n \ddot{S}i^p \dot{H}^q$, je remarquai qu'en général il y avait un rapport très-simple entre les quantités d'oxygène de l'alumine et de ses isomorphes, et celle des bases monoxydes, et quand je cherchais à représenter ce rapport par les plus petits nombres possibles, l'exposant de l'alumine était presque toujours 1, celui de $\dot{r}$ était le plus souvent 1 ou 3, et celui de la silice éprouvait de plus grandes variations : il prenait souvent la forme fractionnaire, lorsqu'on représentait la silice par SiO^3, mais dans ce cas la fraction avait généralement pour dénominateur 3. Ce dénominateur disparaissait, et les formules prenaient une forme plus simple avec des exposants tous entiers, lorsqu'on venait à représenter la silice par SiO, et par conséquent à substituer dans ces formules au symbole ordinaire $\ddot{S}i$ le symbole équivalent $\dot{S}i^3$. C'est ce que montrent clairement les exemples de silicates renfermés dans les tableaux suivants :

SILICATES ALUMINEUX ANHYDRES.

	FORMULES DES AUTEURS.	Silice $=$ SiO³.	Silice $=$ SiO.	FORMULE GÉNÉRALE.
Pétalite........	$\ddot{A}l\ddot{S}i^3 + \dot{L}i\ddot{S}i.$	$\ddot{A}l\dot{L}i.\ddot{S}i^4.$	$\ddot{A}l\dot{L}i.\dot{S}i^{12}.$	$\ddot{A}l\dot{r}.\dot{S}i^n.$
Orthose........	$\ddot{A}l\ddot{S}i^3 + \dot{K}\ddot{S}i.$	$\ddot{A}l\dot{K}.\ddot{S}i^4.$	$\ddot{A}l\dot{K}.\dot{S}i^{12}.$	n étant
Albite........	$\ddot{A}l\ddot{S}i^3 + \dot{N}a\ddot{S}i.$	$\ddot{A}l\dot{N}a.\ddot{S}i^4.$	$\ddot{A}l\dot{N}a.\dot{S}i^{12}.$	un nombre
Oligoclase......	$\ddot{A}l\ddot{S}i^2 + \dot{N}a\ddot{S}i.$	$\ddot{A}l\dot{N}a.\ddot{S}i^3.$	$\ddot{A}l\dot{N}a.\dot{S}i^9.$	entier.

	FORMULES DES AUTEURS.	Silice = SiO³.	Silice = SiO.	FORMULE GÉNÉRALE.
Triphane	$\ddot{Al}\ddot{Si}^2 + \dot{Li}\ddot{Si}$ (1).	$\ddot{Al}\dot{Li}.\ddot{Si}^3$.	$\ddot{Al}\dot{Li}.\dot{Si}^9$.	
Andésine	$3\ddot{Al}\ddot{Si}^2 + \dot{Na}^3\ddot{Si}^2$.	$\ddot{Al}\dot{Na}.\ddot{Si}^{\frac{5}{3}}$.	$\ddot{Al}\dot{Na}.\dot{Si}^8$.	
Amphigène	$3\ddot{Al}\ddot{Si}^2 + \dot{K}^3\ddot{Si}^2$.	$\ddot{Al}\dot{K}.\ddot{Si}^{\frac{8}{3}}$.	$\ddot{Al}\dot{K}.\dot{Si}^5$.	
Labrador	$\ddot{Al}\ddot{Si} + \dot{Ca}\ddot{Si}$.	$\ddot{Al}\dot{Ca}.\ddot{Si}^2$.	$\ddot{Al}\dot{Ca}.\dot{Si}^6$.	
Ryakolithe	$\ddot{Al}\ddot{Si} + \dot{Na}\ddot{Si}$.	$\ddot{Al}\dot{Na}.\ddot{Si}^2$.	$\ddot{Al}\dot{Na}.\dot{Si}^6$.	
Cordiérite	$3\ddot{Al}\ddot{Si} + \dot{Mg}^3\ddot{Si}^2$.	$\ddot{Al}\dot{Mg}.\ddot{Si}^{\frac{5}{3}}$.	$\ddot{Al}\dot{Mg}.\dot{Si}^5$.	
Anorthite	$3\ddot{Al}\ddot{Si} + \dot{Ca}^3\ddot{Si}$.	$\ddot{Al}\dot{Ca}.\ddot{Si}^{\frac{4}{3}}$.	$\ddot{Al}\dot{Ca}.\dot{Si}^4$.	
Néphéline	$3\ddot{Al}\ddot{Si} + \dot{Na}^3\ddot{Si}$.	$\ddot{Al}\dot{Na}.\ddot{Si}^{\frac{4}{3}}$.	$\ddot{Al}\dot{Na}.\dot{Si}^4$.	
Paranthine	$3\ddot{Al}\ddot{Si} + \dot{Ca}^3\ddot{Si}$.	$\ddot{Al}\dot{Ca}.\ddot{Si}^{\frac{4}{3}}$.	$\ddot{Al}\dot{Ca}.\dot{Si}^4$.	
Émeraude	$\ddot{Al}\ddot{Si}^2 + \dot{Be}^3\ddot{Si}^2$.	$\ddot{Al}\dot{Be}^3.\ddot{Si}^4$.	$\ddot{Al}\dot{Be}^3.\dot{Si}^{12}$,	$\ddot{Al}\ddot{r}^3.\dot{Si}^n$.
Euclase	$\ddot{Al}\ddot{Si} + \dot{Be}^3\ddot{Si}$.	$\ddot{Al}\dot{Be}^3.\ddot{Si}^2$.	$\ddot{Al}\dot{Be}^3.\dot{Si}^6$.	
Grenats	$\ddot{Al}\ddot{Si} + \ddot{r}^3\ddot{Si}$.	$\ddot{Al}\ddot{r}^3.\ddot{Si}^2$.	$\ddot{Al}\ddot{r}^3.\dot{Si}^6$.	
Micas à un axe	$\ddot{Al}\ddot{Si} + \dot{Mg}^3\ddot{Si}$.	$\ddot{Al}\dot{Mg}^3.\ddot{Si}^2$.	$\ddot{Al}\dot{Mg}^3.\dot{Si}^6$.	

(1) Les formules par lesquelles nous représentons la composition de la pétalite et du triphane sont celles qui ont été données par MM. Beudant et Dufrénoy.

SILICATES ALUMINEUX HYDRATÉS.

	FORMULES DES AUTEURS.	Silice = SiO³.	Silice = SiO.	FORMULE GÉNÉRALE.
Analcime	$3\ddot{Al}\ddot{Si}^2 + \dot{Na}^3\ddot{Si}^2 + 6\dot{H}$.	$\ddot{Al}\dot{Na}.\ddot{Si}^{\frac{8}{3}}\dot{H}^2$.	$\ddot{Al}\dot{Na}.\dot{Si}^8\dot{H}^6$.	$\ddot{Al}\ddot{r}.\dot{Si}^m\dot{H}^n$.
Chabasie	$3\ddot{Al}\ddot{Si}^2 + \dot{Ca}^3\ddot{Si}^2 + 18\dot{H}$.	$\ddot{Al}\dot{Ca}.\ddot{Si}^{\frac{5}{3}}\dot{H}^6$.	$\ddot{Al}\dot{Ca}.\dot{Si}^5\dot{H}^6$.	*m* et *n* étant des nombres entiers.
Natrolithe	$\ddot{Al}\ddot{Si} + \dot{Na}\ddot{Si} + 2\dot{H}$.	$\ddot{Al}\dot{Na}.\ddot{Si}^2\dot{H}^2$.	$\ddot{Al}\dot{Na}.\dot{Si}^6\dot{H}^2$.	
Faujasite	$3\ddot{Al}\ddot{Si}^2 + \dot{Ca}^3\ddot{Si}^4 + 24\dot{H}$.	$\ddot{Al}\dot{Ca}.\ddot{Si}^{\frac{10}{3}}\dot{H}^8$.	$\ddot{Al}\dot{Ca}.\dot{Si}^{10}\dot{H}^8$.	
Stilbite	$\ddot{Al}\ddot{Si}^2 + \dot{Ca}\ddot{Si} + 6\dot{H}$.	$\ddot{Al}\dot{Ca}.\ddot{Si}^4\dot{H}^6$.	$\ddot{Al}\dot{Ca}.\dot{Si}^{12}\dot{H}^6$.	
Laumonite	$3\ddot{Al}\ddot{Si}^2 + \dot{Ca}^3\ddot{Si}^2 + 12\dot{H}$.	$\ddot{Al}\dot{Ca}.\ddot{Si}^{\frac{5}{3}}\dot{H}^4$.	$\ddot{Al}\dot{Ca}.\dot{Si}^5\dot{H}^4$.	

On voit par ces tableaux que les formules des silicates alumineux tendent à prendre une forme très-simple et fort remarquable quand on évite de les dédoubler, et qu'en même temps on représente la silice par SiO, au lieu de SiO^3. Cette plus grande simplicité est déjà une raison à ajouter à celles qu'ont fait valoir plusieurs chimistes des plus distingués (MM. Dumas, Pelouze, A. Laurent, Ebelmen, etc,) en faveur du symbole SiO; et notre préférence pour ce symbole se trouve ensuite justifiée par la possibilité d'appliquer notre méthode de construction aux formules des silicates, application qui ne peut se faire qu'après avoir modifié ces formules dans le sens dont nous parlons.

En admettant donc pour les silicates alumineux des formules semblables à celles que contient la dernière colonne des tableaux précédents, on remarquera d'abord que les quantités relatives d'oxygène de l'alumine et de la base $\dot{r}$, sont toujours dans des rapports simples et tout à fait comparables à ceux que l'on observe généralement entre l'acide et la base des sels ordinaires : la première partie de ces formules semble donc représenter un aluminate, tantôt neutre, tantôt tribasique, toujours d'un degré de saturation fort simple. La quantité de silice qui s'ajoute à ce noyau apparent de matière saline se compose toujours d'un nombre entier d'atomes, comme celle de l'eau dans les silicates hydratés (V. le second tableau), et ce nombre parcourt dans ses variations une échelle assez étendue, que l'on peut comparer à celle des atomes d'eau de cristallisation dans les sels ordinaires : car, le nombre des atomes de silice peut varier de 1 jusqu'à 30 au moins; il est de 6 dans les grenats, de 8 dans l'amphigène, de 12 dans l'émeraude et dans l'orthose, de 30 dans l'apophyllite.

Les formules des silicates alumineux sont donc, sous beaucoup de points, comparables à celles des sels ordinaires hydratés, et par conséquent il était naturel de chercher si l'on ne pourrait pas les construire de la même manière, en faisant de la combinaison alumineuse un centre ou noyau salin, et des atomes de silice les éléments multiples d'une enveloppe extérieure, en rapport par sa forme avec celle de la substance cristallisée. En un mot, il s'agit d'examiner si les formules des silicates alumineux à doubles bases ne se laisseraient pas décomposer en deux parties telles que $\ddot{Al}\dot{r}^n + \dot{Si}^x$, la première étant dans tous les cas un aluminate simple, et la seconde satisfaisant à la condition que les valeurs de x s'accordent avec les nombres de l'échelle qui exprime la loi de symétrie du système. Or c'est ce qui s'observe et se manifeste de la manière la plus sensible dans les formules qui appartiennent à des substances des trois ou quatre premiers systèmes, pourvu qu'on ait soin de choisir celles qui ont été plusieurs fois analysées et dont la composition chimique peut être regardée comme connue avec exactitude. Citons des preuves de ce nouvel accord entre la composition et la forme, dans le groupe de corps dont il est question.

Les principales espèces de silicates alumineux qui appartiennent au système cubique sont l'amphigène, l'analcime et les grenats. La formule de l'amphigène est $\ddot{Al}\dot{K} + \dot{Si}^8$, et le nombre 8 fait évidemment partie de l'échelle de nombres qui caractérise ce système (voir la première partie).

L'analcime a pour formule $\ddot{Al}\dot{Na}\dot{H}^2 + \dot{Si}^8$. On peut la considérer comme un amphigène de soude, dont le noyau salin serait hydraté : en regardant les deux atomes d'eau comme compris dans ce noyau, on construira la formule de la même manière que celle de l'espèce précédente.

Les grenats ont pour formule générale $\ddot{Al}\dot{r}^3 + \dot{Si}^6$, qui donne évidemment une molécule octaédrique, si l'on place au centre $\ddot{Al}\dot{r}^3$ et les six atomes de silice dans les sommets de l'octaèdre. Mais la formule peut encore être construite d'une autre manière, un peu moins simple que la précédente, mais peut-être aussi probable, surtout si l'on fait attention que les formes les plus simples du système cubique, le cube et l'octaèdre, n'existent pas ou sont excessivement rares dans les grenats, et qu'elles ont pour remplaçants habituels le dodécaèdre rhomboïdal et le trapézoèdre. La formule $\ddot{Al}\dot{r}^3 \dot{Si}^6$ peut d'abord s'écrire ainsi : $\ddot{Al}\dot{r} + 2\dot{r}\dot{Si}^3$, et en la sextuplant on obtient $6\ddot{A}l\dot{r}+12\dot{r}\dot{S}i^3$. On voit alors que les 6 atomes ternaires de la première espèce peuvent être placés dans les sommets des angles tétraèdres, et les 12 atomes de la seconde espèce dans les milieux des faces d'un dodécaèdre rhomboïdal; ce qui donne une molécule dépourvue de centre réel. Cette dernière construction acquerra un plus haut degré de probabilité, si on la rapproche de celle que l'on est conduit à adopter pour la formule des idocrases.

Les idocrases font partie des espèces qui cristallisent dans le système du prisme à base carrée. D'après les analyses de Richardson, il est regardé comme constant que leur composition relative est la même que celle des grenats, et que par conséquent ces minéraux nous offrent un nouvel exemple de dimorphisme. Les idocrases ont donc la même formule brute que les grenats, savoir: $\ddot{A}l\dot{r}^3\dot{S}i^6$; mais, relativement aux idocrases, cette formule doit se construire d'une tout autre façon, et c'est en effet ce qu'il est possible d'admettre : car il suffit de partir de la formule équivalente $\ddot{A}l\dot{r}+2\dot{r}\dot{S}i^3$, et de multiplier ses deux termes par le facteur 4; on obtient pour résultat $4\ddot{A}l\dot{r}+8\dot{r}\dot{S}i^3$, et l'on voit sans peine que les nouveaux termes correspondent aux parties extérieures d'un prisme à base carrée. Telle est donc dans ce cas la forme très-probable de la molécule cherchée, qui est encore une molécule non centrée.

Nous citerons de plus comme exemples de formules susceptibles de construction dans le système quadratique, celles de la gehlénite, de la paranthine ou wernérite et de la méionite. La gehlénite a pour formule $\ddot{A}l\dot{c}a^3+\dot{S}i^4$: on voit que sous cette forme elle se prête d'elle-même à la construction d'une molécule centrée, à quatre sommets latéraux, ou d'une table carrée.

La wernérite et la méionite paraissent avoir une même composition relative; M. Berzélius leur assigne la même formule; elles cristallisent dans le même système, sous des formes excessivement rapprochées; aussi quelques minéralogistes ont-ils été tentés de les réunir en une seule espèce. Cependant le plus grand nombre les séparent à cause des différences physiques et chimiques qu'elles présentent. Leur formule brute est $\ddot{A}l\dot{c}a.\dot{S}i^4$. Cette formule peut se construire de deux manières très-différentes dans le système quadratique : d'abord, si on la met sous la forme $\ddot{A}l\dot{c}a+\dot{S}i^4$, elle donnera une molécule centrée, d'une structure analogue à celle de la gehlénite; puis, en multipliant par 2 les termes de cette dernière formule, on aura $2\ddot{A}l\dot{c}a+\dot{S}i^8$, d'où l'on peut tirer une molécule centrée, à deux sommets culminants ($\ddot{A}l\dot{c}a$), et huit sommets latéraux ($\dot{S}i$) figurant un prisme à base carrée. Il est probable que la wernérite et la méionite sont deux substances isomères, dont les molécules offrent une telle différence de structure : la wernérite, qui se laisse attaquer plus difficilement par les acides, aurait sa partie saline au centre de la molécule, tandis que la méionite, au contraire, présenterait la sienne aux deux extrémités.

L'émeraude, la néphéline, le mica à un axe, et la chlorite font partie du groupe des substances qui cristallisent en prime hexagonal, sans présenter les modifications rhomboédriques. La formule de la première, mise sous la forme $\ddot{A}l\ddot{B}e^3 + 12\,\dot{S}i$, se laisse évidemment construire en une molécule centrée prismatique, les 12 atomes de silice occupant les sommets d'un prisme hexaèdre régulier.

Celle de la néphéline, au premier abord, semble se refuser à donner, comme il le faudrait, un type de même genre; car, sauf la différence des bases, elle est parfaitement semblable à celle de la wernérite, et le coefficient 4 rappelle le système quadratique. Mais nous avons déjà vu que la même formule pouvait se prêter à divers modes de construction, ce qui est rendu nécessaire par le principe du polymorphisme. Si l'on écrit ainsi la formule de la néphéline, $\ddot{A}l\ddot{N}a + 4\,\dot{S}i$, et que l'on multiplie ses deux termes par 3, on aura $3\ddot{A}l\ddot{N}a + 12\,\dot{S}i$, qui peut se construire en une molécule hexagonale, avec un centre et deux sommets, marqués tous trois par un atome de $\ddot{A}l\ddot{N}a$.

Il est remarquable que la néphéline, qui est soluble en gelée comme la méionite, a comme celle-ci des atomes salins placés à l'extérieur de la molécule. Nous ferons encore observer, à l'égard de la néphéline, que M. Berzélius, et après lui plusieurs minéralogistes, ont pendant longtemps assigné à cette espèce une autre formule, beaucoup moins probable, et qu'ils ont abandonnée depuis, savoir : la formule $2 \ddot{Al}\ddot{Si} + \dot{Na}^2\ddot{Si}$, qui deviendrait dans notre système de notation $\ddot{Al}\dot{Na}. \dot{Si}^{\frac{2}{3}}$; l'anomalie offerte ici par les exposants fractionnaires de la silice, et l'impossibilité de construire une pareille formule, montrent assez qu'elle ne peut être exacte ; mais, de plus, notre méthode de construction, en contrôlant le résultat de l'analyse, aurait pu servir à indiquer le sens dans lequel ce résultat devait être corrigé ; des deux formules $\ddot{Al}\dot{Na}.\dot{Si}^4$ et $\ddot{Al}\dot{Na}.\dot{Si}^5$ dont se rapproche la formule en question, la première seule est admissible, parce qu'on peut la construire dans le système cristallin de la néphéline.

Le mica à un axe, ou mica magnésien, ayant pour formule $\ddot{Al}\dot{Mg}^3 + 6\dot{Si}$, sa molécule doit être une table hexagonale, ayant au centre l'atome salin $\ddot{Al}\dot{Mg}^3$ et aux angles latéraux les six atomes de silice. Remarquons que la formule de ce mica est semblable, sauf la différence des bases monoxydes, à celles des grenats et des idocrases. Ces trois sortes de minéraux nous offrent donc un bel exemple de trimorphisme, c'est-à-dire de la cristallisation d'un même composé chimique dans trois différents systèmes : le cubique, le quadratique et l'hexagonal. On voit, de plus, que notre principe de construction se plie parfaitement aux exigences de ce fait, assez commun dans les composés naturels, et qu'il l'explique en montrant que le polymorphisme n'est en réalité qu'un cas particulier d'isomérie, qui ne diffère de l'isomérie ordinaire qu'en ce que celle-ci se rapporte uniquement à la molécule chimique, tandis que le polymorphisme n'a trait qu'à la molécule physique ou cristalline.

La chlorite a pour formule $\ddot{Al}\dot{Mg}^3\dot{Si}^6 + 2\dot{Mg}\ddot{H}^2$; sa molécule se compose d'une molécule de mica magnésien, avec deux sommets de plus, occupés par un atome d'hydrate de magnésie.

La pennine est une autre substance, voisine de la chlorite, et

72.

qui cristallise en rhomboèdre; la formule par laquelle on représente sa composition,

$$2\dot{M}g\ddot{A}l + 5\dot{M}g^2\dot{S}i^3\dot{H}^2, \text{ ou } \ddot{A}l\dot{M}g^6\dot{S}i^{\frac{15}{2}}\dot{H}^{10},$$

ne saurait se construire sous cette forme, et demande quelque correction. Les analyses de ce minéral, faites par MM. Schweitzer et Marignac, sont loin d'offrir un accord satisfaisant.

La thomsonite est un silicate hydraté, qui appartient au système cristallin du prisme droit rhomboïdal, mais qui présente, en outre, cette particularité, que son prisme fondamental diffère extrêmement peu d'un prisme droit à base carrée; l'angle du prisme est, en effet, de 90° 40′. Cette circonstance est indiquée par la formule atomique et le mode de construction auquel elle se prête. La thomsonite a pour formule $\ddot{A}l\dot{C}a\,\dot{S}i^4\dot{H}^2$: c'est une wernérite, hydratée par 2 atomes d'eau seulement. Sa molécule doit donc être une molécule de wernérite, c'est-à-dire un prisme à base carrée, légèrement altéré par l'addition d'un atome d'eau vers chacune des bases.

La natrolithe est une autre espèce rhombique, qui a pour formule $\ddot{A}l\dot{N}a\dot{H}^2\dot{S}i^6$: c'est une analcime avec 2 atomes de silice en moins dans l'enveloppe superficielle. Aussi voit-on quelquefois dans la nature les masses cristallines d'analcime passer à une substance fibreuse, qui n'est rien autre chose que de la véritable natrolithe ou mésotype à base de soude. Il est évident que la formule $\ddot{A}l\dot{N}a\dot{H}^2\,\dot{S}i^6$ se prête à un mode de construction compatible avec la symétrie du système rhombique.

Nous pourrions citer encore d'autres cas de silicates alumineux, dont les formules se montrent d'accord avec la cristallisation; nous pourrions également faire voir que la même concordance existe dans les silicates non alumineux; mais dans cette classe de corps elle y est moins frappante, parce que les molécules centrées y sont plus rares. Je n'en citerai qu'un seul exemple fort remarquable : l'apophyllite cristallise en prisme droit à base carrée. M. Berzélius lui assigne pour formule $\dot{K}\ddot{S}i^2 + 8\dot{C}a\ddot{S}i + 16\dot{H}$, qui revient à $\dot{K}\dot{C}a^8\dot{S}i^{30}\dot{H}^{16}$. Cette dernière peut se décomposer ainsi : $\dot{K}\dot{S}i^6 + 8\dot{C}a\dot{S}i^3 + 16\dot{H}$; et si l'on place au centre l'atome unique du silicate potassique, les 8 atomes de silicate de chaux et les 16 atomes d'eau formeront à l'entour deux enveloppes superposées, ayant l'une et l'autre la symétrie qui convient aux formes du système quadratique.

De tous les faits qui précèdent, il me semble qu'on est en droit de conclure que les combinaisons de la silice, de l'alumine et des bases monoxydes n'ont pas été envisagées jusqu'ici sous leur véritable point de vue. Ces combinaisons, formées pour la plupart à de hautes températures, ressemblent parfaitement à celles que produisent aux températures ordinaires l'eau, les acides et les bases; mais c'est l'alumine et ses isomorphes qui remplissent véritablement le rôle d'acide, relativement aux bases à 1 atome d'oxygène, et la silice paraît se comporter, dans ces composés, exactement comme l'eau dans les sels ordinaires.

Que l'alumine puisse jouer un tel rôle, à une température élevée, c'est ce qu'on accordera sans peine, et ce qui est d'ailleurs admis depuis longtemps. On connaît la grande affinité de l'alumine pour les alcalis, les terres alcalines et plusieurs des oxydes métalliques; on peut artificiellement préparer un bon nombre d'aluminates, et, si ce genre de composés salins a paru jusqu'ici fort rare dans la nature, ne doit-on pas attribuer cette rareté apparente à la manière dont on a envisagé jusqu'ici les combinaisons siliceuses? Pour nous, les prétendus silicates doubles d'alumine et d'une base monoxyde, qui sont si communs dans la nature, ne sont pas des silicates dans le sens propre du mot, ce sont de véritables aluminates, formés au sein d'une dissolution siliceuse, et qui ont retenu, en cristallisant par refroidissement, une partie du dissolvant, comme font les sels ordinaires, quand ils se forment dans l'eau à une basse température. Ce sont, en un mot, des aluminates silicatés, ou, qu'on nous passe cette expression, des aluminates hydratés par la silice, celle-ci étant en quelque sorte l'analogue de l'eau pour les hautes températures.

C'est, en effet, au rôle chimique de l'eau que nous sommes conduits à comparer celui de la silice: seulement, il faut prendre les deux corps à des températures très-différentes pour leur trouver des aptitudes semblables. Il nous semble donc que, dans les grandes formations plutoniques, la silice a rempli principalement la fonction de véhicule ou de dissolvant par rapport aux acides et aux bases, et que, loin de se comporter à l'égard de presque tous les oxydes comme un acide très-énergique, elle a montré le plus souvent un caractère d'indifférence très-marqué. Si l'on a cru, jusqu'à présent, le contraire, si l'on a presque toujours fait jouer à la silice le rôle d'un acide puissant à une haute température, c'est qu'on n'a pas tenu suffisamment compte de la grande fixité de ce corps, qui lui permet de prendre la place d'acides plus forts que lui, comme l'acide carbonique ou l'acide sulfurique, mais en même temps plus volatils ou moins stables. Les observations de MM. Fournet et Ebelmen sur la décomposition des silicates naturels ont montré, d'une part, que, dans la nature, les aluminates siliceux se décomposent suivant les mêmes lois que les sels hydratés, et, d'une autre part, que la silice le cède en énergie à l'eau elle-même, qui peut la déplacer, non-seulement à une basse température, mais encore à une température assez élevée.

M. Berzélius a rendu à la minéralogie un immense service, en prouvant que, dans les composés de la nature, la silice et les oxydes métalliques étaient toujours unis entre eux dans des rapports simples et définis, et en donnant les moyens de représenter ces combinaisons par des formules. A l'époque où il a débrouillé le cahos qu'avait offert jusque-là cette partie du règne minéral, il a dû se prononcer sur le rôle que jouait la silice dans cette nombreuse série de composés, et il lui a paru qu'elle avait plutôt les caractéres d'un acide que ceux d'une base; la grande autorité de son nom a entraîné tous les chimistes qui se sont, de toutes parts, rangés à son opinion. Il faut convenir qu'elle était, en effet, fort plausible à cette époque. Toutefois, il nous semble qu'on aurait pu, dès ce moment même, poser la question de savoir si la silice n'avait pas joué, dans les produits de la voie sèche, une troisième sorte de rôle, le rôle de corps indifférent, et si la région des hautes températures ne pouvait pas, comme celle des températures basses, avoir ses acides propres, ses bases et ses corps neutres, ceux-ci faisant, à l'instar de l'eau, l'office général de véhicule ou de dissolvant. Nous avons été conduit, pour ainsi dire malgré nous, et par la force entraînante des faits et de leurs déductions logiques, à nous faire cette question, et à lui trouver une solution que nous livrons à l'appréciation des chimistes, et que nous soumettons avec confiance à M. Berzélius lui-même.

L'hydrogène et le silicium sont placés l'un à côté de l'autre dans la série électrochimique des éléments : ces deux corps ont entre eux les plus grands rapports; ils produisent des composés gazeux, acides, et de même formule, en se combinant avec le soufre, le chlore et le fluore. En s'unissant à l'oxygène, ils forment pareillement des composés analogues, de formule identique, et qui se comportent de la même manière à des températures différentes. On sait, par les belles expériences de M. Gaudin, que la silice est susceptible de fusion et même de vaporisation; et des observations fort intéressantes de M. Fournet nous ont appris que la silice avait, comme l'eau, la faculté de rester liquide à une température inférieure à celle de son point de fusion. D'un autre côté, le bore a aussi de grands rapports avec le silicium; il forme avec l'oxygène un composé (l'acide borique) qui jouit aussi de la propriété de servir de dissolvant aux bases et à certains acides, comme il résulte des recherches de M. Ebelmen, et dont la capacité de saturation varie autant que celle de la silice; il forme, en outre, avec le soufre, le chlore et le fluore, des combinaisons analogues à celles que le silicium produit avec les mêmes corps : tout semble donc indiquer que la silice et l'acide borique doivent avoir une composition atomique semblable, et qu'au symbole BO^3, par lequel la plupart des chimistes représentent l'acide borique, il faut substituer BO, en réduisant d'un tiers le poids atomique du bore. Ce changement a l'avantage de rendre plus complète l'analogie entre les composés correspondants du bore et du silicium; ceux qu'ils forment en se combinant avec le soufre, le chlore et le fluore ont alors des formules atomiques parfaitement semblables; mais à ces raisons purement chimiques s'en joint une autre, qui nous paraît devoir décider la question. Les formules des borates ne se laissent construire qu'autant qu'on y opère le changement dont il s'agit. La boracite en fournit une preuve bien remarquable. Cette substance cristallise, comme on le sait, dans le système particulier du cube et du tétraèdre régulier. Sa formule ordinaire est $\ddot{M}g^3\ddot{B}^4$; elle devient, quand on y remplace $\ddot{B}$ par son équivalent $\dot{B}^3$, $\ddot{M}g\dot{B}^4$, dans laquelle on reconnaît de suite la formule propre aux espèces tétraédriques. (Voir la Ire partie.)

Il résulte, de ce qui précède, que l'eau, l'acide borique et la silice sont des composés de même formule, qui peuvent jouer le même rôle à des degrés différents de température, celui de véhicule ou de dissolvant à l'égard des acides et des bases, et qu'ils peuvent reproduire dans les diverses régions de l'échelle des températures, des formations d'un genre analogue, donner lieu, par exemple, à des sels par évaporation ou par refroidissement, en se dégageant de la combinaison qui se forme, ou bien en s'unissant avec elle.

Ces vues, si elles se confirment, ne seront pas dépourvues d'importance, non-seulement pour la chimie, mais aussi pour la minéralogie et la géologie. Les analyses s'interprétant différemment, les petites corrections qui avaient lieu dans un certain sens se feront désormais dans une direction différente, et un grand nombre d'analyses anciennes pourront être formulées autrement et plus simplement qu'on ne l'avait fait jusqu'ici. Beaucoup d'analogies, dont on ne se rendait pas compte, se trouveront expliquées par là. Le groupe des feldspaths, par exemple, réunit des espèces qui ont entre elles le plus haut degré de ressemblance, après celui qui constitue l'isomorphisme proprement dit; et cependant leurs compositions paraissent n'avoir que des rapports très-éloignés, si l'on en juge par les quatre ou cinq formules anciennes qui servent à les représenter. Par les nouvelles formules, on voit que tous les feldspaths ont un fond commun, qui est un atome d'aluminate alcalin, et qu'ils ne diffèrent que par la portion variable du dissolvant que ce sel a retenu, sans doute par suite de conditions différentes de pression et de température. Les pyroxènes et les amphiboles, quand on les rapproche en un même groupe, offrent entre eux les mêmes analogies et les mêmes différences de composition et de forme, que celles qui caractérisent le groupe feldspathique : c'est qu'ils ne sont pareillement que des combinaisons de la silice avec une même quantité de base, à des degrés différents de saturation. En effet, les pyroxènes peuvent tous être ramenés à la formule $\dot{r}^4\dot{S}i^8$; les amphiboles, au contraire, à la formule $\dot{r}^4\dot{S}i^9$: ceux-ci ne diffèrent donc des premiers que par un faible excès de silice; aussi se produisent-ils à une température un peu plus basse. Dans les porphyres pyroxéniques de l'Oural, les euphotides de la Valteline, les hypersthénites du Tyrol, et les serpentines du Harz, les cristaux de pyroxène (augite, hypersthène, ou diallage) se sont formés les premiers, au sein de la roche encore en fusion; puis lorsque, par le refroidissement, la température s'est abaissée au point où l'amphibole peut se produire, la pâte environnante a fourni aux cristaux de pyroxène la quantité de silice nécessaire pour les faire passer en tout ou en partie à l'état d'amphibole, sans qu'ils perdissent leur forme de pyroxène. La production de ces écorces épigéniques que l'on observe si fréquemment sur les cristaux des porphyres susmentionnés, ne se conçoit bien que lorsqu'on fait jouer à la silice le rôle particulier que nous lui avons attribué.

Enfin, je ferai remarquer combien ce nouveau rôle a d'importance au point de vue de la géologie. On s'est demandé souvent au sein de quel véhicule avaient pu se former toutes ces roches plutoniques dont les éléments se composent exclusivement de silice et de silicates : ce véhicule, c'est la silice elle-même. Toutes les formations de substances minérales peuvent se partager entre deux grandes époques, l'époque des hautes températures et celle des températures basses; entre deux grands domaines, celui de l'eau à l'état liquide, et celui du feu où l'eau liquide se trouvait remplacée par la silice en fusion. Chacune de ces époques a eu ses produits analogues, et des composés salins ont pu se former par la double voie de l'évaporation et du refroidissement. L'acide borique a pu certainement aussi avoir sa part dans les productions de l'époque ancienne : il résulte, en effet, des expériences de M. Ebelmen, qu'on peut artificiellement obtenir par son moyen la cristallisation de l'alumine et des aluminates, c'est-à-dire des corps les plus réfractaires : mais nous ne pensons pas qu'on puisse inférer de ces expériences que la nature a usé du même procédé pour produire les corindons et les spinelles. Ainsi que l'a fait remarquer avec beaucoup de raison M. Beudant, les borates jouent dans la nature un rôle beaucoup trop minime pour qu'on puisse admettre que l'acide borique ait pu prendre une part bien active aux cristallisations formées par la voie sèche. S'il s'était trouvé fréquemment en présence de l'alumine, on devrait rencontrer dans la nature des borates alumineux formés par refroidissement ; et l'on sait que ce genre de produit manque presque complétement. Il nous semble que puisque la silice est susceptible aussi d'être vaporisée, quoique plus difficilement que l'acide borique, elle a pu aussi être chassée parfois, mais comme par exception, des dissolutions qu'elle avait formées. Nous sommes donc porté à lui attribuer la cristallisation, non-seulement des aluminates siliceux, mais même des aluminates purs et de l'alumine elle-même ; les premiers, qui sont en même temps les plus nombreux, ayant cristallisé par refroidissement (ce qui est en effet le mode de formation normal et naturel), les autres, beaucoup plus rares, ayant cristallisé par évaporation du dissolvant, ce qui a dû être un cas exceptionnel. Ce qui nous confirme dans cette opinion, relativement à l'origine des corindons et des aluminates, c'est qu'on a toujours trouvé dans ces substances une certaine quantité de silice, dont on n'a su expliquer la présence qu'en la supposant empruntée aux mortiers dans l'opération de l'analyse.

Ainsi, à l'époque où l'eau ne pouvait exister à l'état liquide sur la terre, c'était la silice qui en tenait lieu et en faisait l'office; une vaste dissolution siliceuse contenait tous les éléments, et leur permettait d'obéir à leurs affinités respectives; peut-être même pourrait-on dire, pour rendre plus parfaite encore l'analogie avec notre époque, qu'une partie de cette silice était en vapeur dans l'atmosphère, et qu'elle a dû s'en précipiter sous diverses formes, à mesure que le globe se refroidissait; en sorte que cette époque ancienne aurait eu, comme la nôtre, ses pluies, ses neiges particulières, ses glaciers d'un autre genre. Nous nous trouverions amenés ainsi, par cet ensemble de considérations, à redonner une apparence de vérité à cette opinion singulière des anciens, d'après laquelle le cristal de roche était comme une sorte d'eau, plus fortement congelée que l'eau ordinaire.

FIN DU TOME TREIZIÈME.

DISPOSITIFS DES ORIFICES D'ÉCOULEMENT DÉBOUCHANT LIBREMENT DANS L'AIR. 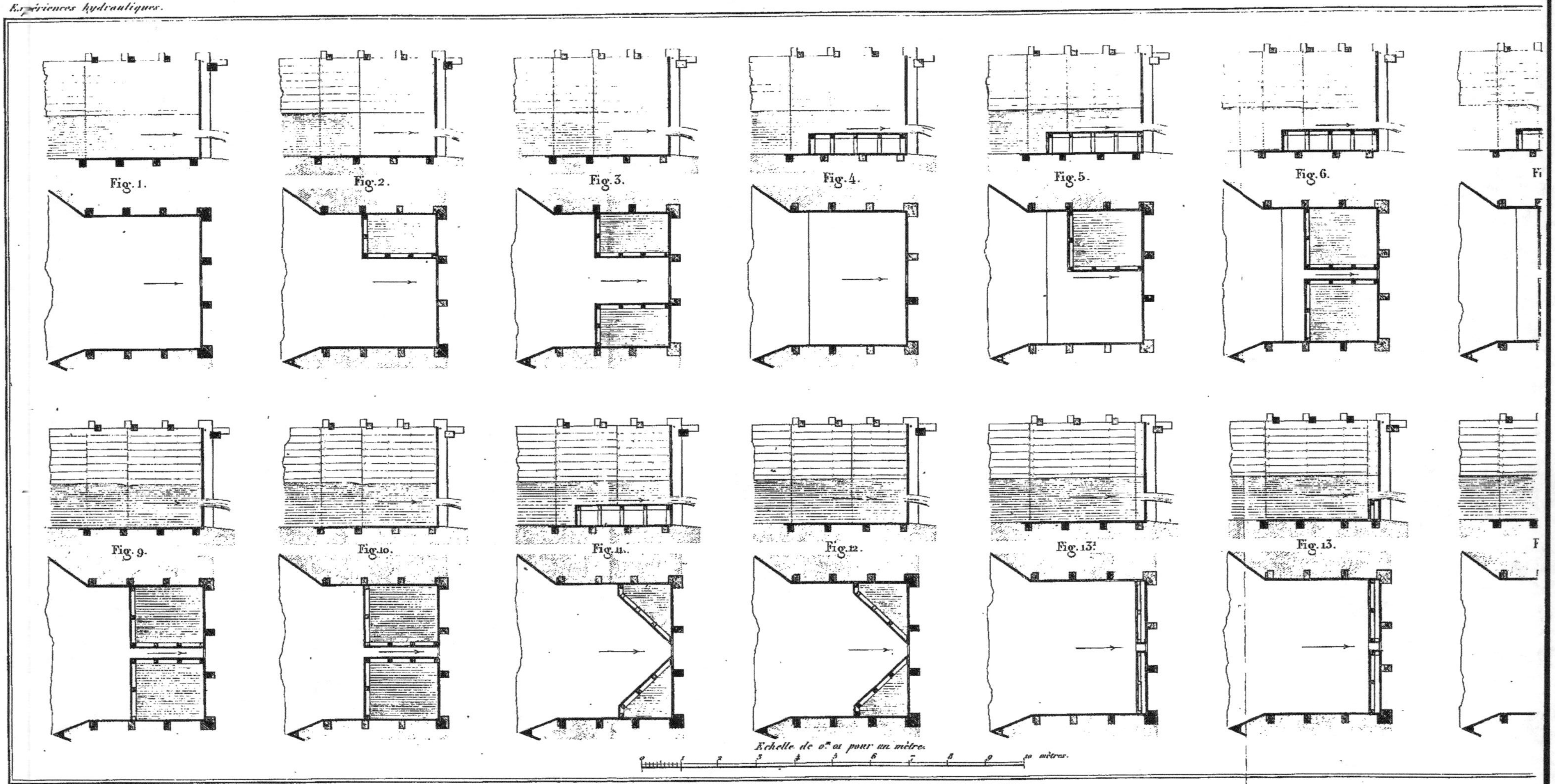
Expériences hydrauliques.
Fig. 1.
Fig. 2.
Fig. 3.
Fig. 4.
Fig. 5.
Fig. 6.
Fig. 9.
Fig. 10.
Fig. 11.
Fig. 12.
Fig. 13¹.
Fig. 13.
Échelle de 0ᵐ,01 pour un mètre.
10 mètres.
Langlois del.

Pl. 1.

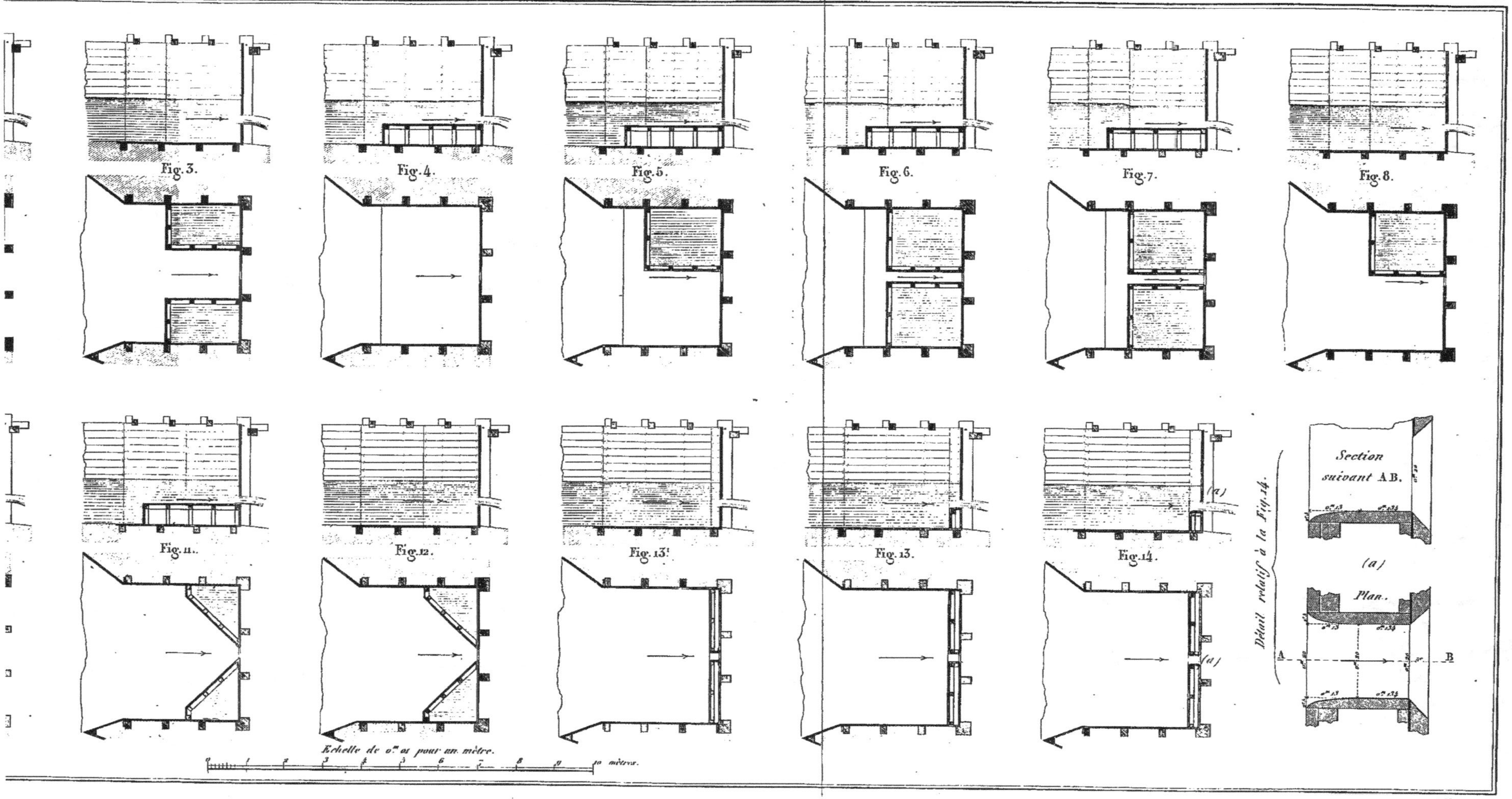

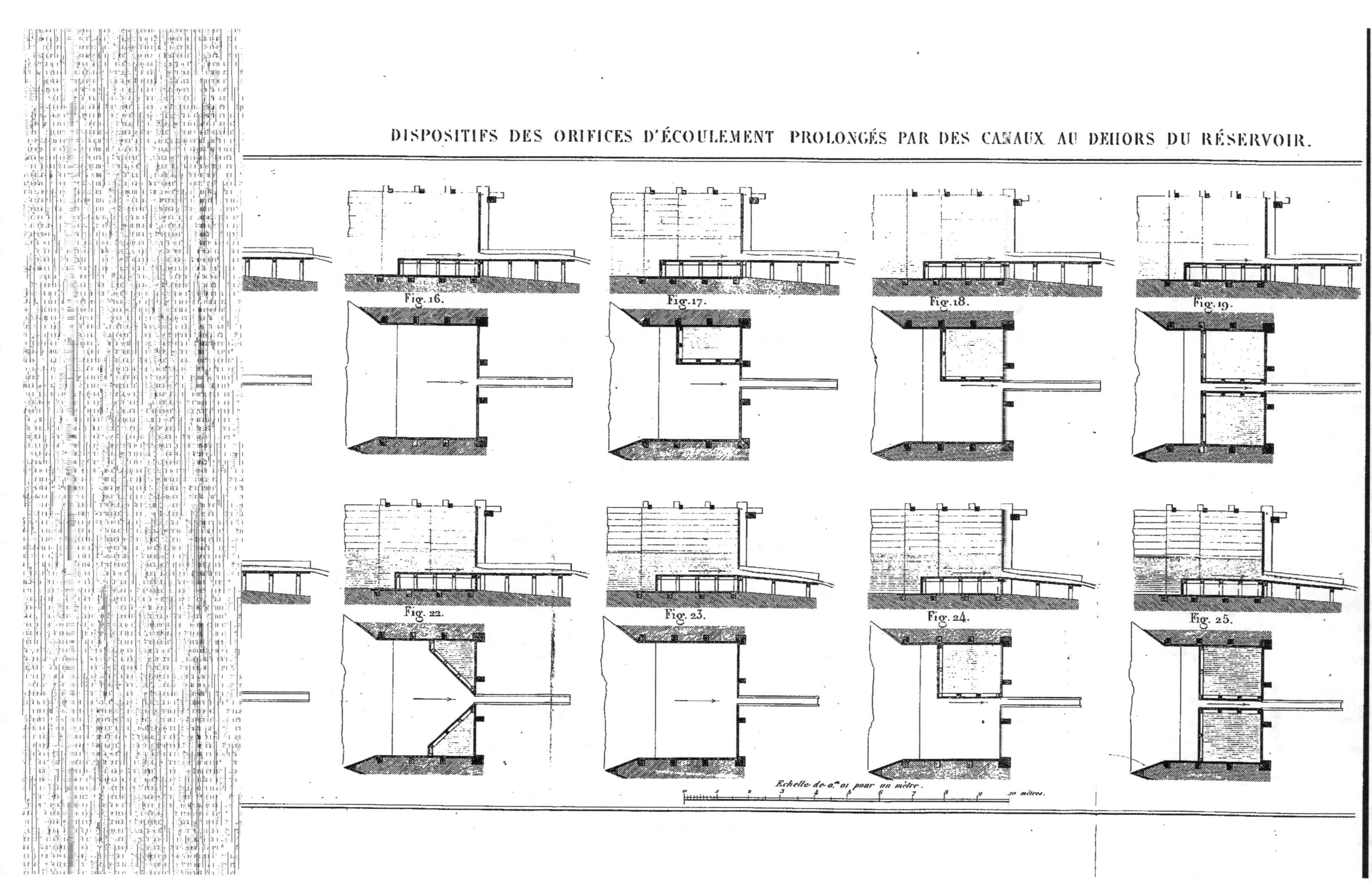

DISPOSITIFS DES ORIFICES D'ÉCOULEMENT PROLONGÉS PAR DES CANAUX AU DEHORS DU RÉSERVOIR.
Fig. 16.
Fig. 17.
Fig. 18.
Fig. 19.
Fig. 22.
Fig. 23.
Fig. 24.
Fig. 25.
Echelle de 0,01 pour un mètre.
10 mètres.

Pl. 2.

E. Wormser sc.

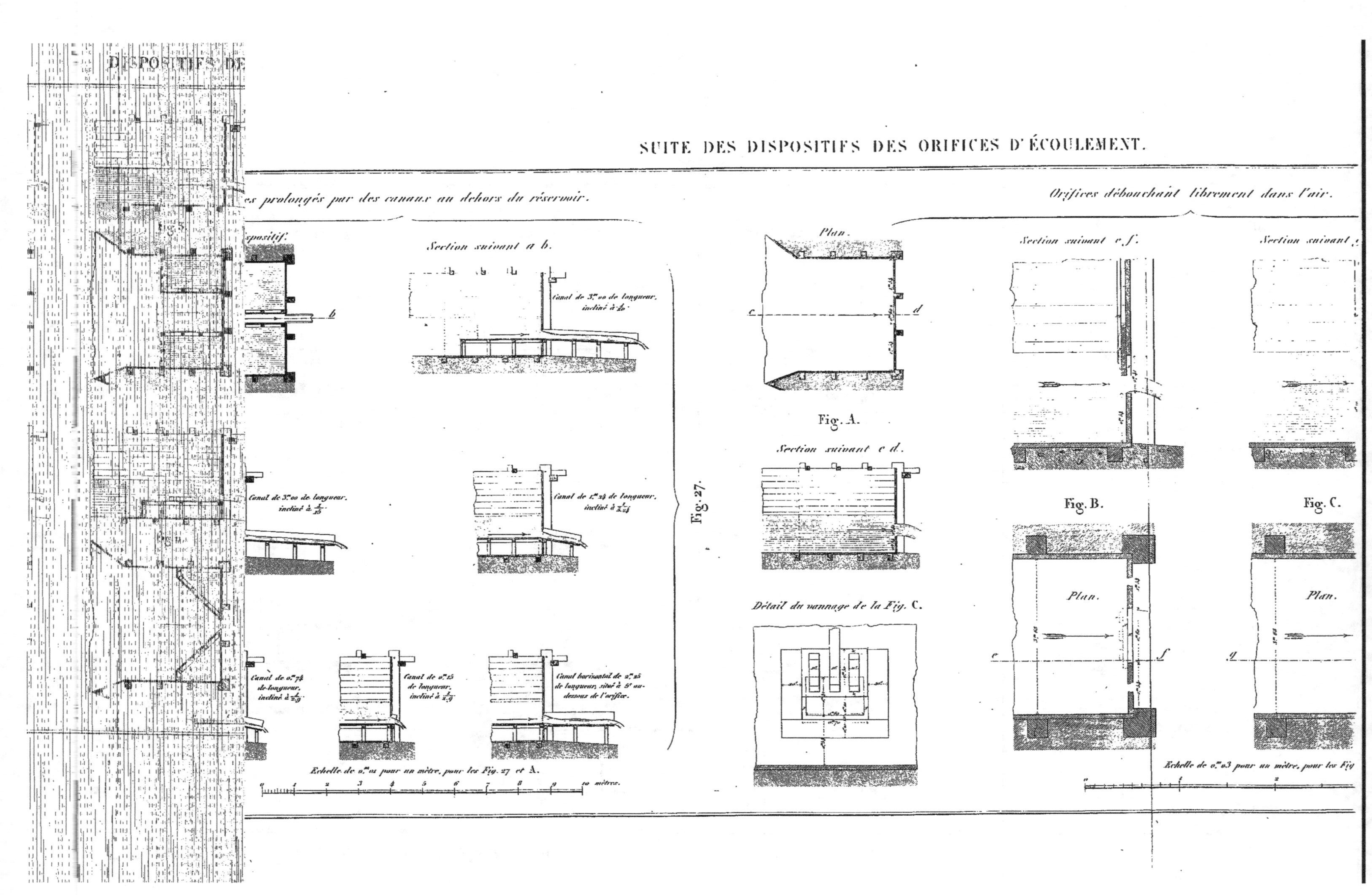

SUITE DES DISPOSITIFS DES ORIFICES D'ÉCOULEMENT.
...es prolongés par des canaux au dehors du réservoir.
Orifices débouchant librement dans l'air.
DISPOSITIFS DE
Dispositif.
Section suivant a b.
Canal de 3.m00 de longueur, incliné à 1/20.
b
Canal de 3.m00 de longueur, incliné à 1/15.
Canal de 1.m24 de longueur, incliné à 1/14.
Canal de 0.m74 de longueur, incliné à 1/9.
Canal de 0.m15 de longueur, incliné à 1/9.
Canal horizontal de 2.m25 de longueur, situé à 9.m au-dessous de l'orifice.
Fig. 27.
Echelle de 0.m01 pour un mètre, pour les Fig. 27 et A.
10 mètres.
Plan.
c
d
Fig. A.
Section suivant c d.
Détail du vannage de la Fig. C.
Section suivant e f.
Section suivant g
Fig. B.
Fig. C.
Plan.
Plan.
e
f
g
Echelle de 0.m03 pour un mètre, pour les Fig.

dehors du réservoir.
Orifices débouchant librement dans l'air.
Section suivant a b.
Plan.
Section suivant e f.
Section suivant g h.
Section suivant i k.
Canal de 3m.00 de longueur, incliné à 1/2.
c
d
Fig. A.
Fig. 27.
Section suivant c d.
Canal de 1m.24 de longueur, incliné à 3.23.
Fig. B.
Fig. C.
Fig. D.
Détail du vannage de la Fig. C.
Plan.
Plan.
Plan.
Canal horizontal de 2m.23 de longueur, situé à 3m au-dessous de l'orifice.
e
f
g
h
i
k
les Fig. 2 et A.
10 mètres.
Échelle de 0m.03 pour un mètre, pour les Fig. B, C, D.
4 mètres.
E. Warnser sc.

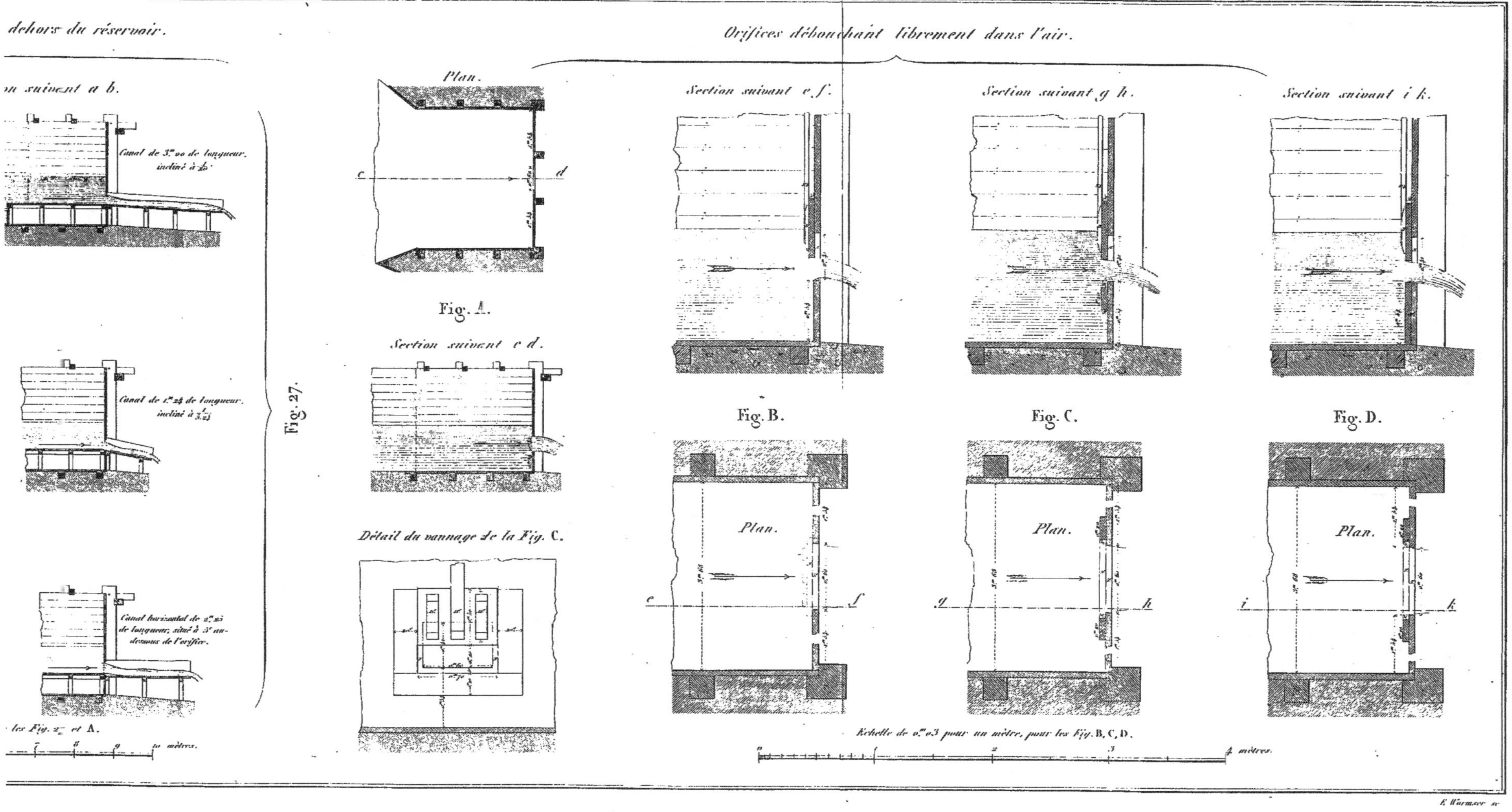

APPAREILS POUR RELEVER LES CHARGES DE LIQUIDE ET LES SECTIONS DES VEINES.

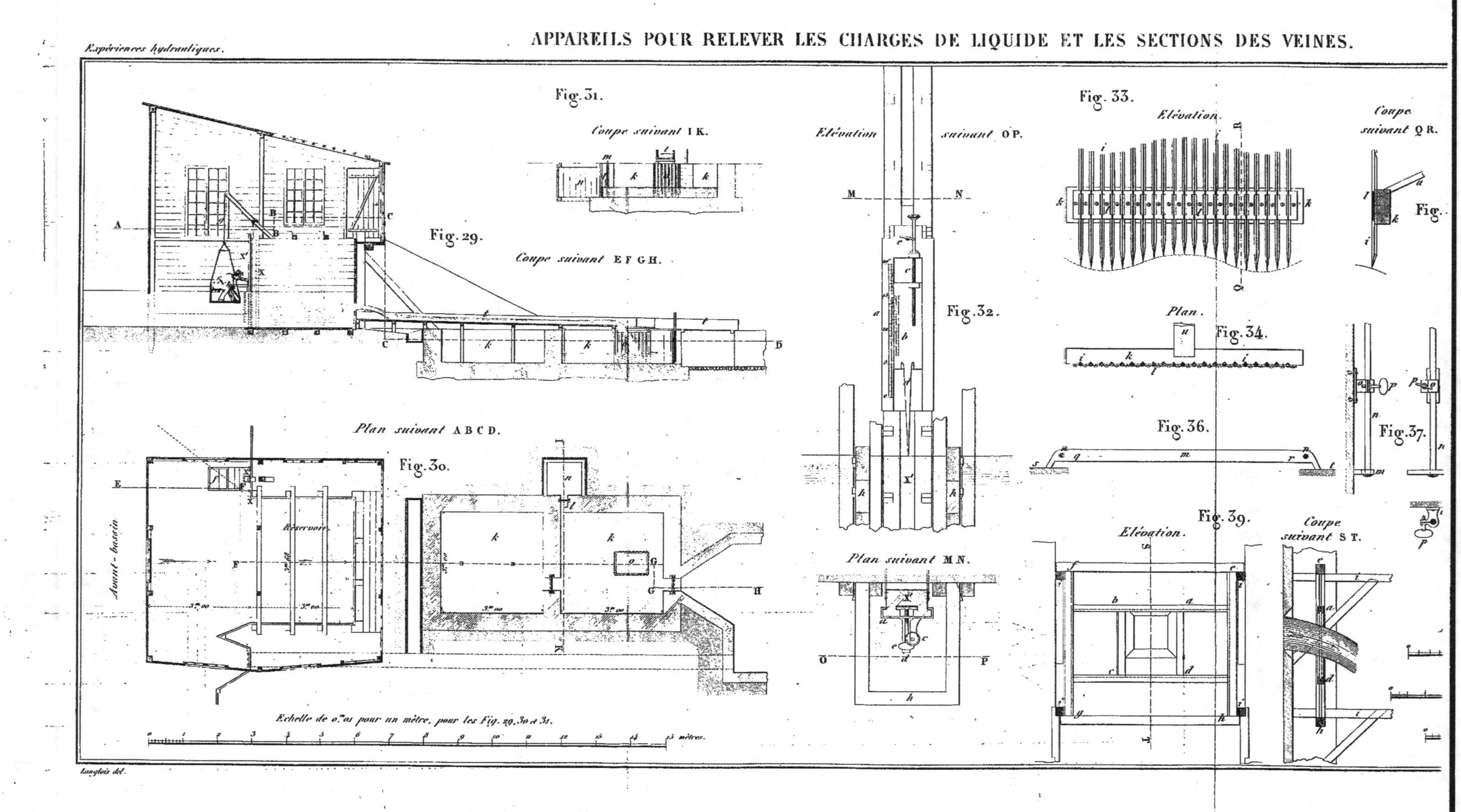

Pl. 4.

Fig. 31.
Coupe suivant I K.
Coupe suivant E F G H.
Fig. 32.
Elévation suivant O P.
Plan suivant M N.
Fig. 33.
Elévation.
Plan.
Fig. 34.
Fig. 36.
Fig. 35.
Coupe suivant Q R.
Fig. 37.
Fig. 39.
Elévation.
Coupe suivant S T.
Coupe suivant U V.
Fig. 38.
Elévation.
Plan.
Echelle de 0.m3 pour un mètre, pour les Fig. de 33 à 37.
Echelle de 0.m25 pour un mètre, pour la Fig. 39.
Echelle de 0.m2 pour un mètre, pour les Fig. 32 et 38.
E. Wormser sc.

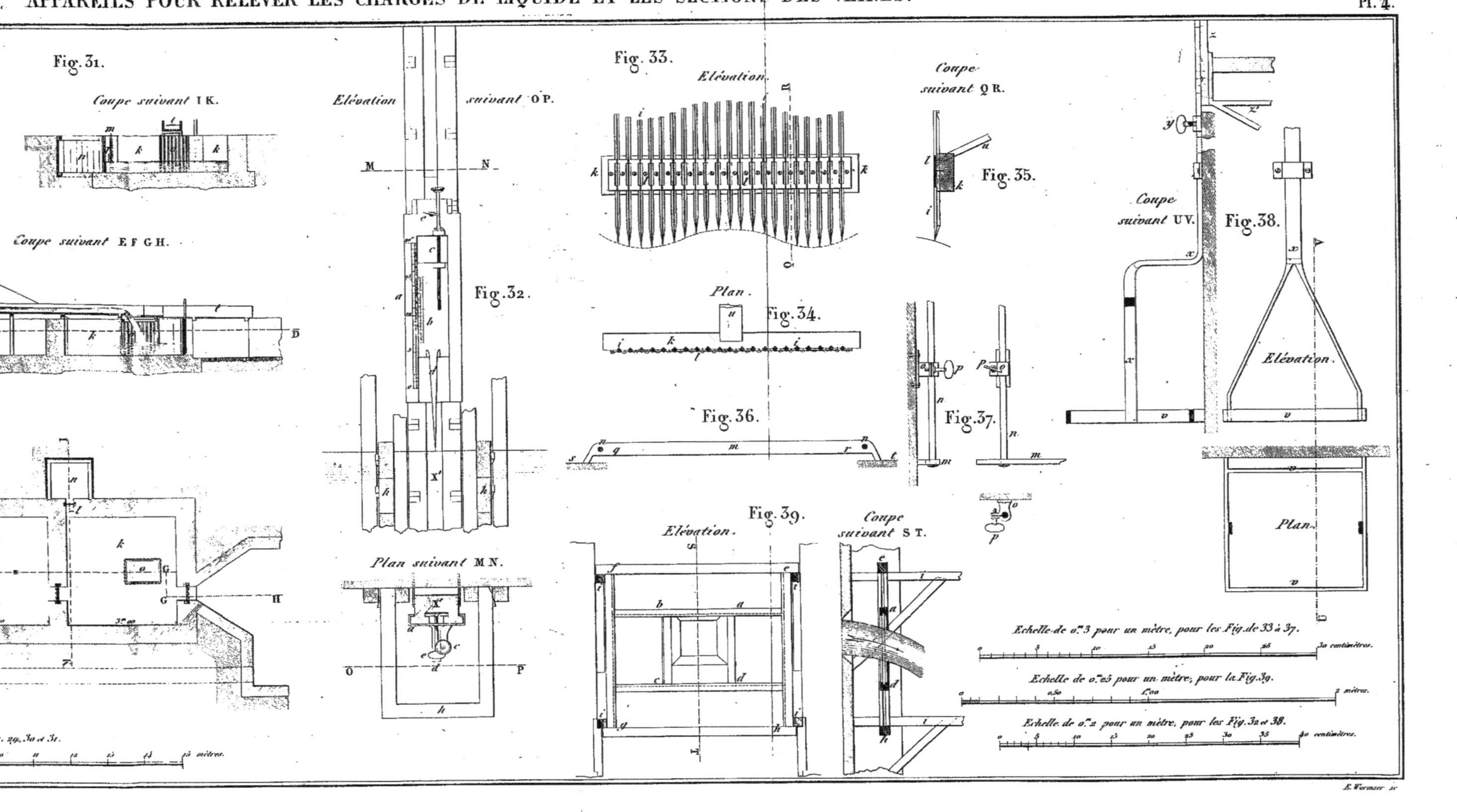

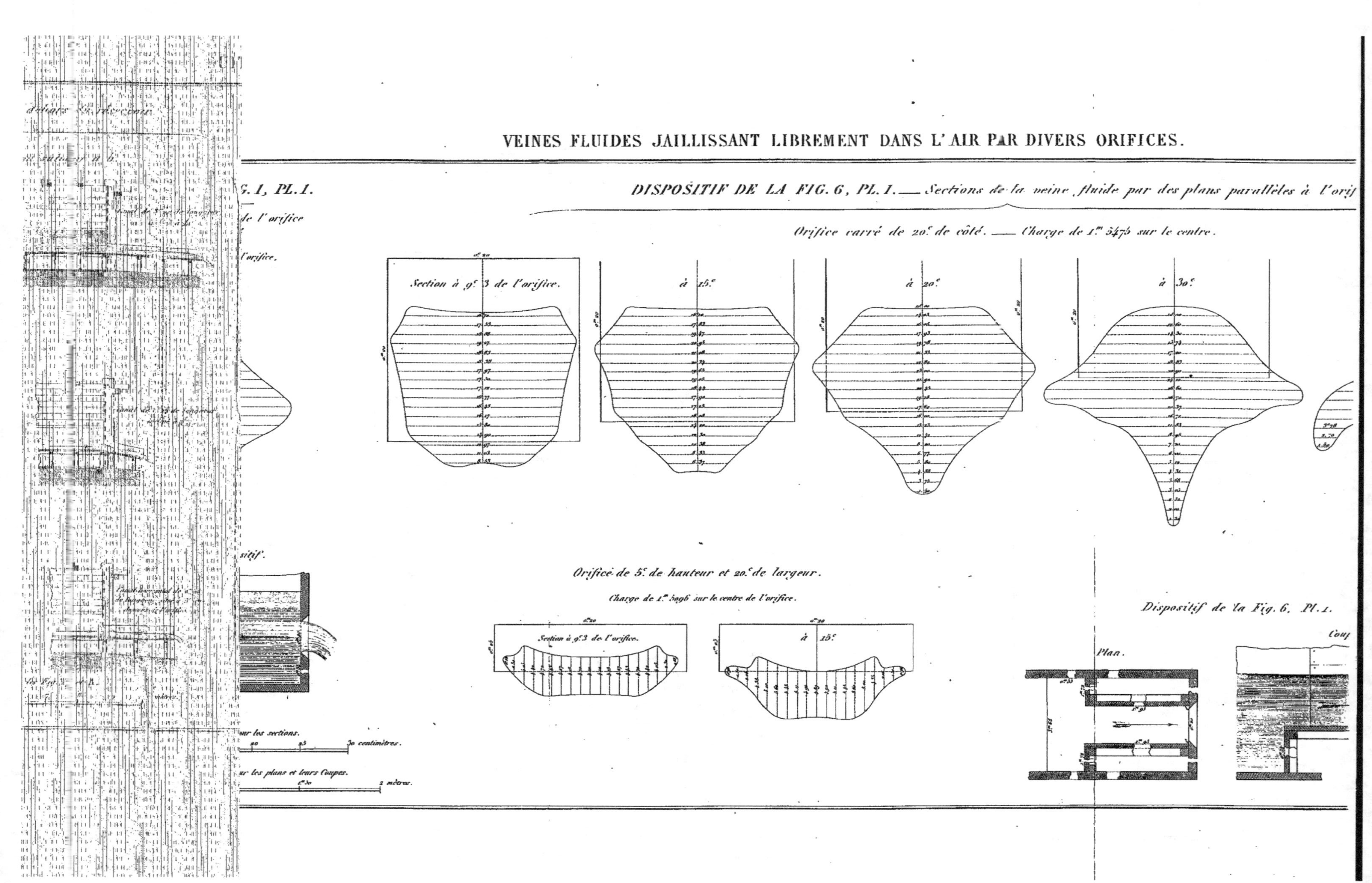

VEINES FLUIDES JAILLISSANT LIBREMENT DANS L'AIR PAR DIVERS ORIFICES.
DISPOSITIF DE LA FIG. 6, PL. 1. — Sections de la veine fluide par des plans parallèles à l'orif
Orifice carré de 20c. de côté. — Charge de 1m. 5475 sur le centre.
Section à 9c. 3 de l'orifice.
à 15c.
à 20c.
à 30c.
Orifice de 5c. de hauteur et 20c. de largeur.
Charge de 1m. 5096 sur le centre de l'orifice.
Section à 9c. 3 de l'orifice.
à 15c.
Dispositif de la Fig. 6, Pl. 1.
Plan.
Coup
G. 1, PL. 1.

DISPOSITIF DE LA FIG. 6, PL. 1. — Sections de la veine fluide par des plans parallèles à l'orifice.
Orifice carré de 20.º de côté. — Charge de 1.ᵐ 5475 sur le centre.
à 15.º
à 20.º
à 30.º
à 35.º
Orifice de 5.º de hauteur et 20.º de largeur.
Charge de 1.ᵐ 5096 sur le centre de l'orifice.
à l'orifice.
à 15.º
Dispositif de la Fig. 6, Pl. 1.
Plan.
Coupe.
Élévation de la veine à sa sortie de l'orifice carré de 20.º
E. Wormser sc.

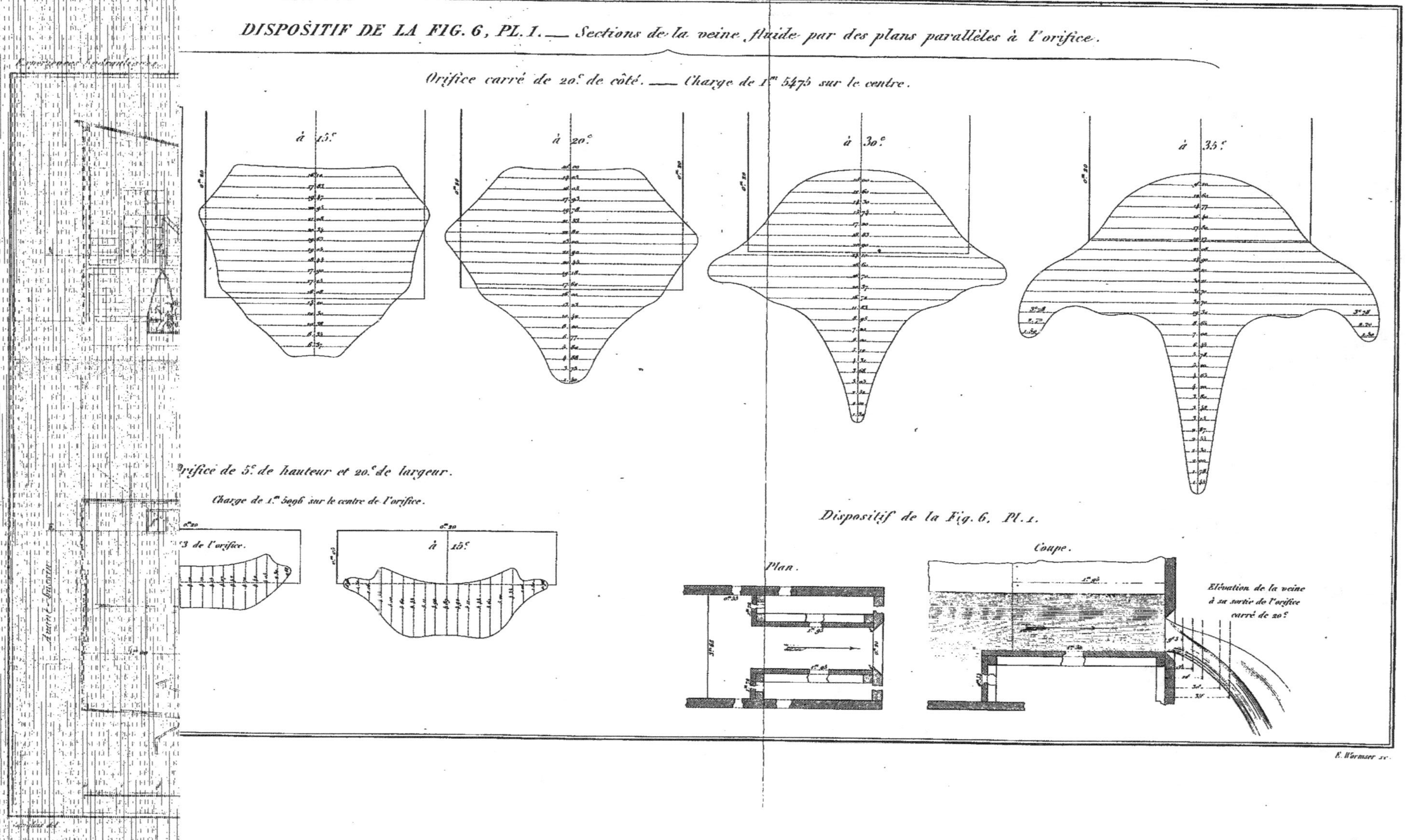

Expériences hydrauliques.
VEINE FLUIDE JAILLISSANT LIBREMENT DANS L'AIR PAR UN ORIFICE DE 2ᶜ DE BASE ET 60ᶜ DE HAUTEUR. 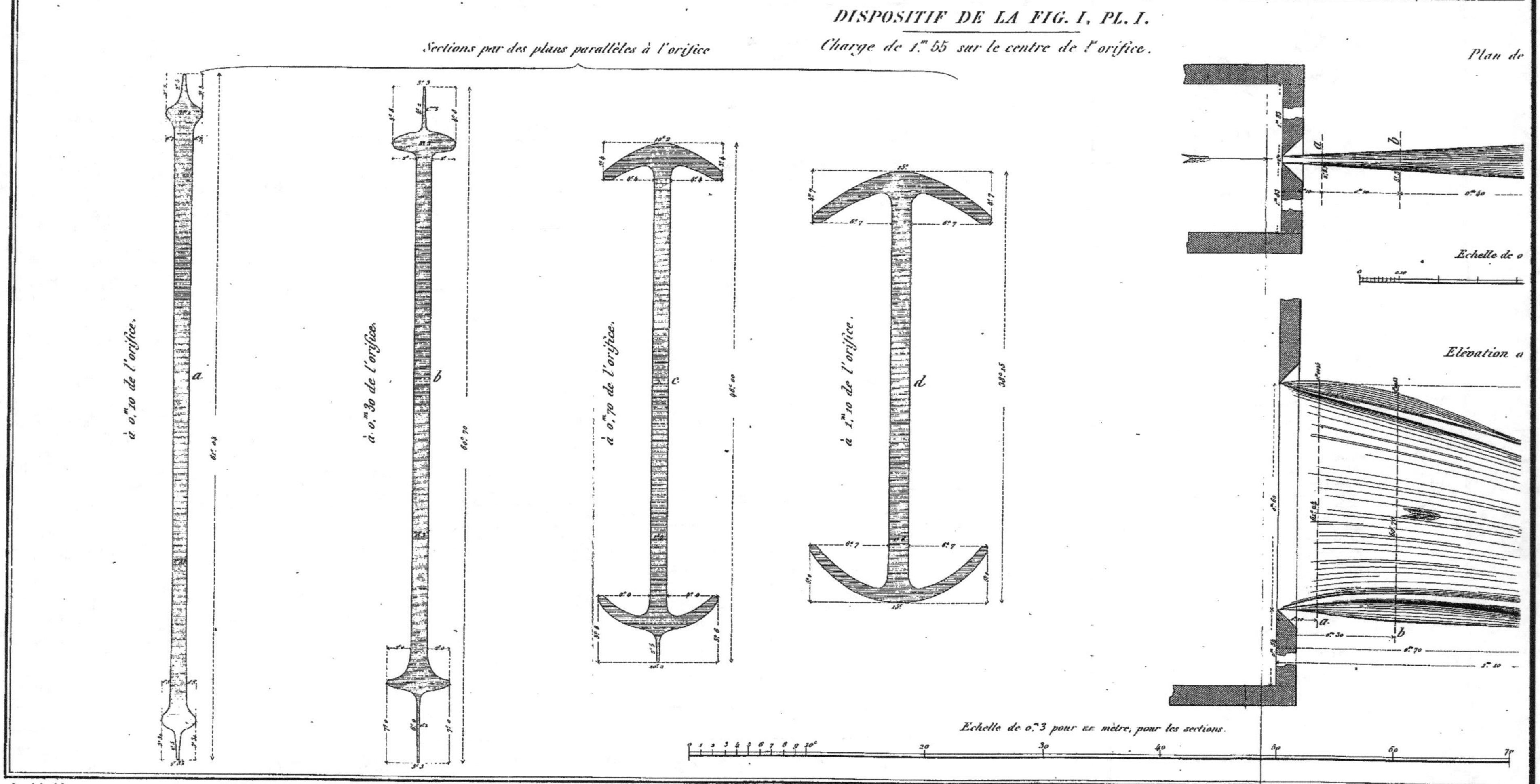
DISPOSITIF DE LA FIG. I, PL. I.
Sections par des plans parallèles à l'orifice
Charge de 1.ᵐ 55 sur le centre de l'orifice.
Plan de
Echelle de o
Elévation a
à o.ᵐ 10 de l'orifice.
à o.ᵐ 30 de l'orifice.
à o.ᵐ 70 de l'orifice.
à 1.ᵐ 10 de l'orifice.
a
b
c
d
Echelle de o.ᵐ 3 pour un mètre, pour les sections.
Langlois del.

Pl. 6.

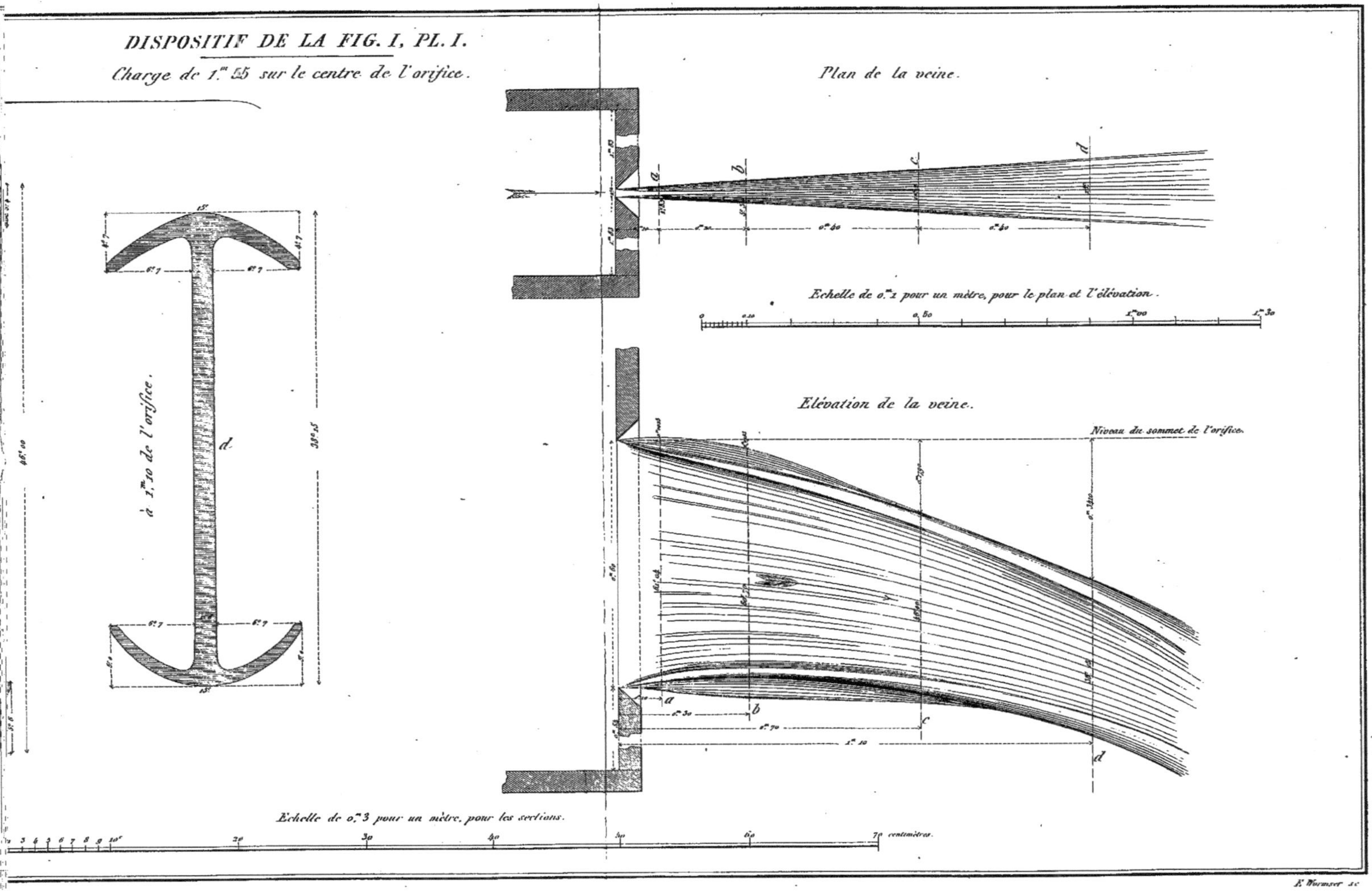

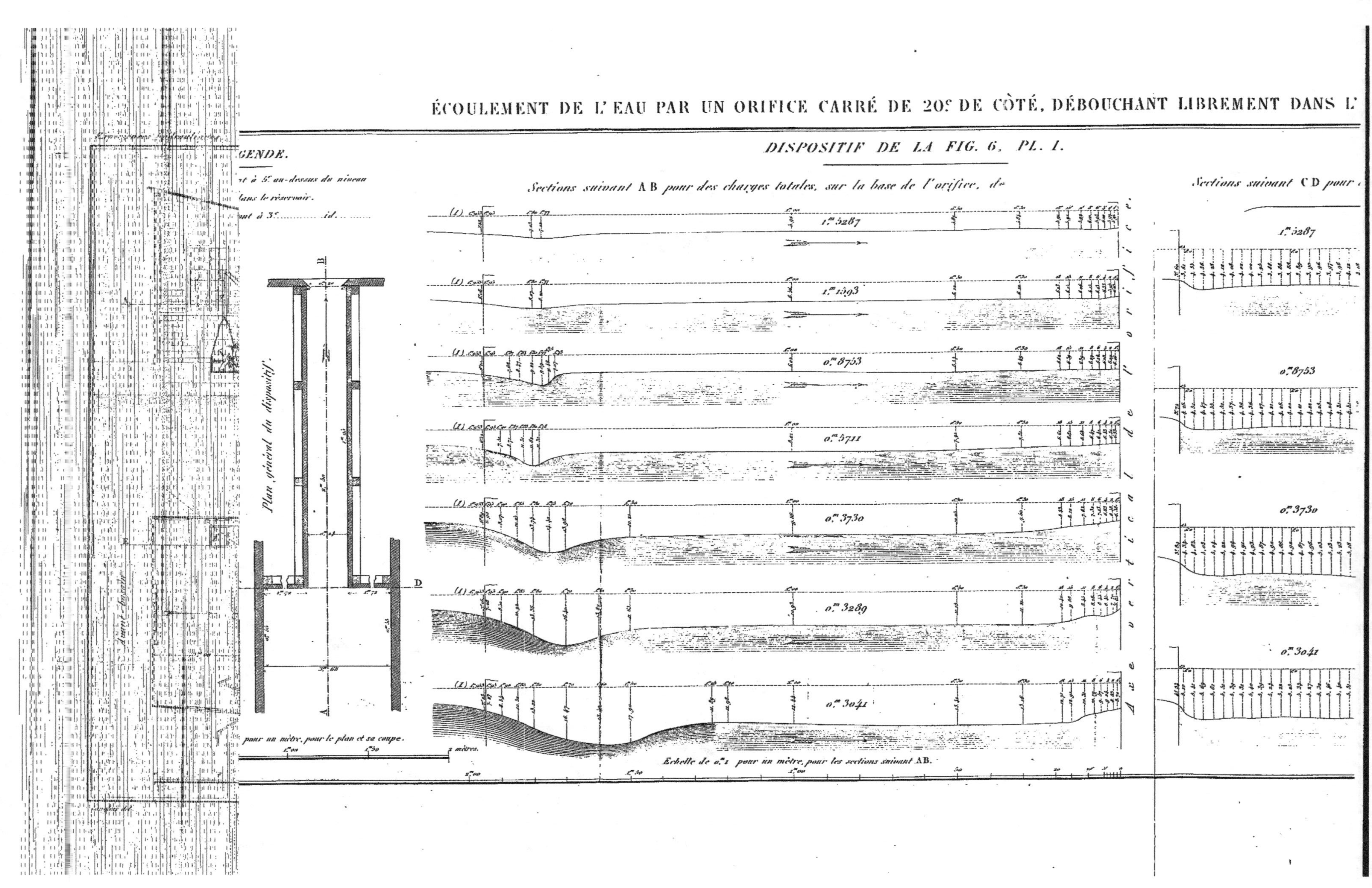

ÉCOULEMENT DE L'EAU PAR UN ORIFICE CARRÉ DE 20.ᶜ DE CÔTÉ, DÉBOUCHANT LIBREMENT DANS L'
DISPOSITIF DE LA FIG. 6, PL. I.
GENDE.
Sections suivant AB pour des charges totales, sur la base de l'orifice, d°
Sections suivant CD pour
Plan général du dispositif.
vue verticale de l'orifice
1.ᵐ5287
1.ᵐ1393
0.ᵐ8753
0.ᵐ5711
0.ᵐ3730
0.ᵐ3289
0.ᵐ3041
1.ᵐ5287
0.ᵐ8753
0.ᵐ3730
0.ᵐ3041
pour un mètre, pour le plan et sa coupe.
Echelle de 0.ᵐ1 pour un mètre, pour les sections suivant AB.

DISPOSITIF DE LA FIG. 6, PL. 1.

Sections suivant A B pour des charges totales, sur la base de l'orifice, de

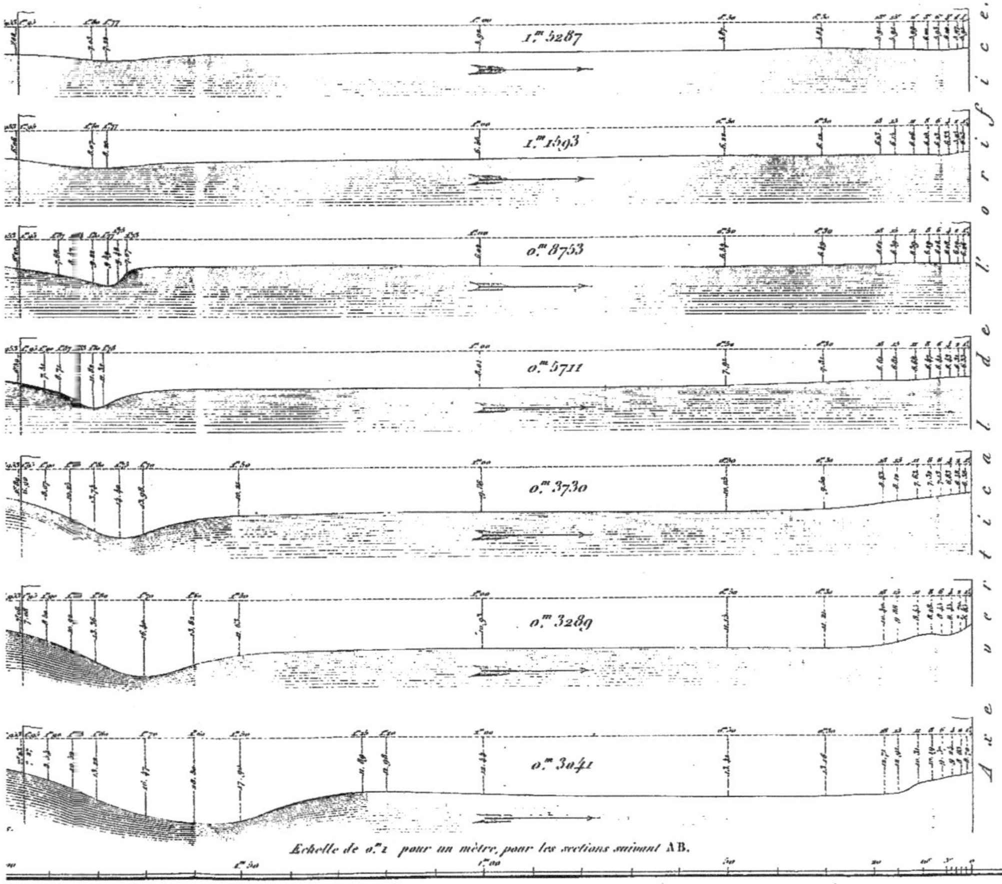
1m 5287
1m 1593
0m 8753
0m 5711
0m 3730
0m 3289
0m 3041
Axe vertical de l'orifice.
Echelle de 0m 1 pour un mètre, pour les sections suivant AB.

Sections suivant C D pour des charges totales, sur la base de l'orifice, de

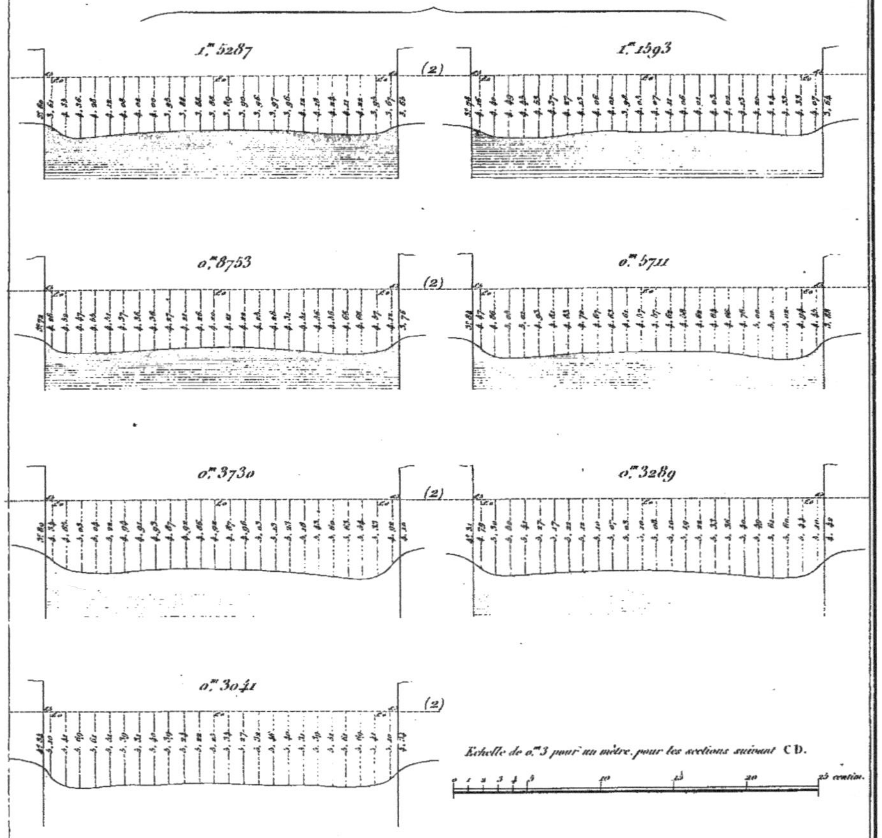
1m 5287
1m 1593
0m 8753
0m 5711
0m 3730
0m 3289
0m 3041
(2)
Echelle de 0m 3 pour un mètre, pour les sections suivant CD.

E. Wormser sc.

Expériences hydrauliques.

ÉCOULEMENT DE L'EAU PAR UN ORIFICE DE 10ᶜ DE HAUTEUR ET 20ᶜ DE LARGEUR, DÉBOUCHANT LIBREMENT DANS L'AI

LÉGENDE.

Les horizontales (1) sont à 10ᶜ au-dessus du niveau
de l'eau dans le réservoir.
Les horizontales (2) sont à 3ᶜ............id.

Coupe en long.

Plan général du dispositif.

Échelle de 0ᵐ05 pour un mètre, pour le plan et sa coupe.

DISPOSITIF DE LA FIG. 6, Pl. 1.

Sections suivant AB pour des charges totales, sur la base de l'orifice, de

1ᵐ6638

1ᵐ0127

0ᵐ5616

0ᵐ3593

0ᵐ1958

0ᵐ1528

Axe vertical de l'orifice.

Échelle de 0ᵐ1 pour un mètre, pour les sections suivant AB.

Sections suivant CD pour des

1ᵐ6638

0ᵐ5616

0ᵐ1958

Échelle de 0ᵐ3 pour

Langlois del.

DISPOSITIF DE LA FIG. 6, PL. I.
Sections suivant AB pour des charges totales, sur la base de l'orifice, de
Sections suivant CD pour des charges totales, sur la base de l'orifice, de 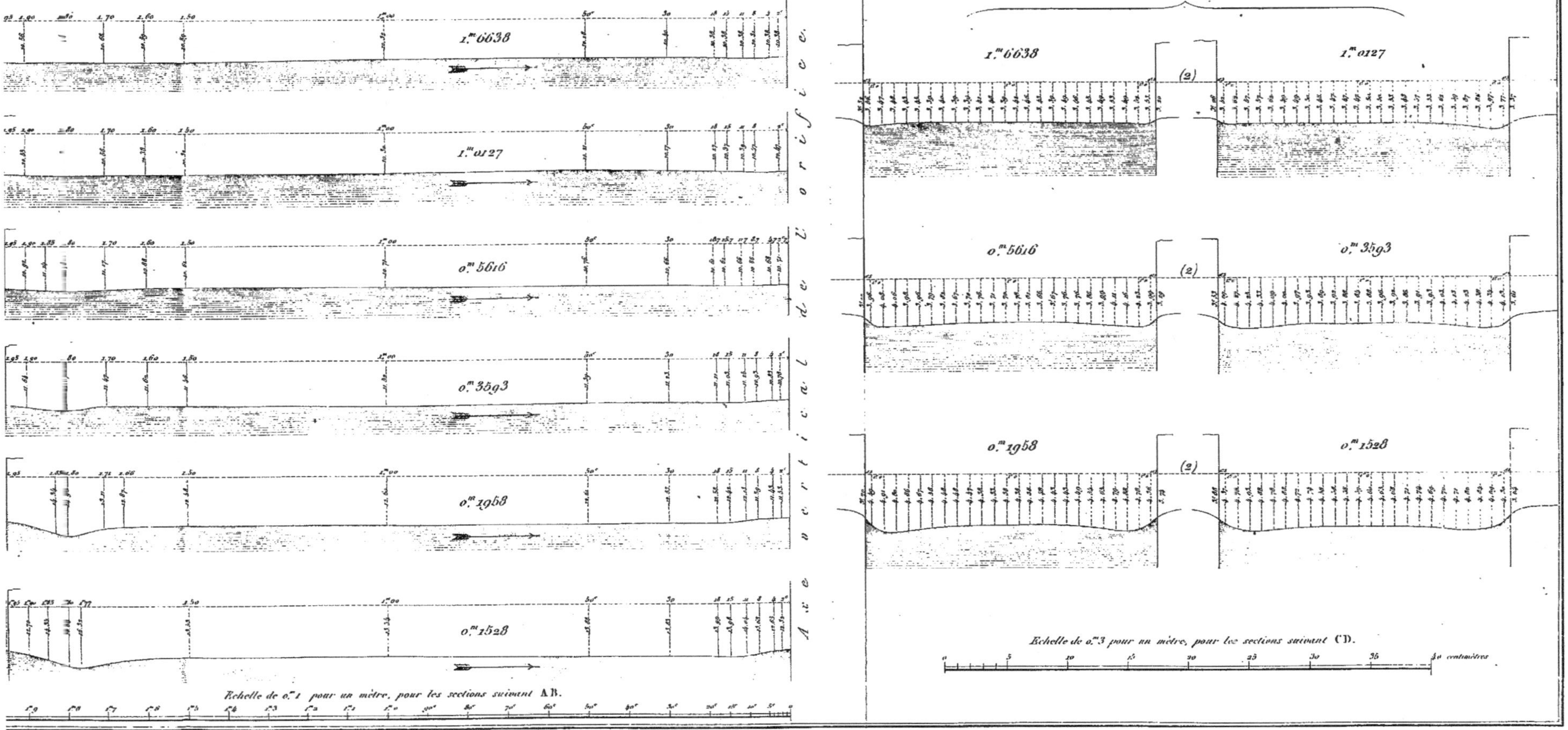
1.ᵐ6638
1.ᵐ0127
0.ᵐ5616
0.ᵐ3593
0.ᵐ1958
0.ᵐ1528
(2)
Axe vertical de l'orifice.
Échelle de 0.ᵐ1 pour un mètre, pour les sections suivant AB.
Échelle de 0.ᵐ3 pour un mètre, pour les sections suivant CD.
40 centimètres
F. Vermот sc.

ÉCOULEMENT DE L'EAU PAR UN ORIFICE DE 5ᶜ DE HAUTEUR ET 20ᶜ DE LARGEUR, DÉBOUCHANT LIBREMENT DANS L'

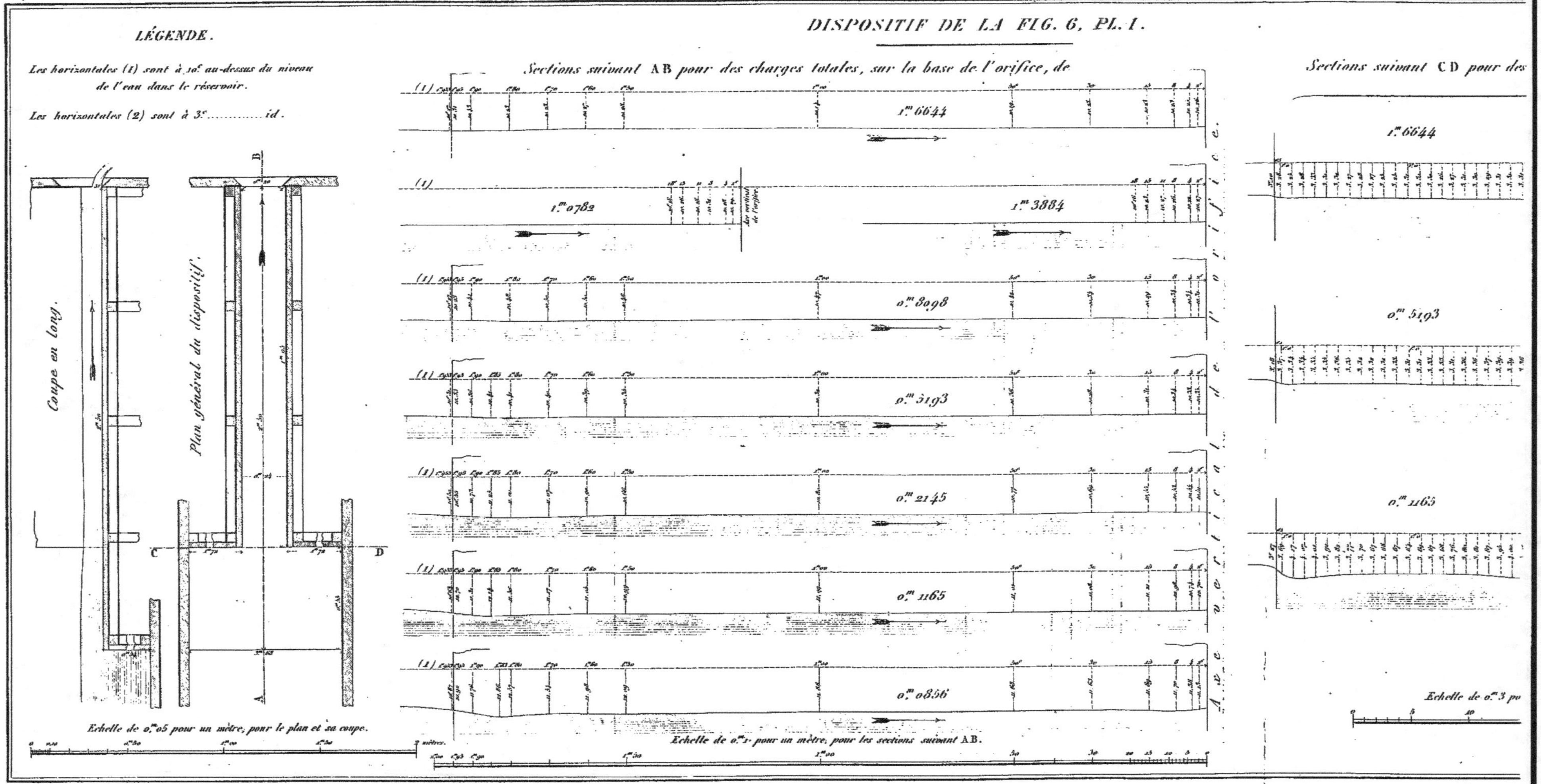

Expériences hydrauliques.

DISPOSITIF DE LA FIG. 6, PL. I.

LÉGENDE.

Les horizontales (1) sont à 10ᶜ au-dessus du niveau de l'eau dans le réservoir.

Les horizontales (2) sont à 3ᶜ .... id.

Coupe en long.

Plan général du dispositif.

Sections suivant AB pour des charges totales, sur la base de l'orifice, de

Sections suivant CD pour des

1.ᵐ 6644

1.ᵐ 0782   1.ᵐ 3884

0.ᵐ 8098

0.ᵐ 5193

0.ᵐ 2145

0.ᵐ 1165

0.ᵐ 0856

1.ᵐ 6644

0.ᵐ 5193

0.ᵐ 1165

Échelle de 0.ᵐ 05 pour un mètre, pour le plan et sa coupe.

Échelle de 0.ᵐ 1 pour un mètre, pour les sections suivant AB.

Échelle de 0.ᵐ 3 po

Langlois del.

DISPOSITIF DE LA FIG. 6, PL. 1.

Sections suivant AB pour des charges totales, sur la base de l'orifice, de

1ᵐ 6644
1ᵐ 0782
1ᵐ 3884
der orificol de l'orifice
0ᵐ 8098
0ᵐ 5193
0ᵐ 2145
0ᵐ 1165
0ᵐ 0856

Echelle de 0ᵐ 1 pour un mètre, pour les sections suivant AB.

Sections suivant CD pour des charges totales, sur la base de l'orifice, de

1ᵐ 6644
0ᵐ 8098
(2)
0ᵐ 5193
0ᵐ 2145
(2)
0ᵐ 1165
0ᵐ 0856
(2)

Echelle de 0ᵐ 3 pour un mètre, pour les sections suivant CD.

ÉCOULEMENT DE L'EAU PAR UN ORIFICE DE 3ᶜ DE HAUTEUR ET 20ᶜ DE LARGEUR, DÉBOUCHANT LIBREMENT DANS

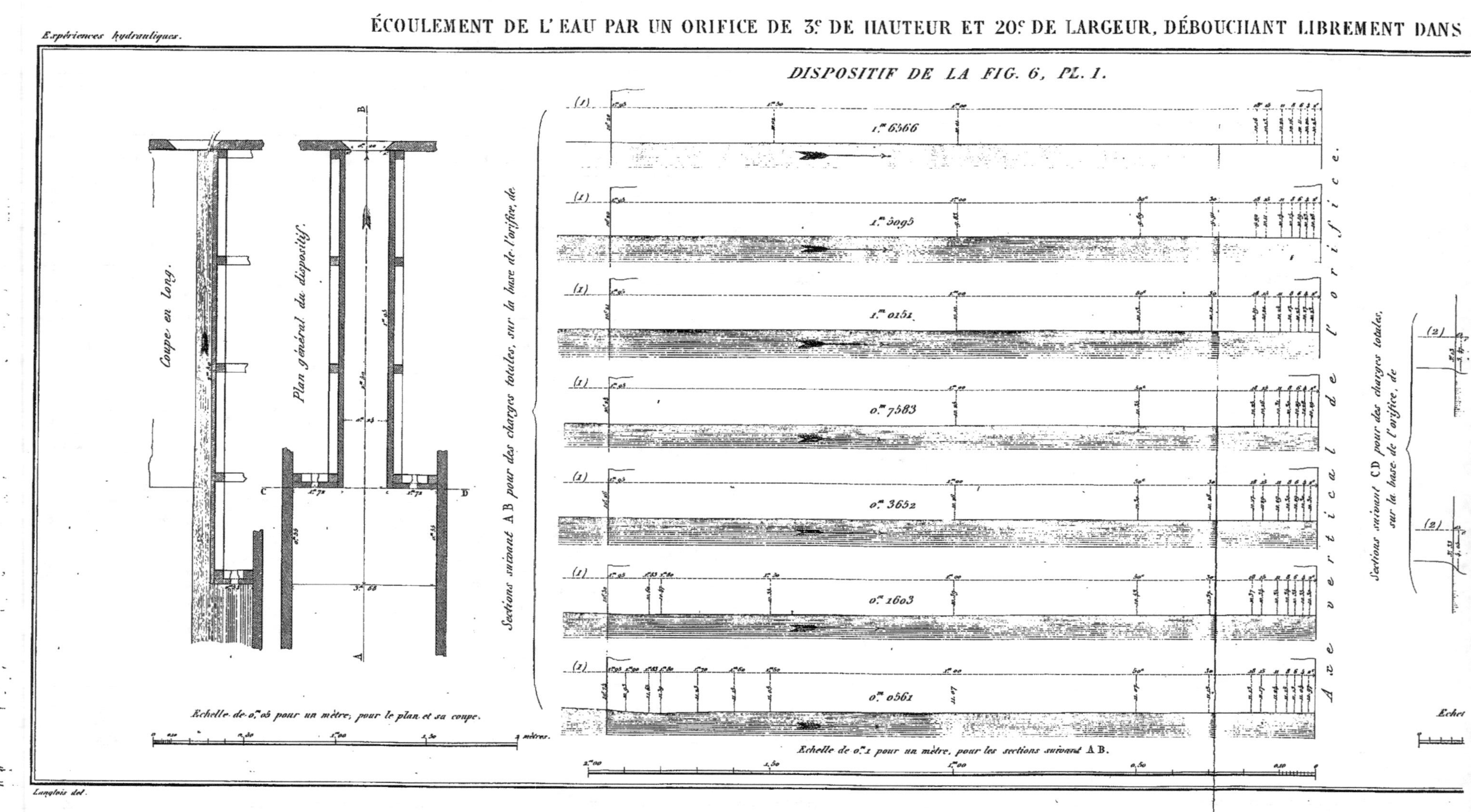

...IFICE DE 3ᶜ DE HAUTEUR ET 20ᶜ DE LARGEUR, DÉBOUCHANT LIBREMENT DANS L'AIR.

DISPOSITIF DE LA FIG. 6, PL. 1.

LÉGENDE.

Les horizontales (1) sont à 10.ᶜ au-dessus du niveau de l'eau dans le réservoir.

Les horizontales (2) sont à 3ᶜ...........id.

E. Wormser sc.

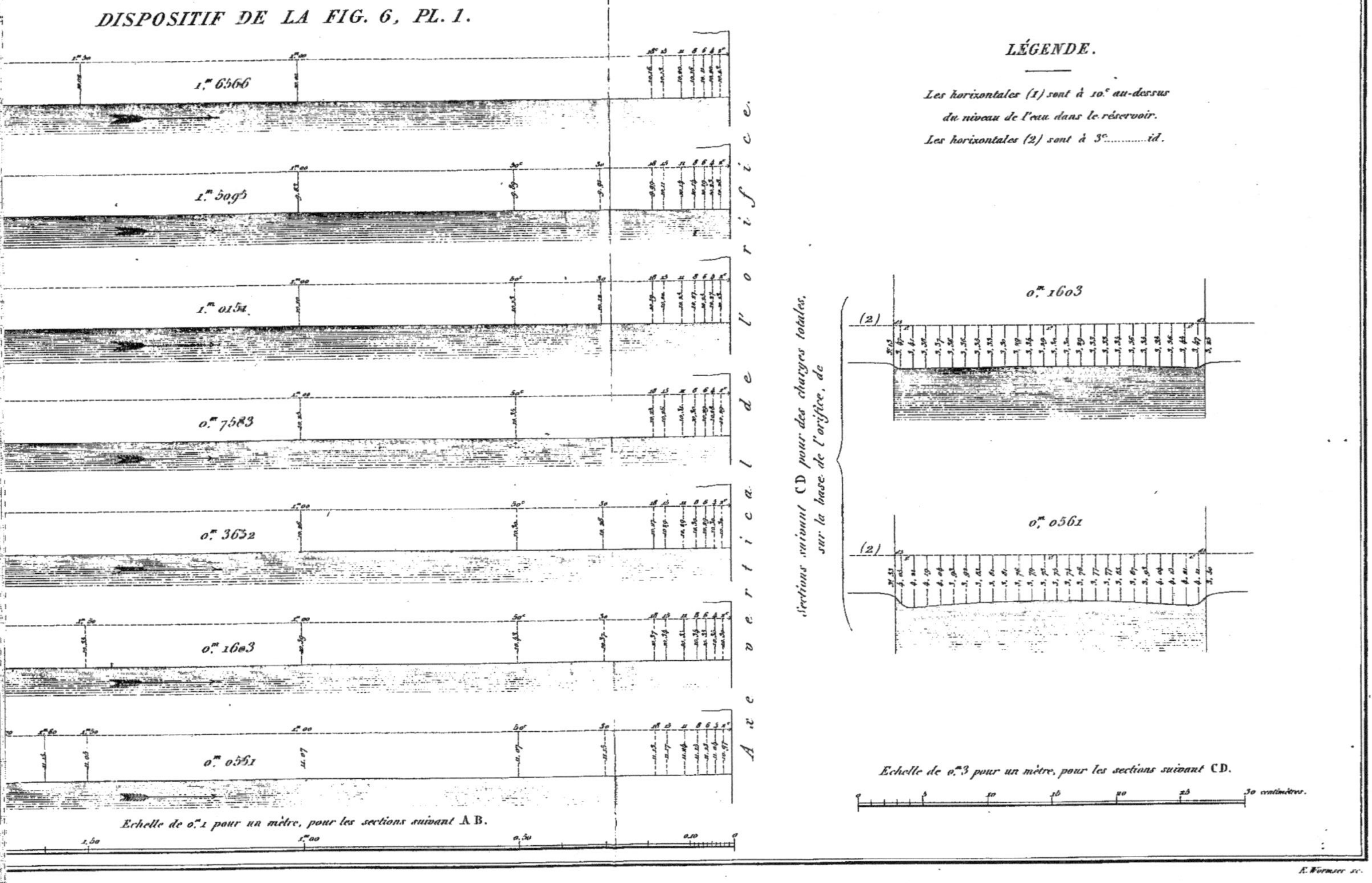

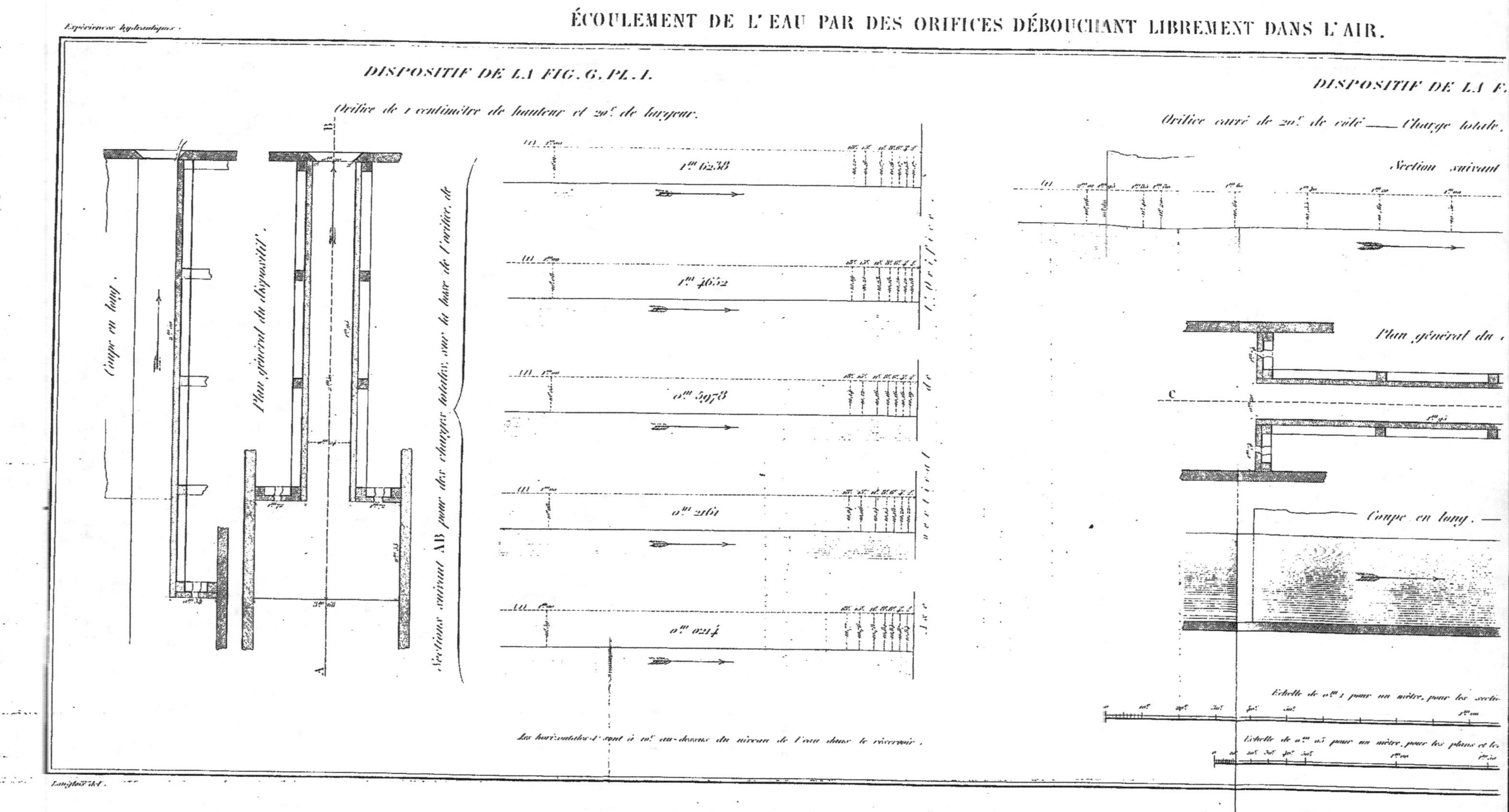

Expériences hydrauliques.
ÉCOULEMENT DE L'EAU PAR DES ORIFICES DÉBOUCHANT LIBREMENT DANS L'AIR.
DISPOSITIF DE LA FIG. G. PL. I.
DISPOSITIF DE LA F.
Orifice de 1 centimètre de hauteur et 20c. de largeur.
Orifice carré de 20c. de côté — Charge totale.
Coupe en long.
Plan général du dispositif.
Plan général du
Coupe en long.
Section suivant
Sections suivant AB pour des charges totales, sur la base de l'orifice, de
B
A
c
1m 6238
1m 4652
0m 5978
0m 2161
0m 0214
Les horizontales sont à 1c. au-dessus du niveau de l'eau dans le réservoir.
Échelle de 0m 1 pour un mètre, pour les sections.
Échelle de 0m 05 pour un mètre, pour les plans et les
Langlois del.

ÉCOULEMENT DE L'EAU PAR DES ORIFICES DÉBOUCHANT LIBREMENT DANS L'AIR.

PL. II.

... DE LA FIG. 6, PL. I.

...re de hauteur et 20c de largeur.

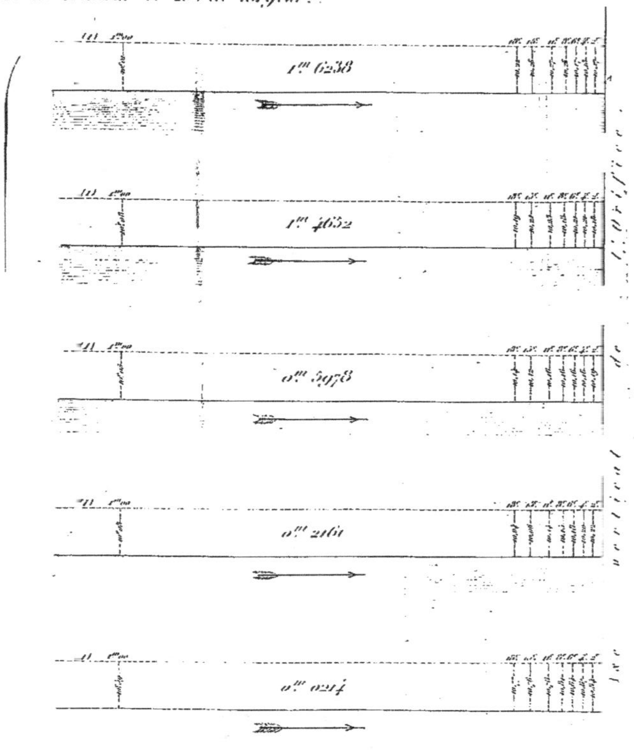

1m 6238
1m 4652
0m 5978
0m 2161
0m 0214
Axe vertical de l'orifice

Les horizontales 1' sont à 10c au-dessus du niveau de l'eau dans le réservoir.

DISPOSITIF DE LA FIG. 10, PL. I.

Orifice carré de 20c de côté — Charge totale, sur la base de l'orifice, de 0m 3441.

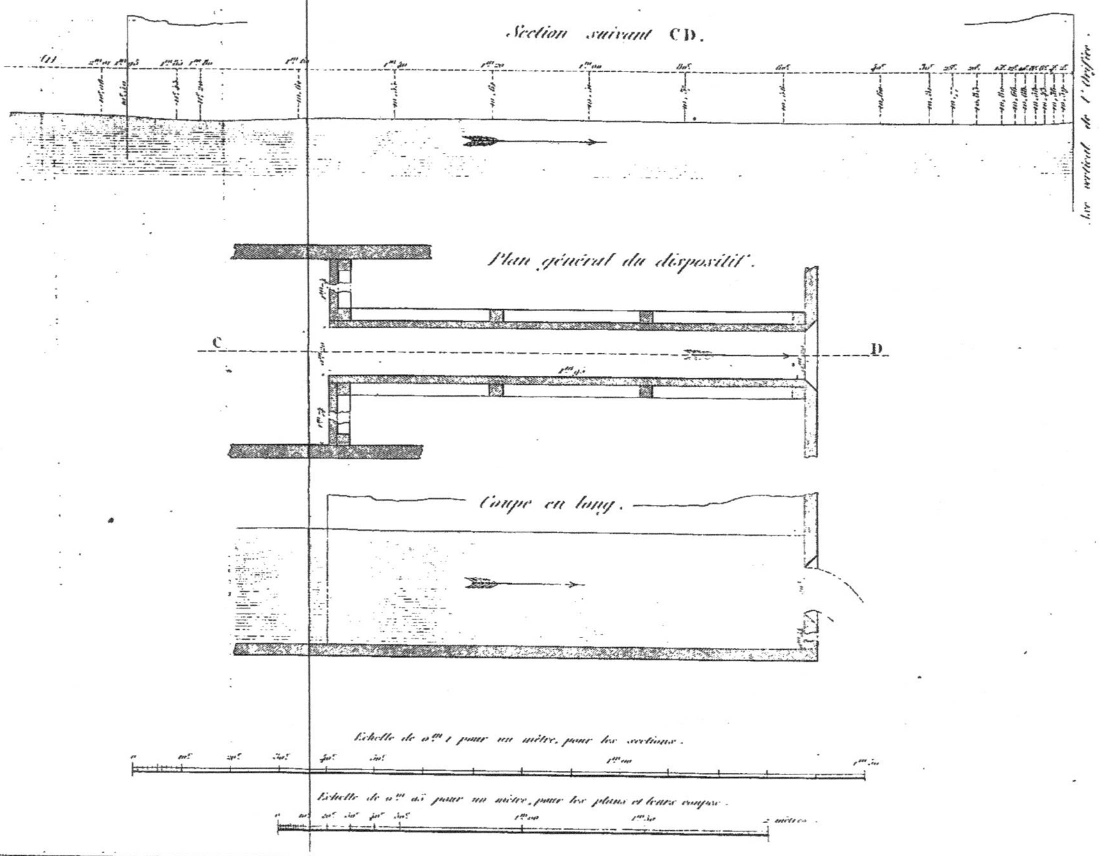

Section suivant CD.
Axe vertical de l'orifice.
Plan général du dispositif.
C
D
Coupe en long.
Échelle de 0m 1 pour un mètre, pour les sections.
Échelle de 0m 05 pour un mètre, pour les plans et leurs coupes.
2 mètres

E. Wormser sc.

Expériences hydrauliques.

ÉCOULEMENT DE L'EAU PAR UN ORIFICE CARRÉ DE 20ᶜ DE CÔTÉ,
prolongé au dehors du réservoir par un canal rectangulaire découvert et horizontal, de même largeur que l'orifice.

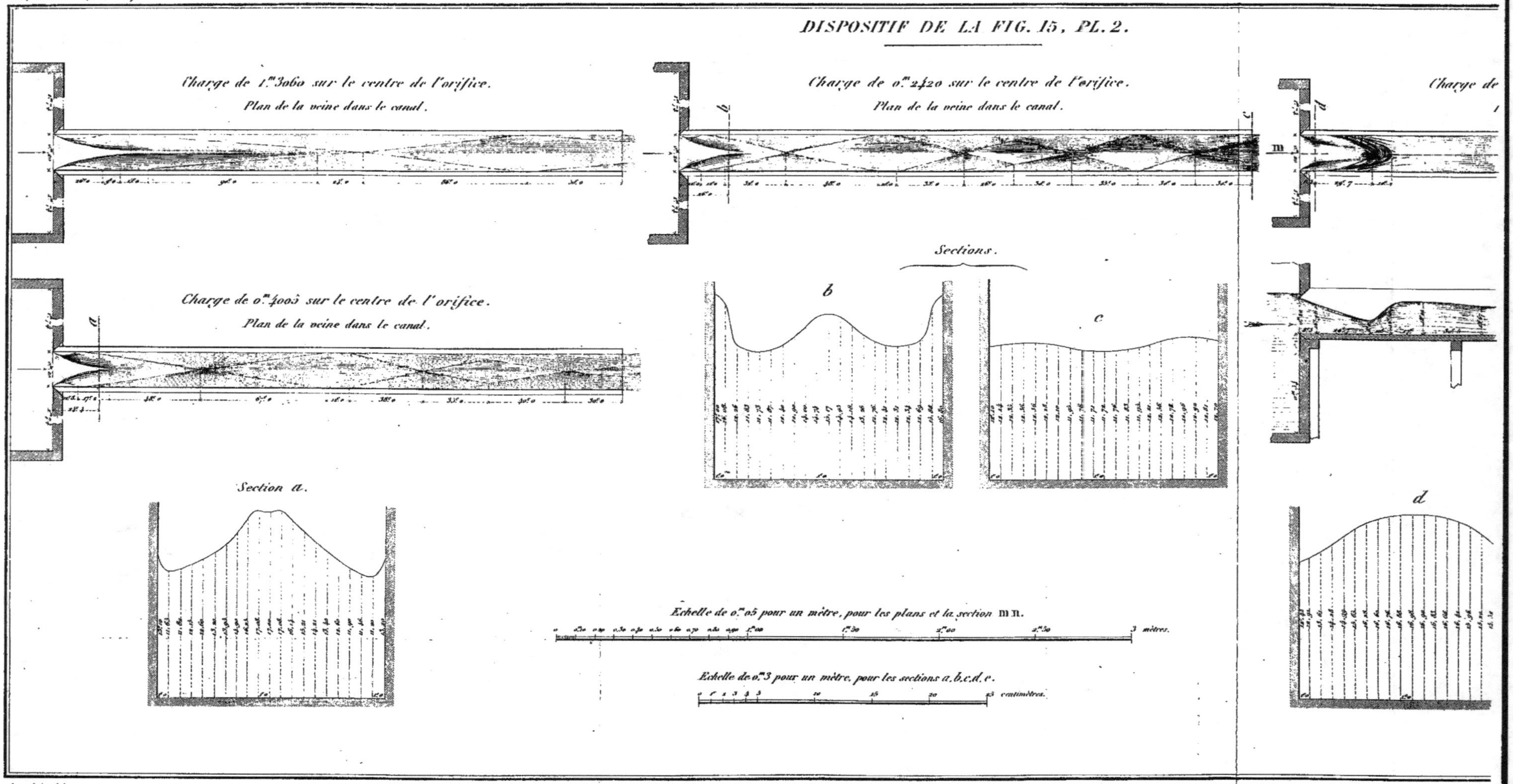

DISPOSITIF DE LA FIG. 15, PL. 2.

Charge de 1ᵐ.3060 sur le centre de l'orifice.
Plan de la veine dans le canal.

Charge de 0ᵐ.2420 sur le centre de l'orifice.
Plan de la veine dans le canal.

Charge de

Charge de 0ᵐ.4005 sur le centre de l'orifice.
Plan de la veine dans le canal.

Sections.

b

c

Section a.

d

Echelle de 0ᵐ.05 pour un mètre, pour les plans et la section m n.

3 mètres.

Echelle de 0ᵐ.3 pour un mètre, pour les sections a, b, c, d, e.

centimètres.

Langlois del.

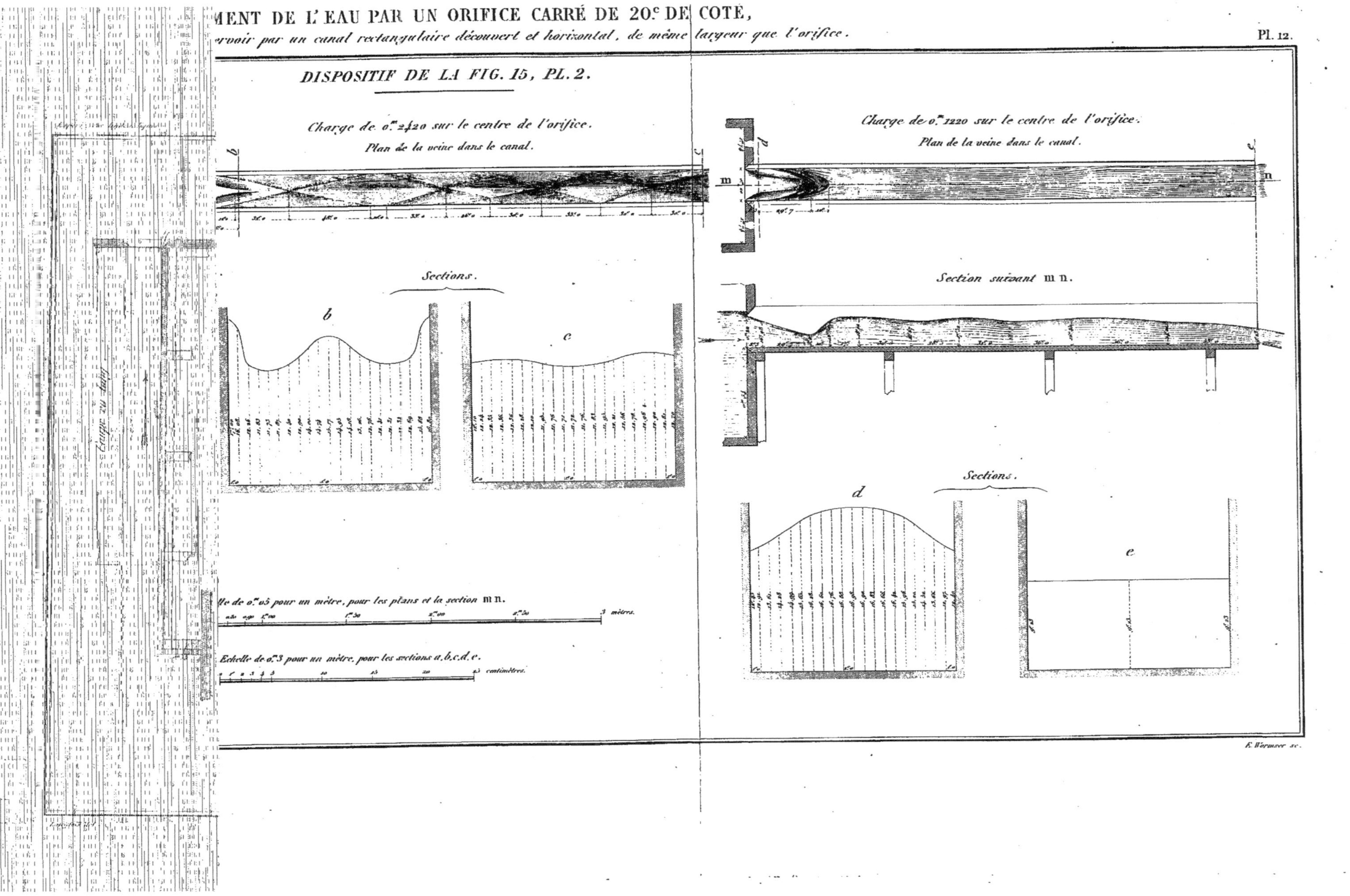

Pl. 12.
...MENT DE L'EAU PAR UN ORIFICE CARRÉ DE 20.c DE COTÉ,
...rvoir par un canal rectangulaire découvert et horizontal, de même largeur que l'orifice.
DISPOSITIF DE LA FIG. 15, PL. 2.
Charge de 0.m 2420 sur le centre de l'orifice.
Plan de la veine dans le canal.
Charge de 0.m 1220 sur le centre de l'orifice.
Plan de la veine dans le canal.
Sections.
b
c
Section suivant m n.
Sections.
d
e
Échelle de 0.m 05 pour un mètre, pour les plans et la section m n.
3 mètres.
Échelle de 0.m 3 pour un mètre, pour les sections a, b, c, d, e.
centimètres.
Coupe du dessin
F. Warmser sc.

Expériences hydrauliques.
ÉCOULEMENT DE L'EAU PAR UN ORIFICE DE 10ᶜ DE HAUTEUR ET 20ᶜ DE LARGEUR,
prolongé au dehors du réservoir par un canal rectangulaire découvert et horizontal, de même largeur que l'orifice. 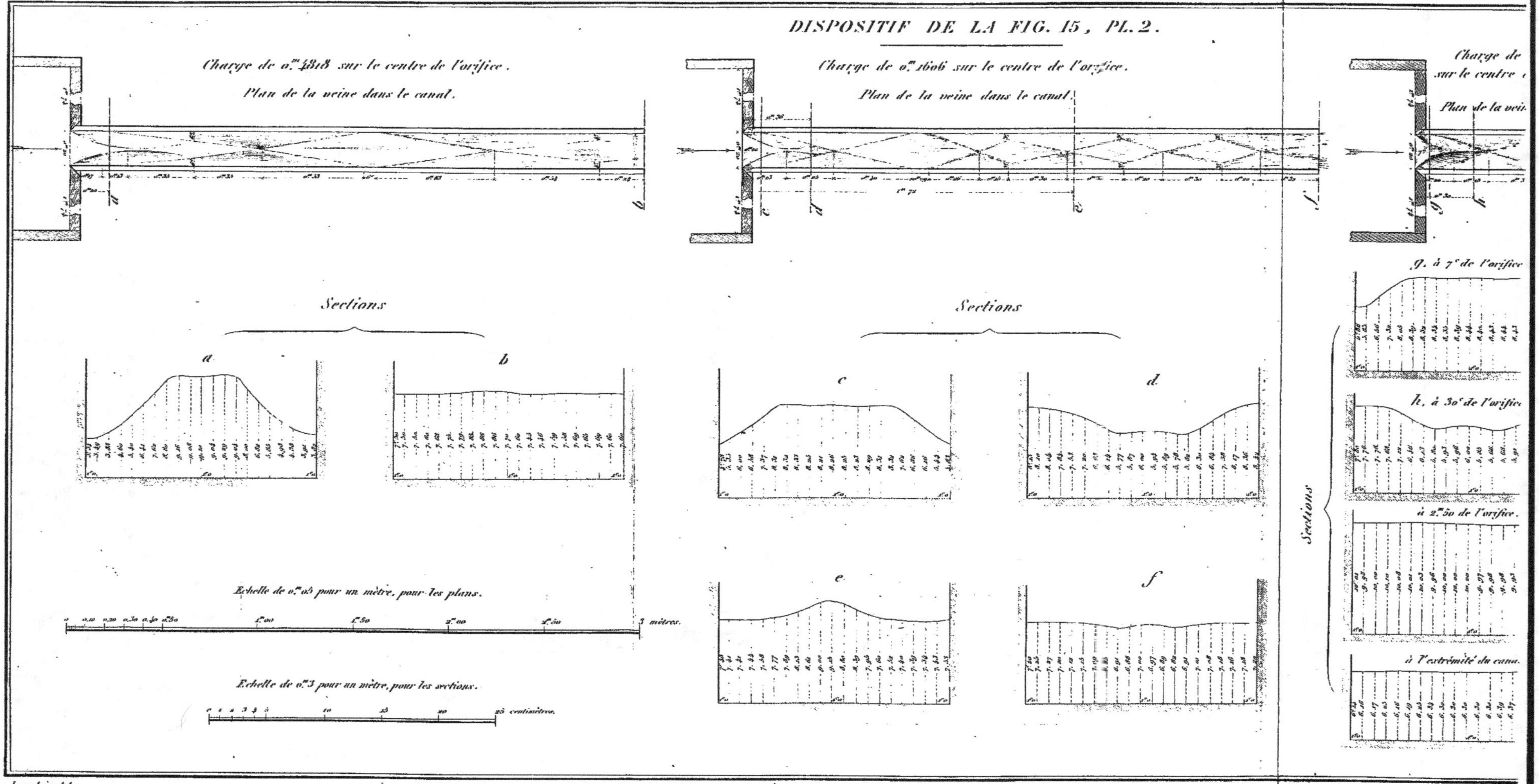
DISPOSITIF DE LA FIG. 15, PL. 2.
Charge de 0ᵐ.4818 sur le centre de l'orifice.
Plan de la veine dans le canal.
Charge de 0ᵐ.1606 sur le centre de l'orifice.
Plan de la veine dans le canal.
Charge de
sur le centre
Plan de la vei
Sections
Sections
Sections
a
b
c
d
e
f
g, à 7ᶜ de l'orifice
h, à 30ᶜ de l'orifice
à 2ᵐ50 de l'orifice
à l'extrémité du cana
Echelle de 0ᵐ.05 pour un mètre, pour les plans.
3 mètres.
Echelle de 0ᵐ.3 pour un mètre, pour les sections.
25 centimètres.
Langlois, del.

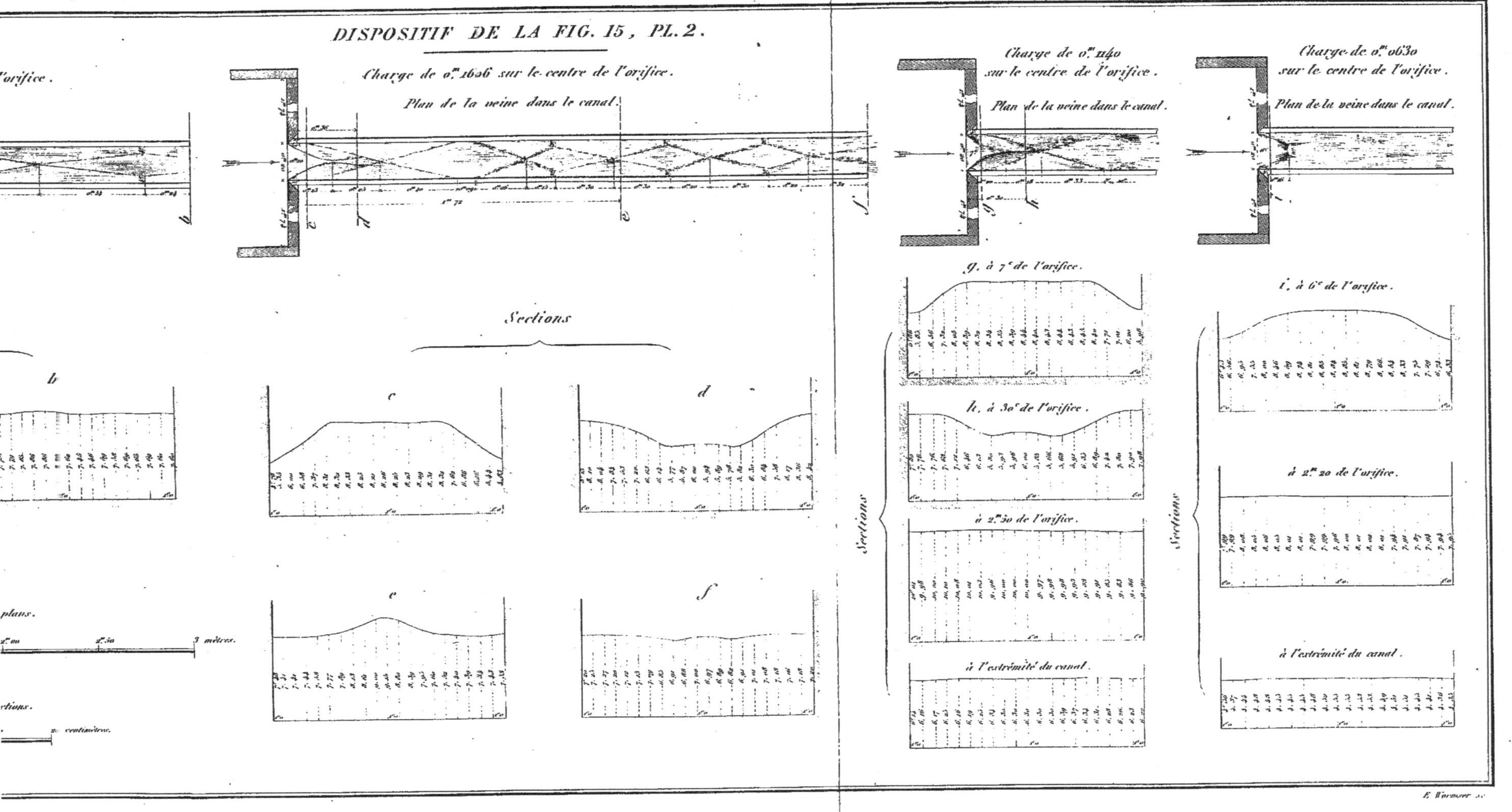
DISPOSITIF DE LA FIG. 15, PL. 2.
Charge de 0ᵐ.1656 sur le centre de l'orifice.
Plan de la veine dans le canal.
Charge de 0ᵐ.1140 sur le centre de l'orifice.
Plan de la veine dans le canal.
Charge de 0ᵐ.0630 sur le centre de l'orifice.
Plan de la veine dans le canal.
l'orifice.
Sections
b
c
d
e
f
g, à 7ᶜ de l'orifice.
h, à 30ᶜ de l'orifice.
à 2ᵐ.30 de l'orifice.
à l'extrémité du canal.
i, à 6ᶜ de l'orifice.
à 2ᵐ.20 de l'orifice.
à l'extrémité du canal.
Sections
Sections
plans.
1ᵐ.00   2ᵐ.50   3 mètres.
sections.
20 centimètres.
E. Wurmser sc.

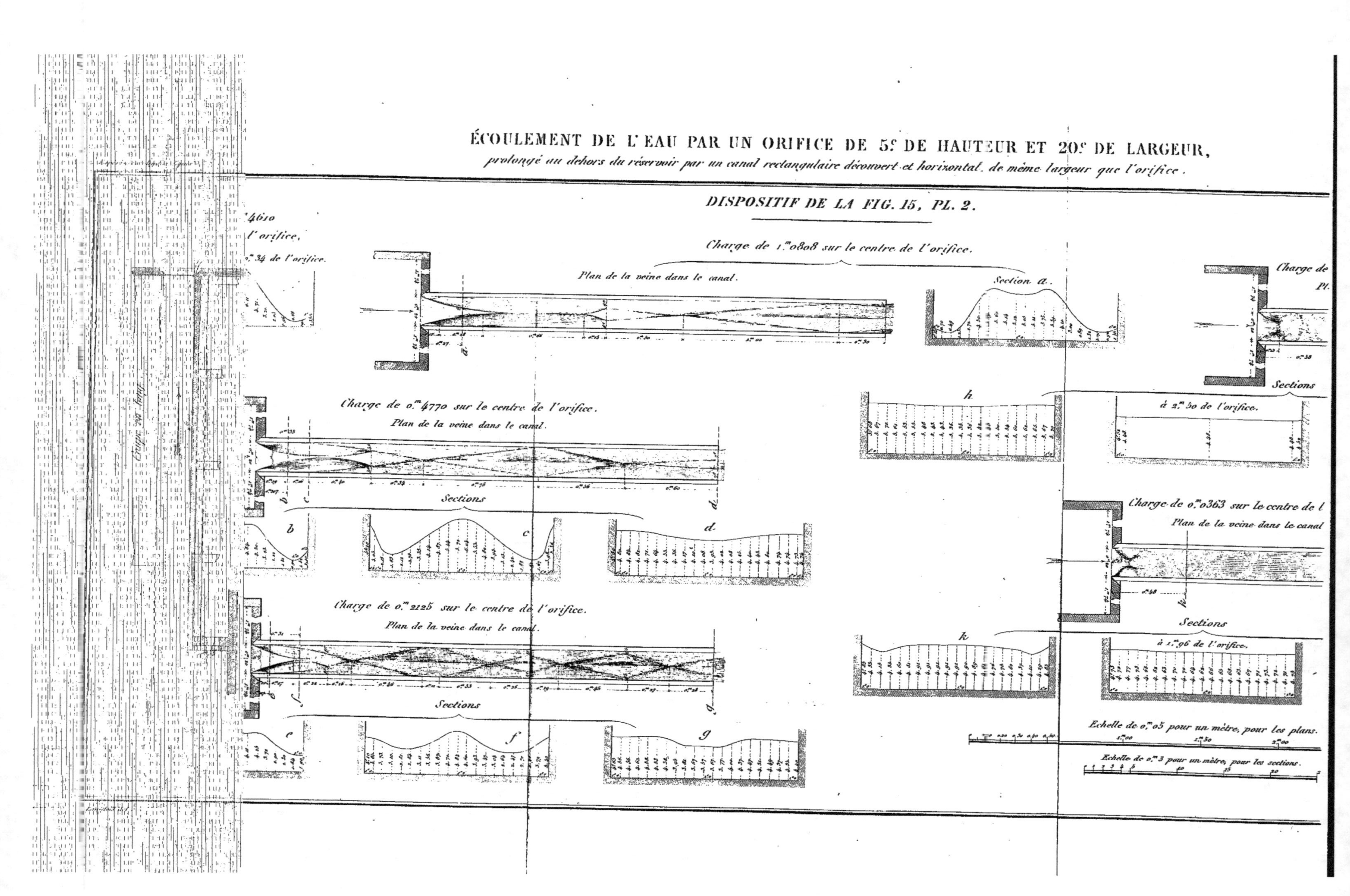

ÉCOULEMENT DE L'EAU PAR UN ORIFICE DE 5ᵉ DE HAUTEUR ET 20ᵉ DE LARGEUR,
prolongé au dehors du réservoir par un canal rectangulaire découvert et horizontal, de même largeur que l'orifice.
DISPOSITIF DE LA FIG. 15, PL. 2.
Charge de 1.ᵐ0808 sur le centre de l'orifice.
Plan de la veine dans le canal.
Section a.
Charge de Pl.
Charge de 0.ᵐ4770 sur le centre de l'orifice.
Plan de la veine dans le canal.
Sections
h
à 2.ᵐ50 de l'orifice.
Sections
Charge de 0.ᵐ0363 sur le centre de l
Plan de la veine dans le canal
b
c
d
Charge de 0.ᵐ2125 sur le centre de l'orifice.
Plan de la veine dans le canal.
Sections
k
Sections
à 1.ᵐ96 de l'orifice.
e
f
g
Echelle de 0.ᵐ05 pour un mètre, pour les plans.
Echelle de 0.ᵐ3 pour un mètre, pour les sections.
Coupe en long.

ÉCOULEMENT DE L'EAU PAR UN ORIFICE DE 5.ᶜ DE HAUTEUR ET 20.ᶜ DE LARGEUR,

prolongé au dehors du réservoir par un canal rectangulaire découvert et horizontal, de même largeur que l'orifice.

DISPOSITIF DE LA FIG. 15, PL. 2.

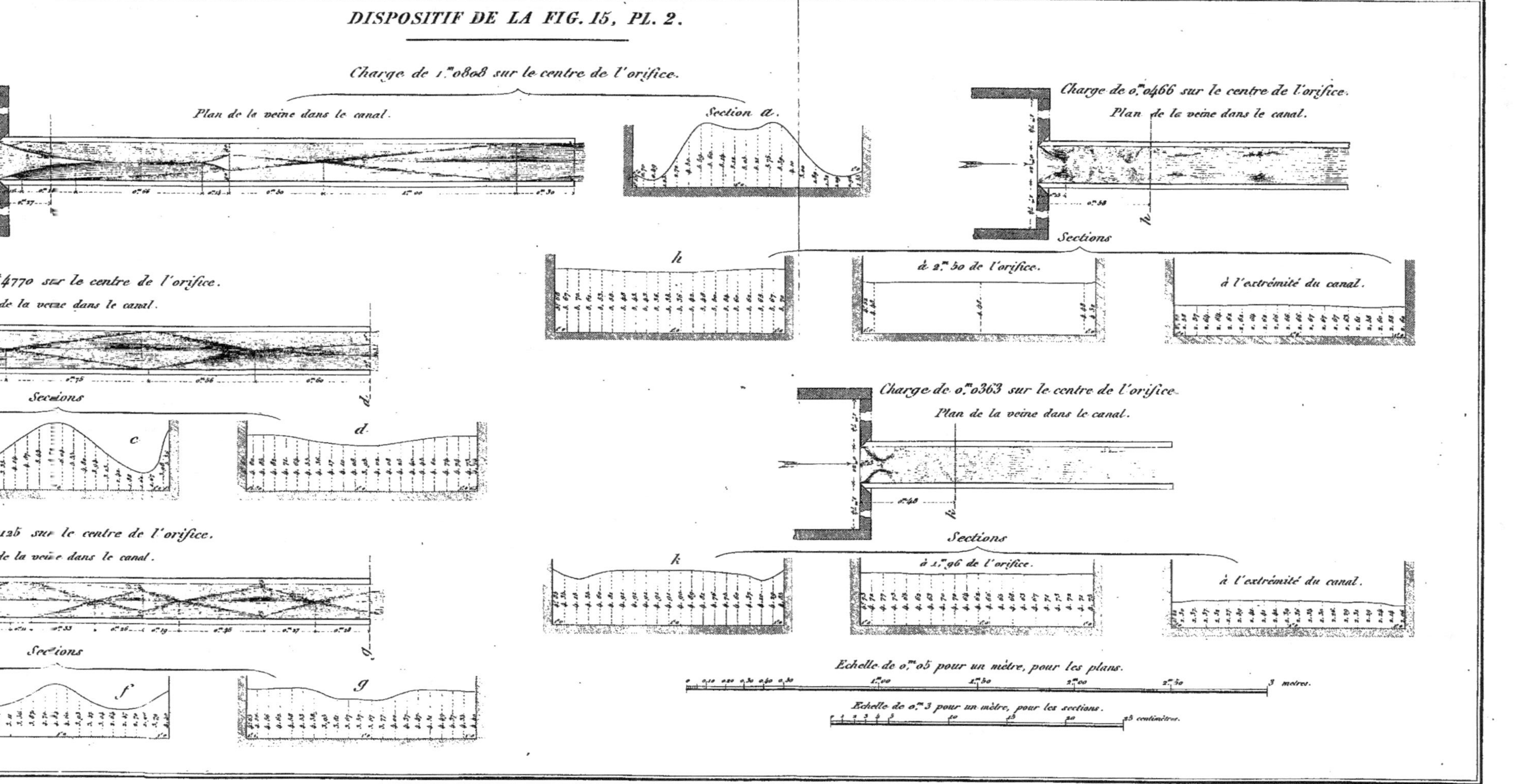

Expériences hydrauliques.

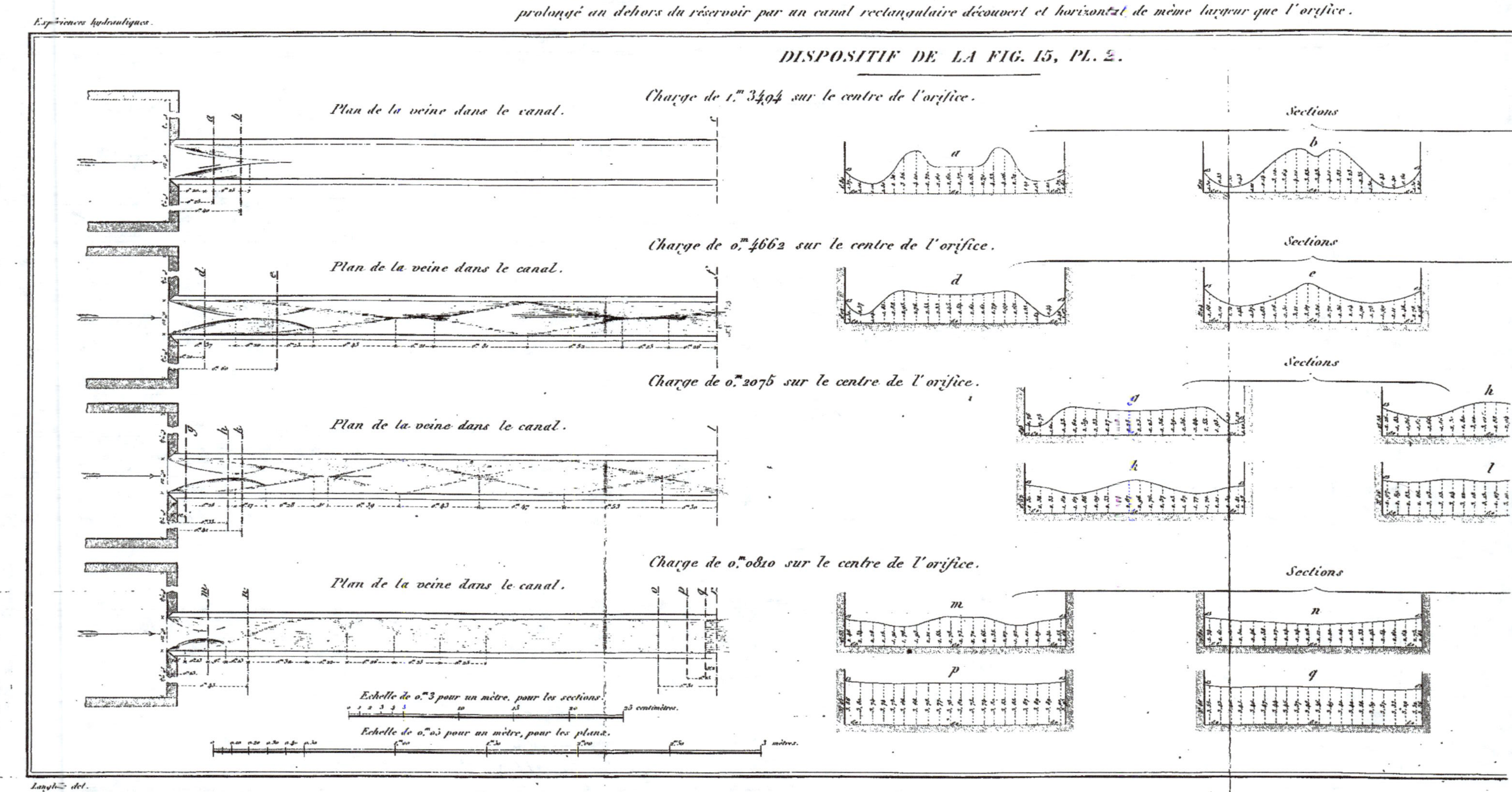
ÉCOULEMENT DE L'EAU PAR UN ORIFICE DE 3º DE HAUTEUR ET 20º DE LARGEUR,
prolongé au dehors du réservoir par un canal rectangulaire découvert et horizontal de même largeur que l'orifice.

DISPOSITIF DE LA FIG. 15, PL. 2.

Charge de 1.ᵐ 3494 sur le centre de l'orifice.
Plan de la veine dans le canal.
Sections
a
b

Charge de 0.ᵐ 4662 sur le centre de l'orifice.
Plan de la veine dans le canal.
Sections
d
e

Charge de 0.ᵐ 2075 sur le centre de l'orifice.
Plan de la veine dans le canal.
Sections
g
h
k
l

Charge de 0.ᵐ 0810 sur le centre de l'orifice.
Plan de la veine dans le canal.
Sections
m
n
p
q

Echelle de 0.ᵐ3 pour un mètre, pour les sections.
25 centimètres.
Echelle de 0.ᵐ05 pour un mètre, pour les plans.
1 mètres.

Langlois del.

ÉCOULEMENT DE L'EAU PAR UN ORIFICE DE 3^c DE HAUTEUR ET 20^c DE LARGEUR,

prolongé au dehors du réservoir par un canal rectangulaire découvert et horizontal, de même largeur que l'orifice.

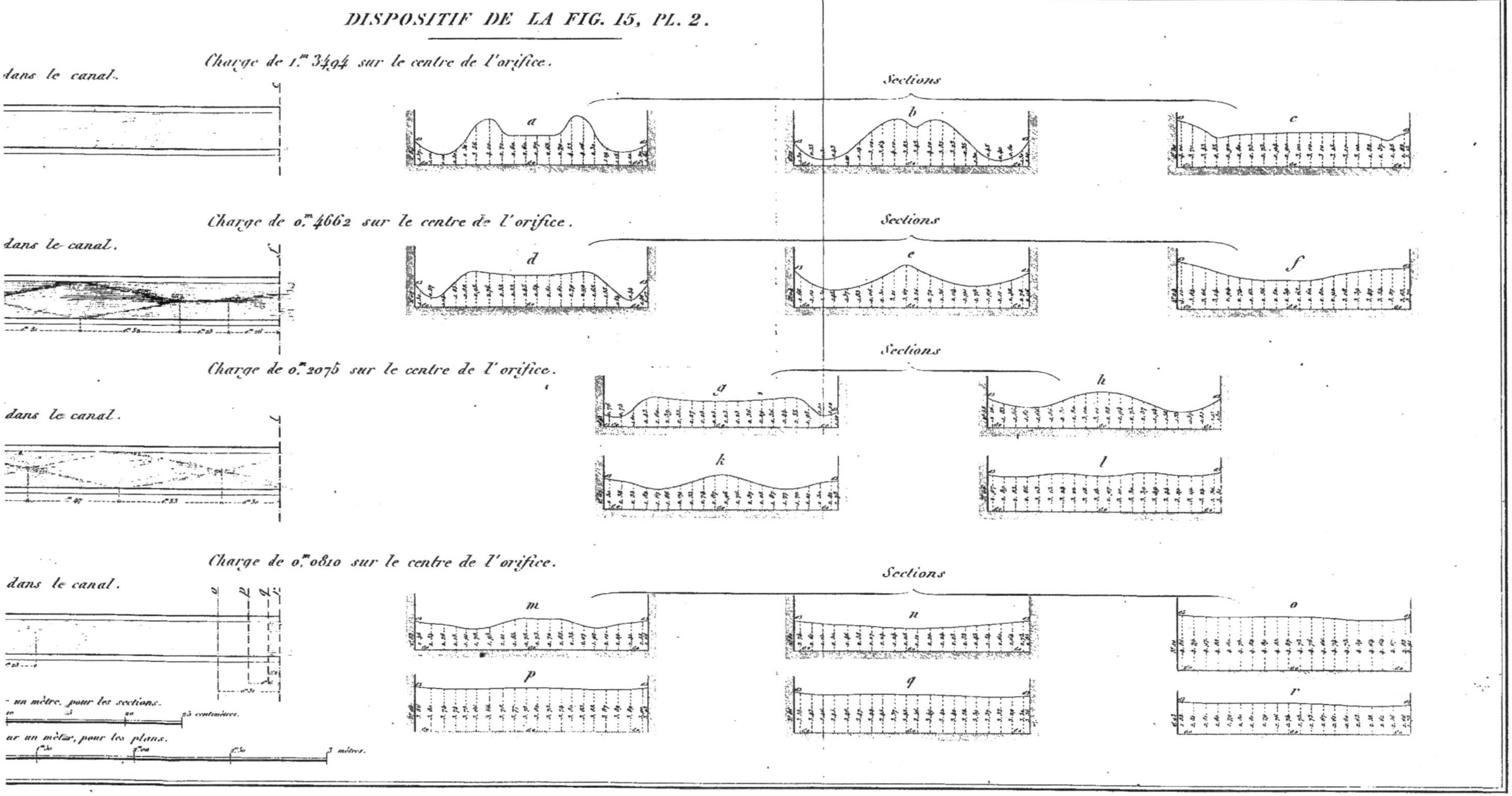

F. Wormser sc.

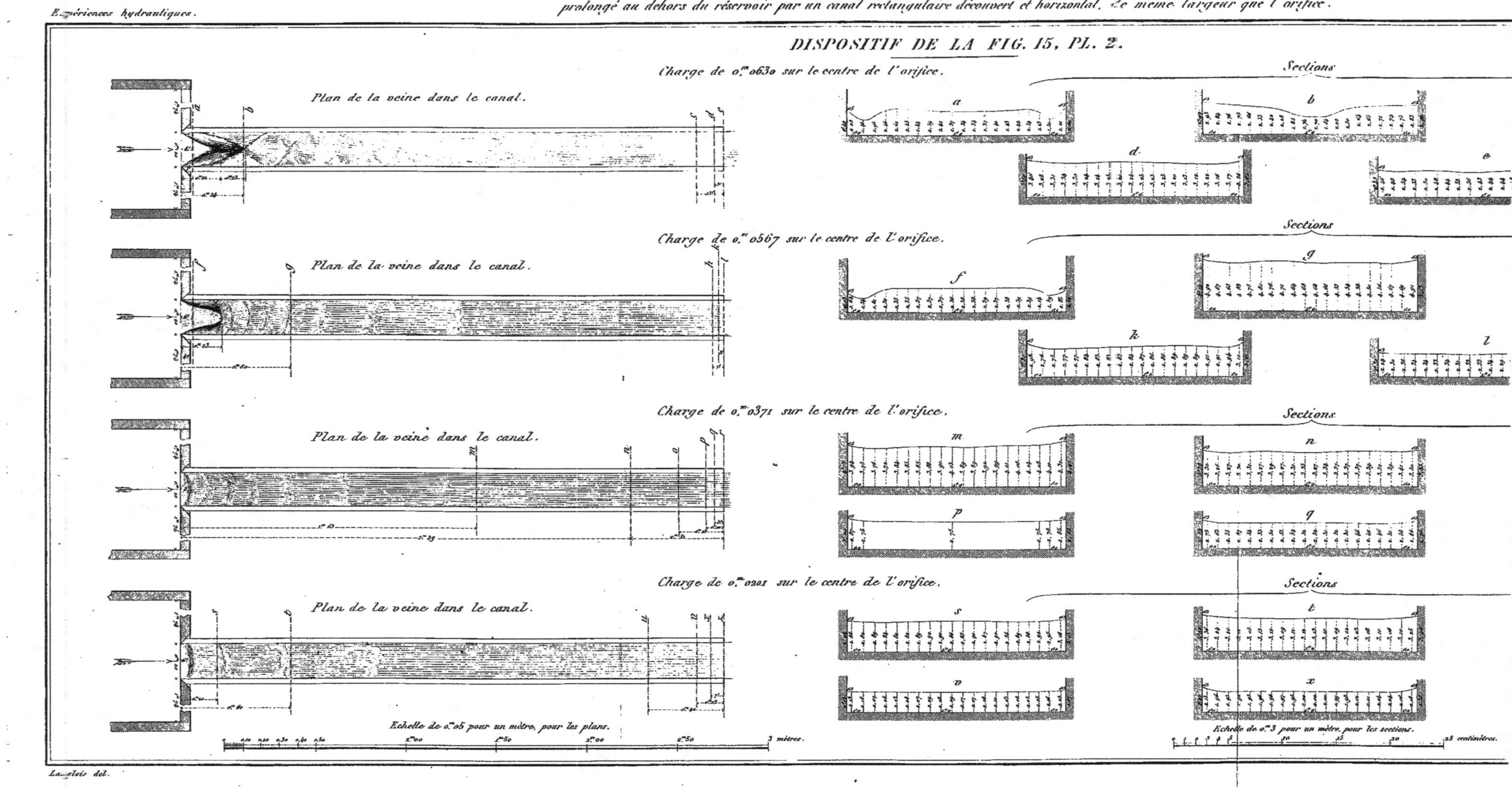

Expériences hydrauliques.
ÉCOULEMENT DE L'EAU PAR UN ORIFICE DE 3.s DE HAUTEUR ET 20.s DE LARGEUR,
prolongé au dehors du réservoir par un canal rectangulaire découvert et horizontal, de même largeur que l'orifice.
DISPOSITIF DE LA FIG. 15, PL. 2.
Charge de 0.m o630 sur le centre de l'orifice.
Plan de la veine dans le canal.
Sections
a
b
d
e
Charge de o.m o567 sur le centre de l'orifice.
Plan de la veine dans le canal.
Sections
f
g
k
l
Charge de o.m o371 sur le centre de l'orifice.
Plan de la veine dans le canal.
Sections
m
n
p
q
Charge de o.m o201 sur le centre de l'orifice.
Plan de la veine dans le canal.
Sections
s
t
v
x
Echelle de o.m o5 pour un mètre, pour les plans.
o.20 o.30 o.40 o.50 1.m00 1.m50 2.m00 2.m50 3 mètres.
Echelle de o.m 3 pour un mètre, pour les sections.
10 20 25 centimètres.
Langlois del.

ÉCOULEMENT DE L'EAU PAR UN ORIFICE DE 3ᶜ DE HAUTEUR ET 20ᶜ DE LARGEUR,

prolongé au dehors du réservoir par un canal rectangulaire découvert et horizontal, de même largeur que l'orifice.

DISPOSITIF DE LA FIG. 15, PL. 2.

Expériences hydrauliques.

ÉCOULEMENT DE L'EAU PAR UN ORIFICE DE 1ᵉ DE HAUTEUR ET 20ᵉ DE LARGEUR,
prolongé au dehors du réservoir par un canal rectangulaire découvert et horizontal, de même largeur que l'orifice.

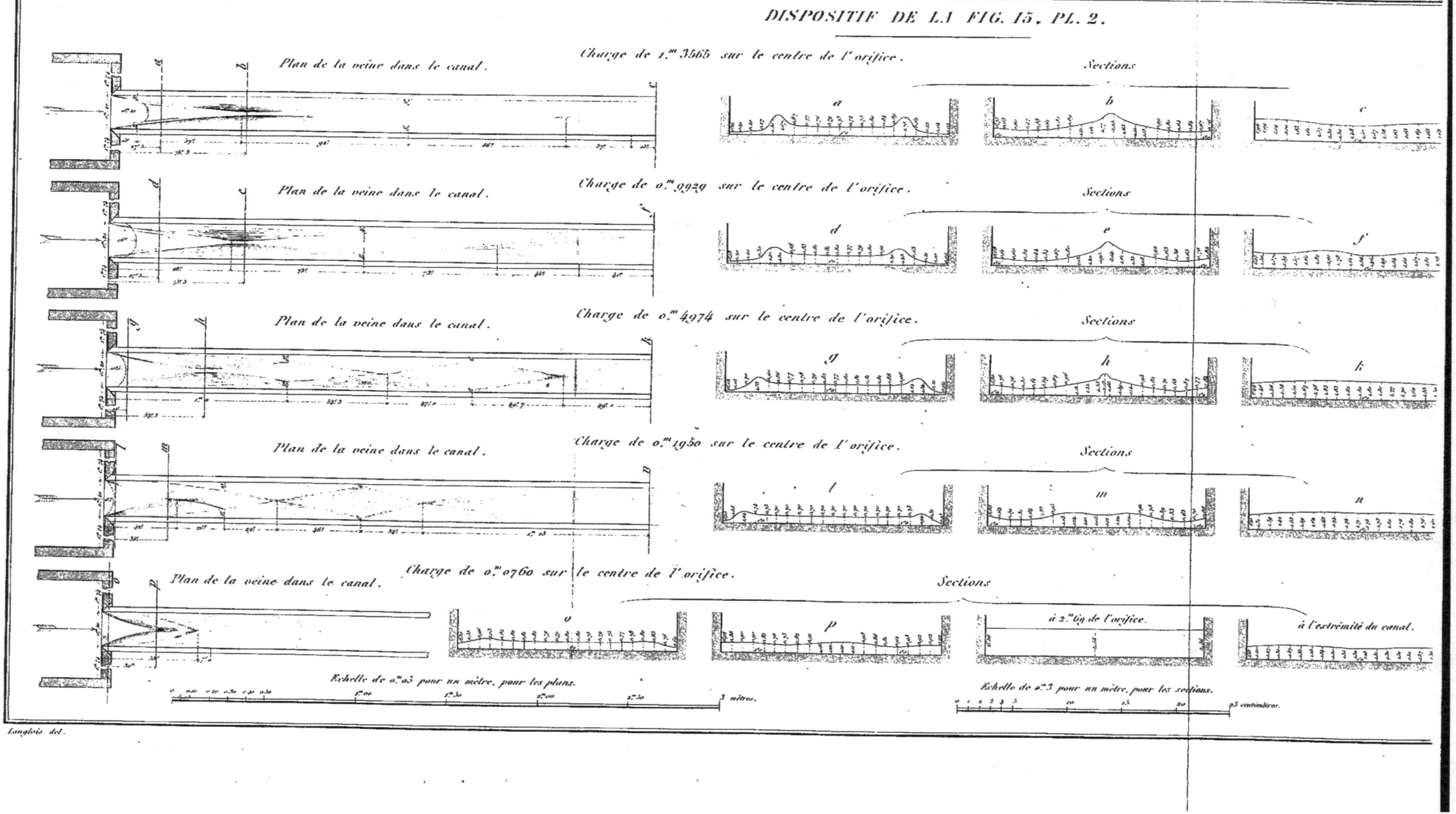

DISPOSITIF DE LA FIG. 15. PL. 2.

Plan de la veine dans le canal.
Charge de 1.ᵐ 3565 sur le centre de l'orifice.
Sections

Plan de la veine dans le canal.
Charge de 0.ᵐ 9929 sur le centre de l'orifice.
Sections

Plan de la veine dans le canal.
Charge de 0.ᵐ 4974 sur le centre de l'orifice.
Sections

Plan de la veine dans le canal.
Charge de 0.ᵐ 1950 sur le centre de l'orifice.
Sections

Plan de la veine dans le canal.
Charge de 0.ᵐ 0760 sur le centre de l'orifice.
Sections

à 2.ᵐ0g de l'orifice.
à l'extrémité du canal.

Echelle de 0.ᵐ05 pour un mètre, pour les plans.
3 mètres.

Echelle de 2.ᵐ5 pour un mètre, pour les sections.
25 centimètres.

Langlois del.

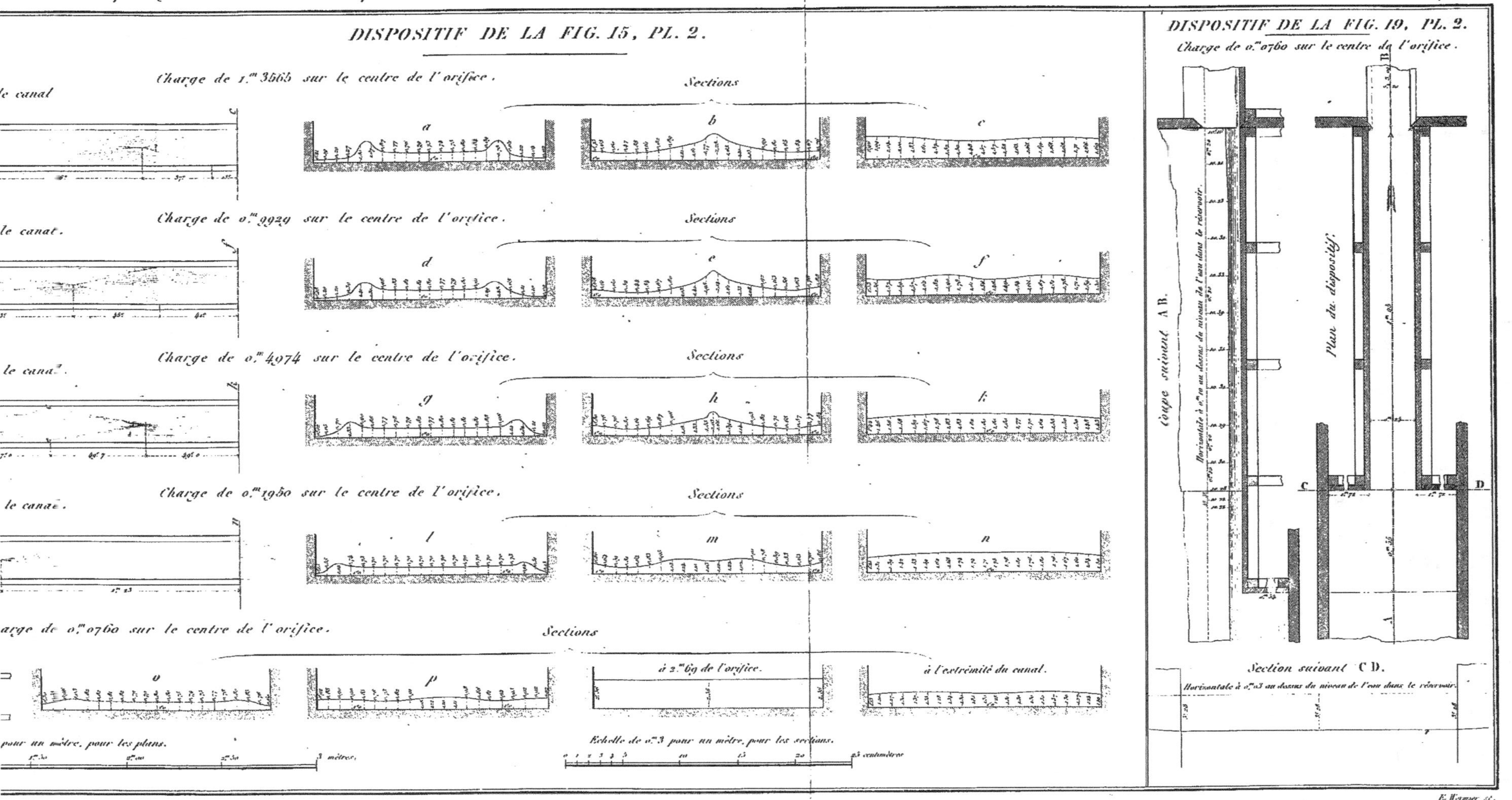

ÉCOULEMENT DE L'EAU PAR UN ORIFICE DE 1ᵉ DE HAUTEUR ET 20ᵉ DE LARGEUR,
prolongé au dehors du réservoir par un canal rectangulaire découvert et horizontal, de même largeur que l'orifice.
Pl. 17.
DISPOSITIF DE LA FIG. 15, PL. 2.
DISPOSITIF DE LA FIG. 19, PL. 2.
Charge de o.ᵐ0760 sur le centre de l'orifice.
Charge de 1.ᵐ3565 sur le centre de l'orifice.
Sections
le canal
a
b
c
Charge de o.ᵐ9929 sur le centre de l'orifice.
Sections
le canal.
d
e
f
Charge de o.ᵐ4974 sur le centre de l'orifice.
Sections
le canal.
g
h
k
Charge de o.ᵐ1950 sur le centre de l'orifice.
Sections
le canal.
l
m
n
arge de o.ᵐ0760 sur le centre de l'orifice.
Sections
o
p
à 2.ᵐ69 de l'orifice.
à l'extrémité du canal.
pour un mètre, pour les plans.
Echelle de o.ᵐ3 pour un mètre, pour les sections.
Coupe suivant AB.
Horizontale à o.ᵐ10 au dessus du niveau de l'eau dans le réservoir.
Plan du dispositif.
C
D
Section suivant CD.
Horizontale à o.ᵐ03 au dessus du niveau de l'eau dans le réservoir.
E. Wamser sc.

ÉCOULEMENT DE L'EAU PAR UN ORIFICE CARRÉ DE 20c DE CÔTÉ,

prolongé au dehors du réservoir par un canal rectangulaire découvert et horizontal, de même largeur que l'orifice.

DISPOSITIF DE LA FIG. 16, PL. 2

Sections dans le canal par des plans parallèles à l'orifice.

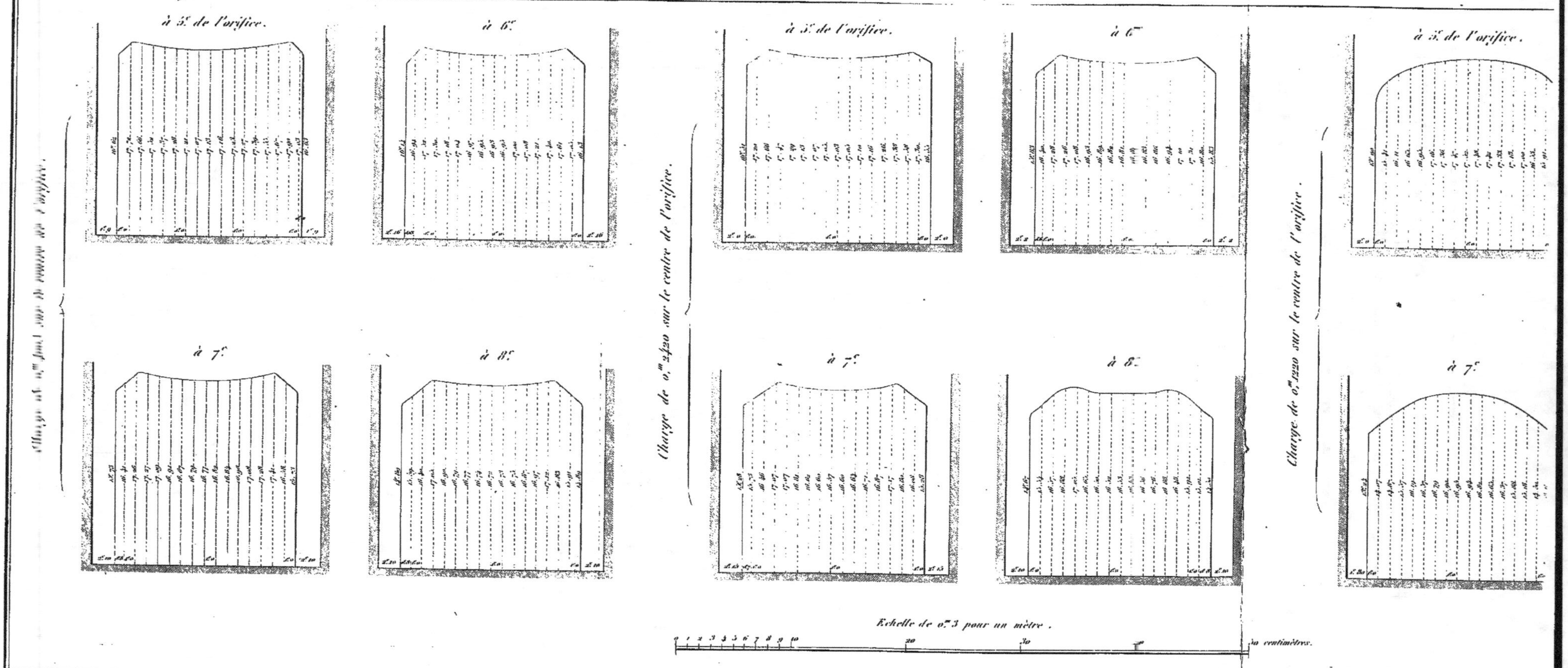

Langlumé del.

ÉCOULEMENT DE L'EAU PAR UN ORIFICE CARRÉ DE 20ᶜ DE CÔTÉ,

prolongé au dehors du réservoir par un canal rectangulaire découvert et horizontal, de même largeur que l'orifice.

DISPOSITIF DE LA FIG. 16, PL. 2.

Sections dans le canal par des plans parallèles à l'orifice.

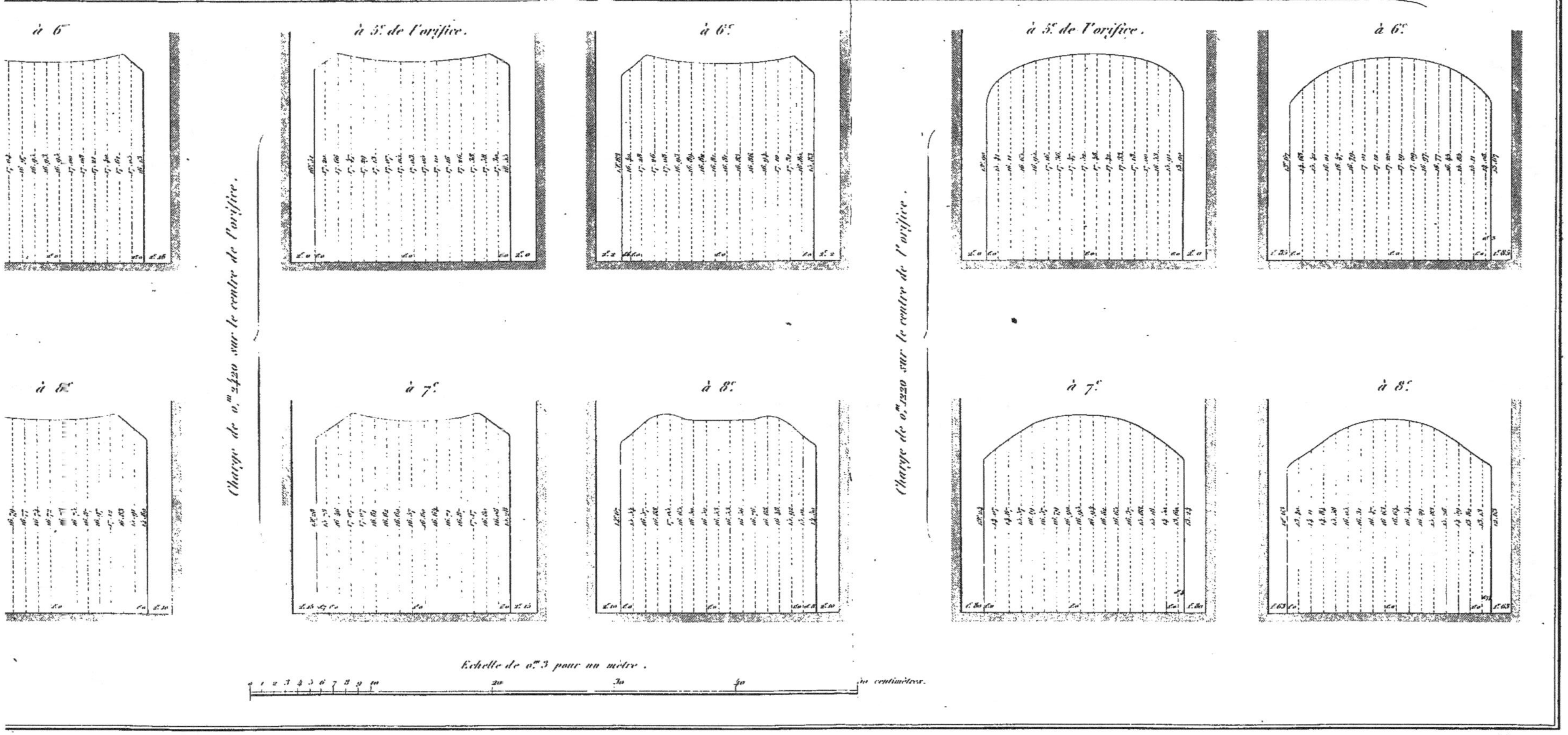

F. Beaumier sc.

ÉCOULEMENT DE L'EAU PAR UN ORIFICE DE 5ᵉ DE HAUTEUR ET 20ᵉ DE LARGEUR,
prolongé au dehors du réservoir par un canal rectangulaire découvert et horizontal, de même largeur que l'orifice.

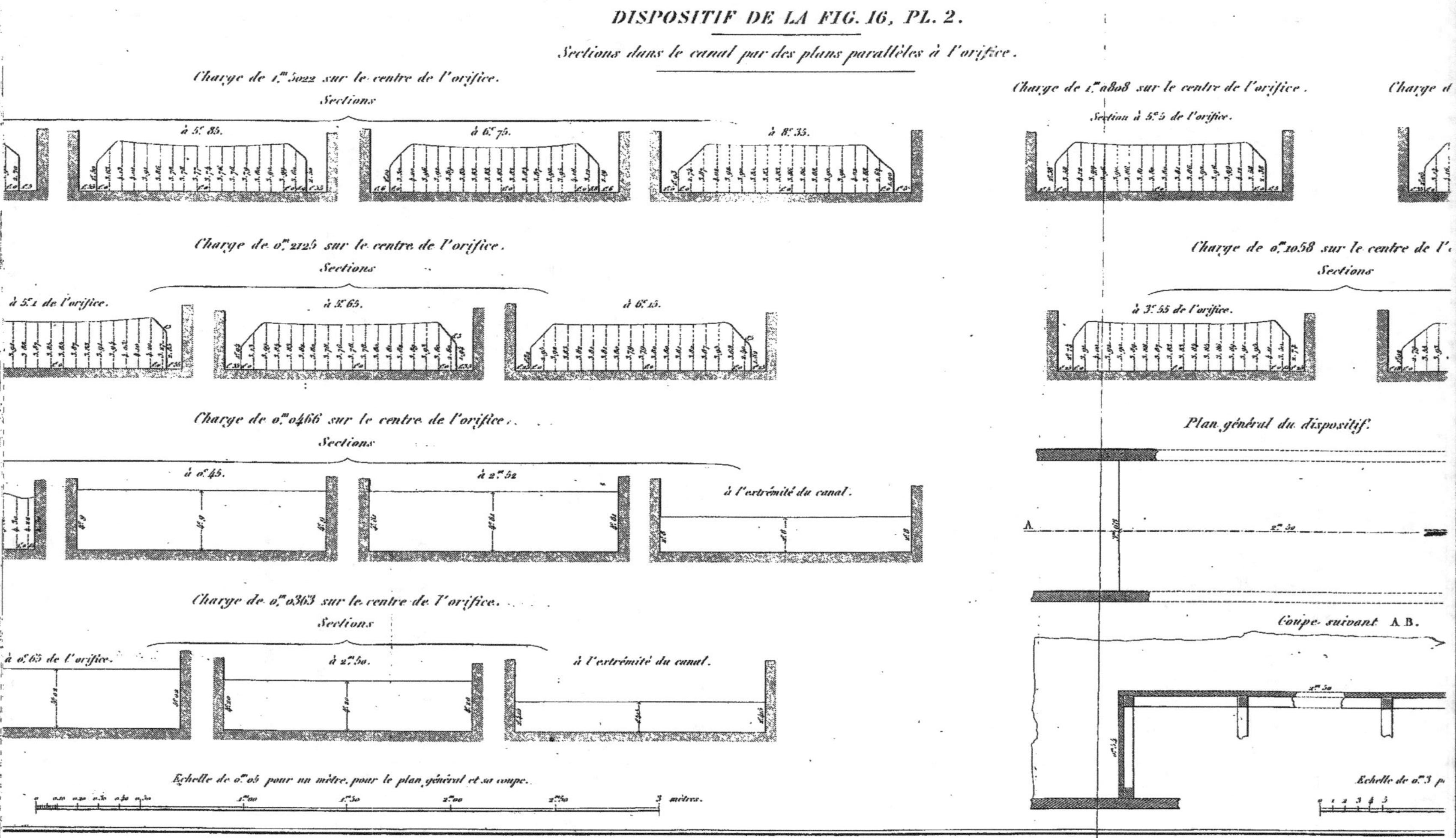

DISPOSITIF DE LA FIG. 16, PL. 2.

Sections dans le canal par des plans parallèles à l'orifice.

ÉCOULEMENT DE L'EAU PAR UN ORIFICE DE 5ᶜ DE HAUTEUR ET 20ᶜ DE LARGEUR,

prolongé au dehors du réservoir par un canal rectangulaire découvert et horizontal, de même largeur que l'orifice.

DISPOSITIF DE LA FIG. 16, PL. 2.

Sections dans le canal par des plans parallèles à l'orifice.

F. Harmaire sc.

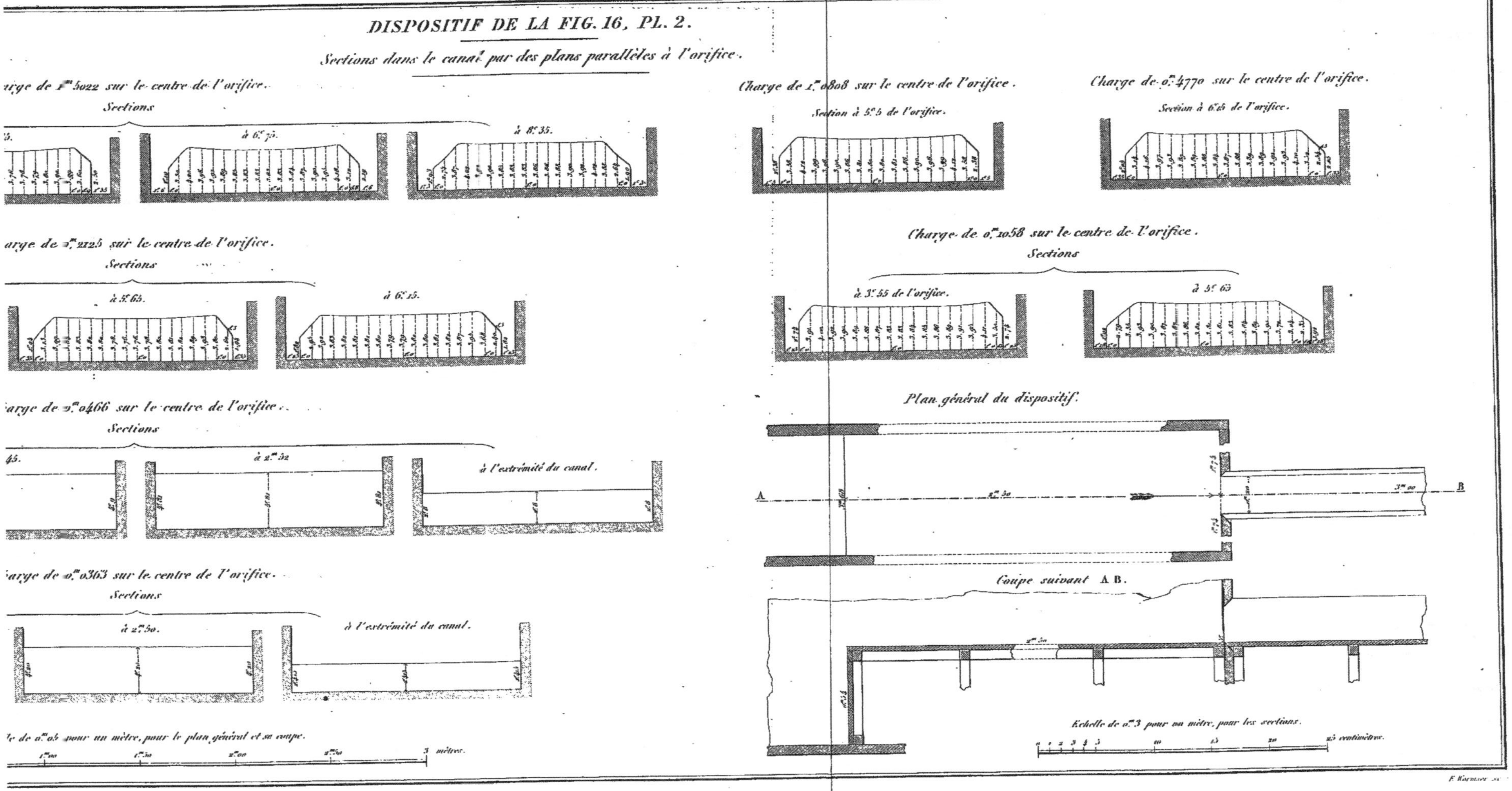

Expériences hydrauliques.
ÉCOULEMENT DE L'EAU PAR UN ORIFICE CARRÉ DE 20ᶜ DE CÔTÉ.
Prolongé au dehors du réservoir par un canal rectangulaire découvert et horizontal, de même largeur que l'orifice. 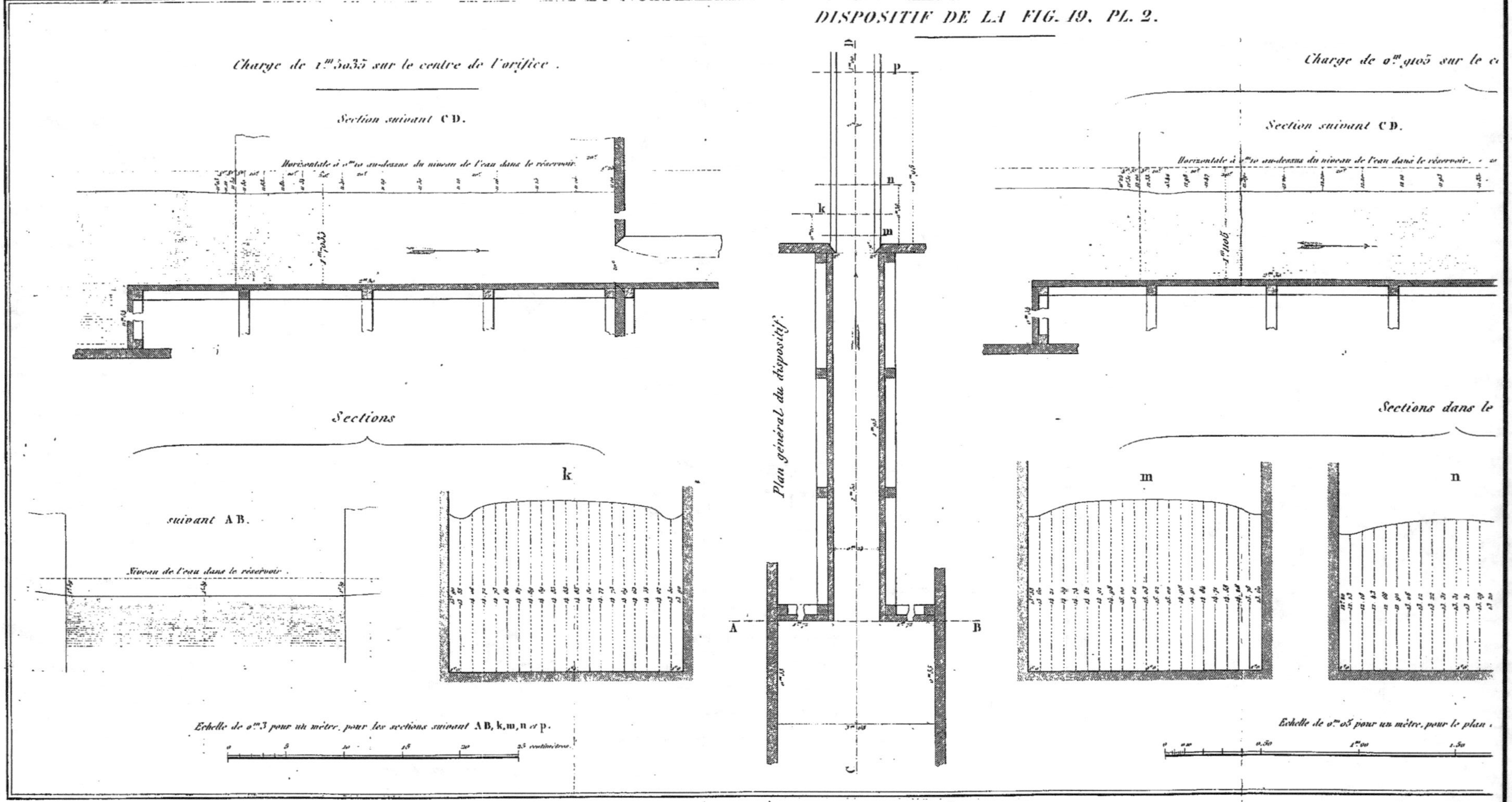
DISPOSITIF DE LA FIG. 19. PL. 2.
Charge de 1ᵐ.5035 sur le centre de l'orifice.
Charge de 0ᵐ.9105 sur le ce
Section suivant CD.
Section suivant CD.
Horizontale à 0ᵐ.10 au-dessus du niveau de l'eau dans le réservoir.
Horizontale à 0ᵐ.10 au-dessus du niveau de l'eau dans le réservoir.
Plan général du dispositif.
D
P
k
m
n
A
B
C
Sections
Sections dans le
suivant AB.
k
m
n
Niveau de l'eau dans le réservoir.
Echelle de 0ᵐ.3 pour un mètre, pour les sections suivant AB, k, m, n et p.
Echelle de 0ᵐ.05 pour un mètre, pour le plan.
Langlois del.

Prolongé au dehors du réservoir par un canal rectangulaire découvert et horizontal, de même largeur que l'orifice.

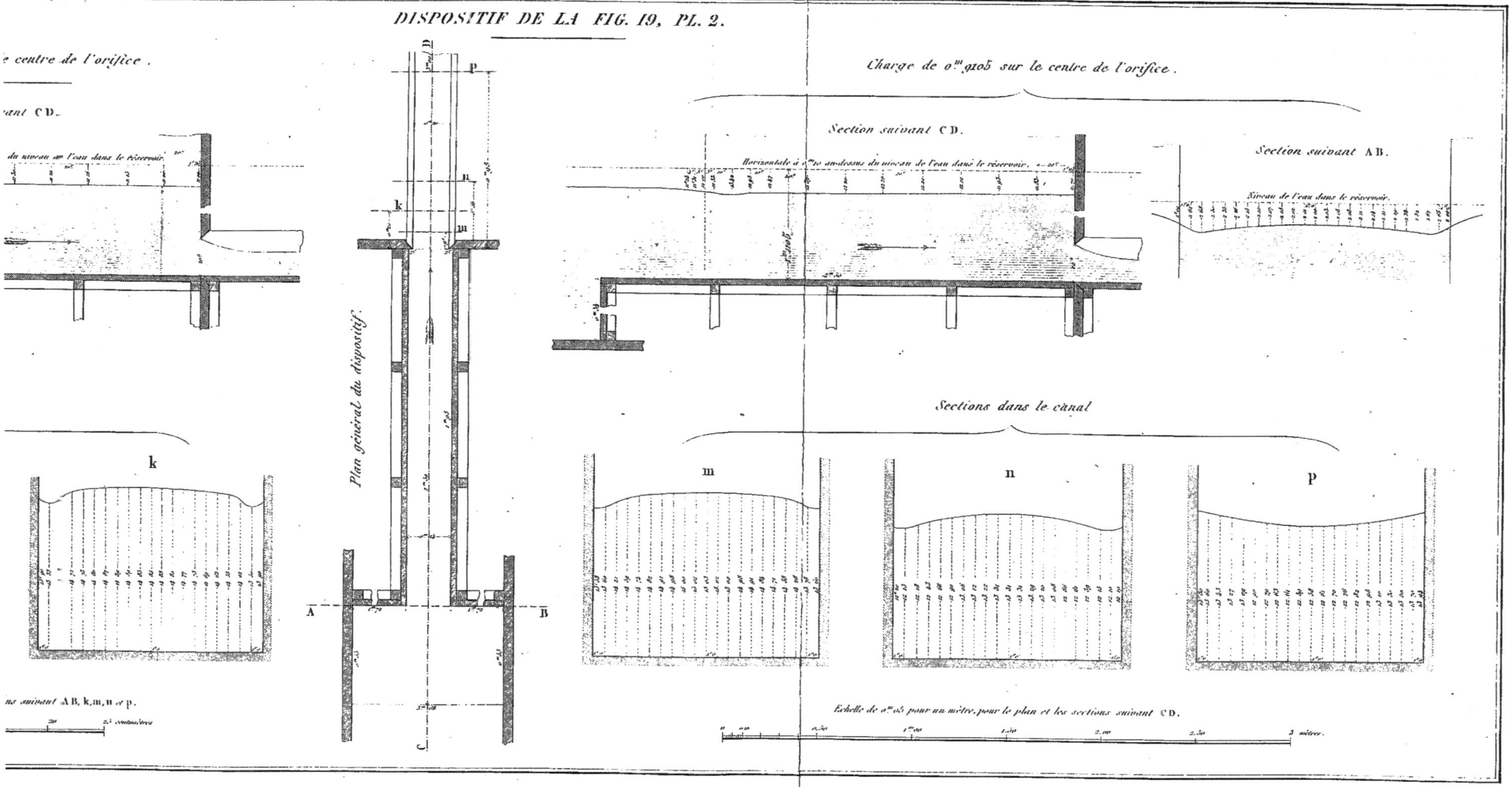

DISPOSITIF DE LA FIG. 19, PL. 2.

ÉCOULEMENT DE L'EAU PAR UN ORIFICE CARRÉ DE 20ᶜ DE CÔTÉ,

prolongé au dehors du réservoir par un canal rectangulaire découvert et horizontal, de même largeur que l'orifice.

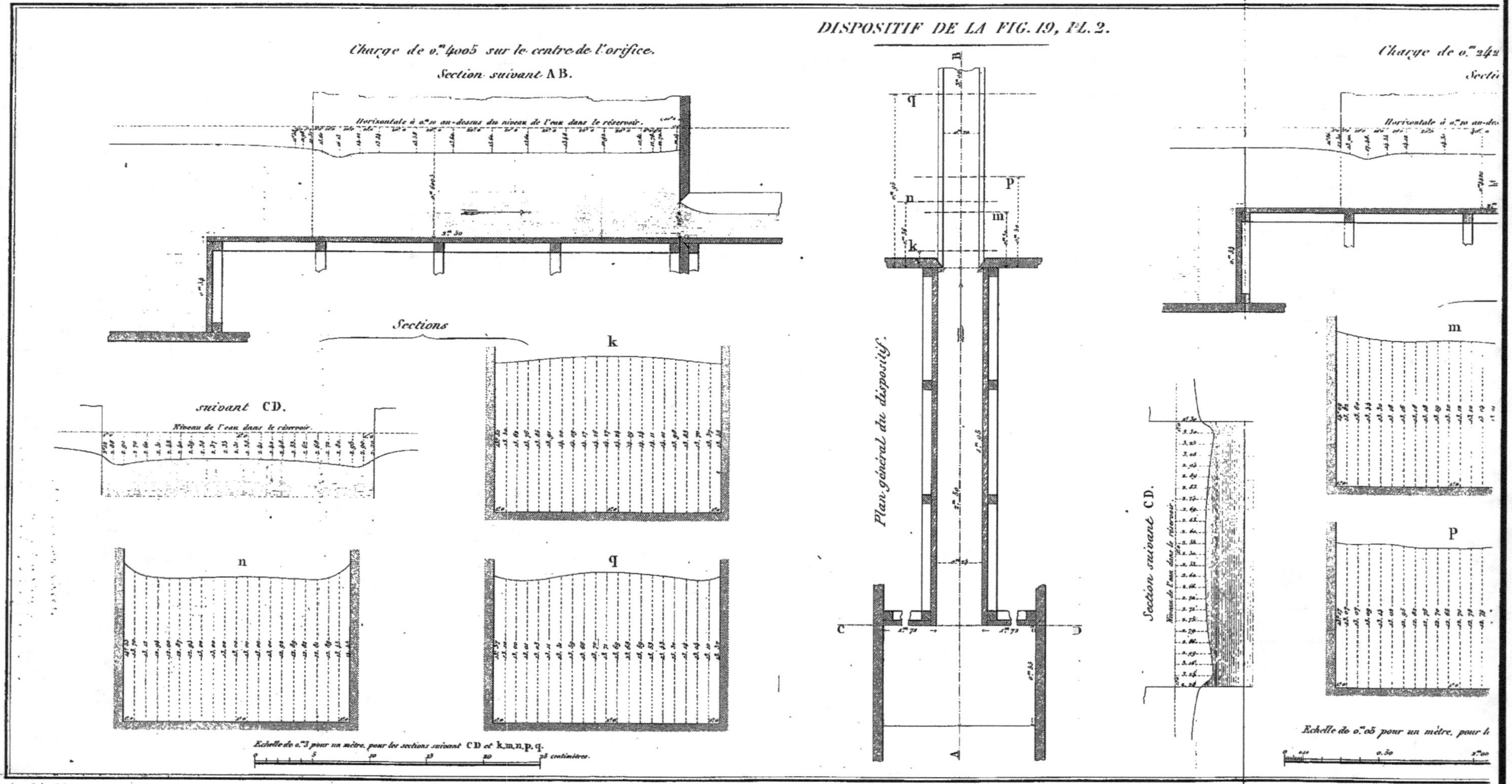

Expériences hydrauliques.

DISPOSITIF DE LA FIG. 19, PL. 2.

Charge de 0ᵐ.4005 sur le centre de l'orifice.

Section suivant AB.

Horizontale à 0ᵐ.10 au-dessus du niveau de l'eau dans le réservoir.

Charge de 0ᵐ.242

Section

Horizontale à 0ᵐ.10 au-des

suivant CD.

Niveau de l'eau dans le réservoir.

Sections

k

Plan général du dispositif.

Section suivant CD.

Niveau de l'eau dans le réservoir.

n

q

m

P

Échelle de 0ᵐ.3 pour un mètre, pour les sections suivant CD et k.m.n.p.q.

Échelle de 0ᵐ.05 pour un mètre, pour l

Langlois del.

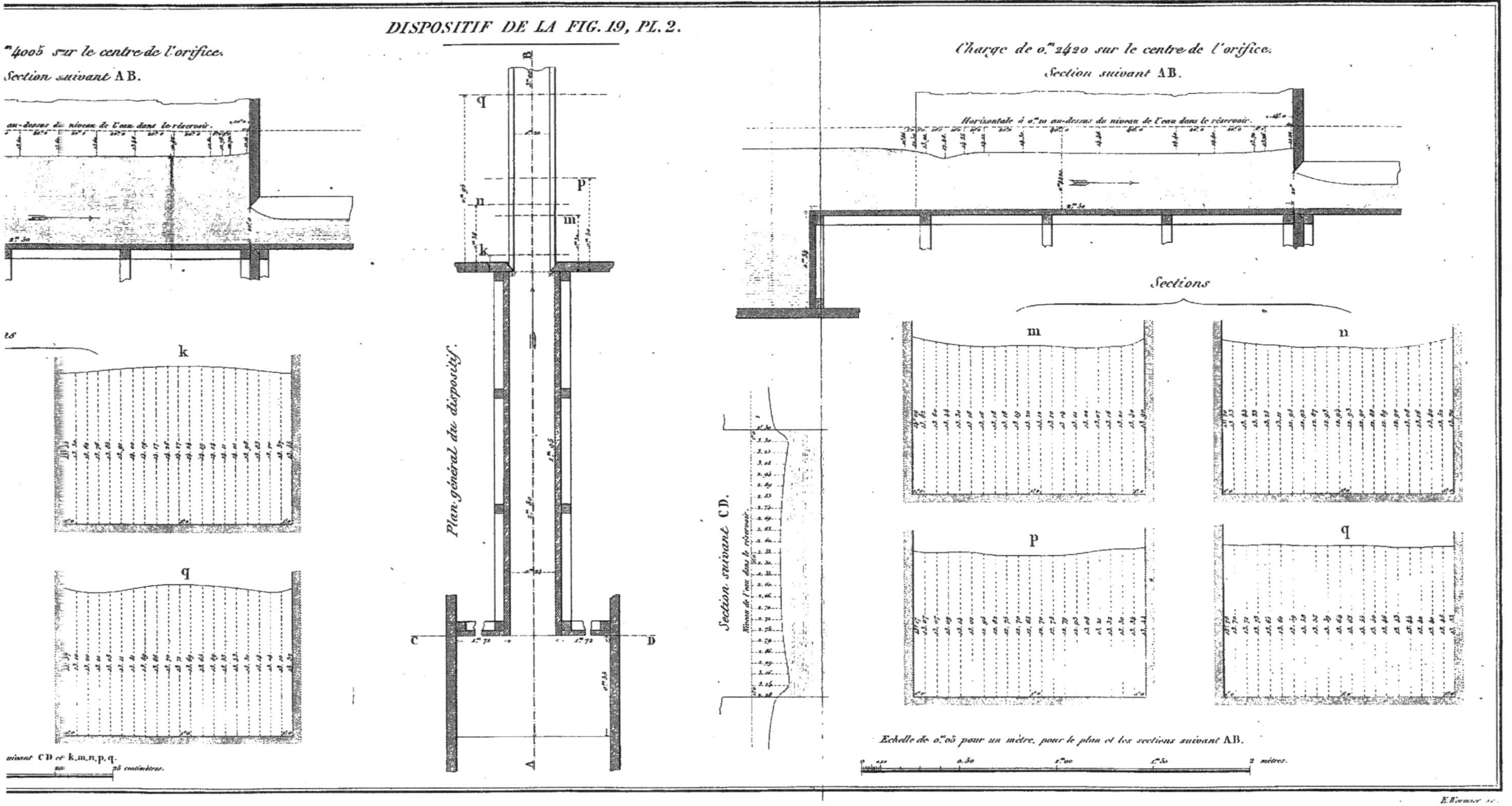

prolongé au dehors du réservoir par un canal rectangulaire découvert et horizontal, de même largeur que l'orifice.

DISPOSITIF DE LA FIG. 19, PL. 2.

"4005 sur le centre de l'orifice.

Section suivant AB.

Charge de 0.ᵐ2420 sur le centre de l'orifice.

Section suivant AB.

au-dessus du niveau de l'eau dans le réservoir.

Horizontale à 0.ᵐ10 au-dessus du niveau de l'eau dans le réservoir.

Plan général du dispositif.

Section suivant CD.

Niveau de l'eau dans le réservoir.

Sections

k

q

m

n

P

q

suivant CD et k, m, n, p, q.   25 centimètres.

Echelle de 0.ᵐ05 pour un mètre, pour le plan et les sections suivant AB.

0   0.30   1.ᵐ00   1.ᵐ50   2 mètres.

E. Hormier sc.

Expériences hydrauliques.
ÉCOULEMENT DE L'EAU PAR UN ORIFICE DE 5ᶜ DE HAUTEUR ET 20ᶜ DE LARGEUR,
prolongé au dehors du réservoir par un canal rectangulaire découvert et horizontal, de même largeur que l'orifice.
DISPOSITIF DE LA FIG. 18. PL. 2. 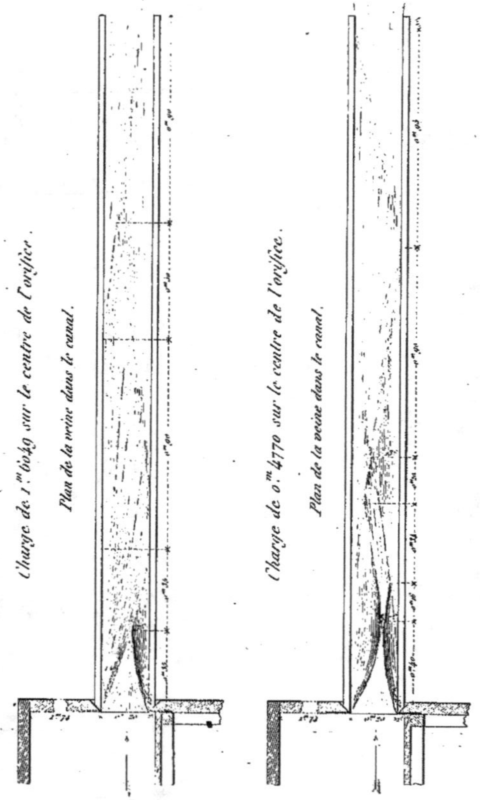
DISPOSITIF DE LA FIG. 19, PL. 2.
Charge de 0ᵐ.4770 sur le centre de l'orifice.
Section suivant AB.
Section
Charge de 0ᵐ.2125 sur le centre de l'orifice.
Section suivant AB.
Section
Charge de 0ᵐ.1058 sur le centre de l'orifice.
Section suivant AB.
Section
Charge de 0ᵐ.0406 sur le centre de l'orifice.
Section suivant AB.
Section
Charge de 1ᵐ.6039 sur le centre de l'orifice.
Plan de la veine dans le canal.
Charge de 0ᵐ.4770 sur le centre de l'orifice.
Plan de la veine dans le canal.
Plan général du dispositif.
Le fond du réservoir est dans le prolongement de celui du canal.
(1) Horizontale à 10ᶜ au-dessus du niveau de l'...
(2) Horizontale à 3ᶜ.   idem
Langlois del.

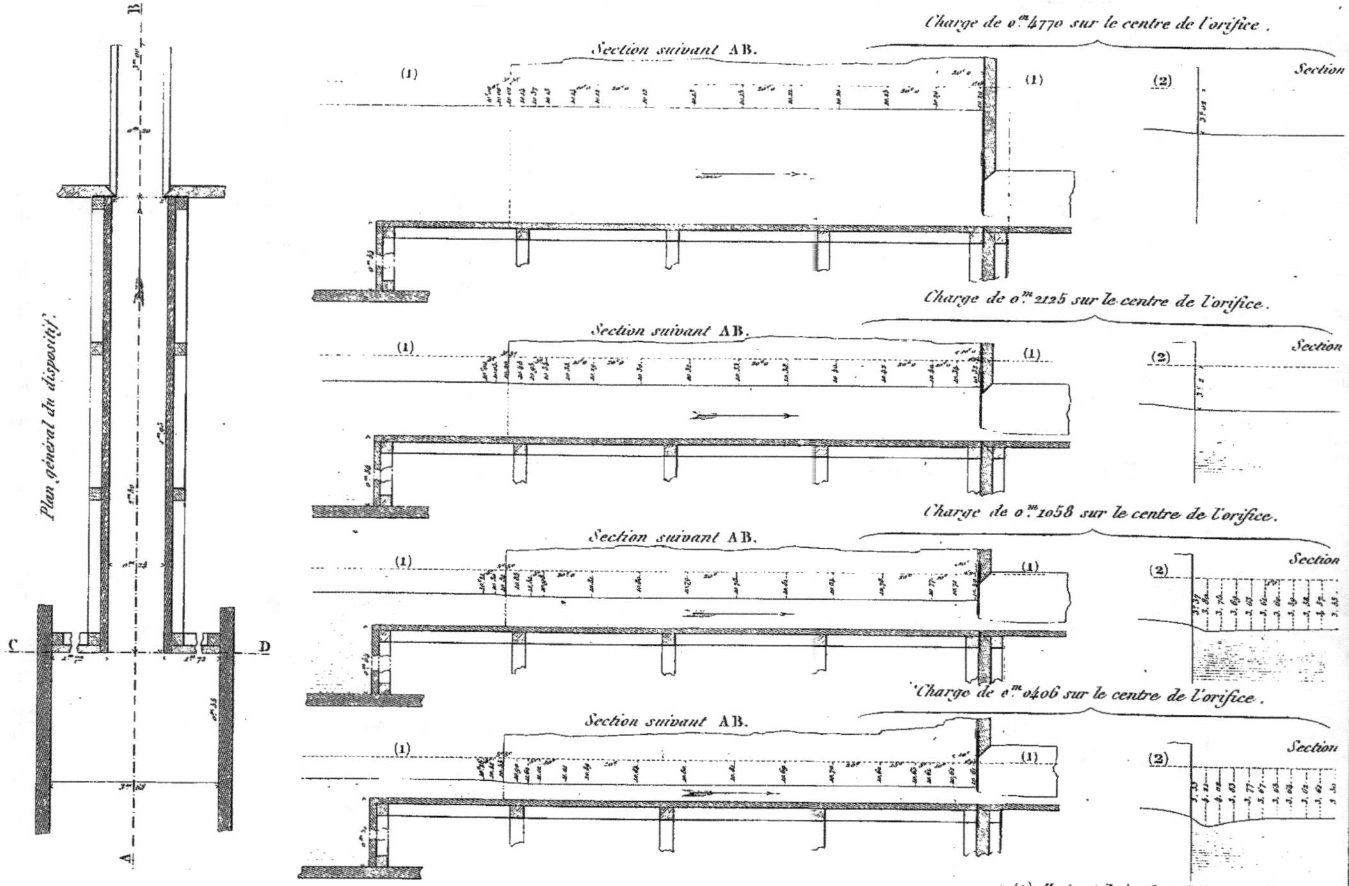

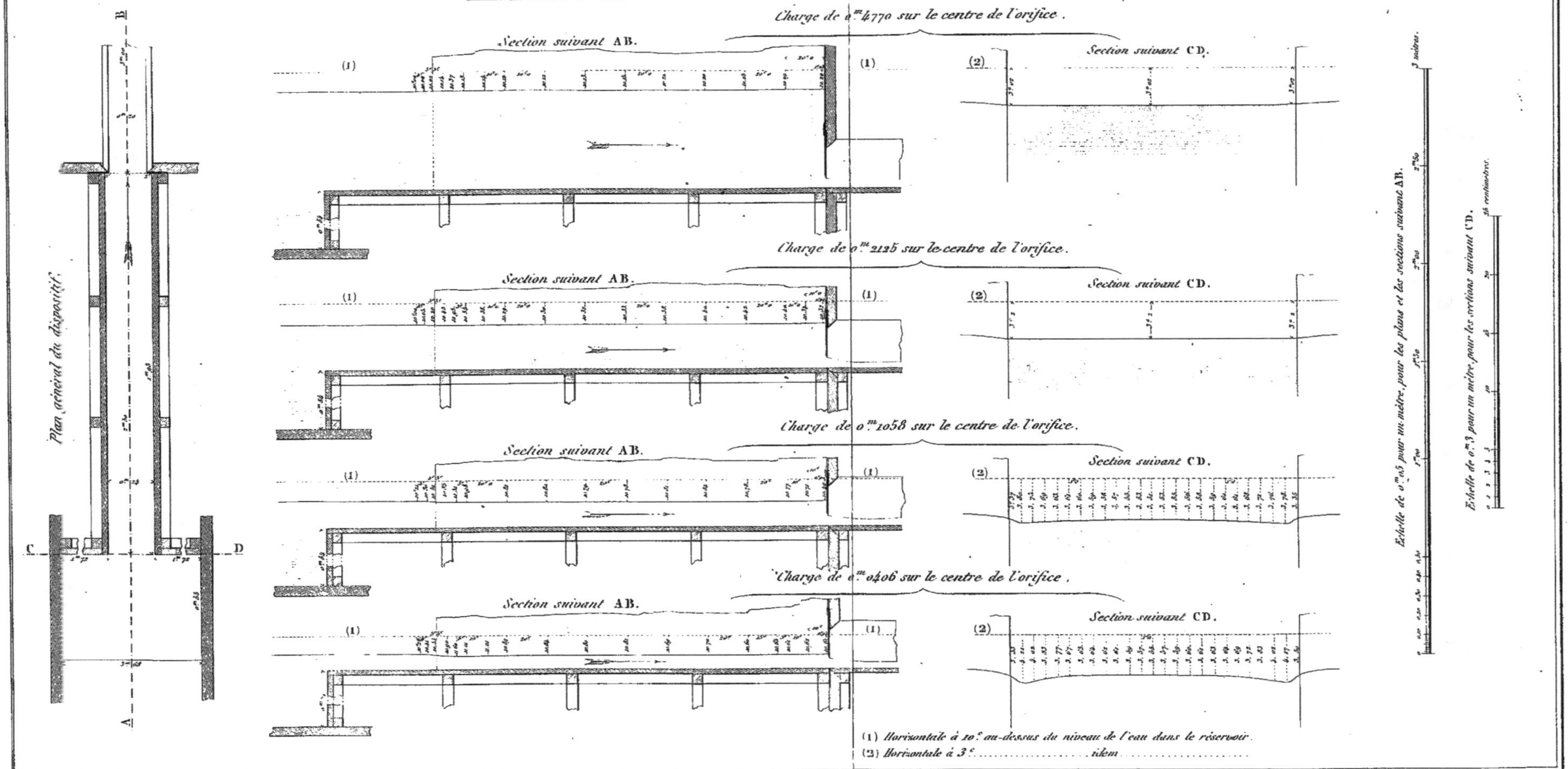

F. Wormser sc.

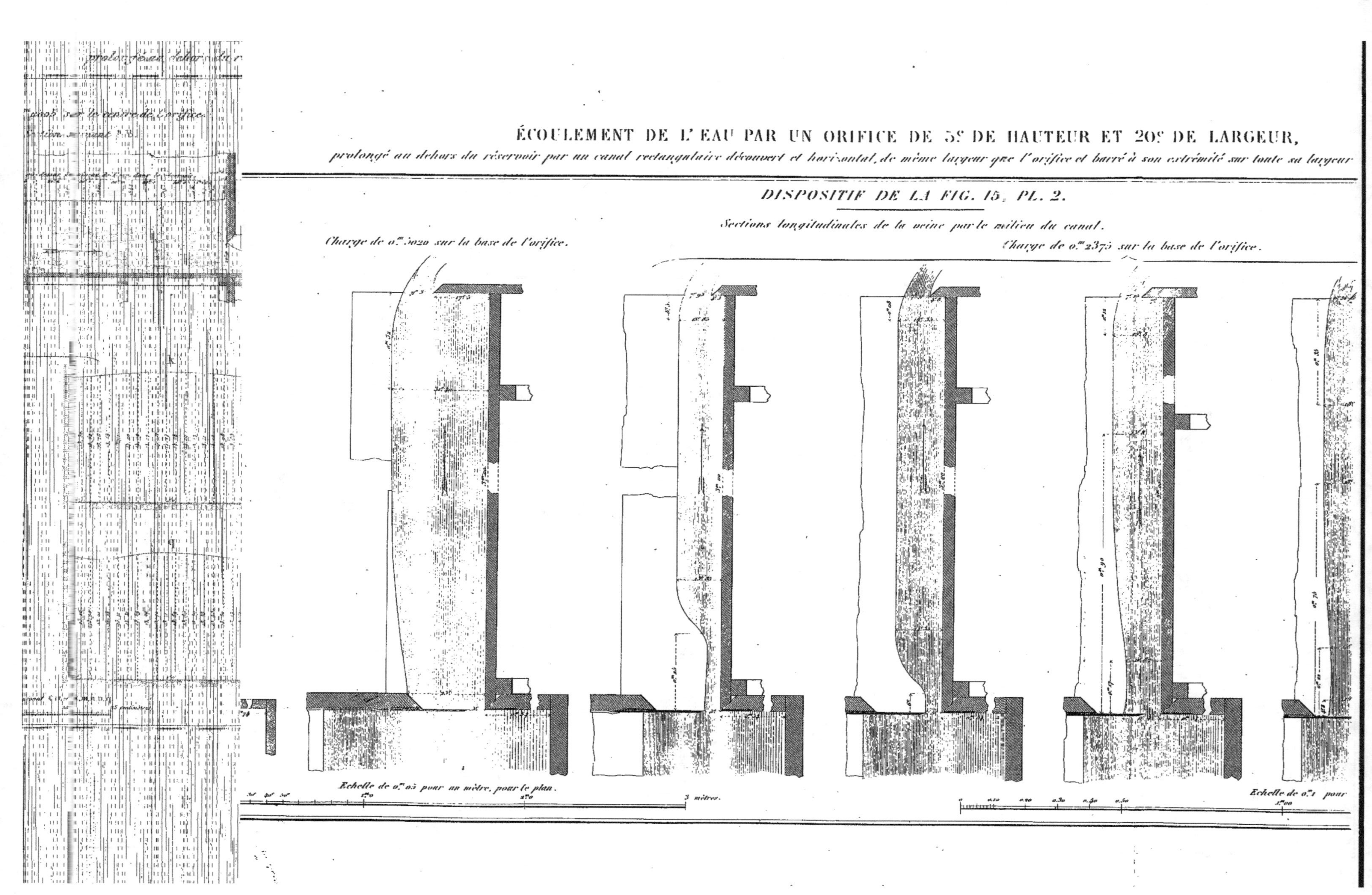

ÉCOULEMENT DE L'EAU PAR UN ORIFICE DE 5ᵉ DE HAUTEUR ET 20ᵉ DE LARGEUR,
prolongé au dehors du réservoir par un canal rectangulaire découvert et horizontal, de même largeur que l'orifice et barré à son extrémité sur toute sa largeur
DISPOSITIF DE LA FIG. 15, PL. 2.
Sections longitudinales de la veine par le milieu du canal.
Charge de 0ᵐ.3020 sur la base de l'orifice.
Charge de 0ᵐ.2375 sur la base de l'orifice.
Echelle de 0ᵐ.03 pour un mètre, pour le plan.
3 mètres.
Echelle de 0ᵐ.1 pour

DISPOSITIF DE LA FIG. 15, PL. 2.

Sections longitudinales de la veine par le milieu du canal.

base de l'orifice.

Charge de 0ᵐ,2375 sur la base de l'orifice.

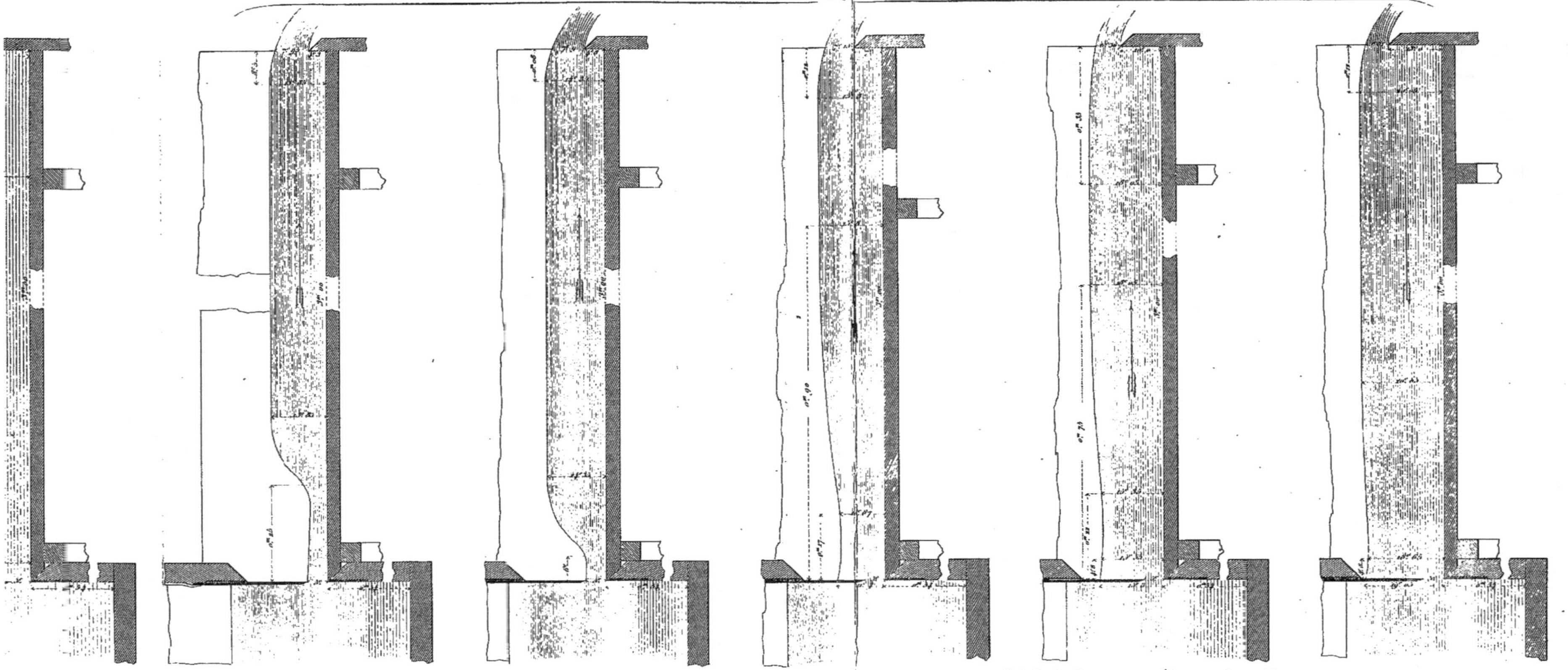

mètre, pour le plan.

Echelle de 0ᵐ,1 pour un mètre, pour les sections.

E. Morieu sc.

ÉCOULEMENT DE L'EAU PAR UN ORIFICE DE 5c DE HAUTEUR ET 20c DE LARGEUR,

prolongé au dehors du réservoir par un canal rectangulaire découvert et horizontal, de même largeur que l'orifice et barré à son extrémité sur toute sa largeur

DISPOSITIF DE LA FIG. 15, PL. 2.

Sections longitudinales de la veine par le milieu du canal.

Charge de 0m,1308 sur la base de l'orifice.

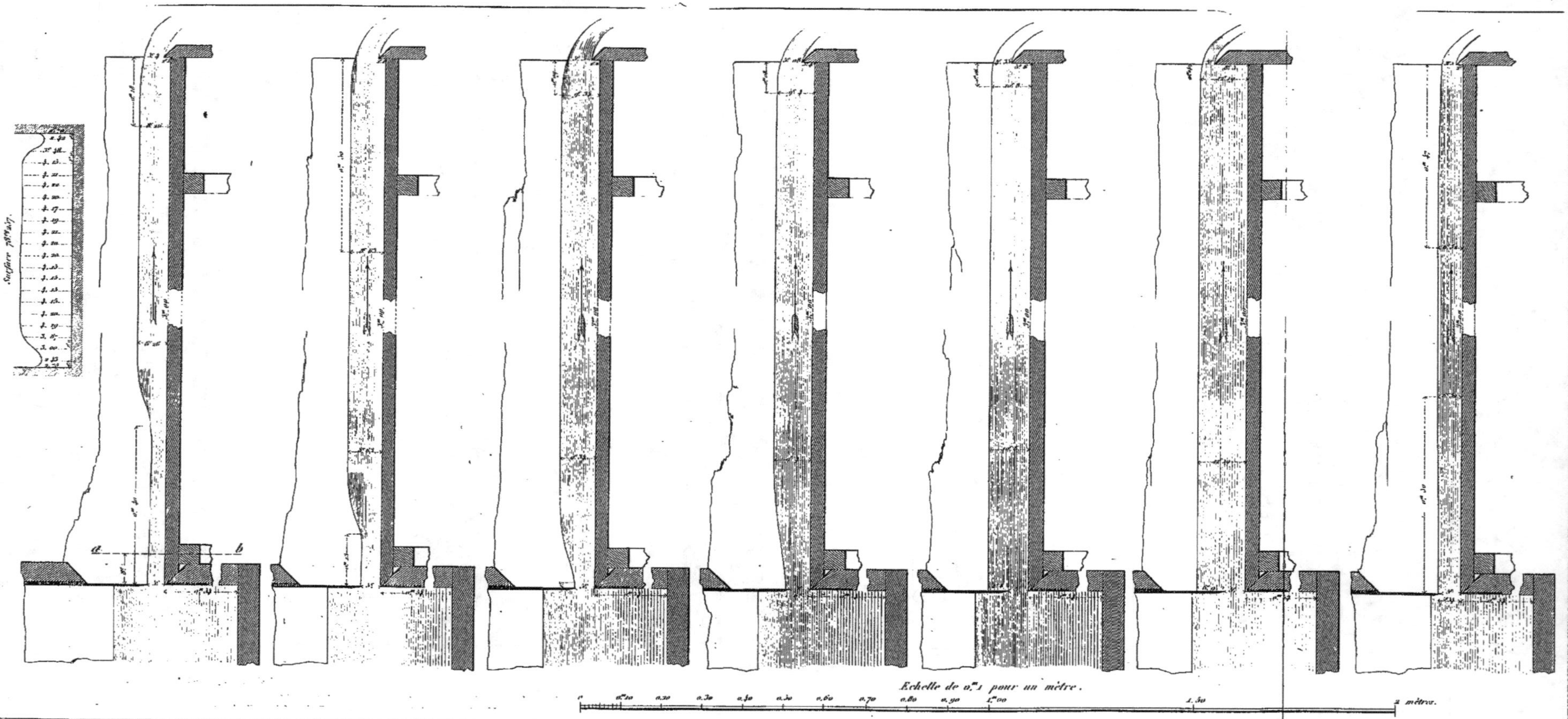

Langlois del.

ÉCOULEMENT DE L'EAU PAR UN ORIFICE DE 5ᶜ DE HAUTEUR ET 20ᶜ DE LARGEUR,

du réservoir par un canal rectangulaire découvert et horizontal, de même largeur que l'orifice et barré à son extrémité sur toute sa largeur et sur diverses hauteurs.

DISPOSITIF DE LA FIG. 15, PL. 2.

Sections longitudinales de la veine par le milieu du canal.

Charge de 0ᵐ,1308 sur la base de l'orifice.

Charge de 0ᵐ,0716 sur la base de l'orifice.

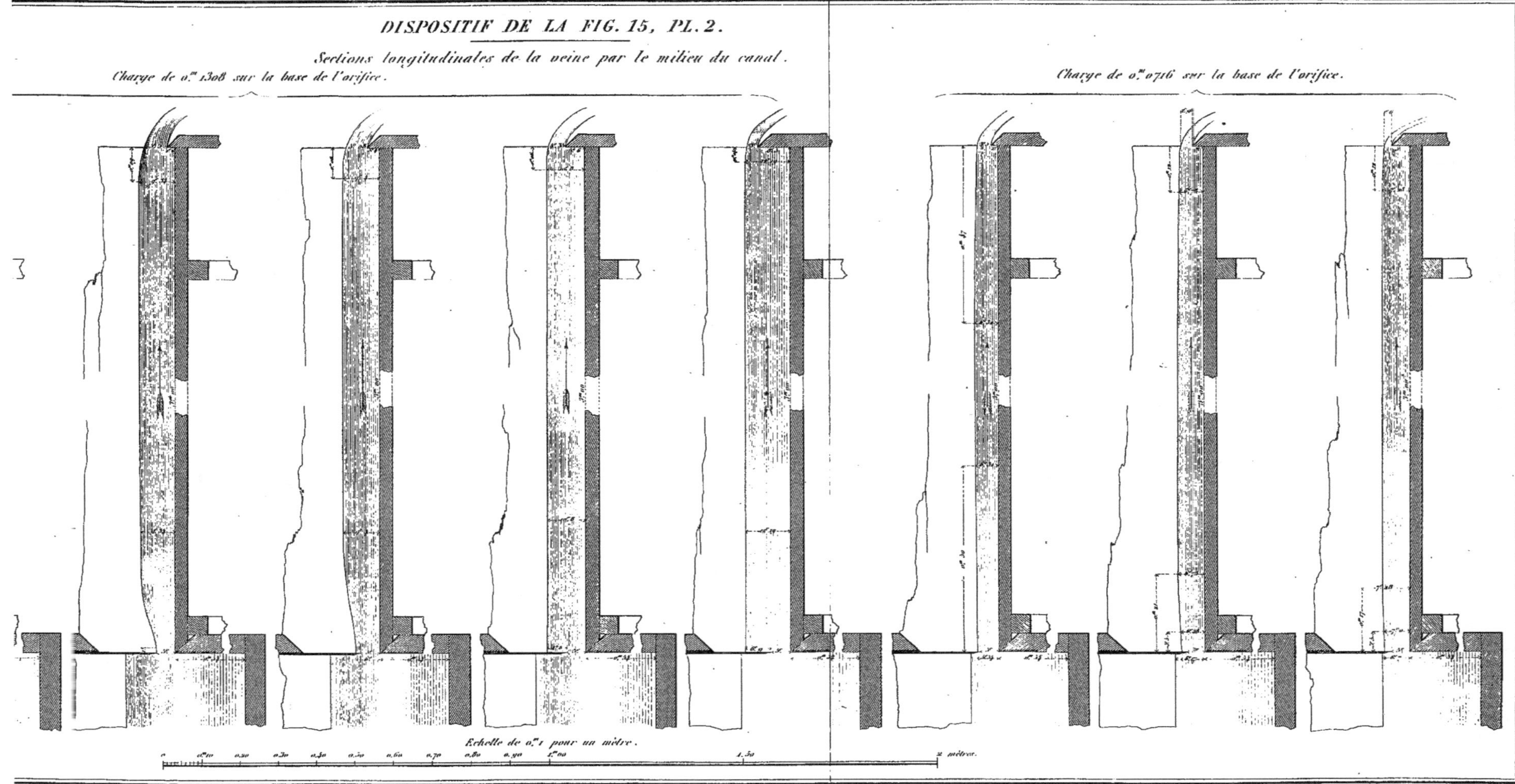

Echelle de 0ᵐ,1 pour un mètre.

E. Wormser sc.

Expériences hydrauliques.
ÉCOULEMENT DE L'EAU PAR UN DÉVERSOIR DE 20.º DE LARGEUR, DÉBOUCHANT LIBREMENT DANS L'A
DISPOSITIF DE LA FIG. 4, PL. I.
Sections dans le plan même du déversoir pour des charges totales, sur la base de cet orif
Coupe suivant AB.
Plan du dispositif.
Réservoir.
A
B
Echelle de 0.º 05 pour un mètre, pour le plan et sa coupe.
0.º 10 0.º 20 0.º 30 0.º 40 0.º 50 1.º 00 1.º 50 2 mètres.
Echelle de 0.º 3
0 5 10 15
0.º 2172.
0.º 2081.
0.º 1719.
0.º 0921.
0.º 0611.
0.º 0400.
0.º 0286.
0.º 0197.
0.º 0159.
0.º 0052.
0.º 0046.
Langlois del.

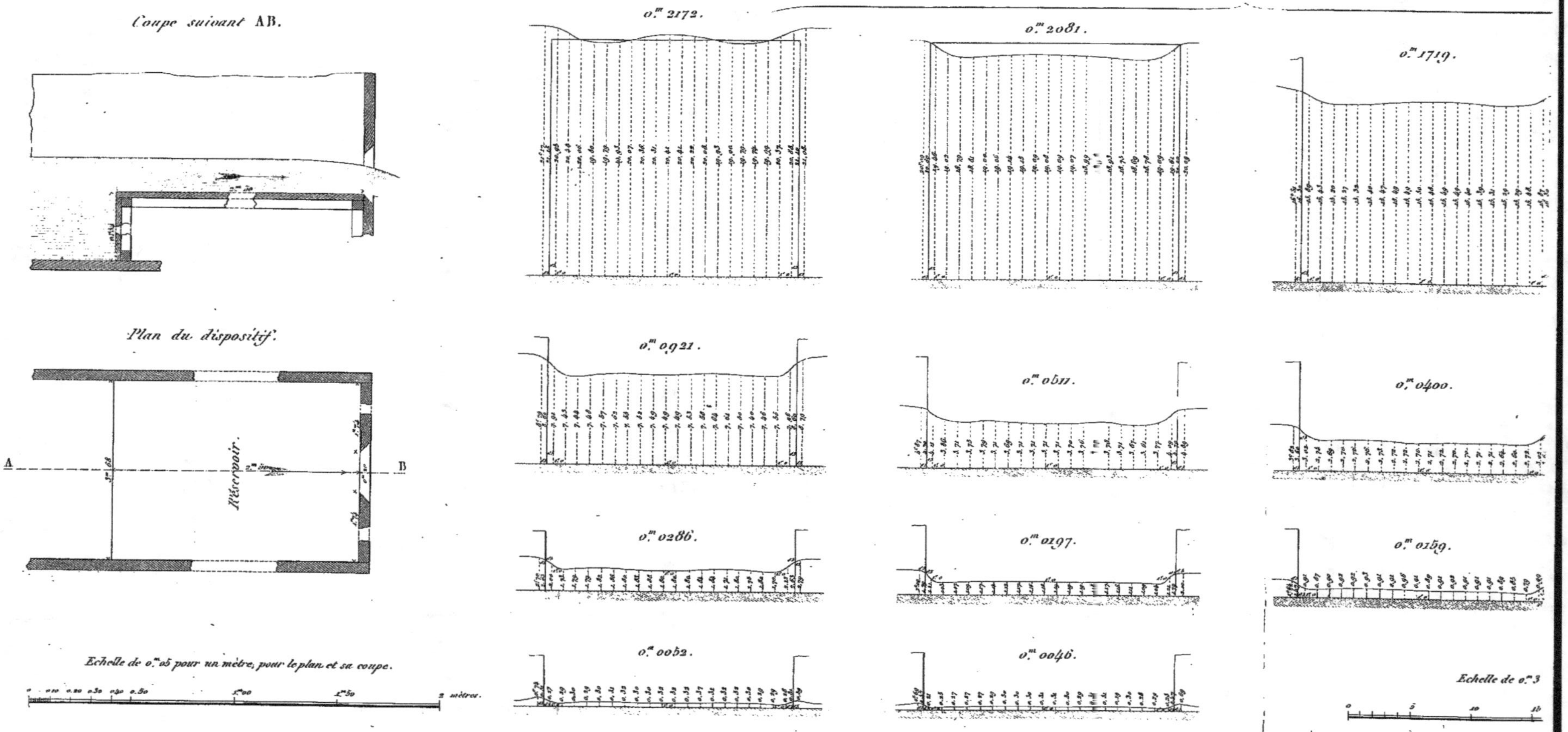

DISPOSITIF DE LA FIG. 4, PL. I.

Sections dans le plan même du déversoir pour des charges totales, sur la base de cet orifice, de

E. Wormser sc.

ÉCOULEMENT DE L' EAU PAR UN DÉVERSOIR DE 20^{c} DE LARGEUR, DÉBOUCHANT LIBREMENT DANS L' AI

DISPOSITIF DE LA FIG. 5, PL. I.

Sections dans le plan même du déversoir pour des charges totales, sur la base de cet ori

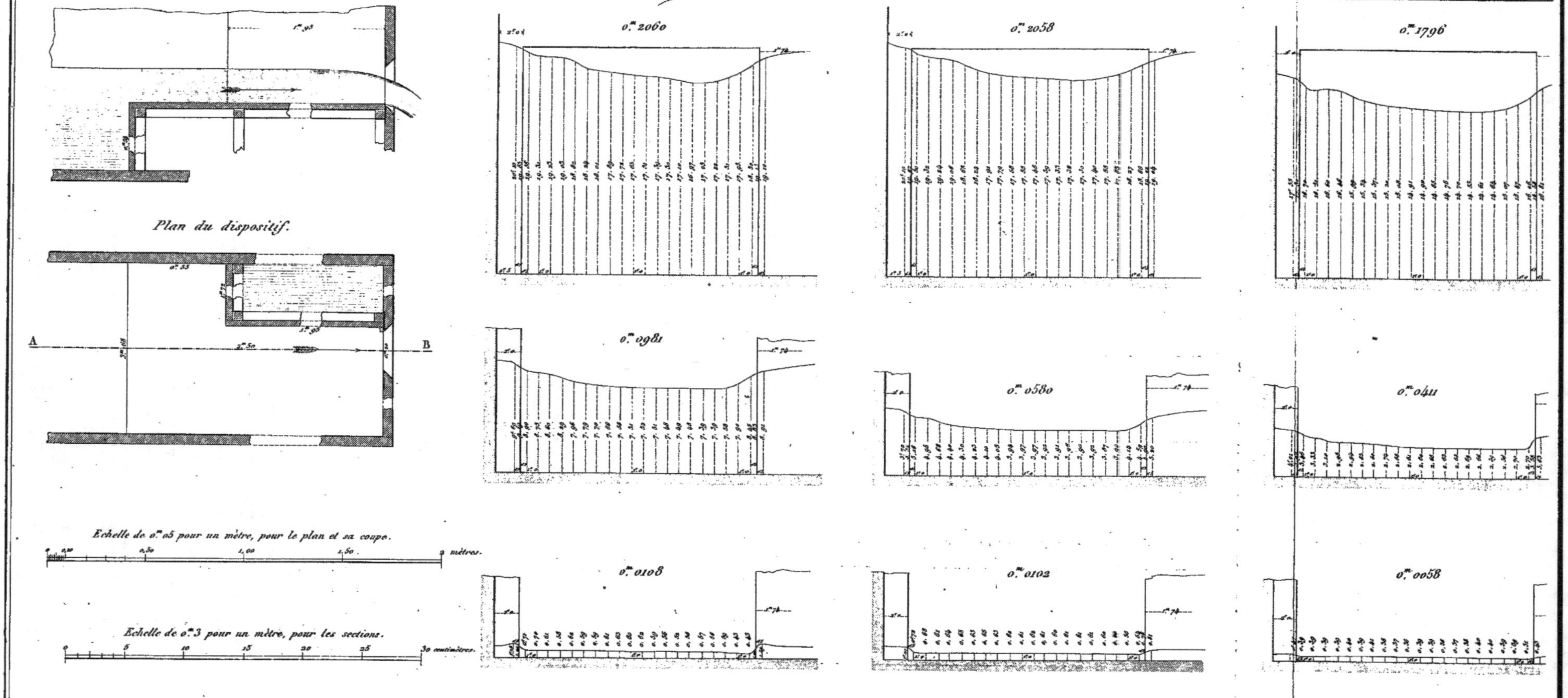

Langlois del.

DISPOSITIF DE LA FIG. 5, PL. I.
Sections dans le plan même du déversoir pour des charges totales, sur la base de cet orifice, de 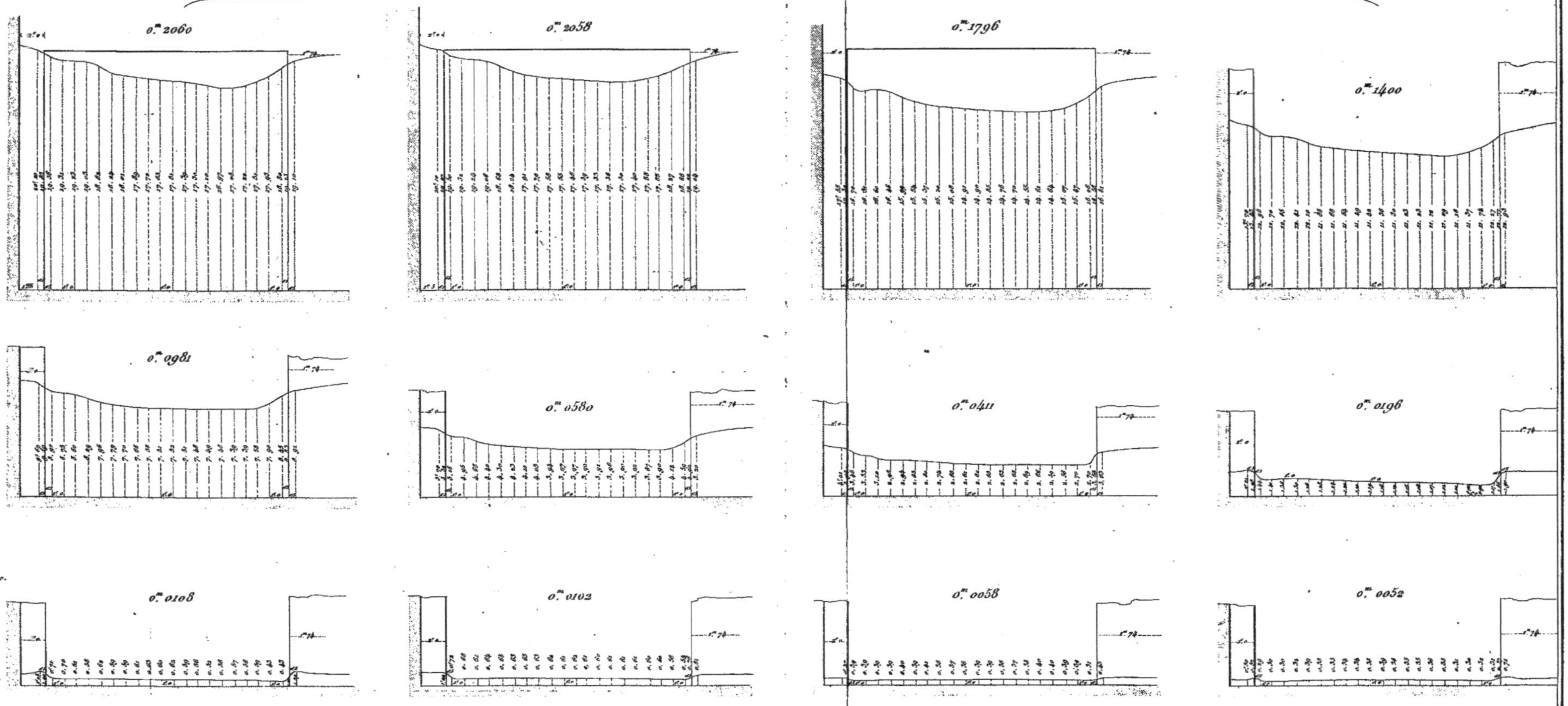
0ᵐ.2060
0ᵐ.2058
0ᵐ.1796
0ᵐ.1400
0ᵐ.0981
0ᵐ.0580
0ᵐ.0411
0ᵐ.0196
0ᵐ.0108
0ᵐ.0102
0ᵐ.0058
0ᵐ.0052
mètres.
limètres.
E. Wormser sc.

Expériences hydrauliques.
ÉCOULEMENT DE L'EAU PAR UN DÉVERSOIR DE 20ᶜ DE LARGEUR, DÉBOUCHANT LIBREMENT DANS L' 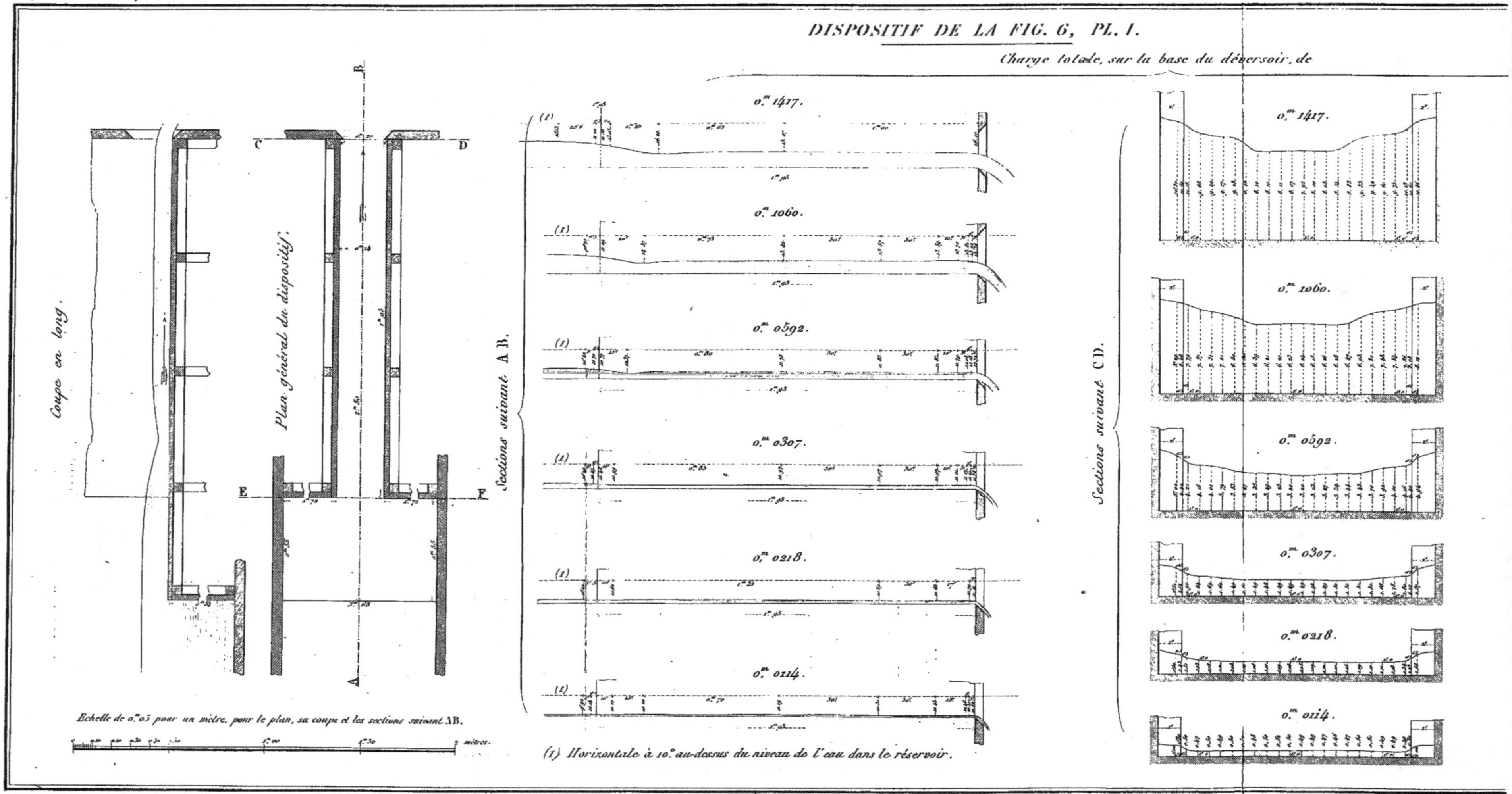
DISPOSITIF DE LA FIG. 6, PL. I.
Charge totale, sur la base du déversoir, de
Coupe en long.
Plan général du dispositif.
Sections suivant A B.
Sections suivant C D.
C
D
E
F
A
B
0ᵐ 1417.
0ᵐ 1060.
0ᵐ 0592.
0ᵐ 0307.
0ᵐ 0218.
0ᵐ 0114.
0ᵐ 1417.
0ᵐ 1060.
0ᵐ 0592.
0ᵐ 0307.
0ᵐ 0218.
0ᵐ 0114.
Echelle de 0ᵐ05 pour un mètre, pour le plan, sa coupe et les sections suivant AB.
(1) Horizontale à 10ᶜ au-dessus du niveau de l'eau dans le réservoir.
Langlois del.

DISPOSITIF DE LA FIG. 6, PL. I.

Charge totale, sur la base du déversoir, de

Sections suivant A B.

Sections suivant C D.

Sections suivant E F.

0ᵐ.1417.

0ᵐ.1060.

0ᵐ.0592.

0ᵐ.0307.

0ᵐ.0218.

0ᵐ.0114.

(1) Horizontale à 10ᶜ au-dessus du niveau de l'eau dans le réservoir.

Échelle de 0ᵐ.3 pour un mètre, pour les sections suivant CD et EF.

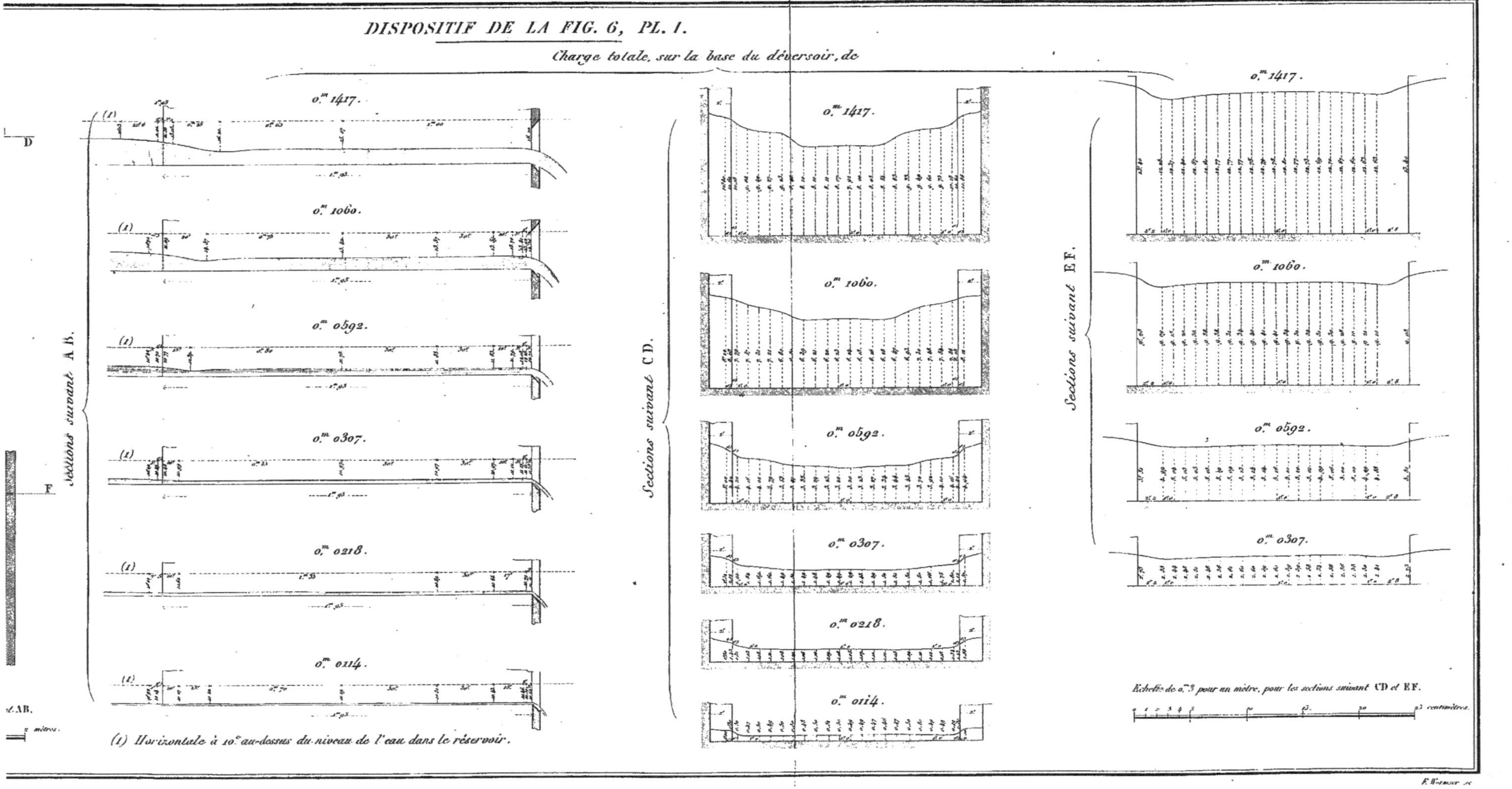

Expériences hydrauliques.
ÉCOULEMENT DE L'EAU PAR UN DÉVERSOIR DE 20° DE LARGEUR, DÉBOUCHANT LIBREMENT DANS L'AIR
DISPOSITIF DE LA FIG. 10, PL. I.
DISPOSITIF
Charge totale, sur la base du déversoir, de 0.^m1551.
Charge totale, sur la
Section suivant CD. 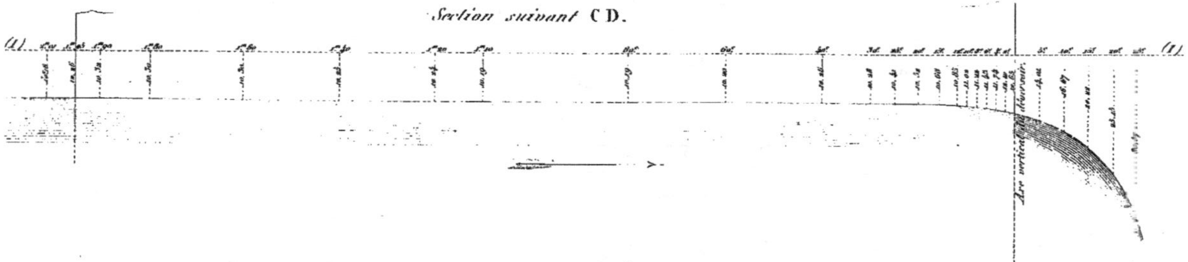 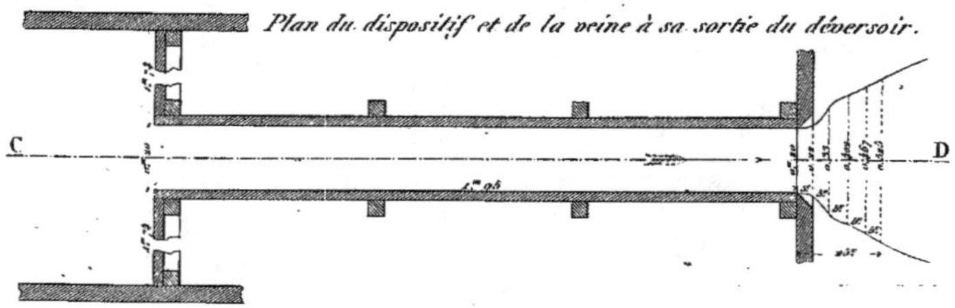
Plan de
Plan du dispositif et de la veine à sa sortie du déversoir.
C
D
E
Coup
Coupe en long.
LÉGENDE.
(1) Horizontale à 0.^m10 au-dessus
du niveau de l'eau dans le réservoir.
Echelle de 0.^m05 pour un mètre, pour le dispositif de la Fig.10 (Plan et Coupe).
Echelle de 0.^m1 pour un mètre, pour le dispositif de la Fig.13 et pour la section 
Langlois del.

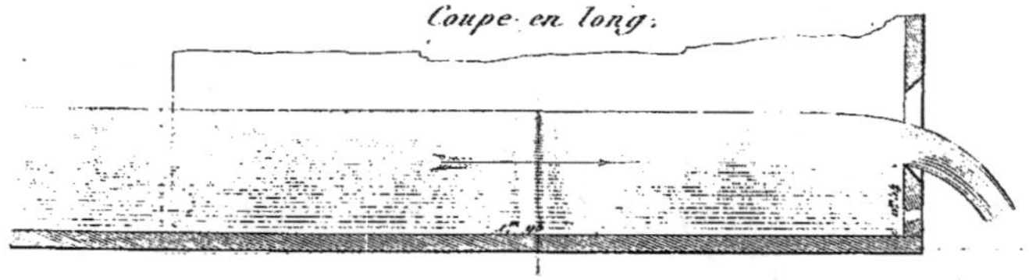

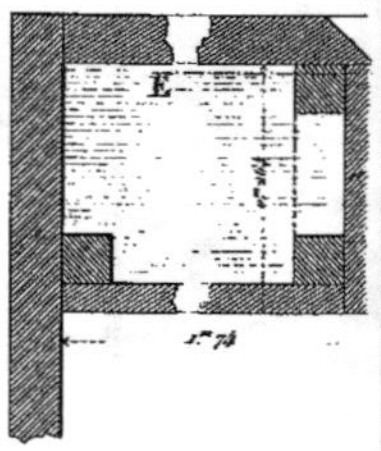

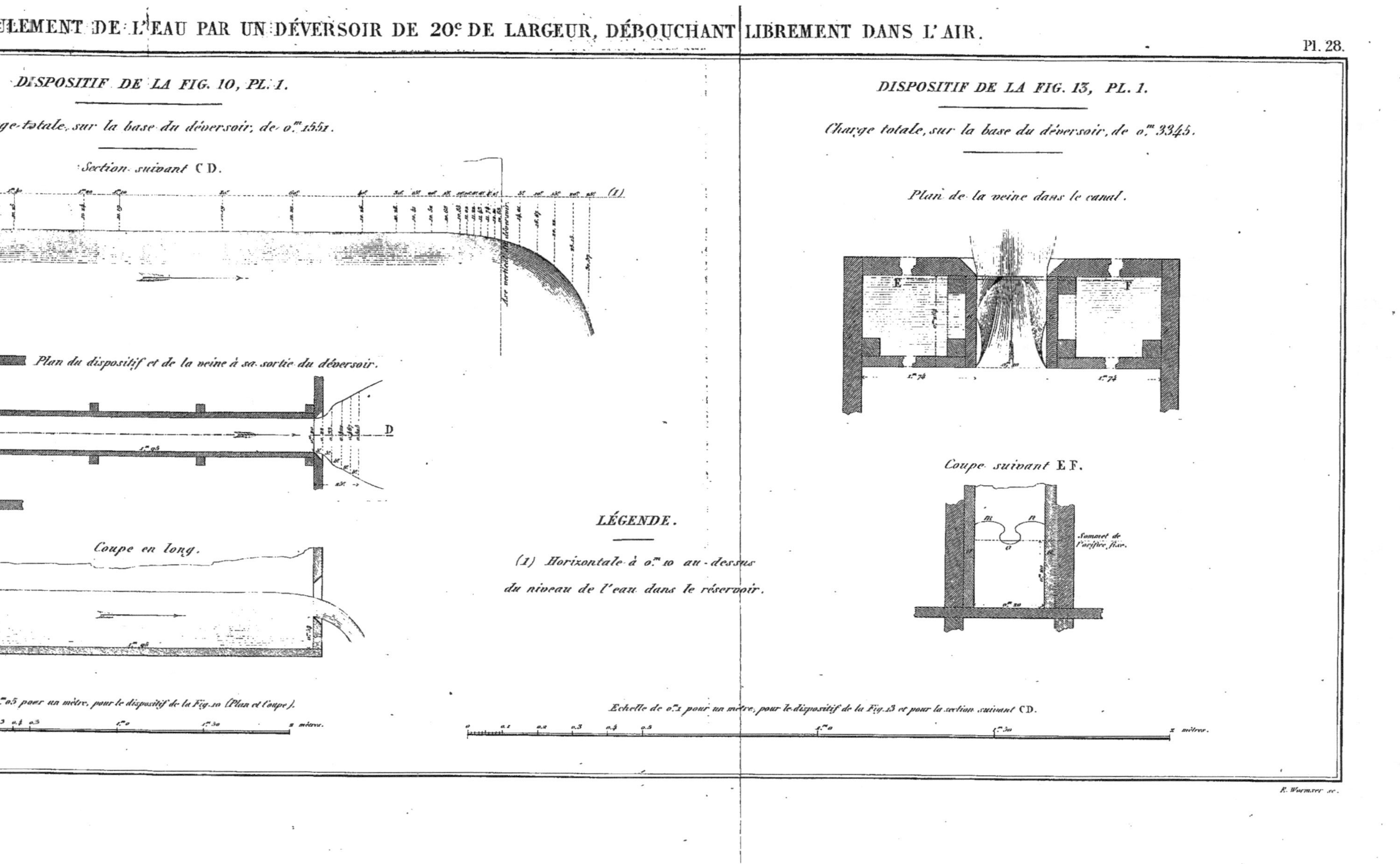
DISPOSITIF DE LA FIG. 10, PL. 1.
Charge totale, sur la base du déversoir, de 0ᵐ.1551.
Section suivant CD.
(1)
Plan du dispositif et de la veine à sa sortie du déversoir.
D
Coupe en long.
DISPOSITIF DE LA FIG. 13, PL. 1.
Charge totale, sur la base du déversoir, de 0ᵐ.3345.
Plan de la veine dans le canal.
E
F
1ᵐ74
1ᵐ74
Coupe suivant EF.
Sommet de l'orifice fixe.
LÉGENDE.
(1) Horizontale à 0ᵐ.10 au-dessus
du niveau de l'eau dans le réservoir.
de 0ᵐ.05 pour un mètre, pour le dispositif de la Fig. 10 (Plan et Coupe).
Echelle de 0ᵐ.1 pour un mètre, pour le dispositif de la Fig. 13 et pour la section suivant CD.
E. Wormser sc.

Expériences hydrauliques.

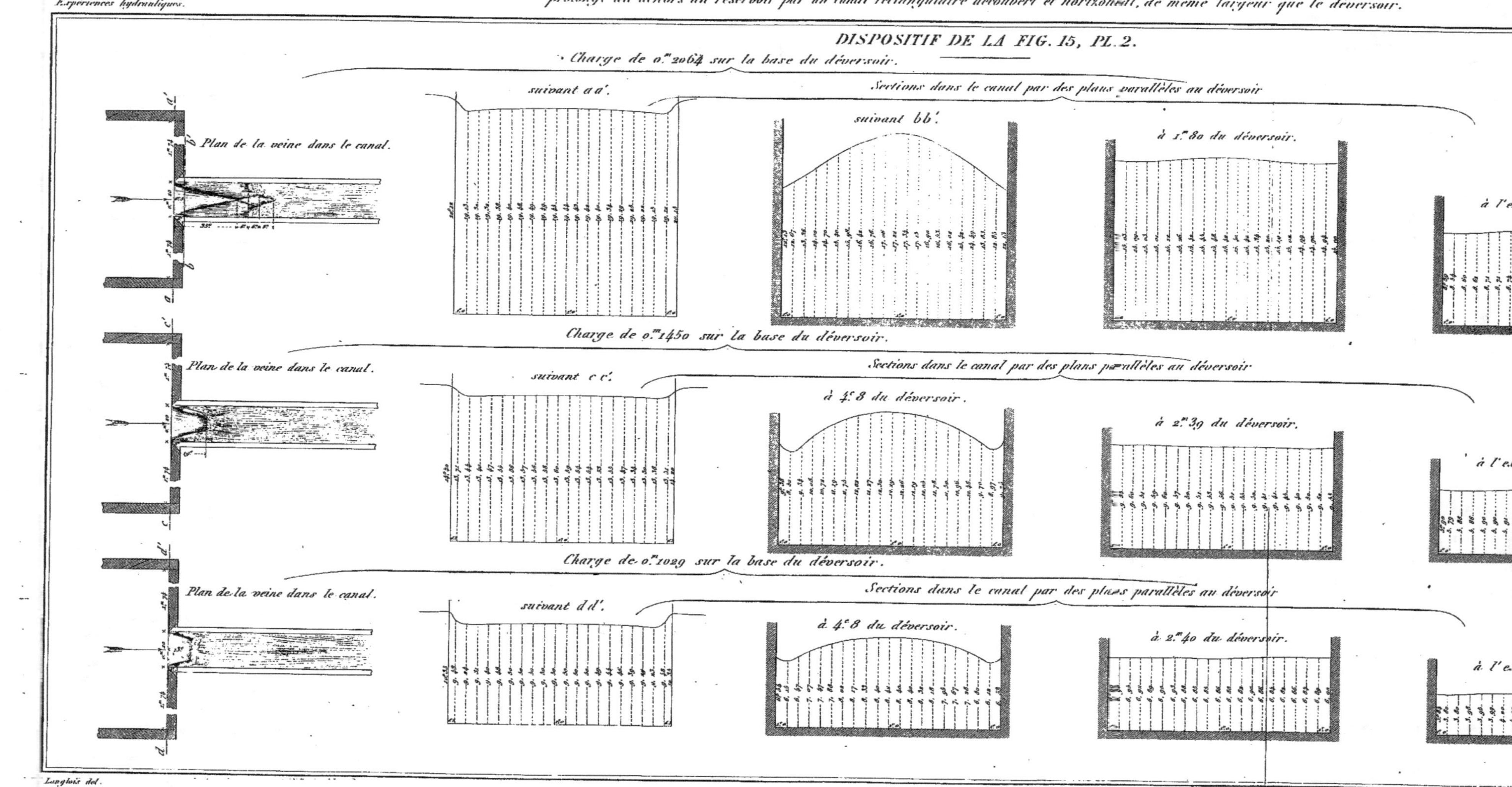
ÉCOULEMENT DE L'EAU PAR UN DÉVERSOIR DE 20.ᶜ DE LARGEUR,
prolongé au dehors du réservoir par un canal rectangulaire découvert et horizontal, de même largeur que le déversoir.

DISPOSITIF DE LA FIG. 15, PL. 2.

Charge de 0.ᵐ2064 sur la base du déversoir.
Plan de la veine dans le canal.
suivant a a'.
Sections dans le canal par des plans parallèles au déversoir
suivant b b'.
à 1.ᵐ80 du déversoir.
à l'ext.

Charge de 0.ᵐ1450 sur la base du déversoir.
Plan de la veine dans le canal.
suivant c c'.
Sections dans le canal par des plans parallèles au déversoir
à 4.ᶜ8 du déversoir.
à 2.ᵐ39 du déversoir.
à l'ext.

Charge de 0.ᵐ1029 sur la base du déversoir.
Plan de la veine dans le canal.
suivant d d'.
Sections dans le canal par des plans parallèles au déversoir
à 4.ᶜ8 du déversoir.
à 2.ᵐ40 du déversoir.
à l'ext.

Langlois del.

ECOULEMENT DE L'EAU PAR UN DEVERSOIR DE 20c DE LARGEUR,

prolongé au dehors du réservoir par un canal rectangulaire découvert et horizontal, de même largeur que le déversoir.

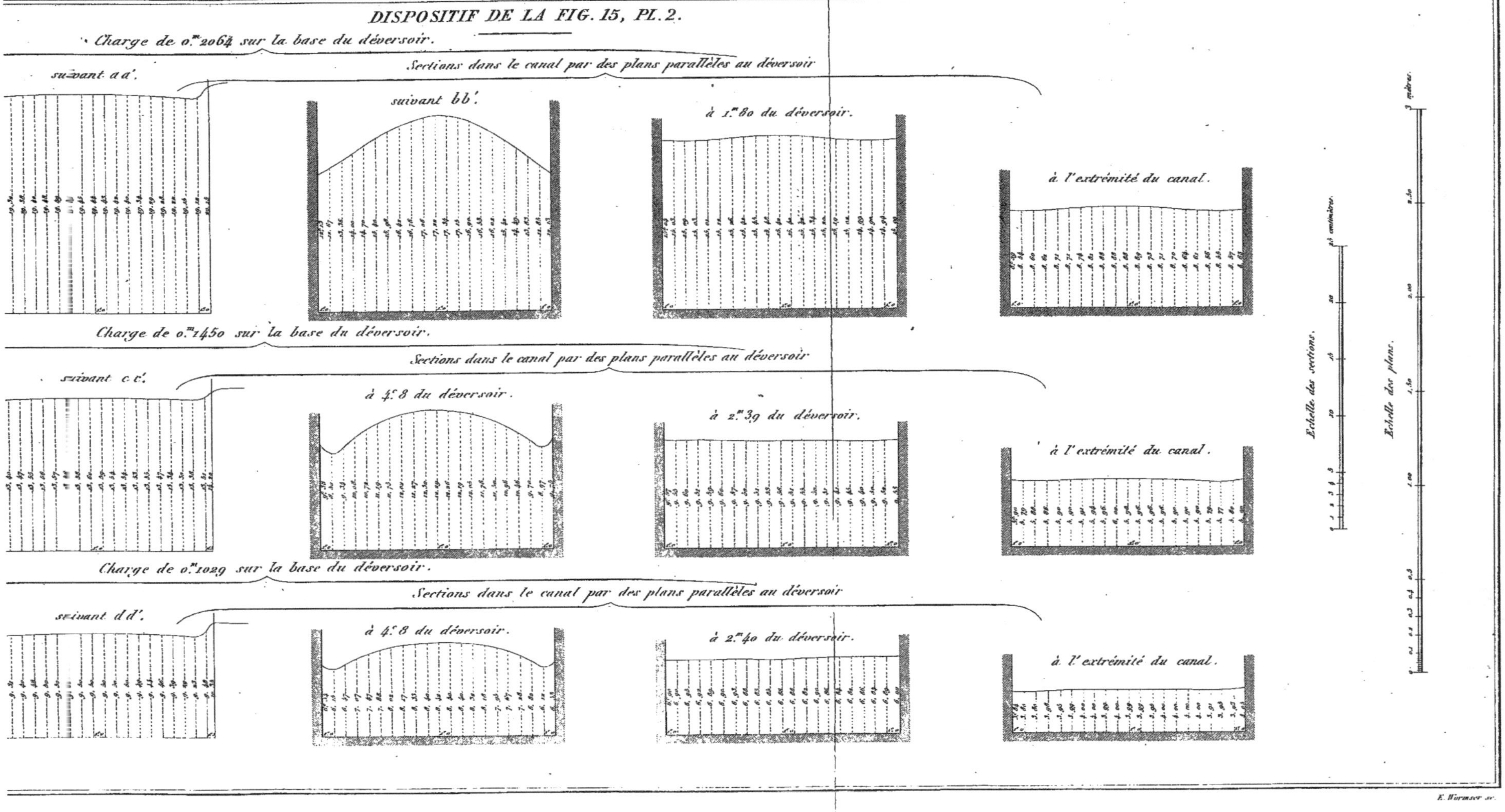
DISPOSITIF DE LA FIG. 15, PL. 2.
Charge de 0m.2064 sur la base du déversoir.
Sections dans le canal par des plans parallèles au déversoir
suivant aa'.
suivant bb'.
à 1m.80 du déversoir.
à l'extrémité du canal.
Charge de 0m.1450 sur la base du déversoir.
Sections dans le canal par des plans parallèles au déversoir
suivant cc'.
à 4c.8 du déversoir.
à 2m.39 du déversoir.
à l'extrémité du canal.
Charge de 0m.1029 sur la base du déversoir.
Sections dans le canal par des plans parallèles au déversoir
suivant dd'.
à 4c.8 du déversoir.
à 2m.40 du déversoir.
à l'extrémité du canal.
Echelle des sections.
Echelle des plans.
E. Wormser sc.

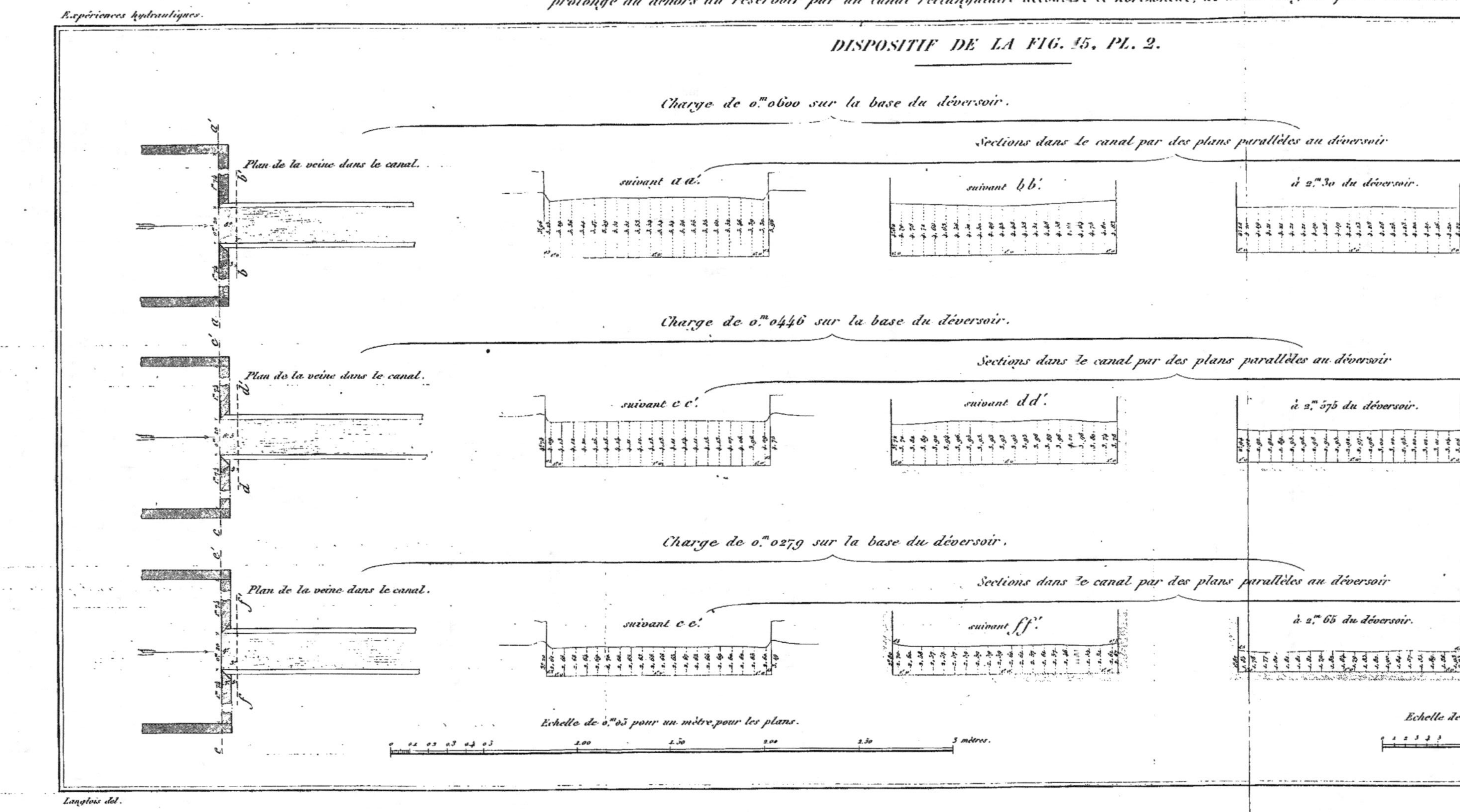

Expériences hydrauliques.
ÉCOULEMENT DE L'EAU PAR UN DÉVERSOIR DE 20ᶜ DE LARGEUR,
prolongé au dehors du réservoir par un canal rectangulaire découvert et horizontal, de même largeur que le déversoir.
DISPOSITIF DE LA FIG. 45, PL. 2.
Charge de 0ᵐ060 sur la base du déversoir.
Plan de la veine dans le canal.
Sections dans le canal par des plans parallèles au déversoir
suivant a a'.
suivant b b'.
à 2ᵐ30 du déversoir.
Charge de 0ᵐ0446 sur la base du déversoir.
Plan de la veine dans le canal.
Sections dans le canal par des plans parallèles au déversoir
suivant c c'.
suivant d d'.
à 2ᵐ575 du déversoir.
Charge de 0ᵐ0279 sur la base du déversoir.
Plan de la veine dans le canal.
Sections dans le canal par des plans parallèles au déversoir
suivant e e'.
suivant f f'.
à 2ᵐ65 du déversoir.
Echelle de 0ᵐ05 pour un mètre pour les plans.
3 mètres.
Echelle de 0ᵐ3
Langlois del.

ÉCOULEMENT DE L'EAU PAR UN DÉVERSOIR DE 20c DE LARGEUR,

prolongé au dehors du réservoir par un canal rectangulaire découvert et horizontal, de même largeur que le déversoir.

Pl. 30.

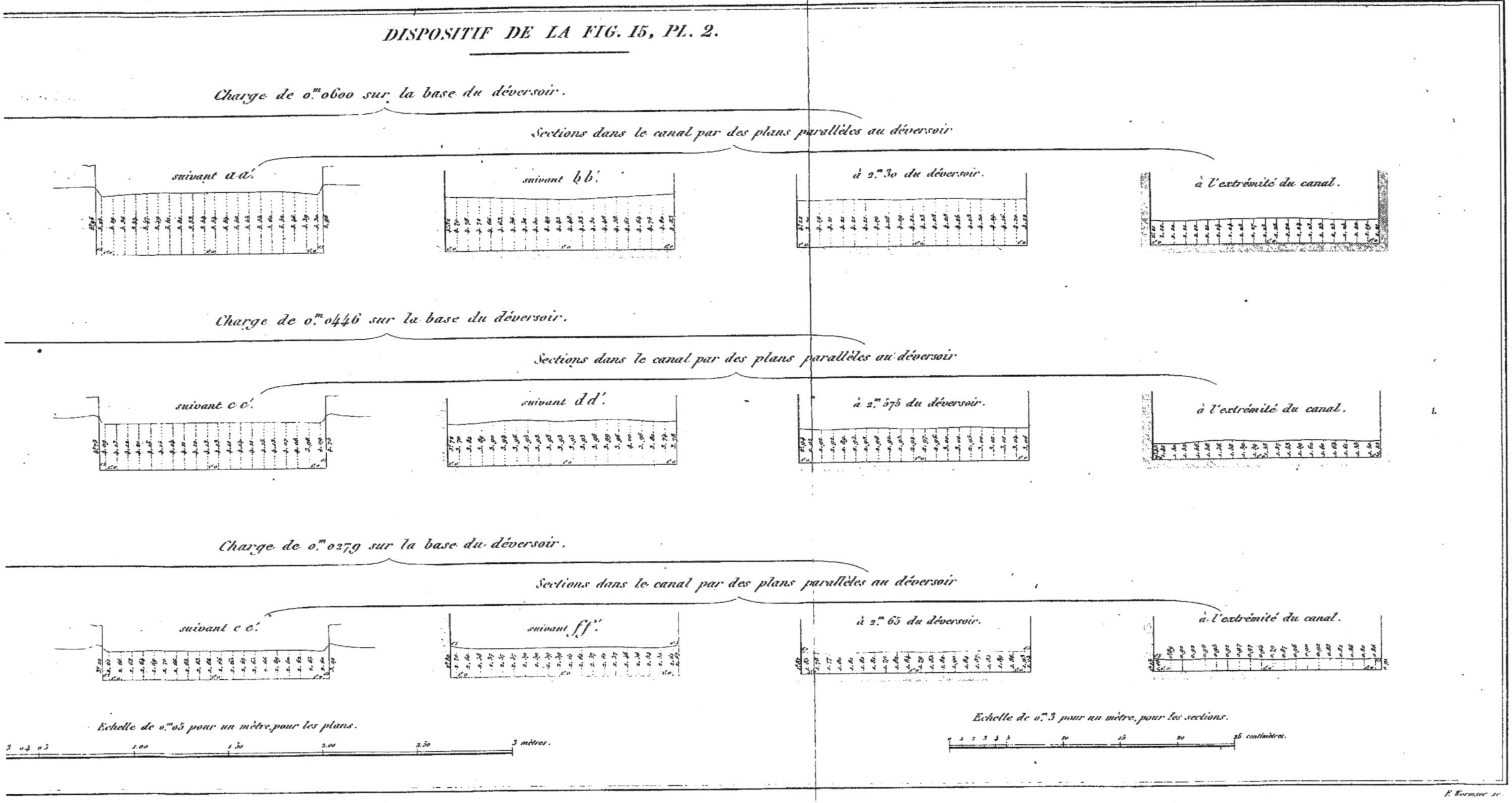
DISPOSITIF DE LA FIG. 15, PL. 2.
Charge de 0m 0600 sur la base du déversoir.
Sections dans le canal par des plans parallèles au déversoir
suivant aa'.
suivant bb'.
à 2m 30 du déversoir.
à l'extrémité du canal.
Charge de 0m 0446 sur la base du déversoir.
Sections dans le canal par des plans parallèles au déversoir
suivant cc'.
suivant dd'.
à 2m 575 du déversoir.
à l'extrémité du canal.
Charge de 0m 0279 sur la base du déversoir.
Sections dans le canal par des plans parallèles au déversoir
suivant ee'.
suivant ff'.
à 2m 65 du déversoir.
à l'extrémité du canal.
Echelle de 0m 05 pour un mètre, pour les plans.
1.00
1.50
2.00
2.50
3 mètres.
Echelle de 0m 3 pour un mètre, pour les sections.
10
15
20
25 centimètres.
F. Wormser sc.

ÉCOULEMENT DE L'EAU PAR UN DÉVERSOIR DE 20.° DE LARGEUR,

prolongé au dehors du réservoir par un canal rectangulaire découvert et horizontal, de même largeur que le déversoir.

DISPOSITIF DE LA FIG. 16, PL. 2.

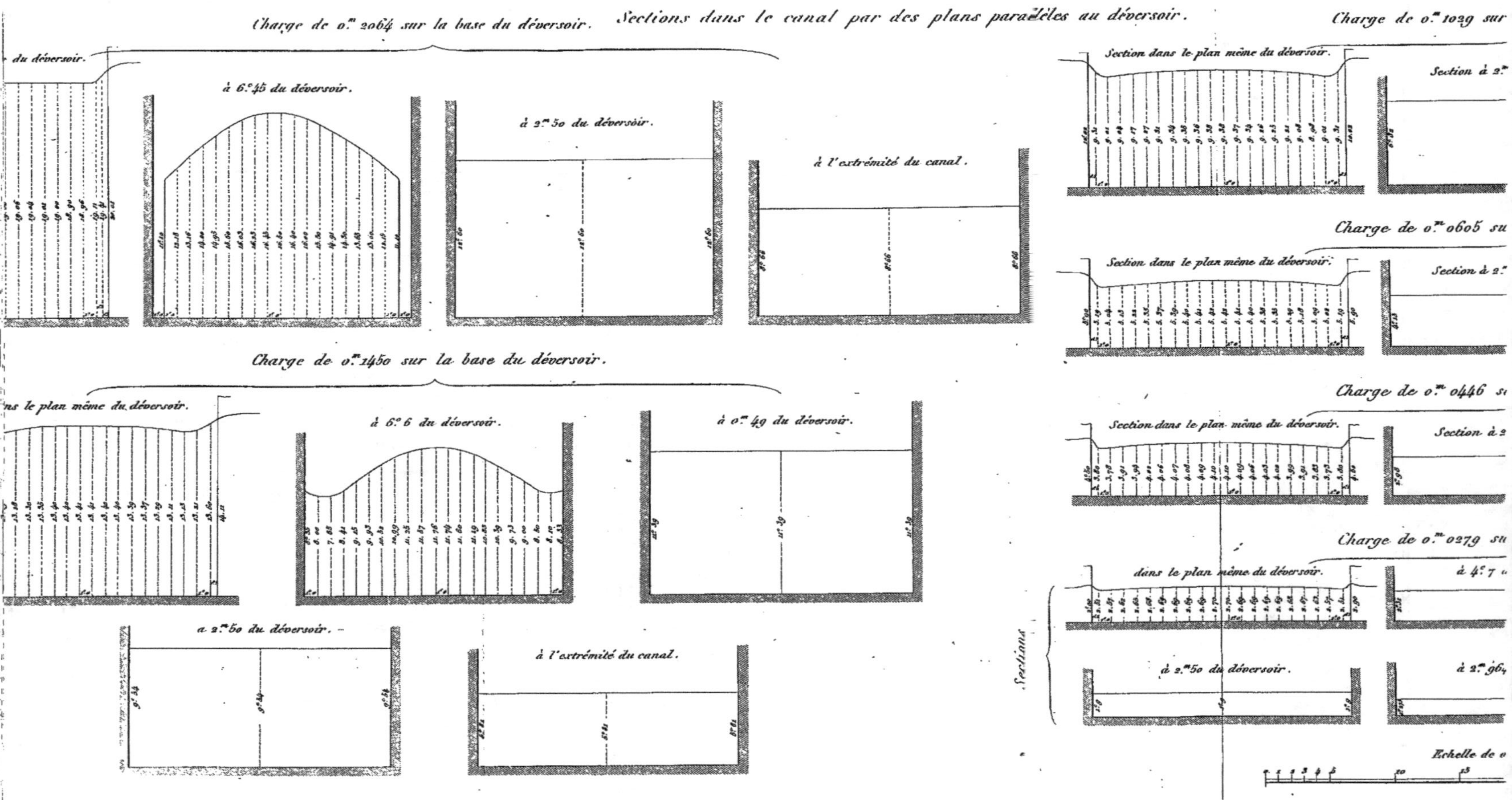

Charge de 0.ᵐ 2064 sur la base du déversoir.　Sections dans le canal par des plans parallèles au déversoir.　Charge de 0.ᵐ 1029 sur

à 6.° 45 du déversoir.

à 2.ᵐ 50 du déversoir.

à l'extrémité du canal.

Section dans le plan même du déversoir.

Section à 2.ᵐ

Charge de 0.ᵐ 1450 sur la base du déversoir.

dans le plan même du déversoir.

à 6.° 6 du déversoir.

à 0.ᵐ 49 du déversoir.

Charge de 0.ᵐ 0605 su

Section dans le plan même du déversoir.

Section à 2.ᵐ

à 2.ᵐ 50 du déversoir. —

à l'extrémité du canal.

Charge de 0.ᵐ 0446 su

Section dans le plan même du déversoir.

Section à 2

Charge de 0.ᵐ 0279 su

dans le plan même du déversoir.

à 4.° 7 u

à 2.ᵐ 50 du déversoir.

à 2.ᵐ 964

Sections

Échelle de 0

ÉCOULEMENT DE L'EAU PAR UN DÉVERSOIR DE 20ᶜ DE LARGEUR,

prolongé au dehors du réservoir par un canal rectangulaire découvert et horizontal, de même largeur que le déversoir.

DISPOSITIF DE LA FIG. 16, PL. 2.

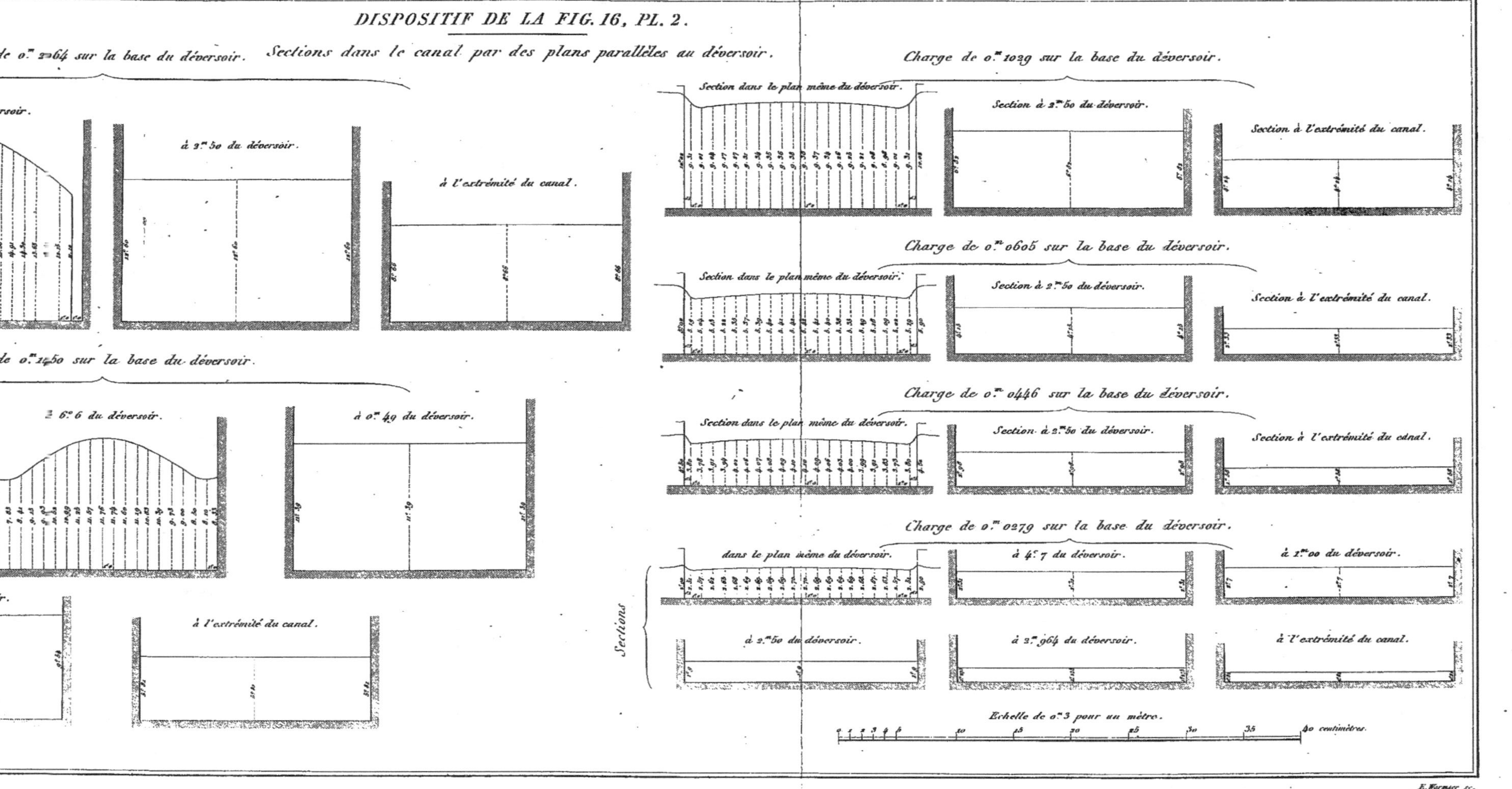

Expériences hydrauliques.

ÉCOULEMENT DE L'EAU PAR UN DÉVERSOIR DE 20⁹ DE LARGEUR,
prolongé au dehors du réservoir par un canal rectangulaire découvert et horizontal, de même largeur que le déversoir.

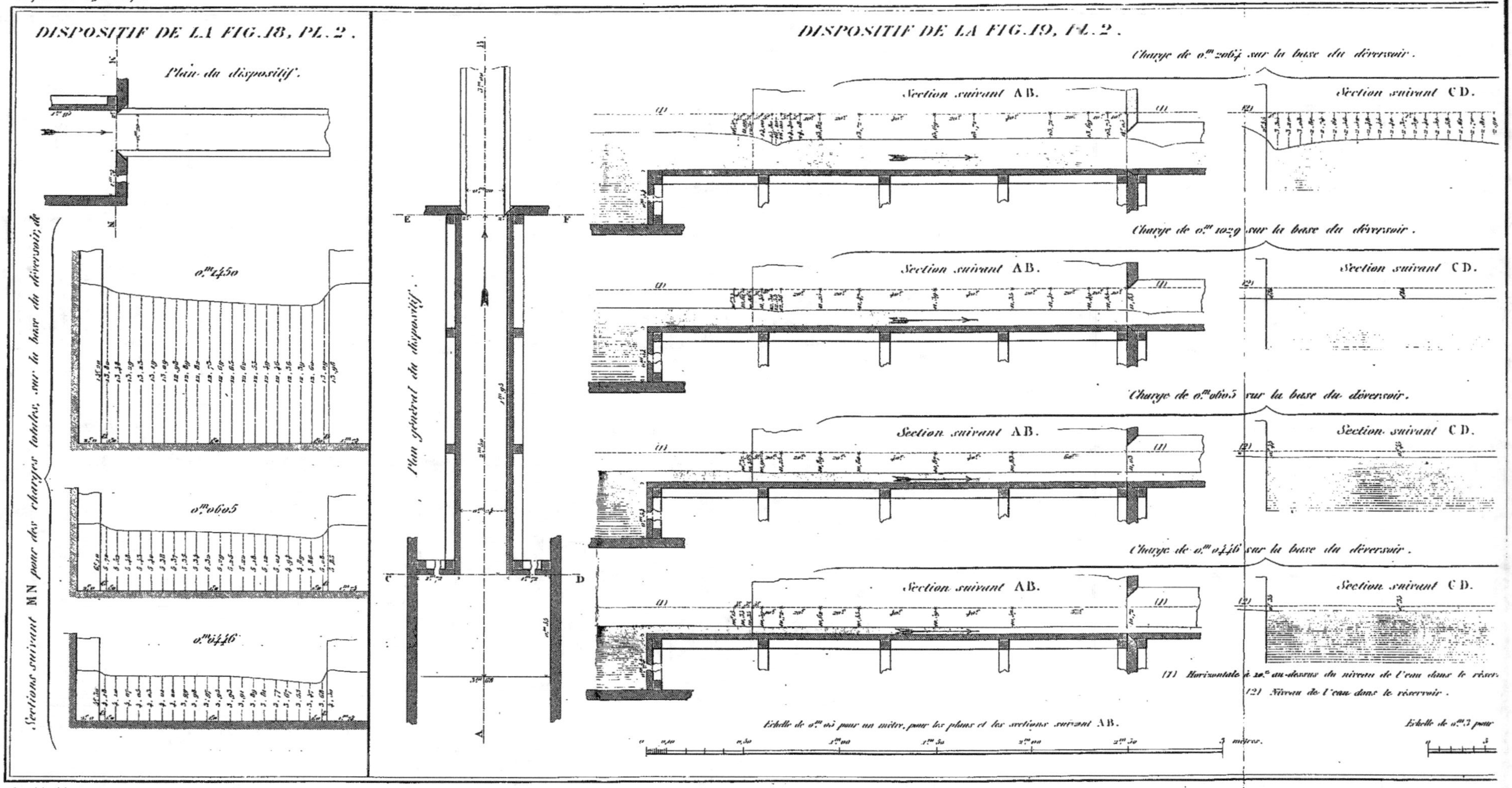

DISPOSITIF DE LA FIG. 18, PL. 2.

DISPOSITIF DE LA FIG. 19, PL. 2.

Plan du dispositif.

Charge de 0ᵐ,2064 sur la base du déversoir.

Section suivant A B.

Section suivant C D.

Plan général du dispositif.

Charge de 0ᵐ,1029 sur la base du déversoir.

Section suivant A B.

Section suivant C D.

0ᵐ,1450

Charge de 0ᵐ,0605 sur la base du déversoir.

Section suivant A B.

Section suivant C D.

0ᵐ,0605

Charge de 0ᵐ,0446 sur la base du déversoir.

Section suivant A B.

Section suivant C D.

0ᵐ,0446

(1) Horizontale à 20ᶜ au-dessus du niveau de l'eau dans le réservoir.
(2) Niveau de l'eau dans le réservoir.

Sections suivant M N pour des charges totales, sur la base du déversoir de

Échelle de 0ᵐ,03 pour un mètre, pour les plans et les sections suivant A B.

Échelle de 0ᵐ,3 pour

Langlois del.

ÉCOULEMENT DE L'EAU PAR UN DÉVERSOIR DE 20ᶜ DE LARGEUR,

prolongé au dehors du réservoir par un canal rectangulaire découvert et horizontal, de même largeur que le déversoir.

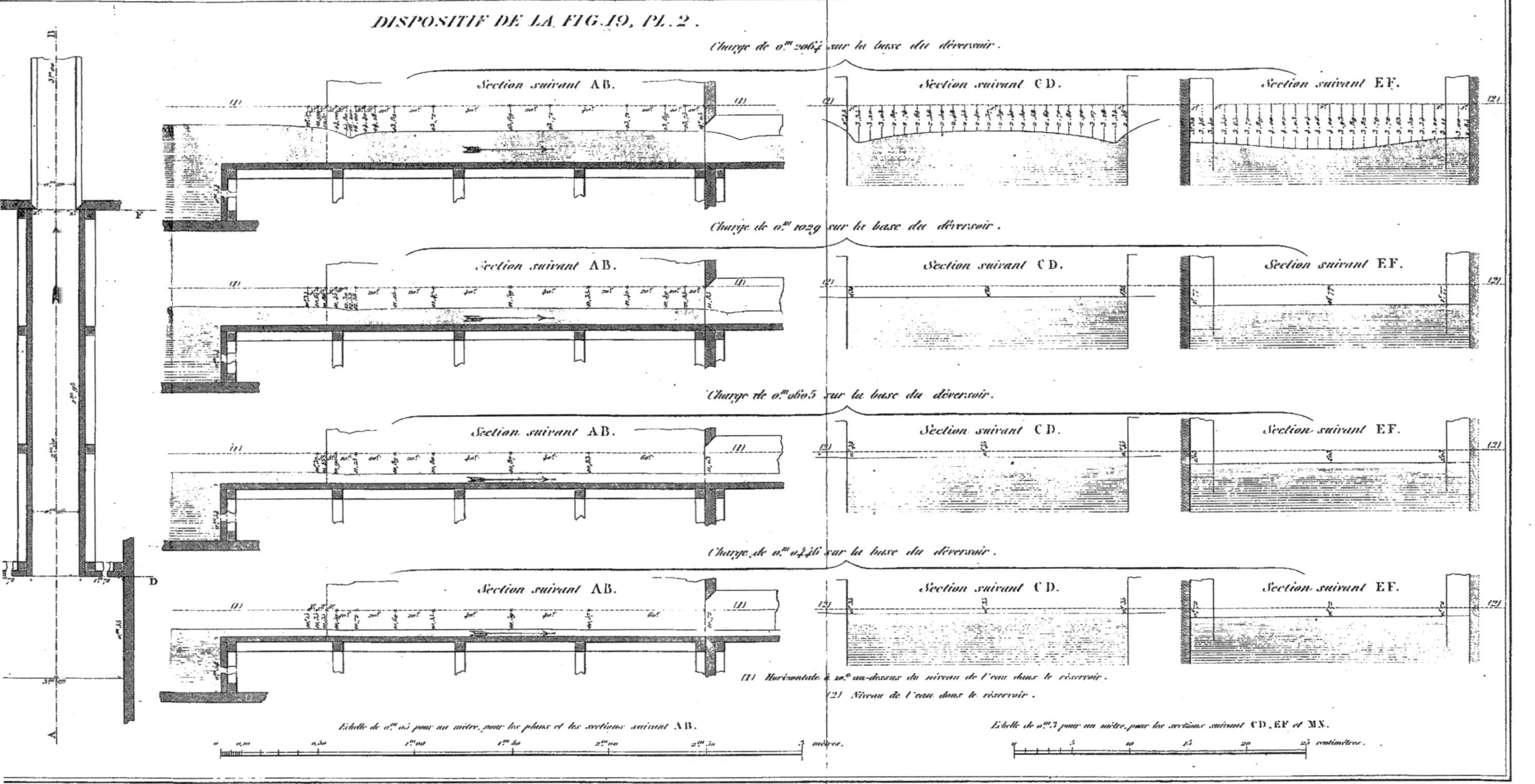

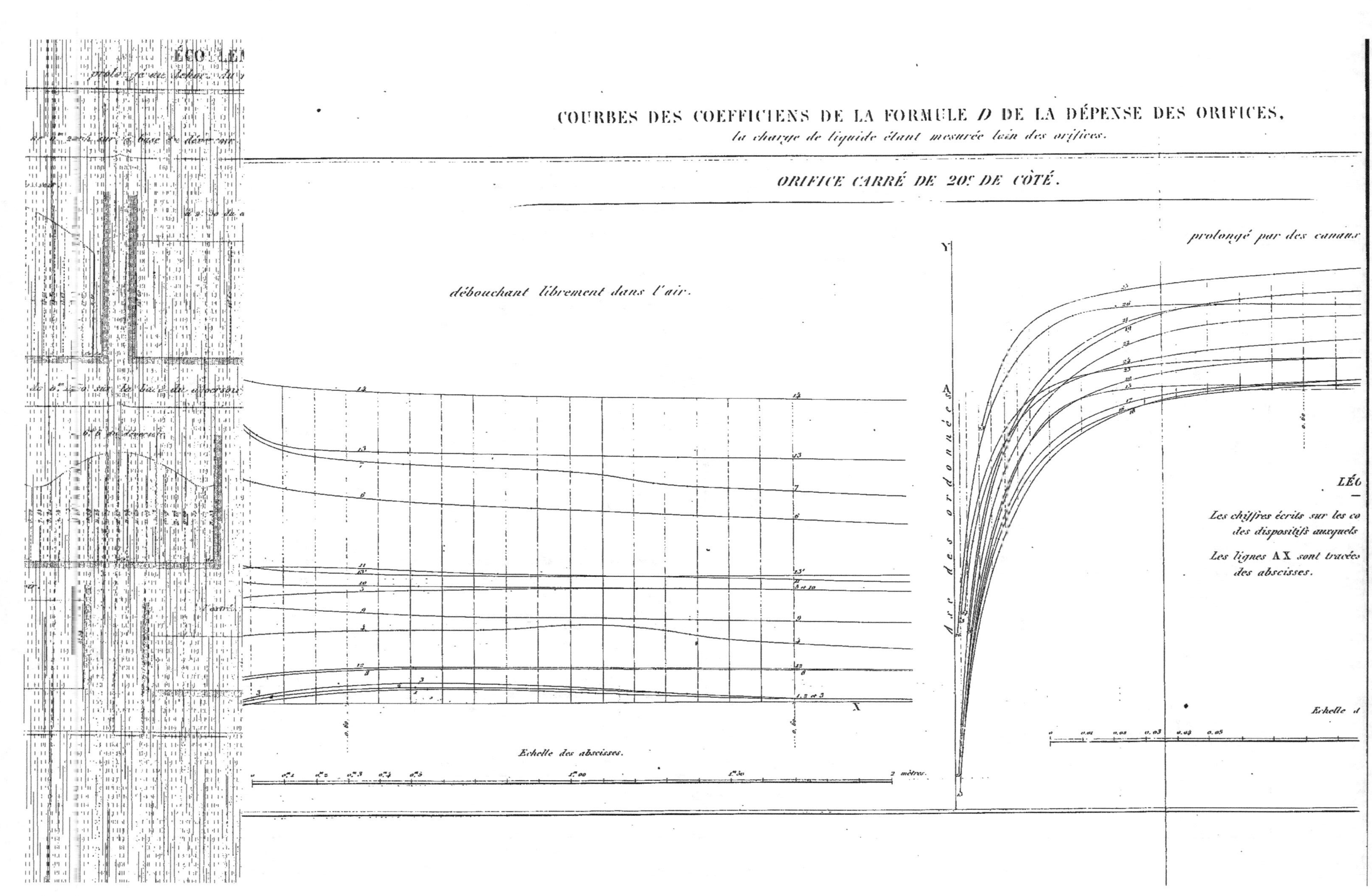

COURBES DES COEFFICIENS DE LA FORMULE D DE LA DÉPENSE DES ORIFICES,
la charge de liquide étant mesurée loin des orifices.
ORIFICE CARRÉ DE 20ᶜ DE CÔTÉ.
débouchant librement dans l'air.
prolongé par des canaux
Arc des ordonnées
Y
X
LÉG
Les chiffres écrits sur les co
des dispositifs auxquels
Les lignes AX sont tracées
des abscisses.
Echelle des abscisses.
Echelle d

COEFFICIENS DE LA FORMULE D DE LA DEPENSE DES ORIFICES,
la charge de liquide étant mesurée loin des orifices.
Pl. 33.
ORIFICE CARRÉ DE 20ᶜ DE CÔTÉ.
prolongé par des canaux au dehors du réservoir. 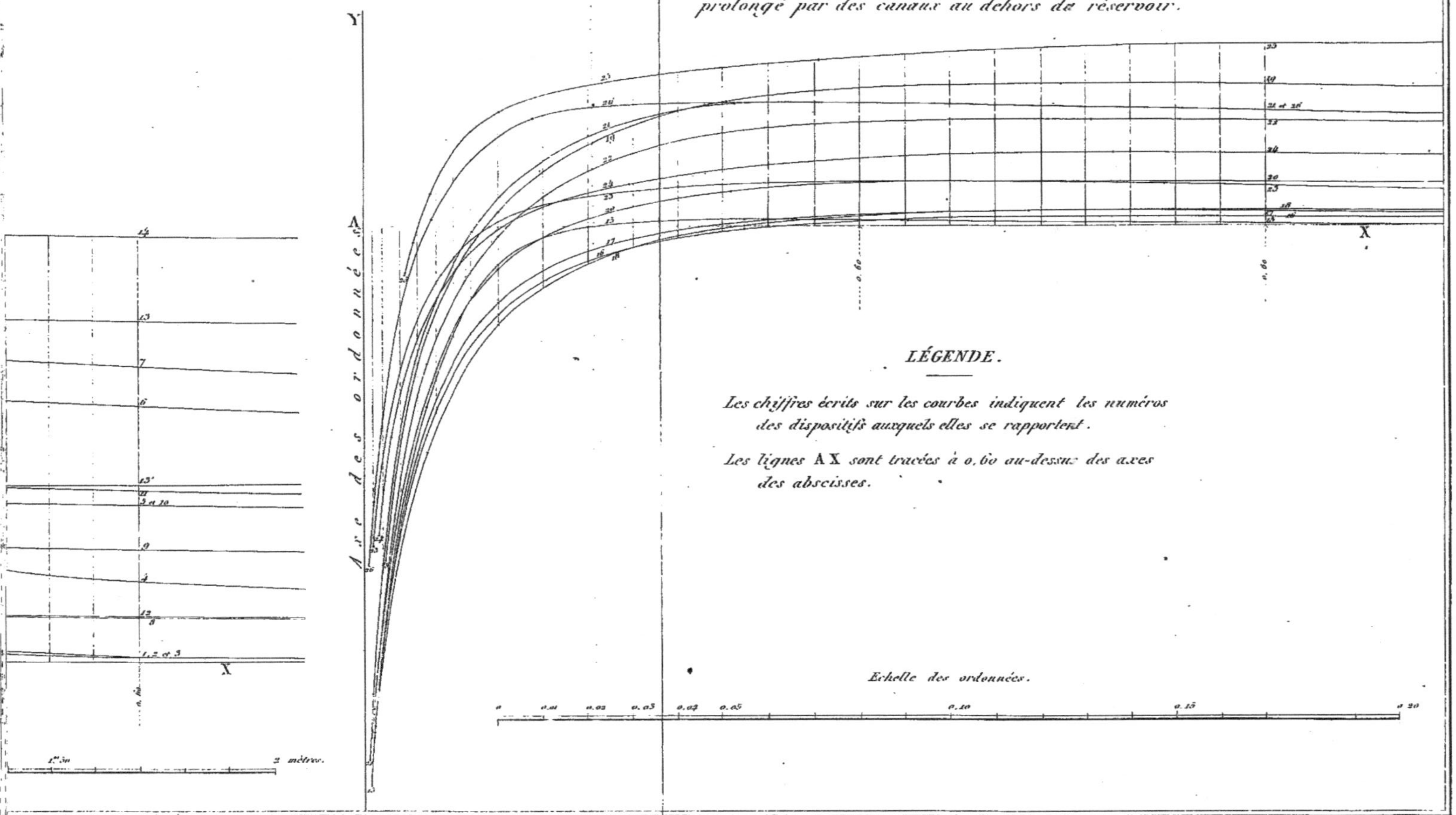
Y
Arc des ordonnées.
X
LÉGENDE.
Les chiffres écrits sur les courbes indiquent les numéros
des dispositifs auxquels elles se rapportent.
Les lignes AX sont tracées à 0,60 au-dessus des axes
des abscisses.
Echelle des ordonnées.
DISPOSITIF D
X
2 mètres.
E. Wormser sc.

COURBES DES COEFFICIENS DE LA FORMULE D DE LA DÉPENSE DES ORIFICES,
la charge de liquide étant mesurée loin des orifices.
Expériences hydrauliques.
ORIFICE DE 5ᶜ DE HAUTEUR ET 20ᶜ DE LARGEUR,
débouchant librement dans l'air. 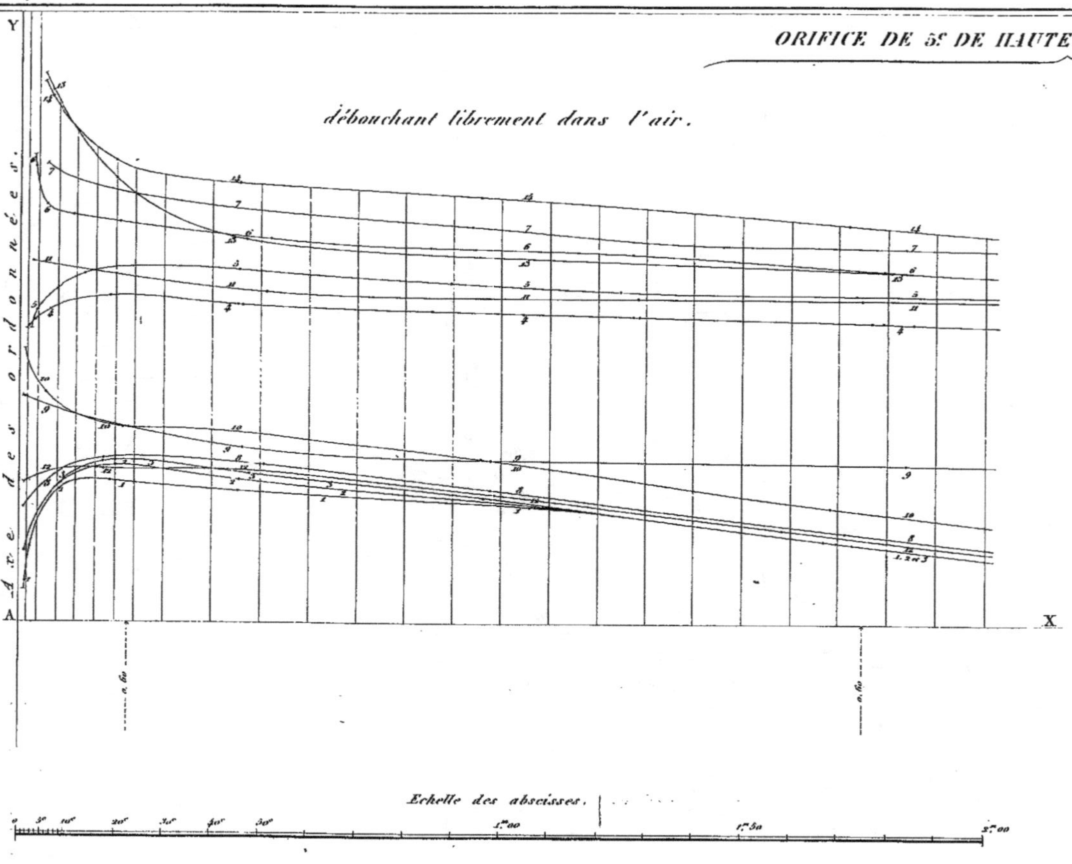
prolongé par des canaux a. 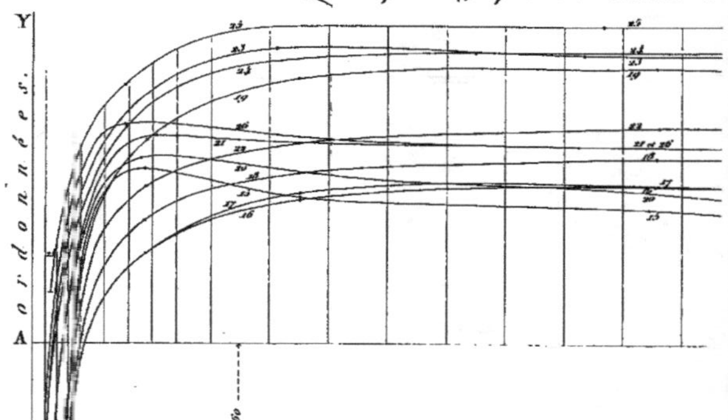
Y
Axe des ordonnées.
Axe des ordonnées.
A
X
LÉGE
Les chiffres écrits sur les ca
des dispositifs auxquels
Les lignes AX sont tracées
des abscisses.
Echelle des abscisses.
Echelle des
Langlois del.

COURBES DES COEFFICIENS DE LA FORMULE *D* DE LA DÉPENSE DES ORIFICES,

la charge de liquide étant mesurée loin des orifices.

ORIFICE DE 5ᶜ DE HAUTEUR ET 20ᶜ DE LARGEUR, *prolongé par des canaux au dehors du réservoir.*

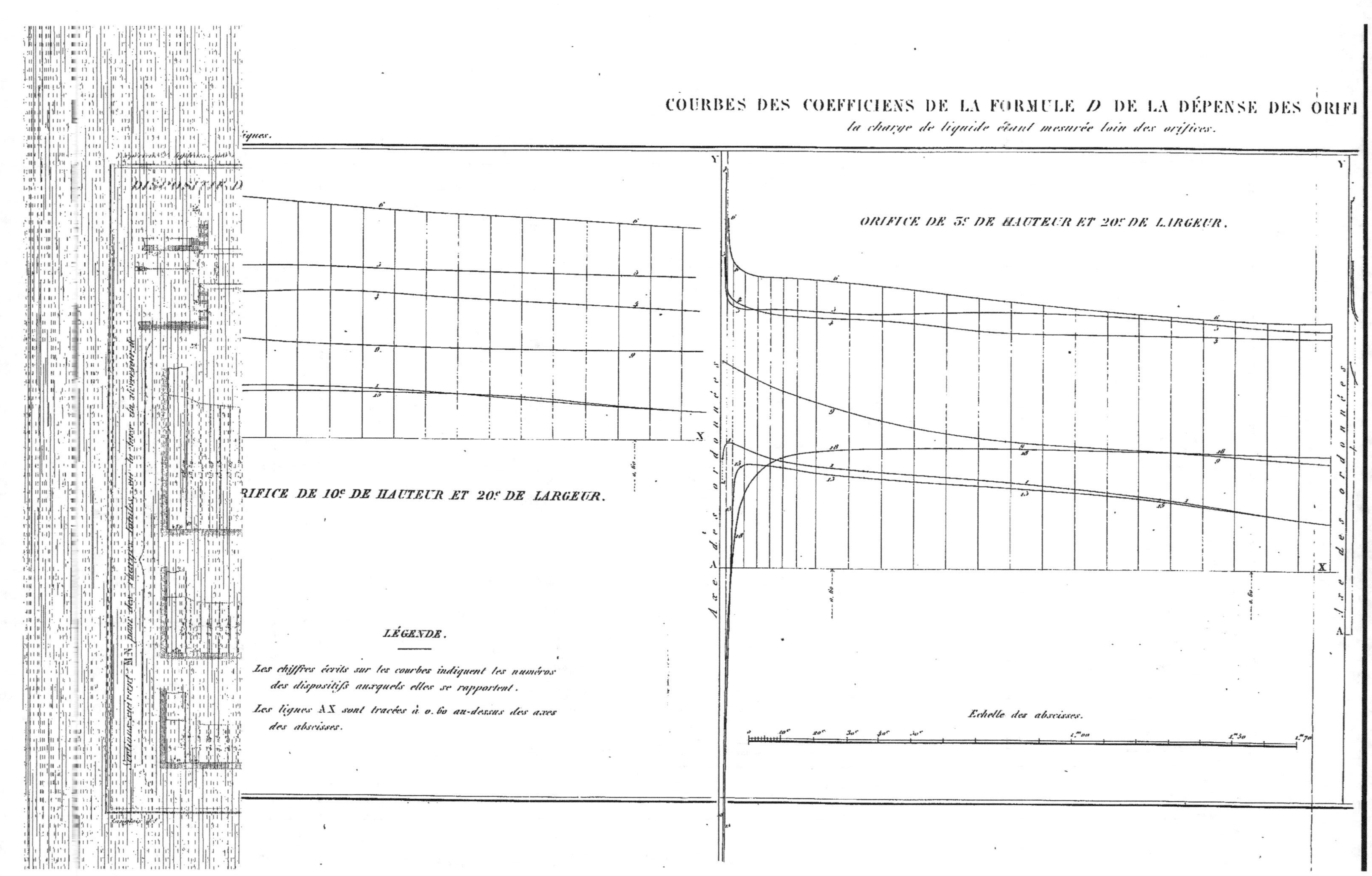

COURBES DES COEFFICIENS DE LA FORMULE D DE LA DÉPENSE DES ORIFI
la charge de liquide étant mesurée loin des orifices.
ORIFICE DE 5ᵉ DE HAUTEUR ET 20ᵉ DE LARGEUR.
ORIFICE DE 10ᵉ DE HAUTEUR ET 20ᵉ DE LARGEUR.
Axe des ordonnées
Axe des ordonnées
Y
Y
X
X
A
A
DISPOSITIF D
LÉGENDE.
Les chiffres écrits sur les courbes indiquent les numéros
des dispositifs auxquels elles se rapportent.
Les lignes AX sont tracées à o. 60 au-dessus des axes
des abscisses.
Echelle des abscisses.

COURBES DES COEFFICIENS DE LA FORMULE D DE LA DÉPENSE DES ORIFICES,

la charge de liquide étant mesurée loin des orifices.

Pl. 35.

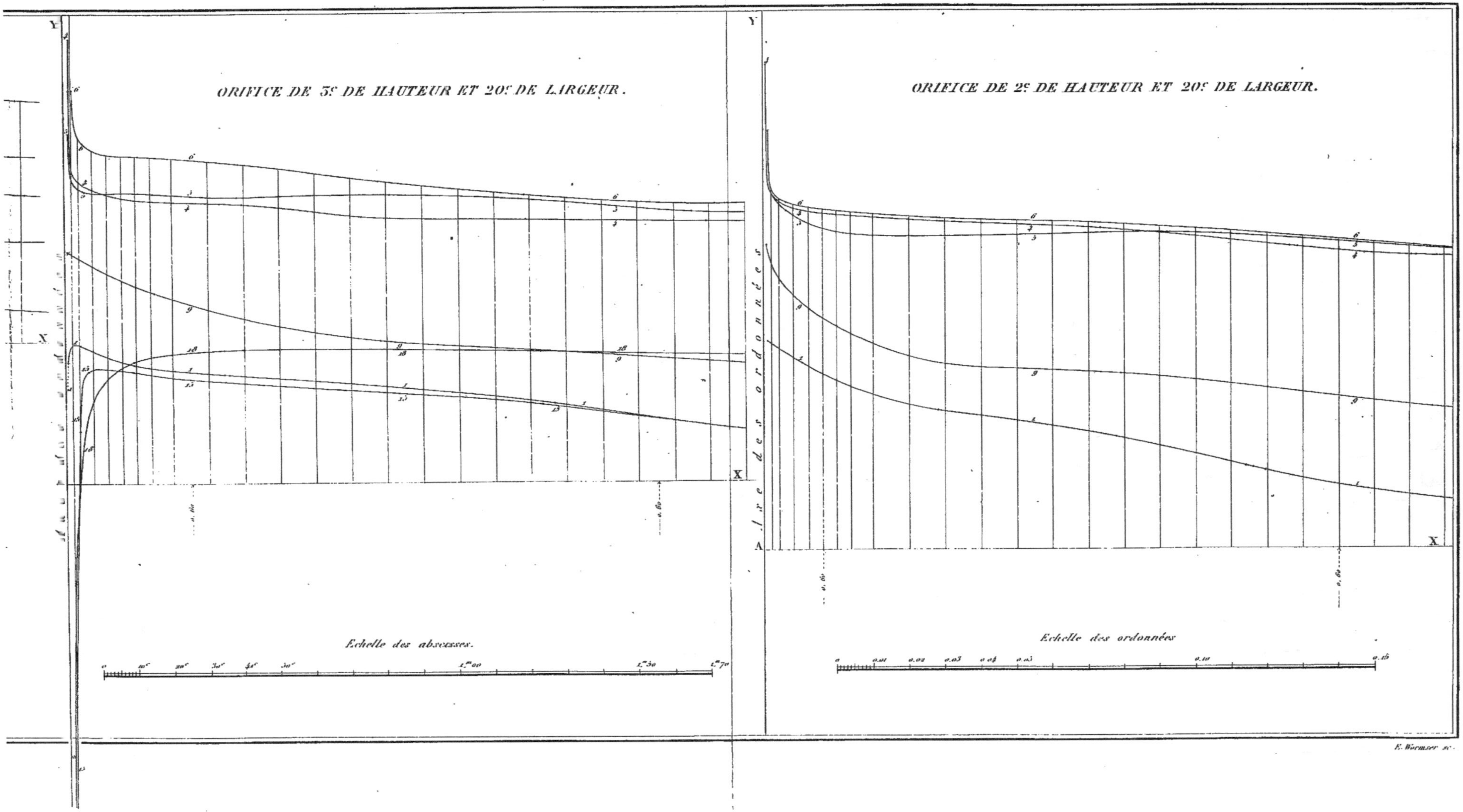

E. Wormser sc.

Expériences hydrauliques.
COURBES DES COEFFICIENS DE LA FORMULE D DE LA DÉPENSE DES ORIFICES,
la charge de liquide étant mesurée loin de l'orifice. 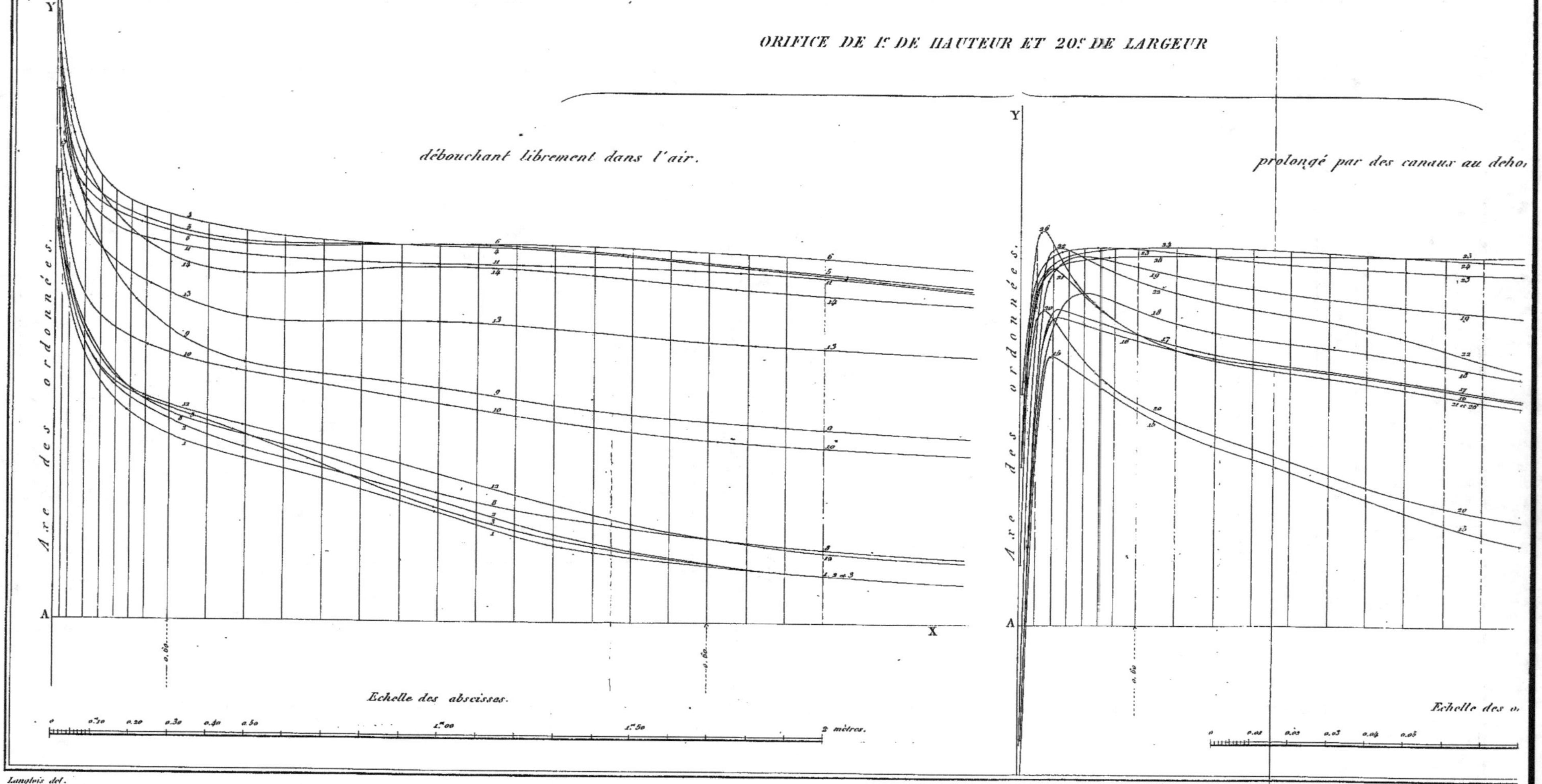
ORIFICE DE 1ᵐ DE HAUTEUR ET 20ᶜ DE LARGEUR
débouchant librement dans l'air.
prolongé par des canaux au deho[rs]
Y
Arc des ordonnées.
Y
Arc des ordonnées.
A
X
A
Echelle des abscisses.
o   o.10   o.20   o.30   o.40   o.50   1.ᵐoo   1.ᵐ50   2 mètres.
Echelle des o.
o   o.o1   o.o2   o.o3   o.o4   o.o5
Langlois del.

OEFFICIENS DE LA FORMULE *D* DE LA DÉPENSE DES ORIFICES,

la charge de liquide étant mesurée loin de l'orifice.

ORIFICE DE 1c DE HAUTEUR ET 20c DE LARGEUR

prolongé par des canaux au dehors du réservoir.

LÉGENDE.

Les chiffres écrits sur les courbes indiquent les n.os des dispositifs auxquels elles se rapportent.

Les lignes AX *sont tracées à 0.60 au-dessus des axes des abscisses.*

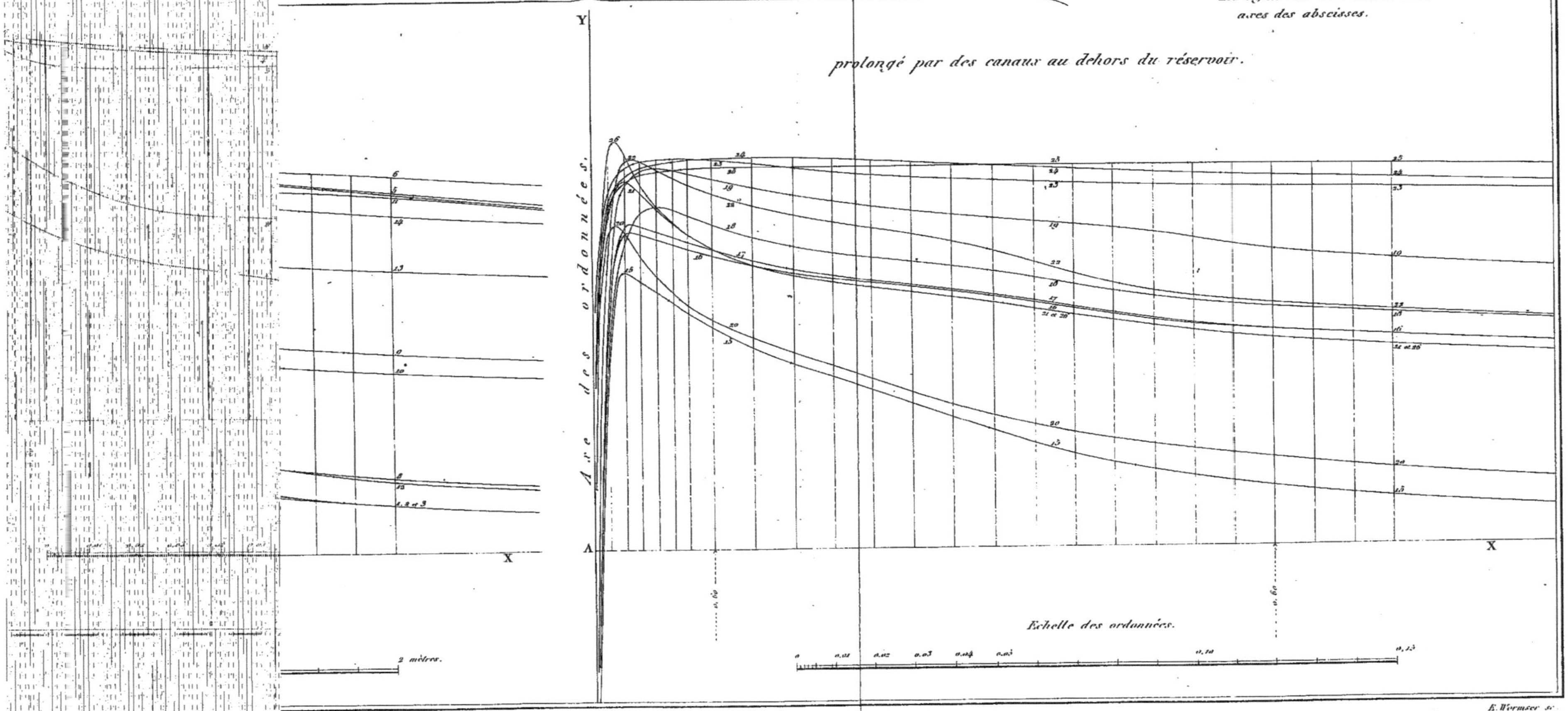
Y
Axe des ordonnées.
A
X
0.60
Echelle des ordonnées.
0
0.01
0.02
0.03
0.04
0.05
0.10
0.15
2 mètres.

E. Wormser sc.

COURBES DES COEFFICIENS DE LA FORMULE d DE LA DÉPENSE DES DÉVERSOIRS,
la charge de liquide étant mesurée loin du déversoir. 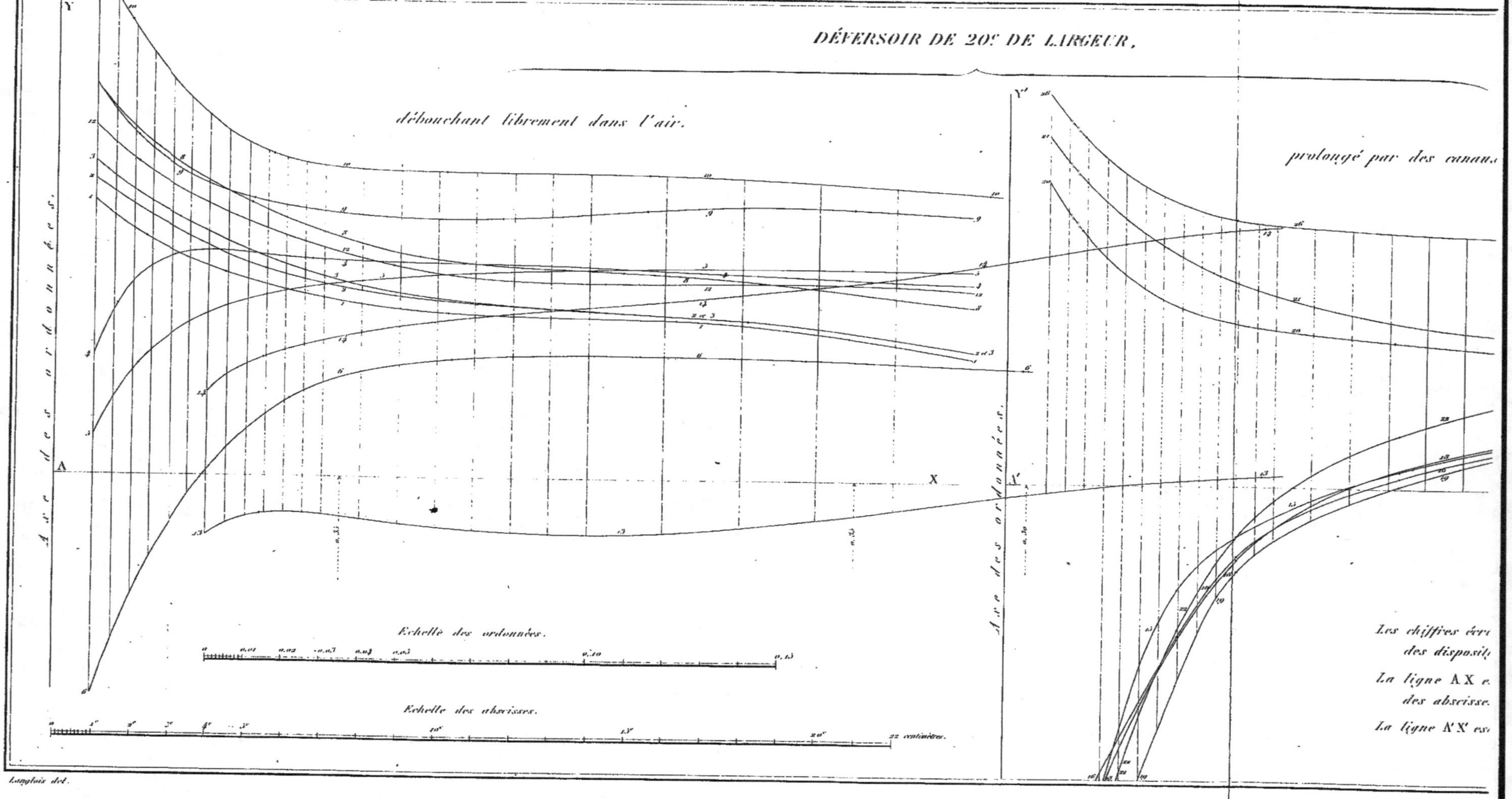
DÉVERSOIR DE 20ᵉ DE LARGEUR.
Expériences hydrauliques.
débouchant librement dans l'air.
prolongé par des canaux
Axe des ordonnées.
Axe des ordonnées.
Y
Y'
A
X
X'
Echelle des ordonnées.
Echelle des abscisses.
continimètres.
Les chiffres écri
des disposit
La ligne AX e
des abscisse.
La ligne X'X' es
Langlois del.

DÉVERSOIR DE 20ᶜ DE LARGEUR,